2025 완벽대비

▶ 최근 3개년 기출문제 무료 동영상

전기기사 실기
산업기사 단기완성

대산전기학원연구회

 전용 홈페이지를 통한 **365**일 학습관리
담당 교수님의 **1:1** 질의응답

28년간 기출문제 분석
적중문제

홈페이지를 통한 합격 솔루션

- 전기(산업)기사 실기 합격가이드
- 온라인 실전 모의고사 실시
- 실기 예비과정 동영상
- 과년도 기출문제 해설

- 28년간 출제문제 각 단원별 완전분석 최신 출제경향 반영
- 인터넷 게시판을 통한 학습내용 질의응답 답변
- 저자직강 동영상강좌 및 1:1 학습관리 시스템 운영

한솔아카데미

교재 인증번호 등록을 통한 학습관리 시스템

전기기사 실기 한솔아카데미 동영상 무료 수강 방법

무료쿠폰번호 CM80-1QIB-VVIA

 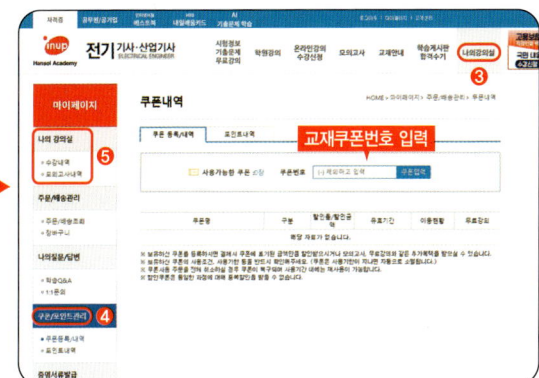

01 사이트 접속
인터넷 주소창에 https://www.inup.co.kr 을 입력하여 한솔아카데미 홈페이지에 접속합니다.

02 회원가입 로그인
홈페이지 우측 상단에 있는 **회원가입** 또는 아이디로 **로그인**을 한 후, **전기기사** 사이트로 접속을 합니다.

03 나의 강의실
나의강의실로 접속하여 왼쪽 메뉴에 있는 **[쿠폰/포인트관리]-[쿠폰등록/내역]**을 클릭합니다.

04 쿠폰 등록
도서에 기입된 **인증번호 12자리** 입력(-표시 제외)이 완료되면 **[나의강의실]**에서 학습가이드 관련 응시가 가능합니다.

■ **모바일 동영상 수강방법 안내**

❶ QR코드를 스캔하여 한솔아카데미 홈페이지에 접속합니다.
❷ 회원가입 및 로그인 후, 쿠폰 인증번호를 입력합니다.
❸ 인증번호 입력이 완료되면 [나의강의실]에서 강의 수강이 가능합니다.

※ QR코드를 찍을 수 있는 앱을 다운받으신 후 진행하시길 바랍니다.

머리말

현대사회의 에너지는 산업과 인간생활의 필수요라는 것은 모두가 공감하는 부분입니다. 특히 전기에너지는 21세기를 이끌어갈 주요한 에너지입니다. 원자력, 화력, 수력, 신·재생 등의 기술로부터 발전하여 송전선로와 배전선로를 거쳐 곳곳의 수용가에 도달합니다. 수용가란 전기를 직접 사용하는 장소를 의미하며 학교, 공장, 사무실, 아파트, 주택 등의 다양한 건축물이 해당됩니다. 수용가에서는 전기를 안전하게 관리하는 유지·보수의 역할이 중요합니다. 이러한 업무를 담당하는 기술자가 바로 전기(산업)기사이다. 전기(산업)기사 자격증의 2차 실기시험은 전기설비 설계에서부터 감리에 이르기까지 광범위한 내용을 다루고 있습니다. 본도서는 한정된 시간 내에 최소의 시간으로 최대의 효과를 얻는 것을 목표로 집필하였습니다. 그동안의 기출문제를 철저히 분석하여 우선순의 논점을 제시하여 수험생 여러분이 보다 효율적으로 공부하실 수 있도록 구성하였습니다. 2차 실기 시험을 합격하기 위해서는 단순한 암기만으로는 어렵습니다. 수용가에서 적용되는 전기관련 실무와 그에 필요한 전기이론들을 바탕으로 필요한 지식들을 자신의 것으로 만들었을 때 합격의 영광을 누리실 수 가 있습니다. 물론 자격증을 취득하는 것 자체가 최고의 엔지니어가 바로 되는 것은 아닙니다. 하지만 수험생 여러분께서 전기인으로 살아가는 작은 초석이 될 것이라는 것에 의심을 갖지 않습니다.

도서를 준비하는 동안 전기(산업)기사 실기 시험에 관심을 갖는 모든 분들에게 도움이 되기를 바라는 마음으로 최선의 노력을 다하였으나 다소 미흡한 부분이 있을 것이라 생각됩니다. 앞으로도 많은 전기 전문가·수험생 여러분의 격려와 조언을 바탕으로 수정·보완해 나갈 것을 약속드립니다.

끝으로 한권의 책이 나올 수 있도록 최선을 다해주신 모든 분들과 도서출판 ㈜한솔아카데미 관계자 모두에게 고개 숙여 감사드립니다.

-저자 드림-

시험안내

❶ 자격정보
전기를 합리적으로 사용하는 것은 전력부문의 투자효율성을 높이는 것은 물론 국가 경제의 효율성 측면에도 중요하다. 하지만 자칫 전기를 소홀하게 다룰 경우 큰 사고의 위험이 있기 때문에 전기설비의 운전 및 조작·유지·보수에 관한 전문 자격제도를 실시하여 전기로 인한 재해를 방지하고 안전성을 높이고자 자격제도를 제정하였다.

❷ 수험원서접수
- 접수기간 내 인터넷을 통한 원서접수(www.q-net.or.kr) 원서접수 기간 이전에 미리 회원가입 후 사진 등록 필수
- 원서접수시간은 원서접수 첫날 10:00부터 마지막 날 18:00까지
- 수수료 – 필기 : 19400원 / 실기 : 22600원

❸ 진로 및 전망
한국전력공사를 비롯한 전기기기제조업체, 전기공사업체, 전기설계전문업체, 전기기기 설비업체, 전기안전관리 대행업체, 환경시설업체 등에 취업할 수 있다. 또한 전기부품·장비·장치의 디자인 및 제조, 실험과 관련된 연구를 담당하기 위해 생산업체의 연구실 및 개발실에 종사하기도 한다.
– 발전, 변전설비가 대형화되고 초고속·초저속 전기기기의 개발과 에너지 절약형, 저손실 변압기, 전동력 속도제어기, 프로그래머블콘트럴러 등 신소재 발달로 에너지 절약형 자동화기기의 개발, 또 내선설비의 고급화, 초고속 송전, 자연에너지 이용확대 등 신기술이 급격히 개발되고 있다. 이에 따라 안전하게 전기를 관리할 수 있는 전문인의 수요는 꾸준할 것으로 예상된다. 그리고 「전기사업법」 등 여러 법에서 전기 의 이용과 설비 시공 등에서 안전관리를 위해 자격증 소지자를 고용하도록 하고 있어 자격증 취득 시 취업이 유리한 편이다.

❹ 시험과목

구분	시험과목	검정방법	합격기준
필기	1. 전기자기학 2. 전력공학 3. 전기기기 4. 회로이론 및 제어공학 5. 전기설비기술기준	객관식 4지 택일형, 과목당 20문항 (과목당 30분)	100점을 만점으로 하여 과목당 40점 이상, 전과목 평균 60점 이상
실기	전기설비설계 및 관리	필답형(2시간 30분)	100점을 만점으로 하여 60점 이상

출제기준

❺ 전기기사, 전기산업기사 출제기준

(적용기간 2024.1.1~2026.12.31)

실기과목명	주요항목	세부항목
전기설비설계 및 관리	1. 전기계획	1. 현장조사 및 분석하기
		2. 부하용량 산정하기
		3. 전기실 크기 산정하기
		4. 비상전원 및 무정전 전원 산정하기
		5. 에너지이용기술 계획하기
	2. 전기설계	1. 부하설비 설계하기
		2. 수변전 설비 설계하기
		3. 실용도별 설비 기준 적용하기
		4. 설계도서 작성하기
		5. 원가계산하기
		6. 에너지 절약 설계하기
	3. 자동제어 운용	1. 시퀀스제어 설계하기
		2. 논리회로 작성하기
		3. PLC프로그램 작성하기
		4. 제어시스템 설계 운용하기
	4. 전기설비 운용	1. 수·변전설비 운용하기
		2. 예비전원설비 운용하기
		3. 전동력설비 운용하기
		4. 부하설비 운용하기
	5. 전기설비 유지관리	1. 계측기 사용법 파악하기
		2. 수·변전기기 시험, 검사하기
		3. 조도, 휘도 측정하기
		4. 유지관리 및 계획수립하기
	6. 감리업무 수행계획	1. 인허가업무 검토하기
	7. 감리 여건제반조사	1. 설계도서 검토하기
	8. 감리행정업무	1. 착공신고서 검토하기
	9. 전기설비감리 안전관리	1. 안전관리계획서 검토하기
		2. 안전관리 지도하기
	10. 전기설비감리 기성준공관리	1. 기성 검사하기
		2. 예비준공검사하기
		3. 시설물 시운전하기
		4. 준공검사하기
	11. 전기설비 설계감리업무	1. 설계감리계획서 작성하기

최신경향

01 전기설비설계

설비기준의 복합형 계산식 문항외에 단답형 문제의 다양한 용어해석 능력을 요구 하는 문제가 추가 되고 있다.
EX)다양한 전선의 품명표기, 자동전로 차단장치 시설

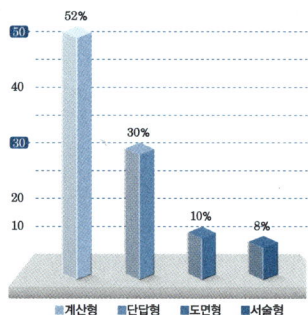

다음 전선 약호의 품명을 쓰시오.

약 호	품 명
ACSR	
CN-CV-W	
FR CNCO-W	
LPS	
VCT	

약 호	품 명
ACSR	강심알루미늄 연선
CN-CV-W	동심중성선 수밀형 전력케이블
FR CNCO-W	동심중성선 수밀형 저독성 난연전력케이블
LPS	연질비닐시스케이블
VCT	비닐절연 비닐캡타이어케이블

02 수변전설비

특고압 결선과 심화용어 정리 뿐 아니라 특수한 상황에서의 결선을 요구 하는 문제가 추가되고 있다.
EX) 서지보호기(SPD), 범례기호에 따른 접지계통 결선도

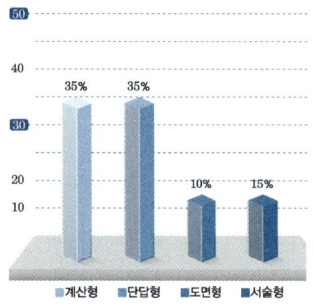

다음 그림은 TN 계통의 TN-C방식 저압배전선로 접지계통이다. 중성선(N), 보호선(PE) 등의 범례 기호를 활용하여 노출 도전성 부분의 접지 계통 결선도를 완성하시오.

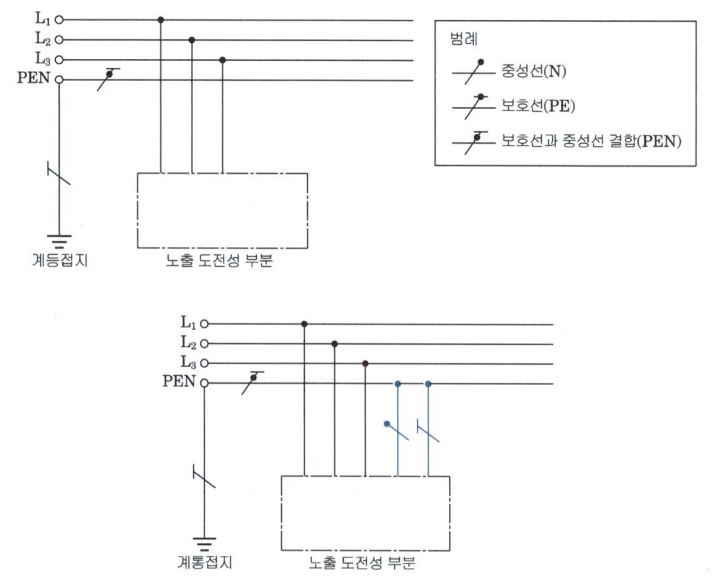

상세분석

Electricity

다음 조건과 같은 동작이 되도록 제어회로의 배선과 감시반 회로 배선 단자를 상호 연결하시오.

【조 건】
- 배선용차단기(MCCB)를 투입(ON)하면 GL_1과 GL_2가 점등된다.
- 선택스위치(SS)를 "L" 위치에 놓고 PB_2를 누른 후 놓으면 전자접촉기(MC)에 의하여 전동기가 운전되고, RL_1과 RL_2는 점등, GL_1과 GL_2는 소등된다.
- 전동기 운전 중 PB_1을 누르면 전동기는 정지하고, RL_1과 RL_2는 소등, GL_1과 GL_2는 점등된다.
- 선택스위치(SS)를 "R" 위치에 놓고 PB_3를 누른 후 놓으면 전자접촉기(MC)에 의하여 전동기가 운전되고, RL_1과 RL_2는 점등, GL_1과 GL_2는 소등된다.
- 전동기 운전 중 PB_4를 누르면 전동기는 정지하고, RL_1과 RL_2는 소등되고 GL_1과 GL_2가 점등된다.
- 전동기 운전 중 과부하에 의하여 EOCR이 작동되면 전동기는 정지하고 모든 램프는 소등되며, EOCR을 RESET하면 초기상태로 된다.

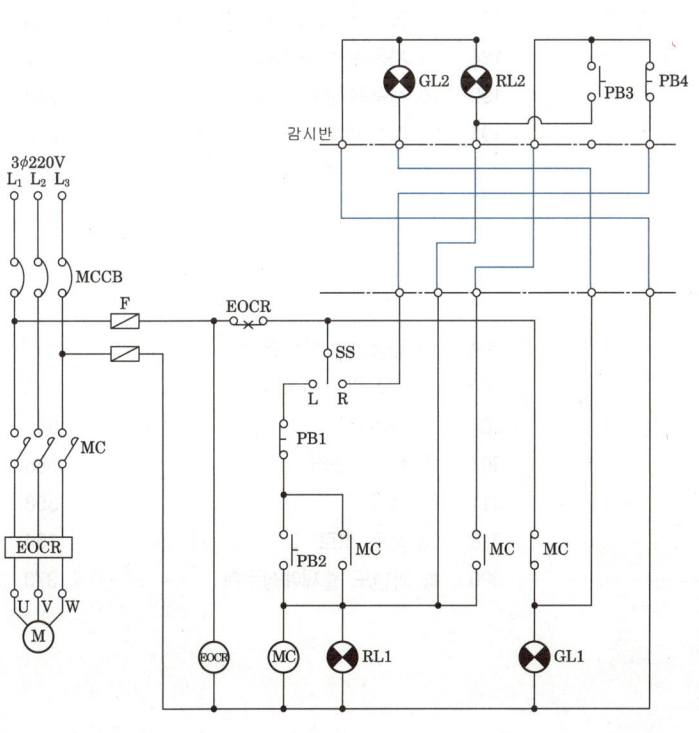

03 시퀀스 PLC

단순한 시퀀스 무접점 회로의 암기문항에서 유접점 회로를 응용한 보조회로간 계통연결 및 설치기구의 역할 문제가 추가되고 있다.
EX) 보조회로의 상하 결선방식, 콘덴서역할

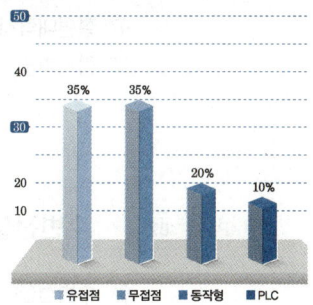

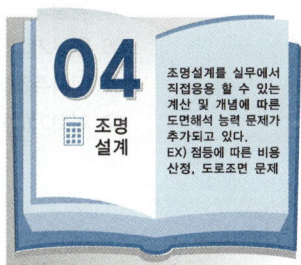

04 조명설계

조명설계를 실무에서 직접응용 할 수 있는 계산 및 개념에 따른 도면해석 능력 문제가 추가되고 있다.
EX) 점등에 따른 비용산정, 도로조명 문제

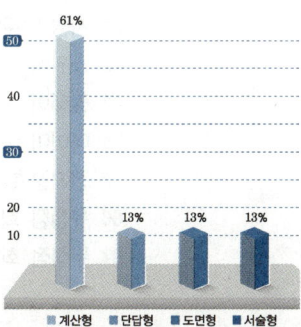

Contents

CHAPTER 01 전기설비설계

01 선로 특성 · 2
02 전력특성항목 · 10
03 부하설비용량 및 분기회로 수 · 17
04 고장계산 · 24
05 송전선로 · 32
06 예비전원설비 · 36
07 절연내력시험 · 44
08 접지기술 · 49
09 가스절연개폐장치 · 57
10 고조파 및 플리커 · 59
11 변압기 · 62
12 배전선로 · 77
13 전기안전 · 87
14 계측설비 · 97
15 동력설비 · 104
16 발전설비 · 112
■ 과년도 출제예상문제 · 120

CHAPTER 02 수변전설비

01 수변전설비 주요기기 · 168
02 수변전설비 주요개폐기 · 170
03 수변전설비 자동제어기구 번호 · 171
04 수변전설비 주요계측기 · 171
05 특별고압 수전설비 표준도면 · 172
06 단로기(DS) · 184
07 전력퓨즈(PF) · 190
08 피뢰기(LA) · 193
09 차단기(CB) · 202
10 계기용변압기(PT) · 213
11 변류기(CT) · 218
12 전력수급용 계기용변성기(MOF) · 231
13 접지형 계기용변압기(GPT) · 239
14 차동계전기(DCR) · 247
15 전력용 콘덴서(SC) · 253
16 계전기별 기구번호 · 264
■ 과년도 출제예상문제 · 274

CHAPTER 03 시퀀스 및 PLC

01 시퀀스 주요기기 · 298
02 스위치 · 299
03 릴레이 · 304
04 타이머 · 307
05 전자접촉기 · 311
06 유접점 회로 · 318
07 무접점 회로 · 326
08 부울대수/드모르간 · 333
09 3상 전동기 회로 · 338
10 다이오드 · 352
11 트랜지스터 · 355
12 PLC · 358
13 특수 회로 · 364
■ 과년도 출제예상문제 · 370

CHAPTER 04　조명설비 및 심벌

- 01 조명설비 용어 ·········· 398
- 02 조도의 분류 ·········· 403
- 03 조명설계 ·········· 404
- 04 광원의 종류 및 특성 ·········· 407
- 05 조명설비 에너지절약방안 ·········· 410
- ■ 과년도 출제예상문제(조명설비) ·········· 412
- ■ 과년도 출제예상문제(심벌) ·········· 427

CHAPTER 05　Table-Spec 및 시공

- 01 수용가 설비의 전압강하 ·········· 438
- 02 분기회로에 대한 과전류 보호설계 ·········· 440
- 03 간선에 대한 과전류 보호설계 ·········· 443
- 04 전선의 최대길이 및 보호도체의 선정 ·········· 446
- ■ 과년도 출제예상문제 ·········· 452

CHAPTER 06　과년도 기출문제

❂ 전기기사
- 01 2022년 과년도문제해설 및 정답 ·········· 2
- 02 2023년 과년도문제해설 및 정답 ·········· 42
- 03 2024년 과년도문제해설 및 정답 ·········· 84

❂ 전기산업기사
- 01 2022년 과년도문제해설 및 정답 ·········· 121
- 02 2023년 과년도문제해설 및 정답 ·········· 157
- 03 2024년 과년도문제해설 및 정답 ·········· 191

부록　감리업무

- 01 감리업무 수행계획 ·········· 232
- 02 설계도서 검토 ·········· 237
- 03 감리행정업무 ·········· 239
- 04 전기설비감리 안전관리 ·········· 253
- 05 전기설비감리 기성준공관리 ·········· 259

Electricity

꿈·은·이·루·어·진·다

핵심길라잡이

전기(산업)기사 실기

제1장 전기설비설계
제2장 수변전설비
제3장 시퀀스 및 PLC
제4장 조명설비 및 심벌
제5장 Table-Spec 및 시공
제6장 과년도 기출문제
부 록 감리업무

전기설비설계

Chapter 01

01. 선로특성
02. 전력특성항목
03. 부하설비용량 및 분기회로 수
04. 고장계산
05. 송전선로
06. 예비전원설비
07. 절연내력시험
08. 접지기술
09. 가스절연개폐장치
10. 고조파 및 플리커
11. 변압기
12. 배전선로
13. 전기안전
14. 계측설비
15. 동력설비
16. 발전설비
- 과년도 출제예상문제

Chapter 01 전기설비설계

01 선로 특성

전압강하란 송전단 전압과 수전단 전압과의 차를 말하며 저항이나 인덕턴스에 흐르는 전류에 의하여 강하하는 전압을 말한다. 일반적으로 수용가의 전력기기는 정격전압에서 전압이 정격에서 벗어날 경우 전력기기의 효율, 수명, 손실 등에 영향을 미친다.

1 선로특성

(1) 등가회로 및 벡터도

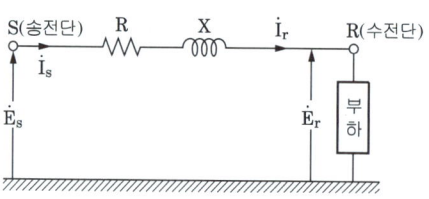
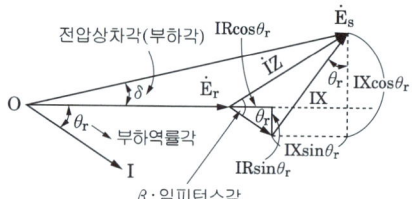

■ 참고
전압강하는 전압의 반비례하며 전압강하율은 전압의 제곱에 반비례한다.

(2) 전압강하

$$e = V_s - V_r = \sqrt{3}\,I(R\cos\theta + X\sin\theta) \quad \cdots\cdots\cdots ①식$$

$$P = \sqrt{3}\,VI\cos\theta \text{ 에서 } I = \frac{P}{\sqrt{3}\,V\cos\theta} \quad \cdots\cdots\cdots ②식$$

②식을 → ①식에 대입해서 정리한다.

$$e = \sqrt{3} \times \frac{P}{\sqrt{3}\,V\cos\theta} \times (R\cos\theta + X\sin\theta)$$

$$e = \frac{P}{V}(R + X\tan\theta) \rightarrow e \propto \frac{1}{V}$$

(3) 전압강하율

$$\delta = \frac{P}{V^2}(R + X\tan\theta) \times 100[\%] \rightarrow \delta \propto \frac{1}{V^2}$$

암기하기

전압강하율
$\delta = \dfrac{V_s - V_r}{V_r} \times 100[\%]$

(4) 전압변동률

$$\varepsilon = \frac{V_{ro} - V_r}{V_r} \times 100 [\%]$$

참고
- V_{ro} : 무부하시 수전단 전압
- V_r : 전부하시 수전단 전압

(5) 전력손실

3상에서의 전력손실은 $3I^2R$이다. ······················ ①식

$P = \sqrt{3}\, VI\cos\theta$ 에서 $I = \dfrac{P}{\sqrt{3}\, V\cos\theta}$ ············ ②식

②식을 → ①식에 대입하여 정리하면 다음과 같다.

$$P_\ell = 3I^2R = 3\left(\frac{P}{\sqrt{3}\, V\cos\theta}\right)^2 R = \frac{P^2 R}{V^2 \cos^2\theta} = \frac{P^2 \rho \ell}{V^2 \cos^2\theta\, A}\,[W]$$

(6) 전력손실률

전력손실률은 선로의 전력손실을 수전단 전력으로 나눈값이며, 전력손실률이 일정할 경우 공급능력은 전압의 제곱에 비례한다.

$$k = \frac{P_\ell}{P_r} \times 100 = \frac{PR}{V^2 \cos^2\theta} \qquad k \propto \frac{1}{V^2} \qquad P \propto V^2$$

2 전압강하 계산약식

(1) 조건
교류의 경우 역률=1, 각상 부하 평형, 전선의 도전율은 $C = 97[\%]$

(2) 계산약식

$$e_1 = IR = I \times \rho \frac{L}{A} = I \times \frac{1}{58} \times \frac{100}{C} \times \frac{L}{A}$$

$$= I \times \frac{1}{58} \times \frac{100}{97} \times \frac{L}{A} = 0.0178 \times \frac{LI}{A} = \frac{17.8 LI}{1000 A}\,[V]$$

참고
- ρ : 고유저항률$[\Omega \cdot mm^2/m]$
- R : 저항$[\Omega]$
- A : 단면적$[mm^2]$
- I : 부하전류$[A]$
- L : 선로길이$[m]$

동일관내의 전선수[가닥]	전압강하[e]		전선의 단면적[mm^2]
단상3선식, 3상4선식	$e_1 = IR$	$e = \dfrac{17.8 \times L \times I}{1000 \times A}$	$A = \dfrac{17.8 \times L \times I}{1000 \times e}$
단상2선식, 직류2선식	$e_2 = 2IR$	$e = \dfrac{35.6 \times L \times I}{1000 \times A}$	$A = \dfrac{35.6 \times L \times I}{1000 \times e}$
3상 3선식	$e_3 = \sqrt{3}\, IR$	$e = \dfrac{30.8 \times L \times I}{1000 \times A}$	$A = \dfrac{30.8 \times L \times I}{1000 \times e}$

Chapter 01 전기설비설계

3 송전선로의 충전에 의한 장해

(1) 페란티 현상
- 정의 : 무부하나 경부하시에 수전단 전압이 송전단 전압보다 커지는 현상
- 원인 : 선로의 정전용량의 증대
- 대책 : 분로리액터 설치

(2) 발전기의 자기여자 현상
- 정의 : 발전기 전압이 상승하게 되는 현상
- 원인 : 선로의 정전용량의 증대
- 대책 : 분로리액터 설치, 발전기 용량 〉 선로의 충전용량

|참고|

벡터도를 통해 송전단 전압(E_s)는

∴ $E_s = \sqrt{(E_r + IR\cos\theta + IX\sin\theta)^2 + (IX\cos\theta - IR\sin\theta)^2}$ 임을 알 수 있으며

위 식에서 $IX\cos\theta - IR\sin\theta$는 매우 작아 무시할 수 있다.
그러므로 송전단 전압(E_s)은 위 식에서 전압강하(e)는 다음과 같음과 같다.

∴ $E_s = E_r + IR\cos\theta + IX\sin\theta = E_r + I(R\cos\theta + X\sin\theta)[V]$

유효전력 $P = E_r I\cos\theta$에서 $I\cos\theta = \dfrac{P}{E_r}$이고,

무효전력 $Q = E_r I\sin\theta$에서 $I\sin\theta = \dfrac{Q}{E_r}$이므로 전압강하 $e = \dfrac{PR + QX}{E_r}[V]$이다.

또한, $Q = P\tan\theta$이므로 $e = \dfrac{PR + P\tan\theta \cdot X}{E_r} = \dfrac{P}{E_r}(R + X\tan\theta)[V]$이다.

전압 강하율(δ)는

∴ $\delta = \dfrac{e}{E_r} \times 100 = \dfrac{E_s - E_r}{E_r} \times 100 = \dfrac{P}{E_r^2}(R + X\tan\theta) \times 100$가 된다.

|참고| 발전기의 자기여자현상

장거리 송전선로에서는 수전단이 무부하일 때도 정전용량에 의한 충전전류를 송전단에서 공급하여야 한다. 이 충전 전류는 발전기의 전압보다 거의 90도 진상이므로 동기발전기의 전기자반작용에 의하여 증자작용이 발생하고 그로 인해 발전기의 전압이 상승한다. 장거리 송전선을 충전하는 경우 발전기의 여자회로를 개방한 채 발전기를 송전선로에 접속해도 발전기의 전압이 이상상승하게 되고 결국 발전기의 절연이 파괴된다. 이러한 현상을 발전기의 자기여자 현상이라고 한다.

암기하기

리액터의 종류
- 직렬 리액터
  제5고조파 제거
- 병렬 리액터
  페란티 현상 방지
- 소호 리액터
  지락시 아크 소호
- 한류 리액터
  단락전류 제한

암기하기

정지형 무효전력 보상기
SVC는 기존의 기계식 차단기에 의해 개폐제어 되던 무효전력 보상장치인 인덕터와 커패시터 뱅크들을 사이리스터를 이용하여 개폐제어 하는 무효전력 보상설비이다.

전기설비설계 01 필수문제

부하전력 및 역률을 일정하게 유지하고 전압을 2배로 승압하면 전압강하, 전압강하율, 선로손실 및 선로손실률은 승압전에 비교하여 각각 어떻게 되는가?

(1) 전압강하 :
 • 계산 : • 답 :
(2) 전압강하율
 • 계산 : • 답 :
(3) 선로손실
 • 계산 : • 답 :
(4) 선로손실률
 • 계산 : • 답 :

[정답]

(1) 전압강하
 • 계산 : 전압강하 $e \propto \dfrac{1}{V}$ 이므로 전압이 2배 커지면 전압강하는 $\dfrac{1}{2}$ 배로 작아진다.
 • 답 : $\dfrac{1}{2}$ 배

(2) 전압강하율
 • 계산 : 전압강하율 $\delta \propto \dfrac{1}{V^2}$ 이므로 전압이 2배 커지면 전압강하는 $\dfrac{1}{4}$ 배로 작아진다.
 • 답 : $\dfrac{1}{4}$ 배

(3) 선로손실
 • 계산 : 선로손실 $P_\ell \propto \dfrac{1}{V^2}$ 이므로 전압이 2배 커지면 선로손실은 $\dfrac{1}{4}$ 배로 작아진다.
 • 답 : $\dfrac{1}{4}$ 배

(4) 선로손실율
 • 계산 : 선로손실률 $k \propto \dfrac{1}{V^2}$ 이므로 전압이 2배 커지면 선로손실률은 $\dfrac{1}{4}$ 배로 작아진다.
 • 답 : $\dfrac{1}{4}$ 배

| 참고 |

• 전압강하 $e = \dfrac{P}{V}(R + X\tan\theta) \Rightarrow e \propto \dfrac{1}{V}$

• 전압강하율 $\delta = \dfrac{P}{V^2}(R + X\tan\theta) \Rightarrow \delta \propto \dfrac{1}{V^2}$

• 선로손실 $P_\ell = \dfrac{P^2 R}{V^2 \cos^2\theta} \Rightarrow P_\ell \propto \dfrac{1}{V^2}$

• 선로손실률 $k = \dfrac{선로손실}{송전전력} = \dfrac{PR}{V^2 \cos^2\theta} \Rightarrow k \propto \dfrac{1}{V^2}$

Chapter 01 전기설비설계

전기설비설계 02 필수문제

그림과 같은 단상 3선식 배전선에 a, b, c 각 선간에 부하가 접속되어 있다. 전선의 저항값은 같고 1선당 저항값은 0.06[Ω]이다. ab간, bc간, ca간의 전압을 구하시오. 단, 부하의 역률은 변압기의 2차 전압에 대한 것으로 하고, 또 선로의 리액턴스는 무시한다.

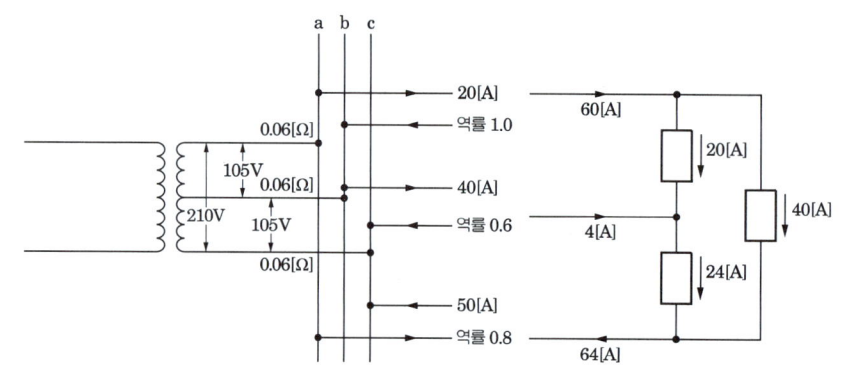

[정답]

- 계산
$$V_{ab} = 105 - (60 \times 0.06 - 4 \times 0.06) = 101.64 [V]$$
$$V_{bc} = 105 - (4 \times 0.06 + 64 \times 0.06) = 100.92 [V]$$
$$V_{ca} = 210 - (60 \times 0.06 + 64 \times 0.06) = 202.56 [V]$$

- 답 : $V_{ab} = 101.64 [V]$, $V_{bc} = 100.92 [V]$, $V_{ca} = 202.56 [V]$

전기설비설계 03 필수문제

3상 3선식 송전선로가 있다. 수전단 전압이 60[kV], 역률 80[%], 전력손실률이 10[%]이고 저항은 0.3[Ω/km], 리액턴스는 0.4[Ω/km], 전선의 길이는 20[km]일 때 이 송전선로의 송전단 전압은 몇 [kV]인가?

- 계산 :   • 답 :

[정답]

- 계산
송전단 전압 $V_s = V_r + \sqrt{3} I(R\cos\theta + X\sin\theta)$에서 미지값인 전류($I$)를 계산
전력손실 $P_\ell = 3I^2 R$ - ㉠, 전력손실 $P_\ell = 0.1P$ - ㉡ (∵ 전력손실률 10[%])

$3I^2 R = 0.1P = 0.1 \times \sqrt{3} V_r I \cos\theta \Rightarrow I = \dfrac{0.1 \times \sqrt{3} V_r \cos\theta}{3R} = \dfrac{0.1 \times \sqrt{3} \times 60000 \times 0.8}{3 \times 0.3 \times 20} = 461.88 [A]$

∴ 송전단 전압 $V_s = V_r + \sqrt{3} I(R\cos\theta + X\sin\theta)$
$= 60000 + \sqrt{3} \times 461.88 \times (0.3 \times 20 \times 0.8 + 0.4 \times 20 \times 0.6)$
$= 67.68 [kV]$

- 답 : 67.68[kV]

전기설비설계 04 필수문제

송전선로 전압을 154[kV]에서 345[kV]로 승압할 경우 송전선로에 나타나는 효과에 대하여 다음 물음에 답하시오.

(1) 전력손실이 동일한 경우 공급능력의 증대는 몇 배인지 구하시오.
- 계산 :   • 답 :

(2) 전력손실의 감소는 몇 [%]인지 구하시오.
- 계산 :   • 답 :

(3) 전압강하율의 감소는 몇 [%]인지 구하시오.
- 계산 :   • 답 :

[정답]

(1) 전력손실이 동일한 경우 공급능력은 전압에 비례
($P = \sqrt{3}\, VI\cos\theta$; 여기서 I 일정)

- 계산 : $\dfrac{P_2}{P_1} = \dfrac{V_2}{V_1} = \dfrac{345}{154} = 2.24$ • 답 : 2.24배

(2) 전력손실은 전압의 제곱에 반비례

- 계산 : $\dfrac{P_{\ell 2}}{P_{\ell 1}} = \left(\dfrac{V_1}{V_2}\right)^2 = \left(\dfrac{154}{345}\right)^2 = 0.1993$

    전력손실 감소분 $= (1 - 0.1993) \times 100 = 80.07[\%]$ • 답 : 80.07[%]

(3) 전압강하율은 전압의 제곱에 반비례

- 계산 : $\dfrac{\delta_2}{\delta_1} = \left(\dfrac{V_1}{V_2}\right)^2 = \left(\dfrac{154}{345}\right)^2 = 0.1993$

    ∴ 전압강하율 감소분 $= (1 - 0.1993) \times 100 = 80.07[\%]$ • 답 : 80.07[%]

|참고|

■ 전력손실이 동일한 경우

전력손실 $P_\ell = 3I^2R$이다. 여기서 전력손실이 동일한 경우란 전류(I)가 일정하다는 뜻이므로 공급능력 $P = \sqrt{3}\,VI\cos\theta$은 전압에 비례한다는 것을 알 수 있다.

■ 전력손실률(K)이 일정한 경우

$K = 일정 = \dfrac{송전손실}{송전전력} = \dfrac{PR}{V^2\cos^2\theta}$에서, 전력 $P = \dfrac{K \cdot V^2\cos^2\theta}{R}$이다.

즉, 전력은 전압의 제곱에 비례한다.

예) 154kV 송전선로의 전압을 345[kV]로 승압하고 같은 전력손실률로 송전한다고 가정하면 송전전력은 승압전의 약 몇 배 정도 되겠는가?

- 계산 : 전력손실률이 같은 경우, $P \propto V^2$이다.

그러므로 $\dfrac{P_2}{P_1} = \left(\dfrac{V_2}{V_1}\right)^2 = \left(\dfrac{345}{154}\right)^2 ≒ 5배$ • 답 : 약 5배

전기설비설계 05 · 필수문제

송전단 전압이 3300[V]인 변전소로부터 5.8[km] 떨어진 곳에 역률 0.9(지상) 500[kW]의 3상 동력부하에 대하여 지중 송전선을 설치하여 전력을 공급하고자 한다. 케이블의 허용 전류(또는 안전 전류) 범위 내에서 전압강하가 10[%]를 초과하지 않도록 심선의 굵기를 결정하시오. 단, 케이블의 허용 전류는 다음 표와 같으며 도체(동선)의 고유저항률은 $\frac{1}{55}[\Omega \cdot mm^2/m]$로 하고, 케이블의 정전용량 및 리액턴스 등은 무시한다.

심선의 굵기와 허용 전류

심선의 굵기[mm²]	16	25	35	50	70	95	120	150
허용전류	50	70	90	100	110	140	180	200

[정답]

- 계산

① 수전단 전압(V_r)을 계산

전압강하율 $\delta = \dfrac{V_s - V_r}{V_r}$ 에서 $V_r = \dfrac{V_s}{1+\delta} = \dfrac{3300}{1+0.1} = 3000[V]$

② 전압강하율 $\delta = \dfrac{P}{V_r^2}(R + X\tan\theta)$ 에서 R을 계산

$\delta = \dfrac{P}{V_r^2}R$ (∵ 리액턴스 무시) ∴ $R = \dfrac{\delta \times V_r^2}{P} = \dfrac{0.1 \times 3000^2}{500 \times 10^3} = 1.8[\Omega]$

③ 전선의 저항 $R = \rho\dfrac{\ell}{A}$ 에서 단면적 A를 계산후 선정

∴ $A = \rho\dfrac{\ell}{R} = \dfrac{1}{55} \times \dfrac{5800}{1.8} = 58.59[mm^2]$ → 70[mm²] 선정(허용전류: 110[A])

부하전류 $I = \dfrac{P}{\sqrt{3}\,V_r\cos\theta} = \dfrac{500 \times 10^3}{\sqrt{3} \times 3000 \times 0.9} = 106.91[A]$: 허용전류 범위내

- 답 : 70[mm²]

|참고|

- 전압강하율 $\delta = \dfrac{V_s - V_r}{V_r}$ [pu]

- 전압강하율 $\delta = \dfrac{P}{V_r^2}(R + X\tan\theta)$ [pu]

- 전선의 저항 $R = \rho\dfrac{\ell}{A}$ 여기서, ρ: 고유저항율 [$\Omega \cdot mm^2/m$]

전기설비설계 06 　필수문제

그림에서 각 지점간의 저항을 동일하다고 가정하고 간선 AD 사이에 전원을 공급하려고 한다. 전력 손실이 최대가 되는 지점과 최소가 되는 지점을 구하시오.

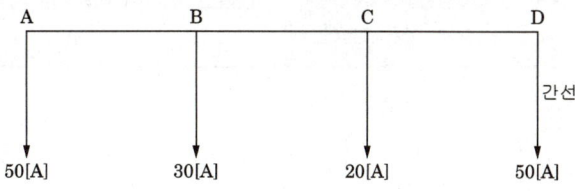

- 계산 :
- 답 : ① 전력 손실이 최대가 되는 공급점
　　　② 전력 손실이 최소가 되는 공급점

[정답]

- 계산 : 각 점에서 급전할 때의 전력손실 ($P_\ell = I^2 R [\mathrm{W}]$)을 계산한다.

①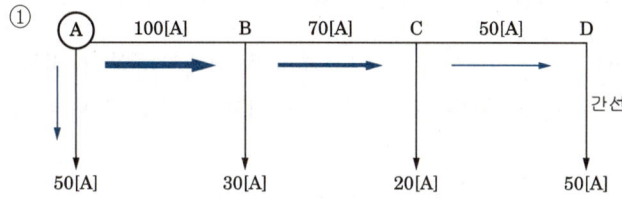

②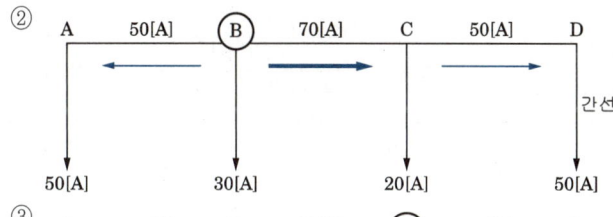

③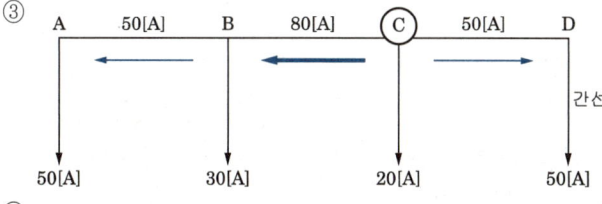

④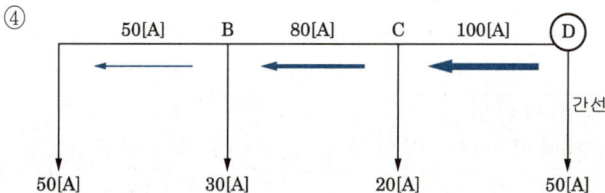

- 답 : ① 전력 손실 최대점 : D점
　　　② 전력 손실 최소점 : B점

[해설]

① 급전점 A : $P_{A\ell} = (30+20+50)^2 R + (20+50)^2 R + 50^2 R = 17400R$

② 급전점 B : $P_{B\ell} = 50^2 R + (20+50)^2 R + 50^2 R = 9900R$ (최솟값)

③ 급전점 C : $P_{C\ell} = (50+30)^2 R + 50^2 R + 50^2 R = 11400R$

④ 급전점 D : $P_{D\ell} = (20+30+50)^2 R + (30+50)^2 R + 50^2 R = 18900R$ (최댓값)

Chapter 01 전기설비설계

02 전력특성항목(수용률/부하율/부등률)

수용률, 부등률, 부하율은 배전설비 계획시 기초가 되는 요소로서 배전선로 건설, 변압기 용량 결정, 변전소의 뱅크 증설 결정의 토대가 된다. 또한 이것은 전력을 경제적으로 합리적으로 사용하려는 전력사용 합리화로 발전부터 말단 부하에 이르기까지 전력의 효율적인 사용이나 낭비 및 손실을 적게 하려는데 있다.

1 수용률

> **이해하기**
> 수용률은 부하의 종류, 사용기간 계절에 따라 다르며, 일반적으로 1보다 작다.

수용률(Demand Factor)은 총 전기설비용량에 대한 최대 수용전력의 비를 말한다. 일반적으로 낮을수록 경제적이다.

$$수용률 = \frac{최대수용전력[kW]}{총설비용량[kW]} \times 100[\%]$$

2 부하율

> **이해하기**
> 부하율이 클수록 전기설비를 유효하게 사용한다는 뜻이며, 어느 일정기간동안 평활하게 전력을 사용하고 있음을 의미한다.

부하율(Load Factor)은 일정 기간 중의 평균부하와 최대부하와의 비를 말하며, 어느 일정기간 중의 부하변동의 정도를 나타낸다. 일반적으로 부하율은 높을수록 좋다.

$$부하율 = \frac{평균전력[kW]}{최대전력[kW]} \times 100[\%] = \frac{\frac{사용전력량[kWh]}{시간[h]}}{최대전력[kW]} \times 100[\%]$$

(日 부하율 : 24[h], 月 부하율 : 720[h](30일 기준), 年 부하율 : 8760[h])

3 부등률 및 합성최대전력

> **이해하기**
> - 부등률은 변압기용량을 결정할 때 사용하며, 클수록 변압기 용량은 작아진다.
> - 부등률은 일반적으로 1보다 크다.

부등률(Diversity Factor)이란 각 부하설비의 최대전력의 합계와 그 계통에서 발생한 합성최대전력의 비를 말한다. 최대수요전력 발생 시각 또는 발생시기의 분산을 나타내는 지표이다.

- $부등률 = \dfrac{각설비의최대전력의합계}{합성최대전력} = \dfrac{설비용량 \times 수용률}{합성최대전력} \geq 1$

- $합성최대전력 = \dfrac{각설비의최대전력의합계}{부등률} = \dfrac{설비용량 \times 수용률}{부등률}[kW]$

- $변압기 용량 = \dfrac{각설비의 최대전력의 합계}{부등률 \times 역률} = \dfrac{설비용량 \times 수용률}{부등률 \times 역률}[kVA]$

전기설비설계 07 필수문제

수용가들의 일부하곡선이 그림과 같을 때 다음 각 물음에 답하시오.
(단, 실선은 A 수용가, 점선은 B 수용가이다.)

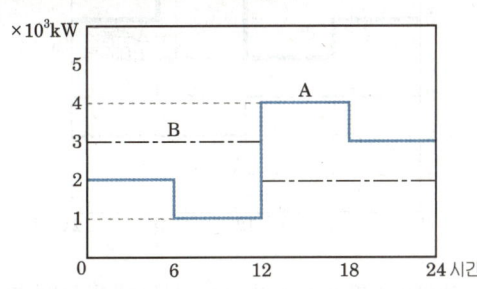

(1) A, B 각 수용가의 수용률을 계산하시오. (단, 설비용량은 수용가 모두 $10 \times 10^3 [\mathrm{kW}]$ 이다.)

수용가	계산과정	수용률(%)
A		
B		

(2) A, B 각 수용가의 일부하율을 계산하시오.

수용가	계산과정	부하율(%)
A		
B		

(3) A, B 각 수용가 상호간의 부등률을 계산하고, 부등률의 정의를 간단히 쓰시오.
 • 부등률 계산 :   • 부등률의 정의 :

[정답]

(1) 계산 : • A수용가 $= \dfrac{4 \times 10^3}{10 \times 10^3} \times 100 = 40[\%]$ • 답 : 40[%]

  • B수용가 $= \dfrac{3 \times 10^3}{10 \times 10^3} \times 100 = 30[\%]$ • 답 : 30[%]

(2) 계산 :
  • A수용가 $= \dfrac{\dfrac{(2000+1000+4000+3000) \times 6}{24}}{4000} \times 100 = 62.5[\%]$ • 답 : 62.5[%]

  • B수용가 $= \dfrac{\dfrac{(3000+2000) \times 12}{24}}{3000} \times 100 = 83.333[\%]$ • 답 : 83.33[%]

(3) 계산 : 부등률 $= \dfrac{\text{각 부하 최대 전력의 합}}{\text{합성최대전력}} = \dfrac{4000+3000}{4000+2000} = 1.166$ • 답 : 1.17

 • 정의 : 전력소비기기를 동시에 사용하는 정도

■ 참고

수용률 $= \dfrac{\text{최대전력}}{\text{설비용량}} \times 100$

부하율 $= \dfrac{\text{평균전력}}{\text{최대전력}} \times 100$

| 참고 |

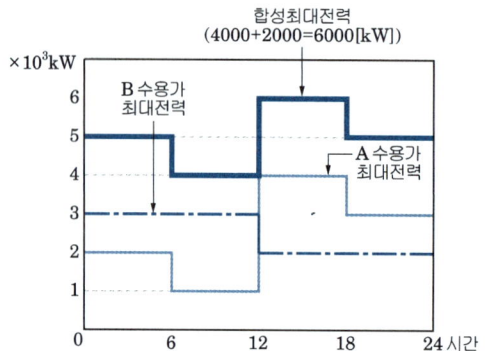

합성최대전력
각 수용가에서 사용하는 전력은 시간에 따라 다르다. 합성최대전력이란 각 수용가에서 동시에 사용한 전력의 합성값이 최대가 되는 전력을 말한다. A수용가와 B수용가의 시간대별 합성값을 나타낸 그림이다. 12시~18시에 6000[kW]를 동시에 사용한 전력이 합성최대전력이다.
- A수용가의 최대전력 : 4000[kW]
- B수용가의 최대전력 : 3000[kW]

전기설비설계 08 필수문제

부하율을 간단히 설명하고, 부하율의 크기와 전력 변동 및 설비 이용률의 관계를 비교 설명하시오.
- 부하율 :
- 관계의 비교 설명 :

정답

- 부하율 : 일정기간중의 최대수요전력에 대한 일정기간 중의 평균수요전력의 비를 의미한다. 즉, 부하율은 어느 기간중의 부하의 변동상태를 나타낸 것이다.
- 관계의 비교 설명 : 부하율이 큰 수용가일수록 공급 설비가 유효하게 사용되고 있는 것이고 반대로 부하율이 작은 부하일 경우는 부하 전력의 변동이 심하고 공급 설비의 이용률이 감소하는 경우이다.

| 참고 |

전력설비의 사용은 시간, 계절 등에 따라서 변동한다. 이 때 최대수용전력이 높다면 전력공급자 측면에서는 최대수용전력에 상응하는 전력공급 설비를 갖추어야 한다. 한편, 평균 수요전력이 작다면 그만큼 전력사용자들의 평균사용전력량이 작다는 뜻이다. 이러한 경우 부하율이 낮아지게 된다. 전력공급자의 경우 최대수용전력이 높기 때문에 그에 상응하는 전력공급설비도 증가하게 되고, 수용가의 평균 수요전력도 낮기 때문에 전력공급설비 투자비의 회수가 어렵게 된다. 한편, 전력사용자의 경우 평균 수요전력이 낮다는 것은 수용가의 전력설비가 효율적으로 운용되지 않고 있다는 의미이다.

전기설비설계 09 필수문제

그림은 A, B 공장에 대한 일부하의 분포도이다. 다음 각 물음에 답하시오.

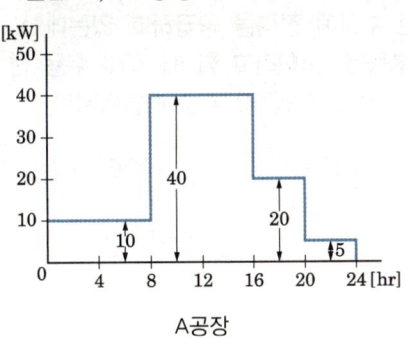
A공장

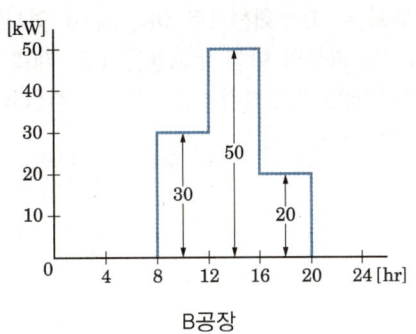
B공장

(1) A공장의 일부하율은 얼마인가?
  • 계산 :   • 답 :

(2) 변압기 1대로 A, B 공장에 전력을 공급할 경우의 종합부하율과 변압기 용량을 구하시오.
  ① 종합부하율
    • 계산 :   • 답 :
  ② 변압기 용량
    • 계산 :   • 답 :

[정답]

(1) 계산

$$A\text{공장의 평균전력} = \frac{\text{사용전력량}}{\text{시간}} = \frac{10\times 8 + 40\times 8 + 20\times 4 + 5\times 4}{24} = 20.83[\text{kW}]$$

$$\text{부하율} = \frac{\text{평균 전력}}{\text{최대 전력}} \times 100 = \frac{20.83}{40} \times 100 = 52.075[\%]$$

  • 답 : 52.08[%]

(2) 계산
  ① A공장의 평균전력 : 20.83[kW]

$$B\text{공장의 평균전력} = \frac{\text{사용전력량}}{\text{시간}} = \frac{30\times 4 + 50\times 4 + 20\times 4}{24} = 16.67[\text{kW}]$$

$$\text{종합부하율} = \frac{\text{각부하평균전력의 합}}{\text{합성최대전력}} = \frac{20.83 + 16.67}{40 + 50} \times 100 = 41.666[\%]$$

  • 답 : 41.67[%]

  ② 변압기용량 ≥ 합성최대수용전력
    A, B 공장 합성최대 수용전력은 12~16시 사이에 발생하며 40+50 = 90[kW]
  • 답 : 90[kVA]

Chapter 01 전기설비설계

전기설비설계 10 필수문제

어느 수용가의 공장 배전용 변전실에 설치되어 있는 250[kVA]의 3상 변압기에서 A, B 2회선으로 아래 표에 명시된 부하에 전력을 공급하고 있는데 A, B 각 회선의 합성 부등률은 1.2, 개별 부등률 1.0이라고 할 때 최대 수용 전력시에는 과부하가 되는 것으로 추정되고 있다. 다음 각 물음에 답하시오.

회선	부하 설비[kW]	수용률[%]	역률[%]
A	250	60	75
B	150	80	75

(1) A회선의 최대 부하는 몇 [kW]인가?
 • 계산 :   • 답 :

(2) B회선의 최대 부하는 몇 [kW]인가?
 • 계산 :   • 답 :

(3) 합성 최대 수용 전력(최대 부하)은 몇 [kW]인가?
 • 계산 :   • 답 :

(4) 전력용 콘덴서를 병렬로 설치하여 과부하되는 것을 방지하고자 한다. 이론상 필요한 콘덴서 용량은 몇 [kVA]인가?
 • 계산 :   • 답 :

■참고
최대전력=설비용량×수용률

[정답]

(1) 계산 : $P_A = 250 \times 0.6 = 150[kW]$ • 답 : 150[kW]

(2) 계산 : $P_B = 150 \times 0.8 = 120[kW]$ • 답 : 120[kW]

(3) 계산 :

합성 최대 전력 $= \dfrac{\text{각부하최대전력의합}}{\text{부등률}}$

$= \dfrac{150+120}{1.2} = 225[kW]$ • 답 : 225[kW]

이해하기
합성최대전력(225[kW])이 변압기에 걸렸을 경우 과부하가 되는 것을 방지하기 위해 콘덴서를 설치하여 역률을 개선시킨다. 역률개선시 설비용량의 여유가 증대된다.

(4) 계산

개선역률 $\cos\theta_2 = \dfrac{225}{250} = 0.9$ 이상이 되어야 과부하가 방지된다.

콘덴서 용량 $Q = P(\tan\theta_1 - \tan\theta_2)$

$= 225 \times \left(\dfrac{\sqrt{1-0.75^2}}{0.75} - \dfrac{\sqrt{1-0.9^2}}{0.9} \right) = 89.458[kVA]$

 • 답 : 89.46[kVA]

| 참고 |

3상 변압기 용량 250[kVA], 역률 75[%]($\cos\theta_1 = 0.75$)인 경우 최대 공급 가능 용량 $P_{\max} = P_a \cos\theta_1 = 187.5$[kW]이다. 한편, 합성 최대 전력이 225[kW]이므로 변압기의 공급 가능 용량을 초과하여 과부하 상태가 된다. 그러므로, 전력용 콘덴서를 설치하여 역률을 개선시켜 공급가능용량을 증가시켜야 한다. 역률이 90[%]($\cos\theta_2 = 0.9$)로 개선되었을 경우, 부하 $P = P_a \cos\theta_2 = 250 \times 0.9 = 225$[kW]까지 전력공급이 가능하다.

전기설비설계 11 필수문제

어떤 변전실에서 그림과 같은 일부하 곡선 A,B,C 인 부하에 전기를 공급하고 있다. 이 변전실의 총 부하에 대한 다음 각 물음에 답하시오. 단, A,B,C의 역률은 시간에 관계없이 각각 80[%], 100[%] 및 60[%]이며, 그림에서 부하 전력은 부하 곡선의 수치에 10^3을 한다는 의미임. 즉, 수직측의 5는 5×10^3[kW]라는 의미임.

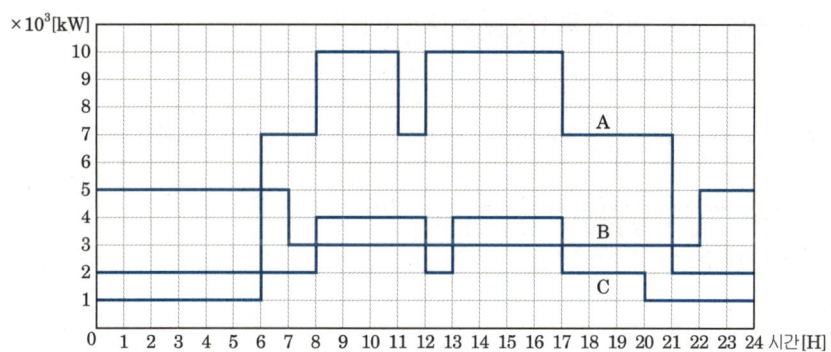

(1) 합성 최대 전력은 몇 [kW]인가?

(2) A,B,C 각 부하에 대한 평균전력은 몇 [kW]인가?

(3) 총 부하율은 몇 [%]인가?

(4) 부등률은 얼마인가?

(5) 최대 부하일 때의 합성 총 역률은 몇 [%]인가?

> **이해하기**
> 부등률이 클수록 부하율이 향상되며 설비용량이 감소하여 설비이용률이 향상되며 경제적으로 유리하다.

Chapter 01 전기설비설계

정답

(1) 합성 최대 전력 : $P = (10+3+4) \times 10^3 = 17 \times 10^3 [\text{kW}]$ (8~11시, 13~17시)

(2) 계산 : 평균전력 = $\dfrac{\text{사용전력량}[\text{kWh}]}{24[\text{h}]}$

$A = \dfrac{\{(1 \times 6)+(7 \times 2)+(10 \times 3)+(7 \times 1)+(10 \times 5)+(7 \times 4)+(2 \times 3)\} \times 10^3}{24}$
$= 5.88 \times 10^3 [\text{kW}]$

$B = \dfrac{\{(5 \times 7)+(3 \times 15)+(5 \times 2)\} \times 10^3}{24} = 3.75 \times 10^3 [\text{kW}]$

$C = \dfrac{\{(2 \times 8)+(4 \times 4)+(2 \times 1)+(4 \times 4)+(2 \times 3)+(1 \times 4)\} \times 10^3}{24} = 2.5 \times 10^3 [\text{kW}]$

(3) 종합 부하율 = $\dfrac{\text{평균 전력}}{\text{합성 최대 전력}} \times 100 = \dfrac{\text{각 수용가 평균 전력의 합계}}{\text{합성 최대 전력}} \times 100$

$= \dfrac{(5.88+3.75+2.5) \times 10^3}{17 \times 10^3} \times 100 = 71.35 [\%]$

(4) 부등률 = $\dfrac{\text{각 수용가 최대전력의 합}}{\text{합성 최대 전력}} = \dfrac{(10+5+4) \times 10^3}{17 \times 10^3} = 1.12$

(5) 최대 부하시 종합역률 = $\dfrac{P_\text{종합}}{\sqrt{P_\text{종합}^2 + Q_\text{종합}^2}} \times 100$

최대부하시 합성 최대전력 ($P_\text{종합}$) : $17 \times 10^3 [\text{kW}]$

최대부하시 합성 최대 무효전력

$Q_\text{종합}$: $10 \times 10^3 \times \dfrac{0.6}{0.8} + 3 \times 10^3 \times \dfrac{0}{1} + 4 \times 10^3 \times \dfrac{0.8}{0.6} = 12833.33 [\text{kVar}]$

$\cos\theta_\text{종합} = \dfrac{17 \times 10^3}{\sqrt{(17 \times 10^3)^2 + (12833.33)^2}} \times 100 = 79.811 [\%]$

• 답 : 79.81[%]

■ 참고
A 수용가 최대전력 : $10 \times 10^3 [\text{kW}]$
B 수용가 최대전력 $5 \times 10^3 [\text{kW}]$
C 수용가 최대전력 : $4 \times 10^3 [\text{kW}]$

| 참고 |

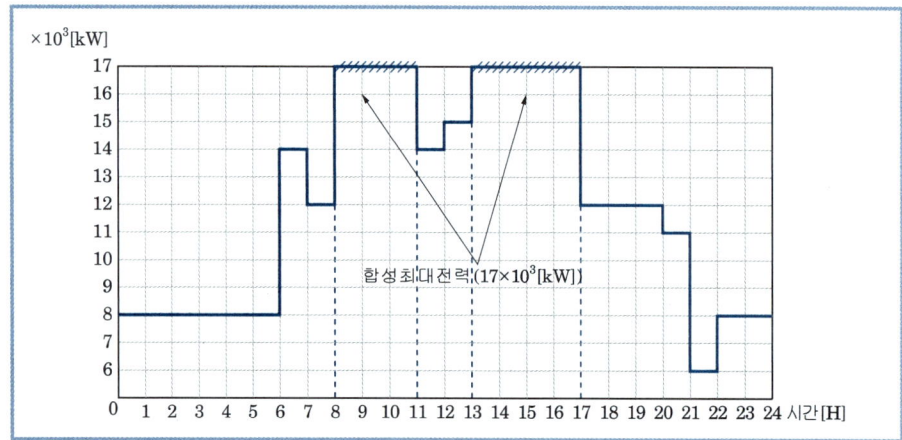

03 부하설비용량 및 분기회로 수

건축물의 기본 설계시 설치부하의 상세를 정확히 알 수 없어 경험치에 의한 사무실 등급이나 부하밀도 표로 총 부하설비 용량을 추정한다. 단, 설비등 용량을 결정할 때에는 해당 전력설비의 요구특성인 경제성, 신뢰도, 안정성, 장래증설계획을 검토한 후에 결정한다.

1 부하밀도에 의한 부하설비용량

부하설비용량 추정방법은 $[m^2]$당 전류부하밀도 × 연면적$[m^2]$으로 추정하여 총 부하설비용량을 구하고, 수용률, 부하율, 부등률을 감안하여 수전설비 용량을 구한다.

▶ **암기하기**

- 수용률 = $\dfrac{최대수용전력}{총설비용량}$

- 부하율 = $\dfrac{평균전력}{최대전력}$

- 부등률

  = $\dfrac{설비용량 \times 수용률}{합성최대전력}$

- 변압기용량

  = $\dfrac{설비용량 \times 수용률}{부등률 \times 역률}$

(1) 건축물의 표준부하에 의한 부하 산정시 표준부하$[VA/m^2]$에 의한 계산

$$부하설비\ 용량 = PA + QB + C$$

P : 표준부하면적$[m^2]$(부분면적 제외)　　Q : 부분부하 면적$[m^2]$
A : P 부분의 표준부하$[VA/m^2]$　　　　　B : Q 부분의 부분부하$[VA/m^2]$
C : 가산부하$[VA]$

■ 건축물의 종류에 따른 표준부하$[VA/m^2]$

건물의 종류	표준부하$[VA/m^2]$
공장, 공회당, 사원, 교회, 극장, 영화관, 연회장 등	10
기숙사, 여관, 호텔, 병원, 학교, 음식점, 다방, 대중 목욕탕	20
사무실, 은행, 상점, 이발소, 미장원	30
주택, 아파트	40

▶ **이해하기**

건축물의 종류에 따른 표준부하밀도는 문제 조건에 따라 계산한다.

■ 건축물(주택, 아파트는 제외) 중 별도로 계산할 부분의 표준 부하$[VA/m^2]$

건물의 부분	표준부하$[VA/m^2]$
복도, 계단, 세면장, 창고, 다락	5
강당, 관람석	10

■ 표준 부하에 따라 산출한 수치에 가산해야할 부하$[VA]$
- 주택, 아파트(1세대마다)에 대하여는 500~1000$[VA]$
- 상점의 진열장에 대하여는 진열장 폭 1$[m]$에 대하여 300$[VA]$
- 옥외의 광고 등, 전광 사인 등의 $[VA]$수
- 극장, 댄스홀 등의 무대 조명, 영화관 등의 특수 전등부하의 $[VA]$수

(2) 집합주택의 부하상정

수용가의 설비용량에 의하고, 예상되는 수요기기의 사용에 충분히 대응할 수 있도록 하여야 하며 주택 1호당의 사용전력은 다음과 같다.

$$P[VA] = 30[VA/m^2] \times 바닥면적[m^2] + 가산부하(1000[VA])$$

계산한 값이 3000[VA] 이하일 경우 3[kVA]로 한다. 간선의 수용률은 장래의 부하증가를 고려하여 크게 설계한다.

2 분기회로 수

(1) 분기회로의 정의

수용가의 전부하를 그 사용 목적에 따라 안전하게 분전반에서 분할한 배선을 분기회로라 한다.

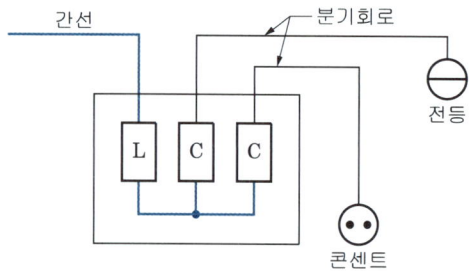

(2) 계산

$$분기회로 수 = \frac{표준부하밀도[VA/m^2] \times 바닥면적[m^2]}{전압[V] \times 분기회로의 전류[A]}$$

(3) 내선규정 3315-3

220[V]에서 정격소비전력 3[kW](110[V]때는 1.5[kW])를 초과하는 냉방기기, 취사용기기는 전용분기회로로 하여야 한다.

| 참고 |

- 분양주택 및 고층 임대주택의 간선의 수용률
  - 4 세대 : 100%   - 6 세대 : 91%
  - 8 세대 : 78%   - 10 세대 : 66%
  - 12 세대 : 61%   - 14 세대 : 58%
- 분기회로 산정시 소수점 이하는 절상을 원칙으로 한다.

전기설비설계 12 　필수문제

다음과 같은 아파트 단지를 계획하고 있다. 주어진 규모 및 참고자료를 이용하여 다음 각 물음에 답하시오.

【규 모】

- 아파트 동수 및 세대수 : 2동, 300세대
- 세대당 면적과 세대수

동　별	세대당 면적[m^2]	세대수
1동	50	30
	70	40
	90	50
	110	30
2동	50	50
	70	30
	90	40
	110	30

- 계단, 복도, 지하실 등의 공용면적 1동 : 1700[m^2], 2동 : 1700[m^2]

【조 건】

- 아파트 면적의 [m^2] 당 상정 부하는 다음과 같다.
  - 아파트 : 30[VA/m^2], 공용 부분 : 7[VA/m^2]
- 세대당 추가로 가산하여야 할 상정부하는 다음과 같다.
  - 80[m^2] 이하인 경우 : 750[VA]
  - 150[m^2] 이하의 세대 : 1000[VA]
- 아파트 동별 수용률은 다음과 같다.
  - 70세대 이하 65[%]　　　- 100세대 이하 60[%]
  - 150세대 이하 55[%]　　- 200세대 이하 50[%]
- 모든 계산은 피상전력을 기준으로 한다.
- 역률은 100[%]로 보고 계산한다.
- 주변전실로부터 1동까지는 150[m]이며 동 내부의 전압 강하는 무시한다.
- 각 세대의 공급 방식은 110/220[V]의 단상 3선식으로 한다.
- 변전실의 변압기는 단상 변압기 3대로 구성한다.
- 동간 부등률은 1.4로 본다.
- 공용 부분의 수용률은 100[%]로 한다.
- 주변전실에서 각 동까지의 전압강하는 3[%]로 한다.
- 간선은 후강 전선관 배선으로 NR 전선을 사용하며, 간선의 굵기는 300[mm^2] 이하로 사용하여야 한다.
- 이 아파트 단지의 수전은 13200/22900[V]의 Y 3상 4선식의 계통에서 수전한다.

━━━【조 건】━━━
- 사용 설비에 의한 계약전력은 사용 설비의 개별 입력의 합계에 대하여 다음표의 계약전력 환산율을 곱한 것으로 한다.

구 분	계약전력환산율	비 고
처음 75[kW]에 대하여	100[%]	계산의 합계치 단수가 1[kW] 미만일 경우에는 소수점 이하 첫째 자리에 4사 5입합니다.
다음 75[kW]에 대하여	85[%]	
다음 75[kW]에 대하여	75[%]	
다음 75[kW]에 대하여	65[%]	
300[kW] 초과분에 대하여	60[%]	

(1) 1동의 상정 부하는 몇 [VA]인가?
- 계산 :   • 답 :

(2) 2동의 수용 부하는 몇 [VA]인가?
- 계산 :   • 답 :

(3) 이 단지의 변압기는 단상 몇 [kVA]짜리 3대를 설치하여야 하는가? 단, 변압기의 용량은 10[%]의 여유율을 두도록 하며, 단상 변압기의 표준 용량은 75, 100, 150, 200, 300[kVA]등이다.
- 계산 :   • 답 :

(4) 전력공급사의 변압기 설비에 의하여 계약한다면 몇 [kW]로 계약 하여야 하는가?

(5) 전력공급사와 사용설비에 의하여 계약한다면 몇 [kW]로 계약하여야 하는가?
- 계산 :   • 답 :

정답

(1) 계산

상정부하 = [(면적 × [m^2]당 상정부하) + 가산 부하] × 세대수

세대당 면적 [m^2]	상정 부하 [VA/m^2]	가산 부하 [VA]	세대수	상정 부하[VA]
50	30	750	30	$\{(50 \times 30) + 750\} \times 30 = 67500$
70	30	750	40	$\{(70 \times 30) + 750\} \times 40 = 114000$
90	30	1000	50	$\{(90 \times 30) + 1000\} \times 50 = 185000$
110	30	1000	30	$\{(110 \times 30) + 1000\} \times 30 = 129000$
합 계				495500[VA]

1동의 전체 상정부하 = 상정부하 + 공용면적을 고려한 상정부하
$= 495500 + 1700 \times 7 = 507400$[VA]

- 답 : 507400[VA]

(2) 계산

상정 부하 = [(면적 × $[m^2]$당 상정부하) + 가산부하] × 세대수

세대당 면적 $[m^2]$	상정 부하 $[VA/m^2]$	가산 부하 $[VA]$	세대수	상정 부하[VA]
50	30	750	50	$\{(50 \times 30) + 750\} \times 50 = 112500$
70	30	750	30	$\{(70 \times 30) + 750\} \times 30 = 85500$
90	30	1000	40	$\{(90 \times 30) + 1000\} \times 40 = 148000$
110	30	1000	30	$\{(110 \times 30) + 1000\} \times 30 = 129000$
합 계				475000[VA]

2동의 전체 수용부하 = 상정부하 × 수용률 + 공용면적을 고려한 수용부하
$= 475000 \times 0.55 + 1700 \times 7 \times 1 = 273150 [VA]$

• 답 : 273150[VA]

(3) 계산

$$변압기\ 용량 = \frac{설비용량 \times 수용률 \times 여유율}{부등률}$$

$$= \frac{495500 \times 0.55 + 1700 \times 7 \times 1 + 273150}{1.4} \times 1.1 \times 10^{-3}$$

$$= 438.09 [kVA]$$

1대 변압기 용량 = $\frac{438.09}{3}$ = 146.03[kVA] 따라서, 표준용량 150[kVA]를 선정한다.

• 답 : 150[kVA]

(4) 계산 : 단상 변압기 용량이 150[kVA]이며 3대가 필요하므로 $150 \times 3 = 450[kVA]$로 계약한다. 즉, 계약전력은 450[kVA]=450[kW]이다. ($\because \cos\theta = 1$)

• 답 : 450[kW]

(5) 설비용량은 상정부하를 기준으로 하고, 계약전력은 설비용량을 기준으로 정한다.

설비용량 = $\underbrace{(507400 + 486900)}_{\text{1동과 2동의 상정부하}} \times 10^{-3} = 994.3 [kVA]$

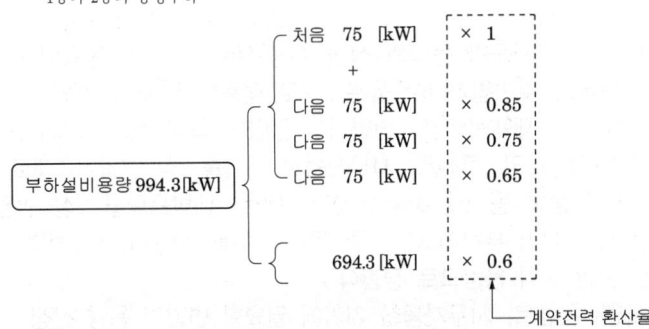

계약전력 = $\underbrace{75 + 75 \times 0.85 + 75 \times 0.75 + 75 \times 0.65}_{300[kW]} + \underbrace{694.3 \times 0.6}_{300[kW]초과분} = 660.33 [kW]$

[조건]
계산의 합계치 단수가 1[kW] 미만일 경우 소수점이하 첫째자리에서 반올림 한다.

• 답 : 660[kW]

전기설비설계 13 필수문제

어떤 인텔리전트 빌딩에 대한 등급별 추정 전원 용량에 대한 다음 표를 이용하여 각 물음에 답하시오.

등급별 추정 전원 용량 [VA/m²]

내용 \ 등급별	0등급	1등급	2등급	3등급
조 명	32	22	22	29
콘 센 트	–	13	5	5
사무자동화(OA) 기기	–	–	34	36
일반동력	38	45	45	45
냉방동력	40	43	43	43
사무자동화(OA) 동력	–	2	8	8
합 계	110	125	157	166

(1) 연면적 $10000[m^2]$인 인텔리전트 2등급인 사무실 빌딩의 전력 설비 부하의 용량을 다음 표에 의하여 구하도록 하시오.

부하 내용	면적을 적용한 부하용량[kVA]
조 명	
콘 센 트	
OA 기기	
일반동력	
냉방동력	
OA 동력	
합 계	

(2) 물음 "(1)"에서 조명, 콘센트, 사무자동화기기의 적정 수용률은 0.7, 일반동력 및 사무자동화 동력의 적정 수용률은 0.5, 냉방동력의 적정 수용률은 0.8이고, 주변압기 부등률은 1.2로 적용한다. 이때 전압방식을 2단 강압 방식으로 채택할 경우 변압기의 용량에 따른 변전설비의 용량을 산출하시오.(단, 조명, 콘센트, 사무자동화 기기를 3상 변압기 1대로, 일반동력 및 사무자동화 동력을 3상 변압기 1대로, 냉방동력을 3상 변압기 1대로 구성하고, 상기 부하에 대한 주변압기 1대를 사용하도록 하며, 변압기 용량은 일반 규격 용량으로 정한다.)

① 조명, 콘센트, 사무자동화 기기에 필요한 변압기 용량 산정
  • 계산 :   • 답 :
② 일반동력, 사무자동화동력에 필요한 변압기 용량 산정
  • 계산 :   • 답 :

③ 냉방동력에 필요한 변압기 용량 산정
- 계산 :   • 답 :
④ 주변압기 용량 산정
- 계산 :   • 답 :

(3) 주변압기에서부터 각 부하에 이르는 변전설비의 단선 계통도를 간단하게 그리시오.

[정답]

(1)

부하 내용	면적을 적용한 부하용량[kVA]
조 명	$22 \times 10000 \times 10^{-3} = 220[kVA]$
콘 센 트	$5 \times 10000 \times 10^{-3} = 50[kVA]$
OA 기기	$34 \times 10000 \times 10^{-3} = 340[kVA]$
일반동력	$45 \times 10000 \times 10^{-3} = 450[kVA]$
냉방동력	$43 \times 10000 \times 10^{-3} = 430[kVA]$
OA 동력	$8 \times 10000 \times 10^{-3} = 80[kVA]$
합 계	$157 \times 10000 \times 10^{-3} = 1570[kVA]$

(2) 계산

$$변압기용량 = \frac{설비용량 \times 수용률}{부등률} = \frac{각 부하설비 최대수용전력의 합}{부등률}$$

① $Tr_1 = \frac{(220+50+340) \times 0.7}{1} = 427[kVA]$ • 답 : 500[kVA]

② $Tr_2 = \frac{(450+80) \times 0.5}{1} = 265[kVA]$ • 답 : 300[kVA]

③ $Tr_3 = \frac{430 \times 0.8}{1} = 344[kVA]$ • 답 : 500[kVA]

④ 주변압기용량$(STr) = \frac{각 부하설비 최대수용전력의 합}{부등률}$

$STr = \frac{427+265+344}{1.2} = 863.33[kVA]$ • 답 : 1000[kVA]

(3)

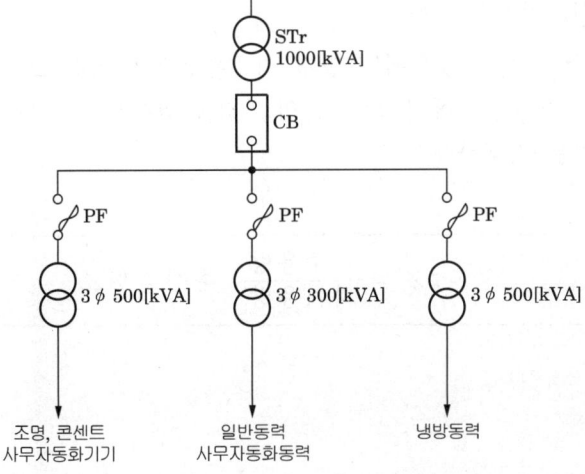

■참고
3상 변압기 표준용량
3, 5, 7.5, 10, 15, 20, 30, 50, 30, 75, 100, 150, 200, 300, 500, 750, 1000 [kVA]

04 고장계산

> %임피던스는 변압기나 동기기의 내부임피던스, 전선로의 임피던스를 %법으로 나타낸 값 이다. 이것을 사용하면 임피던스[Ω]처럼 전압에 대한 환산이 필요 없기 때문에 각 부분의 값을 그대로 집계할 수 있다는 것이 특징이다. 실제로 발전소, 변전소에 설치되어 있는 변압기의 명판을 보면 모두 %Z로 그 크기를 나타내고 있다.

1 퍼센트 임피던스

임피던스 $Z[\Omega]$가 접속되고 $E[V]$의 정격전압이 인가되어 있는 회로에 정격전류 $I[A]$가 흐르면 $ZI[V]$의 전압강하가 발생한다. 이 전압 강하분인 $ZI[V]$가 회로의 정격전압 $E[V]$에 대해서 몇[%]에 해당하는가 하는 관점에서 $E[V]$에 대한 $ZI[V]$의 비를 %로 나타낸 것을 퍼센트 임피던스라 한다.

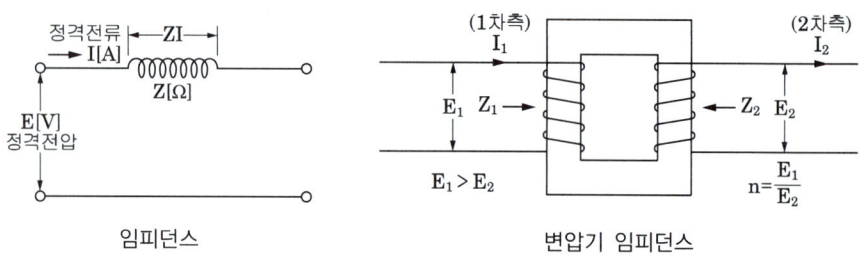

임피던스   변압기 임피던스

$$\%Z = \frac{Z[\Omega]I[A]}{E[V]} \times 100 = \frac{P[kVA]Z[\Omega]}{10\,V^2[kV]}$$

암기하기

리액터의 종류
- 한류리액터
  : 단락전류 제한
- 분로리액터
  : 페란티현상 방지
- 직렬리액터
  : 제5고조파 제거
- 소호리액터
  : 지락시 아크 소호

암기하기

임피던스 전압
변압기 2차를 단락하고 1차에 저 전압을 가하여 1차 단락전류를 측정한다. 이때 1차 단락전류가 1차 정격전류와 같게 될 때 1차에 가한 전압을 임피던스전압이라 한다. 임피던스 전압은 변압기 내의 전압강하를 의미한다. 또 이때의 입력을 임피던스와트라 한다.

2 퍼센트 임피던스의 환산

%임피던스를 집계할 경우에는 먼저 기준용량으로 어떤 크기의 kVA용량을 가정하고 그 기준용량에서 각 부분의 %Z를 환산해 준 다음 각 부분의 임피던스 강하를 집계한다.

$$\%Z' = \frac{기준용량}{자기용량} \times 환산할\ \%Z$$

3 단락전류

3상 단락사고는 큰 고장전류가 흐르기 때문에 미리 이 값을 알아야 하며 차단기 용량의 결정, 보호 계전기의 정정, 기기에 가해지는 전자력을 추정하는데 사용할 수 있다. 여기서 P_n은 정격용량을 뜻하며 3상의 경우 $P_n = \sqrt{3}\,VI_n$이며 단상일 경우 $P_n = VI_n$이다.

$$3상\ 단락전류 : I_s = \frac{100}{\%Z} \times I_n = \frac{100}{\%Z} \times \frac{P_n}{\sqrt{3}\,V}$$

$$1상\ 단락전류 : I_s = \frac{100}{\%Z} \times I_n = \frac{100}{\%Z} \times \frac{P_n}{V}$$

4 단락용량

위식 양변에 $\sqrt{3}\,V$를 곱하면 다음과 같은 단락용량을 구할 수 있다. 여기서 V는 선간전압으로서 고장직전의 계통전압을 뜻한다. 단락용량을 계산 후 그 이상의 차단기용량을 선정한다.

$$3상\ 단락용량 : P_s = \frac{100}{\%Z} \times P_n$$

$$3상\ 단락용량 : P_s = \sqrt{3}\,VI_s$$

5 차단기용량의 선정

규정된 사용전압, 회로조건, 동작임무 등에 따라 장치를 안정하게 차단할 수 있는 차단전류의 한도를 표시하는 양이다. 차단기용량 선정시 단락용량을 구한 값보다 큰 값(일반적으로 단락용량의 120~160[%]정도)을 차단기용량으로 선정한다. 한편, 3상일 경우 차단기용량은 $\sqrt{3}$ × 차단기의 정격전압 × 정격차단전류로 선정할 수도 있다. 일반적으로 차단기용량은 kVA 또는 MVA로 표시한다.

| 참고 |

공칭전압[kV]	차단기 정격전압[kV]	
	계산값	실무(설계)값
22	$22 \times \frac{1.2}{1.1} = 24$	24
22.9	$22.9 \times \frac{1.2}{1.1} = 24.98$	25.8
66	$66 \times \frac{1.2}{1.1} = 72$	72.5
154	$154 \times \frac{1.2}{1.1} = 168$	170

▶ 이해하기

과전류의 종류

- 과부하전류 : 기기에 대하여는 그 정격전류, 전선에 대하여는 그 허용전류를 어느 정도 초과하여 그 계속되는 시간을 합하여 생각하였을 때, 기기 또는 전선의 손상 방지상 자동차단을 필요로 하는 전류를 말한다.
- 단락전류 : 전로의 선간이 임피던스가 적은 상태로 접촉되었을 경우에 그 부분을 통하여 흐르는 큰 전류를 말한다.

▶ 이해하기

우리나라 계통 전압[kV]
3.3/5.7 Y
6.6/11.4 Y
13.2/22.9 Y
22/38 Y
66
154
345
765

6 단락용량 경감 대책

(1) 계통전압 V를 격상시키면 I_s는 반비례하므로 단락전류가 억제된다.

$$I_s = \frac{P_s}{\sqrt{3}\,V}$$

(2) 초전도 기술을 이용한 초전도 한류리액터를 사용한다.

평상시(임계온도 -195[℃])에서는 손실 없이 전류가 흐른다. 한편, 사고 발생 시(임계전류 이상의 전류가 흐르면) 초전도 소자는 퀀치되어 극히 짧은 시간에 사고전류를 제한 할 수 있다. 사고제한의 역할을 끝낸 후에는 0.5초 이내 다시 초전도 상태로 되어 송전을 계속한다.

(3) 고임피던스 기기를 채용한다.

$$I_s = \frac{E}{Z}$$

변압기, 발전기 등의 임피던스를 현재 사용 중인 10[%]보다 증가시킨다.

(4) 직류연계방식을 도입한다.

직류방식은 무효전력의 전달이 없어 교류계통 사고시 유입전류가 증가하지 않으므로 단락전류가 억제된다.

(5) 변전소 모선의 분할, 계통분리, 회선감소 등을 하여 임피던스를 증가시킨다.

전기설비설계 14 필수문제

$66[kV]/6.6[kV]$, $6000[kVA]$의 3상 변압기 1대를 설치한 배전 변전소로부터 긍장 $1.5[km]$의 1회선 고압 배전 선로에 의해 공급되는 수용가 인입구에서 3상 단락고장이 발생하였다. 선로의 전압강하를 고려하여 다음 물음에 답하시오. (단, 변압기 1상당의 리액턴스는 $0.4[\Omega]$, 배전선 1선당의 저항은 $0.9[\Omega/km]$ 리액턴스는 $0.4[\Omega/km]$라 하고 기타의 정수는 무시하는 것으로 한다.)

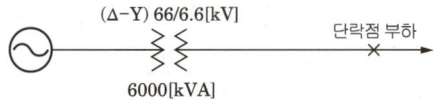

(1) 1상분의 단락회로를 그리시오.
(2) 수용가 인입구에서의 3상 단락 전류를 구하시오.
(3) 이 수용가에서 사용하는 차단기로서는 몇 $[MVA]$ 것이 적당하겠는가?

[정답]

(1) 1상당 선로의 임피던스
   $r = 0.9 \times 1.5 = 1.35[\Omega]$, $x_\ell = 0.4 \times 1.5 = 0.6[\Omega]$

   1상당 변압기 리액턴스 $x_t = 0.4[\Omega]$, 변압기 2차측(단락측) 상전압 $= \dfrac{6.6}{\sqrt{3}}[kV]$

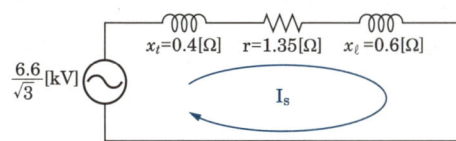

(2) 계산 : 3상 단락 전류 $I_s = \dfrac{E}{\sqrt{r^2 + (x_t + x_\ell)^2}} = \dfrac{\dfrac{6.6 \times 10^3}{\sqrt{3}}}{\sqrt{1.35^2 + (0.4 + 0.6)^2}} = 2268.121[A]$

  • 답 : $2268.12[A]$

(3) 계산 : 3상용 차단기 용량
   $P_s = \sqrt{3}\,V_n I_s = \sqrt{3} \times 7200 \times 2268.12 \times 10^{-6} = 28.285[MVA]$
  • 답 : $28.29[MVA]$

|참고|

공칭전압[kV]	6.6	22	22.9	66	154	345
정격전압[kV]	7.2	24	25.8	72.5	170	362

차단기 정격전압 = 공칭전압 $\times \dfrac{1.2}{1.1}$

전기설비설계 15 — 필수문제

그림과 같은 송전계통 S점에서 3상 단락사고가 발생하였다. 주어진 도면과 조건을 참고하여 고장점 및 차단기를 통과하는 단락전류를 구하시오.

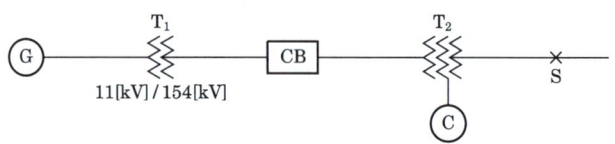

【조건】

번호	기기명	용량	전압	%X
1	발전기(G)	50000[kVA]	11[kV]	30
2	변압기(T_1)	50000[kVA]	11/154[kV]	12
3	송전선		154[kV]	10(10000[kVA] 기준)
4	변압기(T_2)	1차 25000[kVA]	154[kV]	12(25000[kVA] 기준, 1차~2차)
		2차 30000[kVA]	77[kV]	15(25000[kVA] 기준, 2차~3차)
		3차 10000[kVA]	11[kV]	10.8(10000[kVA] 기준, 3차~1차)
5	조상기(C)	10000[kVA]	11[kV]	20(10000[kVA])

(1) 고장점의 단락전류
 • 계산 :   • 답 :

(2) 차단기의 단락전류
 • 계산 :   • 답 :

정답

(1) 계산 : $I_s = \dfrac{100}{\%Z} \times I_n$ 에서 %Z를 구하기 위해서 먼저 100[MVA]로 환산

 • G의 %X $= \dfrac{100}{50} \times 30 = 60[\%]$

 • T_1의 %X $= \dfrac{100}{50} \times 12 = 24[\%]$

 • 송전선의 %X $= \dfrac{100}{10} \times 10 = 100[\%]$

 • C의 %X $= \dfrac{100}{10} \times 20 = 200[\%]$

- T_2의 %X
- 1~2차: $\dfrac{100}{25} \times 12 = 48[\%]$
- 2~3차: $\dfrac{100}{25} \times 15 = 60[\%]$
- 3~1차: $\dfrac{100}{10} \times 10.8 = 108[\%]$

- 1차 = $\dfrac{48+108-60}{2} = 48[\%]$
- 2차 = $\dfrac{48+60-108}{2} = 0[\%]$
- 3차 = $\dfrac{60+108-48}{2} = 60[\%]$

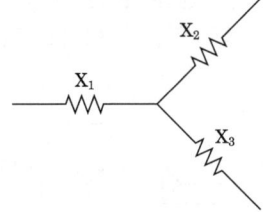

G에서 T_2 1차까지 %$X_1 = 60+24+100+48 = 232[\%]$
C에서 T_2 3차까지 %$X_3 = 200+60 = 260[\%]$ (조상기는 3차측 연결)
합성 %$Z = \dfrac{\%X_1 \times \%X_3}{\%X_1 + \%X_3} + \%X_2 = \dfrac{232 \times 260}{232+260} = 122.6[\%]$
고장점의 단락전류 $I_s = \dfrac{100}{122.6} \times \dfrac{100 \times 10^3}{\sqrt{3} \times 77} = 611.59[A]$

- 답 : 611.59[A]

(2) 계산 : 차단기의 단락전류 $I_s{}'$는 전류분배의 법칙을 이용하여
$$I_{s1}{}' = I_s \times \dfrac{\%X_3}{\%X_1 + \%X_3} = 611.59 \times \dfrac{260}{232+260}$$ 을 구한후,

전류와 전압의 반비례를 이용해 154[kV]를 환산하면

차단기의 단락전류 $I_s{}' = 611.59 \times \dfrac{260}{232+260} \times \dfrac{77}{154} = 161.6[A]$

- 답 : 161.6[A]

|참고|

1차 $X_P = \dfrac{X_{SP}+X_{PT}-X_{TS}}{2}$

2차 $X_T = \dfrac{X_{PT}+X_{TS}-X_{SP}}{2}$

3차 $X_S = \dfrac{X_{SP}+X_{TS}-X_{PT}}{2}$

전기설비설계 16 필수문제

그림은 변류기를 영상 접속시켜 그 잔류 회로에 지락 계전기 DG를 삽입시킨 것이다. 선로의 전압은 66[kV], 중성점에 300[Ω]의 저항 접지로 하였고, 변류기의 변류비는 300/5[A]이다. 송전 전력이 20000[kW], 역률이 0.8(지상)일 때 a상에 완전 지락 사고가 발생하였다. 물음에 답하시오.
(단, 부하의 정상, 역상 임피던스 기타의 정수는 무시한다.)

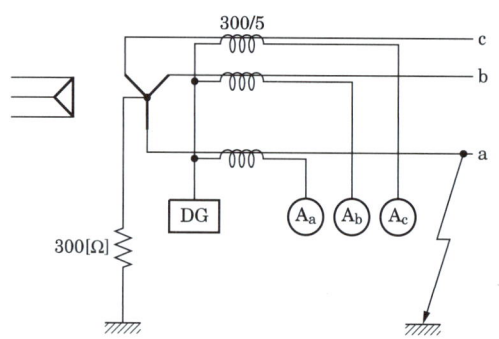

(1) 지락 계전기 DG에 흐르는 전류[A] 값은?
  • 계산 : • 답 :

(2) a상 전류계 A_a에 흐르는 전류[A] 값은?
  • 계산 : • 답 :

(3) b상 전류계 A_b에 흐르는 전류[A] 값은?
  • 계산 : • 답 :

(4) c상 전류계 A_c에 흐르는 전류[A]의 값은?
  • 계산 : • 답 :

정답

(1) 계산

지락전류 $I_g = \dfrac{66000}{\sqrt{3} \times 300} = 127.02[\text{A}]$

$\therefore I_{DG} = I_g \times \dfrac{1}{CT비} = I_g \times \dfrac{5}{300} = 127.02 \times \dfrac{5}{300} = 2.117[\text{A}]$

• 답 : 2.12[A]

(2) 계산

건전상인 b, c상에는 부하전류만 흐르고 고장상 a상에는 I_L과 I_g가 중첩해서 흐르게 되므로, 전류계 A에는 부하전류와 지락전류의 합이 흐른다.

① 부하전류 $I_L = \dfrac{20000}{\sqrt{3} \times 66 \times 0.8} \times (0.8 - j0.6) = 175 - j131.2$

② a상에 흐르는 전류 $I_a = I_L + I_g = 175 - j131.2 + 127.02$

$$= \sqrt{(127.02+175)^2 + 131.2^2} = 329.286[A]$$

③ 전류계 A에 흐르는 전류

$$i_a = I_a \times \frac{1}{CT비} = I_a \times \frac{5}{300} = 329.286 \times \frac{5}{300} = 5.488[A]$$

• 답 : 5.49[A]

(3) 계산

부하전류 $I_L = \dfrac{20000}{\sqrt{3} \times 66 \times 0.8} = 218.69[A]$

$i_b = I_L \times \dfrac{5}{300} = 218.69 \times \dfrac{5}{300} = 3.644[A]$ • 답 : 3.64[A]

(4) 계산

$i_c = I_L \times \dfrac{5}{300} = 218.69 \times \dfrac{5}{300} = 3.644[A]$ • 답 : 3.64[A]

05 송전선로

철탑 설계시 이도, 연가 등을 고려하며 송전선로에서 발생하는 코로나 현상을 방지하기 위해 복도체 방식을 채용하고 있다. 765[kV] 송전선로의 경우 6도체, 345[kV] 송전선로의 경우 4도체, 154[kV] 송전선로의 경우에는 2도체 방식을 사용한다.

1 가공전선로의 이도

이도는 철탑과 철탑사이 전선의 지지점을 연결하는 수평선으로부터 밑으로 내려가 있는 길이를 뜻한다. 이도는 지지물의 대·소 관계에 영향을 미친다.

$$D = \frac{WS^2}{8T}$$

W : 합성하중[kg/m], S : 경간[m], T : 수평장력 $= \dfrac{인장하중}{안전율}$[kg]

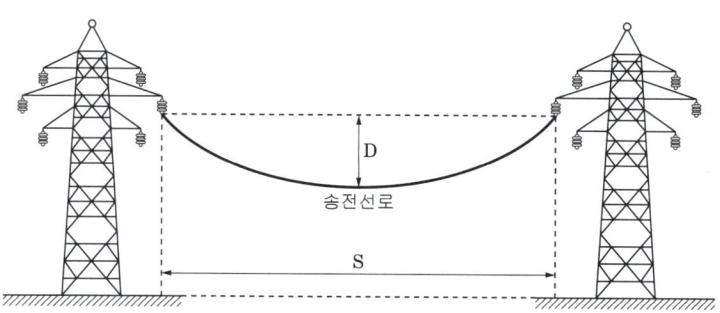

■참고
이도가 전선로에 미치는 영향
- 이도는 지지물의 높이를 결정
- 이도가 작으면 전선의 장력이 증가하여 단선사고를 초래
- 이도가 크면 다른 상의 전선에 혼촉, 수목에 접촉될 우려

2 지중전선로의 케이블 시공방법

시공 방법	장 점	단 점
직매식	• 저렴한 공사비 • 짧은 공사기간	• 케이블의 재시공 곤란 • 보수 점검이 어려움
관로식	• 케이블의 재시공이 용이 • 고장 복구가 비교적 용이 • 보수 점검이 편리	• 공사비가 고가 • 공사기간이 장기간 소요 • 케이블의 융통성이 적음
전력구식 (암거식)	• 큰 허용전류 • 시공이 용이	• 공사비가 고가 • 공사기간이 장기간 소요

암기하기

케이블의 종류
- RV : 고무절연비닐 외장케이블
- EV : 폴리에틸렌 절연비닐 외장케이블
- CV : 가교 폴리에틸렌 절연비닐 외장케이블
- CN-CV-W : 동심 중성선 수밀형 전력케이블(도체와 중성선 모두 수밀처리)

3 연가

(1) 방법 : 각상의 전자유도되는 크기와 각상의 정전유도되는 크기를 같게 하기 위하여 전 구간을 3의 배수로 등분하여 각상의 위치를 바꾼다.

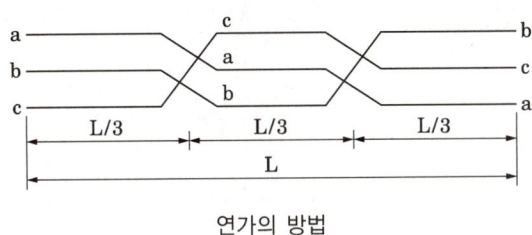

연가의 방법

(2) 목적 : 선로정수 평형

(3) 효과 : 직렬공진방지, 통신선의 유도장해 감소

4 코로나현상

(1) 정의 : 전선로 주변의 공기의 절연이 부분적으로 파괴되는 현상으로 낮은 소리나 엷은빛을 내면서 방전한다.

(2) 코로나 발생의 임계전압

$$E_0 = 24.3 m_0 m_1 \delta d \log_{10} \frac{D}{r} [\text{kV}]$$

m_0 : 표면계수 m_1 : 날씨계수 δ : 공기상대밀도
d : 전선직경 D : 선간거리

(3) 코로나 영향
- 코로나 손실로 인한 송전용량 감소
- 오존으로 인해 전선의 부식 촉진
- 전파장해, 통신선의 유도장해 발생
- 소호 리액터의 소호능력 저하

(4) 코로나 방지대책
- 굵은전선을 사용한다.
- 복도체를 사용한다.
- 가선금구를 개량한다.

▶ 암기하기
등가 선간거리
- 수평배열
  $D_e = \sqrt[3]{2} D$
- 정삼각형 배열
  $D_e = D$
- 정사각형 배열
  $D_e = \sqrt[6]{2} D$
- 임의의 배치
  $D_e = \sqrt[3]{a \times b \times c}$

▶ 암기하기
복도체 방식의 특징
장점
- 안정도 증대
- 인덕턴스 감소
- 송전용량 증대
- 코로나손실 감소
단점
- 페란티 현상
- 소도체 충돌

전기설비설계 17 필수문제

그림과 같은 송전철탑에서 등가 선간거리[cm]는? (단, 주어진 그림에서 단위는 [cm]이다.)

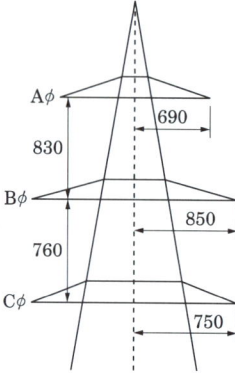

- 계산 :
- 답 :

[정답]

- 계산
  등가선간거리 = $\sqrt[3]{D_{AB} \cdot D_{BC} \cdot D_{CA}} = \sqrt[3]{845.28 \times 766.55 \times 1591.13} = 1010.22[cm]$
- 답 : 1010.22[cm]

이해하기

$D_{AB} = \sqrt{830^2 + (850-690)^2}$
$\quad\quad = 845.28[cm]$

$D_{BC} = \sqrt{760^2 + (850-750)^2}$
$\quad\quad = 766.55[cm]$

$D_{CA} = \sqrt{1590^2 + 60^2}$
$\quad\quad = 1591.13[cm]$

전기설비설계 18 필수문제

다음은 가공 송전선로의 코로나 임계전압을 나타낸 식이다. 이 식을 보고 다음 각 물음에 답하시오.

$$E_0 = 24.3 m_0 m_1 \delta d \log_{10} \frac{D}{r} \; [kV]$$

(1) 기온 $t[°C]$에서의 기압을 $b[mmHg]$라고 할 때 $\delta = \dfrac{0.386b}{273+t}$로 나타내는데 이 δ는 무엇을 의미하는지 쓰시오.

(2) m_1이 날씨에 의한 계수라면, m_0는 무엇에 의한 계수인지 쓰시오.

(3) 코로나에 의한 장해의 종류 2가지만 쓰시오.

(4) 코로나 발생을 방지하기 위한 주요 대책을 2가지만 쓰시오.

[정답]

(1) 상대 공기 밀도
(2) 전선 표면의 상태계수
(3) 코로나 손실, 통신선 유도 장해
(4) 복도체를 사용, 굵은 전선을 사용

전기설비설계 19 필수문제

그림은 고압측 전로가 비접지식인 전로에서 고·저압 혼촉사고가 발생된 것을 표현한 것이다. 변압기 TR_1의 내부에서 혼촉사고가 발생되었다고 할 때 다음 각 물음에 답하시오. (단, 대지정전용량 $C = 1.16\,[\mu F]$이고, 지락저항은 무시한다고 하고, I_g는 고압전로의 1선 지락전류이다.)

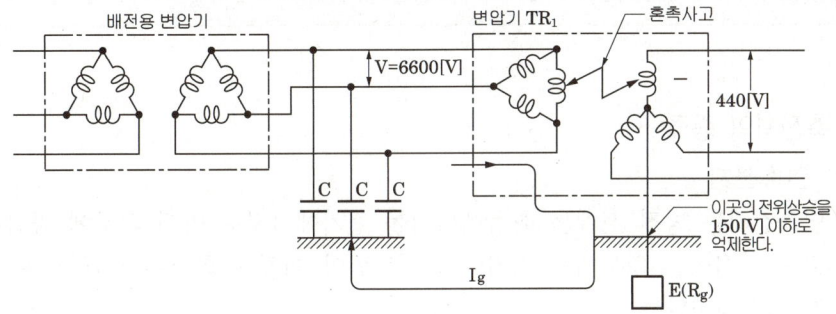

(1) 전로의 대지정전용량에 흐르는 전류는(충전전류)는 몇 [A]인가?

(2) 변압기 TR_1의 2차측 중성점접지의 접지저항 R_g는 몇 [Ω] 이하로 하여야 하는가?

(3) 변압기 결선에 대한 결선도($\triangle-\triangle$, $\triangle-Y$)를 작성하시오.

정답

(1) • 계산 $I_c = \omega CE = 2\pi \times 60 \times 1.16 \times 10^{-6} \times \dfrac{6600}{\sqrt{3}} = 1.67\,[A]$

• 답 : $1.67\,[A]$

(2) • 계산 : 접지 저항값 $R_g = \dfrac{\text{조건에 있는 전압값}}{I_g}$

$I_g = \sqrt{3}\,\omega CV = \sqrt{3} \times 2\pi \times 60 \times 1.16 \times 10^{-6} \times 6600 = 4.999 \quad \therefore\ 5\,[A]$

$R_g = \dfrac{150}{I_g} = \dfrac{150}{5} = 30\,[\Omega]$

• 답 : $30\,[\Omega]$

(3) ① $\triangle-\triangle$ 결선　　　　　　　　　② $\triangle-Y$ 결선

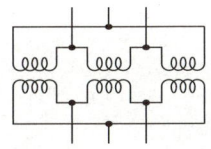　　　　　　　　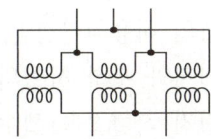

Chapter 01 전기설비설계

06 예비전원설비

축전지는 정전시 및 비상시에 가장 신뢰할 수 있는 전지이며 예비전원이나 비상전원용으로 사용된다. 축전지는 여러종류가 있으며 각 종류별 용량 및 충전방식이 다양하다. UPS는 전원에서 발생되는 각종 장애로부터 기기를 보호하고 양질의 전원으로 변환 후 중요 부하에 정전 없이 주어진 방전시간동안 연속적으로 공급해주는 정지형 전원장치이다.

1 축전지의 종류

(1) 연축전지

연축전지는 방전 시에는 화학에너지를 전기에너지로 바꿔 외부에 공급하고 충전시에는 외부에서 전기에너지를 받아 이것을 화학에너지형으로 저장하는 것이다.

$$\underset{\text{이산화납}}{\underset{(\text{양극})}{PbO_2}} + \underset{\text{황산}}{\underset{(\text{전해액})}{2H_2SO_4}} + \underset{\text{해면상 납}}{\underset{(\text{음극})}{Pb}} \underset{\text{충전}}{\overset{\text{방전}}{\rightleftarrows}} \underset{\text{황산납}}{\underset{(\text{양극})}{PbSO_4}} + \underset{\text{물}}{\underset{(\text{전해액})}{2H_2O}} + \underset{\text{황산납}}{\underset{(\text{음극})}{PbSO_4}}$$

암기하기

연축전지의 특징
- 공칭전압 : 2[V/cell]
- Ah당 단가가 낮다.
- 축전지의 필요 셀수가 적어도 된다.
- 충·방전 전압의 차이가 적다.
- 기대수명 : PS형 10~15년, HS형 5~7년

(2) 알칼리축전지

알칼리축전지는 충전 상태에서 양극 제2니켈, 음극 금속카드뮴이고 방전을 하면 양극은 환원되어 제1니켈, 음극 산화되어 수산화카드뮴이 된다.

$$\underset{\text{옥시수산화니켈}}{\underset{(\text{양극})}{2NiOOH}} + \underset{\text{카드뮴}}{\underset{(\text{음극})}{Cd}} + \underset{\text{물}}{2H_2O} \underset{\text{충전}}{\overset{\text{방전}}{\rightleftarrows}} \underset{\text{수산화니켈}}{\underset{(\text{양극})}{2Ni(OH)_2}} + \underset{\text{수산화카드뮴}}{\underset{(\text{음극})}{Cd(OH)_2}}$$

암기하기

알칼리축전지의 특징
- 공칭전압 : 1.2[V/cell]
- 극판의 기계적 강도가 강하다.
- 과방전, 과전류에 대해 강하다.
- 고율 방전특성이 좋다.
- 저온 특성이 좋다.
- 부식성의 가스가 발생하지 않는다.
- 보존이 용이하다.
- 기대수명 : 12년~20년

2 축전지의 용량

(1) 축전지 용량 산출 필요조건

$$허용최저전압\ V = \frac{V_a + V_e}{n} [\text{V/cell}]$$

V_a : 부하의 허용최저전압[V]
V_e : 축전지와 부하 사이의 전압강하[V]
n : 축전지 직렬접속 셀수

암기하기

설페이션(Sulfation) 현상
- 정의 : 연축전지를 방전 상태로 오래 방치해 두면 극판이 백색으로 변하면서 가스가 발생하고 축전지 용량이 감소, 수명이 단축되는 현상이다.
- 원인 : 방전상태로 장시간 방치한 경우, 방전전류가 대단히 큰 경우, 불충분하게 충·방전을 반복하는 경우가 있다.

(2) 축전지 용량 산출

$$C = \frac{1}{L}KI \ [\text{Ah}]$$

C : 축전지의 용량[Ah]　　L : 보수율(경년용량 저하율)
K : 용량환산 시간　　　　I : 방전전류[A]

> **이해하기**
> 축전지는 방전 전류율, 방전 시의 온도, 충방전 횟수에 따라 방전 용량이 변화하는데, 이때 방전 전류율이 큰 경우, 온도가 낮은 경우 또는 수명이 다 되었을 때 실용량이 저하하는 비율을 경년용량 저하율이라 한다.

3 충전방식

(1) 초기 충전
축전지에 아직 전해액을 넣지 않은 미충전 상태의 축전지에 전해액을 주입하여 처음으로 행하는 충전이다.

(2) 사용 중 충전
사용과정에서 물의 보충과 함께 수명이나 방전의 가부를 결정하는 요소가 되므로 신중히 다루어야 한다.

1) 보통충전 : 필요할 때마다 표준시간율로 소정의 충전을 하는 방식이다.

2) 급속충전 : 비교적 단시간에 보통 충전전류의 2~3배의 전류로 충전하는 방식이다.

> **이해하기**
> 알카리축전지에 불순물이 혼입되면 축전지의 용량이 감소하고 전해액이 착색된다.

3) 부동충전 : 전지의 자기방전을 보충함과 동시에 상용부하에 대한 전력공급은 충전기가 부담하도록 하되 충전기가 부담하기 어려운 일시적인 대전류 부하는 축전지로 하여금 부담하게 하는 방식이다.

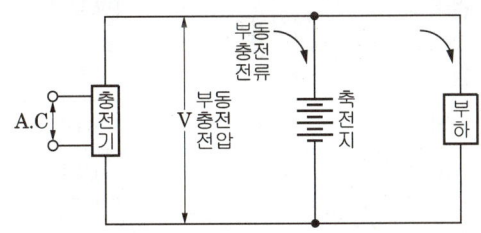

> **이해하기**
> 연축전지 셀전압의 불균형 발생 원인은 불순물 혼입 또는 방전상태로 장기간 방치했을 때 발생할 수 있다.

4) 균등충전 : 부동충전방식에 의하여 사용할 때 각 전해조에서 일어나는 전위차를 보정하기 위하여 1~3개월마다 1회, 정전압으로 10~12시간 충전하여 각 전해조의 용량을 균등하게 하는 방식이다.

5) 회복충전 : 방전상태로 방치되었던 극판을 원상태로 회복시키기 위하여 실시하는 충전방법이다. 정전류 충전에 의해 약한 전류로 40~50시간 충전시킨 다음 방전시키고 다시 충전하는 방법을 여러 번 반복하면 극판이 원래의 상태로 회복된다.

Chapter 01 전기설비설계

4 UPS(무정전 전원공급장치)

(1) 개념

UPS는 전원에서 발생되는 각종 장애(전압변동, 주파수변동, 왜곡, 순간정전)로부터 기기를 보호하고 정전 없이 방전시간동안 전원을 연속적으로 공급해주는 전원장치이다. 평상시에는 상용전원에 의해 부하에 전력을 공급하고, 사용전원 정전시 축전지에 저장된 직류를 인버터로써 교류로 변환시켜 부하에 전력을 공급하는 방식이다.

> **이해하기**
> 예비전원으로 시설되는 축전지로부터 부하에 이르는 전로에는 계폐기와 과전류차단기를 설치한다.

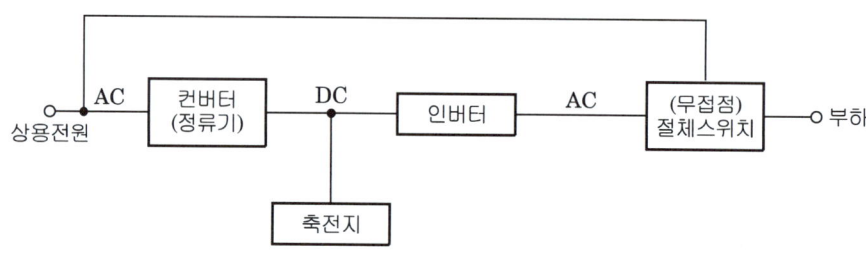

(2) 전원장치인 UPS, CVCF, VVVF 장치비교

구분		장치	UPS	CVCF	VVVF
우리말 명칭			무정전 전원공급 장치	정전압 정주파수 장치	가변전압 가변주파수 장치
주회로 방식			전압형 인버터	전압형 인버터	전류형 인버터
스위칭 방식	컨버터		PWM제어 또는 위상제어	PWM제어	PWM제어 또는 위상제어
	인버터		PWM제어	PWM제어	PWM제어
주회로 디바이스	컨버터		IGBT	IGBT	IGBT
	인버터		IGBT	IGBT	IGBT
출력 전압	무정전		○	×	×
	정전압 정주파수		○	○	×
	가변전압 가변주파수		×	×	○

전기설비설계 20 ─ 필수문제

비상용 조명으로 40[W] 120등, 60[W] 50등을 30분간 사용하려고 한다. 납 급방전형 축전지 (HS형) 1.7[V/cell]을 사용하여 허용 최저 전압 90[V], 최저 축전지 온도를 5[℃]로 할 경우 참고 자료를 사용하여 물음에 답하시오. 단, 비상용 조명 부하의 전압은 100[V]로 한다.

[표] 납 축전지 용량 환산 시간 [K]

형식	온도[℃]	10분			30분		
		1.6[V]	1.7[V]	1.8[V]	1.6[V]	1.7[V]	1.8[V]
CS	25	0.9	1.15	1.6	1.41	1.6	2.0
		0.8	1.06	1.42	1.34	1.55	1.88
	5	1.15	1.35	2.0	1.75	1.85	2.45
		1.1	1.25	1.8	1.75	1.8	2.35
	-5	1.35	1.6	2.65	2.05	2.2	3.1
		1.25	1.5	2.25	2.05	2.2	3.0
HS	25	0.58	0.7	0.93	1.03	1.14	1.38
	5	0.62	0.74	1.05	1.11	1.22	1.54
	-5	0.68	0.82	1.15	1.2	1.35	1.68

*상단은 900[Ah]를 넘는 것(2000[Ah]까지), 하단은 900[Ah]이하인 것

(1) 비상용 조명 부하의 전류는?
 • 계산 :   • 답 :
(2) HS형 납 축전지의 셀 수는? 단, 1셀의 여유를 준다.
 • 계산 :   • 답 :
(3) HS형 납 축전지의 용량[Ah]은? 단, 경년 용량 저하율은 0.8이다.
 • 계산 :   • 답 :

정답

(1) • 계산 : 조명부하전류 $I = \dfrac{P}{V}$, $I = \dfrac{40 \times 120 + 60 \times 50}{100} = 78[A]$

  • 답 : 78[A]

(2) • 계산 : $V = \dfrac{V_a + V_e}{n}$ 이므로

  $n = \dfrac{90}{1.7} = 52.94$ [cell] 추가조건, 1셀의 여유를 주어 54[cell]로 정한다.

  • 답 : 54[cell]

(3) • 계산 : 용량 환산 시간(K)는 표에서 5℃, 30분, 1.7[V]이므로 1.22

  축전지 용량 $C = \dfrac{1}{L}KI = \dfrac{1}{0.8} \times 1.22 \times 78 = 118.95$ [Ah]

  • 답 : 118.95[Ah]

■참고
V_a : 부하의 최저 허용 전압
V_e : 축전지와 부하간의 전압 강하

Chapter 01 전기설비설계

전기설비설계 21 — 필수문제

그림은 어느 인텔리전트 빌딩에 사용되는 컴퓨터 정보설비 등 중요 부하에 대한 무정전 전원 공급을 하기 위한 블록다이어그램을 나타내었다. 이 블록 다이어그램을 보고 다음 각 물음에 답하시오.

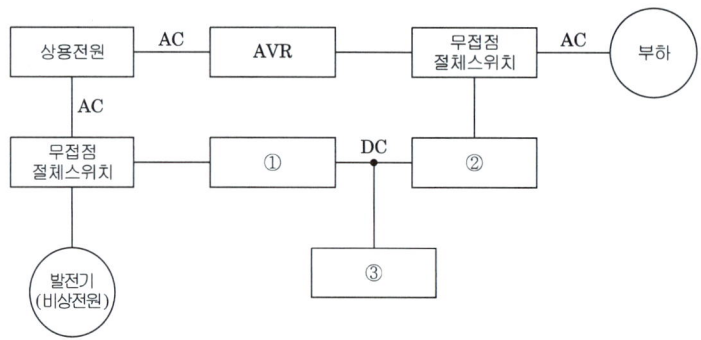

(1) ①~③에 알맞은 전기 시설물의 명칭을 쓰시오.

(2) ①, ②에 시설되는 것의 전력 변환 방식을 각각 1개씩만 쓰시오.

(3) 무정전 전원은 정전시 사용하지만 평상 운전시에는 예비전원으로 200[Ah]의 연축전지 100개가 설치되었다고 한다. 충전시에 발생되는 가스와 충전이 부족할 경우 극판에 발생되는 현상 등에 대하여 설명하시오.
① 발생가스
② 현상

(4) 발전기(비상전원)에서 발생된 전압을 공급하기 위하여 부하에 이르는 전로에는 발전기 가까운 곳에 쉽게 개폐 및 점검을 할 수 있는 곳에 기기 및 기구들을 설치하여야 하는데 이 설치하여야 할 것들 4가지만 쓰시오
①
②
③
④

[정답]

(1) ① 컨버터 ② 인버터 ③ 축전지

(2) ① AC를 DC로 변환 (컨버터)
② DC를 AC로 변환 (인버터)

(3) ① 발생가스 : 수소
② 현상 : 설페이션 현상 – 연축전지를 방전상태로 오래 방치해 두면 극판이 백색으로 변하면서 가스가 발생하고 축전지 용량이 감소, 수명이 단축되는 현상이다.

(4) ① 개폐기 ② 과전류 차단기 ③ 전압계 ④ 전류계

전기설비설계 22 　필수문제

연축전지의 정격 용량 100[Ah], 상시 부하 5[kW], 표준전압 100[V]인 부동 충전 방식이 있다. 이 부동 충전 방식에서 다음 각 물음에 답하시오.

(1) 부동 충전방식의 충전기 2차 전류는 몇 [A]인가?

(2) 부동 충전방식의 회로도를 전원, 연축전지, 부하, 충전기 등을 이용하여 간단히 그리시오. (단, 심벌은 일반적인 심벌로 표현하되 심벌 부근에 심벌에 따른 명칭을 쓰도록 하시오.)

[정답]

(1) 부동 충전방식의 충전기 2차전류 $= \dfrac{\text{축전지 정격용량[Ah]}}{\text{정격 방전율[h]}} + \dfrac{\text{상시 부하용량[VA]}}{\text{표준 전압[V]}}$

$\therefore I = \dfrac{100}{10} + \dfrac{5 \times 10^3}{100} = 60[A]$ ・답 : 60[A]

(2)

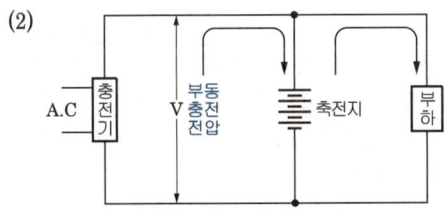

■참고

	공칭전압 [V/cell]	공칭용량 [Ah]
연축전지	2.0	10
알카리 축전지	1.2	5

전기설비설계 23 　필수문제

UPS 장치 시스템의 중심부분을 구성하는 CVCF의 기본 회로를 보고 다음 각 물음에 답하시오.

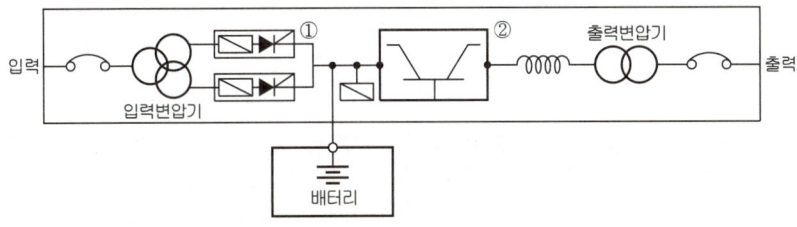

(1) UPS 장치는 어떤 장치인가?

(2) CVCF는 무엇을 뜻하는가?

(3) 도면의 ①, ②에 해당되는 것은 무엇인가?

[정답]
(1) 무정전 전원공급 장치
(2) 정전압 정주파수 장치(CVCF: Constant Voltage Constant Frequency)
(3) ① 정류기(컨버터)　　　② 인버터

전기설비설계 24 필수문제

예비전원설비로 축전지 설비를 하고자 한다. 축전지 설비에 대한 다음 각 물음에 답하시오.

(1) 축전지 설비를 구성하는 주요 부분을 4가지로 구분할 때, 그 4가지는 무엇인가?

(2) 축전지의 충전 방식 중 부동 충전 방식에 대한 개략도를 그리고 이 충전 방식에 대하여 설명하시오.

(3) 축전지의 과방전 및 방치상태, 가벼운 설페이션(Sulfation) 현상 등이 생겼을 때 기능 회복을 위하여 실시하는 충전 방식은 어떤 충전 방식인가?

[정답]

(1) 축전지, 충전 장치, 보안 장치, 제어 장치

(2) 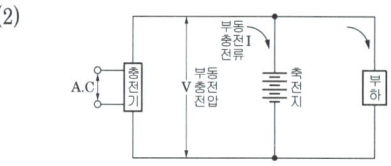 축전지의 자기방전을 보충함과 동시에 상용 부하에 대한 전력공급은 충전기가 부담하되 충전기가 부담하기 어려운 일시적인 대전류 부하는 축전지로 하여금 부담하게 하는 방식

(3) 회복충전

|참고|

1. 보통 충전방식
    필요할 때 표준시간율로 소정의 충전전류를 충전하는 방식.
2. 급속 충전방식
    단시간에 충전전류의 2~3배로 충전하는 방식.
3. 균등 충전방식
    부동충전을 유지하면 완전충전 상태로 유지되지만 축전지 개개의 특성에 따라 자기 방전량에 차이가 생기고 개개의 부동충전전압은 상이하므로 장기간 부동충전시 충전부족 상태의 것이 나온다. 이 불균형 시정을 위하여 일종의 과충전인 균등충전을 할 필요가 있다. 즉, 균등충전이란 각 전지간의 전압을 균등하게 하기 위해 3주에 1회 정도 축전지 공칭전압의 120~125%의 정전압으로 10~12시간 충전하는 방식이다.

[표] 균등충전전압과 충전소요시간

단전지당 전압 (V)	충전소요시간
2.25 일 때	약 48 시간
2.30 일 때	약 24 시간
2.40 일 때	약 8 시간

4. 부동 충전방식
   - 상시부하전류는 정류기가 부담하고 순시 대전류는 충전기와 축전지가 분담하며, 정전시에는 축전지가 전 부하를 부담하고, 정전회복 후에는 정류기가 충전과 부하전류를 부담하게 된다. 따라서 정류기 출력전류 = 충전전류 + 상시부하 최대전류가 필요하다.

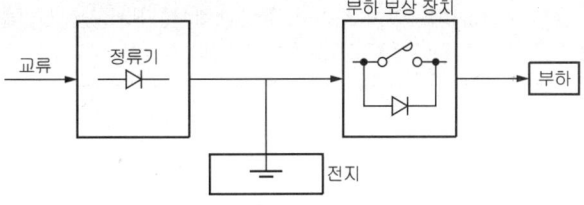

[표] 완전충전시 비중과 부동충전전압

축전지종류	완전충전시비중(25℃)	부동충전전압(V/cell)
일반방전용(PS)	1.215	2.15~2.17
고율방전용(HS)	1.240	2.18~2.20

   - 장점
     - 축전지가 항상 완전충전상태에 있다.
     - 정류기의 용량이 작아진다.
     - 축전지의 수명에 좋은 영향을 준다.
   - 거치형 축전지설비에서 가장 일반적으로 사용되며, 수 개월에 1회는 균등충전을 할 필요가 있다.

5. 세류 충전방식(트리클 충전방식)
   축전지의 자기방전을 보충하기 위해 부하를 제거한 상태로 늘 미소전류로 충전하는 방식
   자기방전 : Self Discharge
   충전된 2차전지가 방치해 둔 시간과 함께 용량이 감소되어 저장된 전기에너지가 전지내에서 소모되는 현상으로, Zn보다 단극 전위가 높고 수소 과전압이 낮은 불순물 Cu 등이 존재하면 국부 전지가 형성되어 순환전류가 흘러 Zn이 소모되면서 생긴 H_2가 양극으로 이동하여 양극의 활성물질과 반응한다. 또한 누설전류에 의한 방전이 발생한다.

6. 전자동 충전방식
   정전압 충전의 결점(충전초기 대전류)을 보완하여 일정전류로 자동 전류제한하는 장치를 부착한 충전방식으로 보수유지에 유리하다.
   (정전압장치와 자동회복 충전장치가 필요하다)

7. 회복충전방식
   방전상태로 방치되었던 극판을 원상태로 회복시키기 위하여 실시하는 충전방법이다. 정전류 충전에 의해 약한 전류로 40~50시간 충전시킨 다음 방전시키고 이를 반복하면 극판이 원래의 상태로 회복된다.

07 절연내력시험

절연내력시험은 기기 및 선로의 절연강도가 통상 사용중에 발생이 예상되는 이상전압으로 절연파괴, 단락, 감전 등의 사고를 예방이 목적이다. 절연내력시험에서 시험전압을 연속하여 10분간 인가하여 이것을 견디어야 한다고 규정하고 있다.

1 절연내력시험

(1) 정의

절연물이 어느 정도의 전압에 견딜 수 있는지를 확인하는 시험이다. 어떤 전압을 가해서 점차 승압시켜 파괴되는 전압을 알 수 있는 파괴시험과 어느 일정한 전압을 규정된 시간 동안 가해서 이상 유무를 확인하는 내전압 시험이 있다.

이해하기
6600[V] 전로에 사용하는 다심 케이블은 최대사용전압의 1.5배의 시험전압을 심선 상호 및 심선과 대지사이에 연속해서 10분간 가하여 절연내력을 시험했을 때 이에 견디어야 한다.

(2) 절연내력시험전압

> 절연내력 시험 전압 = 사용전압 × 최대사용 전압의 배수

전로의 종류	접지방식	시험전압(최대 사용 전압의 배수)	최저시험전압
7[kV] 이하인 전로		1.5배	500[V]
7[kV] 초과 25[kV]이하	다중접지	0.92배	
7[kV] 초과 60[kV]이하	다중접지 이외	1.25배	10,500[V]
60[kV] 초과	비접지	1.25배	
	접지식	1.1배	75[kV]
60[kV] 초과 170[kV] 이하	직접접지	0.72배	
170[kV] 초과	직접접지	0.64배	

2 저압선로의 절연저항값

■ 참고
전선과 대지사이의 절연저항은 사용전압에 대한 누설전류가 최대공급전류의 1/2000을 초과하지 않도록 유지하여야 한다.

건축물의 전기설비는 현실적으로 정전을 시키고 저압전로의 절연저항을 측정하기 곤란한 경우가 많다. 따라서 저항을 측정하기 곤란한 경우에 누설전류 제한 값을 규정하고 있다.

전로의 사용전압[V]	DC시험전압[V]	절연 저항[MΩ]
SELV 및 PELV	250	0.5
FELV, 500[V] 이하	500	1.0
500[V] 초과	1,000	1.0

[주] 특별저압(extra low voltage : 2차 전압이 AC 50[V], DC 120[V] 이하)으로 SELV(비접지회로 구성) 및 PELV(접지회로 구성)은 1차와 2차가 전기적으로 절연된 회로, FELV는 1차와 2차가 전기적으로 절연되지 않은 회로

전기설비설계 25 필수문제

그림은 최대 사용전압 6900[V] 변압기의 절연 내력을 시험하기 위한 회로도이다. 그림을 보고 다음 각 물음에 답하시오.

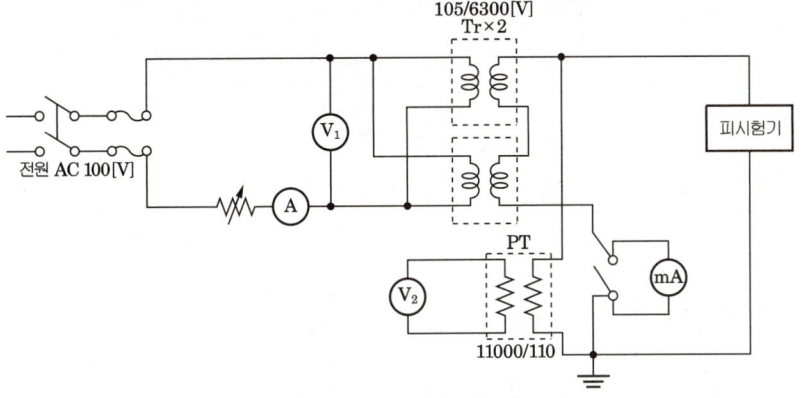

(1) 절연내력 시험시 시험전압은 몇[V]인가?

(2) 절연내력 시험 전압으로 얼마 동안 견디어야 하는가?

(3) V_1 전압계로 측정되는 전압은 몇 [V]인가?

(4) mA의 설치 목적은?

(5) 시험 전압계 V_2로 측정되는 전압은 몇 [V]인가?

(6) PT의 설치목적은 무엇인가?

【정답】
(1) 전로의 절연저항 및 절연내력

전로의 종류	접지방식	시험전압 (최대사용 전압의 배수)	최저시험전압
7[kV] 이하인 전로		1.5배	500[V]
7[kV] 초과 25[kV] 이하	다중접지	0.92배	
7[kV] 초과 60[kV] 이하	다중접지 이외	1.25배	10,500[V]
60[kV] 초과	비 접 지	1.25배	
	접 지 식	1.1배	75[kV]
60[kV] 초과 170[kV] 이하	직접접지	0.72배	
170[kV] 초과	직접접지	0.64배	

• 계산 : 절연 내력 시험 전압 = 사용전압 × 최대사용전압의 배수
  = 6900 × 1.5 = 10350[V]

• 답 : 10350[V]

(2) 10분

(3) 계산 : 저압측 전압계 Ⓥ 측정 전압 = 시험전압×권수비의 역수×$\frac{1}{2}$

$$= 10350 \times \frac{105}{6300} \times \frac{1}{2} = 86.25 [V]$$

- 답 : 86.25 [V]

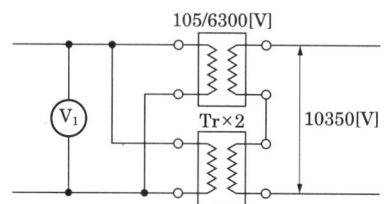

(4) 누설전류 측정

(5) 계산 : PT 2차측 전압계 Ⓥ₂ 측정 전압 = 시험전압×$\frac{1}{권수비}$

$$= 10350 \times \frac{110}{11000} = 103.5 [V]$$

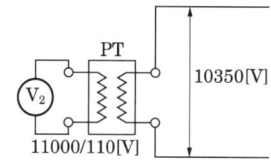

(6) 시험전압을 강압하여 전압계에 공급

전기설비설계 26 필수문제

그림은 자가용 수변전 설비 주회로의 절연 저항 측정시험에 대한 배치도이다. 다음 각 물음에 답하시오.

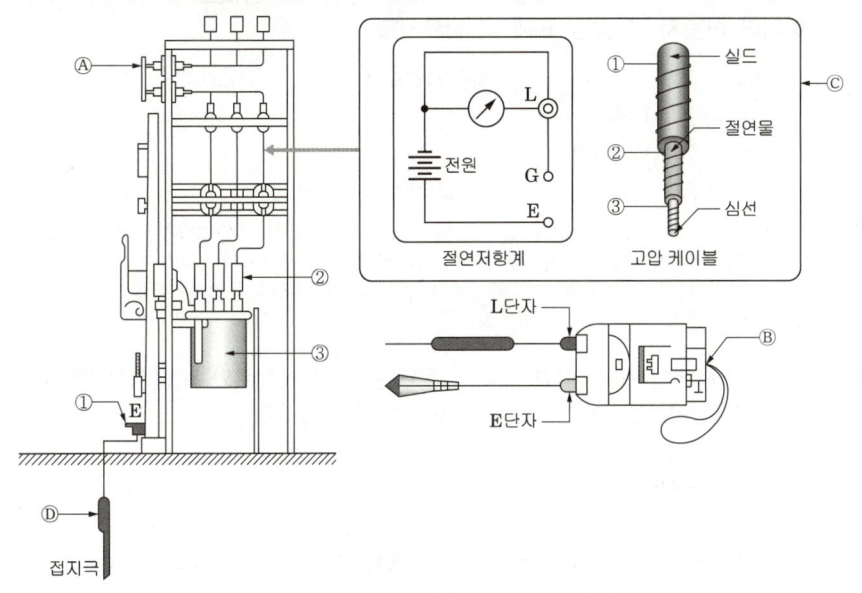

(1) 절연 저항 측정에서 Ⓐ기기의 명칭을 쓰고 개폐 상태를 밝히시오.

(2) 기기 Ⓑ의 명칭은 무엇인가?

(3) 절연 저항계의 L단자와 E단자의 접속은 어느 개소에 하여야 하는가?

(4) 절연 저항계의 지시가 잘 안정되지 않을 때에는 통상 어떻게 하여야 하는가?

(5) ⓒ의 고압 케이블과 절연 저항계의 단자 L, G, E와의 접속은 어떻게 하여야 하는가?

정답

(1) 명칭 : 단로기. 개폐상태: 개방

(2) 절연 저항계(메거)

(3) L 단자 : 선로측   E 단자 : 접지극

(4) 1분 후 다시 측정한다.

(5) L 단자 : ③   G 단자 : ②   E 단자 : ①

해설
(1) 단로기는 기기를 전로로부터 완전히 개방할 때 사용한다. 절연 저항을 측정하기 위해서 무전압 상태가 되어야 한다. 그러므로 단로기는 개방상태가 되어야 한다.
(5) 케이블의 절연저항을 측정할 경우 L단자를 심선에, E단자를 실드에 연결하고 G단자는 절연물에 연결하여 가압하여 측정한다.

전기설비설계 27 필수문제

전로의 절연 저항에 대하여 다음 각 물음에 답하시오.

(1) 다음 표의 전로의 사용 전압의 구분에 따른 절연저항값은 몇 [MΩ] 이상이어야 하는지 그 값을 표에 써 넣으시오.

전로의 사용 전압[V]	DC시험전압[V]	절연저항값[MΩ]
SELV 및 PELV	250	
FELV, 500[V] 이하	500	
500[V] 초과	1,000	

[주] 특별저압(extra low voltage : 2차 전압이 AC 50[V], DC 120[V] 이하)으로 SELV(비접지회로 구성) 및 PELV(접지회로 구성)은 1차와 2차가 전기적으로 절연된 회로, FELV는 1차와 2차가 전기적으로 절연되지 않은 회로

(2) 물음 "(1)"에서 표에 써있는 대지 전압은 접지식 전로와 비접지식 전로에서 어떤 전압(어느 개소간의 전압)인지를 설명하시오.
- 접지식 선로 :
- 비접지식 선로 :

(3) 사용 전압이 200[V]이고 최대 공급전류가 30[A]인 단상 2선식 가공 전선로에 2선을 총괄한 것과 대지간 절연 저항은 몇 [Ω]인가?
- 계산 :
- 답 :

정답

(1)

전로의 사용 전압[V]	DC시험전압[V]	절연저항값[MΩ]
SELV 및 PELV	250	0.5
FELV, 500[V] 이하	500	1.0
500[V] 초과	1,000	1.0

[주] 특별저압(extra low voltage : 2차 전압이 AC 50[V], DC 120[V] 이하)으로 SELV(비접지회로 구성) 및 PELV(접지회로 구성)은 1차와 2차가 전기적으로 절연된 회로, FELV는 1차와 2차가 전기적으로 절연되지 않은 회로

(2) • 접지식 전로 : 전선과 대지 사이의 전압
 • 비접지식 전로 : 전선과 그 전로 중의 임의의 다른 전선 사이의 전압

(3) 계산 : 누설전류 $I = 30 \times \dfrac{1}{2000} \times 2 = 0.03 [A]$

전선과 대지 사이의 절연저항은 사용전압에 대한 누설전류가 최대 공급 전류의 $\dfrac{1}{2000}$ 을 초과하지 않도록 유지하여야 한다. (단, 단상2선식의 경우 $\dfrac{1}{2000} \times 2$ 를 초과하지 않는다.)

절연저항 $R = \dfrac{200}{0.03} = 6666.67 [\Omega]$

• 답 : 6666.67[Ω]

08 접지기술

접지는 전기 관련 설비기기들과 대지 사이에 확실한 전기적 접속을 실현하려는 기술로 도전성 물체를 대지와 전기적으로 접속하여 접지된 설비와 대지를 등전위화 시키거나 전위차를 최소화시키는 것이다.

1 접지의 목적

(1) 배전 변전소의 접지목적
- 지락 및 단락 전류 등 고장 전류로부터 기기 보호
- 배전 변전소 운전원의 감전사고 및 설비의 화재사고를 방지
- 보호 계전기의 확실한 동작 확보 및 전위 상승 억제

■ 참고
• 접지 개소
 - 각종 기기의 철대 및 외함
 - 피뢰기
 - 케이블 실드
 - 계통접지(중성점 접지)
 - 계측용 변압기 2차측 접지

(2) 접지도체의 굵기

종류	굵기
특고압·고압 전기설비용	$6[mm^2]$ 이상
중성점 접지용 접지도체	$16[mm^2]$ 이상 (단, 사용전압이 $25[kV]$ 이하인 특고압 가공전선로 중성선 다중접지식 전로에 지락이 생겼을 때 2초 이내에 자동적으로 차단하는 장치가 되어 있는 것은 $6[mm^2]$)
$7[kV]$ 이하의 전로	$6[mm^2]$ 이상
저압 전기설비용 접지도체는 다심 코드 또는 다심 캡타이어케이블의 1개 도체의 단면적	$0.75[mm^2]$ (단, 연동연선은 1개 도체의 단면적이 $1.5[mm^2]$ 이상)

▶ 암기하기
유효접지
유효접지란 1선지락 사고시 건전상의 대지전위 상승이 대지전압의 1.3배가 넘지 않도록 접지하는 방식을 말하며 가장 대표적인 접지방식은 직접 접지방식이다.

(3) 보호도체

선도체의 단면적 S (mm^2, 구리)	보호도체의 최소 단면적	
	보호도체의 재질	
	선도체와 같은 경우	선도체와 다른 경우
$S \leq 16$	S	$(k_1/k_2) \times S$
$16 < S \leq 35$	$16(a)$	$(k_1/k_2) \times 16$
$S > 35$	$S(a)/2$	$(k_1/k_2) \times S/2$

k_1 : 선도체에 대한 k값
k_2 : 보호도체에 대한 k값
a : PEN도체의 최소단면적은 중성선과 동일하게 적용

▶ 이해하기
• 차단시간이 5초 이하인 경우
$$S = \frac{\sqrt{I^2 t}}{k}$$
S : 단면적
I : 고장전류 실효값
t : 보호장치의 동작시간
k : 계수

2 공용접지방식의 장·단점

(1) 공용접지의 장점
  ① 접지극의 연접으로 합성저항의 저감효과
  ② 접지극의 연접으로 접지극의 신뢰도 향상
  ③ 접지극의 수량 감소로 공사비 저감

(2) 공용접지의 단점
  ① 계통의 이상전압 발생 시 유기전압 상승
  ② 다른 기기 계통으로부터 사고 파급
  ③ 피뢰침용과 공용하므로 뇌서지에 대한 영향

3 접지저항 측정방법

(1) 콜라우시 브리지법

3개의 전극을 삼각형으로 배치하고 각 전극간의 저항을 측정하여 계산한 값

$$R_1 = \frac{1}{2} \times (R_{12} + R_{31} - R_{23})$$

(2) 워너의 4전극법

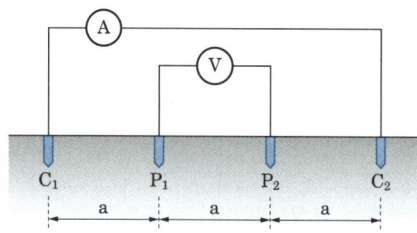

- 측정선의 일직선상에서 외부에 전류 보조전극(C_1, C_2), 내부에 전위 보조전극(P_1, P_2)을 각각의 전극 간격이 등 간격 a가 되도록 매설한다. (전극의 매설 깊이 : 극간격의 1/20이하)

- 각각의 보조전극에 측정용 전선을 대지 저항률 측정기의 해당 전극에 맞게 연결한다.

- 전극 간격 a를 0.5, 1, 2, 3, 4, 5, 6, 7, 8, 9, 10, 15, 20 및 30m가 되도록 변화시키면서 위의 과정을 반복하여 측정한다.

암기하기

독립접지의 허용 이격거리 결정시 고려할 사항
- 접지전류의 최댓값
- 전위상승의 허용값
- 대지저항률

이해하기

콜라우시 브리지법
$R_1 + R_2 = R_{12}$
$R_2 + R_3 = R_{23}$
$R_3 + R_1 = R_{31}$
R_1 : 측정하려는 주 접지 극의 저항값

이해하기

워너의 4전극법
대지저항률 $\rho = 2\pi a R$
(단, a : 전극 간격[m]
  R : 접지저항[Ω])

4 계통접지

(1) TN계통

전원측의 한 점을 직접접지하고 설비의 노출도전부를 보호도체로 접속시키는 방식으로 중성선 및 보호도체(PE 도체)의 배치 및 접속방식에 따라 다음과 같이 분류한다.

① TN-S 계통은 계통 전체에 대해 별도의 중성선 또는 PE 도체를 사용한다. 배전계통에서 PE 도체를 추가로 접지할 수 있다.

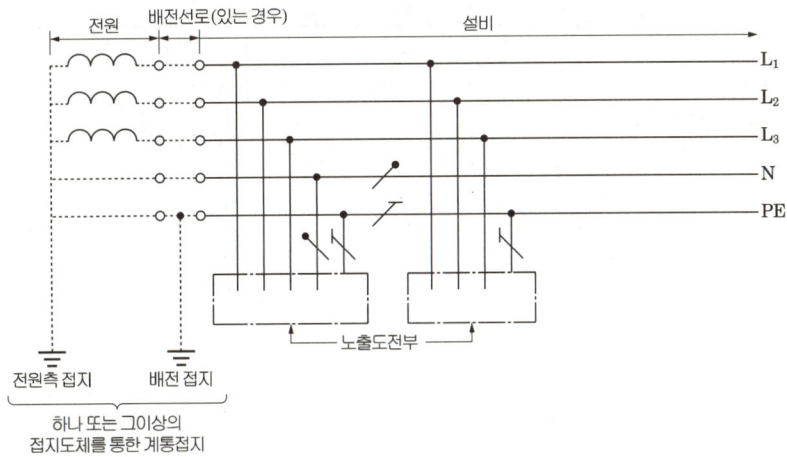

② TN-C 계통은 그 계통 전체에 대해 중성선과 보호도체의 기능을 동일 도체로 겸용한 PEN 도체를 사용한다. 배전계통에서 PEN 도체를 추가로 접지할 수 있다.

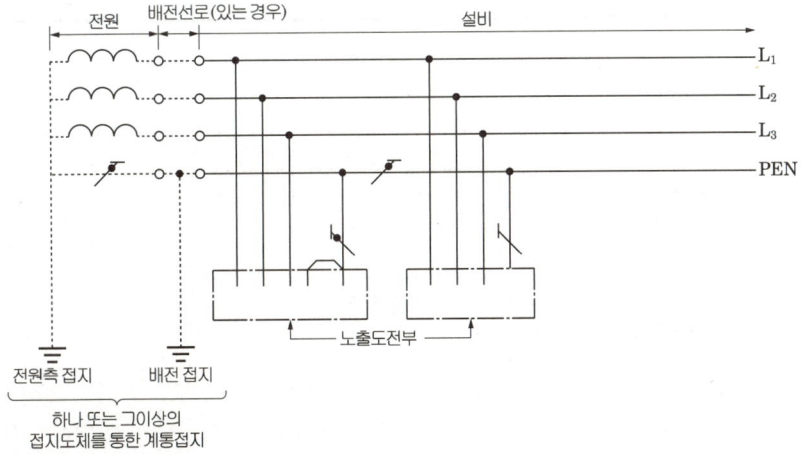

③ TN-C-S 계통은 계통의 일부분에서 PEN 도체를 사용하거나, 중성선과 별도의 PE 도체를 사용하는 방식이 있다. 배전계통에서 PEN 도체와 PE 도체를 추가로 접지할 수 있다.

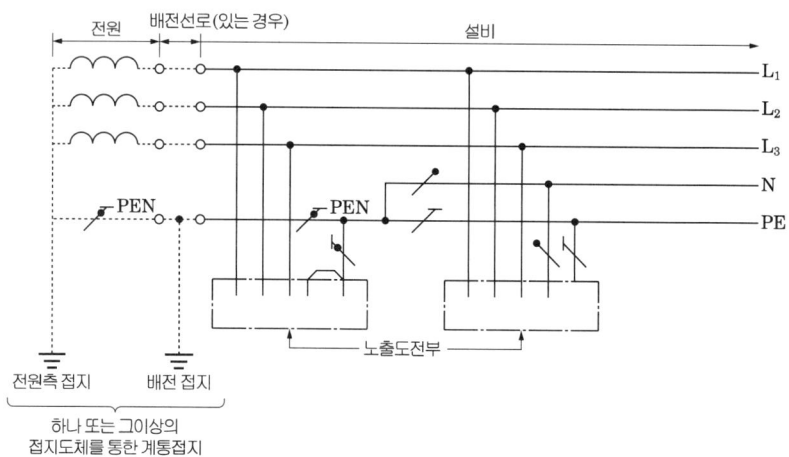

(2) TT계통

전원의 한 점을 직접 접지하고 설비의 노출도전부는 전원의 접지전극과 전기적으로 독립적인 접지극에 접속시킨다. 배전계통에서 PE 도체를 추가로 접지할 수 있다.

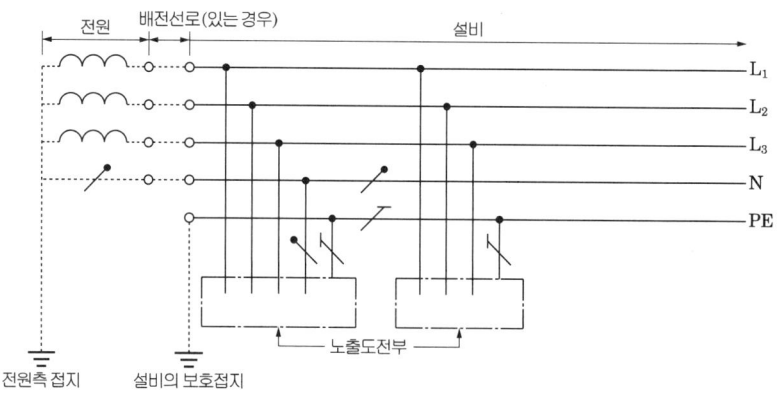

(3) IT계통

충전부 전체를 대지로부터 절연시키거나, 한 점을 임피던스를 통해 대지에 접속시킨다. 전기설비의 노출도전부를 단독 또는 일괄적으로 계통의 PE 도체에 접속시킨다. 배전계통에서 추가 접지가 가능하다.

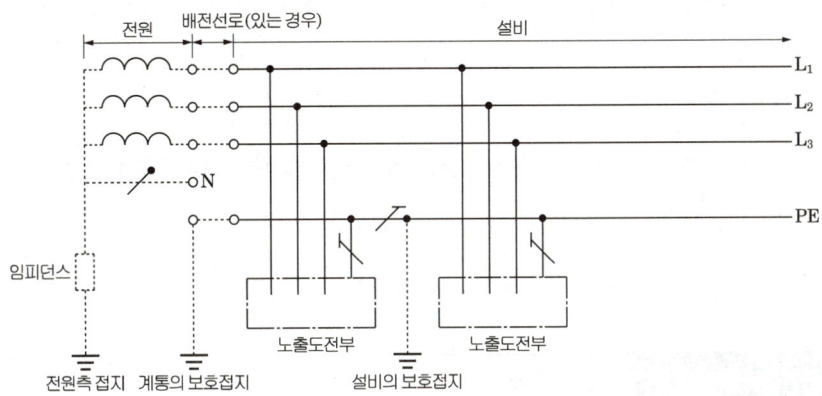

전기설비설계 28　필수문제

아래의 그림에 계통접지와 기기접지의 접지선을 연결하고 그 기능을 설명하시오. (접지극과 연결된 부위를 선으로 연결하시오.)

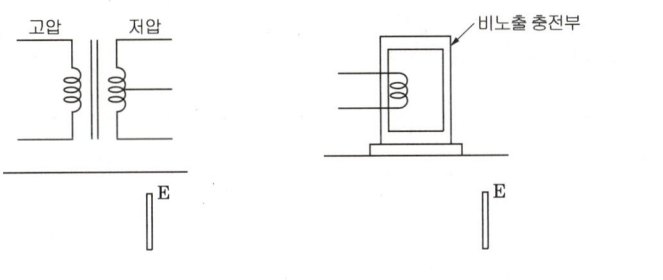

정답

(1) 계통 접지
　① 결선

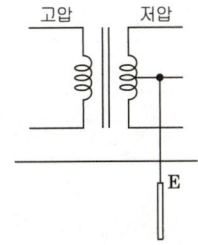

　② 기능 : 고저압 혼촉 사고가 발생하는 경우에 저압 측 전위상승 억제 시킨다.

(2) 기기접지
  ① 결선

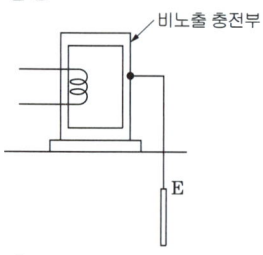

  ② 기능
    권선 등의 절연이 열화 되어 외함에 누전되어 감전 또는 화재 예방을 방지하기 위해서이다.

전기설비설계 29 | **필수문제**

다음 그림은 사용이 편리하고 일반적인 접지저항을 측정하고자 할 때 널리 사용하는 전위차계법의 미완성 접속도이다. 다음 각 물음에 답하시오.

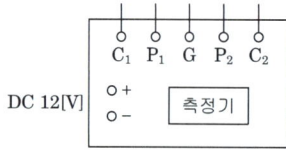 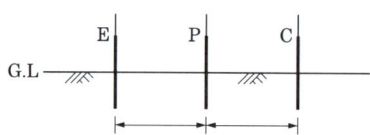

(1) 미완성 접속도를 완성하시오.

(2) 전극간 거리는 몇 [m] 이상으로 하는가?

정답

(1)

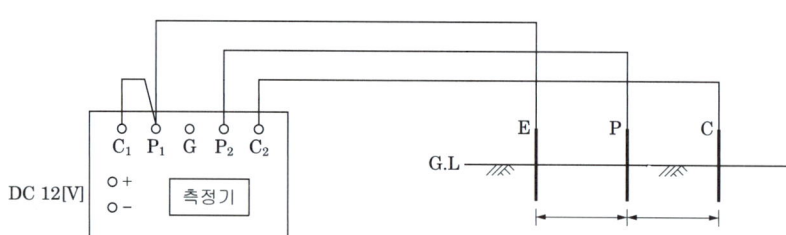

(2) 10[m]

전기설비설계 30 필수문제

다음 그림은 전자식 접지저항계를 사용하여 접지극의 접지 저항을 측정하기 위한 배치도이다. 물음에 답하시오.

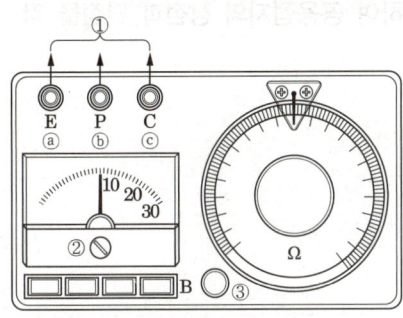 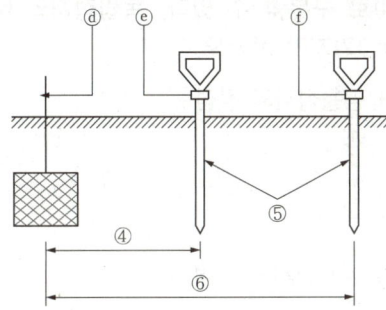

(1) 보조 접지극을 설치하는 이유는 무엇인가?

(2) ⑤와 ⑥의 설치 간격은 얼마인가?

(3) 그림에서 ①의 측정단자 접속은?

(4) 접지극의 매설 깊이는?

[정답]

(1) 전압과 전류를 공급하여 접지저항을 측정하기 위함

(2) 10[m], 20[m]

(3) ⓐ → ⓓ, ⓑ → ⓔ, ⓒ → ⓕ

(4) 0.75[m] 이상

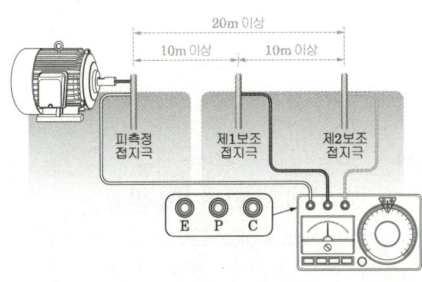 

전기설비설계 31 | 필수문제

접지방식은 각기 다른 목적이나 종류의 접지를 상호 연접시키는 공용접지와 개별적으로 접지하되 상호 일정한 거리 이상 이격하는 독립접지(단독접지)로 구분할 수 있다. 독립접지와 비교하여 공용접지의 장점과 단점을 각각 3가지만 쓰시오.

(1) 공용접지의 장점
① _____
② _____
③ _____

(2) 공용접지의 단점
① _____
② _____
③ _____

정답

(1) 공용접지의 장점
① 접지극의 연접으로 합성저항의 저감효과
② 접지극의 연접으로 접지극의 신뢰도 향상
③ 접지극의 수량 감소로 공사비 저감

(2) 공용접지의 단점
① 계통의 이상전압 발생 시 유기전압 상승
② 다른 기기 계통으로부터 사고 파급
③ 피뢰침용과 공용하므로 뇌서지에 대한 영향을 받을 수 있다.

│참고│

■ 접지저항 저감

(1) 물리적 저감방법
- 접지극의 병렬접속, 접지극의 매설깊이를 증가시킨다.
- 건축물의 구조체 접지를 한다.
- 메쉬 공법을 채택한다

(2) 화학적 저감방법
- 반응형 저감재(화이트 아스론)를 사용한다.
- 비반응 저감재(염, 황산암모니아, 탄산소다, 벤토나이트 등)를 사용한다.

(3) 접지저감재의 구비조건
- 접지저항 저감특성이 좋아야 한다.
- 화학적 처리로 인축이나 식물에 대한 안전성을 고려하여야 한다.
- 접지저항의 저감성능에 지속성이 있어야 한다.
- 접지전극을 부식시키지 않아야 한다.

09 가스절연개폐장치

가스절연개폐장치(GIS)란 옥내·외 발전소 및 변전소에서 정해진 사용조건하에 정상상태의 부하전류 개폐뿐만 아니라 사고, 단락전류 등의 이상상태에서도 선로를 안전하게 개폐하여 전력계통을 보호하는 SF_6 가스로 절연하여 축소된 설비의 가스절연개폐장치이다.

1 GIS설비 정의 및 구성

GIS설비는 금속용기(Enclosure)내에 모선, 개폐장치, 변성기, 피뢰기 등을 내장시키고 절연 성능과 소호특성이 우수한 SF_6 가스로 충전, 밀폐하여 절연을 유지시키는 개폐장치이다. 단로기, 차단기, 변류기, 계기용변압기 등으로 구성되어 있다.

▶ **암기하기**

SF_6 가스의 특징
- 소호 능력이 우수
- 무색, 무취, 무독
- 절연 성능 및 안정성이 우수
- 높은 절연 내력
- 열전달성이 우수

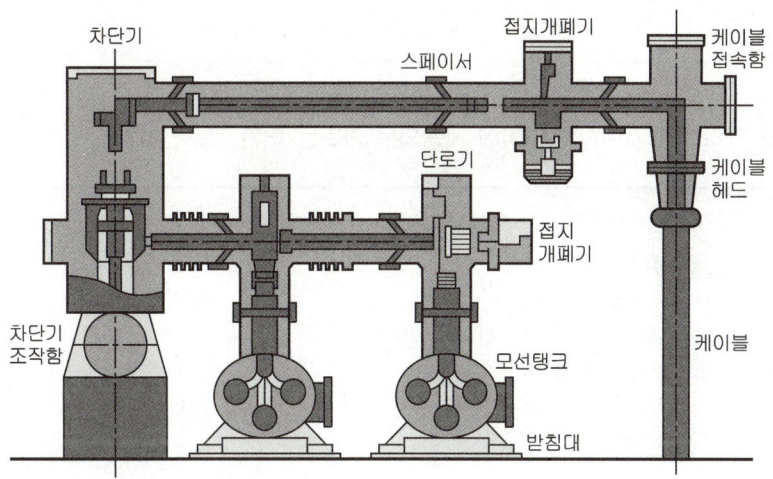

2 가스절연개폐장치의 장·단점

장 점	단 점
• 절연거리축소로 설치면적이 작아진다. • 조작 중 소음이 작다. • 전기적 충격 및 화재의 위험이 적다. • 주위 환경과 조화를 이룰 수 있다. • 설치공기가 단축된다. • 보수, 점검 주기가 길어진다.	• 내부를 직접 볼 수 없다. • 내부점검 및 부품교환이 번거롭다. • 가스압력, 수분 등을 엄중하게 감시해야 한다. • 기기 가격이 고가이다. • 한랭지, 산악지방에서는 액화방지대책이 필요하다.

▶ **암기하기**

가스절연개폐장치 장점
- 절연거리 축소로 설치면적이 작아진다.
- 조작중 소음이 작다.
- 전기적 충격 및 소음이 작다.
- 설치공기가 단축된다.
- 보수·점검 주기가 길어진다.

전기설비설계 32 필수문제

가스절연 개폐장치(GIS)의 구성품 4가지를 쓰시오.

[정답]
① 단로기(DS) ② 차단기(CB) ③ 변류기(CT) ④ 계기용변압기(PT)

전기설비설계 33 필수문제

가스절연 개폐장치(GIS)에 대한 다음 각 물음에 답하시오.

(1) 가스절연 개폐장치(GIS)의 장점 4가지를 쓰시오.
  ①
  ②
  ③
  ④

(2) 가스절연 개폐장치(GIS)에 사용되는 가스는 어떤 가스인가?

암기하기

변전소의 주요기능
- 전력 조류제어
- 전압의 변성과 조정
- 전력의 집중과 배분

[정답]
(1) ① 설치면적이 작아진다.
    ② 조작 중 소음이 작다.
    ③ 전기적 충격 및 화재의 위험이 없다.
    ④ 주위환경과 조화를 이룰 수 있다.

(2) SF_6(육불화유황) 가스

|참고|

GIS 설비는 금속용기(Enclosure)내에 모선, 개폐장치, 변성기, 피뢰기 등을 내장시키고 절연성능과 소호특성이 우수한 SF_6가스로 충전, 밀폐하여 절연을 유지시키는 개폐장치이다.

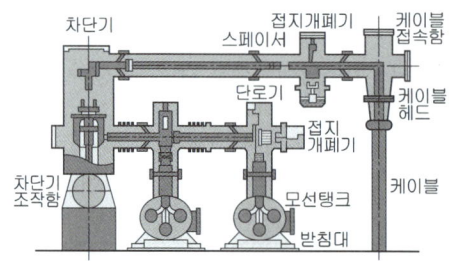

10 고조파 및 플리커

고조파란 기본파에 대하여 그 정수배의 주파수 성분을 갖는 파형이다. 고조파 전류는 전원측에 유출되어 각종 기기의 과열, 오동작 등 장해를 일으킨다. 플리커란 부하특성에 기인하는 전압동요에 의한 조명의 깜박임, TV영상의 일그러짐 현상 등을 말한다.

> **이해하기**
>
> 전력전자소자를 사용하는 전력 변환기기의 증가로 인하여 계통으로의 고조파 유입이 증대되고 있다. 각 나라별로 고조파전압의 제한치를 규정하고 있으며, 고조파의 제한을 규정하는 데는 종합 고조파 왜형률(THD) 및 등가방해전류(EDC)를 기준으로 정하는 것이 일반적이다.

1 고조파

(1) 고조파의 발생원인
- 정류기, 인버터 등의 전력변환장치에 의해 발생
- 형광등, 전기기기 등 콘덴서의 병렬공진에 의해 발생
- 전압의 순시동요, 계통서지, 개폐서지 등에 의해 발생
- 코로나 현상 발생시 3고조파 발생

(2) 고조파 경감대책

계통측 대책	수용가측 대책
• 단락용량 증대 • 용량이 큰 고조파 발생기의 공급 배전선 전용화 • 배전선 선간전압의 평형화 • 배전계통 절체	• 필터의 설치 • 변환 장치의 다(多)펄스화 • 기기 자체의 고조파 내량 증가 • PWM 방식 채용 • 변압기의 △ 결선

(3) 종합 고조파 왜형률(THD : Total Harmonics Distortion)
- 정전압 및 전류의 기본파 실효치를 V_1, I_1 고조파 실효치를 $V_2, V_3, \cdots V_n$ 이라 두면 전압의 THD(혹은 TVHD)는 다음과 같은 표현으로 나타낸다.
- $THD = \dfrac{고조파의\ 실효치}{기본파의\ 실효치} = \dfrac{\sqrt{V_3^2 + V_5^2 + \cdots + V_n^2}}{V_1} = \dfrac{\sqrt{\sum V_n^2}}{V_1}$

(4) 등가방해전류(EDC : Equivalent Disturbing Current)
- 전력계통의 고조파전류에 의한 인접 통신선에의 유도장해를 규제하기 위하여 등가방해전류를 규정하고 있으며 다음과 같이 나타낸다.
- $EDC = \sqrt{\sum_{n=1}^{\infty}(S_{fn}^2 \cdot I_n^2)}$ S_{fn} : 통신선 유도계수
  I_n : 영상분 고조파전류

(5) 고조파 허용 기준치

전압 \ 항목	지중선로가 있는 S/S에서 공급하는 고객		가공선로가 있는 S/S에서 공급하는 고객	
	전압왜형률	등가방해전류	전압왜형률	등가방해전류
66kV 이하	3%	–	3%	–
154kV 이상	1.5%	3.8A	1.5%	–

■ 참고
플리커 현상
전압동요에 의하여 조명이 깜빡거리거나 TV영상이 일그러지는 현상이 반복되는 것을 플리커 현상이라 하며, 이처럼 명멸정도가 10[Hz]정도 일 때 사람이 느끼는 불쾌감이 가장 현저해 진다. 특히 수용가측에서 주된 플리커 발생부하는 단상유도전동기, 전기용접기, X선장치, 아크로 등의 각종 로(爐; Furnace)가 원인이 되고 있다.

2 플리커 현상

(1) 플리커 원인 및 현상

원인	발생기기	현상
아크로, 방전기기의 부하변동	용접기, 아크로	조명의 깜박거림
뇌서지 침입 및 유도서지	직격뢰, 유도뢰	지락계전기 오동작, 소손
부하설비 차단기의 개폐동작	대형프레스	전동기 과열
고장전류 차단	단락, 지락	변압기 서지 전압인가

(2) 플리커 경감대책

계통측	수용가측
• 플리커 발생 부하를 분리 • 굵은 전선으로 교체 • 공급전압을 승압	• 전압강하를 보상 • 부하의 무효전력 변동분을 흡수 • 플리커 부하전류의 변동분을 억제

(3) 플리커 특성

깜박임의 느낌은 같은 크기의 전압변동이라 하더라도 변동 주기에 따라서 달라지므로 플리커의 크기를 나타내는 척도로는 변동주기까지 포함하여 ΔV_{10}을 사용한다. ΔV_{10}은 전압이 $100[V]$에서 $99[V]$까지 1초 동안에 10회 변동한 것을 의미하며 이를 플리커 $1[\%]$로 한다. 전압변동 $\Delta V_n[V]$의 변동주파수가 $f_n[Hz]$이라면 이때의 플리커는 아래와 같다.

- $Fliker = \sqrt{\sum_{n=1}^{m}(a_n^2 \cdot \Delta V_n^2)}$ [%] (단, a_n은 깜박임 시감도계수)

전기설비설계 34 필수문제

고조파 전류가 발생하는 원인과 그 대책을 각각 3가지씩 쓰시오.

(1) 발생원인

(2) 대책

정답

(1) 발생원인
　① 정류기, 인버터 등의 전력 변환장치에 의해 전력변환장치에 의해 고조파 발생
　② 코로나에 의한 3고조파 발생
　③ 변압기의 히스테리시스현상으로 여자전류에 고조파가 발생

(2) 대책
　① 고조파 필터를 사용하여 제거
　② 변압기 △결선 채용
　③ 변환 장치의 다(多) 펄스화

전기설비설계 35 필수문제

TV나 형광등과 같은 전기제품에서의 깜빡거림 현상을 플리커 현상이라 하는데 이 플리커 현상을 경감시키기 위한 전원측과 수용가측에서의 대책을 각각 3가지씩 쓰시오.

(1) 전원측

(2) 수용가측

정답

(1) 전원측
　① 플리커 발생 부하를 분리하여 별도의 주상변압기로 직접 전력을 공급한다.
　② 굵은 전선으로 교체한다.
　③ 공급전압을 승압시킨다.

(2) 수용가측
　① 전압강하를 보상한다.
　② 부하의 무효전력 변동분을 흡수한다.
　③ 플리커 부하전류의 변동분을 억제한다.

11 변압기

변압기는 수변전설비용 기기에서 많이 사용되고 있는 전압을 변성하는 전압변환 장치로서 전자유도작용을 응용한 변성기이다. 최근 변압기의 제조기술은 환경보전형, 에너지 절약형, 유지보수 용이, 화재에 대한 안전성 및 Oilless화된 변압기 개발이 계속되고 있다.

■ 참고
- NLTC(No Load Tapchanger)
  : 무전압 탭절환기
- OLTC(On Load Tapchanger)
  : 부하시 탭절환기

1 변압기의 분류에 따른 구분

분류	구분
구조	내철형, 외철형, 권철심형
절연	유입, 건식, 몰드, 가스
용도	주상, 지상변압기, 접지형 변압기 등
상수	단상, 3상
권선수	단권, 2권선, 3권선
탭절환 방식	무전압 탭 절환기(NLTC), 부하시 탭 절환기(OLTC)

암기하기

절연유의 구비조건
- 절연내력이 클것
- 냉각효과가 클것
- 인화점이 높고, 응고점이 낮을것
- 고온에서 불용성 침전물이 생기지 않을 것

2 변압기의 종류별 특징

몰드형 변압기는 건식변압기의 일종으로서 차이점은 코일표면이 에폭시수지(절연체)로 싸여 있다. 난연성, 내습성, 절연성 등이 뛰어난 에폭시를 사용하기 때문에 화재의 염려도 작고 감전 등에 안전하다. 또한, 유입 변압기와는 달리 절연유를 사용하지 않기 때문에 보수 및 점검이 유리하다

	유입변압기	몰드 변압기	건식변압기
특성	• 가연성이다. • 절연강도가 높다. • 유입자냉식 및 강제공냉식 • 폭발성이다.	• 난연성이다. • 절연강도가 대단히 높다. • 강제공냉식 및 자연통풍식 • 비폭발성이다	• 난연성이다. • 절연강도가 대단히 높다. • 강제공냉식 및 자연통풍식 • 비폭발성이다.
장점	• 타 변압기에 비해 가격이 저렴하다.	• 비폭발성이다. • 난연성이다. • 소형, 경량이다. • 전력손실이 적다. • 보수점검이 간단하다.	• 비폭발성이다. • 난연성이다.
단점	• 가연성, 폭발성이다. • 전력손실이 타 변압기보다 크다. • 타 변압기에 비해 크고, 무겁다. • 보수점검이 복잡하다.	• 가격이 비싸다. • 내전압성능이 낮으므로 VCB차단기의 경우 서지흡수기(SA)가 필요하다. • 고장점검이 어렵다.	• 절연환경이 주위환경의 영향을 받는다. • 유입변압기보다 비싸다.

암기하기

변압기 사고의 종류
- 고·저압권선의 혼촉사고
- 권선의 단선 사고
- 권선의 상간단락, 층간단락사고
- 부싱리드선의 절연파괴
- 권선철심간의 절연파괴에 의한 지락사고

3 변압기 결선방식

변압기의 결선은 수전방식, 병렬운전방식, 접지방식 등과 전압에 따라 결정되며 결선의 종류에는 단상결선(단상 2선식, 단상 3선식), 3상 결선(△-△, Y-Y, △-Y, Y-△, V-V)과 상수의 변환(스코트, 역V결선)결선 등이 있다.

(1) 결선방식에 따른 결선법

전압이 결선형태		결선도	적용
고압	저압		
Y	Y		대부분 50kVA 이하로 중성점이 필요한 곳
Y	△		75kVA 이상으로 중성점이 필요 없는 곳
△	△		75kVA 이상으로 저전압 대전류 장소로 중성점이 필요없는 곳
△	Y		저압측에 중성점이 필요한 곳

> **암기하기**
>
> **변압기의 호흡작용**
> 변압기의 호흡작용이란 변압기 내부 및 외부에서 발생하는 열에 의해 절연유가 수축·팽창한다. 이때, 외부의 공기가 변압기 내부를 출입하는 작용을 말한다. 호흡작용으로 변압기 내부에 수분 및 불순물이 혼입되어 절연유가 열화된다. 호흡작용을 방지하기 위해 콘서베이터를 설치한다.

(2) Y 결선과 $\triangle$ 결선의 기본 특성

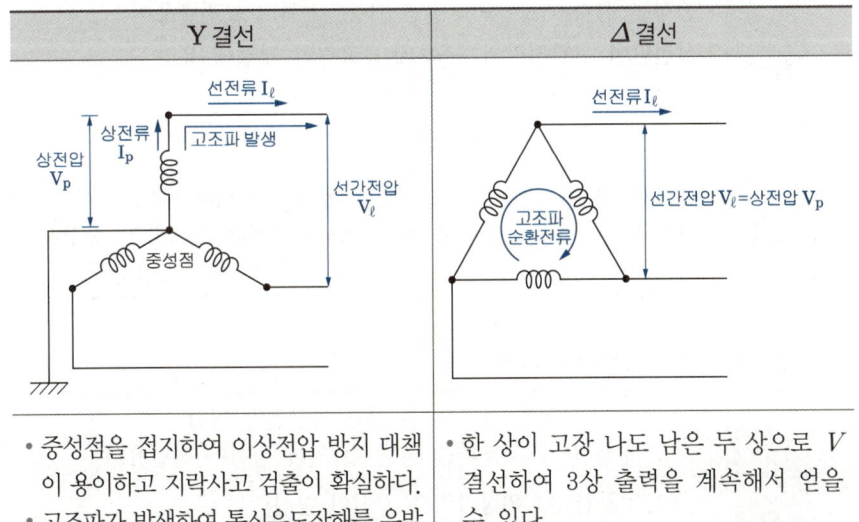

Y 결선	△ 결선
• 중성점을 접지하여 이상전압 방지 대책이 용이하고 지락사고 검출이 확실하다. • 고조파가 발생하여 통신유도장해를 유발한다.	• 한 상이 고장 나도 남은 두 상으로 V 결선하여 3상 출력을 계속해서 얻을 수 있다. • 중성점 접지를 할 수 없어 이상전압이 크다.

(3) △-△결선의 특징

장점	• 제3고조파가 △결선 내 순환으로 정현파 기전력 유기(파형왜곡 없음) • 상전류가 선전류의 $\frac{1}{\sqrt{3}}$배 : 대전류 부하에 적합 • 1상분 고장시 나머지 그대로 V결선 (단상 변압기 2대 사용)
단점	• 각상 임피던스가 다를 경우 3상 부하가 평형이 되어도 변압기의 부하전류는 불평형이 됨 • 중성점 접지 불가 : 지락전류 검출곤란 및 아크지락에 의한 이상전압 • 변압비가 다르면 순환전류 발생

■참고
△-△ 결선
75kVA 이상, 선로길이가 짧고 중성점이 불필요한 저전압 대전류용으로 사용한다.

(4) Y-Y 결선의 특징

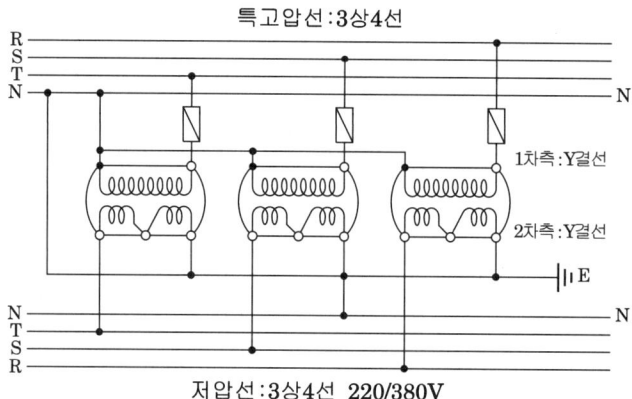

■참고
Y-Y 결선
50kVA 이하의 중성점이 필요한 고전압, 소전류용으로 사용한다.

장점	• 중성점 접지 가능 → 단절연 가능, 지락고장 검출용이 • 상전압이 선간전압의 $\frac{1}{\sqrt{3}}$배 : 고전압 결선에 유리 • 변압비, 권선임피던스가 달라도 순환전류 발생 안함 (단, 중성점에 잔류전하 발생)
단점	• 제3고조파 여자전류 통로가 없어 유기 기전력은 제3고조파를 포함한 왜형파가 되고, 중성점을 접지하면 통신선유도장해 및 중성선 과열 • 거의 사용안함(특히 고조파 발생 부하는 이 방식 사용삼가)

■참고
△-Y, Y-△결선
송전측의 승압용으로 △-Y 결선이 사용되고, 수전측의 강압용으로 Y-△결선이 사용된다.

(5) △-Y , Y-△결선의 특징

장점	• Y측 중성점을 접지할 수 있어 이상전압 저감 • △권선내 제3고조파를 흘릴 수 있어 정현파 전압유기
단점	• 1, 2차간 30° 위상차(Y측 결선이 앞섬) • 1대 고장시 V결선 송전불가

(6) V-V결선의 특징

장 점	△-△결선 변압기 1대 고장시 대체 운전가능
단 점	① △-△ 결선에 비해 이용률과 출력비 저하 (이용률: 86.6[%], 출력비: 57.7[%]) ② 전압강하 불평형 발생

(7) Scott결선(3상-2상간의 상수 변환)

3상 전원에서 용량이 큰 단상부하에 전원을 공급하게 되면 부하 불평형이 되며 이를 해소하기 위해 단상변압기 2대를 사용하며 3상 전원에서 2상 전원을 얻는데 사용한다.

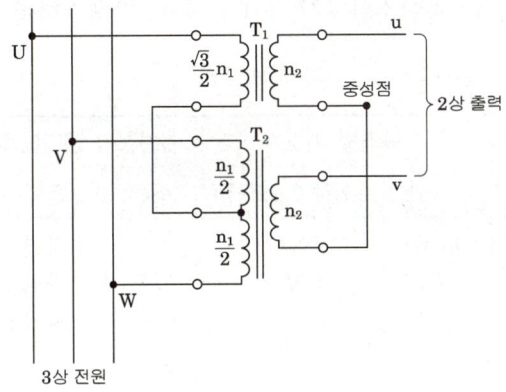

- 3상 전원에서 위상이 90° 다른 단상 2회로를 얻음
- 단상측 2회로 부하의 크기나 역률이 같으면 1차 전류는 평형유지
- 전차선에서 대용량 단상부하에 적용

■ 참고
V-V 결선
장래부하 증가가 예상되는 경우에 사용한다.

▶ 암기하기

변압기 탭의 설치이유
변압기의 1차측에 많은 개수의 탭을 설치하는 이유는 변압기 1차측의 권수비를 조정하여 변압기 2차측 전압을 조정하기 위해서이다.

암기하기

변압기 과부하 운전조건
- 주위온도 저하
- 냉각방식의 변경
- 단시간 과부하
- 부하율 저하
- 온도상승시험 기록에 의한 과부하

4 변압기 냉각방식

(1) IEC규격에 의한 냉각방식 표기원칙

① 첫 번째 글자 : 내부 냉각매체의 물질
- A(Air) : 공기, O(Oil) : 광유, 절연유로 인화점이 300℃ 이하인 것
- G : Gas(가스), K : 난연성 절연유로서 인화점이 300℃를 초과하는 경우

② 두 번째 글자 : 내부 냉각매체의 순환방식
- N(Nature) : 자연순환방식, F(Forced) : 강제순환방식
- D(Direct Forced) : 직접강제순환방식

③ 세 번째 글자 : 외부 냉각매체의 물질
- A(Air) : 공기, W(Water) : 물

④ 네 번째 글자 : 외부 냉각매체의 순환방식
- N(Nature) : 자연순환방식, F(Forced) : 강제순환방식

(2) 냉각방식 분류

냉각방식	규격별 기호		권선철심 냉각매체		주위 냉각매체	
	IEC-76	ANSI C-57-12	종류	순환방식	종류	순환방식
유입 자냉식	ONAN	ONAN	기름	자연	공기	자연
풍냉식	ONAF	ONAF	기름	자연	공기	강제
수냉식	ONWF	–	기름	자연	물	강제
송유 자냉식	OFAN	–	기름	강제	공기	자연
풍냉식	OFAF	OFAF(ODAF)	기름	강제	공기	강제
수냉식	OFWF	OFWF(ODWF)	기름	강제	물	강제
건식 자냉식	AN	AA	공기	자연	–	–
풍냉식	AF	AFA	공기	강제	–	–
밀폐자냉식	ANAN	GA	공기	자연	공기	자연
밀폐풍냉식	ANAF	–	공기	강제	공기	강제

5 변압기 효율

(1) 규약효율

직접 측정이 곤란한 경우 입력을 출력과 손실의 합으로 나타내는 효율을 규약효율이라 한다.

$$\eta = \frac{출력}{출력+손실} \times 100 = \frac{출력}{출력+철손+동손} \times 100$$

(2) 부하율이 m일 때의 효율

$$\eta_m = \frac{mP_a\cos\theta}{mP_a\cos\theta + P_i + m^2P_c} \times 100$$

- 전(全)손실

  $P_i + m^2P_c$

- 부하율 m에서의 최대효율조건

  $P_i = m^2P_c$

- 최대효율시 부하율

  $m = \sqrt{\dfrac{P_i}{P_c}} = \left(\dfrac{P_i}{P_c}\right)^{\frac{1}{2}}$

(3) 최대효율

$$\eta_{\max} = \frac{mP_a\cos\theta}{mP_a\cos\theta + 2P_i} \times 100$$

(4) 전일 효율 (All Day Efficiency)

$$\eta = \frac{TmP_a\cos\theta}{TmP_a\cos\theta + 24P_i + Tm^2P_c} \times 100$$

> **이해하기**
>
> 부하율 = $\dfrac{부하용량}{설비용량}$

> **이해하기**
>
> 변압기 최대효율 조건
> 변압기의 철손과 동손이 같을 때 효율이 최대가 된다.

> **이해하기**
>
> 전부하 시간이 짧을수록 무부하 손을 동손보다 작게하여 전일효율을 높인다.

6 변압기 용량

$$변압기 용량 = \frac{각\ 설비의\ 최대전력의\ 합계}{부등률 \times 역률} = \frac{설비용량 \times 수용률}{부등률 \times 역률}$$

7 변압기 병렬운전조건

부하의 증대 또는 경제적인 차원에서 볼 때, 2대 이상의 변압기를 병렬 운전해야 할 필요가 있다. 이때, 이상적인 조건은 다음과 같다.

(1) 각 변압기의 극성이 같을 것

극성이 반대로 되면 2차 권선의 순환 회로에 2차 기전력의 합이 가해지고, 권선의 임피던스는 작으므로 대단히 큰 순환 전류가 흘러 권선을 소손시키게 된다.

> **암기하기**
>
> 발전기의 병렬운전조건
> - 기전력의 크기가 같을 것
> - 기전력의 위상이 같을 것
> - 기전력의 주파수가 같을 것
> - 기전력의 파형이 같을 것
> - 상회전 방향이 일치할 것

(2) 권수비 및 2차 정격 전압이 같을 것

　권수비가 다를 경우에는 2차 기전력의 크기가 서로 다르므로 1차 권선에 의한 순환 전류가 흘러서 권선을 과열하게 된다.

(3) 각 변압기의 퍼센트 임피던스 강하가 같고, 저항과 리액턴스 비가 같을 것

　백분율 임피던스 강하가 같지 않을 경우에는 부하의 분담이 용량의 비가 되지 않아 부하의 분담이 균형을 이룰 수 없게 되고, 저항과 리액턴스 비가 같지 않을 경우에는 각 변압기의 전류 간에 위상차가 생기기 때문에 동손이 증가하게 된다. 그러므로 일정 부하에 대해 동손을 줄이려면 각 변압기의 전류가 동상이 되도록 하는 것이 바람직하다.

(4) 각 변위(위상)가 같은 것

　1차 권선의 결선이 같다 하여도 2차 권선의 결선이 다르면, 병렬 변압기의 2차 전압 사이에는 위상차가 생겨서 2차권선 회로에는 순환전류가 흐르게 된다.

(5) 상회전 방향이 같을 것

8 고효율 변압기

(1) 아몰퍼스 비정질 자성재료

　아몰퍼스는 기존의 변압기 철심(코어)을 Fe + Si + B + C 등의 혼합물을 용융 후 급속 냉동시켜 불규칙한 원자배열을 갖도록 하여 히스테리시스 손이 적고, 고유저항이 높고 두께가 얇기 때문에 현재 사용중인 규소강판 두께의 1/10정도 된다. 무부하손(철손)을 기존변압기의 1/4~1/5 수준(75~80% 손실절감)으로 줄인 에너지 절약형 변압기이다.

암기하기

아몰퍼스 변압기 장점
- 무부하 손실(80%)이 절감
- 변압기 운전보수비 저감
- 변압기 수명연장이 가능
- 환경오염 방지효과
- 고효율화 및 컴펙트화

암기하기

아몰퍼스 변압기 단점
- 포화자속밀도가 낮다.
- 압축응력이 가해지면 특성이 저하된다.
- 점적률이 나쁘다.

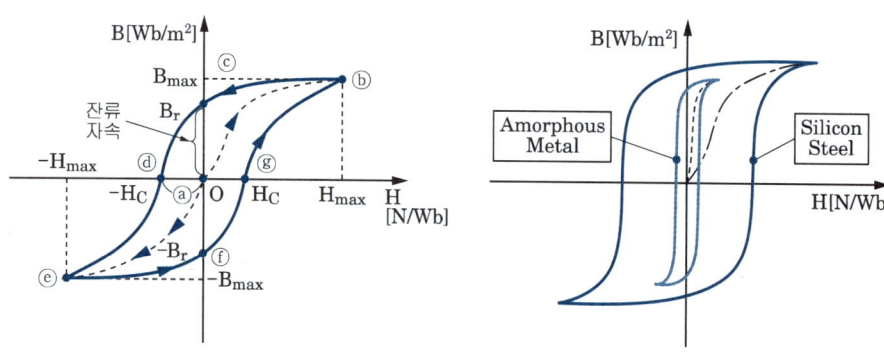

아몰퍼스 히스테리시스 특성

9 3권선 변압기

(1) 구성 및 원리

한 변압기의 철심에 3개의 권선이 있는 변압기를 말하며, 1, 2, 3차 기전력을 각각 E_1, E_2, E_3, 권수를 각각 N_1, N_2, N_3라 하면

> **이해하기**
>
> 1개의 변압기에 1차권선과 2차권선 및 3차권선의 3조로 된 권선을 갖고 있으며, 3차권선의 본래목적은 변압기의 결선이 Y-Y이면 제3고조파가 발생하여 파형이 찌그러지기 때문에 △결선으로 된 소용량의 제3선을 별도로 설치하여 왜곡방지를 한다.

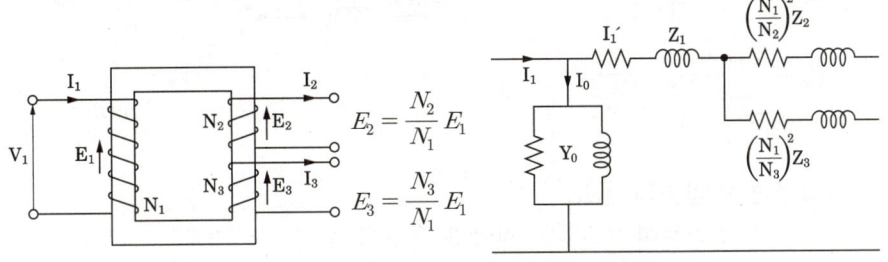

$$E_2 = \frac{N_2}{N_1} E_1$$
$$E_3 = \frac{N_3}{N_1} E_1$$

1차로 환산한 간이 등가회로

2차와 3차 권선에 부하를 걸었을 때 1차 전류는 이것에 대응하여 흐르는 전류 I_1'와 여자전류 I_o와의 벡터합 이므로 $I_1 = I_0 + I_1' = I_0 + \frac{N_2}{N_1} I_2 + \frac{N_3}{N_1} I_3$ 이다.

(2) 권선 임피던스 관계 ($Z_{ps} = Z_p + Z_s$의 의미)

$$Z_{ps} = Z_p + Z_s$$
$$Z_{st} = Z_s + Z_t$$
$$Z_{pt} = Z_p + Z_t$$

① [Ω]값일 경우
- 2차를 1차로 환산한 경우

$$Z'_{sp} = Z_p + Z_s' = Z_p + Z_s \times \left(\frac{N_p}{N_s}\right)^2 = Z_p + a^2 Z_s [\Omega]$$

- 1차를 2차로 환산한 경우

$$Z'_{ps} = Z_p' + Z_s = Z_p \times \left(\frac{N_s}{N_p}\right)^2 + Z_s = \frac{Z_p}{a^2} + Z_s [\Omega]$$

② [%]값일 경우

$Z_{ps} = Z_{sp}[\%]$, 따라서 일반적으로 기준용량으로 환산된 값으로 다음과 같이 나타낸다.

$Z_{ps} = Z_{sp} = Z_p + Z_s [\%]$, $Z_{st} = Z_{ts} = Z_s + Z_t [\%]$,
$Z_{pt} = Z_{tp} = Z_p + Z_t [\%]$

■ 참고
안정권선(△ 결선)
· 구내 소전력 공급
· SC나 조상기 연결 역률개선 및 전압조정
· 변압기 설치 공간이 부족한 경우로서 2종류의 전원이 필요한 곳
· 전압변동, 전압강하 보상 목적

(3) 등가환산 및 등가회로

$$Z_p = \frac{Z_{ps} + Z_{pt} - Z_{st}}{2}[\%]$$

$$Z_s = \frac{Z_{ps} + Z_{st} - Z_{pt}}{2}[\%]$$

$$Z_t = \frac{Z_{pt} + Z_{st} - Z_{ps}}{2}[\%]$$

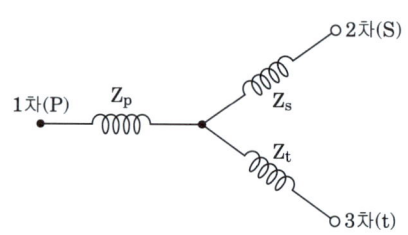

(4) 3권선 변압기의 용도
- 1차로 수전하여 2종류의 전압과 용량을 공급하는 경우
- 서로 다른 전압의 2계통으로부터 수전하여 3차에서 전력을 공급하는 경우
- Y-Y-△ 결선을 채용하여 △권선(안정권선)이용

10 단권 변압기

■ 이해하기
단권변압기란 1, 2차회로가 절연되지 않고 권선의 일부를 공통으로 사용하고 있는 변압기를 말한다. 단권변압기에는 강압용(Step-down)과 승압용(Step-up)이 있다.

(1) 강압 변압기

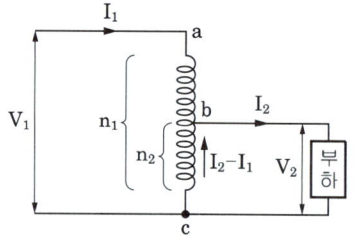

ab : 직렬권선(Series winding)
bc : 분로권선(Common or Shunt winding)

- 권수비 $\dfrac{V_1}{V_2} = \dfrac{n_1}{n_2} = a \; (a > 1)$
- 부하용량(정격출력, 선로용량) $P_L = V_1 I_1 = V_2 I_2$
- 자기용량(정격용량, 등가용량) $P_S = (V_1 - V_2)I_1 = (I_2 - I_1)V_2$

■ 참고
권선분비
- 단권 변압기 특성을 결정하는 중요한 Factor
- 권선분비

$$K = \frac{P_S}{P_L} = \frac{(V_1 - V_2)I_1}{V_1 I_1}$$

$$= \frac{V_1 - V_2}{V_1} = 1 - \frac{V_2}{V_1}$$

$$= \frac{V_2(I_2 - I_1)}{V_2 I_2}$$

$$= \frac{I_2 - I_1}{I_2} = 1 - \frac{I_1}{I_2}$$

$$= 1 - \frac{1}{a}$$

(2) 단권변압기 특징

장점	단점
· 소용량의 변압기로 대용량 부하 사용 · 권수비가 1에 가까울수록 부하용량이 증대되고 경제적임 · 동량감소로 조립 및 운송이 용이 · 동손감소로 효율증가	· 변압기의 1차 및 2차회로가 전기적으로 완전히 절연되지 않아 저압측도 고압측과 같은 절연이 필요 · 단락전류가 커지므로 더 높은 열적, 기계적 강도가 필요

전기설비설계 36 필수문제

50000[kVA]의 변압기가 있다. 이 변압기의 손실은 80[%] 부하율 일 때 53.4 [kW]이고, 60[%] 부하율일 때 36.6[kW]이다. 다음 각 물음에 답하시오.

(1) 이 변압기의 40[%] 부하율 일 때의 손실을 구하시오.
　• 계산 :　　　　　　　　　• 답 :

(2) 최고효율은 몇 [%]부하율 일 때인가?
　• 계산 :　　　　　　　　　• 답 :

[정답]

(1) 계산 : 변압기 손실(P_ℓ) = $P_i + m^2 P_c$ (m : 부하율)

① 부하율 80% 일 때 손실 $P_\ell = P_{i1} + 0.8^2 P_c = 53.4$[kW]
여기서 고정손인 철손 ㉠ $P_{i1} = 53.4 - 0.8^2 P_c$

② 부하율 60% 일 때 손실 $P_\ell = P_{i2} + 0.6^2 P_c = 36.6$[kW]
여기서 고정손인 철손 ㉡ $P_{i2} = 36.6 - 0.6^2 P_c$

③ 철손(P_i)은 고정손으로써 일정 ($P_{i1} = P_{i2}$)
㉠과 ㉡식을 이용하여 동손을 계산
$P_{i1} = P_{i2} \Rightarrow 53.4 - 0.8^2 P_c = 36.6 - 0.6^2 P_c$ 이고
$53.4 - 36.6 = (0.8^2 - 0.6^2)P_c$　∴ 동손 $P_c = \dfrac{53.4 - 36.6}{0.8^2 - 0.6^2} = 60$[kW]

④ 철손 $P_{i1} = 53.4 - 0.8^2 \times 60 = 15$[kW] ($P_{i1} = P_{i2} = P_i$)

⑤ 부하율(m)이 40[%]일 때 손실
$P_\ell = P_i + 0.4^2 P_c = 15 + 0.4^2 \times 60 = 24.6$[kW]　　• 답 : 24.6[kW]

(2) 최고효율시 부하율 $m = \sqrt{\dfrac{P_i}{P_c}} \times 100 = \sqrt{\dfrac{15}{60}} \times 100 = 50$[%]
　• 답 : 50[%]

전기설비설계 37 필수문제

유입 변압기와 비교한 몰드 변압기의 장점 5가지를 쓰시오.

[정답]
① 화재의 염려가 없다.　　② 보수 및 점검이 용이하다.
③ 소형 및 경량화가 가능하다.　　④ 습기, 먼지 등에 대해 영향을 적게 받는다.
⑤ 감전에 안전하다.

전기설비설계 38 필수문제

그림과 같이 6300/210[V]인 단상변압기 3대를 △-△ 결선하여 수전단 전압이 6000[V]인 배전 선로에 접속하였다. 이 중 2대의 변압기는 감극성이고 CA 상에 연결된 변압기 1대가 가극성이었다고 한다. 이때 아래 그림과 같이 접속된 전압계에는 몇 [V]의 전압이 유기되는가?

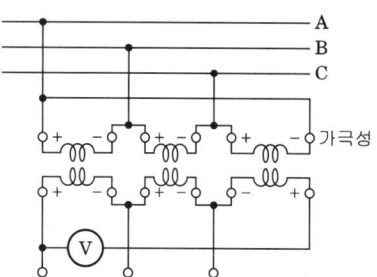

정답

- 계산 : 변압기 2차측 전압 $V = 6000 \times \dfrac{210}{6300} = 200[\text{V}]$

  2대의 감극성인 변압기와 1대의 가극성 변압기가 결선되어 있다.
  $$\dot{V} = \dot{V}_{AB} + a^2 \dot{V}_{BC} + a\dot{V}_{CA}$$
  $$= 200\angle 0° + 200\left(-\dfrac{1}{2} - j\dfrac{\sqrt{3}}{2}\right) - 200\left(-\dfrac{1}{2} + j\dfrac{\sqrt{3}}{2}\right) = 200 - j200\sqrt{3}\,[\text{V}]$$
  $$|V| = \sqrt{200^2 + (200\sqrt{3})^2} = 400[\text{V}]$$

- 답 : 400[V]

전기설비설계 39 필수문제

특고압 및 고압수전에서 대용량의 단상전기로 등의 사용으로 설비 부하평형의 제한에 따르기가 어려울 경우는 전기사업자와 합의하여 다음 각 호에 의하여 시설하는 것을 원칙으로 한다. 빈칸에 들어갈 말은?

(1) 단상 부하 1개의 경우는 (   ) 접속에 의할 것, 다만, 300[kVA]를 초과하지 말 것

(2) 단상 부하 2개의 경우는 (   ) 접속에 의할 것
    (다만, 1개의 용량이 200[kVA] 이하인 경우는 부득이한 경우에 한하여 보통의 변압기 2대를 사용하여 별개의 선간에 부하를 접속할 수 있다.)

(3) 단상 부하 3개 이상인 경우는 가급적 선로전류가 (   )이 되도록 각 선간에 부하를 접속할 것

[정답]
(1) 2차 역 V
(2) 스코트
(3) 평형

|참고|

1. 일반적인 3상결선
   - 3상 변압기 1대의 단기운전
   - 단상변압기 3대의 3상 결선
   - 단상변압기 2대의 3상 결선

2. 3상 전원에서 단상전원을 취할 때의 결선
   3상 전원에서 단상전원을 취할 때는 설비 불평형을 방지하여야 하며 특히, 특고, 고압, 대용량의 단상 전기로 등을 사용시에는 전기사업자와 협의하여 아래의 결선에 의한다.
   ① 스코트결선(T결선)

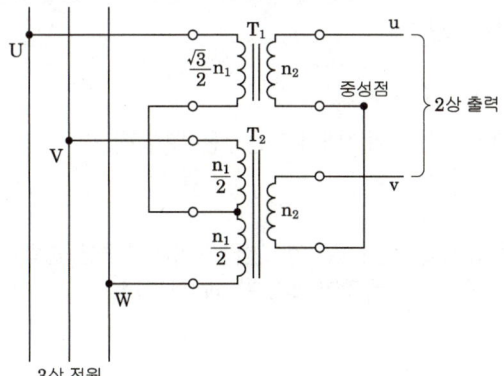

   ㉠ 특별고압, 고압 수전에서 단상부하 2개의 경우에는 2차를 스코트접속에 의할 것.
   ㉡ 2개의 단상부하일 때의 접속방법으로 1차부하가 평형이 되므로 부하에 제한이 없다.
   ㉢ 200kVA이하의 경우에는 일반 변압기의 사용이 가능하다.
   ② 2차 역V결선
   ㉠ 특별고압, 고압, 수전에서 단상부하 1개의 경우에는 2차 역V접속에 의할 것.
   ㉡ 300kVA이하의 단상부하 1개 일 때
   ③ 별개의 선간에 부하를 접속
   ㉠ 특별고압, 고압 수전에서 단상부하 2개의 경우로 1개의 부하용량이 200kVA이하의 경우 부득이 하게 보통의 변압기 2대를 사용하여 별개의 선간에 부하를 접속 할 수 있다.
   ㉡ 특별고압, 고압 수전에서 단상부하 3개 이상인 경우 선간 전류가 평형이 되도록 각 선간에 접속 할 것.

전기설비설계 40 필수문제

그림과 같이 단상변압기 3대가 있다. 이 변압기에 대해서 다음 각 물음에 답하시오.

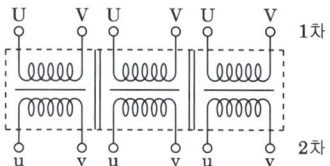

(1) 이 변압기를 주어진 그림에 △-△ 결선을 하시오.

(2) △-△ 결선으로 운전하던 중 S상의 변압기에 고장이 생겨 이것을 분리하고 나머지 2대로 3상 전력을 공급하고자 한다. 이때의 결선을 그리고, 이 결선의 명칭을 쓰시오.
① 결선도　　　　　　　　② 명칭

(3) "(2)" 문항에서 변압기 1대의 이용률은 몇[%]인가?
• 계산 :　　　　　　　　• 답 :

(4) "(2)" 문항에서와 같이 결선한 변압기 2대의 3상 출력은 △-△ 결선시의 변압기 3대의 3상 출력과 비교할 때 몇[%] 정도 되는가?
• 계산 :　　　　　　　　• 답 :

(5) △-△ 결선시의 장점을 2가지만 쓰시오.

정답

(1)

(2) ① 결선도　　　　　　　　　② 명칭 : V-V 결선

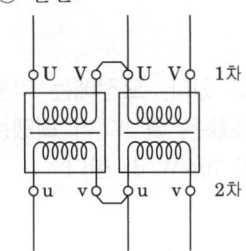

(3) 계산 : 이용률 $= \dfrac{결선출력}{설비용량} = \dfrac{P_V}{2P_1} = \dfrac{\sqrt{3}\,P_1}{2P_1} = 0.866 = 86.6[\%]$

　• 답 : 86.6[%]

(4) 계산 : 출력비 $= \dfrac{V결선출력}{\triangle 결선출력} = \dfrac{P_V}{P_\triangle} = \dfrac{\sqrt{3}\,P_1}{3P_1} = \dfrac{\sqrt{3}}{3} = 0.57745 = 57.75[\%]$

　• 답 : 57.7[%]

(5) 장점
　① 제3고조파 전류가 △결선 내를 순환하여 정현파 전압을 유기한다.
　② 단상 변압기 1대 고장시 V-V 결선으로 운전할 수 있다.

전기설비설계 41 필수문제

500[kVA]의 변압기가 그림과 같은 부하로 운전되고 있다. 오전에는 역률 80[%]로 오후에는 100[%]로 운전된다고 하면 전일효율은 몇 [%]가 되겠는가? 단, 이 변압기의 철손은 6[kW] 전부하시 동손은 10[kW]라 한다.

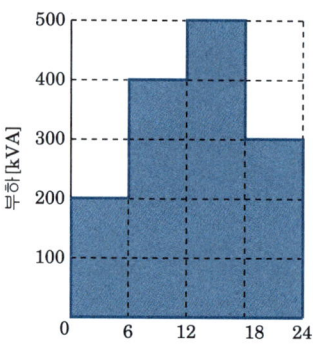

정답

- 계산

  사용전력량=사용전력([kVA]×cosθ)× 시간(사용전력량은 그림에서 면적에 해당한다.)

  $W = \underbrace{200 \times 0.8 \times 6 + 400 \times 0.8 \times 6}_{\text{오전}(\cos\theta=0.8)} + \underbrace{500 \times 1 \times 6 + 300 \times 1 \times 6}_{\text{오후}(\cos\theta=1)} = 7680\text{[kWh]}$

  전 손실 전력량 $P_{\ell T}$ = 철손량(P_{iT}) + 동손량(P_{cT})

  $P_{iT} = P_i \times T = 6 \times 24 = 144\text{[kWh]}$

  $P_{cT} = m^2 P_c T = 10 \times \left\{ \left(\frac{200}{500}\right)^2 \times 6 + \left(\frac{400}{500}\right)^2 \times 6 + \left(\frac{500}{500}\right)^2 \times 6 + \left(\frac{300}{500}\right)^2 \times 6 \right\}$

  $= 129.6\text{[kWh]}$

  $\therefore P_{\ell T} = 144 + 129.6 = 273.6\text{[kWh]}$

  전일효율 $\eta = \dfrac{\text{출력}}{\text{출력} + \text{손실}} \times 100 = \dfrac{7680}{7680 + 273.6} \times 100 = 96.560[\%]$

- 답 : 96.56[%]

12 배전선로

배전선로는 발전소 또는 배전용 변전소로부터 직접 수용장소에 이르는 전선로를 말한다. 송전전압을 배전전압으로 낮추고, 적당한 회선수의 배전선로에 의해서 다시 인출된다. 적당한 장소마다 배전 변압기를 설치해서 다시 변압기로 전압을 낮추어 저압배전선로 (220/380[V])에 접속하고 있다.

1 전압의 종별

분류	전압의 범위
저압	• 직류 : 1500[V] 이하 • 교류 : 1000[V] 이하
고압	• 직류 : 1500[V]를 초과하고, 7000[V] 이하 • 교류 : 1000[V]를 초과하고, 7000[V] 이하
	배전간선로의 간선 및 전기철도, 대공장 등의 전동기용 옥내선등에 사용하는 전선로를 대상으로 규정하며 직류는 이정도의 전압범위에서 특히 문제가 되는 것이 없기 때문에 교류와 동일하게 규정
특고압	• 7000[V] 초과
	특고압은 주로 발전소, 변전소, 송전선로 등에서 사용되어 왔으나, 우리나라 배전선로 전압이 22.9[kV-Y] 로 승압되면서 이때부터 배전선로에도 특고압을 사용할 수 있게 되었으며 현재 특고압송전전로의 전압은 22[kV], 66[kV], 154[kV], 345[kV], 765[kV]를 사용

▶ *이해하기*
교류의 제한치가 직류보다 낮은 이유는 교류의 전압표시가 실효치로 표시되므로 그 최대치가 높은점을 고려한 것이다.

2 단상 3선식

단상 3선식이란 전원이 되는 단상변압기의 중성점으로부터의 중성선을 인출하고 두 외선과 함께 3개의 전선으로 부하에 전력을 공급하는 방식을 말한다. 이 방식은 일반적으로 단상2선식 보다 큰 부하를 필요로 하는 백화점, 학교, 소규모 공장 등에 사용된다. 220[V] 사용시 단상3선식은 단상2선식에 비하여 전류가 적게 흘러 2선식보다 전선의 단면이 줄어들어 설비비가 절감된다. 또한, 소비전력이 감소하여 경제적인 동시에 전압도 110, 220[V]의 두 종류를 얻을 수 있는 장점 등이 있는 전기방식이다.

암기하기

단상 3선식의 장점
- 2종의 전원을 얻는다.
- 1선당 공급전력이 크다.
- 전력손실, 전압강하가 작다.

(1) 결선조건

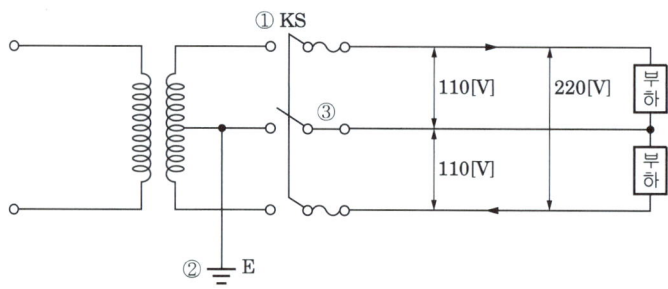

① 조건 : 개폐기는 3극이 동시동작형 개폐기 이어야 한다.
  이유 : 동시에 개폐되지 않을 경우 전압 불평형이 나타날 수 있다.

② 조건 : 변압기의 2차측 중성선에는 접지공사를 하여야 한다.
  이유 : 고저압 혼촉 사고시 2차측 전위상승 억제하여야 한다.

③ 조건 : 중성선에는 퓨즈를 넣지 않고 동선을 연결하여야 한다.
  이유 : 퓨즈 용단시 전압 불평형에 의해 경부하측의 전위가 상승한다.

(2) 단점
- 부하 불평형으로 인한 전력손실

이해하기

단상3선식에서 중성선이 단선되면 저항이 큰 쪽에 전위상승이 발생한다.

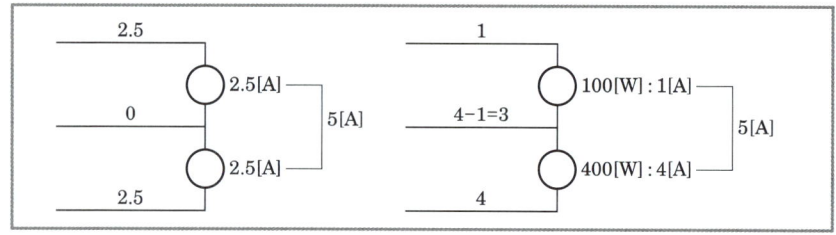

- 중성선 단선시 전압의 불평형

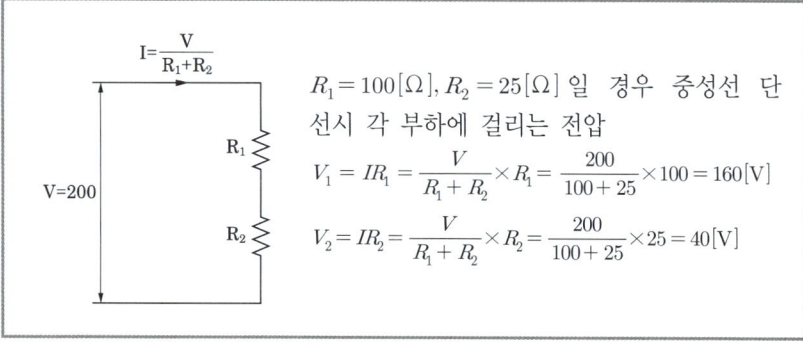

$R_1 = 100[\Omega], R_2 = 25[\Omega]$ 일 경우 중성선 단선시 각 부하에 걸리는 전압

$V_1 = IR_1 = \dfrac{V}{R_1+R_2} \times R_1 = \dfrac{200}{100+25} \times 100 = 160[V]$

$V_2 = IR_2 = \dfrac{V}{R_1+R_2} \times R_2 = \dfrac{200}{100+25} \times 25 = 40[V]$

(3) 설비불평형률

저압수전의 단상3선식에 있어서 중성선과 각 전압측 전선간의 부하는 평형으로 하는 것을 원칙으로 한다.

주1) 부득이한 경우에는 설비불평형률 40%까지로 할 수 있다. 이 경우 설비불평형률이라 함은, 중성선과 각 전압측 전선간에 접속되는 부하설비용량(VA)차와 총부하설비용량(VA)의 평균치와의 비(%)를 말한다

주2) 계약전력 5kW 정도 이하의 설비에서 소수의 전열기구류를 사용할 경우 등 완전한 평형을 얻을 수 없을 경우에는 설비불평형률 40%를 초과할 수 있다.

$$설비불평형률 = \frac{중선선과\ 각\ 전압측\ 전선간에\ 접속되는\ 부하설비용량[kVA]의\ 차}{총\ 부하설비용량[kVA]의\ 1/2} \times 100[\%]$$

■ 참고
- 설비불평형률 계산시 단위는 피상전력을 사용한다.
- 전열부하의 역률은 1로 간주한다.

3 3상 4선식

동력(3상 유도전동기)과 전등(단상) 부하를 동시에 사용하는 수용가에서 사용하는 방식이다. 변압기 용량은 3대 모두 동일 용량을 사용하는 방식과 1대의 용량은 크게, 나머지 두 대의 용량은 작게 구성하는 방식이 있다. 이 경우, 1대는 동력전용으로 2대는 전등·동력 공용으로 나누어 사용한다.

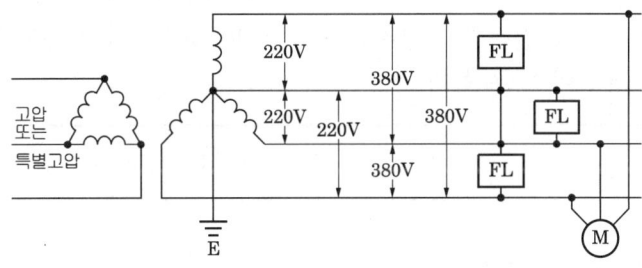

(1) 전선의 표시

3상 4선식 Y 접속시 전등과 동력을 공급하는 옥내배선의 경우는 상별 부하전류가 평형으로 유지되도록 상별로 결선하기 위하여 전압측 전선에 색별배선을 하거나 색테이프를 감는 등의 방법으로 표시를 하여야 한다.

L_1 : 갈색, L_2 : 흑색, N상 : 청색, L_3 : 회색

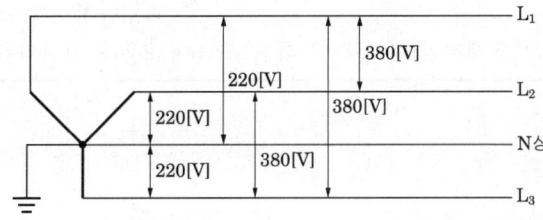

(2) 설비불평형률

저압, 고압 및 특별고압수전의 3상 3선식 또는 3상 4선식에서 불평형부하의 한도는 단상접속부하로 계산하여 설비불평형률을 30%이하로 하는 것을 원칙으로 한다.

$$\text{설비불평형률} = \frac{\text{각 전선간에 접속되는 단상부하의 설비용량[kVA]의 최대와 최소의 차}}{\text{총 부하 설비용량[kVA]의 }(1/3)} \times 100[\%]$$

(3) 제한사항 제외 경우
- 저압수전에서 전용변압기 등으로 수전하는 경우
- 고압 및 특별고압수전에서는 100kVA(kW) 이하의 단상부하인 경우
- 특별고압 및 고압수전에서는 단상부하용량의 최대와 최소의 차가 100kVA(kW) 이하인 경우

  주) 이 경우의 설비불평형률이라 함은, 각 선간에 접속되는 단상부하 총설비용량(VA)의 최대와 최소의 차와 총부하설비용량(VA) 평균치의 비(%)를 말한다.

4 중성점 접지

(1) 비접지 방식

이 방식은 3상 3선식 Δ결선 방식으로 단거리, 저전압 선로에 적용한다. 1선 지락시 지락전류는 대지 충전전류로써 대지정전용량에 기인한다. 또한 1선 지락시 건전상의 전위상승이 $\sqrt{3}$ 배 상승하기 때문에 기기나 선로의 절연레벨이 매우 높다.

$$I_g = j3\omega C_s E = j\sqrt{3}\,\omega\, C_s V \,[\text{A}]$$

(2) 직접(다중)접지방식

보통 유효접지방식이라 하며 이 계통에서는 건전상의 고장지점의 대지전압이 상전압의 1.3배이상 되지 않기 때문에 선간전압의 75[%] 정도에 머물게 된다.

장점	단점
• 1선 지락고장시 건전상의 전위상승 낮음 • 절연레벨 저감(단절연, 저감절연가능) • 피뢰기의 책무 경감 • 지락계전기(보호계전기)의 동작이 확실	• 지락전류가 높음 • 유도장해가 큼 • 과도안정도가 낮음 • 대용량 차단기를 필요

암기하기

중성점 접지의 목적
- 지락고장시 건전상의 전위상승을 억제해서 전선로 및 기기의 절연레벨을 경감시킨다.
- 지락고장시 보호계전기의 동작을 확실하게 한다.

(3) 중성점 접지방식의 비교

종류 및 특징 항목	비접지	직접접지	저항접지	소호리액터접지
전위 상승	크다	최저	약간 크다	최대
절연레벨	최고	최저	크다	크다
지락전류	적다	최대	적다	최소
보호계전기 동작	곤란	가장 확실	확실	불가능
유도장해	작다	최대	작다	최소
안정도	크다	최소	크다	최대

■ 참고
소호리액터 접지방식은 계통에 접속된 변압기의 중성점을 송전선로의 대지정전용량과 공진하는 리액터를 통해서 접지하는 방식으로, 리액터 발명자인 독일의 페터센의 이름을 붙여 페터센코일 또는 소호리액터라 한다.

5 스폿네트워크 시스템(Spot Network System)

스폿네트워크 시스템(Spot Network System)은 무정전 전력공급이 가능한 시스템이다. 배전선 1회선에 사고가 발생한 경우일지라도 다른 건전한 회선으로부터 자동적으로 수전 할 수 있기 때문이다. 일반적으로 2개 이상의 배전선로로 공급되는 소규모시스템이며, 2개 이상의 네트워크 모선이 1개 이상의 수용가에 공급한다. 이 스폿네트워크 시스템(Spot Network System)은 우리나라보다 전력사정이 우수하고 관련기술이 발달한 미국의 경우 1950년대부터 사용하기 시작하였으며, 일본의 경우 20년 전부터 도심지 중요 건축물에 적극적으로 적용하고 있다.

▶ 암기하기

스폿네트워크시스템의 장점
- 공급신뢰도가 높다
- 무정전 전력공급이 가능
- 전압 변동률이 낮다.
- 부하의 추종성이 좋다.

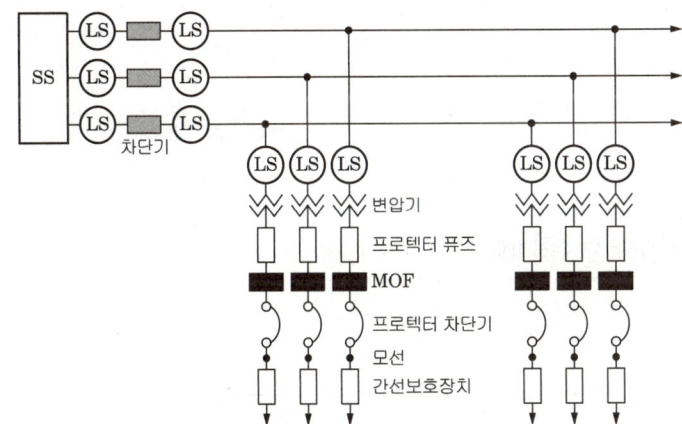

전기설비설계 42 필수문제

그림과 같은 3상 3선식 220[V]의 수전회로가 있다. Ⓗ는 전열부하이고, Ⓜ은 역률 0.8의 전동기이다. 이 그림을 보고 다음 각 물음에 답하시오.

(1) 저압 수전의 3상 3선식 선로인 경우에 설비불평형률은 몇 [%] 이하로 하여야 하는가?

(2) 그림의 설비 불평형률은 몇 [%]인가? 단, P, Q점은 단선이 아닌 것으로 계산한다.

(3) P, Q점에서 단선이 되었다면 설비불평형률은 몇 [%]가 되겠는가?

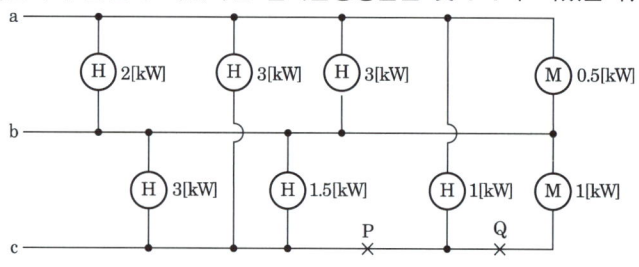

【정답】

(1) 30[%]

(2) 3상3선식의 설비불평형률

$$= \frac{\text{각 선간에 접속되는 단상부하 총 설비용량의 최대와 최소의 차[kVA]}}{\text{총 부하 설비용량[kVA]} \times \frac{1}{3}} \times 100$$

$$= \frac{\left(3+1.5+\frac{1}{0.8}\right)-(3+1)}{\left(2+3+\frac{0.5}{0.8}+3+1.5+\frac{1}{0.8}+3+1\right)\times\frac{1}{3}} \times 100 = 34.146[\%]$$

• 답 : 34.15[%]

(3) P, Q점 단선시 수전회로

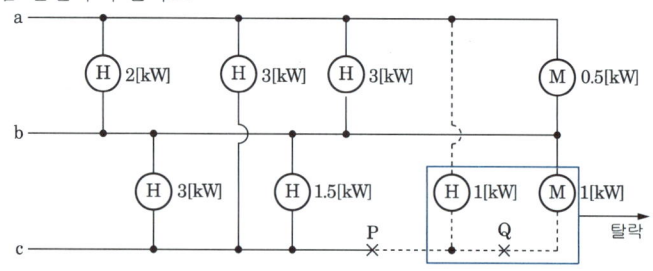

a, b간에 접속되는 부하용량 : $P_{ab} = 2 + 3 + \frac{0.5}{0.8} = 5.63 [\text{kVA}]$ (최대)

b, c간에 접속되는 부하용량 : $P_{bc} = 3 + 1.5 = 4.5 [\text{kVA}]$

a, c간에 접속되는 부하용량 : $P_{ac} = 3 [\text{kVA}]$ (최소)

- 계산 : P, Q점 단선시 설비 불평형률 $= \dfrac{5.63-3}{(5.63+4.5+3) \times \dfrac{1}{3}} \times 100 = 60.09[\%]$

- 답 : 60.09[%]

|참고|

- 설비 불평형률 계산시 부하의 단위는 피상전력([kVA] 또는 [VA])
- 3상3선식의 경우 설비불평형률은 30[%]이하가 되어야 한다.

전기설비설계 43 필수문제

그림과 같이 3상 4선식 배전선로에 역률 100[%]인 부하 L_1, L_2, L_3이 각 상과 중성선간에 연결되어 있다. L_1, L_2, L_3상에 흐르는 전류가 220[A], 172[A], 190[A]일 때 중성선에 흐르는 전류를 계산하시오.

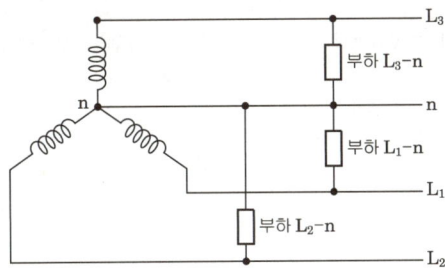

- 계산 :   • 답 :

[정답]

- 계산 : 중성선에 흐르는 전류

$I_n = I_1 + I_2 + I_3 = 220 + 172 \times \left(-\dfrac{1}{2} - j\dfrac{\sqrt{3}}{2}\right) + 190 \times \left(-\dfrac{1}{2} + j\dfrac{\sqrt{3}}{2}\right)$

$= 220 - 86 - j148.96 - 95 + j164.54 = 39 + j15.58$

∴ $|I_n| = \sqrt{39^2 + 15.58^2} = 42[A]$

- 답 : 42[A]

|참고|

L_1, L_2, L_3상이 시계 방향으로 구성되어 있으므로 L_1상을 실수축에 위치시키면 L_2상은 실수축에서 시계 방향으로 120도 회전된 방향, L_3상은 실수축에서 시계 방향으로 240도 회전된 방향에 위치하게 되므로

L_2상 : $\cos(-120°) + j\sin(-120°)$ L_3상 : $\cos(-240°) + j\sin(-240°)$

전기설비설계 44 필수문제

그림과 같이 △결선된 배전선로에 접지콘덴서 $C_s = 2[\mu F]$를 사용할 때 A상에 지락이 발생한 경우의 지락전류[mA]를 구하시오. (단, 주파수 60[Hz]로 한다.)

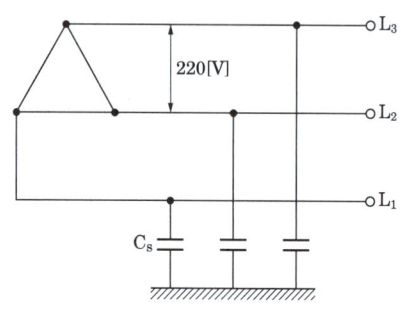

• 계산 :   • 답 :

정답

• 계산 : $I_g = \sqrt{3}\,\omega C_s V = \sqrt{3} \times 2\pi \times 60 \times 2 \times 10^{-6} \times 220 \times 10^3 = 287.31[mA]$

• 답 : 287.31[mA]

■참고
$I_o = \omega C_s E = 2\pi \times 60$
$\quad \times 2 \times 10^{-6} \times \dfrac{220}{\sqrt{3}} \times 10^3$
$\quad = 95.768[mA]$

$I_g = 3I_o = 3 \times 95.768$
$\quad = 287.304[mA]$

전기설비설계 45 필수문제

3상 4선식 Y접속시 전등과 동력을 공급하는 옥내배선의 경우는 상별 부하전류가 평형으로 유지되도록 상별로 결선하기 위하여 전압측 전선에 색별 배선을 하거나 색테이프를 감는 등의 방법으로 표시를 하여야 한다. 다음 그림의 A상, B상, N상, C상의 (   )안에 알맞은 색을 쓰시오. (단, 상별 색이 1가지 이상인 경우 해당 색을 모두 쓰시오.)

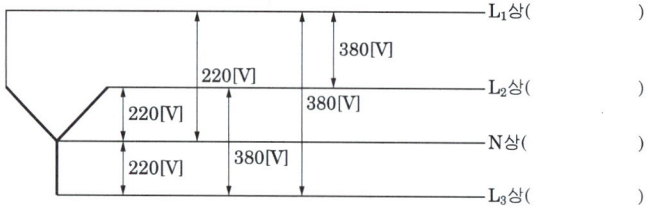

정답

• A상 : 갈색   • B상 : 흑색   • N상 : 청색   • C상 : 회색

전기설비설계 46 필수문제

비접지 3상 3선식 배전방식과 비교하여, 3상 4선식 다중접지 배전방식의 장점 및 단점을 각각 4가지씩 쓰시오.

장점
① _____
② _____
③ _____
④ _____

단점
① _____
② _____
③ _____
④ _____

[정답]

〈장점〉
① 1선 지락사고시 건전상의 전위상승이 낮다.
② 변압기의 단절연이 가능하다.
③ 보호계전기의 동작이 확실하다.
④ 피뢰기의 책무를 경감시킬 수 있다.

〈단점〉
① 지락사고시 지락전류가 크기 때문에 통신선의 유도장해가 크다.
② 지락사고시 지락전류가 크기 때문에 기계적 충격이 크다.
③ 지락전류는 저역률의 대전류이기 때문에 과도 안정도가 나빠진다.
④ 차단기가 대전류를 차단할 기회가 많아지므로 차단기의 수명이 단축된다.

전기설비설계 47 필수문제

154[kV], 60[Hz], 선로의 길이 200[km]인 3상 4선식 송전선에 설치한 소호리액터의 공진탭의 용량은 몇 [kVA]인가? 단, 1선당 대지 정전용량은 0.0043[μF/km]이다.

• 계산 :   • 답 :

[정답]

• 계산 : 소호리액터의 용량

$$Q_L = 3\omega C_s E^2 \times 10^{-3} [\text{kVA}]$$

$$= 3 \times 2\pi \times 60 \times 0.0043 \times 10^{-6} \times 200 \times \left(\frac{154000}{\sqrt{3}}\right)^2 \times 10^{-3}$$

$$= 7689.02 [\text{kVA}]$$

• 답 : 7689.02[kVA]

전기설비설계 48 필수문제

그림과 같은 교류 단상 3선식 선로를 보고 다음 각 물음에 답하시오.

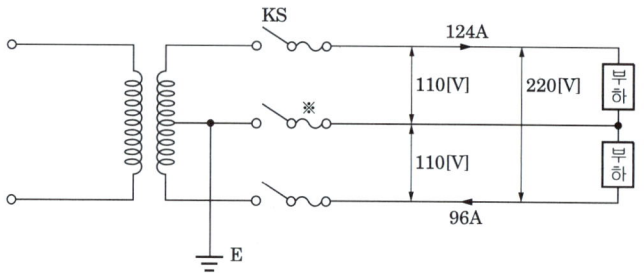

(1) 주어진 도면에 잘못된 부분을 표시하고 그 이유를 쓰시오.

(2) 부하 불평형률은 몇 [%]인가?
  • 계산 :   • 답 :

(3) 도면에 ※부분에 퓨즈를 넣지 않고 동선을 연결하였다. 옳은 방법인지의 여부를 구분하고 그 이유를 설명하시오.

정답

(1)

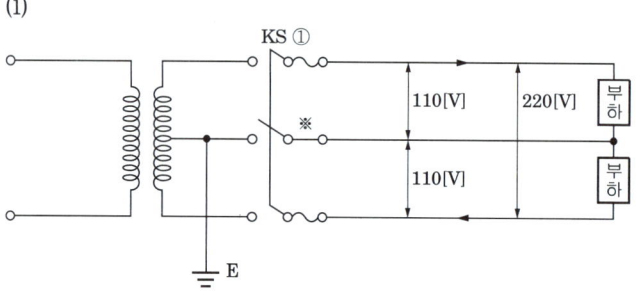

개폐기는 3극이 동시 동작형 개폐기 이어야 한다.
이유 : 동시에 개폐되지 않을 경우 전압불평형이 나타날 수 있다.

(2) • 계산 : 단상 3선식의 설비 불평형률

$$= \frac{\text{중성선과 각 전선간에 접속되는 부하설비용량의 차[kVA]}}{\text{총 부하설비용량[kVA]} \times \frac{1}{2}} \times 100$$

$$= \frac{124 - 96}{(124 + 96) \times \frac{1}{2}} \times 100 = 25.454[\%]$$

• 답 : $25.45[\%]$

(3) • 옳다
  • 이유 : 퓨즈가 용단될 경우, 전압 불평형에 의해 경부하측의 전위가 상승한다.

13 전기안전

전기에너지가 위험원인으로 작용하여 사고가 발생하고 그 결과 인명 및 재산의 손해가 일어나는 것을 전기적인 재해라고 한다. 감전사고, 전기화재, 전기폭발 등의 재해가 있으며 이에 대한 방지대책이 중요하다.

1 감전의 영향을 주는 요소

감전이란 인체 내에 전류가 흘러서 나타나는 현상으로 인체통과전류, 통전시간, 주파수, 통전경로 등에 밀접한 관계가 있다. 특히 통과전류와 통전시간이 중요한 요소이다.

▶ 암기하기
감전피해 위험도 결정조건
- 통전시간
- 통전전류
- 통전경로
- 전원의 종류

(1) 인체통과전류

종류	통과전류[mA]	생리반응
감지전류	0.5~1	인체에 전격을 느끼는 자극 정도의 전류
이탈전류	7~10	고통을 느끼고, 참을 수 있고 생명에는 지장이 없는 전류
불수전류	10~20	근육의 수축, 신경마비가 되어, 도체로부터 이탈이 불가능하게 되는 전류
심실세동전류	$I = \dfrac{116}{\sqrt{T}}$	심근의 팽창, 수축이 정지되고 심근이 가늘게 떨리기 시작하여 심실세동이 일어나게 될 때의 전류

(2) 통과시간

감전전류 안전한계는 실용상 30[mAsec]를 적용한다. 감전시간이 짧으면 보다 큰 전류에도 견딜 수 있으므로 고속도 차단이 안전면에서 중요하다는 것을 알 수 있다.

(3) 주파수

교류의 사용주파수 60[Hz]만 고려한다. 참고로 사람은 25[Hz]에서는 좀 더 큰 전류에 견딜 수 있고, 직류는 사용교류의 5배까지 견딜 수 있다.

(4) 통전경로

인체에 전류가 흘렀을 경우의 통전부위, 특히 심장 또는 그 부위를 통과하면 심장에 영향을 주어 위험하게 된다.

2 감전사고

(1) 접촉전압

사람이 지상에 서서 기기의 외함이나 철구에 접촉한 경우 인체에 가해지는 전압을 접촉전압이라 한다. 지표면상에 사람이 서 있고 손이 어느 물체를 접촉했을 때의 손과 발이 접촉한 2점간의 최대 허용전위차이다.

$$E_{tch} = I_B \cdot R_1 = I_B \cdot \left(R_H + R_B + \frac{R_F}{2}\right)[\text{V}]$$

여기서, R_H : 손의 접촉저항, R_B : 인체저항,
R_F : 다리의 접촉저항, I_B : 인체통과전류

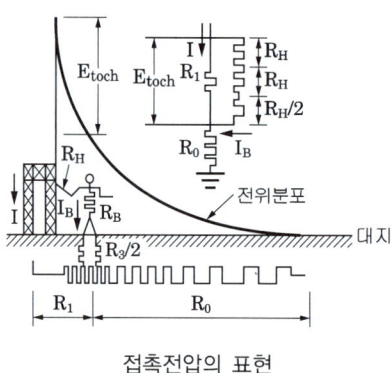

접촉전압의 표현   보폭전압의 표현

(2) 보폭전압

보폭전압이란 뇌격전류나 지락 등에 의한 고장전류가 유입하였을 때 접지전극과 지표면상의 격리된 2점의 전위차를 말한다. 즉, 고장전류에 의한 전위차가 생겼을 때 근접한 사람의 양다리에 걸리는 전위차를 말한다.

$$E_{step} = I_B \cdot R_2 = (R_B + 2R_F) \cdot I_B[\text{V}]$$

3 감전사고 방지대책

(1) 2중 절연구조

전기기기의 절연을 강화해서 안전을 도모하는 것이다. 2중 절연기기에 있어서는 기기의 금속제 외함 위에 다시 한 층의 절연을 하는 것이다. 기능절연이 나빠져도 보호절연이 되어 있어 기기 외부에 전압이 인가되지 않는다.

■ 참고
접촉전압 저감방법
기기, 철구등 주위 약 1[m]의 위치에 0.2~03[m]의 보조접지선을 매설하고 주접지선과 접속한다.

암기하기
보폭전압 저감방법
• 접지선을 깊게 매설한다.
• 메쉬 접지 방법을 채용하고 메쉬간격을 좁게한다.
• 위험도가 높은 장소에는 자갈 또는 콘크리트를 타설한다.

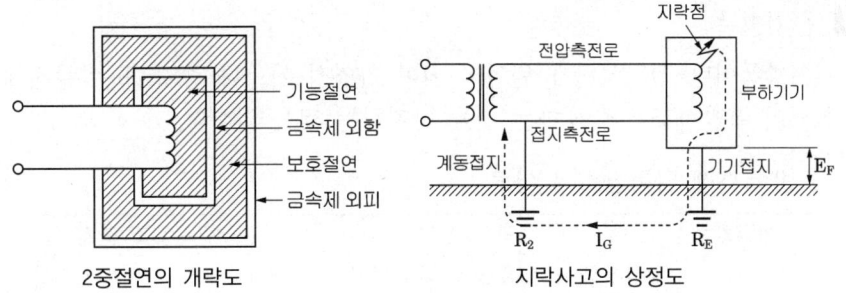

2중절연의 개략도　　지락사고의 상정도

(2) 누전차단기 설치
   1) 원리
      정상시 누전차단기에 내장된 ZCT에서 평형을 이루고 있다. 부하기기에 지락이 발생하면 1차 도체에 흐르는 전류가 평형이 되지 못하고 ZCT 2차에 전류불평형이 발생하여 누전차단기가 작동한다.

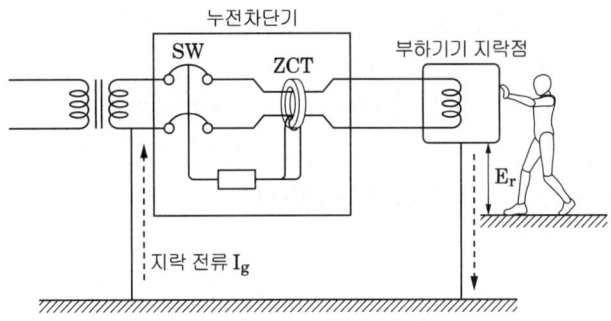

   2) 접촉전압
   $$E_r = R_E \cdot I_g$$

   3) 대책
      허용접촉전압 이하로 하기 위해서는 부하기기의 접지저항 R_E를 현실적으로 낮추기 어려우므로 누전차단기를 적용한다. 허용접촉전압이 2.5[V], 25[V], 50[V] 부하기기의 접지저항은 누전차단기 사용시는 500[Ω] 이하로 해야 한다.

■참고
누전차단기 구성
각 상의 도체를 일괄하여 환상철심을 관통시키고 이 환상철심에 감긴 2차 코일을 주개폐부의 트립코일에 접속하고 있다.

■참고
누전차단기 동작
지락시 주 회로에 지락전류가 흐르면 이것이 환상철심에 자속을 발생시켜 영상변류기 2차 코일에 전압을 유기하고 트립코일을 여자해서 차단동작을 한다.

■참고
LPG를 주유하는 주유소의 전기 재해방지를 위해 방폭전기설비로 설계해야 한다.

4 전기방폭

전기방폭이란 전기설비가 원인이 되어 가연성 가스나 증기 또는 분진에 인화되어 폭발사고가 발생하는 것을 방지하는 것을 말한다.

(1) 방폭지역 위험장소의 분류

위험분류별	해당 장소	구체적 장소
0종 장소 (ZONE 0)	정상상태에서 폭발성 분위기가 연속적으로 장시간 생성되는 장소	탱크내 액면 상부 공기층 인화성 액체공기
1종 장소 (ZONE 1)	정상상태에서 폭발성 분위기가 주기적으로 생성될 우려가 있는 장소	탱크내 구멍의 개구부 부근 작업에서 가연성 가스를 방출하는 장소
2종 장소 (ZONE 2)	이상상태에서 폭발 분위기가 생성될 우려가 있는 장소	강제 환기장치 고장으로 위험한 가스잔류가 외부로부터 침입할 우려가 있는 장소

(2) 방폭의 기본 대책
 1) 폭발성 분위기 생성 방지
 2) 점화원으로 작용억제 및 격리
 3) 전기설비 안전도 증가 : 정상상태에서 점화원으로 죄는 전기불꽃의 발생부 및 고온부가 존재하지 않는 전기설비에 대하여 특히 안전도를 증가시켜 고장이 발생하지 못하도록 하는 방법
 4) 점화능력의 본질적 억제 : 약전류 회로의 전기설비와 같이 정상상태뿐만 아니라 사고 시에도 발생되는 전기 불꽃, 가연성 물질에 착화할 위험이 없는 것이 시험 등의 방법에 의해 충분히 확인된 경우 (예 본질안전 방폭구조)

■참고
점화원의 실질적 격리
• 전기기기 점화원이 되는 부분은 주위의 폭발성 가스와 격리하여 접속하지 않도록 하는 방법 (예 내부압력 방폭구조, 유입 방폭구조)
• 전기기기 내부에서 발생한 폭발이 전기기기 주위에 폭발성가스에 파급되지 않도록 점화원을 실질적으로 격리하는 방법 (예 내압 방폭구조)

(3) 방폭기의 분류
 1) 압력 방폭 구조 (1종, 2종 장소에 적합)
  • 정의 : 용기내부에 보호가스를 압입하여 내부압력을 유지함으로써 폭발성 가스 또는 증기가 용기 내부로 유입하지 않도록 된 구조
  • 대상기기 : 아크발생 모든 기기가 해당, 제어반, 단자박스
 2) 유입 방폭 구조(2종 장소에만 적합)
  • 정의 : 전기 불꽃, 고온이 발생하는 부분을 기름속에 넣고, 기름면 위에 존재하는 폭발성가스 또는 증기에 인화되지 않도록 한 구조
  • 대상기기 : 아크가 발생할 수 있는 모든 전기기기의 접점, 개폐기류, 변압기류
 3) 안전증 방폭 구조(1종 장소에 사용금지)
  • 정의 : 정상운전 중에 폭발성 가스 또는 증기에 점화원이 될 전기불꽃, 아크 또는 고온 부분 등의 발생을 방지하기 위하여 기계적, 전기적, 구조상 또는 온도상승에 대해서 특히 안전도를 증가시킨 구조
  • 대상기기 : 전기기기의 권선, 단자부, 접속부 등 2종 장소에서 사용

4) 본질안전 방폭 구조(0, 1, 2종 장소에 모두 적합)
- 정의 : 정상시 및 사고시(단선, 단락, 지락 등)에 발생하는 전기불꽃, 아크 또는 고온에 의하여 폭발성 가스 또는 증기에 점화되지 않는 것이 점화시험, 기타에 의하여 확인된 구조
- 대상기기 : 온도, 압력, 액면 유량 검출 측정기나 이를 이용한 자동 장치 등에 사용

5) 내압 방폭 구조 (1종, 2종 장소에 적합)
- 정의 : 전폐 구조로 용기 내부에서 폭발이 생겨도 용기가 압력에 견디고 외부의 폭발성 가스에 인화될 우려가 없는 구조
- 대상기기 : 전동기, 개폐기, 분전반, 제어반, 변압기 등

전기설비설계 49 필수문제

220[V] 전동기의 철대를 접지해 절연파괴로 인한 철대와 대지사이에 위험 전압을 25[V] 이하로 하고자 한다. 공급 변압기의 접지 저항값이 10[Ω], 저압 전로의 임피던스를 무시할 경우, 전동기의 접지저항의 최댓값[Ω]을 구하시오.

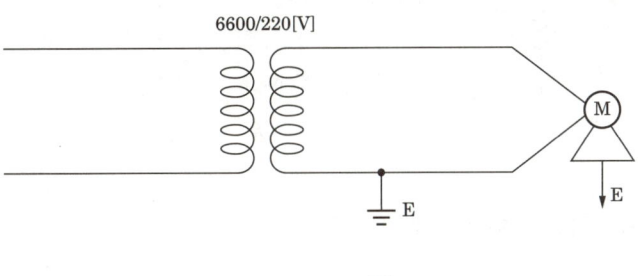

- 계산 :   • 답 :

[정답]
- 계산 :

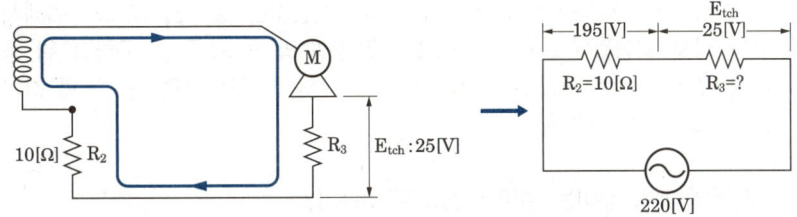

위험전압 $E_{tch} = \dfrac{R_3}{R_2 + R_3} \times E = 25[V]$

(단, R_2 : 변압기의 접지 저항값, R_3 : 전동기의 접지 저항값)

$R_3 = \dfrac{R_2 \times 25}{E - 25} = \dfrac{10 \times 25}{220 - 25} = 1.282[\Omega]$

- 답 : 1.28 [Ω]

전기설비설계 50 　필수문제

다음 그림은 저압전로에 있어서의 지락고장을 표시한 그림이다. 그림의 전동기 Ⓜ₁(단상 110[V])의 내부와 외함간에 누전으로 지락사고를 일으킨 경우 변압기 저압측 전로의 1선은 전기설비기술 기준령에 의하여 고·저압 혼촉시의 대지전위 상승을 억제하기 위한 접지공사를 하도록 규정하고 있다. 다음 물음에 답하시오.

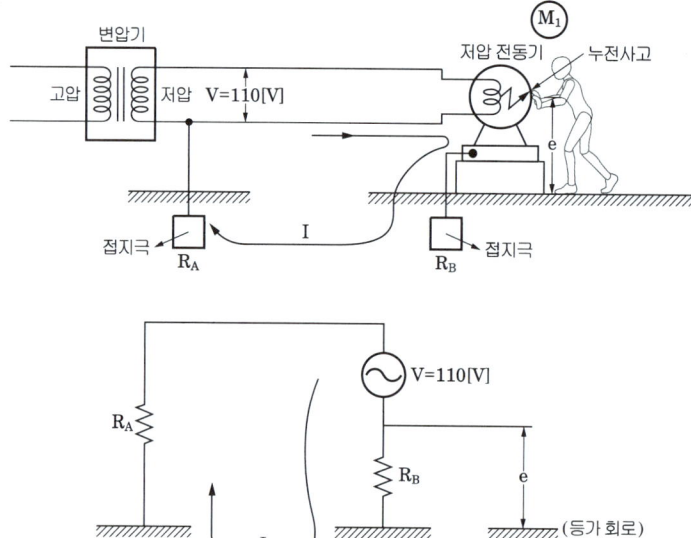

(1) 등가회로상의 e는 무엇을 의미하는가?

(2) 등가회로상의 e의 값을 표시하는 수식을 표시하시오.

(3) 저압회로의 지락전류 $I = \dfrac{V}{R_A + R_B}$[A]로 표시할 수 있다. 고압측 전로의 중성점이 비접지식인 경우에 고압측 전로의 1선 지락전류가 4[A]라고 하면 변압기의 2차측(저압측)에 대한 접지 저항값은 얼마인가? 또, 위에서 구한 접지 저항값(R_A)을 기준으로 하였을 때의 R_B의 값을 구하고 위 등가회로상의 I, 즉 저압측 전로의 1선 지락전류를 구하시오. 단, e의 값은 25[V]로 제한하도록 한다.

(4) 접지극의 매설 깊이는 얼마 이상으로 하는가?

(5) 변압기 2차측 접지선은 단면적 몇[mm²] 이상의 연동선이나 이와 동등 이상의 세기 및 굵기의 것을 사용하는가?

[정답]
(1) 접촉전압

(2) $e = \dfrac{R_B}{R_A+R_B} \times V$

(3) 변압기의 접지공사 접지저항 $R_A = \dfrac{150}{1선지락전류} = \dfrac{150}{4} = 37.5[\Omega]$

$e = \dfrac{R_B}{R_A+R_B} \times V$ 공식을 이용하여 $25 = \dfrac{R_B}{37.5+R_B} \times 110$

그러므로 $R_B = 11.03[\Omega]$, $I = \dfrac{V}{R_A+R_B} = \dfrac{110}{37.5+11.03} = 2.27[A]$

- $R_A = 37.5[\Omega]$, $R_B = 11.03[\Omega]$, $I = 2.27[A]$

(4) 75[cm]

(5) 6[mm^2]

전기설비설계 51 　필수문제

그림은 누전차단기를 적용하는 것으로 CVCF 출력단의 접지용 콘덴서 C_0는 6[μF]이고, 부하측 라인필터의 대지 정전용량 $C_1 = C_2 = 0.1[\mu F]$, 누전차단기 ELB_1에서 지락점까지의 케이블의 대지정전용량 $C_{L1} = 0$(ELB_1의 출력단에 지락 발생 예상), ELB_2에서 부하 2까지의 케이블의 대지정전용량은 $C_{L2} = 0.2[\mu F]$이다. 지락저항은 무시하며, 사용 전압은 200[V], 주파수가 60[Hz]인 경우 다음 각 물음에 답하시오.

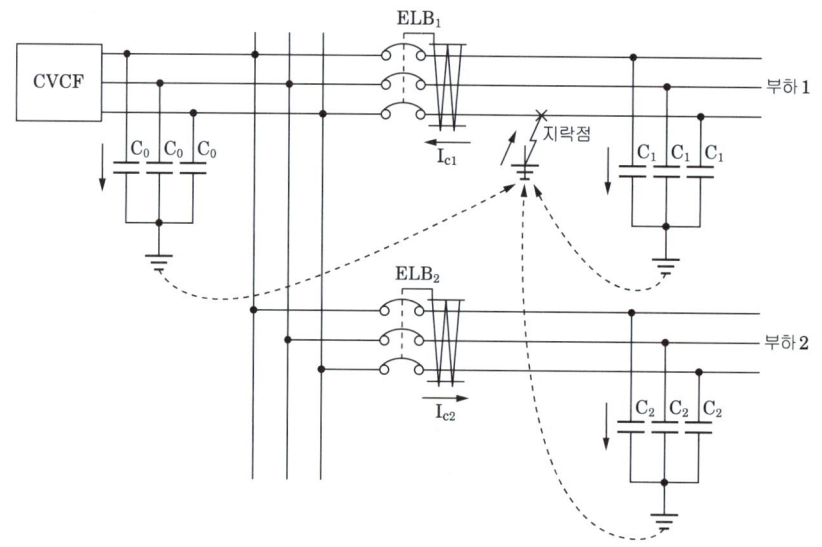

【조 건】
- ELB_1에 흐르는 지락 전류 I_{c1}은 약 796[mA]($I_{c1} = 3 \times 2\pi f\, CE$에 의하여 계산
- 누전차단기는 지락시의 지락전류의 $\frac{1}{3}$에 동작 가능하여야 하며, 부동작 전류는 건전 피더에 흐르는 지락전류의 2배 이상의 것으로 한다.
- 누전차단기의 시설 구분에 대한 표시 기호는 다음과 같다.
  ○ : 누전차단기를 시설할 것
  △ : 주택에 기계기구를 시설하는 경우에는 누전차단기를 시설할 것
  □ : 주택 구내 또는 도로에 접한 면에 룸에컨디셔너, 아이스 박스, 진열장, 자동판매기 등 전동기를 부품으로 한 기계기구를 시설하는 경우에는 누전차단기를 시설하는 것이 바람직하다.
  ※ 사람이 조작하고자 하는 기계기구를 시설한 장소보다 전기적인 조건이 나쁜 장소에서 접촉할 우려가 있는 경우에는 전기적 조건이 나쁜 장소에 시설된 것으로 취급한다.

(1) 도면에서 CVCF는 무엇인지 우리말로 그 명칭을 쓰시오.
　• 답 :

(2) 건전 피더(Feeder) ELB_2에 흐르는 지락전류 I_{g2}는 몇 [mA]인가?
　• 계산 :　　　　　　　　　• 답 :

(3) 누전 차단기 ELB_1, ELB_2가 불필요한 동작을 하지 않기 위해서는 정격감도전류 몇 [mA] 범위의 것을 선정하여야 하는가?
　• 계산 :　　　　　　　　　• 답 :

(4) 누전 차단기의 시설 예에 대한 표의 빈 칸에 ○, △, □로 표현하시오.

기계기구 시설장소 전로의 대지전압	옥내		옥측		옥외	물기가 있는 장소
	건조한 장소	습기가 많은 장소	우선내	우선외		
150[V] 이하	–	–	–			
150[V] 초과 300[V] 이하				–		

[정답]

(1) 정전압 정주파수 공급 장치

(2) 지락 전류
　• 계산 : 지락 전류 $I_g = 3\omega CE$ 에 의해서
　$I_{g2} = 3 \times 2\pi f(C_{L2} + C_2) \times \dfrac{V}{\sqrt{3}}$
　$= 3 \times 2\pi \times 60(0.2 + 0.1) \times 10^{-6} \times \dfrac{200}{\sqrt{3}} = 0.03918[A]$
　• 답 : 39.18[mA]

(3) 정격 감도 전류의 범위
　• 계산
　① 동작 전류 = 지락전류 $\times \dfrac{1}{3}$
　　$I_{g1} = 796[mA]$
　　조건에 의해서 $ELB_1 = 796 \times \dfrac{1}{3} = 265.33[mA]$
　　$I_{g2} = 3\omega CE = 3 \times 2\pi f(C_0 + C_{L1} + C_1 + C_{L2} + C_2) \times \dfrac{V}{\sqrt{3}}$
　　$= 3 \times 2\pi \times 60(6 + 0 + 0.1 + 0.2 + 0.1) \times 10^{-6} \times \dfrac{200}{\sqrt{3}} \times 10^3$
　　$= 835.8[mA]$
　　조건에 의해서 $ELB_2 = 835.8 \times \dfrac{1}{3} = 278.6[mA]$

② 부동작 전류 = 건전피더 지락전류×2
부하1측 cable 지락시 부하2측 cable에 흐르는 지락전류는

$$I_{g2} = 3 \times 2\pi f(C_{L2} + C_2) \times \frac{V}{\sqrt{3}}$$

$$= 3 \times 2\pi \times 60(0.2 + 0.1) \times 10^{-6} \times \frac{200}{\sqrt{3}} \times 10^3$$

$$= 39.18 [\text{mA}]$$

조건에 의해서 $ELB_2 = 39.18 \times 2 = 78.36 [\text{mA}]$

부하2측 cable 지락시 부하1측 cable에 흐르는 지락전류는

$$I_{g1} = 3 \times 2\pi f(C_{L1} + C_1) \times \frac{V}{\sqrt{3}}$$

$$= 3 \times 2\pi \times 60(0 + 0.1) \times 10^{-6} \times \frac{200}{\sqrt{3}} \times 10^3$$

$$= 13.06 [\text{mA}]$$

조건에 의해서, $ELB_1 = 13.06 \times 2 = 26.12 [\text{mA}]$

• 답 : 정격 감도 전류
  ELB_1 : 26.12 ~ 265.33 [mA]
  ELB_2 : 78.36 ~ 278.6 [mA]

(4)

전로의 대지전압	기계기구 시설장소	옥 내		옥 측		옥 외	물기가 있는 장소
		건조한 장소	습기가 많은 장소	우선내	우선외		
150[V] 이하		—	—	—	□	□	○
150[V] 초과 300[V] 이하		△	○	—	○	○	○

| 참고 |

CVCF : 전압일정 주파수일정
VVCF : 전압가변 주파수일정
VVVF : 전압가변 주파수가변
사고피더 : 지락 등의 사고로 인한 고장선로
건전피더 : 정상적으로 전류가 흐르는 선로

14 계측설비

계측설비의 종류에 대해선 전압계, 전류계, 주파수계, 절연저항계, 등 여러 가지 기구가 있다. 계측은 일종의 테스트기 때문에 오차가 존재하며 이 오차를 줄이기 위해 여러 번 측정값에 대해 표준화를 시키기 위해 오차율을 적용한다.

1 2전력계법

3상 전력의 측정 방법으로, 2개의 단상 전력계를 그림과 같이 접속하면 3상 2개의 전력계의 대수합으로 구해진다.

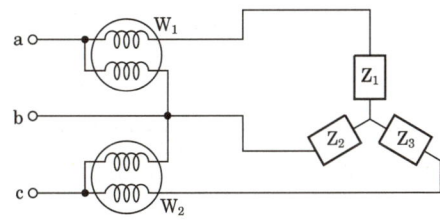

▶ 암기하기

오차 및 오차율
- 오차=측정값 − 참값
- 오차율 = $\dfrac{오차}{참값} \times 100$

(1) 유효전력

$$P = W_1 + W_2 = \sqrt{3}\, VI\cos\theta\,[\mathrm{W}]$$

(2) 무효전력

$$P_r = \sqrt{3}\,(W_1 - W_2) = \sqrt{3}\, VI\sin\theta\,[\mathrm{Var}]$$

(3) 피상전력

$$P_a = 2\sqrt{W_1^{\,2} + W_2^{\,2} - W_1 W_2} = \sqrt{3}\, VI\,[\mathrm{VA}]$$

▶ 암기하기

보정값 및 보정률
- 보정값=참값 − 측정값
- 보정률 = $\dfrac{보정값}{측정값} \times 100$

(4) 역률

$$\cos\theta = \dfrac{P}{P_a} \times 100 = \dfrac{W_1 + W_2}{2\sqrt{W_1^{\,2} + W_2^{\,2} - W_1 W_2}} \times 100\,[\%]$$

- $W_1 = 2W_2$ 또는 $W_2 = 2W_1$: $\cos\theta = 0.866 = 86.6\,[\%]$
- $W_1 = 3W_2$ 또는 $W_2 = 3W_1$: $\cos\theta = 0.75 = 75\,[\%]$
- W_1 또는 W_2 중 어느 하나가 0인 경우 : $\cos\theta = 0.5 = 50\,[\%]$

Chapter 01 전기설비설계

암기하기

계측기의 종류
- 와이어 게이지
  : 단선의 전선의 굵기
- 절연저항계(메거)
  : 옥내전선, 변압기 절연저항
- 코올라시 브리지
  : 접지저항, 전해액의 저항
- 후크온 미터
  : 배전선의 전류
- 휘스톤 브리지
  : 검류계의 내부저항

2 3전압계법, 3전류계법

3전압계법은 3개의 전압계와 하나의 기지(既知) 저항을 써서 단상 교류 부하 전력을 측정하는 방법이며, 3개의 전류계와 하나의 기지(既知) 저항을 사용하며 단상 교류 부하 전력을 측정하는 방법이다.

	3전압계법	3전류계법
회로	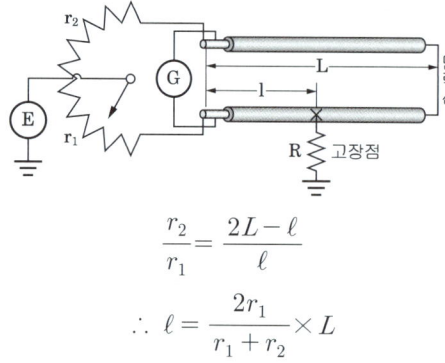	
역률	$\cos\theta = \dfrac{V_3^2 - V_2^2 - V_1^2}{2V_2V_1}$	$\cos\theta = \dfrac{A_3^2 - A_2^2 - A_1^2}{2A_2A_1}$
부하전력	$P = \dfrac{1}{2R}(V_3^2 - V_2^2 - V_1^2)$	$P = \dfrac{R}{2}(A_3^2 - A_2^2 - A_1^2)$

암기하기

펄스 레이더법
고주파 펄스를 인가하고, 고장점에서 반사되어 오는 반사파의 파형과 진행시간을 측정하여 고장점의 거리를 측정한다. 고장점에 습기가 많은 장소, 고장점과 대지 간 저항이 작은 장소에 사용된다.

아크 반사법
서지 발생기로 고장점에 아크를 발생 시키면 아크 발생순간 고장점 임피던스는 낮아지며 이때 반사된 펄스파의 진생시간을 측정하여 고장점의 거리를 측정한다. 펄스 레이다법으로 측정이 불가능한 고장점과 대지 간 저항이 높은 장소에 사용한다.

3 머레이루프법(Murray loop)

(1) 정의 : 휘스톤 브릿지 법의 원리를 이용하여 고장점까지의 거리를 측정하는법

$\dfrac{r_2}{r_1} = \dfrac{2L-\ell}{\ell}$

$\therefore \ell = \dfrac{2r_1}{r_1+r_2} \times L$

E : 직류전압
G : 검류계
L : cable 길이[m]
R : 지락저항 [Ω]
r_1, r_2 : Murray Loop 저항변
ℓ : 고장점까지의 거리 [m]
※ 측정전원 전압에 따른 분류
- 저압법 : DC 수백[V] 이하
- 고압법 : DC 수천[V] 이상

(2) 장점
① 측정의 정밀도가 높다. : 오차는 1% 이하.
② 적용범위 및 사용실적이 많다. : 케이블 고장의 대부분이 1선지락 고장
③ 측정기의 조작 및 운반이 용이

(3) 단점
① 단선 고장은 측정 불가
② 지락저항이 높고 고압전원을 이용해도 고장점이 방전하는 경우 측정 불가
③ 3상 동시 지락과 같이 병행 건전상이 없을 경우 측정 불가

전기설비설계 52 필수문제

평형 3상 회로로 운전하는 유도 전동기의 회로를 2전력계법에 의하여 측정하고자 한다. 다음 물음에 답하시오.

(1) 전력계 W_1, W_2 전류계 A, 전압계 V를 결선하시오.

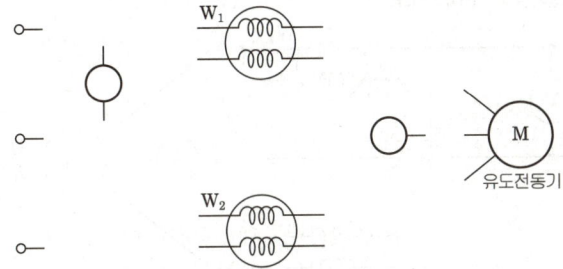

(2) $W_1 = 5[\text{kW}]$, $W_2 = 4.5[\text{kW}]$, $V = 380$, $I = 18[\text{A}]$일 때 전동기의 역률은 몇 [%]인가?

(3) 유도 전동기를 직입 기동 방식에서 Y-△ 기동 방식으로 변경할 때 기동 전류는 어떻게 변화하는가?

(4) 유도 전동기의 주파수가 60[Hz]이고 4극이라면 회전수는 몇 [rpm]인가?

[정답]

(1)
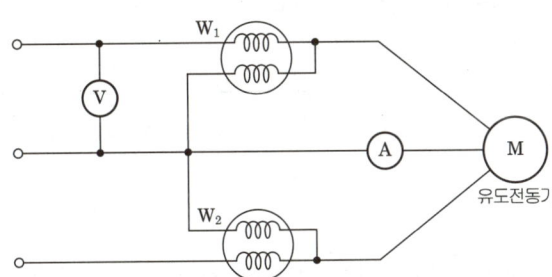

(2) 계산 : 유효 전력 $P = W_1 + W_2 = 5 + 4.5 = 9.5[\text{kW}]$
피상 전력 $P_a = \sqrt{3}\,VI = \sqrt{3} \times 380 \times 18 \times 10^{-3} = 11.85[\text{kVA}]$
역률 $\cos\theta = \dfrac{P}{P_a} = \dfrac{9.5}{11.85} \times 100 = 80.17[\%]$
• 답 : 80.17[%]

(3) △기동시의 $\dfrac{1}{3}$ 배

(4) $N_s = \dfrac{120f}{p} = \dfrac{120 \times 60}{4} = 1800[\text{rpm}]$
• 답 : 1800[rpm]

전기설비설계 53 필수문제

평형 3상 회로에 그림과 같은 유도 전동기가 있다. 이 회로에 2개의 전력계와 전압계 및 전류계를 접속하였더니 그 지시값은 $W_1 = 5.5[kW]$, $W_2 = 3.2[kW]$, 전압계의 지시는 200[V], 전류계의지시는 30[A] 이었다. 이 때 다음 각 물음에 답하시오.

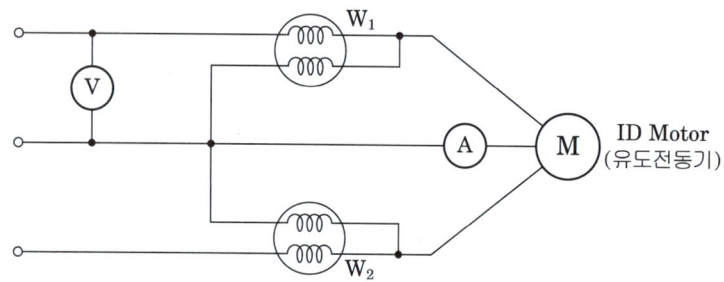

(1) 부하에 소비되는 전력과 피상전력을 구하시오.
  ① 전력
   • 계산 :   • 답 :
  ② 피상전력
   • 계산 :   • 답 :
(2) 이 유도 전동기의 역률은 몇 [%]인가?
   • 계산 :   • 답 :
(3) 역률을 95[%]로 개선하고자 할 때 전력용 콘덴서는 몇 [kVA]가 필요한가?
   • 계산 :   • 답 :
(4) 이 유도 전동기로 매분 25[m]의 속도로 물체를 끌어 올린다면 몇[ton]까지 가능한가? 단, 종합 효율은 80[%]로 계산한다.
   • 계산 :   • 답 :

정답

(1) ① 전력
  • 계산 : $P = W_1 + W_2 = 5.5 + 3.2 = 8.7 [kW]$ • 답 : 8.7[kW]
  ② 피상전력
  • 계산 : $P_a = \sqrt{3}\, VI = \sqrt{3} \times 200 \times 30 \times 10^{-3} = 10.392 [kVA]$ • 답 : 10.39[kVA]

(2) • 계산 : $\cos\theta = \dfrac{P}{P_a} \times 100 = \dfrac{8.7}{10.39} \times 100 = 83.734 [\%]$ • 답 : 83.73[%]

(3) • 계산
  콘덴서 용량 $Q = P(\tan\theta_1 - \tan\theta_2)\,[kVA]$
  $= 8.7 \times \left(\dfrac{\sqrt{1-0.84^2}}{0.84} - \dfrac{\sqrt{1-0.95^2}}{0.95} \right) = 2.76 [kVA]$ • 답 : 2.76[kVA]

(4) • 계산
  권상용 전동기의 동력 $P = \dfrac{GV}{6.12\eta}[kW]$, 여기서 G:권상하중 (적재하중)[ton]
  V : 권상속도 [m/min] , η : 효율
  권상하중 $G = \dfrac{6.12 P \eta}{V} = \dfrac{6.12 \times 8.7 \times 0.8}{25} = 1.703 [ton]$ • 답 : 1.7[ton]

전기설비설계 54 필수문제

%오차가 −4[%]인 전압계로 측정한 값이 100[V]라면 그 참값은 얼마인지 계산하시오.
- 계산 :
- 답 :

정답

- 계산 : 참값 = $\dfrac{\text{측정값}}{1+\text{오차율}} = \dfrac{100}{1+(-0.04)} = 104.166[\text{V}]$

- 답 : 104.17[V]

|참고|

- 오차 = 측정값 − 참값
- 오차율 = $\dfrac{\text{오차}}{\text{참값}}$
- 보정값 = 참값 − 측정값
- 보정률 = $\dfrac{\text{보정값}}{\text{측정값}}$

전기설비설계 55 필수문제

100[V], 20[A]용 단상 적산 전력계에 어느 부하를 가할 때 원판의 회전수 20회에 대하여 40.3[초] 걸렸다. 만일 이 계기의 20[A]에 있어서 오차가 +2[%]라 하면 부하 전력은 몇 [kW]인가? 단, 이 계기의 계기 정수는 1000 [Rev/kWh]이다.
- 계산 :
- 답 :

정답

- 계산 : 적산전력계의 측정 값 $P_M = \dfrac{3600 \cdot n}{t \cdot k} = \dfrac{3600 \times 20}{40.3 \times 1000} = 1.79[\text{kW}]$

오차율$(E) = \dfrac{\text{측정값}(P_M) - \text{참값}(P_T)}{\text{참값}(P_T)} \times 100[\%]$

여기서, $2 = \dfrac{1.79 - P_T}{P_T} \times 100[\%]$ ∴ $P_T = \dfrac{1.79}{1.02} = 1.75[\text{kW}]$

- 답 : 1.75[kW]

전기설비설계 56 필수문제

그림과 같이 전류계 3개를 가지고 부하전력을 측정하려고 한다. 각 전류계의 지시가 $A_1 = 7[A]$, $A_2 = 4[A]$, $A_3 = 10[A]$이고, $R = 20[\Omega]$일 때 다음을 구하시오.

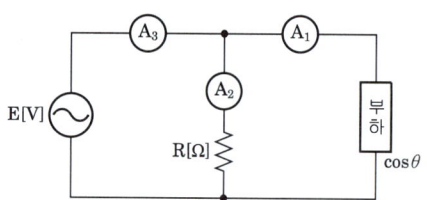

(1) 부하전력[W]을 구하시오.
 • 계산 :   • 답 :

(2) 부하 역률을 구하시오.
 • 계산 :   • 답 :

[정답]

(1) 계산 : 부하전력 $P = \dfrac{R}{2}(A_3^2 - A_2^2 - A_1^2) = \dfrac{20}{2} \times (10^2 - 4^2 - 7^2) = 350[W]$

 • 답 : 350[W]

(2) 계산 : 부하역률 $\cos\theta = \dfrac{A_3^2 - A_2^2 - A_1^2}{2A_2A_1} = \dfrac{10^2 - 4^2 - 7^2}{2 \times 4 \times 7} = 0.63 = 62.5[\%]$

 • 답 : 62.5[%]

|참고|

• 3전류계측정법에 의한 전력 및 역률 계산

$P = \dfrac{R}{2}(I_3^2 - I_2^2 - I_1^2)$ $\cos\theta = \dfrac{I_3^2 - I_2^2 - I_1^2}{2I_2I_1}$

• 3전압계 측정법에 의한 전력 및 역률 계산

$P = \dfrac{1}{2R}(V_3^2 - V_2^2 - V_1^2)$ $\cos\theta = \dfrac{V_3^2 - V_2^2 - V_1^2}{2V_2V_1}$

전기설비설계 57 필수문제

머레이루프법(Murray loop)으로 선로의 고장 지점을 찾고자 한다. 선로의 길이가 4[km](0.2[Ω/km])인 선로에 그림과 같이 접지 고장이 생겼을 때 고장점까지의 거리 X는 몇 [km]인가? (단, $P=270[\Omega]$, $Q=90[\Omega]$에서 브리지가 평형되었다고 한다.)

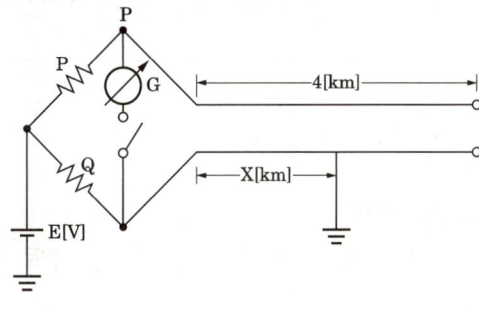

정답

- 계산 : 머레이루프법이란 휘스톤 브리지의 원리를 적용한 선로의 고장점 탐색법이다.

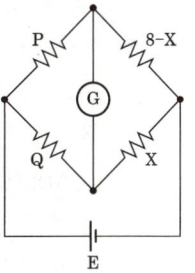

 (단, 왕복선의 길이 : 8[km])
 $PX = Q(8-X)$: 브리지 평형조건
 $X = \dfrac{Q}{P+Q} \times 8 = \dfrac{90}{270+90} \times 8 = 2[\text{km}]$

- 답 : 2[km]

15 동력설비

동력설비란 일반적으로 회전 혹은 왕복 동력을 얻기 위한 설비로 크게 직류전동기와 교류전동기로 나눌 수 있다. 전동기는 전력을 이용하여 회전운동의 힘을 얻는 기계로서 축에 기계적 부하를 연결하여 운전하며, 유도전동기는 단상과 3상 전동기로 나뉜다. 전동기에서 중요한 사항은 각 전동기의 특성과 기동법, 속도제어, 소요동력 그리고 전동기의 보호 방법이다.

1 단상 유도전동기

(1) 단상 유도전동기의 사용

단상 유도전동기는 가정용, 공업, 농업용 등에서 주로 1[kW] 이하의 동력용으로 사용되고 있다.

(2) 단상 유도전동기의 구분

1) 분상기동형

주권선과 보조 권선에 의해 회전 자기장을 만들어 기동시킨다. 기동 후 속도가 점차 증가하여 동기 속도의 70~80[%]가 되면 원심력 스위치(centrifugal switch)가 작동하여 보조 권선 회로가 개방되고 전동기는 주권선에 의해서 동작한다.

2) 셰이딩코일형

셰이딩 코일형 유도 전동기는 고정자의 주 자극 옆에 작은 돌극을 만든다. 여기에 굵은 구리선으로 수 회 감아 단락시킨 구조의 전동기이다.

3) 콘덴서기동형

콘덴서가 연결된 권선과 주권선 사이의 위상차로 회전 자기장이 만들어져 회전자를 기동시킨다. 콘덴서기동형 전동기는 전해 콘덴서를 사용하며 정격 속도에 도달하면 회로에서 콘덴서를 개방시켜야 한다.

4) 반발 기동형

반발 기동 유도전동기는 기동시에는 반발 전동기로서 동작시키고 일정 속도에 달하면 정류자 세그먼트를 단락하여 유도 전동기로서 동작하는 전동기로서 브러시를 필요로 한다.

5) 반발 유도형

농형 권선과 반발형 전동기 권선을 운전 중 그대로 사용한다. 반발 기동형과 비교하면 기동 토크는 반발 유도형이 작지만, 최대 토크는 크고 부하에 의한 속도의 변화는 반발 기동형보다 크다.

암기하기

단상유도전동기의 특징
- 기동토크가 0이다.
- 2차 저항이 증가하면 토크는 감소한다.
- 비례 추이할 수 없다.
- 슬립이 0일 때에는 토크는 부(-)가 된다.

암기하기

단상 분상 기동형
유도전동기의 경우 회전방향을 바꾸기 위해 기동권선의 접속을 반대로 바꾸어 준다.

2 유도 전동기의 기동법

(1) 농형 유도전동기의 기동법

농형 유도 전동기의 기동 토크 T_s는 전압의 제곱에 비례한다. 따라서, 단자 전압을 감소시키면 전류는 감소하고 기동 토크도 감소하게 된다. 감전압 기동방식에는 $Y-\Delta$, 리액터, 콘도르퍼, 기동보상기법이 있다.

1) 전 전압 기동법

전동기에 별도의 기동장치를 사용하지 않고 정격전압을 인가한다.
- 5[kW] 이하의 소용량 농형 유도 전동기에 적용
- 기동 전류가 정격 전류의 4~6배 정도이다.

2) $Y-\Delta$ 기동법

기동시 고정자권선을 Y로 접속하여 기동함으로써 기동전류를 감소시키고 운전속도에 가까워지면 권선을 Δ로 변경하여 운전한다.
- 5~15[kW] 정도의 농형 유도전동기 기동에 적용
- Y로 기동시 전기자 권선에 가해지는 전압은 정격전압의 $(1/\sqrt{3})$이므로 Δ 기동시에 비해 기동전류는 1/3, 기동토크도 1/3로 감소한다.

Y결선시	△결선시
(V/√3, I_y)	(V, I_△, V_△=V)
$\cdot\ I_Y = 상전류 = \dfrac{\left(\dfrac{V}{\sqrt{3}}\right)}{Z} = \dfrac{V}{\sqrt{3}\,Z}$ $\cdot\ V_Y = \dfrac{V}{\sqrt{3}}$	$\cdot\ I_\Delta = \sqrt{3} \times 상전류 = \sqrt{3} \times \dfrac{V}{Z}$ $\therefore \dfrac{I_Y}{I_\Delta} = \dfrac{\left(\dfrac{1}{\sqrt{3}}\right)}{\sqrt{3}} = \dfrac{1}{3}$ $\therefore \dfrac{T_Y}{T_\Delta} = \left(\dfrac{1}{\sqrt{3}}\right)^2 = \dfrac{1}{3}\ (\because T \propto V^2)$

3) 리액터 기동법

전동기의 1차측에 직렬로 철심이 든 리액터를 설치하고 그 리액턴스의 값을 조정하여 전동기에 인가되는 전압을 제어함으로써 기동전류 및 토크를 제어하는 방식이다.

4) 콘도로퍼법

기동보상기법과 리액터기동 방식을 혼합한 방식으로 기동시에는 단권변압기를 이용하여 기동한 후 단권 변압기의 감전압탭으로부터 전원으로 접속을 바꿀 때 큰 과도전류가 생기는 경우가 있는데 이 전류를 억제하

■ 참고
유도전동기의 속도제어
① 극수 변환법
- $N_s = \dfrac{120f}{P}$에서 극수 P를 변환시켜 속도를 제어 한다.
- 효율이 좋은 편이다.
- 단계적인 속도제어 방법이다.

② 주파수 변환법
- 인버터 시스템으로 $N_s = \dfrac{120f}{P}$에서 주파수 f를 변환시켜 속도를 제어한다.
- 자속을 일정하게 유지하기 위해 $\dfrac{V}{f}$는 일정
- 선박추진기, 포트모터 등에 사용

▶ 이해하기

전동기의 합리적 선정
- 부하의 토크-속도특성에 적합한 것인지 판단한다.
- 용도에 알맞은 기계적 형식의 것인지 판단한다.
- 운전형식에 적당한 정격 및 냉각방식인지 판단한다.
- 사용장소의 상황에 알맞은 보호방식의 것인지 판단한다.

기 위하여 기동된 후에 리액터를 통하여 운전한 다음 일정한 시간 후 리액터를 단락하여 전원으로 접속을 바꾸는 기동방식으로 원활한 기동이 가능하지만 가격이 비싸다는 단점이 있다

(2) 권선형 유도 전동기의 기동법

분류	특징
2차 저항법	기동저항기법이라고도 하며 기동시 2차 저항의 크기를 조절하여 기동전류는 제한하고 기동토크를 크게 하는 방법이다.
2차 임피던스	2차 저항에 리액터를 추가로 설치하여 기동전류를 제한하는 기동방식이다.
게르게스법	회전자에 소권수의 코일 2개를 설치하고 이를 병렬로 사용하여 기동시의 기동전류를 제한하고 기동 후에는 각상의 권선을 단락하여 큰 토크를 발생시키는 방법이다.

3 펌프용 전동기의 소요동력

스크류 형식의 펌프의 제작에는 고도의 정밀 가공이 필요하고 높은 내구성이 요구된다. 구동부를 전동기로 회전시켜서 물을 끌어올리는 용도로 사용한다.

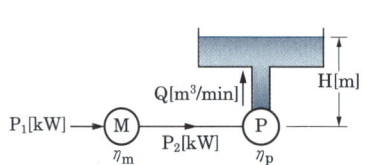

$Q\,[\mathrm{m^3/min}]$: 유량
$H\,[\mathrm{m}]$: 양정
$\eta_m\,[\%]$: 전동기 효율
$\eta_p\,[\%]$: 펌프효율
K : 전달계수/여유계수

- 양수 동력 $P_1 = \dfrac{9.8\,Q[\mathrm{m^3/s}] \times H[\mathrm{m}]}{\eta_p \times \eta_m} K\,[\mathrm{kW}]$

$\qquad\qquad\quad = \dfrac{Q[\mathrm{m^3/min}] \times H[\mathrm{m}]}{6.12\,\eta_p\,\eta_m} K\,[\mathrm{kW}]$

- 축동력 $P_2 = \dfrac{9.8\,Q[\mathrm{m^3/s}] \times H[\mathrm{m}]}{\eta_p}\,[\mathrm{kW}]$

$\qquad\qquad\ \ = \dfrac{Q[\mathrm{m^3/min}] \times H[\mathrm{m}]}{6.12\,\eta_p}\,[\mathrm{kW}]$

4 권상기용 전동기

권상기용 전동기는 엘리베이터용으로 특별히 설계 제작된 영구자석 동기전동기 또는 유도전동기로써 비교적 적은 기동전류로 큰 회전력을 얻을 수 있고 빈번한 시동에도 충분히 견딜 수 있도록 설계한다.

■ 참고
- 펌프의 축동력 계산시 모터의 효율은 고려하지 않는다.
- 유량과 양정의 단위를 유의하여 계산한다.

(1) 권상기용 전동기의 소요동력

$$P = \frac{KGV}{6.12\eta}[\text{kW}]$$

G : 적재하중[ton], V : 속도[m/min], η : 권상기효율, K : 평형률

(2) 전동기의 회전수

$$V = \pi DN[\text{m/min}]$$

V : 속도[m/min], D : 직경[m], N : 전동기의 회전수[rpm]

5 60[Hz]에서 50[Hz]로 변환시 전동기 특성변화

- 속도 감소 및 자속증가
- $\phi = \dfrac{V}{4.44K_w nf} \propto \dfrac{1}{f}$, $N_s = \dfrac{120f}{P}$ 에서 $N_s \propto f$
- 역률 저하
  주파수가 떨어지면 속도가 하강($N_s \propto f$)하고 출력이 감소하여 유효전류는 감소하고 역률이 낮아진다.
- 온도 상승
  히스테리시스 손실 $P_h \propto \dfrac{1}{f}$ 로 손실이 증가 하지만 전동기 속도감소에 따른 냉각팬 속도가 감소하여 전체적으로 온도가 상승한다.
- 기동전류 증가
  주파수가 감소하면 리액턴스가 감소하고 기동전류는 약간 증가한다.

▶ 암기하기

전동기의 자기여자현상
전동기에 개별로 콘덴서를 설치할 경우 콘덴서의 전류가 전동기의 무부하 전류 보다 큰 경우 전동기 단자전압이 일시적으로 정격전압을 초과하는 전동기 자기여자현상이 발생한다.

6 전동기 보호장치 설치가 불필요한 경우

- 전동기의 출력이 0.2[kW] 이하일 경우
- 부하의 성질상 전동기가 과부하 될 우려가 없는 경우
- 전동기 자체에 유효한 과부하 소손방지장치가 있는 경우
- 단상 전동기로 전원측 전로에 시설하는 과전류 차단기의 정격전류가 16[A](배선용 차단기는 20[A]) 이하인 경우
- 전동기 권선의 임피던스가 높고 기동 불능시에도 전동기가 소손될 우려가 없을 경우

▶ 암기하기

전동기 보호장치의 종류
- 전동기용 퓨즈
- 열동계전기
- 전동기 보호용 배선용 차단기
- 유도형 계전기

전기설비설계 58 필수문제

극수 변환식 3상 농형 유도 전동기가 있다. 고속측 4극이고 정격출력은 30[kW]이다. 저속측은 고속측의 1/3 속도라면 저속측의 극수와 정격 출력은 얼마인가? 단, 슬립 및 정격 토크는 저속측과 고속측이 같다고 본다.

(1) 극수

(2) 출력

[정답]

(1) 극수(p)

$N_s = \dfrac{120f}{p}$ 에서 극수(p)는 속도(N)과 반비례관계임을 알 수 있다. $\left(p \propto \dfrac{1}{N}\right)$

저속일 경우의 극수 $p' = \dfrac{N}{\frac{1}{3}N} \times p_{고속} = 3 \times p_{고속} = 3 \times 4 = 12$[극]

• 답 : 12[극]

(2) 출력(W)

$W = 2\pi NT$ 에서 출력(W)은 속도(N)와 비례관계임을 알 수 있다. ($W \propto N$)

저속일 경우의 출력 $W' = \dfrac{\frac{1}{3}N}{N} \times W = \dfrac{1}{3} \times 30 = 10$[kW]

• 답 : 10[kW]

전기설비설계 59 필수문제

매분 12[m³]의 물을 높이 15[m]인 탱크에 양수하는데 필요한 전력을 V결선한 변압기로 공급한다면, 여기에 필요한 단상 변압기 1대의 용량은 몇 [kVA]인가? 단, 펌프와 전동기의 합성 효율은 65[%]이고, 전동기의 전부하 역률은 80[%]이며, 펌프의 축동력은 15[%]의 여유를 본다고 한다.

• 계산 :   • 답 :

[이해하기]
펌프용 전동기의 용량만큼 변압기(2대 V결선)가 전력을 공급한다.
(펌프용 전동기의 용량[kVA] = 변압기 용량[kVA])

■ 참고
K : 여유계수(손실계수)
Q_m : 분당양수량[m³/min]
H : 총양정[m]
η : 효율
$\cos\theta$: 역률

[정답]

펌프용전동기의 용량 $P = \dfrac{HQ_m K}{6.12 \times \eta \times \cos\theta}$[kVA]

$P = \dfrac{15 \times 12 \times 1.15}{6.12 \times 0.65 \times 0.8} = 65.05$[kVA]

V결선시 변압기 용량 $P_V = \sqrt{3}\, P_1$

단상 변압기 1대용량 $P_1 = \dfrac{P_V}{\sqrt{3}} = \dfrac{전동기용량}{\sqrt{3}} = \dfrac{65.05}{\sqrt{3}} = 37.56$[kVA]

• 답 : 37.56[kVA]

전기설비설계 60 필수문제

유도전동기는 농형과 권선형으로 구분되는데 각 형식별 기동법을 다음 빈칸에 쓰시오.

전동기 형식	기동법	기동법의 특징
농형	①	전동기에 직접 전원을 접속하여 기동하는 방식으로 5[kW]이하의 소용량에 사용
	②	1차 권선을 Y접속으로 하여 전동기를 기동시 상전압을 감압하여 기동하고 속도가 상승되어 운전속도에 가깝게 도달하였을 때 △접속으로 바꿔 큰 기동전류를 흘리지 않고 기동하는 방식으로 보통 5.5~37[kW]정도의 용량에 사용
	③	기동전압을 떨어뜨려서 기동전류를 제한하는 기동방식으로 고전압 농형 유도 전동기를 기동할 때 사용
권선형	④	유도전동기의 비례추이 특성을 이용하여 기동하는 방법으로 회전자 회로에 슬립링을 통하여 가변저항을 접속하고 그의 저항을 속도의 상승과 더불어 순차적으로 바꾸어서 적게 하면서 기동하는 방법
	⑤	회전자 회로에 고정저항과 리액터를 병렬 접속한 것을 삽입하여 기동하는 방법

[정답]
① 직입기동
② Y-△기동
③ 기동보상기법
④ 2차 저항 기동법
⑤ 2차 임피던스 기동법

Chapter 01 전기설비설계

전기설비설계 61 | 필수문제

그림과 같이 3상 농형 유도전동기 4대가 있다. 이에 대한 MCC반을 구성하고자 할 때 다음 각 물음에 답하시오.

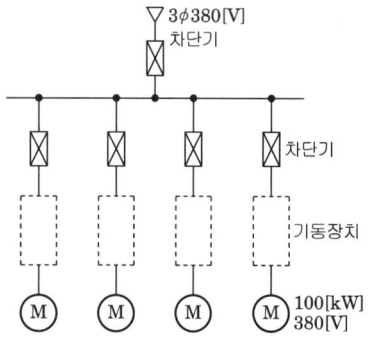

(1) MCC(Motor Control Center)의 기기 구성에 대한 대표적인 장치를 3가지만 쓰시오.
① _____
② _____
③ _____

(2) 전동기 기동방식을 기기의 수명과 경제적인 면을 고려한다면 어떤 방식이 적합한가?

(3) 콘덴서 설치시 제5고조파를 제거하고자 한다. 그 대책에 대하여 설명하시오.

(4) 차단기는 보호 계전기의 4가지 요소에 의해 동작되도록 하는 데 그 4가지 요소를 쓰시오.
① _____
② _____
③ _____
④ _____

[정답]
(1) ① 차단 장치
　　② 기동 장치
　　③ 제어 및 보호 장치
(2) 기동보상기법
(3) 직렬 리액터 설치
(4) ① 단일 전류 요소
　　② 단일 전압 요소
　　③ 전압·전류 요소
　　④ 2전류 요소

전기설비설계 **62**　필수문제

그림과 같이 고층 아파트에 급수설비가 시설되어 있다. 급수관의 마찰 손실이 흡입관과 토출관을 합하여 $0.3[\text{kg/cm}^2]$, 펌프의 효율이 $75[\%]$일 때, 다음 각 물음에 답하시오.

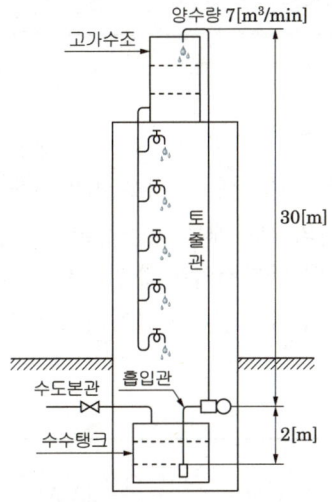

(1) 옥상의 고가수조와 지하층의 수수(受水) 탱크에 수위를 전기적으로 자동으로 조절하기 위하여 시설하는 것은 무엇인가?
(2) 펌프의 총 양정은 몇 $[\text{m}]$인가?
　• 계산 :　　　　　　　　　• 답 :
(3) 급수 펌프용 전동기의 축동력은 몇 $[\text{HP}]$(마력)이 필요한가?
　• 계산 :　　　　　　　　　• 답 :

정답

(1) 플로트 스위치

(2) 계산 : 총양정(H) = 높이 + 손실수두 (압력수두)
　① 손실수두(압력수두)
　　$h = \dfrac{P}{\omega} = \dfrac{0.3 \times 10^4 [\text{kg/m}^2]}{1000 [\text{kg/m}^3]} = 3[\text{m}]$　$(0.3\,\text{kg/cm}^2 = 0.3 \times 10^4 \text{kg/m}^2)$
　② $H = (30 + 2) + 3 = 35[\text{m}]$　　　　　　　　　• 답 : $35[\text{m}]$

(3) 계산 : 펌프용 전동기의 소요동력(분당 양수량인 경우)
　$P = \dfrac{HQK}{6.12\eta}[\text{kW}] = \dfrac{35 \times 7 \times 1}{6.12 \times 0.75} \times \dfrac{1}{0.746} = 71.55[\text{HP}]$　• 답 : $71.55[\text{HP}]$

참고

• 물의 비중량 $\omega = 1000[\text{kg/m}^3]$　　• $P = 1[\text{kg/cm}^2] = 1 \times 10^4[\text{kg/m}^2]$
• $1[\text{HP}] = 746[\text{W}] = 0.746[\text{kW}]$　　• $1[\text{kW}] = \dfrac{1}{0.746}[\text{HP}] = 1.3405[\text{HP}]$

16 발전설비

상용전원의 공급중단시에 대체전력으로 공급하는 비상전원으로서 이를 위한 발전기를 비상용발전기라 한다. 비상용발전기의 용량산정식은 단순 부하의 경우와 기동용량이 큰 부하가 있을 경우로 나눌 수 있다.

1 비상용발전기 출력

유도전동기의 기동전류는 계통전원의 경우 전원용량의 크기 때문에 문제가 되지 않지만, 비상용발전기의 경우에는 전동기를 기동할 때에 갑자기 큰 부하가 발전기에 걸리므로 전원의 단자전압이 순간적으로 저하되어 접촉자가 개방된다. 이러한 사고를 예방할 수 있는 발전기의 출력을 산정해야 한다.

(1) 단순한 부하의 경우

$$P = \frac{\sum W_L \times L}{\cos\theta}[\text{kVA}]$$

$\sum W_L$: 부하입력 총 합계
L : 부하 수용률(비상용=1)
$\cos\theta$: 발전기의 역률

■ 참고
단순부하의 경우 적용되는 수용률은 동력의 최대 입력이고 최초의 1대에 대해서는 100[%], 기타 동력의 입력은 80[%], 전등은 발전기 회로에 접속되는 전부하에 대해서 100[%]를 적용한다.

(2) 기동용량이 큰 부하가 있는 경우

$$\text{발전기 용량} \geq \text{시동용량[kVA]} \times \text{과도리액턴스} \times \left(\frac{1}{\text{허용전압강하}} - 1\right) \times \text{여유율}$$

■ 참고
2대 이상의 전동기가 동시에 기동할 때에는 기동용량을 합한 값과 1대의 기동용량을 비교하여 큰 쪽을 택한다.

2 발전기의 정격출력

발전기의 정격출력이란 규정된 운전 조건하에서 운전이 보장된 연속 최대의 출력을 말한다.

$$P = \frac{BH\eta_g\eta_t}{860\,T\cos\theta}[\text{kVA}]$$

B : 연료 소비량[kg] H : 발열량[kcal/kg] η_g : 발전기 효율
η_t : 기관 효율 T : 발전기 운전시간[h] $\cos\theta$: 역률

이해하기
발전기의 최대출력
일시적으로 낼 수 있는 한계출력을 말하며 정격출력은 최대 출력의 90% 전후이다.

3 발전기용량(여러 부하를 기동 순서에 의해 기동할 때)

$$P = \frac{(기운전중인\ 부하의\ 합계) + (기동\ 돌입\ 부하 \times 기동시\ 역률)}{(원동기\ 기관\ 과부하\ 내량) \times (발전기\ 표준\ 역률)}$$

$$= \frac{\Sigma W_0[kW] + \{Q_{Lmax}[kVA] \times \cos\theta_{QL}\}}{K \times \cos\theta_G}[kVA]$$

ΣW_0 : 기운전중인 부하의 합계[kW]

Q_{Lmax} : 기동 돌입부하(마지막에 기동하는 부하의 기동용량)[kVA]

$\cos\theta_{QL}$: 기동시 역률

K : 원동기 기관 과부하 내량

$\cos\theta_G$: 발전기 표준 역률

■ 참고
발전기의 병렬운전 조건
· 기전력의 크기가 같을 것
· 기전력의 위상이 같을 것
· 기전력의 주파수가 같을 것
· 기전력의 파형이 같을 것
· 상회전 방향이 같을 것

발전기의 위치선정 방법
· 발전기의 설치, 보수·점검 등이 용이하도록 충분한 면적 및 증고를 확보
· 발전기실 기계의 소음 및 진동이 주위에 영향을 미치지 않는 장소
· 급·배기가 잘되는 장소
· 엔진기초는 건물기초와 관계 없는 장소

4 발전기의 단락비

(1) 단락비의 정의

$$단락비 = \frac{정격속도에서\ 무부하\ 정격전압을\ 발생하는데\ 필요한\ 계자전류}{3상\ 단락시\ 발전기\ 정격전류를\ 흘리는데\ 필요한\ 계자전류}$$

$$K_s = \frac{I_f{'}}{I_f{''}} = \frac{I_s}{I_n} = \frac{\frac{1}{Z[pu]}}{I_n} = \frac{1}{Z[pu]}$$

(2) 단락비의 영향

구분	단락비가 큰 경우	단락비가 작은 경우
구조 및 적용	철기계(수력)	동기계(화력, 원자력)
%Z	작다	크다
전압변동률	작다	크다
단락용량	크다	작다
안정도	좋다	나쁘다
전기자 반작용 및 기자력	작다	크다
계자 기자력	크다	작다
공극	크다	작다
중량/ 가격/ 효율	무겁다, 비싸다, 나쁘다	가볍다, 저렴하다, 좋다
과부하 내량	크다	작다

전기설비설계 63 필수문제

자가용 전기설비에 대한 각 물음에 답하시오.

(1) 자가용 전기설비의 중요검사(시험)사항을 3가지만 쓰시오.

(2) 예비용 자가발전설비를 시설하고자 한다. 조건에서 발전기의 정격용량은 최소 몇 [kVA]를 초과하여야 하는가?

【조 건】
- 부하 : 유도 전동기로써 기동용량은 1500[kVA]
- 기동시의 전압강하 : 25[%]
- 발전기의 과도리액턴스 : 30[%]

정답

(1) ① 외관검사 ② 접지저항측정검사 ③ 절연저항측정검사

(2) 발전기용량 [kVA]

$\geq$ 시동용량[kVA] × 과도리액턴스 × $\left(\dfrac{1}{허용전압강하} - 1\right)$ × 여유율

$= 1500 \times 0.3 \times \left(\dfrac{1}{0.25} - 1\right) = 1350\,[kVA]$ • 답 : 1350[kVA]

전기설비설계 64 필수문제

다음 물음에 답하시오.

(1) 단순부하인 경우 부하입력이 500[kW], 역률 90[%]일 때 비상용일 경우 발전기 출력은?

(2) 발전기실 건물의 높이를 결정하는데 반드시 고려해야 할 사항은?

(3) 발전기 병렬운전조건을 쓰시오.

(4) 발전기와 부하 사이에 설치하는 기기는?

정답

(1) 계산 : $P = \dfrac{\sum W_L \times L}{\cos\theta} = \dfrac{500 \times 1}{0.9} = 555.555\,[kVA]$

• 답 : 555.56[kVA]

(2) ① 발전기의 유지보수가 용이할 것
② 발전기 부속설비(소음기, 환기설비)의 높이 및 설치 위치

(3) ① 기전력의 크기가 같을 것 ② 기전력의 주파수가 같을 것
③ 기전력의 위상이 같을 것 ④ 기전력의 파형이 같을 것

(4) 과전류 차단기, 개폐기, 전류계, 전압계

전기설비설계 65 필수문제

어느 빌딩 수용가가 자가용 디젤 발전기 설비를 계획하고 있다. 발전기 용량 산출에 필요한 부하의 종류 및 특성이 다음과 같을 때 주어진 조건과 참고자료를 이용하여 전부하를 운전하는 데 필요한 발전기 용량[kVA]을 답안지의 빈칸을 채우면서 선정하시오.

【조 건】
① 전동기 기동시에 필요한 용량은 무시한다.
② 수용률 적용(동력) : 최대 입력 전동기 1대에 대하여 100[%], 2대는 80[%], 전등, 기타는 100[%]를 적용한다.
③ 전등, 기타의 역률은 100[%]를 적용한다.

부하의 종류	출력[kW]	극수(극)	대수(대)	적용 부하	기동 방법
전동기	37	8	1	소화전 펌프	리액터 기동
	22	6	2	급수 펌프	리액터 기동
	11	6	2	배풍기	Y-△ 기동
	5.5	4	1	배수 펌프	직입 기동
전등, 기타	50	-	-	비상 조명	-

[표 1] 저압 특수 농형 2종 전동기(KSC 4202)[개방형·반밀폐형]

정격 출력 [kW]	극수	동기 속도 [rpm]	전부하 특성		기동 전류 I_{st} 각상의 평균값[A]	비고		전부하 슬립 $S[\%]$
			효율 $\eta[\%]$	역률 $pf[\%]$		무부하 전류 I_0 각상의 전류값[A]	전부하 전류 I 각상의 평균값[A]	
5.5	4	1800	82.5 이상	79.5 이상	150 이하	12	23	5.5
7.5			83.5 이상	80.5 이상	190 이하	15	31	5.5
11			84.5 이상	81.5 이상	280 이하	22	44	5.5
15			85.5 이상	82.0 이상	370 이하	28	59	5.0
(19)			86.0 이상	82.5 이상	455 이하	33	74	5.0
22			86.5 이상	83.0 이상	540 이하	38	84	5.0
30			87.0 이상	83.5 이상	710 이하	49	113	5.0
37			87.5 이상	84.0 이상	875 이하	59	138	5.0
5.5	6	1200	82.0 이상	74.5 이상	150 이하	15	25	5.5
7.5			83.0 이상	75.5 이상	185 이하	19	33	5.5
11			84.0 이상	77.0 이상	290 이하	25	47	5.5
15			85.0 이상	78.0 이상	380 이하	32	62	5.5
(19)			85.5 이상	78.5 이상	470 이하	37	78	5.0
22			86.0 이상	79.0 이상	555 이하	43	89	5.0
30			86.5 이상	80.0 이상	730 이하	54	119	5.0
37			87.0 이상	80.0 이상	900 이하	65	145	5.0
5.5	8	900	81.0 이상	72.0 이상	160 이하	16	26	6.0
7.5			82.0 이상	74.0 이상	210 이하	20	34	5.5
11			83.5 이상	75.5 이상	300 이하	26	48	5.5
15			84.0 이상	76.5 이상	405 이하	33	64	5.5
(19)			85.5 이상	77.0 이상	485 이하	39	80	5.5
22			85.0 이상	77.5 이상	575 이하	47	91	5.0
30			86.5 이상	78.5 이상	760 이하	56	121	5.0
37			87.0 이상	79.0 이상	940 이하	68	148	5.0

[표 2] 자가용 디젤 표준 출력[kVA]

| 50 | 100 | 150 | 200 | 300 | 4400 |

	효율[%]	역률[%]	입력[kVA]	수용률[%]	수용률 적용값[kVA]
37×1					
22×2					
11×2					
5.5×1					
50					
계					

발전기 용량 : [kVA]

정답

	효율[%]	역률[%]	입력[kVA]	수용률[%]	수용률 적용값[kVA]
37×1	87	79	$\dfrac{37}{0.87 \times 0.79}=53.83$	100	$53.83 \times 1 = 53.38$
22×2	86	79	$\dfrac{22 \times 2}{0.86 \times 0.79}=64.76$	80	$64.76 \times 0.8 = 51.81$
11×2	84	77	$\dfrac{11 \times 2}{0.84 \times 0.77}=34.01$	80	$34.01 \times 0.8 = 27.21$
5.5×1	82.5	79.5	$\dfrac{5.5}{0.825 \times 0.795}=8.39$	100	$8.39 \times 1 = 8.39$
50	100	100	50	100	50
계	-	-	210.99[kVA]	-	190.79[kVA]

• 답 : 발전기의 표준용량사용 200[kVA]

전기설비설계 66 필수문제

부하가 유도전동기이고, 기동용량이 150[kVA]이다. 기동시 전압강하는 20[%]이며, 발전기의 과도리액턴스가 25[%]이다. 이 전동기를 운전할 수 있는 자가발전기의 최소 용량은 몇 [kVA]인지 계산하시오.

• 계산 :   • 답 :

정답

• 계산 :
발전기 용량 [kVA]
$\geq$ 시동용량[kVA] $\times$ 과도리액턴스 $\times \left(\dfrac{1}{허용 전압 강하} - 1\right) \times$ 여유율
$= 150 \times 0.25 \times \left(\dfrac{1}{0.2} - 1\right) = 150$ [kVA]

• 답 : 150[kVA]

전기설비설계 67 필수문제

어느 건물의 수용가가 자가용 디젤 발전기 설비를 설계하려고 한다. 발전기 용량을 산출하기 위하여 필요한 부하의 종류와 여러 가지 특성이 다음의 부하 및 특성표와 같을 때 전부하를 운전하는 데 필요한 수치값들을 주어진 표를 활용하여 수치표의 빈칸에 기록하면서 발전기의 [kVA] 용량을 산정하시오. 단, 전동기 기동시에 필요한 용량은 무시하고, 수용률의 적용은 최대 입력 전동기 한 대에 대하여 100[%], 기타의 전동기는 80[%]로 한다. 또한 전등 및 기타의 효율 및 역률은 100[%]로 한다.

부하 및 특성표

부하의 종류	출력[kW]	극수[극]	대수[대]	적용 부하	기동방법
전동기	30	8	1	소화전 펌프	리액터 기동
	11	6	3	배풍기	Y-△ 기동
전등 및 기타	60			비상조명	

[표1] 전동기

정격출력[kW]	극수	동기속도[rpm]	전부하특성		기동전류 I_{st} 각 상의 평균값[A]	비 고		전부하 슬립 S [%]
			효율 η[%]	역률 pf [%]		무부하 전류 I_0 각상의 전류값[A]	전부하 전류 I 각상의 평균값[A]	
5.5	4	1800	82.5이상	79.5이상	150이하	12	23	5.5
7.5			83.5이상	80.5이상	190이하	15	31	5.5
11			84.5이상	81.5이상	280이하	22	44	5.5
15			85.5이상	82.0이상	370이하	28	59	5.0
(19)			86.0이상	82.5이상	455이하	33	74	5.0
22			86.5이상	83.0이상	540이하	38	84	5.0
30			87.0이상	83.5이상	710이하	49	113	5.0
37			87.5이상	84.0이상	875이하	59	138	5.0
5.5	6	1200	82.0이상	74.5이상	150이하	15	25	5.5
7.5			83.0이상	75.5이상	185이하	19	33	5.5
11			84.0이상	77.0이상	290이하	25	47	5.5
15			85.0이상	78.0이상	380이하	32	62	5.5
(19)			85.5이상	78.5이상	470이하	37	78	5.0
22			86.0이상	79.0이상	555이하	43	89	5.0
30			86.5이상	80.0이상	730이하	54	119	5.0
37			87.0이상	80.0이상	900이하	65	146	5.0
5.5	8	900	81.0이상	72.0이상	160이하	16	26	6.0
7.5			82.0이상	74.0이상	210이하	20	34	5.5
11			83.5이상	75.5이상	300이하	26	48	5.5
15			84.0이상	76.5이상	405이하	33	64	5.5
(19)			85.0이상	77.0이상	485이하	39	80	5.5
22			85.5이상	77.5이상	575이하	47	91	5.0
30			76.0이상	78.5이상	760이하	56	121	5.0
37			87.5이상	79.0이상	940이하	68	148	5.0

[표2] 자가용 디젤 발전기의 표준 출력

| 50 | 100 | 150 | 200 | 300 | 400 |

수치값 표

부하	출력[kW]	효율[%]	역률[%]	입력[kVA]	수용률[%]	수용률 적용값[kVA]
전동기	30×1					
전동기	11×3					
전등 및 기타	60					
계						
필요한 발전기 용량[kVA]						

※ 수치표의 빈칸을 채울 때, 계산이 필요한 것은 계산식을 반드시 기록하고 그 결과값을 표시하도록 한다.

정답

표 1에서 선정

부하	출력[kW]	효율[%]	역률[%]	입력[kVA]	수용률[%]	수용률 적용값[kVA]
전동기	30×1	76	78.5	$\frac{30}{0.76 \times 0.785} = 50.28$	100	50.28
전동기	11×3	84	77	$\frac{11 \times 3}{0.84 \times 0.77} = 51.02$	80	40.82
전등 및 기타	60	100	100	60	100	60
계						153.1
필요한 발전기 용량[kVA]						200

표 2에서 선정

|참고|

• 발전기 입력 = $\frac{출력}{효율 \times 역률}$[kVA]

• 발전기 용량 산정시 입력값을 기준으로 산정

과년도 출제예상문제

*최근 10개년 출제빈도를 분석하여 자주 출제되는 문제만 선별하여 문제에 대한 상세해설 및 요점정리까지 한꺼번에 이해할 수 있게 하여 수험생의 길잡이가 되도록 하였다.

문제 1 ★★★★★

배전 선로에 있어서 전압을 3[kV]에서 6[kV]로 상승시켰을 경우, 승압 전과 승압 후의 장점과 단점을 비교하여 설명하시오. 단, 수치 비교가 가능한 부분은 수치를 적용시켜 비교 설명하시오.

정답 (1) 장점
① 전력 손실이 $\frac{1}{4}$배로 감소한다.
② 전압 강하율 $\frac{1}{4}$배로 감소한다.
③ 공급전력이 4배 증가한다.

(2) 단점
① 변압기, 차단기 등의 절연레벨이 높아진다.
② 전선로, 애자 등의 절연레벨이 높아진다.

이것이 핵심

- 선로특성
  - 전압강하는 전압에 반비례한다.
  $$e = \frac{P}{V}(R + X\tan\theta)\,[\text{V}] \Rightarrow e \propto \frac{1}{V}$$
  - 전압강하율은 전압의 제곱에 반비례한다.
  $$\delta = \frac{P}{V^2}(R + X\tan\theta) \times 100\,[\%] \Rightarrow \delta \propto \frac{1}{V^2}$$
  - 전력손실은 전압의 제곱에 반비례한다.
  $$P_\ell = \frac{P^2 R}{V^2 \cos^2\theta}\,[\text{W}] \Rightarrow P_\ell \propto \frac{1}{V^2}$$
  - 공급전력은 전력손실률이 일정할 경우 전압의 제곱에 비례한다.

문제 2

송전단 전압이 3300[V]인 변전소로부터 6[km] 떨어진 곳까지 지중으로 역률 0.9(지상) 600[kW]의 3상 동력 부하에 전력을 공급할 때 케이블의 허용전류(또는 안전전류) 범위 내에서 전압강하가 10[%]를 초과하지 않는 케이블을 다음 표에서 선정하시오. 단, 도체(동선)의 고유저항은 $1/55[\Omega \text{mm}^2/\text{m}]$로 하고 케이블의 정전용량 및 리액턴스 등은 무시한다.

심선의 굵기와 허용 전류

심선의 굵기[mm²]	35	50	95	150	185
허용전류[A]	175	230	300	410	465

• 계산 : _____   • 답 : _____

[정답] • 계산 :

① 수전단 전압(V_r)의 계산

전압강하율 $\delta = \dfrac{V_s - V_r}{V_r}$ 에서 $V_r = \dfrac{V_s}{1+\delta} = \dfrac{3300}{1+0.1} = 3000[\text{V}]$

② 전압강하율 $\delta = \dfrac{P}{V_r^2}(R + X\tan\theta)$ 에서 리액턴스를 무시하면 $\delta = \dfrac{P}{V_r^2}R$

위 식에서 저항(R)을 계산하면 다음과 같다.

$\therefore R = \dfrac{\delta \cdot V_r^2}{P} = \dfrac{0.1 \times 3000^2}{600 \times 10^3} = 1.5[\Omega]$

③ 전선의 저항 $R = \rho\dfrac{\ell}{A}$ 에서 전선의 굵기를 계산하면 다음과 같다.

$\therefore A = \rho\dfrac{\ell}{R} = \dfrac{1}{55} \times \dfrac{6000}{1.5} = 72.22[\text{mm}^2]$

• 답 : 95[mm²] 선정

이것이 핵심

■ 선로특성

• 전압강하율

$\delta = \dfrac{V_s - V_r}{V_r} \times 100 = \dfrac{P}{V_r^2}(R + X\tan\theta) \times 100$

• 전선의 저항

$R = \rho\dfrac{\ell}{A}[\Omega]$ (ρ : 고유저항율[Ωmm²/m], ℓ : 선로길이[m], A : 전선의 굵기[mm²])

• 부하전류의 계산

$I = \dfrac{P}{\sqrt{3}\, V_r \cos\theta} = \dfrac{600 \times 10^3}{\sqrt{3} \times 3000 \times 0.9} = 128.3[\text{A}]$ 이므로 허용전류 범위 300[A]내에 있다.

문제 3 "부하율"에 대하여 설명하고 부하율이 적다는 것은 무엇을 의미하는지 2가지를 쓰시오.

★★★☆☆

[정답] (1) 부하율 : 일정기간 중의 최대수요전력에 대한 일정기간 중의 평균수요 전력의 비를 의미한다. 즉, 부하율은 어느 기간 중의 부하의 변동 상태를 나타낸 것이다.
(2) 부하율이 작다는 의미
① 전력공급설비가 효율적이지 못한다.
② 전력사용설비가 효율적으로 사용되지 않고 있다.

이것이 핵심

- **부하율의 의미**
  전력설비의 사용은 시간, 계절 등에 따라서 변동한다. 이때 최대수요전력이 높을 경우 전력공급자 측면에서는 최대수요전력에 상응하는 전력공급 설비를 갖추어야한다. 한편, 평균 수요전력이 작다면 그만큼 전력사용자들의 평균사용전력량이 작다는 뜻이다. 이러한 경우 부하율이 매우 낮아지게 되며 이것을 전력공급자 측면과 전력사용자 측면에서 고려시 다음과 같다.
  (1) 전력공급자 측면의 낮은 부하율
  최대수요전력이 높기 때문에 그에 상응하는 전력공급설비도 커지게 되고, 수용가의 평균 수요전력도 낮기 때문에 전력공급설비 투자비의 회수가 어렵게 된다는 의미이다.
  (2) 전력사용자 측면의 낮은 부하율
  평균 수요전력이 낮다는 것은 수용가의 전력설비가 효율적으로 운용되지 않고 있다는 의미이다.

문제 4 공장들의 일부하곡선이 그림과 같을 때 다음 각 물음에 답하시오.

★☆☆☆☆

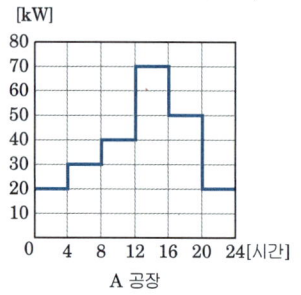
A 공장

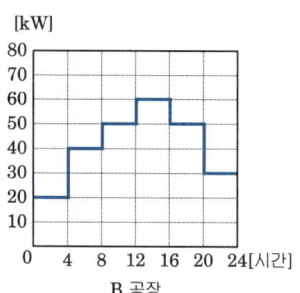
B 공장

(1) A공장의 평균전력은 몇 [kW]인가?

• 계산 : _____   • 답 :

(2) A공장의 첨두부하가 지속되는 시간은 몇 시부터 몇 시까지인가?

(3) A, B 각 공장의 수용률은 얼마인가?(단, 설비용량은 공장 모두 80[kW]이다.)

　-A공장

　　• 계산 : _____　　　　• 답 : _____

　-B공장

　　• 계산 : _____　　　　• 답 : _____

(4) A, B 각 공장의 일 부하율은 얼마인가?

　-A공장

　　• 계산 : _____　　　　• 답 : _____

　-B공장

　　• 계산 : _____　　　　• 답 : _____

(5) A, B 각 공장 상호간의 부등률을 계산하고 부등률의 정의를 간단히 쓰시오.

　• 부등률 계산 :

　• 부등률의 정의 :

[정답] (1) 계산

A공장의 평균전력

$$평균전력 = \frac{사용전력량[kWh]}{24[h]} = \frac{(20+30+40+70+50+20) \times 4}{24} = 38.33[kW]$$

　　　　• 답 : $38.33[kW]$

(2) A공장의 첨두부하 : $70[kW]$

A공장의 첨두부하 지속시간 : 12시~16시

(3) 계산 : $수용률 = \frac{최대수용전력}{부하설비용량} \times 100$

A공장 : $수용률 = \frac{70}{80} \times 100 = 87.5[\%]$　　• 답 : $87.5[\%]$

B공장 : $수용률 = \frac{60}{80} \times 100 = 75[\%]$　　• 답 : $75[\%]$

(4) 계산 : $일\ 부하율 = \frac{평균전력}{최대전력} \times 100 = \frac{\frac{사용전력량[kWh]}{24[h]}}{최대전력[kW]} \times 100$

① A공장 일 부하율

$$= \frac{\frac{20 \times 4 + 30 \times 4 + 40 \times 4 + 70 \times 4 + 50 \times 4 + 20 \times 4}{24}}{70} \times 100 = 54.761[\%]$$

　　• 답 : $54.76[\%]$

② B공장 일 부하율

$$= \frac{\frac{20\times4+40\times4+50\times4+60\times4+50\times4+30\times4}{24}}{60}\times100 = 69.444[\%]$$

- 답 : 69.44[%]

(5) 계산

A공장 최대전력 : 70[kW]
B공장 최대전력 : 60[kW]
합성최대전력 : 130[kW] (12~16시 사이에 발생)

- 부등률 $= \dfrac{각 부하 최대 수용전력의 합}{합성최대전력} = \dfrac{70+60}{130} = 1$

- 부등률 정의 : 합성최대 전력에 대한 각 부하설비의 최대전력의 합의 비를 말한다.

이것이 핵심

■ **전력특성항목**

1. 부등률

   부등률 $= \dfrac{각\ 부하최대수용전력의\ 합}{합성최대전력}$

   일반적으로 수용가, 배전용 변압기, 급전선 상호간에서 각각의 최대 부하는 같은 시각에서 일어나는 것이 아니고 그 발생 시각에 차이가 있다. 부등률이란 최대전력의 발생 시각 또는 발생시기의 분산을 나타내는 지표이다.

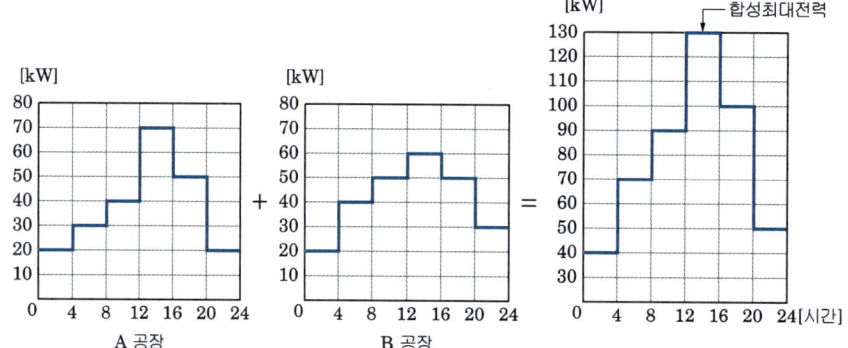

2. 합성 최대 전력

   각 공장에서 사용하는 전력은 시간에 따라 다르다. 합성 최대(수용)전력이란 각 공장에서 동시에 사용한 전력의 합성값이 최대가 되는 전력을 말한다. A공장과 B공장의 시간대별 전력의 합성값을 나타낸 그림이다. 그림에서 12~16시 사이에 동시에 130[kW]를 사용했으며 이 값이 합성최대전력이다.

평면도와 같은 건물에 대한 전기배선을 설계하기 위하여, 전등 및 소형 전기기계기구의 부하 용량을 상정하여 분기회로수를 결정하고자 한다. 주어진 평면도와 표준부하를 이용하여 최대 부하용량을 상정하고 최소 분기회로 수를 결정하시오. 단, 분기회로는 15[A] 분기회로이며 배전전압은 220[V]를 기준하고, 적용 가능한 부하는 최댓값으로 상정할 것.

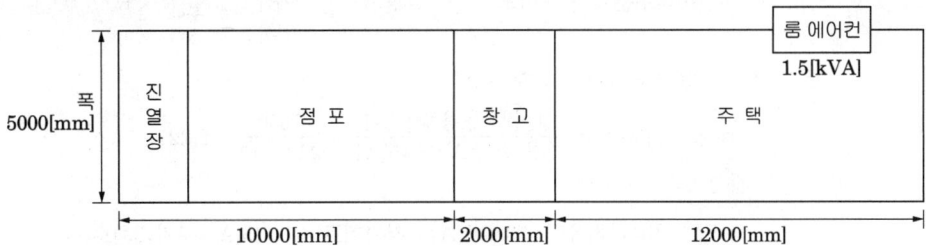

- 설비 부하 용량은 "①" 및 "②"에 표시하는 건물의 종류 및 그 부분에 해당하는 표준 부하에 바닥면적을 곱한 값과 "③"에 표시하는 건물 등에 대응하는 표준 부하[VA]를 합한 값으로 할 것.

① 건물의 종류에 대응한 표준부하

건축물의 종류	표준 부하 [VA/m²]
공장, 공회당, 사원, 교회, 극장, 영화관, 연회장 등	10
기숙사, 여관, 호텔, 병원, 학교, 음식점, 다방, 대중 목욕탕, 학교	20
주택, 아파트, 사무실, 은행, 상점, 이발소, 미장원	30
[비고] 건물이 음식점과 주택 부분의 2종류로 될 때는 각각 그에 따른 표준 부하를 사용할 것	
[비고] 학교와 같이 건물의 일부분이 사용되는 경우에는 그 부분만을 적용한다.	

② 건물(주택, 아파트를 제외) 중 별도 계산할 부분의 부분적인 표준부하

건축물의 부분	표준부하 [VA/m²]
복도, 계단, 세면장, 창고, 다락	5
강당, 관람석	10

③ 표준부하에 다라 산출한 수치에 가산하여야 할 [VA]수

- 주택, 아파트(1세대 마다)에 대하여는 1000~500[VA]
- 상점의 진열장에 대하여는 진열장의 폭 1[m]에 대하여 300[VA]
- 옥외의 광고등, 전광사인, 네온사인 등의 [VA]수
- 극장, 댄스홀 등의 무대 조명, 영화관 등의 특수 전등부하의 [VA]수

④ 예상이 곤란한 콘센트, 틀어 끼우는 접속기, 소켓 등이 있을 경우에라도 이를 상정하지 않는다.

정답 계산 :

설비부하용량 = 바닥면적 × 표준부하 + 가산부하 + RC

= 12 × 5 × 30 + 10 × 5 × 30 + 2 × 5 × 5 + 5 × 300 + 1000 + 1500 = 7350[VA]

주택부분　　점포　　창고　　진열장 가산 부하　　주택 가산 부하 최대　　RC

∴ 최대부하용량 : 7350[VA]

∴ 분기회로수 = $\dfrac{설비부하용량[VA]}{사용전압[V] \times 15[A]} = \dfrac{7350}{220 \times 15} = 2.227$

- 답 : 최대부하용량 : 7350[VA], 분기회로 수 : 15[A] 분기 3회로

이것이 핵심

■ 분기회로 수
- 분기회로 수는 산정시 절상한다.
- 내선규정 3315-3 분기회로 수
  220[V]에서 정격소비전력 3[kW](110[V] 때는 1.5[kW]) 이상인 냉방기기, 취사용 기기는 전용분기회로로 하여야 한다.

문제 6

옥외용 변전소내의 변압기 사고라고 생각할 수 있는 사고의 종류 5가지만 쓰시오.

정답
① 권선의 상간단락 및 층간단락
② 권선과 철심간의 절연파괴에 의한 지락사고
③ 고저압 권선의 혼촉
④ 권선의 단선
⑤ 부싱 리드선의 절연파괴

문제 7

전압 3,300[V], 전류 43.5[A], 저항 0.66[Ω], 무부하손 1,000[W]인 변압기에서 다음 조건일 때의 효율을 구하시오.

(1) 전 부하 시 역률 100[%]와 80[%] 인 경우

   ① • 계산 : _____ • 답 : _____

   ② • 계산 : _____ • 답 : _____

(2) 반 부하 시 역률 100[%]와 80[%] 인 경우

   ① • 계산 : _____ • 답 : _____

   ② • 계산 : _____ • 답 : _____

[정답] (1) 계산

전 부하 시 $\eta = \dfrac{V_{2n}I_{2n}\cos\theta}{V_{2n}I_{2n}\cos\theta + P_i + I_{2n}^2 r_2} \times 100[\%]$ 이므로

① 역률 100[%] 일 때

$$효율\ \eta = \dfrac{1 \times 3300 \times 43.5 \times 1}{1 \times 3300 \times 43.5 \times 1 + 1000 + 1^2 \times 43.5^2 \times 0.66} \times 100 = 98.46[\%]$$

• 답 : 98.46[%]

② 역률 80[%] 일 때

$$효율\ \eta = \dfrac{1 \times 3300 \times 43.5 \times 0.8}{1 \times 3300 \times 43.5 \times 0.8 + 1000 + 1^2 \times 43.5^2 \times 0.66} \times 100 = 98.08[\%]$$

• 답 : 98.08[%]

(2) 계산

반 부하 시 $\eta_m = \dfrac{m V_{2n}I_{2n}\cos\theta}{m V_{2n}I_{2n}\cos\theta + P_i + m^2 I_{2n}^2 r_2} \times 100[\%]$ 이므로

① 역률 100[%] 일 때

$$효율\ \eta = \dfrac{0.5 \times 3300 \times 43.5 \times 1}{0.5 \times 3300 \times 43.5 \times 1 + 1000 + 0.5^2 \times 43.5^2 \times 0.66} \times 100 = 98.2[\%]$$

• 답 : 98.2[%]

② 역률 80[%] 일 때

$$효율\ \eta = \dfrac{0.5 \times 3300 \times 43.5 \times 0.8}{0.5 \times 3300 \times 43.5 \times 0.8 + 1000 + 0.5^2 \times 43.5^2 \times 0.66} \times 100 = 97.77[\%]$$

• 답 : 97.77[%]

이것이 핵심

■ 변압기 효율
1. 규약효율
$$\eta = \frac{출력}{출력+손실} \times 100 = \frac{출력}{출력+철손+동손} \times 100$$
2. 전 부하시 효율
$$\eta = \frac{P\cos\theta}{P\cos\theta + P_i + P_c} \times 100\,\eta = \frac{V_{2n}I_{2n}\cos\theta}{V_{2n}I_{2n}\cos\theta + P_i + I_{2n}^2 r_2} \times 100[\%]$$
3. 부하율 고려시 효율
$$\eta_m = \frac{mP\cos\theta}{mP\cos\theta + P_i + m^2 P_c} \times 100 = \frac{mV_{2n}I_{2n}\cos\theta}{mV_{2n}I_{2n}\cos\theta + P_i + m^2 I_{2n}^2 r_2} \times 100[\%]$$

문제 8 ★★★★★

변압기에 대한 다음 각 물음에 답하시오.

(1) 유입 풍냉식은 어떤 냉각방식인지를 쓰시오.

(2) 무부하 탭 절환 장치는 어떠한 장치인지를 쓰시오.

(3) 비율차동계전기는 어떤 목적으로 이용되는지 쓰시오.

(4) 무부하손은 어떤 손실을 말하는지 쓰시오.

정답 (1) 유입자냉식의 판넬형 방열기에 냉각팬을 취부하여 냉각효과를 증가시킨 냉각방식이다.
(2) 무부하 상태에서 변압기의 권수비를 조정하여 변압기 2차측 전압을 조정하는 장치이다.
(3) 변압기의 내부고장 검출
(4) 부하에 관계없이 발생하는 손실로 고정손에 속한다.

이것이 핵심

1. 변압기 냉각방식

유입 풍냉식 변압기에는 외부 주위환경에서 가해지는 온도에 의한 열과 내부에서 발생하는 열이 가해지게 된다. 이 열이 높아지면 변압기 권선의 절연물질을 약화시킬 정도로 높아지게 되어 변압기 권선간 또는 권선과 철심 또는 외함 간의 절연이 파괴되어 고장이 발생하여 변압기의 성능을 상실하게 된다. 유입 풍냉식(ONAF)이란 유입 자냉식의 판넬형 방열기에 냉각팬을 취부하여 냉각효과를 증가시킨 냉각방식이다. 변압기를 주중 정격으로 해서 경부하시에는 자냉식, 중부하시에는 풍냉식으로 운전 가능하고 자냉식 변압기를 개조함으로써 20~30[%] 정도 용량증대 효과를 얻을 수 있다.

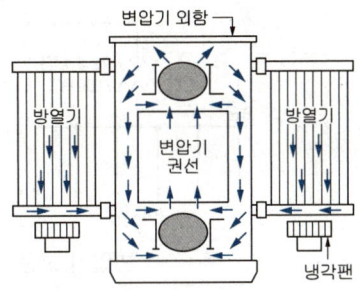

2. 무 부하 탭 절환기(NLTC : NO Load Tap Changer)

변압기를 주 통전선로에서 분리하여 무전압 상태에서 탭을 바꿔 전압을 조정하는 장치로서 1000[kVA]이하의 중/소용량 유입변압기나 건식변압기에 적용하며 탭의 단자를 권선 부근의 단자판에 연결하여 접속편을 필요한 단자에 볼트로 조여서 탭을 조정한다.

3. 부하 탭 절환기(OLTC : On Load Tap Changer)

변압기의 전압을 조정하기 위하여 변압기를 공급중인 선로에서 분리하여 탭을 조정한다는 것은 조작의 번거로움과 양질의 전력을 공급하는 측면에서 불리하다. 즉, 부하에 전력을 공급하면서 전압을 조정하는 것이 유리하다. 이러한 목적으로 부하 탭 절환기는 권선전압의 지정된 범위를 자동적으로 조정할 수 있다.

그림과 같이 전등만의 2군 수용가가 각각 1대씩의 변압기를 통해서 전력을 공급받고 있다. 각 군 수용가의 총 설비용량은 각각 30[kW] 및 40[kW]라고 한다. 각 군 수용가에 사용할 변압기의 용량을 선정하시오. 또한 고압 간선에 걸리는 최대 부하는 얼마로 되겠는가?

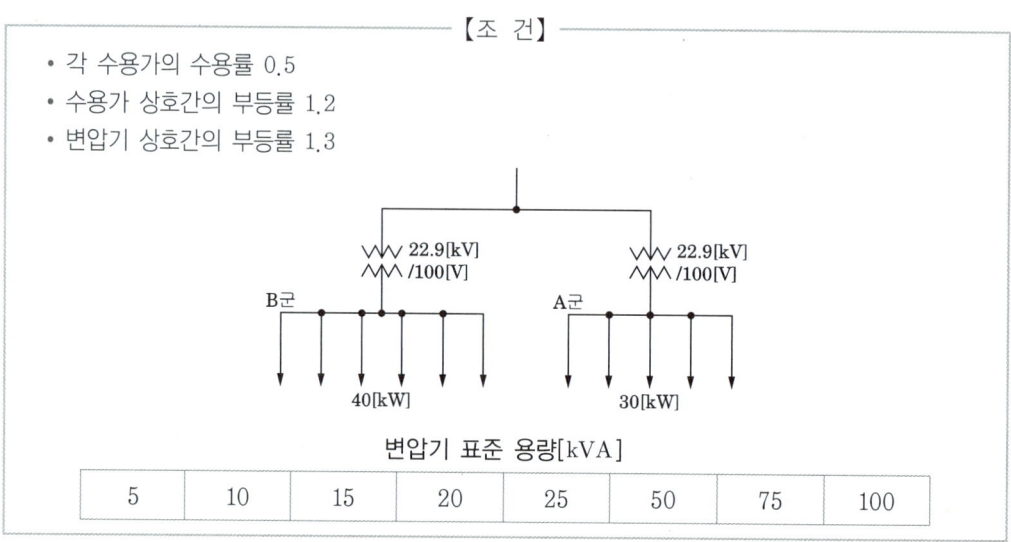

(1) 각 군 수용가에 사용할 변압기의 용량을 산정하시오.

　A군　• 계산 : _____　　• 답 : _____

　B군　• 계산 : _____　　• 답 : _____

(2) 고압간선에 걸리는 최대부하는 몇 [kW]인가?

　• 계산 : _____　　• 답 : _____

정답 (1) 계산

A군 : $TR_A = \dfrac{30 \times 0.5}{1.2 \times 1} = 12.5 \,[\text{kVA}]$

• 답 : 표준용량 15[kVA] 선정

B군 : $TR_B = \dfrac{40 \times 0.5}{1.2 \times 1} = 16.67 \,[\text{kVA}]$

• 답 : 표준용량 20[kVA] 선정

(2) 계산

최대부하 $= \dfrac{TR_A + TR_B}{(\text{변압기 상호간})\text{부등률}} = \dfrac{12.5 + 16.67}{1.3} = 22.44 \,[\text{kW}]$

• 답 : 22.44[kW]

이것이 핵심

- **변압기 용량의 산정**
    1. 합성최대전력 $= \dfrac{\text{설비용량} \times \text{수용률}}{\text{부등률}} = \dfrac{\text{각 부하 최대수용전력의 합}}{\text{부등률}}$
    2. 변압기 용량 $= \dfrac{\text{설비용량} \times \text{수용률}}{\text{부등률} \times \text{역률}}$
    3. 부하의 역률이 주어지지 않은 경우는 1로 간주하고 계산한다.

문제 10 ★☆☆☆

단자전압 $3,000[\text{V}]$인 선로에 전압비가 $3300/220[\text{V}]$인 승압기를 접속하여 $60[\text{kW}]$, 역률 0.85의 부하에 공급할 때 몇 $[\text{kVA}]$의 승압기를 사용하여야 하는가?

- 계산과정 : _____   • 답 : _____

[정답] • 계산

$$V_2 = V_1\left(1 + \dfrac{1}{a}\right) = 3000 \times \left(1 + \dfrac{220}{3300}\right) = 3200[\text{V}]$$

변압기 용량 $=$ 부하용량 $\times \dfrac{V_2 - V_1}{V_2}$

$$= \dfrac{P}{\cos\theta} \times \dfrac{V_2 - V_1}{V_2} = \dfrac{60}{0.85} \times \dfrac{3200 - 3000}{3200}$$

$$= 4.411[\text{kVA}]$$

• 답 : $4.41[\text{kVA}]$

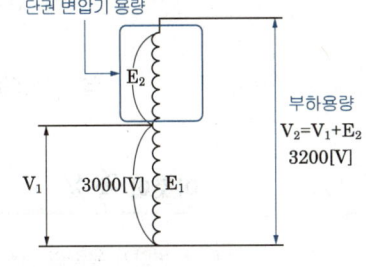

이것이 핵심

- **승압(Step-up)변압기**

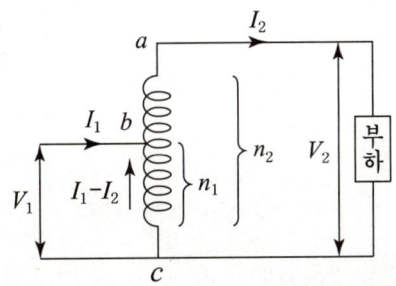

$\dfrac{n_1}{n_2} = \dfrac{V_1}{V_2} = a \ (a < 1)$

$P_S = (V_2 - V_1)I_2 = (I_2 - I_1)V_1$

$P_L = V_2 I_2 = V_1 I_1$

$K = \dfrac{P_S}{P_L} = \dfrac{(V_2 - V_1)I_2}{V_2 I_2} = 1 - \dfrac{V_1}{V_2}$

$= \dfrac{(I_1 - I_2)V_1}{V_1 I_1} = 1 - a$

문제 11 ★☆☆☆☆

단상부하가 각각 15[kVA], 12[kVA], 20[kVA] 및 3상 부하 22.5[kVA]가 있다. 최소 3상 변압기 용량을 구하시오.

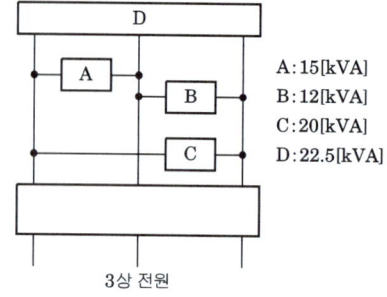

A : 15[kVA]
B : 12[kVA]
C : 20[kVA]
D : 22.5[kVA]

3상 전원

• 계산 :
• 답 :

정답 • 계산 :

1상당 최대 부하 $P_1 = 20 + \dfrac{22.5}{3} = 27.5[kVA]$

∴ 3상 변압기의 경우 모두 동일용량이 되어야 하므로 $P_3 = 27.5 \times 3 = 82.5[kVA]$

• 답 : 82.5[kVA]

이것이 핵심

- **변압기 용량의 산정**
  1. 합성최대전력 $= \dfrac{설비용량 \times 수용률}{부등률} = \dfrac{각 부하 최대수용전력의 합}{부등률}$
  2. 변압기 용량 $= \dfrac{설비용량 \times 수용률}{부등률 \times 역률} = \dfrac{각 부하 최대수용전력의 합}{부등률}$
  3. 부하의 역률이 주어지지 않은 경우는 1로 간주하고 계산한다.

3층 사무실용 건물에 3상 3선식 6000[V]를 수전하고 200[V]로 체강하여 사용하는 수전설비를 시설하였다. 각종 부하설비가 표와 같을 때 주어진 조건을 이용하여 다음 각 물음에 답하시오.

동력부하설비

사 용 목 적	용량[kW]	대수	상용동력[kW]	하계동력[kW]	동계동력[kW]
난방 관계 • 보일러 펌프 • 오일기어펌프 • 온수순환펌프	6.7 0.4 3.7	1 1 1			6.7 0.4 3.7
공기조화 관계 • 1,2,3층 패키지 콤프레셔 • 콤프레셔 팬 • 냉각수 펌프 • 쿨링 타워	7.5 5.5 5.5 1.5	6 3 1 1	16.5	45.0 5.5 1.5	
급·배수 관계 • 양수펌프	3.7	1	3.7		
기타 • 소화펌프 • 샷 터	5.5 0.4	1 2	5.5 0.8		
합 계			26.5	52.0	10.8

조명 및 콘센트 부하설비

사 용 목 적	왓트수[W]	설치수량	환산용량[VA]	총용량[VA]	비 고
전등 관계 • 수은등 A • 수은등 B • 형광등 • 백열전등	200 100 40 60	2 8 820 20	260 140 55 60	520 1120 45100 1200	200[V]고역률 100[V]고역률 200[V]고역률
콘센트 관계 • 일반 콘센트 • 환기팬용 콘센트 • 히터용 콘센트 • 복사기용 콘센트 • 텔레타이프용 콘센트 • 룸 쿨러용 콘센트	 1500 	70 8 2 4 2 6	150 55 	10500 440 3000 3600 2400 7200	2P 15[A]
기 타 • 전화교환용 정류기		1		800	
계				75880	

──────【조 건】──────
1. 동력부하의 역률은 모두 70[%]이며, 기타는 100[%]로 간주한다.
2. 조명 및 콘센트 부하설비의 수용률은 다음과 같다.
   - 전등설비 : 60[%]
   - 콘센트설비 : 70[%]
   - 전화교환용 정류기 : 100[%]
3. 변압기 용량 산출시 예비율(여유율)은 고려하지 않으며 용량은 표준규격으로 답하도록 한다.
4. 변압기 용량 산정시 필요한 동력부하설비의 수용률은 전체 평균 65[%]로 한다.

(1) 동계난방 때 온수순환펌프는 상시 운전하고, 보일러용과 오일기어펌프의 수용률이 55[%]일 때 난방동력 수용부하는 몇 [kW]인가?

　　· 계산 : _____　　　· 답 : _____

(2) 상용 동력, 하계 동력, 동계 동력에 대한 피상전력은 몇 [kVA]가 되겠는가?

　① 상용 동력

　　· 계산 : _____　　　· 답 : _____

　② 하계 동력

　　· 계산 : _____　　　· 답 : _____

　③ 동계 동력

　　· 계산 : _____　　　· 답 : _____

(3) 이 건물의 총 전기설비 용량은 몇 [kVA]를 기준으로 하여야 하는가?

　　· 계산 : _____　　　· 답 : _____

(4) 조명 및 콘센트 부하설비에 대한 단상변압기의 용량은 최소 몇 [kVA]가 되어야 하는가?

　　· 계산 : _____　　　· 답 : _____

(5) 동력 부하용 3상 변압기의 용량은 몇 [kVA]가 되겠는가?

　　· 계산 : _____　　　· 답 : _____

(6) 단상과 3상 변압기의 1차측의 전류계용으로 사용되는 변류기의 1차측 정격전류는 각각 몇 [A]인가?

　① 단상

　　· 계산 : _____　　　· 답 : _____

　② 3상

　　· 계산 : _____　　　· 답 : _____

(7) 역률개선을 위하여 각 부하마다 전력용 콘덴서를 설치하려고 할 때 보일러 펌프의 역률을 95[%]로 개선하려면 몇 [kVA]의 전력용 콘덴서가 필요한가?

• 계산 : _____   • 답 : _____

정답 (1) 계산 : 수용부하 = 부하용량[kW] × 수용률
= 3.7 + (6.7 + 0.4) × 0.55 (상시부하는 수용률이 100[%]이다.)
= 7.61[kW]

• 답 : 7.61[kW]

(2) 계산 : 피상전력 = $\dfrac{P[\text{kW}]}{\cos\theta}$[kVA]

① 계산 : 상용동력의 피상 전력 = $\dfrac{26.5}{0.7}$ = 37.857[kVA]

• 답 : 37.86[kVA]

② 계산 : 하계동력의 피상 전력 = $\dfrac{52.0}{0.7}$ = 74.285[kVA]

• 답 : 74.29[kVA]

③ 계산 : 동계동력의 피상 전력 = $\dfrac{10.8}{0.7}$ = 15.428[kVA]

• 답 : 15.43[kVA]

(3) 계산 :
총 전기 설비용량
= 상용동력 부하용량[kVA] + 하계동력 부하용량[kVA] + 전등 및 콘센트 부하용량[kVA]
= 37.86 + 74.29 + 75.88 = 188.03[kVA]

※ 총 전기설비용량 계산시 하계부하용량과 동계부하용량 중 큰 것을 적용하여 계산한다.
(하계 : 74.29[kVA], 동계 : 15.43[kVA])

• 답 : 188.03[kVA]

(4) 계산 : 변압기 용량 = $\dfrac{\text{각 부하 최대 수용 전력의 합}}{\text{부등률} \times \text{역률}}$ = $\dfrac{\text{설비용량} \times \text{수용률}}{\text{부등률} \times \text{역률}}$

전등 관계 : (520 + 1120 + 45100 + 1200) × 0.6 × 10^{-3} = 28.76[kVA]
콘센트 관계 : (10500 + 440 + 3000 + 3600 + 2400 + 7200) × 0.7 × 10^{-3} = 19[kVA]
기타 : 800 × 1 × 10^{-3} = 0.8[kVA]

∴ 변압기 용량 = $\dfrac{28.76 + 19 + 0.8}{1 \times 1}$ = 48.56[kVA] ※ 계산값 보다 큰 값을 변압기 용량으로 선정한다.

• 답 : 50[kVA]

(5) 계산 :
※ 동력부하용 3상 변압기용량 계산시 하계부하용량과 동계부하용량 중 큰 것을 적용하여 계산한다.
(하계 : 52[kW] 〉 동계 : 10.8[kW])

$$\text{변압기 용량} = \frac{\text{각 부하 최대 수용 전력의 합}}{\text{부등률} \times \text{역률}} = \frac{\text{설비용량} \times \text{수용률}}{\text{부등률} \times \text{역률}}$$

$$= \frac{(26.5+52.0)}{0.7} \times 0.65 = 72.892 [\text{kVA}]$$

- 답 : 75[kVA] 선정

(6) 계산 : 변류기 1차측 정격 전류(I_1)계산

I_1 = 1차측 부하전류 × 여유배수 (1.25~1.5)

① 단상 변압기 1차측 변류기의 정격 I_1

$$I_1 = \frac{P_a}{V} \times (1.25 \sim 1.5) = \frac{50 \times 10^3}{6 \times 10^3} \times 1.25 = 10.42 [\text{A}]$$

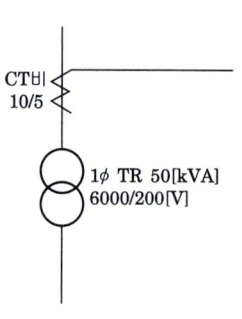

CT 1차 정격[A]	5 · 10 · 15 · 20 · 30 · 40 · 50

CT 1차 정격은 근사치인 10[A]로 선정한다.
- 답 : 10[A] 선정

② 3상 변압기 1차측 변류기의 정격 I_1

계산 :

$$I_1 = \frac{P_a}{\sqrt{3}\,V} \times (1.25 \sim 1.5) = \frac{75 \times 10^3}{\sqrt{3} \times 6 \times 10^3} \times 1.25 = 9.02 [\text{A}]$$

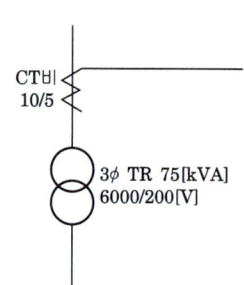

CT 1차정격은 근사치인 10[A]로 선정
- 답 : 10[A] 선정

(7) 계산 :

콘덴서 용량 $Q_c = P(\tan\theta_1 - \tan\theta_2)$ [kVA] (단, 보일러 펌프 용량 P = 6.7[kW])

$$= 6.7 \times \left(\frac{\sqrt{1-0.7^2}}{0.7} - \frac{\sqrt{1-0.95^2}}{0.95} \right) = 4.633 [\text{kVA}]$$

- 답 : 4.63[kVA]

이것이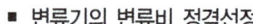

- 변류기의 변류비 정격선정

순서	과정	예	
STEP I	1차측부하전류×CT여유배수 (1.25~1.5)	TR 450[kVA] 154[kV]/22.9[kV] CT 1차전류	$I = \frac{450}{\sqrt{3} \times 22.9} \times (1.25 \sim 1.5)$ $= 14.18 \sim 17.01 [\text{A}]$
STEP II	적당한 근삿값으로 선정	① CT 1차 정격 15[A] 선정 ② 변류비 선정 : 15/5 ③ CT 2차 전류의 정격은 항상 5[A]이다.	

그림과 같이 V결선과 Y결선된 변압기 한 상의 중심 O에서 110[V]를 인출하여 사용하고자 한다.

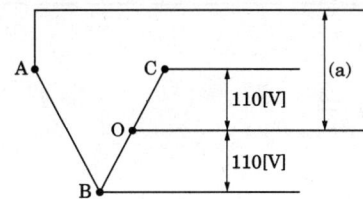
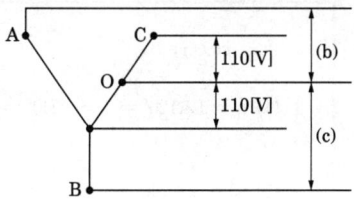

(1) 위 그림에서 (a)의 전압을 구하시오.

　• 계산 : _____　　　• 답 : _____

(2) 위 그림에서 (b)의 전압을 구하시오.

　• 계산 : _____　　　• 답 : _____

(3) 위 그림에서 (c)의 전압을 구하시오.

　• 계산 : _____　　　• 답 : _____

[정답] (1) • 계산 :

$$V_{AO} = 220\angle 0° + 110\angle -120° = 220 + (-55 - j55\sqrt{3})$$
$$= 165 - j55\sqrt{3} = \sqrt{165^2 + (55\sqrt{3})^2} = 190.53[V]$$

　• 답 : 190.53[V]

(2) • 계산 :

$$V_{AO} = 110\angle 120° - 220\angle 0°$$
$$= 110(\cos 120° + j\sin 120°) - 220(\cos 0° + j\sin 0°)$$
$$= 110\left(-\frac{1}{2} + j\frac{\sqrt{3}}{2}\right) - 220 = -275 + j55\sqrt{3}$$
$$= \sqrt{275^2 + (55\sqrt{3})^2} = 291.03[V]$$

　• 답 : 291.03[V]

(3) • 계산 :

$$V_{BO} = 110\angle 120° - 220\angle -120°$$
$$= 110(\cos 120° + j\sin 120°) - \{220\cos(-120°) + j\sin(-120°)\}$$
$$= 110\left(-\frac{1}{2} + j\frac{\sqrt{3}}{2}\right) - 220\left(-\frac{1}{2} - j\frac{\sqrt{3}}{2}\right) = 55 + j165\sqrt{3}$$
$$= \sqrt{55^2 + (165\sqrt{3})^2} = 291.03$$

　• 답 : 291.03[V]

이것이 핵심

1. 벡터 연산자
   (1) $a = 1\angle 120° = 1\angle -240° = -\frac{1}{2} + j\frac{\sqrt{3}}{2}$

   (2) $a^2 = 1\angle 240° = 1\angle -120° = -\frac{1}{2} - j\frac{\sqrt{3}}{2}$

   (3) $a^2 + a + 1 = 0$, $a^3 = 1$, $a^4 = a$

2. $V_{V-AO} = \sqrt{(220\cos 60° - 110)^2 + (220\sin 60°)^2} = 110\sqrt{3} = 190.53[V]$

3. $V_{Y-AO} = \sqrt{(220\cos 60° + 110)^2 + (220\sin 60°)^2} = \sqrt{220^2 + (110\sqrt{3})^2} = 291.03[V]$

문제 14 ★★★★★

어떤 상가건물에서 $6.6[kV]$의 고압을 수전하여 $220[V]$의 저압으로 감압하여 옥내 배전을 하고 있다. 설비부하는 역률 0.8인 동력부하가 $160[kW]$, 역률 1인 전등이 $40[kW]$, 역률 1인 전열기가 $60[kW]$이다. 부하의 수용률을 $80[\%]$로 계산한다면, 변압기용량은 최소 몇 $[kVA]$ 이상이어야 하는지 계산하시오.

- 계산 : _____
- 답 : _____

정답 · 계산 :

변압기 용량 = 부하설비용량 × 수용률, 부하설비용량 = $\sqrt{유효전력^2 + 무효전력^2}$

동력부하 유효전력	160[kW]	동력부하 무효전력	$P_r = P \cdot \tan\theta = 160 \times \frac{0.6}{0.8} = 120[kVar]$
전등부하 유효전력	40[kW]	전등부하 무효전력	$0 (\because \cos\theta = 1)$
전열부하 유효전력	60[kW]	전열부하 무효전력	$0 (\because \cos\theta = 1)$
합계	260[kW]	합계	120[kVar]

변압기용량 = $\sqrt{260^2 + 120^2} \times 0.8 = 229.085[kVA]$

· 답 : $229.09[kVA]$

이것이 핵심

1. 유효전력 $P = VI\cos\theta = P_a\cos\theta[W]$
2. 무효전력 $P_r = VI\sin\theta = P_a\sin\theta = P\tan\theta[Var]$
3. 피상전력 $P_a = P \pm jP_r = \sqrt{P^2 + P_r^2} = V \cdot I[VA]$

주상변압기의 고압측의 사용탭이 6600[V]인 때에 저압측의 전압이 95[V]였다. 저압측의 전압을 약 100[V]로 유지하기 위해서는 고압측의 사용탭은 얼마로 하여야 하는가?
단, 변압기의 정격전압은 6600/105[V]이다.

• 계산 : _____   • 답 : _____

[정답] • 계산

$$\frac{V_{1t}'}{V_{1t}} = \frac{V_2}{V_2'}$$

$$V_{1t}' = V_{1t} \times \frac{V_2}{V_2'} = 6600 \times \frac{95}{100} = 6270[V]$$

• 답 : 6300[V]

이것이 핵심

1. 국내 표준 탭 전압

정격전압 [kV]	탭 전압 [kV]				
3.3	3.49	3.3	3.15	3.0	2.85
6.6	6.9	6.6	6.3	6.0	5.7
22.9	23.9	22.9	21.9	20.9	19.9

상기 탭 전압은 일반적으로 국내에서 사용되는 표준 탭 전압이다. 정격전압보다 낮은 탭 전압이 많은 이유는 배전 계통에서 발생하는 선로의 전압강하가 많이 발생하기 때문이다. 그러나 사용자가 필요시 탭 전압을 변경, 요청할 수도 있다.

2. 탭 변경 : 탭 전압과 2차측에 유도되는 전압은 반비례 관계

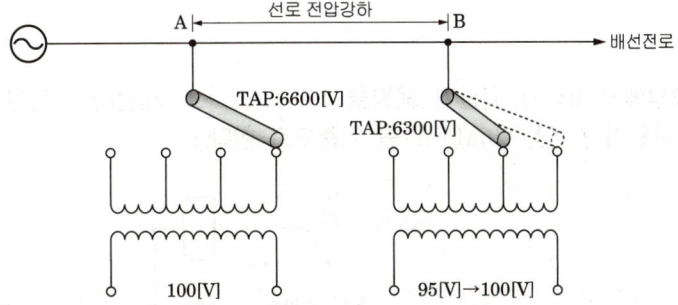

V_{1t} : 고압측 탭 전압, V_{1t}' : 요구하는 고압측 탭 전압
V_2 : 저압측 유도전압(탭 변경전), V_2' : 저압측 유도전압(탭 변경후)

문제 16 전력계통의 발전기, 변압기 등의 증설이나 송전선의 신설 및 증설로 인하여 단락 및 지락전류가 증가하여 송/변전 기기에의 손상이 증대되고, 부근에 있는 통신선의 유도장해가 증가하는 등의 문제점이 예상되므로, 단락용량의 경감대책을 세워야 한다. 이 대책을 3가지만 쓰시오.

[정답]
① 계통전압의 격상시킨다.
② 초전도 한류 리액터를 설치한다.
③ 고 임피던스 기기를 채용한다.

이것이 핵심

- **단락용량 경감 대책**
  1. 계통전압을 격상 : V_n이 증대되면 I_s는 반비례하므로 단락전류가 억제

     $(\Downarrow) I_s = \dfrac{P_s}{\sqrt{3}\, V_n (\Uparrow)}$ 단, P_s : 단락용량, V_n : 정격전압

  2. 초전도 기술을 이용한 초전도 한류 리액터를 사용한다.
     평상시(임계온도−195[℃])에서는 손실 없이 전류가 흐른다. 한편, 사고 발생시(임계전류 이상의 전류가 흐르면) 초전도 소자는 퀀치되어 극히 짧은 시간에 사고전류를 제한 할 수 있다. 사고제한의 역할을 끝낸 후에는 0.5초 이내 다시 초전도 상태로 되어 송전을 계속한다.

  3. 고 임피던스 기기를 채용한다. $(\Downarrow) I_s = \dfrac{E}{Z_l (\Uparrow)}$
     변압기, 발전기 등의 임피던스를 현재 사용 중인 10[%]보다 증가시킨다.

  4. 직류연계방식을 도입한다.
     직류방식은 무효전력의 전달이 없어 교류계통 사고시 유입전류가 증가하지 않으므로 단락전류가 억제된다.

  5. 변전소 모선의 분할, 계통분리, 회선감소 등 임피던스를 증가시킨다.

문제 17 그림에서 B점의 차단기 용량을 100[MVA]로 제한하기 위한 한류리액터의 리액턴스는 몇 [%]인가? (단, 20[MVA]를 기준으로 한다.)

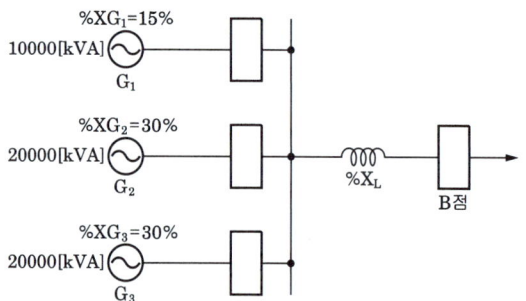

[정답] 계산

① 기지값 : 차단기 용량 $P_s = 100[\text{MVA}]$, 기준용량 $P_n = 20[\text{MVA}]$

$$P_s = \frac{100}{\%X} \times P_n \text{ 에서 } \%X = \frac{100}{P_s} \times P_n = \frac{100}{100} \times 20 = 20[\%]$$

즉, B점에서의 차단기 용량을 100[MVA]로 제한하기 위해서는 합성 $\%X = 20[\%]$이어야 한다.

② 각 발전기의 $\%X_G$를 기준용량에 맞게 환산한다.

$$\%X' = \frac{기준용량}{자기용량} \times 환산할 \%Z$$

$\%X'_{G1} = \frac{20}{10} \times 15[\%] = 30[\%]$

$\%X'_{G2} = \frac{20}{20} \times 30[\%] = 30[\%]$ → G_1 및 G_2는 자기용량과 기준용량이 같으므로

$\%X'_{G3} = \frac{20}{20} \times 30[\%] = 30[\%]$ $\quad \%X_G = \%X'_G$ 이다.

③ 발전기 3대 합성 $\%X'_G = \dfrac{1}{\frac{1}{30}+\frac{1}{30}+\frac{1}{30}} = 10[\%]$ 이다. (∵ 병렬회로)

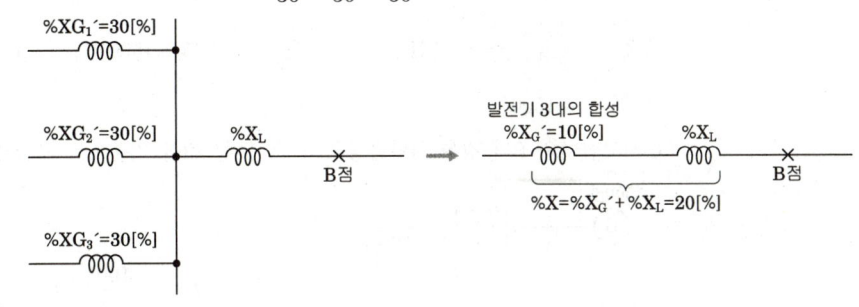

④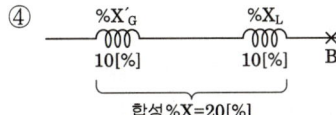

$\%X = \%X'_G + \%X_L$ 에서 $\%X_L = \%X - \%X'_G$ 이다. ∴ $\%X_L = 20 - 10 = 10[\%]$

즉, 한류리액턴스($\%X_L$)가 10[%]일 경우 합성 $\%X$가 20[%]가 되어 차단기 용량을 100[MVA]로 제한한다.

• 답 : 10[%]

이것이 핵심

한류리액터는 단락전류를 제한하여 차단기 용량을 저감시키는 역할을 한다.

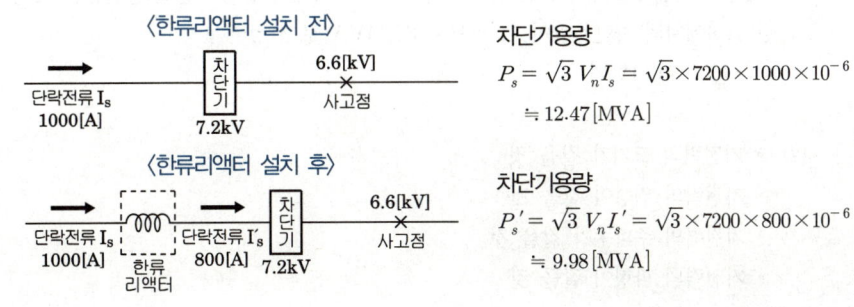

차단기용량
$P_s = \sqrt{3}\, V_n I_s = \sqrt{3} \times 7200 \times 1000 \times 10^{-6}$
$\fallingdotseq 12.47[\text{MVA}]$

차단기용량
$P'_s = \sqrt{3}\, V_n I'_s = \sqrt{3} \times 7200 \times 800 \times 10^{-6}$
$\fallingdotseq 9.98[\text{MVA}]$

문제 18

발전기에 대한 다음 각 물음에 답하시오.

(1) 발전기의 출력이 500[kVA]일 때 발전기용 차단기의 차단 용량을 산정하시오. 단, 변전소 회로측의 차단 용량은 30[MVA]이며, 발전기 과도 리액턴스는 0.25로 한다.

(2) 동기 발전기의 병렬 운전 조건 4가지를 쓰시오.

[정답] (1) ① 기준용량 30[MVA]

② %Z를 기준용량으로 환산

변전소측 %Z_s 계산

$P_s = \dfrac{100}{\%Z_s} \times P_n$에서 %$Z_s = \dfrac{P_n}{P_s} \times 100 = \dfrac{30}{30} \times 100 = 100[\%]$

∴ %$Z_s = 100[\%]$

발전기 %Z_G

%$Z_G = \dfrac{기준용량}{자기용량} \times 환산할 \%Z = \dfrac{30 \times 10^3}{500} \times 25 = 1500[\%]$ (∵ 0.25[PU] = 25%)

∴ %$Z_G = 1500[\%]$

③ 사고점 A와 B의 경우 차단용량을 구한 후 큰 값을 기준으로 차단용량을 산정한다.

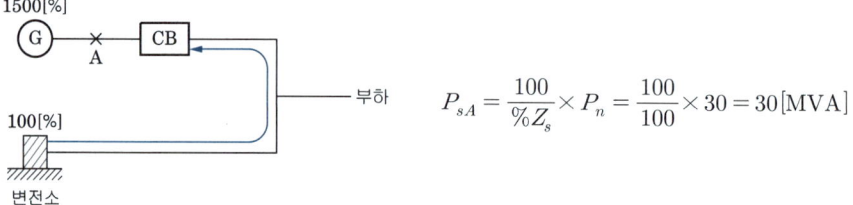

$P_{sA} = \dfrac{100}{\%Z_s} \times P_n = \dfrac{100}{100} \times 30 = 30[\text{MVA}]$

〈차단기 좌측 A점에서 단락사고 발생: 변전소에서 공급되는 고장전류만 차단기에 흐른다.〉

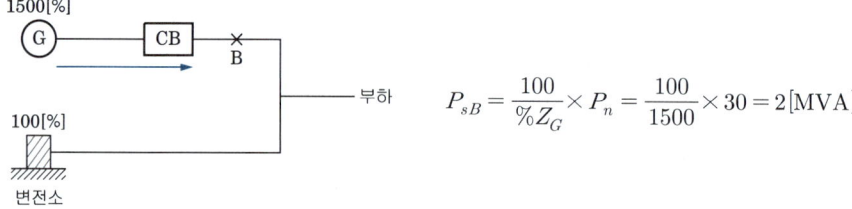

$P_{sB} = \dfrac{100}{\%Z_G} \times P_n = \dfrac{100}{1500} \times 30 = 2[\text{MVA}]$

〈차단기 우측 B점에서 단락사고 발생 : 발전기에서 공급되는 고장전류만 차단기에 흐른다.〉

④ A점에서의 차단용량이 더 크므로 30[MVA]로 선정한다.

• 답 : 30[MVA]

(2) • 기전력의 크기가 같을 것
  • 기전력의 위상이 같을 것
  • 기전력의 주파수가 같을 것
  • 기전력의 파형이 같을 것

이것이 핵심

동기발전기의 병렬운전 조건	변압기의 병렬운전 조건
• 기전력의 크기가 같을 것 • 기전력의 위상이 같을 것 • 기전력의 주파수가 같을 것 • 기전력의 파형이 같을 것 • 상회전 방향이 같을 것	• 각 변압기의 1,2차 정격전압이 같을 것 • 각 변압기의 1,2차 극성이 같을 것 • 권수비가 같을 것 • % 임피던스 강하율이 같을 것 • 상회전 방향 및 위상 변위가 같을 것

문제 19 ★★★★★

주어진 Impedance map과 조건을 이용하여 다음 각 물음의 계산과정과 답을 쓰시오.

【조 건】
- $\%Z_S$: 한전 S/S의 154[kV] 인출측의 전원측 정상 Impedance 1.2[%] (100[MVA] 기준)
- Z_{TL} : 154[kV] 송전 선로의 Impedance 1.83[Ω]
- $\%Z_{TR1} = 10[\%]$ (15[MVA] 기준)
- $\%Z_{TR2} = 10[\%]$ (30[MVA] 기준)
- $\%Z_C = 50[\%]$ (100[MVA] 기준)

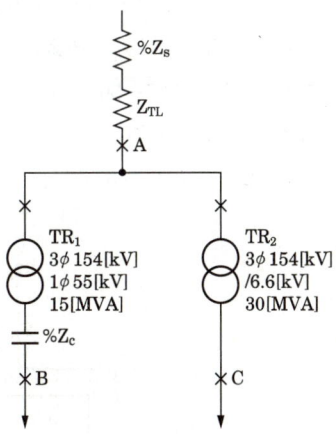

(1) 다음 Impedance의 100[MVA] 기준 %Impedance를 계산하시오.

① $\%Z_{TL}$

② $\%Z_{TR1}$

③ $\%Z_{TR2}$

(2) A, B, C 각 점에서 합성 %Impedance를 계산하시오.

① $\%Z_A$

② $\%Z_B$

③ $\%Z_C$

(3) A, B, C 각 점에서 차단기의 소요 차단전류는 몇 [kA]가 되겠는가?
(단, 비대칭분을 고려한 상승계수는 1.6으로 한다.)

① I_A

② I_B

③ I_C

정답 (1) 계산

- $\%Z_{TL} = \dfrac{P_a Z}{10 V^2} = \dfrac{100 \times 10^3 \times 1.83}{10 \times 154^2} = 0.77[\%]$ ・답 : 0.77[%]

- $\%Z_{TR1} = \dfrac{100}{15} \times 10[\%] = 66.67[\%]$ ・답 : 66.67[%]

- $\%Z_{TR2} = \dfrac{100}{30} \times 10[\%] = 33.33[\%]$ ・답 : 33.33[%]

(2) 계산

- $\%Z_A = \%Z_S + \%Z_{TL} = 1.2 + 0.77 = 1.97[\%]$ ・답 : 1.97[%]

- $\%Z_B = \%Z_S + \%Z_{TL} + \%Z_{TR1} - \%Z_C$
$= 1.2 + 0.77 + 66.67 - 50 = 18.64[\%]$ ・답 : 18.64[%]

- $\%Z_C = \%Z_S + \%Z_{TL} + \%Z_{TR2}$
$= 1.2 + 0.77 + 33.33 = 35.3[\%]$ ・답 : 35.3[%]

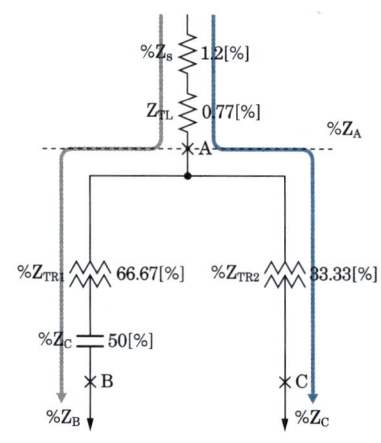

(3) 계산

- $I_A = \dfrac{100}{\%Z_A} \times I_n = \dfrac{100}{1.97} \times \dfrac{100 \times 10^3}{\sqrt{3} \times 154} \times 1.6 \times 10^{-3} = 30.45 [\text{kA}]$ •답 : 30.45[kA]

- $I_B = \dfrac{100}{\%Z_B} \times I_n = \dfrac{100}{18.64} \times \dfrac{100 \times 10^3}{55} \times 1.6 \times 10^{-3} = 15.61 [\text{kA}]$ •답 : 15.61[kA]

- $I_C = \dfrac{100}{\%Z_C} \times I_n = \dfrac{100}{35.3} \times \dfrac{100 \times 10^3}{\sqrt{3} \times 6.6} \times 1.6 \times 10^{-3} = 39.65 [\text{kA}]$ •답 : 39.65[kA]

문제 20

설비 불평형률에 관한 다음 각 물음에 답하시오.

(1) 저압, 고압 및 특고압 수전의 3상 3선식 또는 3상 4선식에서 불평형 부하의 한도는 단상 접속 부하로 계산하여 설비 불평형률을 몇 [%] 이하로 하는 것을 원칙으로 하는가 ?

(2) "(1)"항 문제의 제한 원칙에 따르지 않아도 되는 경우를 4가지만 쓰시오.

(3) 부하설비가 그림과 같을 때 설비불평형률은 몇 [%]인가?
(단, ⓗ는 전열기 부하이고, ⓜ은 전동기 부하이다.)

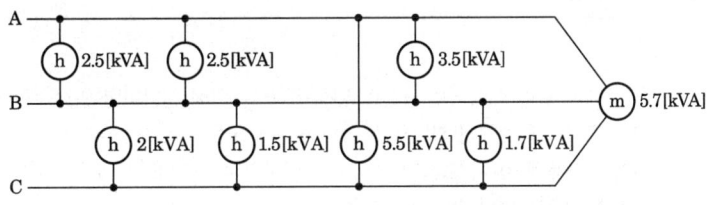

• 계산 : _____ • 답 : _____

[정답] (1) 30[%] 이하

(2) • 저압 수전에서 전용 변압기 등으로 수전하는 경우
  • 고압 및 특고압 수전에서 100[kVA] 이하의 단상 부하인 경우
  • 특고압 및 고압 수전에서는 단상부하용량의 최대와 최소의 차가 100[kVA] 이하인 경우
  • 특고압 수전에서는 100[kVA][kW] 이하의 단상 변압기 2대로 역 V결선하는 경우

(3) 3상 3선식의 설비 불평형률

설비 불평형률 = $\dfrac{\text{각 선간에 접속되는 단상부하 총 설비용량의 최대와 최소의 차}[\text{kVA}]}{\text{총부하설비 용량}[\text{kVA}] \times \dfrac{1}{3}} \times 100$

$= \dfrac{(2.5+2.5+3.5)-(2+1.5+1.7)}{(2.5+2.5+3.5+2+1.5+5.5+1.7+5.7) \times \dfrac{1}{3}} \times 100 = 39.759 [\%]$

• 답 : 39.76[%]

이것이 핵심

- 설비 불평형률 계산시 부하의 단위는 피상전력([kVA] 또는 [VA])
  부하 $= \dfrac{[\text{kW}]}{\cos\theta}[\text{kVA}]$
- 3상 3선식의 경우 설비불평형률은 30[%] 이하가 되어야 한다.

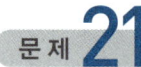

문제 21

발·변전소에는 전력의 집합, 융통, 분배 등을 위하여 모선을 설치한다. 무한대 모선(Infinite Bus)이란 무엇인지 설명하시오.

[정답] 무한대 모선이란 내부 임피던스가 영이고 전압은 그 크기와 위상이 부하의 증감에 관계없이 변화하지 않고, 또 극히 큰 관성 정수를 가지고 있다고 생각되는 용량 무한대의 전원을 말한다.

이것이 핵심

■ 무한대 모선

발전 측에서 보면 접속되는 모선이 일정 주파수, 일정 전압이면 안정적인 송전을 하는데 편리하다. 전력공급 거점인 변전소 모선에서 보아도 부하의 종류를 불문하고, 또한 부하의 크기와 관계가 없다. 실제 계통에서는 이러한 변수들에 따라 전압 및 주파수가 변하기 때문이다. 즉, 외부계통에 상관없이 일정 전압, 일정 주파수, 전압을 발생하는 이상적인 모선을 뜻한다.

문제 22

그림과 같은 $100/200[\text{V}]$ 단상 3선식 회로를 보고 다음 물음에 답하시오.

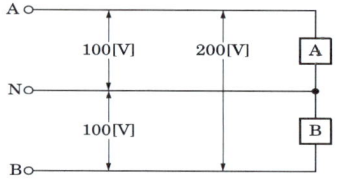

【부하정격】
A : 소비전력 2[kW], 역률 0.8
B : 소비전력 3[kW], 역률 0.8

(1) 중성선 N에 흐르는 전류는 몇 [A]인가?

　• 계산과정 : _____　　　　• 답 : _____

(2) 중성선의 굵기를 결정할 때의 전류는 몇 [A]를 기준하여야 하는가?

[정답] (1) 계산 : 중성선에 흐르는 전류 $I_N = |I_A - I_B|$ 이므로 I_A와 I_B에 흐르는 전류를 구하면

$$I_A = \frac{P}{V\cos\theta} = \frac{2}{100 \times 0.8} \times 10^3 = 25[A]$$

$$I_B = \frac{P}{V\cos\theta} = \frac{3}{100 \times 0.8} \times 10^3 = 37.5[A]$$

$$I_N = 37.5 - 25 = 12.5[A]$$

• 답 : 12.5[A]

(2) 중성선의 굵기를 결정하는 전류는 용량이 적은 부하가 정지한 경우에 용량이 큰 부하의 전체 전류가 중성선에 흐르기 때문에 I_A와 I_B 중 큰 전류를 허용 할 수 있는 굵기로 선정하므로 I_B로 선정한다.

• 답 : 37.5[A]

이것이 핵심!

■ **단상 3선식의 불평형**

(1) 부하 불평형의 경우 중선선에 전류가 흐르고, 전력손실의 증가

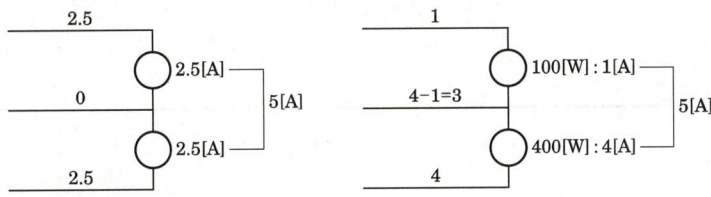

(2) 중성선 단선시 전압의 불평형 발생

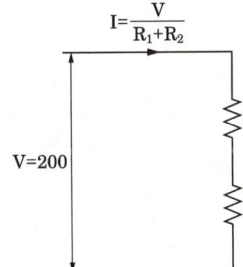

$R_1 = 100[\Omega], R_2 = 25[\Omega]$ 일 경우 중성선 단선시 각 부하에 걸리는 전압

$$V_1 = IR_1 = \frac{V}{R_1 + R_2} \times R_1 = \frac{200}{100 + 25} \times 100 = 160[V]$$

$$V_2 = IR_2 = \frac{V}{R_1 + R_2} \times R_2 = \frac{200}{100 + 25} \times 25 = 40[V]$$

문제 23 ★★★☆☆

그림과 같은 계통의 기기의 A점에서 완전 지락이 발생하였다. 그림을 이용하여 다음 각 물음에 답하시오.

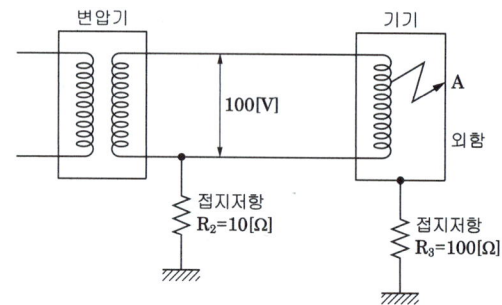

(1) 이 기기의 외함에 인체가 접촉하고 있지 않을 경우, 이 외함의 대지 전압을 구하시오.

　• 계산 : ─────────────────　　• 답 : ─────────

(2) 이 기기의 외함에 인체가 접촉하였을 경우 인체를 통해서 흐르는 전류를 구하시오.
단, 인체의 저항은 3000[Ω]으로 한다.

　• 계산 : ─────────────────　　• 답 : ─────────

[정답] (1) 계산 : (전압 분배법칙) : 대지 전압

$$e = \frac{R_3}{R_2 + R_3} \times E = \frac{100}{10 + 100} \times 100 = 90.909[\text{V}]$$

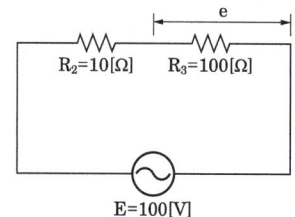

- 답 : 90.91[V]

(2) 계산 : (전류 분배 법칙) : 인체에 흐르는 전류

$$I_g = \frac{V}{R_2 + \dfrac{R_3 \cdot R_{tch}}{R_3 + R_{tch}}} \times \frac{R_3}{R_3 + R_{tch}} = \frac{100}{10 + \dfrac{100 \times 3000}{100 + 3000}} \times \frac{100}{100 + 3000}$$

$$= 0.0302[\text{A}] = 30.21[\text{mA}]$$

- 답 : 30.21[mA]

이것이 핵심

인체에 흐르는 전류 (전류 분배 법칙)

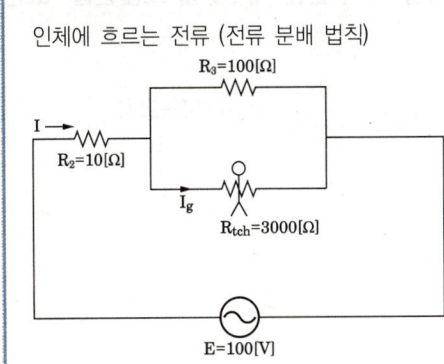

$$I_g = I \times \frac{R_3}{R_3 + R_{tch}}$$

여기서, $I = \dfrac{E}{R_2 + \dfrac{R_3 \times R_{tch}}{R_3 + R_{tch}}}$

인체에 흐르는 전류

$$I_g = \frac{E}{R_2 + \dfrac{R_3 \times R_{tch}}{R_3 + R_{tch}}} \times \frac{R_3}{R_3 + R_{tch}}$$

문제 24
★★★☆☆

가공전선로의 이도가 너무 크거나 너무 작을 시 전선로에 미치는 영향 3가지만 쓰시오.

[정답]
① 이도가 너무 크면 지지물의 높이가 커진다.
② 이도가 너무 크면 전력선과 접촉하거나 수목과 접촉할 수 있다.
③ 이도가 너무 적으면 전선이 단선될 수도 있다.

이것이 핵심

■ 이도(Dip)
가공 송전선에서는 전선을 느슨하게 가해서 약간의 이도를 취하도록 하고 있다. 이도는 전선이 전선의 지지점을 연결하는 수평선으로부터 밑으로 내려가 있는 길이를 말한다. 가공 전선은 여름철에는 강렬한 햇빛과 고온에 노출되고, 또 태풍과 같은 폭풍에 영향을 받게 된다. 겨울철에는 가혹한 저온에 노출될 뿐만 아니라 빙설이 부착될 수도 있으므로 이들의 조건에 적응할 수 있게끔 적당한 이도를 줄 필요가 있다. 이도를 작게 했을 경우 겨울철에 온도가 내려가면서 전선이 수축하게 되면 이도는 한층 더 작아져서 장력이 매우 커지고 경우에 따라서는 전선이 단선되는 경우도 있다. 반대로 이도를 너무 크게 했을 경우에 여름철에는 온도 상승 때문에 전선이 늘어나서 이도가 한층 더 커져서 도로, 철도, 통신선등의 횡단 장소에서는 이들과 접촉될 위험이 있고 태풍에 영향으로 전력선이 접촉해서 선간단락을 일으킬 수도 있다.

문제 25

전기사업자는 그가 공급하는 전기의 품질(표준전압, 표준주파수)을 허용오차 범위 안에서 유지하도록 전기사업법에 규정되어 있다. 다음 표의 빈칸 ①~④에 표준전압·표준 주파수에 대한 허용오차를 정확하게 쓰시오.

표준전압·표준주파수	허용오차
110 볼트	①
220 볼트	②
380 볼트	③
60 헤르츠	④

정답
① 110볼트의 상하로 6볼트 이내
② 220볼트의 상하로 13볼트 이내
③ 380볼트의 상하로 38볼트 이내
④ 60헤르츠 상하로 0.2헤르츠 이내

이것이 핵심

1. 표준전압 및 허용오차

표준전압	허용오차
110볼트	110볼트의 상하로 6볼트 이내
220볼트	220볼트의 상하로 13볼트 이내
380볼트	380볼트의 상하로 38볼트 이내

2. 표준주파수 및 허용오차

표준주파수	허용오차
60헤르츠	60헤르츠 상하로 0.2헤르츠 이내

문제 26

그림의 단상 전파 정류 회로에서 교류측 공급 전압 $628\sin 314t\,[\text{V}]$, 직류측 부하 저항 20 $[\Omega]$이다. 물음에 답하시오.

(1) 직류 부하전압의 평균값은?

(2) 직류 부하전류의 평균값은?

(3) 교류 전류의 실효값은?

[정답] (1) 교류 부하전압의 실효값 $V_{rms} = \dfrac{V_m}{\sqrt{2}} = \dfrac{628}{\sqrt{2}} = 444.063\,[\text{V}]$

 직류 부하전압의 평균값 $V_d = \dfrac{2}{\pi} \times V_m = \dfrac{2}{\pi} \times 628 = 399.8\,[\text{V}]$

- 답 : 399.8[V]

(2) 직류 부하전류의 평균값 $I_d = \dfrac{V_d}{R} = \dfrac{399.8}{20} = 19.99\,[\text{A}]$

- 답 : 19.99[A]

(3) 교류 전류의 실효값 $I_{rms} = \dfrac{V_{rms}}{R} = \dfrac{444.06}{20} = 22.203\,[\text{A}]$

- 답 : 22.2[A]

이것이 핵심

전파정류	반파정류
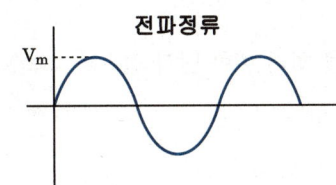	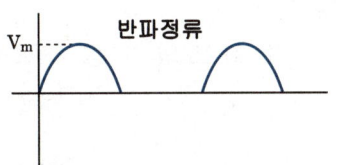
• $V_m = \sqrt{2}\,V_{rms}$	• $V_m = \sqrt{2}\,V_{rms}$
• 실효값 $V_{rms} = \dfrac{V_m}{\sqrt{2}}$	• 실효값 $V_{rms} = \dfrac{V_m}{2}$
• 평균값 $V_{av} = \dfrac{2V_m}{\pi}$	• 평균값 $V_{av} = \dfrac{V_m}{\pi}$

문제 27 ★★★☆☆

과전류 계전기의 동작시험을 하기 위한 시험기의 배치도를 보고 다음 각 물음에 답하시오. 단, ○ 안의 숫자는 단자번호이다.

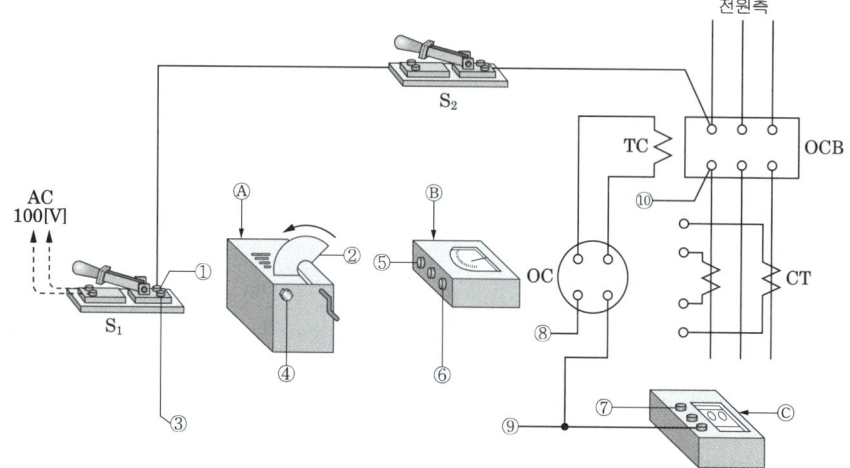

(1) 회로도의 기기를 사용하여 동작 시험을 하기 위한 단자 접속을 ○-○ 안에 기입하시오.

① -   　② -   　③ -

⑥ -   　⑦ -

(2) Ⓐ, Ⓑ 및 Ⓒ에 표시된 기기의 명칭을 기입하시오.

Ⓐ 기기명 :

Ⓑ 기기명 :

Ⓒ 기기명 :

(3) 이 결선도에서 스위치 S_2를 투입(ON)하고 행하는 시험 명칭과 개방(OFF)하고 행하는 시험 명칭은 무엇인가?

• S_2 ON시의 시험명

• S_2 OFF시의 시험명

[정답] (1) ①-④,　②-⑤,　③-⑨,　⑥-⑧,　⑦-⑩

(2) Ⓐ 기기명 : 물 저항기
　　Ⓑ 기기명 : 전류계
　　Ⓒ 기기명 : 사이클 카운터

(3) • S_2 ON시의 시험명 : 계전기 한시 동작 특성 시험
　　• S_2 OFF시의 시험명 : 계전기 최소 동작 전류 시험

이것이 핵심

1. **물 저항기**
   물 속에 전극을 집어넣고, 전극 간의 물을 저항체로 사용하여 전극 간의 거리, 면적 등에 의해 저항치를 교환할 수 있도록 한 장치이다.
2. **과전류 계전기 동작시험 회로도**
   계전기 시험에는 동작하는 최소전류치를 구하는 최소동작전류시험과, 설정 전류치의 2배, 5배의 전류를 흘리고 차단기를 포함한 회로의 동작시간을 구하는 한시특성 시험이 있다.

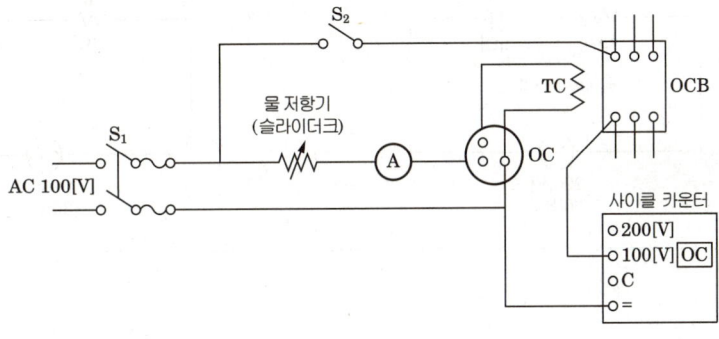

저항 $4[\Omega]$과 정전용량 $C[F]$인 직렬 회로에 주파수 $60[Hz]$의 전압을 인가한 경우 역률이 0.8이었다. 이 회로에 $30[Hz]$, $220[V]$의 교류 전압을 인가하면 소비전력은 몇 $[W]$가 되겠는가?

- 계산 : _____   • 답 : _____

정답 계산 : 주파수가 $60[Hz]$일 경우 용량성 리액턴스(X_C)를 구한다.

$$\text{역률 } \cos\theta = \frac{R}{Z} = \frac{R}{\sqrt{R^2 + X_C^2}} = \frac{4}{\sqrt{4^2 + X_C^2}} = 0.8 \quad \text{이므로}$$

$$X_C = \sqrt{\left(\frac{4}{0.8}\right)^2 - 4^2} = 3[\Omega]$$

용량성 리액턴스는 주파수에 반비례하므로 주파수가 $60[Hz]$에서 $30[Hz]$로 감소시 용량성 리액턴스는 2배 증가한다. 주파수가 $30[Hz]$일 경우의 용량성 리액턴스 $X_C' = 6[\Omega]$이다.

$$\text{소비전력 } P = I^2 R = \left(\frac{V}{Z}\right)^2 \times R = \left(\frac{V}{\sqrt{R^2 + X_C'^2}}\right)^2 \times R = \frac{V^2}{R^2 + X_C'^2} \times R$$

$$= \frac{220^2}{4^2 + 6^2} \times 4 = 3723.076[W]$$

- 답 : $3723.08[W]$

이것이 핵심

- $R-X$ 직렬 회로
  - 임피던스의 크기 $Z=\sqrt{R^2+X^2}\,[\Omega]$
  - 위상 $\theta = \tan^{-1}\dfrac{X}{R}$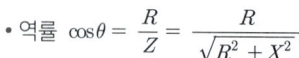
  - 전류 $I=\dfrac{V}{Z}=\dfrac{V}{\sqrt{R^2+X^2}}[A]$
  - 역률 $\cos\theta = \dfrac{R}{Z}=\dfrac{R}{\sqrt{R^2+X^2}}$

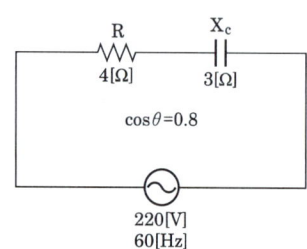
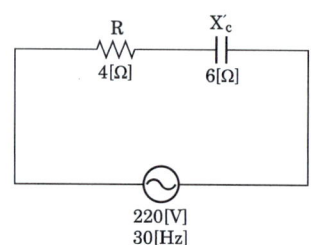

문제 29 ★★★☆

지표면상 10[m] 높이에 수조가 있다. 이 수조에 초당 1[m³]의 물을 양수하는데 사용되는 펌프용 전동기에 3상 전력을 공급하기 위하여 단상 변압기 2대를 V결선하였다. 펌프 효율이 70[%]이고, 펌프축 동력에 20[%]의 여유를 두는 경우 다음 각 물음에 답하시오.
(단, 펌프용 3상 농형 유도 전동기의 역률을 100[%]로 가정한다.)

(1) 펌프용 전동기의 소요 동력은 몇인가?
- 계산 : _____   • 답 : _____

(2) 변압기 1대의 용량은 몇인가?
- 계산 : _____   • 답 : _____

 (1) 펌프용 전동기의 소요 동력
- 계산

$$P = \frac{9.8HQK}{\eta} = \frac{9.8\times 10 \times 1 \times 1.2}{0.7} = 168\,[\text{kW}]$$

여기서, H : 양정[m], Q : 양수량[m³/sec], K : 여유계수, η : 효율

- 답 : 168[kW]

(2) 계산 : 단상 변압기 V결선시 출력

$P_V = \sqrt{3}\,P_1 [\text{kVA}]$

(단, P_1 = 단상변압기 1대 용량) 위에서 계산한 $P_V = 168[\text{kVA}]$

$P_1 = \dfrac{P_V}{\sqrt{3}} = \dfrac{168}{\sqrt{3}} = 96.994[\text{kVA}]$

• 답 : 96.99[kVA]

이것이 핵심

■ 전동기의 소요 동력

$P = \dfrac{9.8\,HQK}{\eta}$

여기서, Q : 양수량[m³/sec], K : 여유계수, η : 효율, H : 양정[m]
전동기의 역률이 100[%]라는 조건을 주었으므로 "[kW] = [kVA]"가 성립한다.

예 변압기의 용량이 1000[kVA], 역률이 100[%] ($\cos\theta = 1$)일 경우 변압기의 출력은 1000[kW]가 된다.

그림과 같은 2:1 로핑의 기어레스 엘리베이터에서 적재하중은 1000[kg], 속도는 140[m/min]이다. 구동 로프 바퀴의 직경은 760[mm]이며, 기체의 무게는 1500[kg]인 경우 다음 각 물음에 답하시오. (단, 평형률은 0.6, 엘리베이터의 효율은 기어레스에서 1:1 로핑인 경우는 85[%], 2:1 로핑인 경우에는 80[%]이다.)

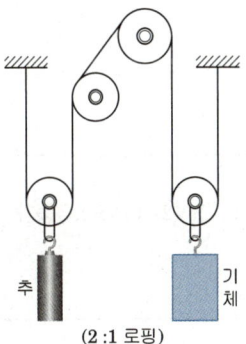

(2 : 1 로핑)

(1) 권상소요 동력은 몇 [kW]인지 계산하시오.

• 계산 : _____   • 답 : _____

(2) 전동기의 회전수는 몇 [rpm]인지 계산하시오.

• 계산 : _____   • 답 : _____

정답 (1) 계산 : 권상기의 소요동력 $P = \dfrac{KGV}{6.12\eta}$ [kW]

여기서, G : 적재하중[ton], V : 엘리베이터 속도[m/min], η : 권상기 효율, K : 평형률

$P = \dfrac{0.6 \times 1 \times 140}{6.12 \times 0.8} = 17.156$ [kW]   • 답 : 17.16[kW]

(2) 계산 : $V = \pi D N$ [m/min]

여기서, V : 로프의 속도[m/min], D : 구동로프바퀴의 직경[m], N : 전동기의 회전수[rpm]

전동기의 회전수 $N = \dfrac{V}{\pi D}$

단, 2:1 로핑이므로 로프의 속도는 엘리베이터 속도의 2배, 즉 280[m/min]이다.

$N = \dfrac{280}{\pi \times 0.76} = 117.272$ [rpm]   • 답 : 117.27[rpm]

이것이 핵심

1. 권상기의 소요동력 $P = \dfrac{KGV}{6.12\eta}$ [kW]

   G : 적재하중[ton] V : 엘리베이터 속도[m/min] η : 권상기 효율, K : 평형률

2. 로프의 속도 $V = \pi D N$ [m/min]

   V : 로프의 속도[m/min] D : 구동로프바퀴의 직경[m] N : 전동기의 회전수[rpm]

문제 31 ★★★★★

60[Hz]로 설계된 3상 유도 전동기를 동일 전압으로 50[Hz]에 사용할 경우 다음 요소는 어떻게 변화하는지를 수치를 이용하여 설명하시오.

(1) 무부하 전류

(2) 온도 상승

(3) 속도

정답 (1) 6/5으로 증가   (2) 6/5으로 증가   (3) 5/6로 감소

이것이 핵심

■ 주파수 변화(60[Hz]에서 50[Hz]로 변화)시 유도전동기의 특성변화

• 속도 감소 : $N_s = \dfrac{120f}{P}$ 에서 $N_s \propto f$

• 자속(ϕ)증가 : $\phi = \dfrac{V}{4.44 K_w n f} \propto \dfrac{1}{f}$

• 역률 저하 : 주파수가 감소하면 속도가 하강($N_s \propto f$)하고 출력이 감소하여 유효전류는 감소하고 역률이 낮아진다.

• 온도 상승 : 히스테리시스 손실 $P_h \propto \dfrac{1}{f}$ 로 손실이 증가 하지만 전동기 속도감소에 따른 냉각팬 속도가 감소하여 전체적으로 온도 상승한다.

• 기동전류 증가 : 주파수가 감소하면 리액턴스가 감소하고 기동전류는 약간 증가한다.

문제 32 자가용 전기설비에 대한 각 물음에 답하시오.

(1) 자가용 전기설비의 중요검사(시험)사항을 3가지만 쓰시오.

(2) 예비용 자가발전설비를 시설하고자 한다. 조건에서 발전기의 정격용량은 최소 몇 [kVA]를 초과하여야 하는가?

【조 건】
- 부하 : 유도 전동기로써 기동용량은 1500[kVA]
- 기동시의 전압강하 : 25[%]
- 발전기의 과도리액턴스 : 30[%]

정답 (1) ① 외관검사
② 접지저항측정검사
③ 절연저항측정검사

(2) 발전기 용량 [kVA]

$\geqq$ 시동용량[kVA] × 과도리액턴스 × $\left(\dfrac{1}{허용 전압 강하} - 1\right)$ × 여유율

$= 1500 \times 0.3 \times \left(\dfrac{1}{0.25} - 1\right) = 1350\,[\text{kVA}]$

- 답 : 1350[kVA]

이것이 핵심

■ 비상용발전기
(1) 단순 부하의 경우 발전기의 출력

$P = \dfrac{\sum W_L \times L}{\cos\theta}[\text{kVA}]$

$\sum W_L$: 부하입력 총합계, L : 부하수용률(비상용=1), $\cos\theta$: 발전기의 역률

(2) 기동용량이 큰 부하가 있을 경우 발전기의 출력

발전기 용량 $\geq$ 시동용량[kVA] × 과도리액턴스 × $\left(\dfrac{1}{허용전압강하} - 1\right)$ × 여유율

문제 33

3상 4선식 교류 380[V], 50[kVA] 부하가 변전실 배전반에서 270[m] 떨어져 설치되어 있다. 허용전압강하는 얼마이며 이 경우 배전용 케이블의 최소 굵기는 얼마로 하여야 하는지 계산하시오. (단, 전기사용장소 내 시설한 변압기이며, 케이블은 IEC 규격에 의한다.)

(1) 허용전압강하를 계산하시오.

　• 계산 : _____　　• 답 : _____

(2) 케이블의 굵기를 선정하시오.

　• 계산 : _____　　• 답 : _____

[정답]

(1) 계산

공급 변압기의 2차측 단자 또는 인입선 접속점에서 최원단 부하에 이르는 사이의 전선 길이가 200[m] 초과시에 전기사용장소 내 시설한 변압기의 경우 최대 허용전압강하는 5.5[%]이므로

허용전압강하 $e = 380 \times 0.055 = 20.9[V]$

　• 답 : 20.9[V]

(2) 계산

전선의 단면적 A는 3상 4선식일 경우

$A = \dfrac{17.8LI}{1000e}$ 이므로

$I = \dfrac{P}{\sqrt{3}\,V} = \dfrac{50 \times 10^3}{\sqrt{3} \times 380} = 75.97[A]$

$\therefore A = \dfrac{17.8 \times 270 \times 75.97}{1000 \times 220 \times 0.055} = 30.17[mm^2]$

전선규격[mm²]		
1.5	2.5	4
6	10	16
25	35	50
70	95	120
150	185	240
300	400	500

※ 3상4선식에서 전압강하 계산약식은 상전압을 기준으로 한다. 상전압 220V를 대입하여 계산함에 유의하여야 한다.

　• 답 : 35[mm²]

문제 34

정격전압 6000[V], 용량 6000[kVA]인 3상 교류 발전기에서 여자전류가 300[A], 무부하 단자전압은 6000[V], 단락전류 800[A]라고 한다. 이 발전기의 단락비는 얼마인가?

　• 계산 : _____　　• 답 : _____

[정답] 계산 : $I_n = \dfrac{P_n}{\sqrt{3}\,V_n} = \dfrac{6000 \times 10^3}{\sqrt{3} \times 6000} = 577.35[A]$

∴ 단락비$(K_s) = \dfrac{I_s}{I_n} = \dfrac{800}{577.35} = 1.385$

• 답 : 1.39

이것이 핵심

■ 단락비(Short Circuit Ratio: SCR)

1. 정의 : 단락비 = $\dfrac{\text{정격속도에서 무부하 정격전압을 발생하는데 필요한 계자전류[A]}}{\text{3상 단락시 발전기 정격전류를 흘리는데 필요한 계자전류[A]}}$

$$K_s = \dfrac{I_f{'}}{I_f{''}} = \dfrac{I_s}{I_n} = \dfrac{\dfrac{1}{Z[PU]}}{I_n} = \dfrac{1}{Z[PU]}$$

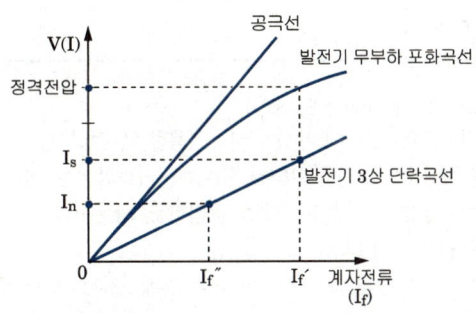

2. 의미 : 단락비는 단락시의 특성을 나타내는 외에 기계의 크기, 중량, 손실, 가격, 부하변동시의 전압, 안정도 등을 나타낸다. 단락비가 크다는 것은 철(鐵)기계 즉, 발전기 구성 재료에서 철이 구리보다 더 많은 비중을 차지한다는 뜻이다. 반면에 단락비가 작다는 것은 발전기 구성 재료에서 구리를 철보다 더 많이 사용한다는 뜻이다. 최근에는 보호계전기가 고속화되고 여자 속응도가 좋아져서 안정도가 향상되기 때문에 단락비를 작게 하여 제작비를 줄이는 추세이다. 단락비의 값은 동기기의 종류에 따라 다르다. 수차 발전기의 단락비는 0.9~1.2로서 단락비가 크며, 터빈발전기의 경우 단락비는 0.6~0.9로서 단락비가 작다.

3. 단락비가 발전기 구조 및 성능에 미치는 영향

구분	단락비가 큰 경우	단락비가 작은 경우
구조 및 적용	철기계(수력)	동기계(화력 원자력)
%Z	작다	크다
전압변동률	작다	크다
단락용량	크다	작다
안정도	좋다	나쁘다
전기자 반작용 및 기자력	작다	크다
계자 기자력	크다	작다
공극	크다	작다
중량/ 가격/ 효율	무겁다, 비싸다, 나쁘다	가볍다, 저렴하다, 좋다
과부하 내량	크다	작다

문제 35

비상전원으로 사용되는 UPS의 원리에 대해서 개략의 블록다이어그램을 그리고 설명하시오.

• 블록다이어그램   • 설명

[정답] • 블록다이어그램

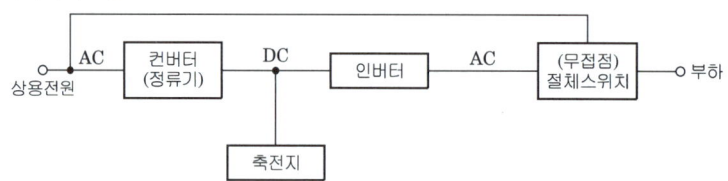

• 설명 : 평상시에는 상용전원에 의해 부하에 전력을 공급하고, 사용전원 정전시 축전지에 저장된 직류를 인버터로써 교류로 변환시켜 부하에 전력을 공급하는 방식이다.

이것이 핵심

■ UPS(Uninterruptible Power Supply)
1. 역할 : 일반전원 또는 예비전원 등을 사용할 때 전압 변동, 주파수 변동, 순간정전, 과도전압 등으로 인한 전원이상을 방지하고 항상 안정된 전원을 공급하여 주는 장치이다. 상시에는 상용전원을 공급받아서 축전지를 충전하고 이를 변환하여 출력을 공급한다. 사용전원이 정전되거나 낮아지면 축전지를 통해 연속적이고 안정된 전원을 공급한다.
2. UPS 구성요소 : 정류/충전부, 인버터부, Static switch Maintenance Bypass Switch, 축전지
   (1) 정류/충전부 (Rectifier/Charger) : 입력 교류전원을 직류전원으로 변환하여 축전지를 충전하고 인버터에 전원을 공급한다.
   (2) 인버터부 (Inverter) : 정류부나 축전지에서 직류 전원을 공급받아 정전압, 정주파수의 교류전원으로 변환하여 출력에 공급한다.
   (3) 자동바이패스스위치(Auto Bypass Static Switch) : 인버터 이상시에 부하에 전력공급이 중단되지 않도록 대체전원으로 부하를 절제한다.
   (4) 비상바이패스스위치(Maintenance Bypass Switch) : UPS 이상으로 수리 또는 점검시 임시로 부하에 상용전원을 직접 공급한다.
   (5) 축전지(Battery) : 입력 정전시 인버터에 전원을 공급하여 정해진 정전보상시간동안 출력을 공급한다.

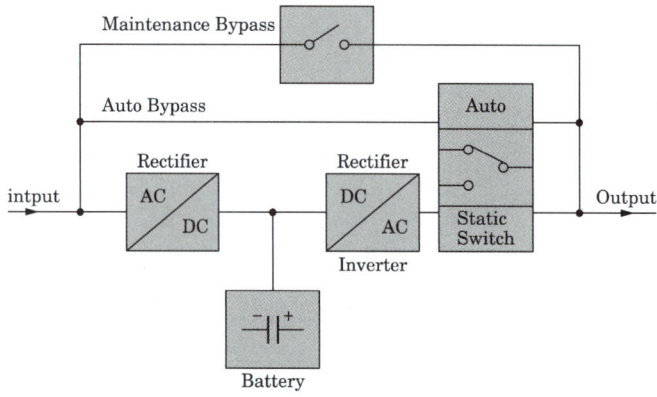

문제 36 ★★★★★

그림과 같은 방전특성을 갖는 부하에 필요한 축전지 용량은 몇 [Ah]인가?

단, 방전전류 : $I_1 = 200[A]$, $I_2 = 300[A]$, $I_3 = 150[A]$, $I_4 = 100[A]$
방전시간 : $T_1 = 130[분]$, $T_2 = 120[분]$, $T_3 = 40[분]$, $T_4 = 5[분]$
용량환산시간 : $K_1 = 2.45$, $K_2 = 2.45$, $K_3 = 1.46$, $K_4 = 0.45$
보수율은 0.7로 적용한다.

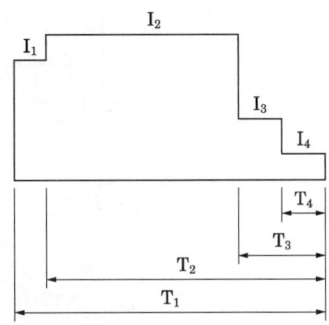

[정답] 계산 : $C = \dfrac{1}{L}\left[K_1 I_1 + K_2(I_2 - I_1) + K_3(I_3 - I_2) + K_4(I_4 - I_3)\right]$

$= \dfrac{1}{0.7}\{2.45 \times 200 + 2.45 \times (300 - 200) + 1.46 \times (150 - 300) + 0.45 \times (100 - 150)\}$

$= 705[Ah]$

- 답 : 705[Ah]

이것이 핵심

축전지의 용량은 방전특성 곡선의 면적이다. 면적 $K_1 I_1$에 면적 $K_2(I_2 - I_1)$을 합한 후 면적 $K_3(I_2 - I_3)$와 면적 $K_4(I_3 - I_4)$를 뺀 값이 축전지 용량이 된다.

∴ $K_1 I_1 + K_2(I_2 - I_1) - K_3(I_2 - I_3) - K_4(I_3 - I_4)$
$= K_1 I_1 + K_2(I_2 - I_1) + K_3(I_3 - I_2) + K_4(I_4 - I_3)$

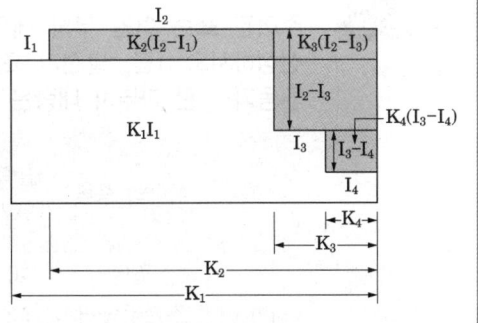

문제 37 ★★★☆☆ 그림과 같은 설비에 대하여 절연저항계(메거)로 직접 선간 절연저항을 측정하고자 한다. 부하의 접속여부, 스위치의 ON, OFF 상태, 분기 개폐기의 ON, OFF 상태를 어떻게 하여야 하며 L과 E 단자는 어느 개소에 연결하여 어떤 방법으로 측정하여야 하는지를 상세히 설명하시오. (단, L, E와 연결되는 선은 도면에 알맞은 개소에 직접 연결하도록 한다.)

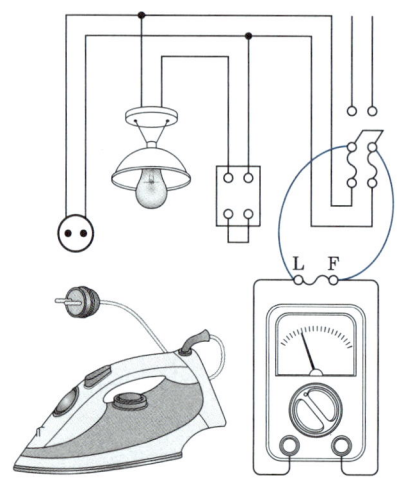

[정답] 측정 방법
① 분기 개폐기를 OFF 시킨다.
② 부하를 전로로부터 분리시킨다.
③ 스위치를 OFF 시킨다.
④ 절연 저항계의 L과 E 단자를 부하 개폐기의 부하측 두 단자에 각각 연결한다.
⑤ 절연 저항계를 동작시켜 지시값을 읽는다.

문제 38 ★★★☆☆ 주어진 표는 어떤 부하 데이터의 표이다. 이 부하 데이터를 수용할 수 있는 발전기 용량을 산정하시오. (단, 발전기 표준 역률은 0.8, 허용 전압 강하 25[%], 발전기 리액턴스 20[%], 원동기 기관 과부하 내량은 1.2이다.)

예	부하의 종류	출력 [kW]	전부하 특성				기동 특성		기동 순서	비고
			역률 [%]	효율 [%]	입력 [kVA]	입력 [kW]	역률 [%]	입력 [kVA]		
200[V] 60[Hz]	조명	10	100	—	10	10	—	—	1	
	스프링클러	55	86	90	71.1	61.1	40	142.2	2	Y-Δ 기동
	소화전 펌프	15	83	87	21.0	17.2	40	42	3	Y-Δ 기동
	양수펌프	7.5	83	86	10.5	8.7	40	63	3	직입 기동

(1) 전부하 정상 운전시의 입력에 의한 것

○

(2) 전동기 기동에 필요한 용량 $P\,[\text{kVA}] = \dfrac{(1-\triangle E)}{\triangle E} \cdot x_d \cdot Q_L$

○ _____

(3) 순시 최대 부하에 의한 용량 $P\,[\text{kVA}] = \dfrac{\varSigma W_0\,[\text{kW}] + \{Q_{L\max}\,[\text{kVA}] \times \cos\theta_{QL}\}}{K \times \cos\theta_G}$

○ _____

정답 (1) $P = \dfrac{(10+61.1+17.2+8.7)}{0.8} = 121.25$ ∴ 121.25[kVA]

(2) $P = \dfrac{(1-0.25)}{0.25} \times 0.2 \times 142.2 = 85.32$ ∴ 85.32[kVA]

(3) $P = \dfrac{(10+61.1)+(42+63) \times 0.4}{(1.2 \times 0.8)} = 117.81\,2$ ∴ 117.81[kVA]

문제 39 ★★★★★

허용 가능한 독립접지의 이격거리를 결정하게 되는 세 가지 요인은 무엇인가?

정답 ① 발생하는 접지전류의 최댓값
② 전위상승의 허용값
③ 그 지점의 대지 저항률

이것이

■ 독립접지
　접지방식에서 개별적인 접지공사 방식을 독립접지라고 한다. 이상적인 독립저지는 2개의 접지전극이 있는 경우에, 한쪽 전극에 접지전류가 흘러도 다른 쪽 접지극에 전위상승을 일으키지 않는 경우이다. 이상적으로는 2개의 접지극이 무한대의 거리만큼 떨어지도록 하지 않으면 독립이라 할 수 없다.

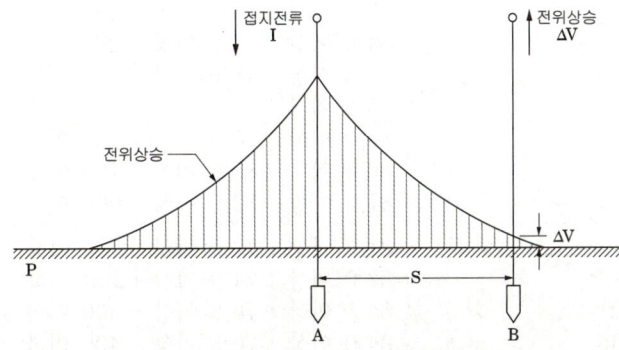

〈두 독립접지 전극간의 간섭〉

현실적으로는 전위상승이 어떤 일정한 범위에 들어가면 서로 완전히 독립 되었다고 볼 수 있는데, 이 이격거리는 발생하는 접지전류의 최댓값, 전위상승의 허용값, 그 지점의 대지저항률에 따라 결정된다.

문제 40

어느 빌딩 수용가가 자가용 디젤 발전기 설비를 계획하고 있다. 발전기 용량 산출에 필요한 부하의 종류 및 특성이 다음과 같을 때 주어진 조건과 참고자료를 이용하여 전부하를 운전하는데 필요한 발전기 용량[kVA]을 답안지의 빈칸을 채우면서 선정하시오.

【조 건】

① 전동기 기동시에 필요한 용량은 무시한다.
② 수용률 적용(동력) : 최대 입력 전동기 1대에 대하여 100[%], 2대는 80[%], 전등, 기타는 100[%]를 적용한다.
③ 전등, 기타의 역률은 100[%]를 적용한다.

부하의 종류	출력[kW]	극수(극)	대수(대)	적용 부하	기동 방법
전동기	37	8	1	소화전 펌프	리액터 기동
	22	6	2	급수 펌프	리액터 기동
	11	6	2	배풍기	Y-△ 기동
	5.5	4	1	배수 펌프	직입 기동
전등, 기타	50	-	-	비상 조명	-

표 1. 저압 특수 농형 2종 전동기(KSC 4202)[개방형 · 반밀폐형]

정격 출력 [kW]	극수	동기 속도 [rpm]	전부하 특성		기동 전류 I_{st} 각상의 평균값[A]	비고		전부하 슬립 s[%]
			효율 η[%]	역률 pf[%]		무부하 전류 I_0 각상의 전류값[A]	전부하 전류 I 각상의 평균값[A]	
5.5	4	1800	82.5 이상	79.5 이상	150 이하	12	23	5.5
7.5			83.5 이상	80.5 이상	190 이하	15	31	5.5
11			84.5 이상	81.5 이상	280 이하	22	44	5.5
15			85.5 이상	82.0 이상	370 이하	28	59	5.0
(19)			86.0 이상	82.5 이상	455 이하	33	74	5.0
22			86.5 이상	83.0 이상	540 이하	38	84	5.0
30			87.0 이상	83.5 이상	710 이하	49	113	5.0
37			87.5 이상	84.0 이상	875 이하	59	138	5.0
5.5	6	1200	82.0 이상	74.5 이상	150 이하	15	25	5.5
7.5			83.0 이상	75.5 이상	185 이하	19	33	5.5
11			84.0 이상	77.0 이상	290 이하	25	47	5.5
15			85.0 이상	78.0 이상	380 이하	32	62	5.5
(19)			85.5 이상	78.5 이상	470 이하	37	78	5.0
22			86.0 이상	79.0 이상	555 이하	43	89	5.0
30			86.5 이상	80.0 이상	730 이하	54	119	5.0
37			87.0 이상	80.0 이상	900 이하	65	145	5.0
5.5	8	900	81.0 이상	72.0 이상	160 이하	16	26	6.0
7.5			82.0 이상	74.0 이상	210 이하	20	34	5.5
11			83.5 이상	75.5 이상	300 이하	26	48	5.5
15			84.0 이상	76.5 이상	405 이하	33	64	5.5
(19)			85.5 이상	77.0 이상	485 이하	39	80	5.5
22			85.0 이상	77.5 이상	575 이하	47	91	5.0
30			86.5 이상	78.5 이상	760 이하	56	121	5.0
37			87.0 이상	79.0 이상	940 이하	68	148	5.0

표 2. 자가용 디젤 표준 출력[kVA]

| 50 | 100 | 150 | 200 | 300 | 4400 |

	효율[%]	역률[%]	입력[kVA]	수용률[%]	수용률 적용값[kVA]
37×1					
22×2					
11×2					
5.5×1					
50					
계					

발전기 용량 :　　　[kVA]

[정답]

	효율[%]	역률[%]	입력[kVA]	수용률[%]	수용률 적용값[kVA]
37×1	87	79	$\dfrac{37}{0.87 \times 0.79} = 53.83$	100	$53.83 \times 1 = 53.83$
22×2	86	79	$\dfrac{22 \times 2}{0.86 \times 0.79} = 64.76$	80	$64.76 \times 0.8 = 51.81$
11×2	84	77	$\dfrac{11 \times 2}{0.84 \times 0.77} = 34.01$	80	$34.01 \times 0.8 = 27.21$
5.5×1	82.5	79.5	$\dfrac{5.5}{0.825 \times 0.795} = 8.39$	100	$8.39 \times 1 = 8.39$
50	100	100	50	100	50
계	–	–	211[kVA]	–	191.24[kVA]

- 답 : 발전기의 표준용량사용 200[kVA]

수변전설비

Chapter 02

01. 수변전설비 주요기기
02. 수변전설비 주요개폐기
03. 수변전설비 자동제어기구 번호
04. 수변전설비 주요계측기
05. 특별고압 수전설비 표준도면
06. 단로기(DS)
07. 전력퓨즈(PF)
08. 피뢰기(LA)
09. 차단기(CB)
10. 계기용변압기(PT)
11. 변류기(CT)
12. 전력수급용 계기용변성기(MOF)
13. 접지형 계기용변압기(GPT)
14. 차동계전기(DCR)
15. 전력용 콘덴서(SC)
16. 계전기별 기구번호
■ 과년도 출제예상문제

Chapter 02 수변전설비

01 수변전설비 주요기기

수변전설비에서 수전설비란 수전점에서 변압기 1차측까지 기기구성, 변전설비란 변압기에서 전력부하설비의 배전반까지를 변전설비라 한다. 즉, 전력회사의 전력공급에 대해 구내에 전력을 수전하고, 변전하는 설비를 시설하여 구내에만 배전하고 구외로 전송하지 않는 설비를 말한다. 한편, 수변전 전기설비 계획의 기본원칙은 건축물의 사용목적에 적합하고, 안전하며, 신뢰도 높은 경제적 설비로서 장래 확장계획을 고려한다.

출제 Point ★★★★★

이해하기
전류와 관련된 계측기 및 보호 계전기는 CT 2차측에 설치하며, 전압과 관련된 계측기 및 보호계전기는 PT 2차측에 설치한다.

1 수변전설비의 기능
(1) 기기의 운전, 정지, 개폐의 상태를 표시하고 이상 발생시 경보기능
(2) 기기운전을 수동·자동 변환시키면서 운전, 이상발생시 제어기능
(3) 부하 또는 기기의 계기상태를 파악하고 측정하는 계측기능
(4) 측정값을 자동기록하며, 데이터를 집계하여 사용량을 기록

2 수변전설비의 주요기기

명 칭	약호	심벌	기능 및 용도
전류계	A	Ⓐ	부하에 흐르는 전류를 측정하는 기기
전류계용 절환 개폐기	AS		1대의 전류계로 3상 전류를 측정하기 위하여 사용하는 개폐기
변류기	CT		대전류를 소전류로 변환하여 계측기 및 계전기에 전원공급
전압계	V	Ⓥ	부하에 걸리는 전압을 측정하는 기기
전압계용 절환 개폐기	VS		1대의 전압계로 3상 전압을 측정하기 위하여 사용하는 개폐기
계기용 변압기	PT		고전압을 저전압으로 변성하여 계측기 및 계전기에 전원공급

명 칭	약호	심벌	기능 및 용도
전력 수급용 계기용변성기	MOF	MOF	PT와 CT를 함께 내장한 것으로 전력량계에 전원공급
단로기	DS		무부하시 보수·점검 등을 위해 선로 개폐
차단기	CB		고장전류 차단 및 부하전류의 개폐
트립 코일	TC		사고시에 전류가 흘러서 차단기를 동작
유입개폐기	OS		부하전류를 개폐
피뢰기	LA		이상 전압 내습시 대지로 방전시키고 그 속류를 차단
지락 계전기	GR	G R	지락사고시 트립코일을 여자시킴
영상 변류기	ZCT		지락 사고시 영상 전류를 검출하여 지락 계전기를 작동시킴
과전류 계전기	OCR	OC	과부하나 단락시에 트립코일을 여자시킴
컷아웃 스위치	COS		기계 기구를 과전류로부터 보호
전력 퓨즈	PF		단락전류 차단
전력용 콘덴서	SC		역률 개선
직렬 리액터	SR		제5고조파 제거하여 파형개선
케이블 헤드	CH		가공전선과 케이블 단말 접속
분로리액터	Sh.R		페란티 현상 방지

▶ 암기하기

수변전 설계시 고려사항
- 사용목적에 적합할 것
- 기기의 성능이 우수할 것
- 신뢰도가 높은 설비일 것
- 정비·보수가 간편할 것
- 에너지절약 및 부하 증가에 대한 확장계획을 고려할 것

▶ 이해하기

COS와 PF의 심벌은 같은 것을 사용한다.

▶ 암기하기

콘덴서 부속설비
- 직렬리액터
 : 제5고조파 제거
- 방전코일(DC)
 : 잔류전하 방전

Chapter 02 수변전설비

출제 Point
★★★★★

02 수변전설비 주요개폐기

1 자동 절체 개폐기(ATS : Automatic Transfer Switch)

갑작스러운 부하측 고장으로 주차단기가 트립되거나 돌발적인 정전으로 전원 공급이 어려울 때 비상 발전기 선로에 절체되어 전원공급을 가능하게 한다.

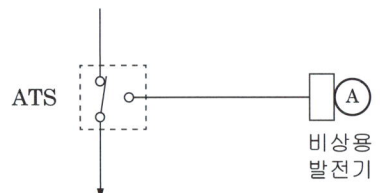

2 자동 부하 전환 개폐기(ALTS : Automatic Load Transfer Switch)

중요시설 정전시에 큰 피해가 예상되는 수용가에 이중전원을 확보하여 주 전원이 정전될 경우 예비전원으로 자동으로 전환되어 무정전 전원공급을 수행하는 3회로 2스위치의 개폐기이다.

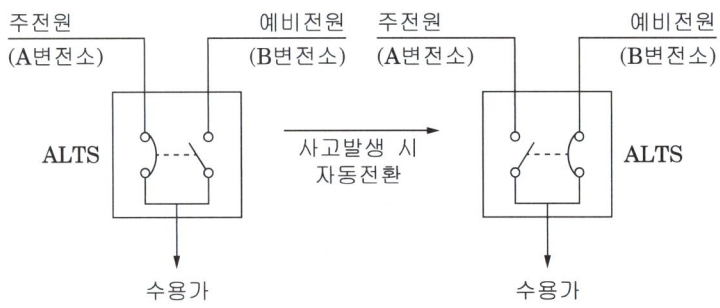

암기하기

부하개폐기(LBS)
수변전 설비의 인입구 개폐기로 사용되며 부하전류를 개폐할 수 있으나 고장전류를 차단할 수 없으므로 한류퓨즈와 직렬로 사용한다. 래치를 트립시키는 방식을 사용하므로 3상을 동시에 개로하여 결상을 방지한다.

암기하기

기중형 자동고장구분개폐기
AISS는 수전설비의 인입구에 설치하여 과부하 또는 고장전류 발생시 고장구간을 자동으로 개방하여 사고를 방지하며 전 부하 상태에서 자동 또는 수동으로 개방하여 과부하로부터 보호한다.

3 자동고장 구분 개폐기(ASS : Automatic Section Switch)

공급 신뢰도 향상과 다른 수용가에 대한 정전을 방지하기 위하여 고장 구간만을 신속, 정확하게 차단하여 고장의 확대를 방지한다. 1000[kVA]이하의 간이 수전설비의 인입개폐기로 설치하도록 의무화 하고 있다.

4 선로개폐기(LS : Line Switch)

책임 분계점에 보수 점검시 전로를 개폐하기 위하여 사용하는 것으로 반드시 무부하(무전압) 상태에서 사용한다. 66[kV]이상의 경우에 사용한다.

03 수변전설비 자동제어기구 번호

기구 번호	약호	보조 번호	계전기 명칭
27	UVR		교류 부족전압 계전기
37	UCR		부족전류계전기
		37A	교류 부족전류 계전기
		37D	직류 부족전류 계전기
49	THR		회전기 온도계전기
50	GR		단락선택 또는 지락선택 계전기
		50G	지락선택 계전기
51	OCR		교류 과전류 계전기
		51G	지락 과전류 계전기
		51N	중성점 과전류 계전기
		51V	전압 억제부 교류 과전류 계전기
52	CB		교류 차단기
59	OVR		교류 과전압 계전기
64	OVGR		지락 과전압 계전기
67	DGR		지락방향 계전기
87	DCR		전류 차동 계전기
		87-B	모선보호 차동 계전기
		87-G	발전기용 차동 계전기
		87-T	주변압기 차동 계전기

출제 Point
★★★★★

이해하기
수변전설비에서 사용되는 100여 개의 자동 제어기구 번호에서 중요한 기구번호를 숙지한다.

암기하기
보호계전기의 특성
- 선택성
- 신뢰성
- 감도
- 속도

이해하기
모선 : BUS
발전기 : Generator
변압기 : Transformer

04 수변전설비 주요계측기

명칭	심벌	원어	역할
전력량계	WH	Watt Hour meter	수용가의 사용전력량 측정
최대수요전력계	DM MDW	Demand Wattmeter	수용가의 최대전력 측정
무효전력량계	VARH	Var meter Watt Hour	수용가 설비의 무효전력 측정
주파수계	F	Frequency meter	수용가 설비의 주파수 측정
역률계	PF	Power factor meter	수용가 설비의 역률측정

암기하기
한시계전기의 종류
- 순한시 계전기
- 정한시 계전기
- 반한시 계전기
- 반한시·정한시 계전기
- 순시·비례한시 계전기
- 계단한시 계전기

Chapter 02 수변전설비

05 특별고압 수전설비 표준도면

1 CB 1차측에 CT와 PT를 시설하는 경우

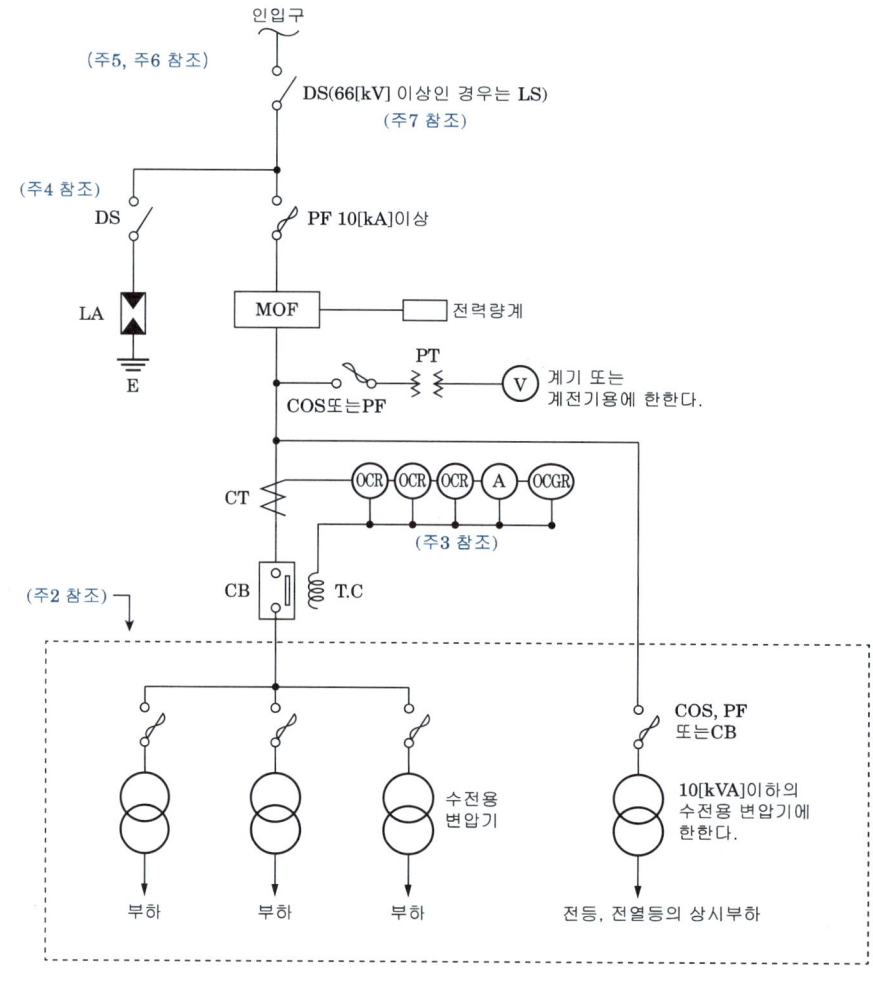

(주 1) 22.9[kV-Y] 1000[kVA] 이하인 경우는 그림 4에 의할 수 있다.
(주 2) 결선도중 점선내의 부분은 참고용 예시이다.
(주 3) 차단기의 트립 전원은 직류(DC) 또는 콘덴서방식(CTD)이 바람직하며, 66[kV] 이상의 수전설비는 직류(DC)이어야 한다.
(주 4) LA용 DS는 생략할 수 있으며, 22.9[kV-Y]용의 LA는 Disconnector(또는 Isolator) 붙임형을 사용하여야 한다.
(주 5) 인입선을 지중으로 시설하는 경우에 공동주택 등 고장 시 정전피해가 큰 경우는 예비지중선을 포함하여 2회선으로 시설하는 것이 바람직하다.
(주 6) 지중 인입선의 경우에 22.9[kV-Y] 계통은 CNCV-W 케이블(수밀형) 또는 TR CNCV-W (트리억제형)을 사용하여야 한다. 다만, 전력구·공동구·덕트·건물구내 등 화재의 우려가 있는 장소에서는 FR CNCO-W(난연)케이블을 사용하는 것이 바람직하다.
(주 7) DS 대신 자동 고장 구분 개폐기(7000[kVA] 초과시는 Sectionalizer)를 사용할 수 있으며, 66[kV] 이상의 경우는 LS를 사용하여야 한다.

암기하기

차단기 트립방식의 종류
- 직류전원(DC) 트립방식
- 콘덴서트립방식(CTD)
- 전류트립방식(OCT)
- 부족전압트립방식(UVT)

암기하기

케이블의 명칭
- CV : 가교 폴리에틸렌 절연 비닐시스 케이블
- CNCV : 동심중성선 차수형 전력 케이블
- CNCV-W : 동심중성선 수밀형 전력 케이블
- TR CNCV-W : 동심중성선 수밀형 트리억제형 전력케이블
- FR CNCO-W : 동심중성선 수밀형 저독성·난연성 전력케이블

2 CB 1차측에 PT를 CB 2차측에 CT를 시설하는 경우

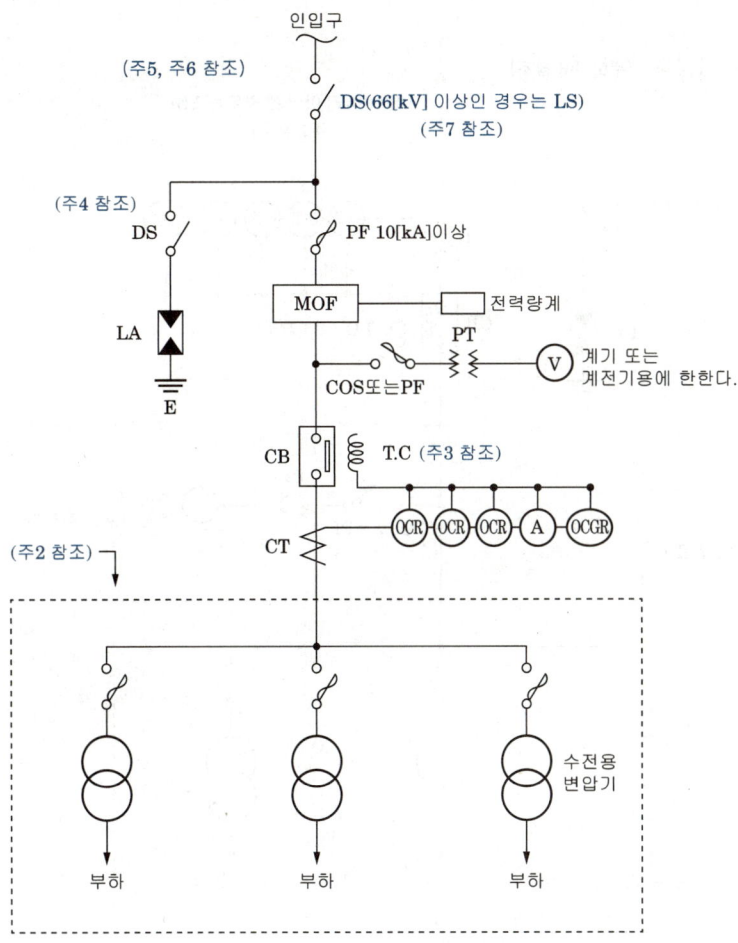

> **이해하기**
>
> 트리현상이란 고체절연물 내에 코로나 방전에 의한 절연열화 현상으로 나무모양의 흔적을 남기며 케이블 열화의 원인이 된다. 트리현상으로 전기트리, 수트리, 화학적 트리로 구분할 수 있다.

(주 1) 22.9[kV-Y] 1000[kVA] 이하인 경우는 그림 4에 의할 수 있다.
(주 2) 결선도중 점선내의 부분은 참고용 예시이다.
(주 3) 차단기의 트립 전원은 직류(DC) 또는 콘덴서방식(CTD)이 바람직하며, 66[kV] 이상의 수전설비는 직류(DC)이어야 한다.
(주 4) LA용 DS는 생략할 수 있으며, 22.9[kV-Y]용의 LA는 Disconnector(또는 Isolator) 붙임형을 사용하여야 한다.
(주 5) 인입선을 지중선으로 시설하는 경우에 공동주택 등 고장 시 정전피해가 큰 경우는 예비 지중선을 포함하여 2회선으로 시설하는 것이 바람직하다.
(주 6) 지중 인입선의 경우에 22.9[kV-Y] 계통은 CNCV-W 케이블(수밀형) 또는 TR CNCV-W(트리억제형)을 사용하여야 한다. 다만, 전력구·공동구·덕트·건물구내 등 화재의 우려가 있는 장소에서는 FR CNCO-W(난연)케이블을 사용하는 것이 바람직하다.
(주 7) DS 대신 자동 고장 구분 개폐기(7000[kVA] 초과시는 Sectionalizer)를 사용할 수 있으며, 66[kV] 이상의 경우는 LS를 사용하여야 한다.

> **이해하기**
>
> **단로장치**
> 피뢰기의 고장시 계통은 지락사고 등의 고장상태가 될 수 있다. 피뢰기의 접지측을 대지로부터 분리시키는 장치를 단로장치(Disconnector 또는 Isolator)라 한다.

3 CB 1차측에 CT를 CB 2차측에 PT를 시설하는 경우

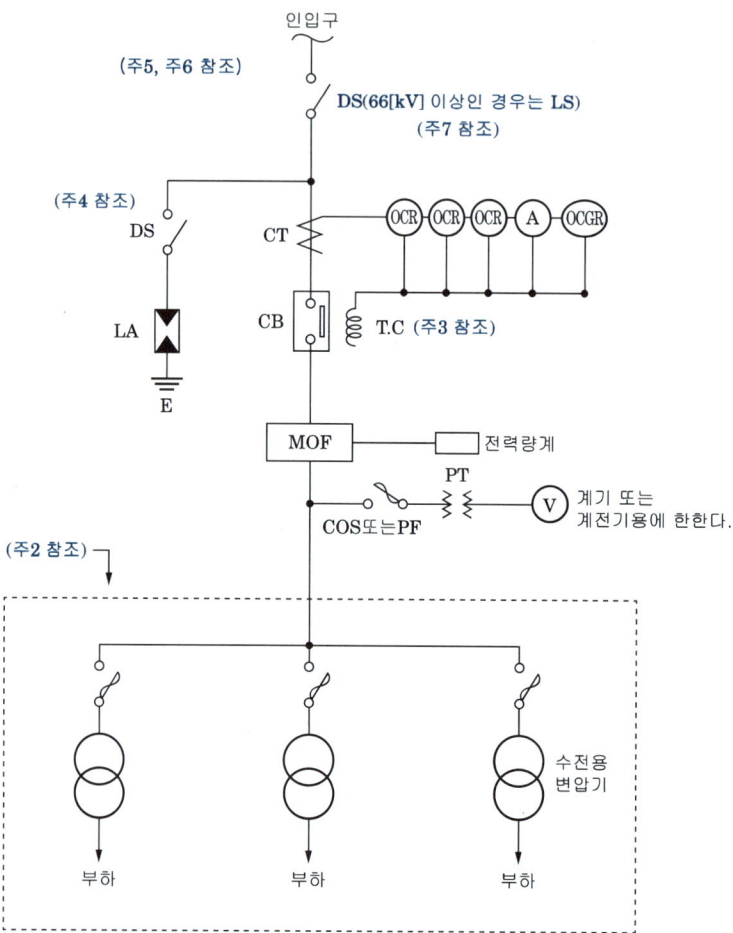

이해하기

보호범위를 넓히기 위해서 계기용 변류기는 차단기의 전원측에 설치하는 것이 바람직하다. CB 2차측에 PT를 시설하는 경우 MOF 전단에 차단기가 시설되므로 PF가 필요없다.

(주 1) 22.9[kV-Y] 1000[kVA] 이하인 경우는 그림 4에 의할 수 있다.
(주 2) 결선도중 점선내의 부분은 참고용 예시이다.
(주 3) 차단기의 트립 전원은 직류(DC) 또는 콘덴서방식(CTD)이 바람직하며, 66[kV] 이상의 수전설비는 직류(DC)이어야 한다.
(주 4) LA용 DS는 생략할 수 있으며, 22.9[kV-Y]용의 LA는 Disconnector(또는 Isolator) 붙임형을 사용하여야 한다.
(주 5) 인입선을 지중선으로 시설하는 경우에 공동주택 등 고장 시 정전피해가 큰 경우는 예비 지중선을 포함하여 2회선으로 시설하는 것이 바람직하다.
(주 6) 지중 인입선의 경우에 22.9[kV-Y] 계통은 CNCV-W 케이블(수밀형) 또는 TR CNCV-W(트리억제형)을 사용하여야 한다. 다만, 전력구·공동구·덕트·건물구내 등 화재의 우려가 있는 장소에서는 FR CNCO-W(난연)케이블을 사용하는 것이 바람직하다.
(주 7) DS 대신 자동 고장 구분 개폐기(7000[kVA] 초과시는 Sectionalizer)를 사용할 수 있으며, 66[kV] 이상의 경우는 LS를 사용하여야 한다.

4 특별고압 간이수전설비 결선도 22.9[kV-Y] 1,000[kVA] 이하

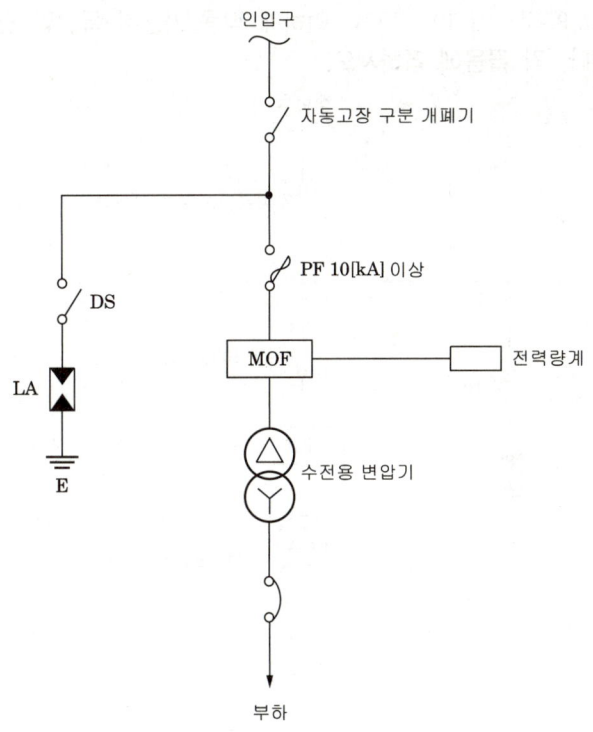

(주 1) LA용 DS는 생략할 수 있으며 22.9[kV-Y]용의 LA는 Disconnector (또는 Isolator) 붙임형을 사용하여야 한다.
(주 2) 인입선을 지중선으로 시설하는 경우로 공동주택 등 고장시 정전피해가 큰 경우는 예비 지중선을 포함하여 2회선으로 시설하는 것이 바람직하다.
(주 3) 지중 인입선의 경우에 22.9[kV-Y] 계통은 CNCV-W 케이블(수밀형) 또는 TR CNCV-W (트리억제형)을 사용하여야 한다. 다만, 전력구·공동구·덕트·건물구내 등 화재의 우려가 있는 장소에서는 FR CNCO-W(난연)케이블을 사용하는 것이 바람직하다.
(주 4) 300[kVA] 이하인 경우는 PF대신 COS(비대칭 차단전류 10[kA] 이상의 것)을 사용할 수 있다.
(주 5) 특별고압 간이수전설비는 PF의 용단 등의 결상사고에 대한 대책이 없으므로 변압기 2차 측에 설치되는 주차단기에는 결상계전기 등을 설치하여 결상사고에 대한 보호능력이 있도록 함이 바람직하다.

|참고|

결상보호란 다상 회로의 1상의 도체에 전류가 없어졌을 때에 목적 장치를 절리 하도록 동작하거나 혹은 다상 회로의 하나 또는 그 이상의 상전압이 없어졌을 때에 목적 장치에 대한 전력공급을 저지하도록 하는 보호방법을 이른다. 이와 같은 결상 사고로 인하여 동작하는 계전기를 결상 계전기라고 한다.

▶ 이해하기
자동고장 구분 개폐기는 공급신뢰도 향상, 사고파급을 방지하기 위하여 간이수전설비의 인입개폐기로 사용한다.

▶ 이해하기
우리나라의 배전방식은 3상 4선식 다중접지 방식이며 지락사고시 중성선에 흐르는 지락전류가 단락전류보다 클 수도 있다.

▶ 이해하기
자동고장 구분 개폐기(ASS)는 지락사고를 변전소의 차단기와 배전선로에 설치된 리클로저와 협조하여 사고구간을 자동 분리하고 그 사고의 파급확대를 방지하기 위하여 사용되는 개폐기이다. 공급변전소의 차단기와 리클로저와 협조하여 사고발생시 고장구간을 자동으로 분리한다.

▶ 암기하기
특별고압 간이수전설비에서 300[kVA] 이하일 경우 인입용개폐기로 사용하는 ASS 대신 인터럽터 스위치를 사용할 수 있다.

Chapter 02 수변전설비

수변전 01 필수문제

그림은 22.9[kV-Y] 1000[kVA] 이하에 적용 가능한 특고압 간이 수전설비 결선도이다. 각 물음에 답하시오.

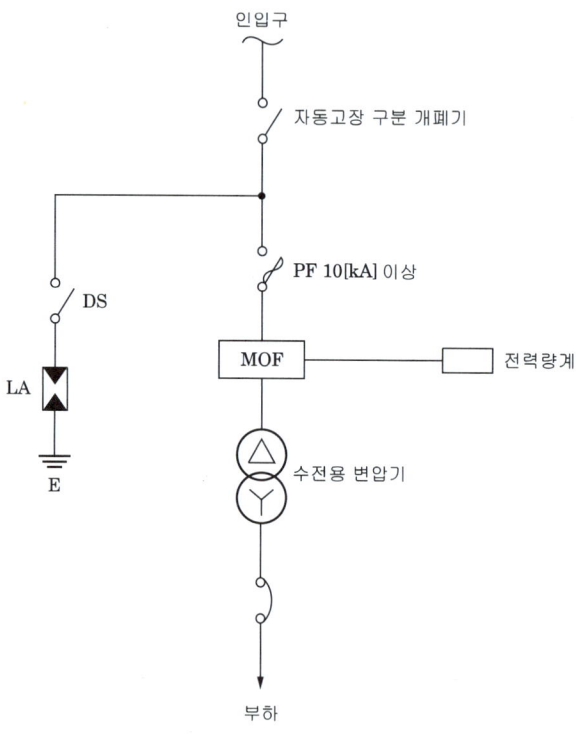

(1) 위 결선도에서 생략할 수 있는 것은?

(2) 22.9[kV-Y]용의 LA는 어떤 것을 사용하여야 하는가?

(3) 인입선을 지중선으로 시설하는 경우로 공동주택 등 고장시 정전피해가 큰 경우에는 예비 지중선을 포함하여 몇 회선으로 시설하는 것이 바람직한가?

(4) 지중인입선의 경우에 22.9[kV-Y] 계통은 CNCV-W 케이블(수밀형) 또는 TR CNCV-W(트리억제형)을 사용하여야 한다. 다만, 전력구·공동구·덕트·건물구내 등 화재의 우려가 있는 장소에서는 어떤 케이블을 사용하는 것이 바람직한가?

(5) 300[kVA] 이하인 경우는 PF 대신 어떤 것을 사용할 수 있는가?

암기하기

케이블의 명칭
- CV : 가교 폴리에틸렌 절연 비닐시스 케이블
- CNCV : 동심중성선 차수형 전력 케이블
- CNCV-W : 동심중성선 수밀형 전력 케이블
- TR CNCV-W : 동심중성선 수밀형 트리억제형 전력케이블
- FR CNCO-W : 동심중성선 수밀형 저독성·난연성 전력케이블

정답

(1) LA용 DS
(2) Disconnector 또는 Isolator 붙임형
(3) 2회선
(4) FR CNCO-W(난연) 케이블
(5) COS

수변전 02   필수문제

그림은 특고압 수전설비 결선도의 미완성 도면이다. 이 도면을 보고 다음 각 물음에 답하시오. (단 CB 1차측에 CT를, CB 2차측에 PT를 시설하는 경우이다.)

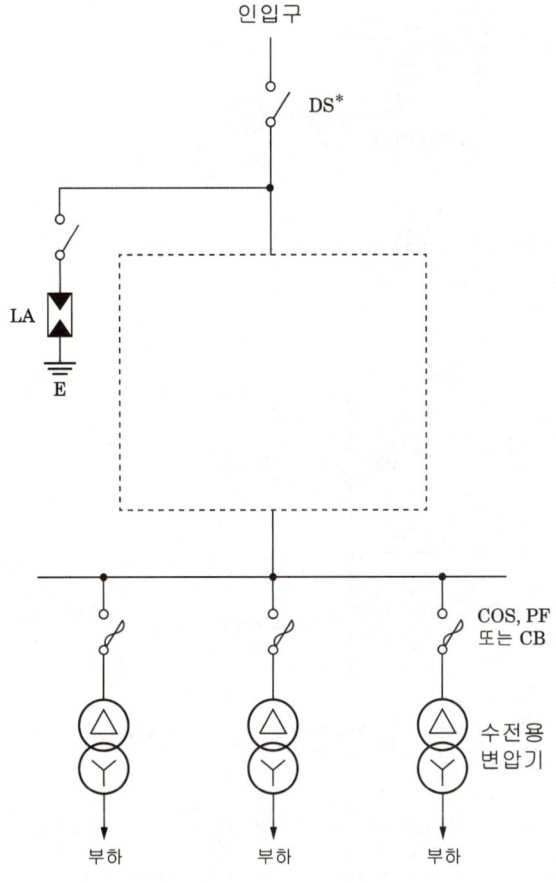

(1) 미완성 부분(점선 내부 부분)에 대한 결선도를 그리시오. (단, 미완성 부분만 작성하되 미완성 부분에는 CB, OCR : 3개, OCGR, MOF, PT, CT, PF, COS, TC, A, V, 전력량계 등을 사용하도록 한다.)

(2) 사용전압이 22.9[kV]라고 할 때 차단기의 트립전원은 어떤 방식이 바람직한지 2가지를 쓰시오.

(3) 수전전압이 66[kV]이상인 경우 *표로 표시된 DS 대신 어떤 것을 사용하여야 하는가?

(4) 22.9[kV − Y] 1000[kVA] 이하를 시설하는 경우 특고압 간이수전설비 결선도에 의할 수 있다. 본 결선도에 대한 간이수전설비 결선도를 그리시오.

> **암기하기**
>
> **특고압 수전설비**
> 차단기의 트립 전원은 직류(DC) 또는 콘덴서 방식(CTD)이 바람직하며, 66[kV]이상의 수전설비는 직류(DC)이어야 한다.

[정답]

(1)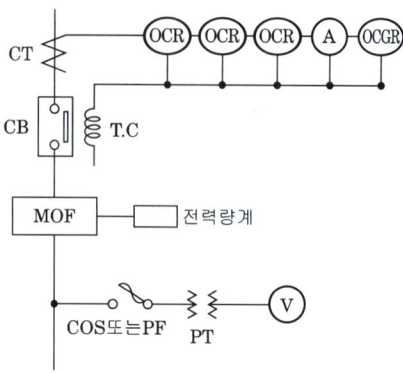

(2) ① 직류(DC) 방식 ② 콘덴서 방식(CTD)

(3) LS(선로 개폐기)

(4)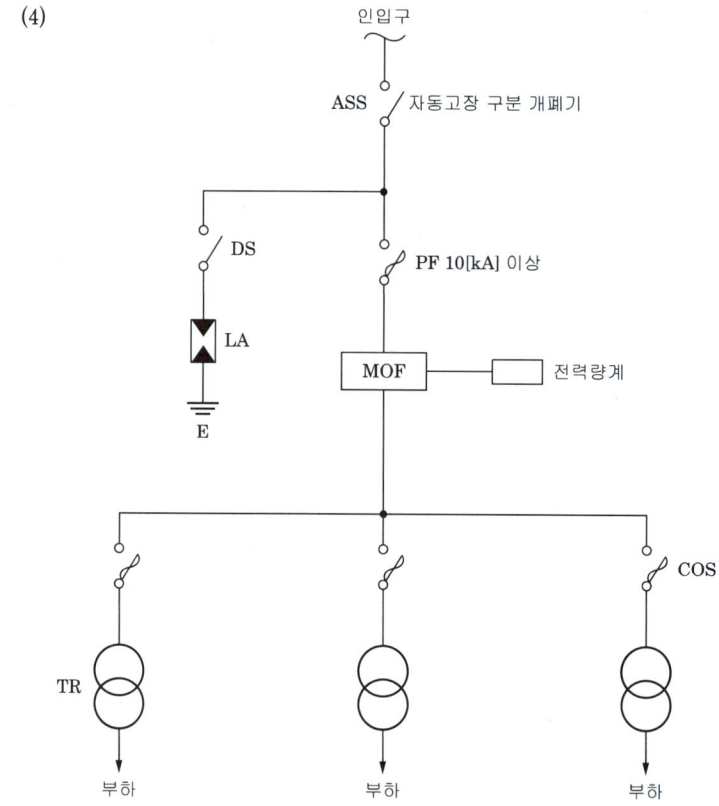

수변전 03 필수문제

그림과 같은 간이 수전설비에 대한 결선도를 보고 다음 각 물음에 답하시오.

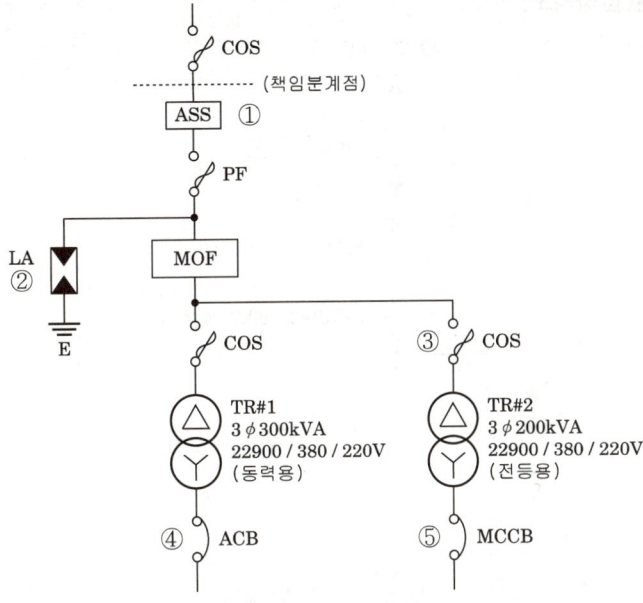

(1) 수전실의 형태를 Cubicle Type으로 할 경우 고압반(HV: High voltage)과 저압반(LV: Low voltage)은 몇 개의 면으로 구성되는지 구분하고, 수용되는 기기의 명칭을 쓰시오.

(2) ①, ②, ③ 기기의 정격을 쓰시오.

(3) ④, ⑤ 차단기의 용량(AF, AT)은 어느 것을 선정하면 되겠는가? (단, 역률은 100[%]로 계산한다.)

[정답]

(1) 고압반 : 4면(PF+LA, MOF, COS+TR#1, COS+TR#2)
    저압반 : 2면(ACB, MCCB)

(2) ① 자동고장구분개폐기 : 25.8[kV], 200[A]
    ② 피뢰기 : 18[kV], 2500[A]
    ③ COS : 25[kV], 100[AF], 8[A]

(3) ④ $I_1 = \dfrac{300 \times 10^3}{\sqrt{3} \times 380} = 455.802[A]$

　　• 답 : AF : 630[A], AT : 630[A]

　⑤ $I_1 = \dfrac{200 \times 10^3}{\sqrt{3} \times 380} = 303.868[A]$

　　• 답 : AF : 400[A], AT : 350[A]

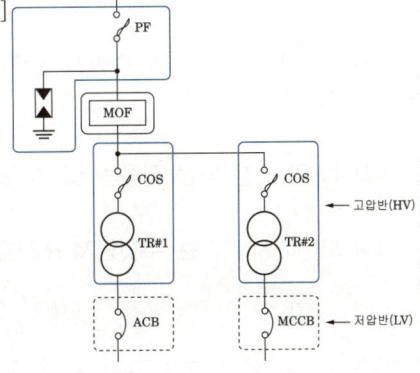

> 암기하기

AT는 Ampere Trip의 약자이며, AF는 Ampere Frame의 약자이다. AT는 배선용차단기의 과전류 트립의 기준치로 정격사용전류를 말한다. AF은 같은 형명으로 제작할 수 있는 최대정격전류로 부르며, 배선용차단기의 제품 크기를 좌우한다. 예를 들어, 100AF에는 정격전류(AT)가 여러 가지가 있지만(예: 15, 20, 30 … 60, 75, 100AT) 최대치는 100A 이다.

Chapter 02 수변전설비

수변전 04 필수문제

옥외의 간이 수변전 설비에 대한 단선 결선도이다. 이 도면을 보고 다음 각 물음에 답하시오.

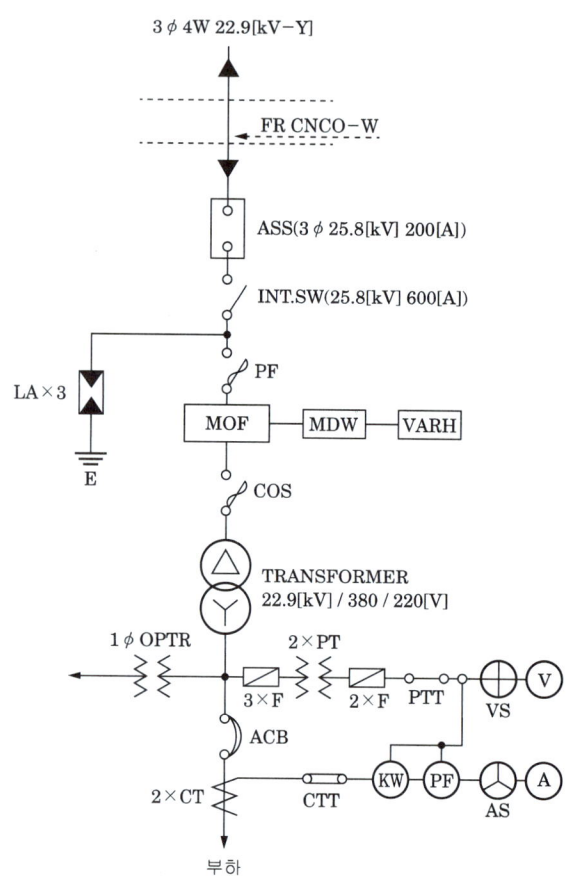

(1) 도면상의 ASS는 무엇인지 그 명칭을 쓰시오.

(2) 도면상의 MDW의 명칭은 무엇인지 쓰시오.

(3) 도면상의 전선 약호 FR-CNCO-W의 품명을 쓰시오.

(4) 22.9[kV-Y] 간이 수변전 설비는 수전용량 몇 [kVA] 이하에 적용하는지 쓰시오.

(5) LA의 공칭 방전 전류는 몇 [A]를 적용하는지 쓰시오.

(6) 도면에서 PTT는 무엇인지 쓰시오.

암기하기

케이블의 명칭
- CV : 가교 폴리에틸렌 절연 비닐시스 케이블
- CNCV : 동심중성선 차수형 전력 케이블
- CNCV-W : 동심중성선 수밀형 전력 케이블
- TR CNCV-W : 동심중성선 수밀형 트리억제형 전력케이블
- FR CNCO-W : 동심중성선 수밀형 저독성·난연성 전력케이블

암기하기

피뢰기의 방전내량

피뢰기를 통해서 대지로 흐르는 충격전류를 방전전류라 하며 그 허용 최대한을 피뢰기의 방전내량이라 한다. 공칭방전전류에는 2500, 5000, 10000[A]가 있다.

(7) 도면에서 CTT는 무엇인지 쓰시오.

(8) 2차측 주개폐기로 380[V]/220[V]를 사용하는 경우 중성선측 개폐기의 표식은 어떤 색깔로 하여야 하는지 쓰시오.

(9) 도면상의 기호 ⊕은 무엇인지 쓰시오.

(10) 도면상의 기호 Ⓐ은 무엇인지 쓰시오.

[풀이]

(1) 자동 고장 구분 개폐기(Automatic Section Switch)
(2) 최대 수요 전력계(Maximum Demand Wattmeter)
(3) 동심중성선 수밀형 저독성 난연성 전력케이블
(4) 1000[kVA]
(5) 2500[A]
(6) 전압 시험 단자
(7) 전류 시험 단자
(8) 청색
(9) 전압계용 절환 개폐기(VS)
(10) 전류계용 절환 개폐기(AS)

▶ 이해하기
지시계(전압계, 전류계)나 캠스위치가 불량일 경우 판넬의 전원을 내리지 않고 교체하는 방법으로 PTT, CTT를 이용한다.

▶ 이해하기
ASS(Auto Section Switch)은 무전압시 개방이 가능하고, 과부하시 자동으로 고장 부분을 개폐 가능하며 돌입전류 억제기능 등이 있다. 반변에 인터럽터 스위치는 수동조작만 가능하고, 과부하시 자동으로 개폐할 수 없으며 돌입전류 억제기능이 없다.

수변전 05 필수문제

3상 4선식의 13200/22900[V], 특고압 수전설비를 시설하고자 한다. 책임분계 개폐기로부터 주 변압기까지의 기기배치를 보기에서 골라 주어진 번호로 나열하시오. (단, CB 1차측에 CT를 CB 2차측에 PT를 시설하는 경우로 조작용 또는 비상전원용 10[kVA] 이하인 용량의 변압기는 없는 것으로 하며 계전기류는 생략한다.)

① MOF   ② 차단기(CB)   ③ 피뢰기(LA)
④ 변압기(TR)   ⑤ 변성기(PT)   ⑥ 변류기(CT)
⑦ 단로기(DS)   ⑧ 컷아웃스위치(COS)

[풀이]

⑦ - ③ - ⑥ - ② - ① - ⑧ - ⑤ - ④

수변전 06 필수문제

답안지에 있는 미완성 복선 결선도를 보고 다음 각 물음에 답하시오.

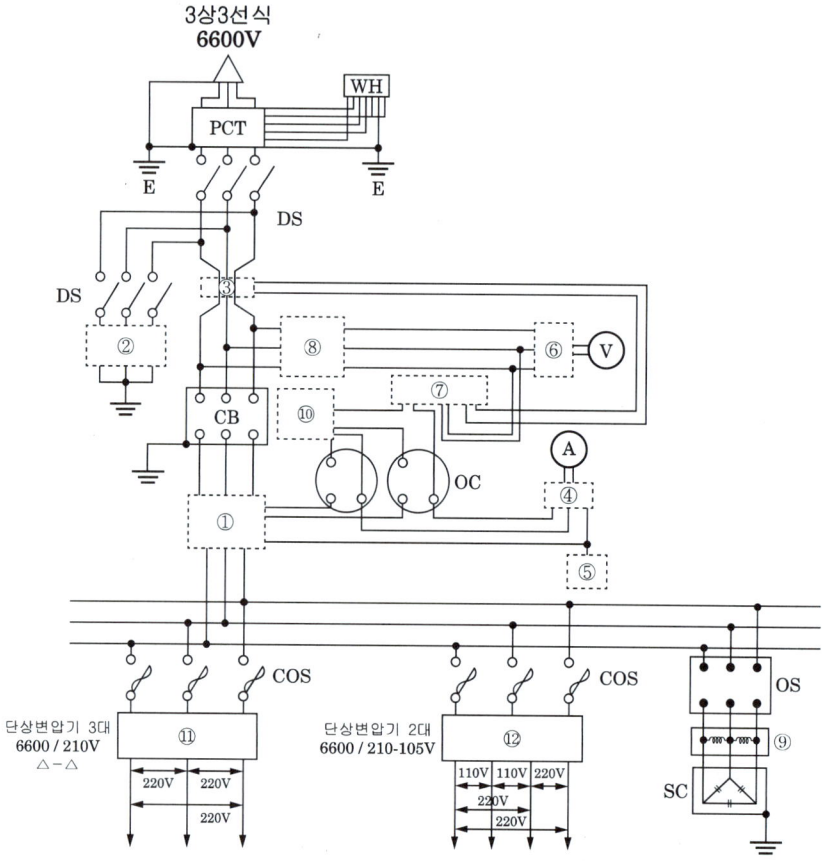

(1) ①~⑥ 부분에 해당되는 심벌을 그려넣고 그 옆에 제어 약호를 쓰도록 하시오.

(2) ⑪, ⑫의 변압기 결선을 완성하시오.

(3) ⑦, ⑧에 사용되는 기기의 명칭은 무엇인가?

(4) ⑨, ⑩ 부분을 사용하는 주된 목적을 설명하시오.

[정답]

(1)

번호	①	②	③
심벌	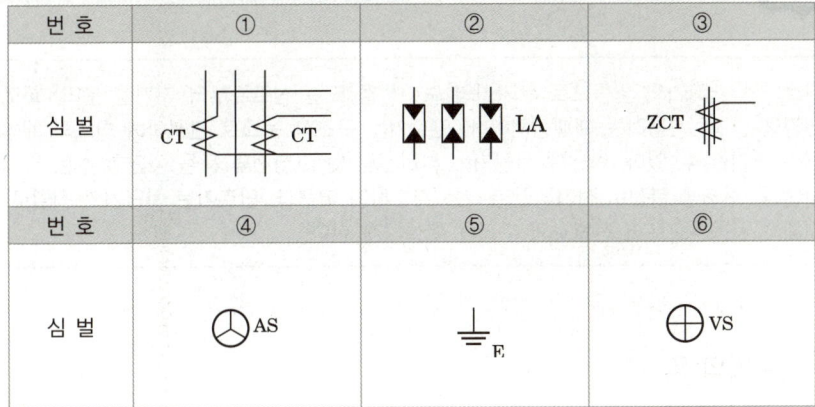		

번호	④	⑤	⑥
심벌			

(2)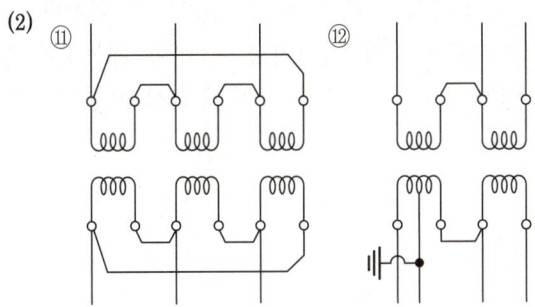

(3) ⑦ 지락 계전기
    ⑧ 계기용변압기

(4) ⑨ 잔류전하를 방전시켜 감전사고 방지
    ⑩ 차단기를 트립시키기 위한 여자코일

|참고| 고압수전설비의 종류

형식	수전설비 용량	주차단기
CB 형	500[kVA] 이하	차단기(CB)를 사용한 것
PF-CB 형	500[kVA] 이하	전력퓨즈(PF)와 CB를 조합
PF-S 형	300[kVA] 이하	PF와 고압개폐기를 조합

제2장 수변전설비 183

Chapter 02 수변전설비

06 단로기(Disconnecting Switch: DS)

> 단로기는 개폐기의 일종으로서 기기의 보수점검 또는 선로로부터 기기를 분리, 회로를 변경을 할 때 사용하는 개폐장치이다. 단로기는 구조상 눈으로 관찰하여 회로의 개방상 태를 확인할 수 있다. 반면에 차단기는 부하전류 및 고장전류 등을 차단할 수는 있지만 차단 후 구조상 완전히 전기적인 분리를 확인하기 어렵다. 단로기는 차단기와 직렬로 연 결해서 사용함으로써 전원과의 분리를 확실하게 한다.

1 단로기의 역할

단로기는 고압 이상의 전로에서 단독으로 선로의 접속 또는 분리하는 것을 목적으로 무부하시(무전압이나 무전류에 가까운 상태) 선로를 개폐한다. 단로기는 부하전류의 개폐를 하지 않는 것이 원칙이다. 그러나 개통절체 등의 운용상, 무부하 변압기의 여자전류, 선로나 모선의 충전전류 등의 미약한 전류는 개폐할 수 있다.

2 단로기의 구조 및 종류

(1) 단로기의 구조

단로기는 일반적으로, 블레이드, 지지애자, 안전 클러치 등으로 구성되어있다. 블레이드가 클립에 접속되어 통전상태가 된다. 이 블레이드를 움직여서 개폐동작을 한다. 한편, 단로기의 단로거리는 개로상태에 있어서 접촉자 또는 이와 동전위 부분 사이의 최소거리를 말한다.

| 참고 |

- 대지절연거리
  주도전 또는 이와 동전위 부분과 접지부분과의 최소 절연거리
- 상간절연거리
  서로 인접한 상간의 충전부 사이의 최소 절연거리
- 상간중심거리
  서로 인접한 상의 중심선사이의 최소 절연거리

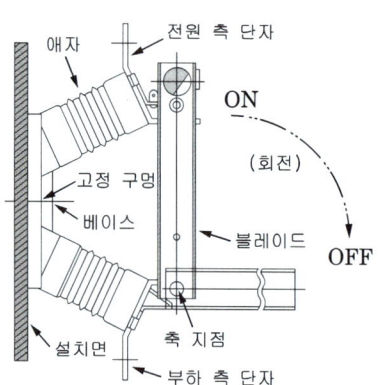

이해하기
단로기는 아크소호능력이 없으나 차단기는 아크소호능력이 있다.

이해하기
단로기의 주된 목적이 선로의 확실한 절체이므로 극간 절연 강도는 다른 절연강도보다 높게되어 있다.

이해하기
단로기의 구성요소로 주회로 및 접지회로의 개폐를 행하는 주 전도부를 이르며, 폐로시에 고정접촉자와 접속하여 통전부를 형성한다.

(2) 단로기의 종류

단로기의 종류에는 접속방법, 사용회로수, 베이스 구조, 단로방식 등에 따라 구분된다.

① 접속방식에 의한 분류

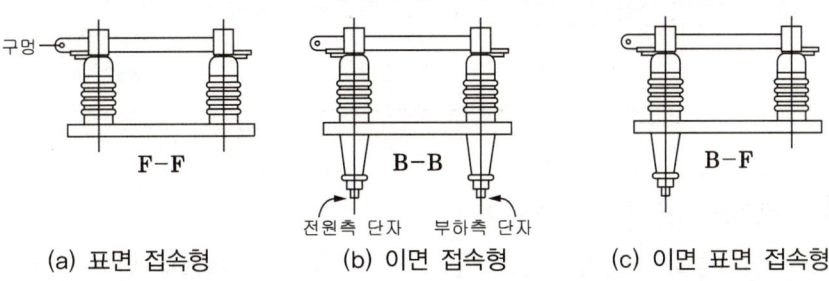

(a) 표면 접속형   (b) 이면 접속형   (c) 이면 표면 접속형

> 이해하기
> • F : Front B : Back
> • F-F : 표면 접속형
> • B-B : 이면 접속형
> • B-F : 이면 표면 접속형
> • F-B : 표면 이면 접속형

> 이해하기
> 표면접속형은 큐비클용 등으로 기기 배치를 최소 공간으로 하기 위해 단로기 뒷면에 도체를 접속하는 방법이다.

② 사용회로수에 의한 분류

단로기의 대부분은 단축식이며 단일회로를 개폐하며, 이중모선전환에는 쌍투형이 사용된다.

구분	단선도용	복선도용
단로기(단투)	DS	DS
단로기(쌍투절환)	DDS	DDS

3 단로기의 정격전압

단로기의 정격전압은 사용회로 공칭전압의 1.2/1.1배로 표시하며, 단로기는 일반적으로 공칭전압 3.3[kV] 이상의 전로에 주로 사용된다.

> 이해하기
> 단로기는 차단기와 동일한 장소에 설치되므로 정격전압이 동일하다.

공칭전압 [kV]	정격전압 [kV]	
	계산 값	실무(설계)값
6.6	$6.6 \times \dfrac{1.2}{1.1} = 7.2$	7.2
22	$22 \times \dfrac{1.2}{1.1} = 24$	24
22.9	$22.9 \times \dfrac{1.2}{1.1} = 24.98$	25.8

공칭전압 [kV]	정격전압 [kV]	
	계산 값	실무(설계)값
66	$66 \times \dfrac{1.2}{1.1} = 72$	72.5
154	$154 \times \dfrac{1.2}{1.1} = 168$	170
345	$345 \times \dfrac{1.2}{1.1} = 376.36$	362

■ 참고
답안지 작성 시 특별한 조건이 없을 시 계산과정을 쓰고 실무(설계)값을 적용한다.

4 단로기와 차단기의 조작순서

단로기를 부하 전류가 흐르고 있는 상태에서 열면 아크로 인해 감전사고의 위험이 있게 된다. 그러므로 단로기 조작시 반드시 차단기로 먼저 선로를 개로 시켜야 한다. 또한 부하측의 단로기부터 조작하는 것을 원칙으로 한다.

(1) 바이패스가 없는 경우의 조작순서

전원 ──○/○── DS_1 ──[CB]── ──○/○── DS_2 ──→ 부하

- 차단순서 : CB OFF → DS_2 OFF → DS_1 OFF
- 투입순서 : DS_2 ON → DS_1 ON → CB ON

(2) 바이패스가 있는 경우의 조작순서

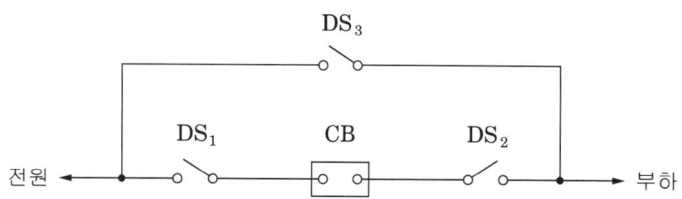

- 차단순위 : DS_3 ON → CB OFF → DS_2 OFF → DS_1 OFF
- 투입순서 : DS_2 ON → DS_1 ON → CB ON → DS_3 OFF

이해하기
단로기는 전류차단 능력이 없어 차단기로 전류를 끊은 후에 개로시킨 후에 접지장치로 선로를 접지한다. 이것들의 조작을 확실히 하기 위해서 기기에 인터록을 채택한다. 한편, 유지 및 보수의 시작과 끝은 차단기이다.

5 단로기의 조작방식

단로기의 후크봉 조작방식이란 개폐조작을 후크봉으로 하는 방식을 말한다. 단로기를 후크봉으로 개방하는 경우, 블레이드와 접촉자가 약간 떨어질 정도로 천천히 열어 부하전류가 흐르지 않는 것을 확인한 후 순간적으로 개방하는 2단 조작을 하면 안전하다.

수변전 07 필수문제

2중 모선에서 평상시에 No.1 T/L은 A모선에서 No.2 T/L은 B모선에서 공급하고 모선연락용 CB는 개방되어 있다.

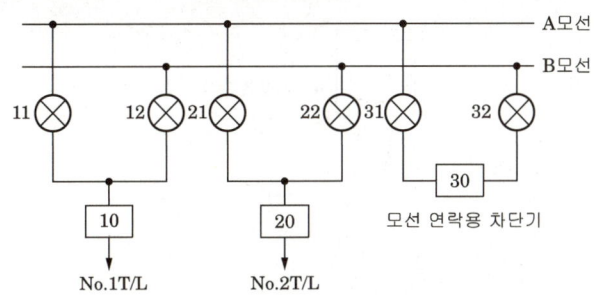

(1) B모선을 점검하기 위하여 절체하는 순서는? (단, 10-OFF, 20-ON 등으로 표시)

(2) B모선을 점검 후 원상 복구하는 조작 순서는? (단, 10-OFF, 20-ON 등으로 표시)

(3) 10, 20, 30에 대한 기기의 명칭은?

(4) 11, 21에 대한 기기의 명칭은?

(5) 2중 모선의 장점은?

이해하기
단로기(⊗) 조작시 항상 차단기(CB)는 OFF되어 있어야 한다.

정답

(1) 31-ON → 32-ON → 30-ON → 21-ON → 22-OFF → 30-OFF → 31-OFF → 32-OFF

(2) 31-ON → 32-ON → 30-ON → 22-ON → 21-OFF → 30-OFF → 31-OFF → 32-OFF

(3) 차단기

(4) 단로기

(5) 모선점검 시에도 부하의 운전을 무정전 상태로 할 수 있어 전원 공급의 신뢰도가 높다.

이해하기
2중 모선은 한 변전소로부터 2회로의 선로를 받는 것을 말한다. 2중모선의 방식에는 1차단방식, 1.5차단방식, 2차단방식 등이 있다. 한편, 2회선이란 2개의 서로 다른 변전소로부터 별개의 전력공급을 받는 것을 말한다.

Chapter 02 수변전설비

수변전 08 필수문제

DS 및 CB로 된 선로와 접지용구에 대한 그림을 보고 다음 각 물음에 답하시오.

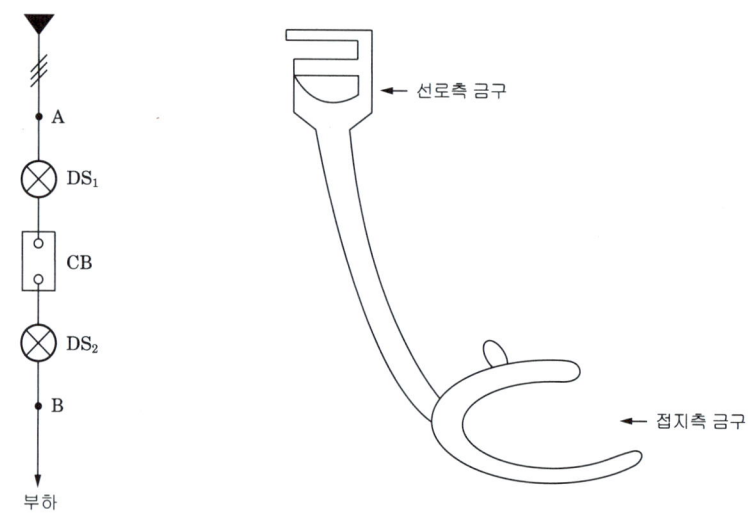

(1) 접지 용구를 사용하여 접지를 하고자 할 때 접지순서 및 접지 개소에 대하여 설명하시오.

(2) 부하측에서 휴전 작업을 할 때의 조작 순서를 설명하시오.

(3) 휴전 작업이 끝난 후 부하측에 전력을 공급하는 조작 순서를 설명하시오.
    (단, 접지되지 않은 상태에서 작업한다고 가정한다.)

(4) 긴급할 때 DS로 개폐 가능한 전류의 종류를 2가지만 쓰시오.

이해하기

단로기는 전류를 개폐하지 않지만 개통절체 등의 운용상 무부하 변압기의 여자전류, 선로나 모선의 충전전류의 개폐를 요구하는 경우가 있다.

정답

(1) 접지 순서 : 대지에 먼저 연결한 후 선로에 연결한다.
    접지 개소 : 선로측 A와 부하측 B 양측에 접지한다.

(2) CB OFF → DS_2 OFF → DS_1 OFF

(3) DS_2 ON → DS_1 ON → CB ON

(4) 충전 전류, 여자 전류

수변전 09 필수문제

그림과 같은 계통에서 측로 단로기 DS_3을 통하여 부하에 공급하고 차단기 CB를 점검하고자 할 때 다음 각 물음에 답하시오. (단, 평상시에 DS_3는 열려있는 상태임.)

(1) 차단기 점검을 하기 위한 조작 순서를 쓰시오.

(2) CB의 점검이 완료된 후 정상 상태로 전환시의 조작 순서를 쓰시오.

(3) 도면과 같은 설비에서 차단기 CB의 점검 작업 중 발생할 수 있는 문제점을 설명하고 이러한 문제점을 해소하기위한 방안을 설명하시오.

 • 발생될 수 있는 문제점
 • 해소 방안

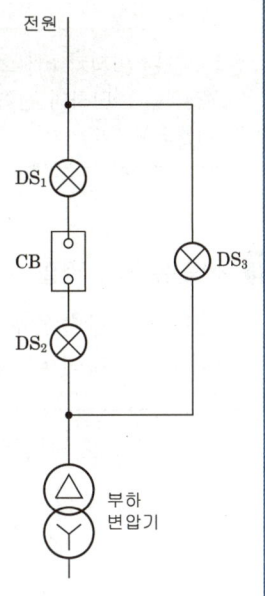

[정답]

(1) $DS_3(ON) \rightarrow CB(OFF) \rightarrow DS_2(OFF) \rightarrow DS_1(OFF)$

(2) $DS_2(ON) \rightarrow DS_1(ON) \rightarrow CB(ON) \rightarrow DS_3(OFF)$

(3) • 발생될 수 있는 문제점
   차단기가 투입(ON)된 상태에서 단로기(DS_1, DS_2)를 투입하거나 개방하면 위험하다.
  • 해소방안
   ① 인터록 장치를 한다.
   ② 단로기에 잠금 장치를 한다.

▶ 이해하기

부하전류가 통전 중에 회로의 개폐가 되지 않도록 인터록 장치를 시설하며, 단로기에 잠금장치를 하여 사용 중의 단로기를 그대로 유지시킨다.

수변전 10 필수문제

그림과 같은 수전설비에서 변압기나 부하설비에서 사고가 발생했다면 어떤 개폐기를 제일 먼저 개로 하여야 하는가?

전원 ─o─ LS ─o─ DS_1 ─[VCB]─o─ DS_2 ─ Tr ─ 부하

[정답]

VCB

▶ 이해하기

수전설비의 기기 중 DS(단로기), LS(선로 개폐기)는 부하전류 및 사고전류 차단능력이 없다. 그러므로 부하전류 및 사고전류의 차단능력이 있는 차단기(도면에서는 VCB) 제일 먼저 동작해야 한다.

07 전력퓨즈(Power Fuse: PF)

> 전력퓨즈는 일정치 이상의 과전류를 차단하여 선로나 기기를 보호한다. 즉, 전력퓨즈는 단락전류를 차단하여 전력설비를 보호하는 목적으로 사용되며 현재 수변전 설비에서 많이 사용되고 있다.

출제 Point ★★★★★

1 전력퓨즈의 역할

과전류에는 단락전류, 과부하전류, 과도전류가 있으나 전력퓨즈는 단락전류 차단이 주목적이며, 부하전류를 안전하게 통전시킨다.

단선도용	복선도용
PF	PF

이해하기
전력퓨즈는 동작 후 재투입이 필요한 곳, 자주 과부하를 차단하게 되는 곳에는 사용하지 않는 것이 바람직하다.

암기하기
전력퓨즈의 역할
- 단락전류 차단
- 부하전류 통전

2 전력퓨즈의 종류와 비교

전력퓨즈는 소호방식에 따라 한류형(Current limiting power fuse)과 비한류형(Expulsion fuse)이 있다. 비한류형 전력퓨즈는 차단시 폭발과 함께 가스를 방출하면서 그 힘으로 자동 개방된다. 반면에, 한류형 전력퓨즈는 밀폐공간에서 차단하므로 소음이 나지 않는다.

구분	한류형 퓨즈	비 한류형퓨즈
동작원리	높은 아크저항을 발생시켜 단락전류를 강제적으로 차단한다.	아크에 소호가스를 불어서 전류영점의 극간절연내력을 높여서 차단한다.
동작특성	무소음, 무방출	소음, 가스방출
크기	소형	대형
한류효과	크다	작다
차단시간	0.5 cycle 이하	0.65 cycle 이상

이해하기
- **단락전류** : 단락사고시 흐르는 전류로, 정상시보다도 아주 큰 전류이다.
- **과부하전류** : 통상의 전류에 대해 수배이하의 것이 많으며 부하의 변동이 원인이다. 퓨즈로 이것을 보호하도록 하면 수명이 단축되거나, 동작시간의 오차에 의해 결상을 일으키기 쉬우므로 전력퓨즈는 일반적으로 과부하전류의 보호를 기대하지 않는다.
- **과도전류** : 변압기의 투입전류, 전동기의 기동전류 등 아주 짧은 시간만 존재하나 자연히 감쇄하여 없어지는 전류로 전력퓨즈는 이것에 열화나 동작하지 않는 정격전류의 정격을 사용할 필요가 있다.

3 전력퓨즈의 교체 방법

전력퓨즈를 교체할 경우 3상을 모두 교체하는 것이 좋다. 만약, 1개 또는 2개만을 교체하는 경우 교체하지 않은 전력퓨즈의 용단이 발생할 수 있다.

4 전력퓨즈의 장점 및 단점

장점	단점
• 소형·경량이며, 가격이 저렴하다. • 릴레이, 변성기가 필요 없다. • 보수가 간단하다. • 고속도로 차단한다. • 차단용량이 크다.	• 재투입이 불가능하다. • 과도전류에 용단되기 쉽다. • 결상을 일으킬 염려가 있다. • 동작시간-전류특성을 계전기처럼 자유롭게 조정이 불가능하다.

5 전류퓨즈의 단점 보완 방법

- 상시 과부하를 차단하는 장소, 퓨즈 동작 직후 재투입이 필요한 곳은 설치하지 않는다.
- 퓨즈 동작을 단락사고에서만 동작하도록 정격을 선정하며, 과도전류가 안전통전 특성 내에 들어가도록 정격전류를 선정한다.
- 전력퓨즈는 단극형이므로 결상될 우려가 있다. 3상 부하가 있는 경우 부하개폐기(LBS)와 조합한 전력퓨즈를 사용할 수 있다.
- 전류퓨즈의 용도, 전류·시간특성을 비교, 적절한 정격전류를 선정한다.

6 퓨즈와 타 개폐기와의 비교

기구명칭	회로분리		사고차단	
	무부하	부하	과부하	단락
단로기	○			
퓨 즈	○			○
개폐기	○	○	○	
전자접촉기	○	○	○	
차 단 기	○	○	○	○

▶ **이해하기**
전자 접촉기의 ON/OFF에 의해 모터 등의 부하를 운전/정지시킴으로써 부하를 보호하는 목적으로 사용된다.

7 전력퓨즈 구입시 고려해야 할 사항

- 정격전압
- 정격전류
- 정격 차단전류
- 사용 장소
- 동작특성의 구분

▶ **암기하기**
전력퓨즈 특성
- 용단 특성
- 단시간 허용특성
- 전차단 특성

Chapter 02 수변전설비

수변전 11 필수문제

전력퓨즈에서 퓨즈에 대한 그 역할과 기능에 대해서 다음 각 물음에 답하시오.

(1) 퓨즈의 역할을 크게 2가지로 대별하여 간단하게 설명하시오.

① _____
② _____

(2) 답안지 표와 같은 각종 개폐기와의 기능 비교표의 관계(동작)되는 해당란에 ○표로 표시하시오.

기능＼능력	회로분리		사고차단	
	무부하	부하	과부하	단락
퓨 즈				
차 단 기				
개 폐 기				
단 로 기				
전자접촉기				

(3) 퓨즈의 성능(특성) 3가지를 쓰시오.

① _____
② _____
③ _____

이해하기

단시간 허용특성
퓨즈에 전류를 통전한 경우 퓨즈소자가 열화하지 않는 전류·시간특성을 말한다. 적용부하에 대한 퓨즈의 정격전류 선정시 필요하다.

용단특성
퓨즈에 과전류를 흘려서 용단시킨 경우 전류–시간특성을 말한다. 용단특성의 종류에는 최소, 평균, 최대 용단특성이 있다.

전차단특성
사고전류가 흘러 퓨즈소자가 용단, 소호하여 차단을 완료하기까지의 전류–시간특성을 말한다. 상위 차단기와 동작협조 검토에 사용한다.

정답

(1) ① 부하 전류를 안전하게 통전시킨다.
② 과전류를 차단하여 선로 및 기기를 보호한다.

(2)

기능＼능력	회로분리		사고차단	
	무부하	부하	과부하	단락
퓨 즈	○			○
차 단 기	○	○	○	○
개 폐 기	○	○	○	
단 로 기	○			
전자접촉기	○	○	○	

(3) ① 용단 특성
② 단시간 허용 특성
③ 전차단 특성

08 피뢰기(Lightning Arrester : LA)

평상시에는 절연상태로 있다가 서지가 침입하면 즉시 뇌전류를 방전시켜 서지전압을 억제하고 서지가 통과한 후에는 원래의 상태로 자동으로 회복시키는 자동 개폐기이다. 피뢰기는 반도체의 비직선 저항특성을 이용하여 선로와 대지사이에 접속한다.

> **이해하기**
> 피뢰기는 3상 선로에서 각 상에 1대씩 필요하며, 피뢰기는 10[Ω] 이하의 접지저항값을 유지하여야 한다.

1 피뢰기의 역할
피뢰기란 전력설비기기를 이상전압으로부터 보호하는 설비로서 뇌격시 뇌전류를 방전시키고 속류를 차단한다.

단선도용	복선도용
LA E	LA E

2 피뢰기 관련용어

(1) 정격전압
 속류를 차단하는 상용주파수 최고의 교류전압을 말하며 실효치로 나타낸다.

(2) 제한전압
 충격파 전류가 흐르고 있을 때의 피뢰기 단자전압을 말한다.

(3) 속류
 방전 종료 후 계속해서 전력계통에서 공급되어 피뢰기에 흐르는 상용주파의 전류를 말한다.

(4) 충격방전개시전압
 피뢰기 단자에 충격파를 인가했을 경우 방전을 개시하는 전압을 말한다.

(5) 상용주파 방전개시전압
 계통에서의 상용주파 지속성 이상전압에 대한 방전개시전압을 말한다.

(6) 방전 내량
 피뢰기가 방전했을 때 피뢰기를 통해서 흐르는 전류로 열화 손상을 초래하지 않는 한도를 말한다.

암기하기

22.9[kV-Y] 이하의 배전선로에서 수전하는 설비의 피뢰기정격전압은 배전선로용을 적용한다.

3 피뢰기의 정격의 선정방법

(1) 내선규정에 의한 방법

공칭전압[kV]	중성점 접지상태	피뢰기정격전압[kV]		피 보호기와의 유효거리[m]
		변전소	선로	
345	유효접지	288		85
154	유효접지	144		65
66	PC접지 또는 비접지	72		45
22	PC접지 또는 비접지	24		20
22.9	3상 4선식 다중접지	21	18	20
6.6	비접지	7.5	7.5	20

(2) 계수를 사용하는 방법

$$E_n = \alpha\beta V_m = KV_m \,[\text{kV}]$$

- 접지계수 : $\alpha = \dfrac{1\text{선 지락시 건전상의 최대전위상승}}{\text{최대 선간전압}}$

- 여유계수 : $\beta = 1.15$ (단, 22.9[kV]에서는 1.04)

- 최고허용전압(V_m) : 공칭전압 $\times \dfrac{1.2}{1.1}$

- K : V_m에 대하여 피뢰기를 K% 피뢰기라 말한다.

■ 참고
피뢰기의 접지계수
- 유효접지계 : 0.8 이하
- 비유효접지계 : 0.8 초과

4 피뢰기의 공칭 방전전류

피뢰기를 통해서 대지로 흐르는 충격전류를 방전전류라 하며 그 허용 최대한을 피뢰기의 방전내량이라 한다. 방전내량은 선로 및 발·변전소의 차폐 유무와 그 지방의 IKL(연간뇌격지수)을 참고하여 결정한다. 한편, 22.9[kV-Y] 이하(22[kV] 비접지 제외)의 배전선로에서 수전하는 설비의 피뢰기 공칭방전전류는 일반적으로 2500[A]의 것을 적용한다.

공칭방전전류	설치장소	적용조건
10000[A]	변전소	• 154[kV] 이상의 계통 • 66[kV] 및 그 이하에서 Bank용량이 3000[kVA]를 초과하거나 특히 중요한 곳 • 장거리 송전선 케이블 및 정전 축전기 bank를 개폐하는 곳
5000[A]	변전소	66[kV] 및 그 이하 계통에서 뱅크용량이 3000[kVA]이하
2500[A]	선로변전소	22.9[kV] 이하의 배전선로 및 배전선로피더 인출측

5 피뢰기 구조와 특징

(1) 직렬갭
뇌 서지의 내습으로 피뢰기 단자전압이 일정 값 이상이 되면 즉시 방전해서 전압상승을 억제하여 기기를 보호한다.

(2) 특성요소
이상전압이 소멸하여 피뢰기 단자전압이 일정 값 이하가 되면 즉시 방전을 정지해서 원래의 송전상태로 되돌아가게 한다. 특성요소의 종류에는 탄화규소 특성요소, 산화아연 특성요소가 있다.

구분	산화아연(ZnO) 피뢰기	탄화규소(SiC) 피뢰기
단자전압	소자에 흐르는 전류크기에 따른 단자전압의 변화가 거의 없다.	직렬갭이 방전을 개시할 때까지 단자전압이 상승한다.
서지흡수	이상전압의 발생과 동시에 방전하여 서지의 흡수속도가 빠르다.	직렬갭이 방전할 때까지 서지의 원파형이 그대로 존재하므로 서지의 흡수속도가 늦다.
속류차단	이상전압의 소멸과 동시에 속류를 차단한다.	계통의 전류파형이 영이 되는 순간 직렬갭이 속류를 차단하므로 속류차단 속도가 조금 늦다.

> **이해하기**
> 피뢰기의 종류
> - 구조 : 밸브형, 저항형, 갭저항형, 갭리스형
> - 용도 : 발·변전소용, 송전용, 배전용, 변압기 중성선용, 저압회로용

6 피뢰기의 구비조건
- 제한전압이 낮을 것
- 충격 방전개시전압이 낮을 것
- 속류 차단 능력이 클 것
- 상용주파 방전개시 전압이 높을 것
- 방전내량이 클 것

> **이해하기**
> 속류란 피뢰기 방전 종류 후에 계속해서 전력계통에서 공급되어 피뢰기에 흐르는 사용주파수의 전류를 말하며, 기류라고도 한다.

7 피뢰기의 설치 위치
PF나 COS 전단에 설치한다.

8 피뢰기의 설치 장소
- 발전소, 변전소의 가공전선 인입구 및 인출구
- 가공전선로와 지중전선로가 접속되는 곳
- 고압, 특별고압 가공전선로로부터 공급 받는 수용가의 인입구
- 가공전선로에 접속하는 배전용 변압기의 고압측 및 특별 고압측

> **이해하기**
> 피뢰기는 전력기기를 보호하는 것이 주목적이므로 주변압기에 최대한 가깝게 설치하는 것이 좋다. 한편, 인입선으로 케이블을 많이 사용하므로 가공선로와 케이블이 접속되는 지점에도 피뢰기를 설치한다.

■ 참고

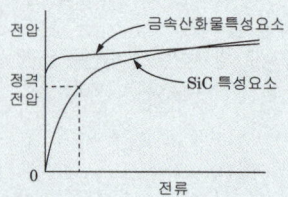

암기하기

피뢰기 설치시 점검사항 3가지
- 피뢰기 애자 부분 손상여부
- 피뢰기 1, 2차측 단자 및 단자볼트 이상 유무 점검
- 피뢰기 절연저항 측정

이해하기

피뢰기는 전력기기를 외부 이상전압으로부터 보호하는 것이며, 피뢰침은 건축물 등을 보호한다.

9 갭리스형 피뢰기

(1) 정의

갭리스형 피뢰기는 산화아연으로 특성요소를 제작한 것으로 뛰어난 비직선 저항곡선을 가진다. 특성요소만을 포개어 애자속에 봉입함으로써 직렬갭을 생략한 피뢰기이다.

(2) 갭리스형 피뢰기의 특징
- 직렬갭이 없으므로 구조가 간단하고 소형 경량화 할 수 있다.
- 속류가 없어 빈번한 작동에도 잘 견딘다.
- 속류에 따른 특성요소의 변화가 적다.
- 전압-전류특성은 전압이 거의 일정한 정전압에 가깝다.
- 특성요소 사고의 경우 단락사고와 같은 현상으로 연결될 수 있다.

10 열 폭주현상

산화아연소자의 발열량과 피뢰기의 방열량이 평형을 이루면 안정을 이루지만 누설전류의 증가로 발열량이 방열량보다 큰 경우에는 피뢰기는 과열이 되고 열 폭주에 의하여 파괴에 이르는 것을 열 폭주현상이라 한다.

11 피뢰기 구매 시 고려사항
- 정격전압
- 공칭방전전류
- 전압-전류 특성
- 사용장소

12 피뢰기와 피뢰침의 비교

구분	피뢰기(Lightning Arrester)	피뢰침(Lightning Rod)
사용목적	상시 전기가 사용되고 있는 전기기기의 뇌해 방지에 사용한다.	건축물, 인화성물질 저장창고 등의 낙뢰로 인한 인화방지에 사용한다.
접지	방전된 경우만 접지된다.	항상 직접 접지되어 있다.
취부위치	보호하는 전기기기의 가능한 가까운 위치에 취부한다.	보호하는 물체의 상단에 보호 가능한 높이에 설치한다.

13 기준충격 절연강도(BIL)

(1) 정의
전력기기의 절연강도를 지정할 때 기준이 되는 것으로 피뢰기의 제한 전압보다 높은 값을 BIL로 정한다.

(2) 목적
전력기기, 공작물 등 설계의 표준화 및 절연계통 구성의 통일화

(3) 계산
BIL = $5E+50$[kV] 여기서, $E = \dfrac{공칭전압}{1.1}$ (E : 절연계급)

▶ 이해하기

154[kV]의 경우 BIL 계산
$5 \times \dfrac{154}{1.1} + 50 = 750$[kV]

14 서지흡수기(SA)

(1) 역할
차단기의 투입, 차단시에는 서지가 발생되며 경우에 따라서는 선로에 중대한 영향을 미치므로 전동기, 변압기 등을 서지로부터 보호할 수 있는 서지흡수기의 설치가 권장되고 있으며 특히 몰드변압기 및 전동기에 VCB를 설치하는 경우에는 변압기의 보호를 위해 설치하고 있다. 유입식 변압기는 몰드, 건식 변압기보다 내부서지에 강하다. 유입식 변압기는 몰드된 부분에 크랙이 발생하지 않으므로 서지흡수기가 필요 없다.

(2) 서지흡수기 설치 위치
보호하고자 하는 기기 전단 및 개폐서지를 발생하는 차단기(VCB) 2차측에 각 상의 전로와 대지간에 설치한다.

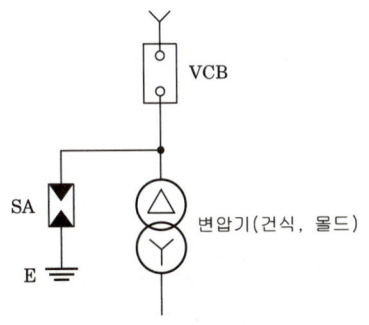

변압기 부하의 경우

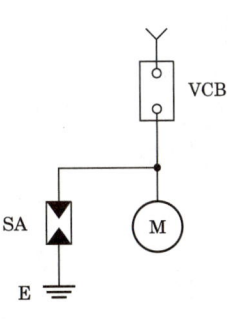

전동기 부하의 경우

▶ 이해하기

서지흡수기는 내부 이상 전압이 내습하면 서지를 흡수하여 2차 기기에 악영향을 방지하고, 피뢰기는 외부 이상 전압에 대한 방호대책이다.

(3) 서지흡수기 정격

공칭전압 [kV]	3.3	6.6	22.9
정격전압 [kV]	4.5	7.5	18
공칭방전전류 [kA]	5	5	5

(4) 서지흡수기의 적용

차단기 종류 / 2차보호기기		전압등급	VCB				
			3[kV]	6[kV]	10[kV]	20[kV]	30[kV]
전동기			적용	적용	적용	–	–
변압기	유입식		불필요	불필요	불필요	불필요	불필요
	몰드식		적용	적용	적용	적용	적용
	건식		적용	적용	적용	적용	적용
콘덴서			불필요	불필요	불필요	불필요	불필요
변압기와 유도기기와의 혼용사용시			적용	적용	–	–	–

> **이해하기**
> VCB와 몰드, 건식 변압기를 함께 사용할 경우에는 반드시 서지흡수기를 설치해야 하나 VCB와 유입 변압기를 사용하는 경우에는 서지흡수기를 설치하지 않아도 된다.

15 서지보호장치(SPD)

(1) 역할

낙뢰에 의해 배전계통으로 전파되는 과도과전압 및 설비 내의 기기에서 발생하는 개폐과전압에 대해 전기설비를 보호하여야 한다. 서지보호장치(Surge Protective Device)라 함은 과도적 과전압을 제한하고 서지전류를 분류하는 것을 목적으로 하는 장치를 말한다.

(2) 종류
- 전압스위치형 SPD
- 전압제한형 SPD
- 조합형 SPD

수변전 12 필수문제

피뢰기에 흐르는 정격방전전류는 변전소의 차폐유무와 그 지방의 연간 뇌격지수(IKL) 발생일수와 관계되나 모든 요소를 고려한 경우 일반적인 시설 장소별 적용할 피뢰기의 공칭방전전류를 쓰시오.

공칭방전전류	설치장소	적용조건
① [A]	변전소	• 154[kV] 이상의 계통 • 66[kV] 및 그 이하의 계통에서 Bank 용량이 3000[kVA]를 초과하거나 특히 중요한 곳 • 장거리 송전케이블(배전선로 인출용 단거리케이블은 제외) 및 정전축전기 Bank를 개폐하는 곳 • 배전선로 인출측(배전 간선 인출용 장거리 케이블은 제외)
② [A]	변전소	• 66[kV] 및 그 이하의 계통에서 Bank 용량이 3000[kVA]이하인 곳
③ [A]	선로	• 배전선로

[정답]
① 10000[A]
② 5000[A]
③ 2500[A]

수변전 13 필수문제

피뢰기와 같은 구조로 되어 있으나 적용전압 범위만을 조정하여 적용시키는 일종의 옥내 피뢰기로서 선로에서 발생할 수 있는 개폐서지, 순간 과도전압 등의 이상전압이 2차기기에 악영향을 주는 것을 막기 위해 설치하는 것으로 대부분 큐비클에 내장 설치되어 건식류의 변압기나 기기계통을 보호하는 것은 어떤 것인가?

[정답] 서지흡수기(SA)

|참고|
• 외부 이상전압에 대한 대책 : 피뢰기(LA)
• 내부 이상전압에 대한 대책 : 서지흡수기(SA)

수변전 14 · 필수문제

주어진 조건을 참조하여 다음 각 물음에 답하시오.

【조 건】
차단기 명판(name plate)에 BIL 150[kV], 정격 차단전류 20[kA], 차단시간 8 사이클, 솔레노이드(solenoid)형 이라고 기재되어 있다. (단, BIL은 절연계급 20호 이상의 비유효 접지계에서 계산하는 것으로 한다.)

(1) BIL 이란 무엇인가?
(2) 이 차단기의 정격전압은 몇 [kV]인가?
   • 계산 :   • 답 :
(3) 이 차단기의 정격 차단 용량은 몇 [MVA] 인가?
   • 계산 :   • 답 :

[정답]

(1) 기준충격절연강도

(2) • 계산 :
   BIL = 절연계급 × 5 + 50 [kV]

   절연계급 = $\dfrac{BIL - 50}{5} = \dfrac{150 - 50}{5} = 20$ [kV]

   절연계급 = $\dfrac{공칭전압}{1.1}$ 식에서, 절연계급 값을 이용하여 공칭전압을 계산

   공칭전압 = 절연계급 × 1.1 = 20 × 1.1 = 22 [kV]

   정격전압 = 공칭전압 × $\dfrac{1.2}{1.1}$ = 22 × $\dfrac{1.2}{1.1}$ = 24 [kV]

   • 답 : 24 [kV]

(3) • 계산 : $P_s = \sqrt{3}\, V_n I_s = \sqrt{3} \times 24 \times 20 = 831.384$ [MVA]

   • 답 : 831.38 [MVA]

|참고|

차단기의 정격전압을 구하기 위해 이 문제에서 BIL 값을 주었으므로, BIL의 식으로 먼저 절연계급값을 계산 후, 다시 공칭전압을 계산한다. 마지막으로 계산한 공칭전압을 정격전압을 계산하는 식(③)에 대입하여 차단기의 정격전압을 계산한다.

① BIL = 절연계급 × 5 + 50 [kV]

② 절연계급 = $\dfrac{공칭전압}{1.1}$

③ 정격전압 = 공칭전압 × $\dfrac{1.2}{1.1}$

수변전 15 필수문제

변압기와 고압 모터에 서지흡수기를 설치하고자 한다. 각각의 경우에 대하여 서지흡수기를 그려 넣고 각각의 공칭전압에 따른 서지흡수기의 정격(정격전압 및 공칭방전전류)도 함께 쓰시오.

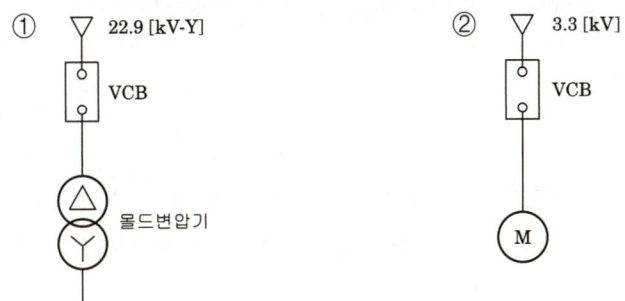

[정답]

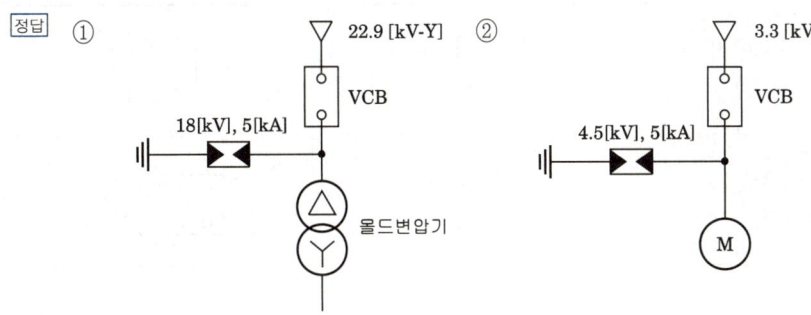

09 차단기(Circuit Breaker: CB)

차단기는 단락, 지락 등의 사고가 났을 때에 자동적으로 사고전류를 차단한다. 또한, 부하전류를 개폐할 수도 있다. 변전소에서는 가스차단기(GCB)를 사용하고 있으며, 일반 수용가에서는 진공차단기(VCB)가 주로 사용되고 있다.

1 차단기의 역할

차단기는 부하전류를 개폐함과 동시에 단락, 지락 사고 등에 발생하는 사고전류를 각종 계전기와 조합하여 신속히 차단하여 기기 및 전선을 보호하는 장치이다.

교류차단기 (일반)		
교류차단기 트립부의 예		

2 차단기의 종류

차단기 개방 시 발생하는 아크를 소호하는 소호방식에 따라 차단기를 분류한다. 아크에 의한 접촉자 손상 없이 신속하고 안전하게 회로를 분리해야 한다. 수전설비에는 주로 OCB, VCB, GCB가 사용되고 있다.

명칭	약호	소호원리
가스차단기	GCB	아크에 SF_6(육불화유황)가스를 불어 넣어 소호
공기차단기	ABB	아크에 압축공기를 차단기 주 접점에 불어넣어 소호
유입차단기	OCB	개폐시 발생되는 아크를 절연유의 소호작용에 의해 소호
진공차단기	VCB	고진공 중에서의 높은 절연특성을 이용하여 아크를 소호
자기차단기	MBB	전자력을 이용하여 아크를 소호실 내로 유도하여 냉각차단
기중차단기	ACB	자연공기 내에서 개방할 때 자연 소호에 의한 방식으로 소호

■ 참고
- GCB : Gas Circuit Breaker
- ABB : Air Blast Circuit Breaker
- OCB : Oil Circuit Breaker
- VCB : Vacuum Circuit Breaker
- MBB : Magnetic Blow-out Circuit Breaker
- ACB : Air Circuit Breaker

3 차단기의 정격전압

규정된 조건에서 인가할 수 있는 사용회로전압의 상한값을 말한다.

$$정격전압 = 공칭전압 \times \frac{1.2}{1.1}$$

공칭전압 [kV]	정격 전압 [kV]	
	계산 값	실무(설계)값
6.6	$6.6 \times \frac{1.2}{1.1} = 7.2$	7.2
22	$22 \times \frac{1.2}{1.1} = 24$	24
22.9	$22.9 \times \frac{1.2}{1.1} = 24.98$	25.8
66	$66 \times \frac{1.2}{1.1} = 72$	72.5
154	$154 \times \frac{1.2}{1.1} = 168$	170
345	$345 \times \frac{1.2}{1.1} = 376.36$	362

▶ 이해하기

답안지 작성시 특별한 조건이 없을시 계산과정을 쓰고 실무(설계)값을 적용한다. 한편, 단로기는 차단기와 동일한 장소에 사용되므로 차단기와 단로기의 정격전압은 동일하다.

4 차단기의 정격전류

정격 전압 및 정격 주파수에서 차단기 각 부분의 온도상승 한도를 초과하지 않고 차단기에 연속적으로 흘릴 수 있는 전류의 상한값을 말한다.

5 차단기의 정격차단전류

정격전압, 정격 주파수, 규정된 회로조건에서 규정된 동작책무와 동작상태에 따라서 차단할 수 있는 차단전류의 한도이다.

(1) 3상 정격차단 전류

$$I_s = \frac{100}{\%Z} \times I_n = \frac{100}{\%Z} \times \frac{P_a}{\sqrt{3}\,V}$$

(2) 단상 정격차단 전류

$$I_s = \frac{100}{\%Z} \times I_n = \frac{100}{\%Z} \times \frac{P_a}{V}$$

▶ 암기하기

차단기의 동작시험
- 시험배선이 적정일 것
- 시험기의 측정 범위 적정일 것
- 시험 후 배선을 원래대로 돌리고, 실수하지 않도록 주의할 것

6 정격차단용량

차단기를 적용할 수 있는 계통의 3상 단락전류 용량의 한도를 말한다. 차단기의 차단용량이 충분하지 못할 경우 사고전류 차단이 어려워지며 폭발의 위험이 있다.

$$P_s = \sqrt{3}\, V_n\, I_s$$
$$P_s = \frac{100}{\%Z} \times P_n$$

이해하기
차단기용량의 선정
규정된 사용 전압, 회로 조건, 동작임무 등에 따라 장치를 안정하게 차단할 수 있는 차단전류의 한도를 표시하는 양이다. 차단기용량 선정시 단락용량을 구한 값보다 큰 값(일반적으로 단락용량의 120~160[%]정도)을 차단기 용량으로 선정한다.

7 정격차단시간

개극시간과 아크시간을 합친 것을 말한다. (3~8cycle)

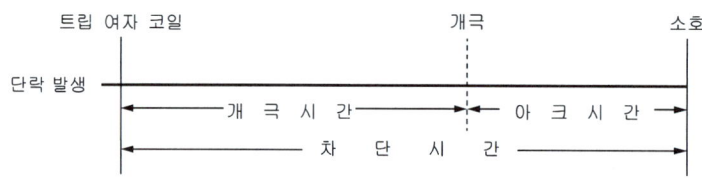

8 표준 동작책무

(1) 의미

차단기가 계통에 사용될 때 차단-투입-차단의 동작을 반복하게 되는데, 그 동작 시간간격을 나타낸 일련의 동작규정(Duty cycle)이다.

(2) 종류

일반적으로 7.2[kV]급 차단기는 일반용($CO-15$초$-CO$)을 적용하고 25.8[kV]급 차단기는 고속도 재투입용($O-0.3$초$-CO-1$분$-CO$) 동작책무를 적용한다.

9 차단기 트립방식

암기하기
차단기의 트립 전원은 직류(DC) 또는 콘덴서방식(CTD)이 바람직하며, 66[kV] 이상의 수전설비는 직류(DC)이어야 한다.

분류	원리
직류전압 트립방식	고장시 축전지 등의 제어용 직류전원에 의해 트립되는 방식
콘덴서 트립방식	고장시 콘덴서의 충전전하에 의해 트립되는 방식
전류 트립방식	고장시 변류기 2차 전류에 의해 트립되는 방식
부족전압 트립방식	고장시 부족전압 트립장치에 인가되는 전압의 저하에 의해 트립되는 방식

(1) 직류 전압 트립방식

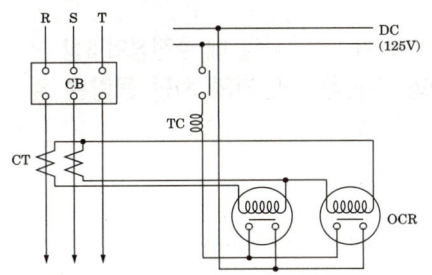

(2) 콘덴서 트립방식

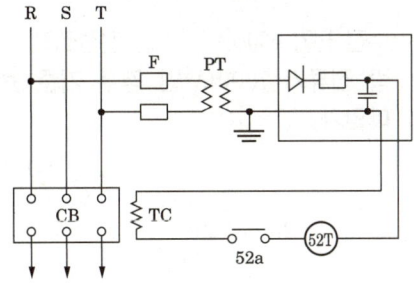

> **이해하기**
>
> 직류트립 방식은 보호계전기가 동작했을 때 트립 코일에 직류전류를 흘려 차단시키는 것이다. 이 전원에는 일반적으로 축전지가 사용되며, 통상적인 보호계전기의 접점은 이 트립 전류를 끊을 수가 없으므로 실인(seal-in) 계전기를 자기 유지시키고 트립 전류는 차단기의 차단시 개로의 보조접점 52a로 끊도록 한다.

(3) 전류 트립방식

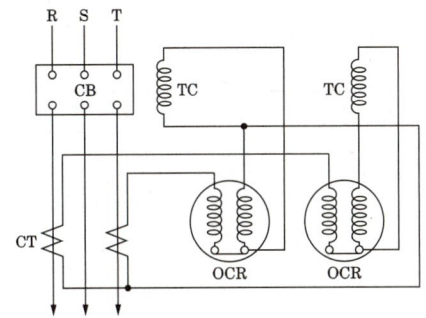

(4) 부족전압 트립방식

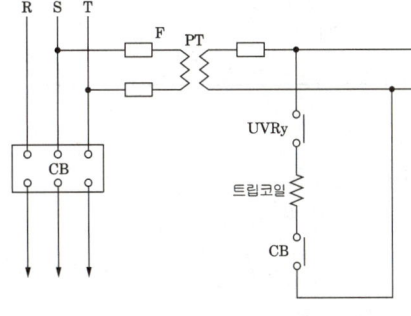

10 차단기의 특성비교

구분	유입 차단기 (OCB)	자기 차단기 (MBB)	진공 차단기 (VCB)	가스 차단기 (GCB)
전류(A)	400~1250	630~3150	630~3150	630~4000
차단 전류(kA)	8~40	12.5~50	8~40	20~25
단락전류	중전류 차단	대전류 차단	대전류 차단	중전류 차단
차단시간	3	5	3	5
화재의 위험도	가연성	난연성	불연성	불연성
보수의 난이	복잡	약간 복잡	용이	용이
서지 전압	약간 높음	낮음	보호 필요	매우 낮음
수명	중	중	대	대

> **암기하기**
>
> | 공칭전압[kV] | 22.9 | 154 | 345 |
> |---|---|---|---|
> | 정격전압[kV] | 25.8 | 170 | 362 |
> | 정격차단시간 (사이클 60[Hz] 기준) | 5 | 3 | 3 |

수변전 16   필수문제

수전 전압 6600[V], 가공 전선로의 %임피던스가 58.5[%]일 때 수전점의 3상 단락 전류가 7000[A]인 경우 기준 용량과 수전용 차단기의 차단 용량은 얼마인가?

차단기의 정격용량[MVA]

10	20	30	50	75	100	150	250	300	400	500

(1) 기준 용량
- 계산 :
- 답 :

(2) 차단 용량
- 계산 :
- 답 :

정답

(1) 기준용량 계산
$I_s = 7000 \text{[A]}$
$I_n = \dfrac{\%Z}{100} \times I_s = \dfrac{58.5}{100} \times 7000 = 4095 \text{[A]}$
기준용량
$P_n = \sqrt{3}\, VI_n = \sqrt{3} \times 6600 \times 4095 \times 10^{-6} = 46.812 \text{[MVA]}$

- 답 : 46.81[MVA]

(2) 차단용량 계산
$P_s = \dfrac{100}{\%Z} \times P_n = \dfrac{100}{58.5} \times 46.81 = 80.02 \text{[MVA]}$

- 답 : 80.02[MVA] 선정

|참고|

- 단락전류(I_s)
$I_s = \dfrac{100}{\%Z} \times I_n$ (I_n : 정격전류)
- 기준용량(P_n)
$P_n = \sqrt{3}\, VI_n$ (V : 선간전압, I_n : 정격전류)
- 차단용량(P_s)
$P_s = \sqrt{3}\, V_n I_s$ (V_n : 차단기의 정격전압, I_s : 단락전류)
- 선로전압이 6600[V]일 때 차단기의 정격전압은 7200[V]이다.

수변전 17   필수문제

그림은 어떤 변전소의 도면이다. 변압기 상호 부등률이 1.3이고, 부하의 역률 90[%]이다. STr의 내부 임피던스 4.6[%], Tr_1, Tr_2, Tr_3의 내부 임피던스가 10[%], 154[kV] BUS의 내부 임피던스가 0.4[%]이다. 다음 물음에 답하시오.

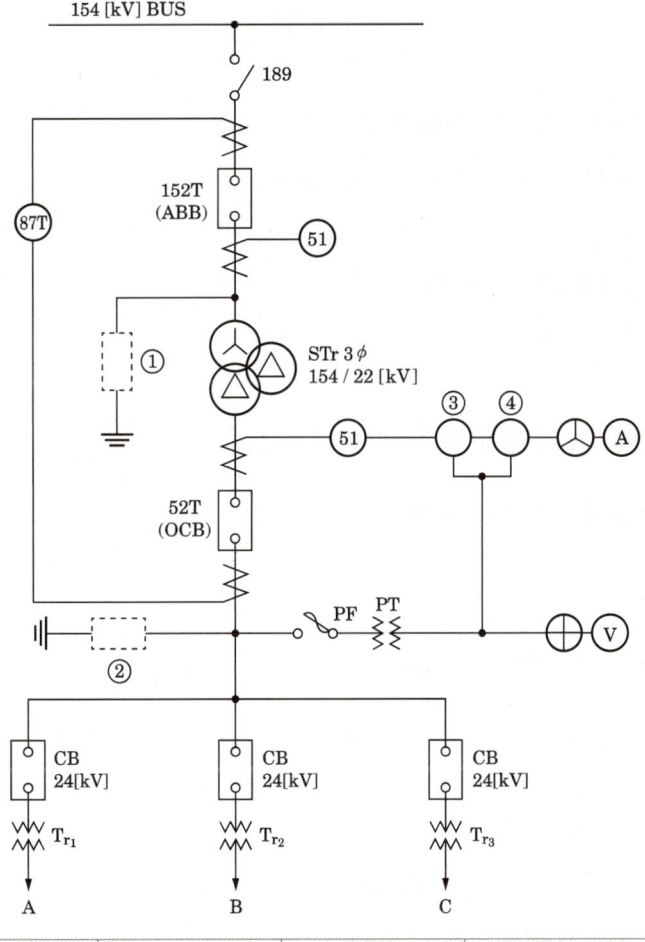

부하	용량	수용률	부등률
A	4000[kW]	80[%]	1.2
B	3000[kW]	84[%]	1.2
C	6000[kW]	92[%]	1.2

154[kV] ABB 용량표[MVA]

| 2000 | 3000 | 4000 | 5000 | 6000 | 7000 |

22[kV] OCB 용량표[MVA]

| 200 | 300 | 400 | 500 | 600 | 700 |

154[kV] 변압기 용량표[kVA]

| 10000 | 15000 | 20000 | 30000 | 40000 | 50000 |

22[kV] 변압기 용량표[kVA]

| 2000 | 3000 | 4000 | 5000 | 6000 | 7000 |

(1) Tr_1, Tr_2, Tr_3 변압기 용량 [kVA]은?

(2) STr의 변압기 용량 [kVA]은?

(3) 차단기 152T의 용량 [MVA]은?

(4) 차단기 52T의 용량 [MVA]은?

(5) 87T의 명칭은?

(6) 51의 명칭은?

(7) ①~④에 알맞은 심벌을 기입하시오.

정답

(1) 변압기 용량 = $\dfrac{\text{각 부하의 최대수용전력의 합}}{\text{부등률} \times \text{역률}}$ = $\dfrac{\text{설비용량} \times \text{수용률}}{\text{부등률} \times \text{역률}}$

$Tr_1 = \dfrac{4000 \times 0.8}{1.2 \times 0.9} = 2962.962$ [kVA], 표에서 3000[kVA] 선정

$Tr_2 = \dfrac{3000 \times 0.84}{1.2 \times 0.9} = 2333.333$ [kVA], 표에서 3000[kVA] 선정

$Tr_3 = \dfrac{6000 \times 0.92}{1.2 \times 0.9} = 5111.111$ [kVA], 표에서 6000[kVA] 선정

(2) $STr = \dfrac{2962.96 + 2333.33 + 5111.11}{1.3} = 8005.694 [kVA]$, 표에서 $10000[kVA]$ 선정

(3) $P_s = \dfrac{100}{\%Z} \times P_n = \dfrac{100}{0.4} \times 10 = 2500 [MVA]$, 표에서 $3000[MVA]$ 선정

(4) $P_s = \dfrac{100}{\%Z} \times P_n = \dfrac{100}{0.4 + 4.6} \times 10 = 200 [MVA]$, 표에서 $200[MVA]$ 선정

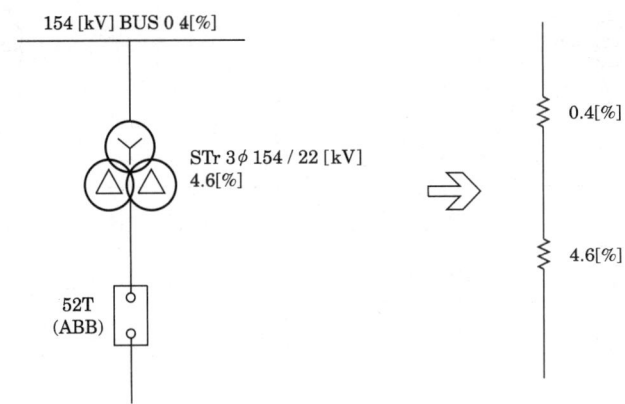

(5) 주변압기 차동 계전기

(6) 과전류 계전기

(7) ① LA ② LA ③ KW ④ PF

수변전 18 필수문제

그림은 통상적인 단락, 지락 보호에 쓰이는 방식으로서 주보호와 후비보호의 기능을 지니고 있다. 도면을 보고 다음 각 물음에 답하시오.

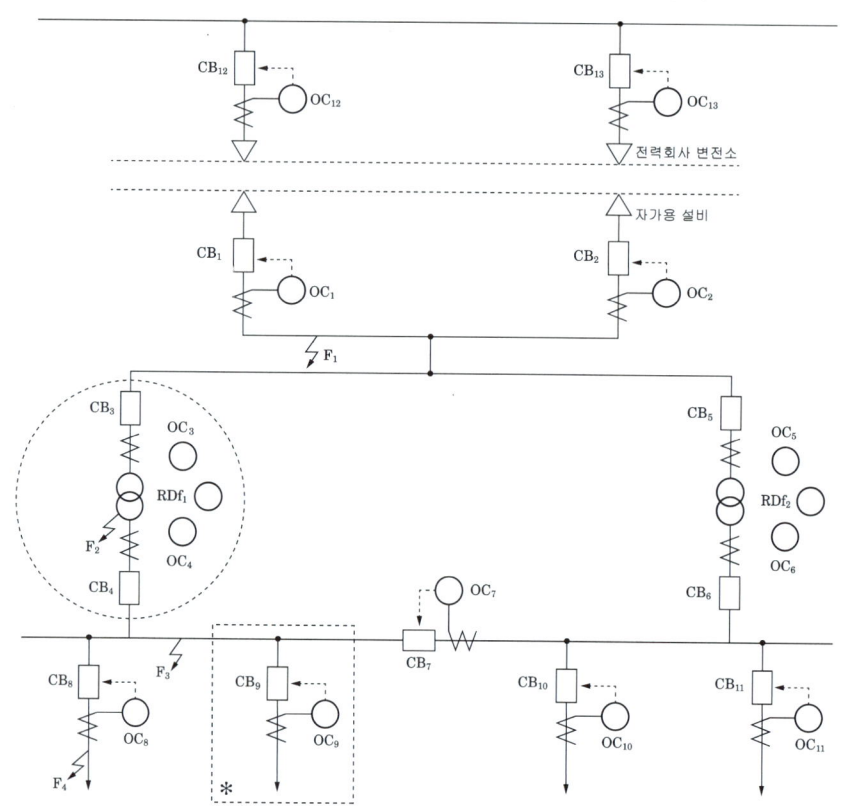

(1) 사고점이 F_1, F_2, F_3, F_4라고 할 때 주보호와 후비보호에 대한 다음 표의 ( )안을 채우시오.

사고점	주보호	후비보호
F_1	$OC_1 + CB_1\ And\ OC_2 + CB_2$	①
F_2	②	$OC_1 + CB_1\ And\ OC_2 + CB_2$
F_3	$OC_4 + CB_4\ And\ OC_7 + CB_7$	$OC_3 + CB_3\ And\ OC_6 + CB_6$
F_4	$OC_8 + CB_8$	$OC_4 + CB_4\ And\ OC_7 + CB_7$

(2) 그림은 도면의 * 표 부분을 좀 더 상세하게 나타낸 도면이다. 각 부분 ①~④에 대한 명칭을 쓰고, 보호 기능 구성상 ⑤~⑦의 부분을 검출부, 판정부, 동작부로 나누어 표현하시오.

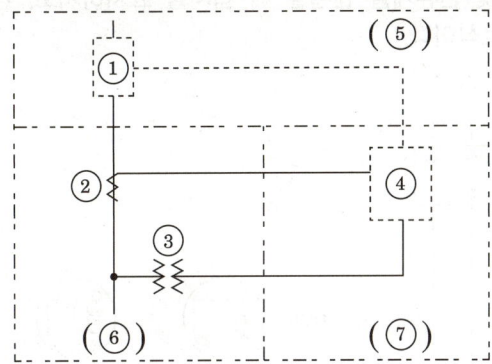

(3) 답란의 그림 F_2 사고와 관련된 검출부, 판정부, 동작부의 도면을 완성하시오. (단, 질문 "(2)"의 도면을 참고하시오.)

(4) 자가용 전기설비 발전시설이 구비되어 있을 경우 자가용 수용가에 설치되어야 할 계전기는 어떤 계전기인가?

[정답]

(1) ① $OC_{12} + CB_{12}$ And $OC_{13} + CB_{13}$
    ② $RDf_1 + OC_4 + CB_4$ And $OC_3 + CB_3$

(2) ① 교류 차단기   ② 변류기
    ③ 계기용변압기 ④ 과전류 계전기
    ⑤ 동작부   ⑥ 검출부
    ⑦ 판정부

(3)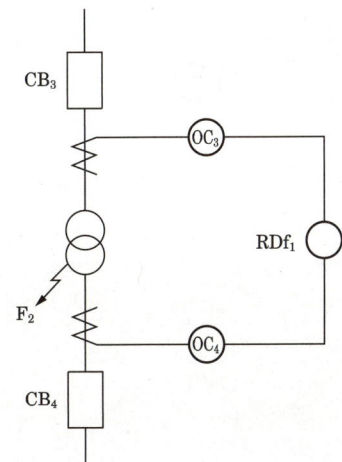

(4) ① 과전류 계전기
    ② 주파수 계전기
    ③ 부족전압 계전기
    ④ 비율 차동 계전기
    ⑤ 과전압 계전기

수변전 19 필수문제

그림에 나타낸 과전류 계전기가 유입 차단기를 차단할 수 있도록 결선하고, CT와 OCR 및 전류계를 연결할 때 접지를 표시하시오. (단, 과전류 계전기는 상시 폐로식이다.)

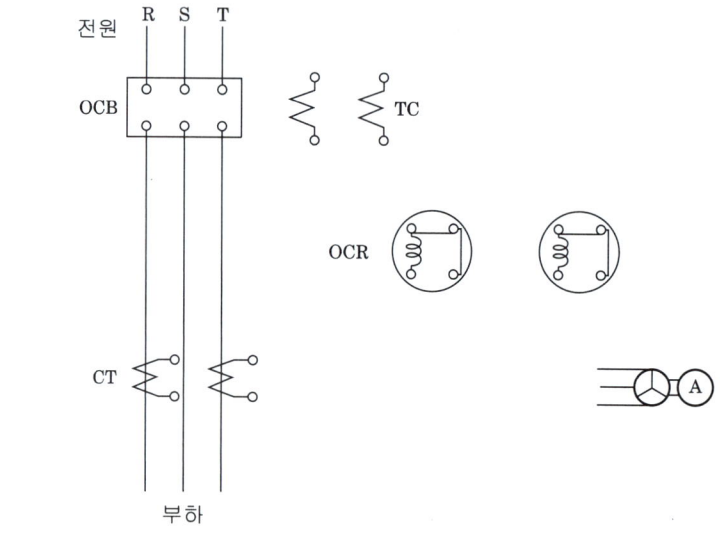

[정답]

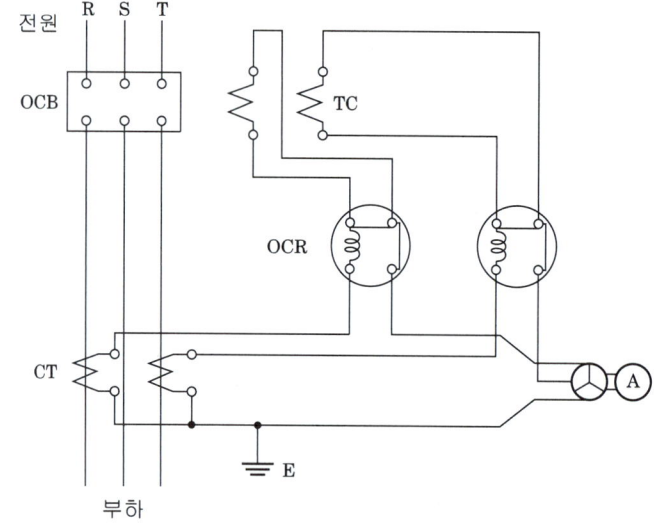

10 계기용변압기(Potential Transformer: PT)

> 계기용변압기는 고전압을 저전압으로 변성하는 계기용변성기의 일종이다. 계기용변압기 2차측에는 전압계, 전력계, 주파수계, 역률계, 표시등, 부족전압 트립코일 등이 접속된다. 한편, 보호계전기용의 계기용 변압기는 사용목적에 따라 비접지형과 접지형으로, 상수에 따라 단상과 3상으로 분류된다.

1 계기용변압기의 역할
고전압을 저전압으로 변성하여 계측기 및 계전기에 전원공급을 한다.

단선도용	복선도용
—⧦⧦—	⧙⧙

2 계기용변압기의 표준정격

정격 1차 전압[V]	정격 2차 전압[V]	극성
3300, 6600, 22000	110	감극성
$\dfrac{22900}{\sqrt{3}}$		

3 계기용변압기의 접속방법
계기용변압기는 선로와 병렬로 접속한다.

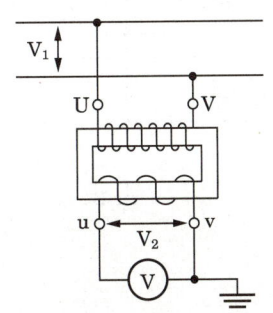 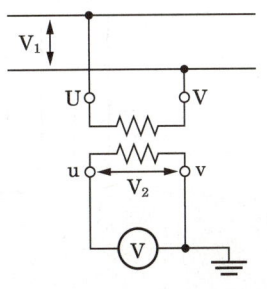

출제 Point
★★★★★

■ 참고
계기용 변성기의 분류

절연구조	권선형태
유입형	권선형
몰드형	
건식형	CCPD형
가스형	

■ 참고
- **권선형 PT**
1차 및 2차 모두가 권선으로 제작되어 권수비에 따라 변압비에 따라 결정

- **CCPD형**
고압측을 권선 대신 커패시턴스를 이용하여 1차 전압을 분압시킨 후 사용하기 적당한 텝으로 만들어 이 전압을 권선형 PT로 필요한 전압을 얻는 방식

4 계기용변압기 결선방법

계기용변압기의 접속에는 V결선, Y결선, △결선, Open delta 결선 등이 있고 사용목적에 맞는 2차 또는 3차 전압을 얻기 위해 구분 사용된다.

(1) V 결선

단상 계기용변압기 2대의 1차측 및 2차측을 각각 V결선한다.

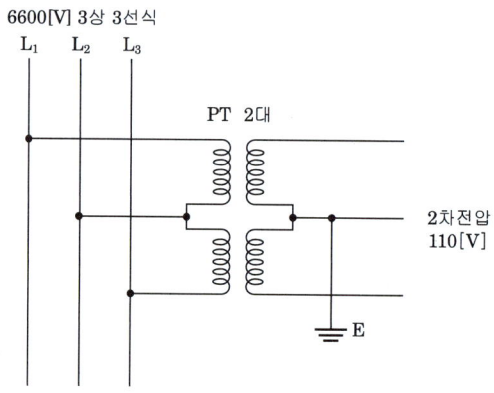

(2) Y 결선

단상 계기용변압기 3대에 의해 각 상전압 및 각 선간전압을 얻는데 사용한다. 그림과 같이 3대의 계기용변압기의 1차측 및 2차측을 각각 Y결선을 하고 중성점을 접지한다.

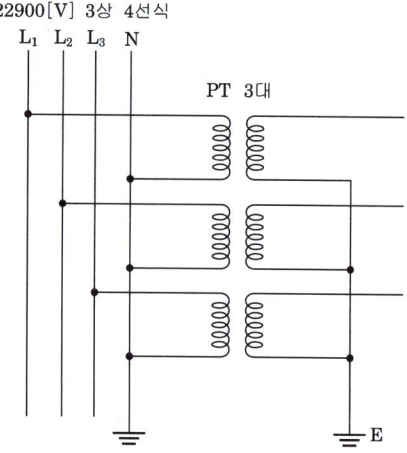

5 계기용변압기 V결선 중 bc상 오결선

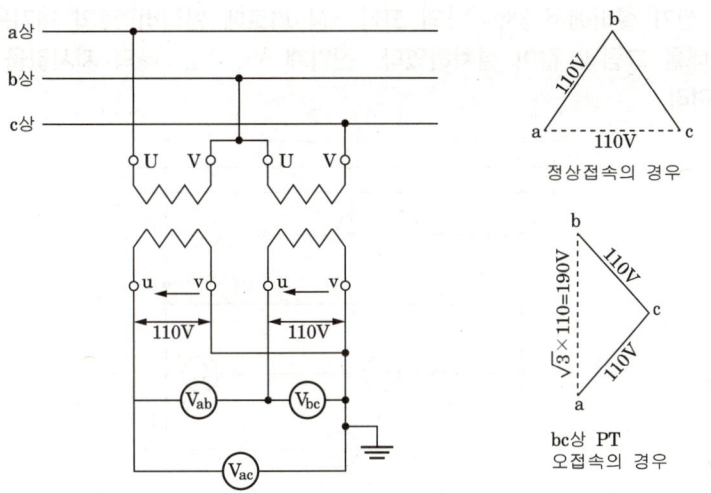

PT 오결선 시 그림과 같이 V_{bc} 및 V_{ca}는 정상적인 선간전압이 나타나고 V_{ab}는 실제전압보다 $\sqrt{3}$ 배가 나타난다.

6 계기용변압기의 부담

계기용변압기의 2차측 부하는 계측기 또는 계전기이다. 즉, 부담이란 계기용변압기 2차측의 부하 임피던스가 소비하는 피상전력을 말한다.

$$[VA] = \frac{V^2}{Z} \quad (단, V는 110[V])$$

정격 부담[VA]	50	100	200	500	1000

7 계기용변압기 1차측과 2차측에 퓨즈를 설치하는 이유

(1) PT 1차측에 퓨즈를 설치하는 이유
  PT의 고장이 선로에 파급되는 것을 방지

(2) PT 2차측에 퓨즈를 설치하는 이유
  오접속, 고장 등으로 인한 2차측의 단락발생시 PT로 사고의 파급방지

> **암기하기**
> PT 2차측을 접지하는 이유
> 혼촉사고로 인한 2차 측에 고전압 유기되는 것을 방지하고, 혼촉 사고시 지락전류 검출하여 보호계전기를 동작을 시키기 위해 접지한다.

수변전 20 필수문제

어떤 전기 설비에서 3300[V]의 고압 3상 회로에 변압비 33의 계기용변압기 2대를 그림과 같이 설치하였다. 전압계 V_1, V_2, V_3의 지시값을 각각 구하여라.

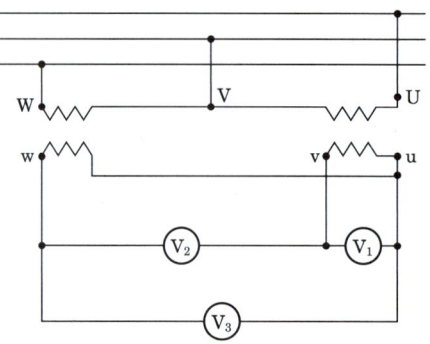

(1) V_1 • 계산 :
　　　　• 답 :

(2) V_2 • 계산 :
　　　　• 답 :

(3) V_3 • 계산 :
　　　　• 답 :

정답

(1) • 계산 : $V_1 = \dfrac{3300}{33} = 100[V]$
　　• 답 : 100[V]

(2) • 계산 : $V_2 = \dfrac{3300}{33} \times \sqrt{3} = 173.205[V]$
　　• 답 : 173.21[V]

(3) • 계산 : $V_3 = \dfrac{3300}{33} = 100[V]$
　　• 답 : 100[V]

|참고|

- V_1과 V_3에는 각각의 상전압이 걸린다.
- V_2에는 V_1과 V_3의 선간전압(차전압)이 걸린다.

수변전 21 　필수문제

계기용변압기 1차측 및 2차측에 퓨즈를 부착하는지의 여부를 밝히고, 퓨즈 부착하는 경우에 그 이유를 간단히 설명하시오.
- 여부 :
- 이유 :

[정답]
- 여부 : 부착한다.
- 이유 : 계기용변압기 2차 부하의 단락, 계기용변압기 단락시 사고확대를 막아준다.

수변전 22 　필수문제

계기용변압기(PT)와 전압 절환 개폐기(VS 혹은 VCS)로 모선 전압을 측정하고자 한다.

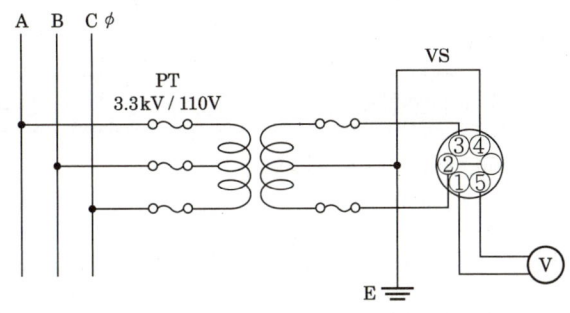

(1) V_{AB} 측정시 VS 단자 중 단락되는 접점을 2가지 쓰시오.
  -
  -
(2) V_{BC} 측정시 VS 단자 중 단락되는 접점을 2가지 쓰시오.
  -
  -
(3) PT 2차측을 접지하는 이유를 기술하시오.
  - 이유 :

[정답]
(1) ①-③, ④-⑤
(2) ①-②, ④-⑤
(3) 고저압 혼촉사고로 인한 2차측의 전위 상승을 방지

11 변류기(Current Transformer : CT)

변류기는 고압회로의 전류를 간접적으로 측정할 수 있으며, 계전기 및 계측기 등의 전류원으로 사용하기 위하여 대전류를 소전류로 변성하는 계기용변성기의 일종이다. 변류기 2차측에는 전류계, 전력계, 변류기의 2차 전류를 이용한 트립코일의 전원등으로 사용된다.

1 변류기의 역할

대전류를 소전류로 변환하여 계기 및 계전기에 전원공급을 한다.

단선도용	복선도용
(기호)	(기호)

2 변류기 표준정격

정격 1차 전류[A]	정격 2차 전류[A]	극성
5, 10, 15, 20, 30, 40, 50, 75, 100, 150, 200, 300, 400, 500, 600…	5	감극성

3 변류기 정격 1차 전류 선정방법과 변류비 정격 선정

선정과정	예제	
1차측부하전류×CT 여유배수(1.25~1.5)	TR 450[kVA], 154[kV] / 22.9[kV], CT 1차전류	$I = \dfrac{450}{\sqrt{3} \times 22.9} \times (1.25 \sim 1.5)$ $= 14.181 \sim 17.017[A]$
적당한 근삿값으로 선정한다.	• CT 1차 정격 15[A] 선정 • 변류비 선정 : 15/5 ※ CT 2차 전류의 정격은 항상 5[A]	

4 변류기의 접속방법

변류기 1차측은 주회로의 전류가 그대로 흐르도록 주회로에 직렬로 접속한다.

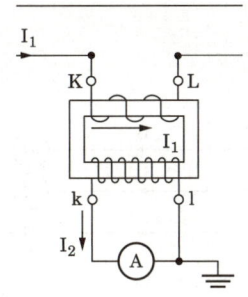
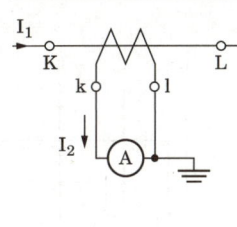

5 변류기의 결선방법

(1) V결선

변류기 2대를 그림과 같이 3상회로의 단락보호를 할 때 V결선을 사용한다. 3상 평형상태에서는 $I_a + I_c = -I_b$ 가 된다. A상과 C상에 과전류 계전기를 설치하면 어느 상의 고장에도 보호가 가능하다.

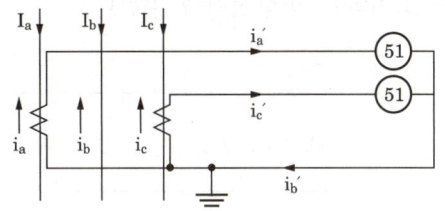

▶ 이해하기

V결선시 b상의 벡터도

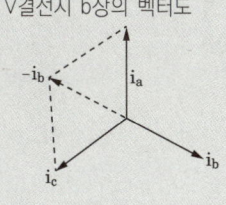

(2) Y결선

일반적으로 많이 사용되는 결선법이며 각 상에 과전류 계전기 또는 단락보호용 계전기를 접속하고, 중성선인 잔류회로에는 지락 과전류 계전기를 접속한다. 정상시 잔류회로에는 $I_a + I_b + I_c = 0$ 이므로 과전류계전기에 흐르는 전류는 0[A]가 되어 동작하지 않는다.

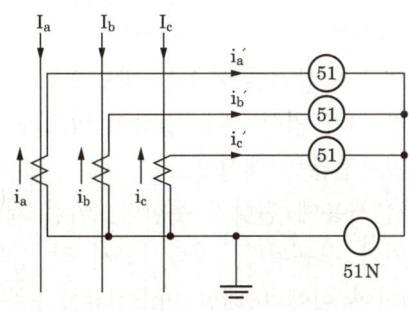

▶ 이해하기

Y결선시 중성점 벡터도

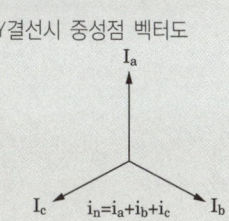

이해하기

△결선시 벡터도

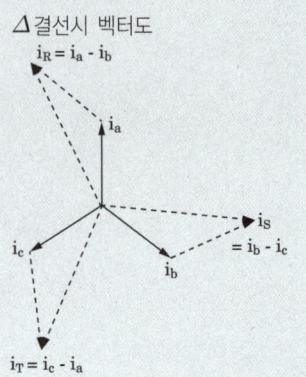

(3) △결선

정상시 선전류는 상전류의 $\sqrt{3}$배의 전류가 흐른다. 변압기의 차동보호에서 변압기 결선측의 변류기는 각 변위 보정을 위해 △접속이 사용된다.

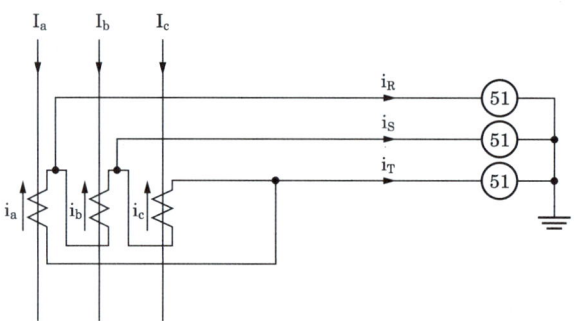

6 변류기의 부담

변류기의 2차측 부하는 계측기 또는 계전기이다. 선로의 부하와 구별하기 위하여 이것을 부담이라고 한다. 즉 부담이란, 계기용 변류기 2차측의 부하 임피던스가 소비하는 피상전력을 말한다.

$$[\text{VA}] = I^2 Z \ (단, \ I는 \ 5[\text{A}])$$

정격 부담[VA]	5, 10, 15, 25, 40, 100
	고압회로 : 40[VA] 이하, 저압회로 : 15[VA] 이하

7 영상 변류기(Zero phase Current Transformer : ZCT)

(1) 역할 및 정격전류

계전기에 필요한 영상전류를 얻는 방법으로 변류기 3대를 사용한 Y접속의 잔류회로법, 3차 영상 분로 접속이 있으나 비접지계 또는 고 저항 접지계의 미소지락전류를 대상으로 할 때는 변류기의 특성오차에 따른 잔류전류가 커서 사용에 견디지 못한다. 이런 계통의 지락전류를 검출하는 데 영상변류기가 사용된다. 지락사고시 각 상의 불평형 전류를 검출(영상전류 검출)하여 이에 비례한 미소전류를 2차측으로 전하며 정격영상 1차 전류는 200[mA]를, 정격영상 2차 전류는 1.5[mA]를 기준으로 한다.

구분	단선도용	복선도용
영상변류기	ZCT	ZCT

- 정상시 : 각 상의 자속이 평행이 되어 2차 전류가 흐르지 않는다.
- 지락 발생시 : 각 상의 전류가 불평형이 되어 철심에 자력을 발생시켜 2차측에 전류가 흐른다.

■ 참고
ZCT의 외형

(2) 접속방법

영상변류기의 극성은 변류기와 마찬가지로 감극성이며 원칙적으로 1회로에 1대를 사용하고 2차측은 서로 접촉하지 않는다.

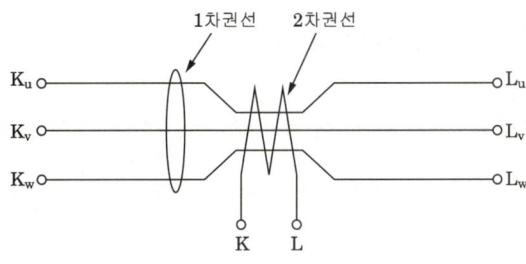

① 권선형 영상 변류기

1개의 철심에 3조의 1차권선 및 1조의 2차권선이 감겨져 있다. 1차권선에 3상 각 상의 전류를 흐르게 했을 때 2차권선에 각 상 영상 전류에 대응한 전류가 흐른다.

② 관통형 영상 변류기

관통형 CT와 비슷한 구조인 2차권선을 감은 철심에 1차 도체로서 3심 케이블 또는 케이블 3선을 관통하여 사용한다.

ZCT 설치 예

▶ 이해하기

ZCT의 1차 전류를 I_R, I_S, I_T 철심에 생기는 자속을 ϕ_R, ϕ_S, ϕ_T 2차 전류를 i_R, i_S, i_T라고 하면

① 1차 전류에 영상전류(×)
  1차 : $I_R + I_S + I_T = 0$
  자속 : $\phi_R + \phi_S + \phi_T = 0$
  2차 : $i_R + i_S + i_T = 0$

② 1차 전류에 영상전류(○)
  1차 : $I_R + I_S + I_T = 3I_0$
  자속 : $\phi_R + \phi_S + \phi_T = 3\phi_0$
  2차 : $i_R + i_S + i_T = 3i_0$

③ 영상변류기는 원리적으로 각 상의 정상 및 역상전류의 영향 없이 2차측에 영상전류를 얻을 수 있다.

▶ 암기하기

영상전류 검출방법
- 영상변류기 방식
- CT잔류회로 방식
- 중성선 CT에 의한 방식

(3) 주의사항

케이블을 관통형 ZCT에 적용할 경우 케이블 시스 접지에 따라 영상전류의 검출 유무가 결정된다. ZCT를 부하측에 시설할 경우 접지선을 관통시키지 않아야 하고 전원측에 시설할 경우 접지선을 관통시켜야 한다.

> **|참고|** 지락 차단장치의 시설(지락 차단장치에 케이블 관통형 영상변류기를 사용하는 경우)
>
> 1. 영상 변류기를 당해 케이블의 부하측에 설치할 경우(접지선은 영상 변류기를 미관통)
>
>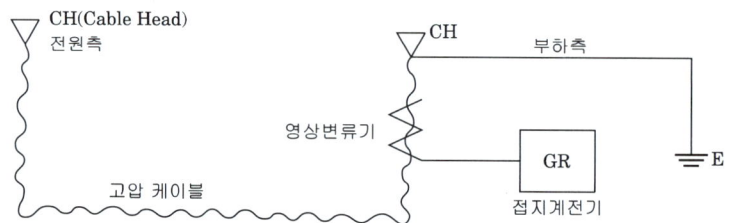
>
> 2. 영상 변류기를 당해 케이블의 전원측에 설치하는 경우(접지선은 영상 변류기를 관통)
>
>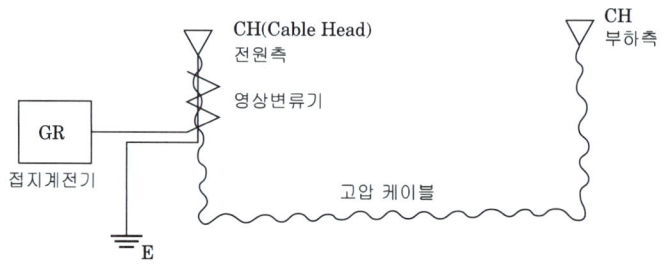

> **|참고|** 비오차
>
> 1. 변류기 비오차의 정의
>   CT의 비오차란 실제변류비가 공칭변류비와 얼마만큼 다른가를 백분율로 표시한 것을 말한다.
> 2. 변류기 비오차 관계식
>
> $$\epsilon = \frac{K_n - K}{K} \times 100$$
>
> (ϵ = 오차율[%], K_n = 공칭변류비, K = 실제변류비)
>
> 3. 변류비 비오차의 계산
>   100/5 변류기 1차에 100A가 흐를 때 2차 측에 실제 4.95A가 흐른 경우 변류기의 비오차를 계산하시오.
>
> $$\epsilon = \frac{K_n - K}{K} \times 100 = \frac{\frac{100}{5} - \frac{100}{4.95}}{\frac{100}{4.95}} \times 100 = -1[\%]$$

수변전 23   필수문제

사용 중의 변류기 2차측을 개로하면 변류기에는 어떤 현상이 발생하는지 원인과 결과를 쓰시오.
- 원인 :
- 결과 :

정답
- 원인 : 변류기 1차측 부하 전류가 모두 여자 전류가 되어 변류기 2차측에 고전압을 유기
- 결과 : 변류기의 절연파괴

| 참고 |

$\dfrac{V_1}{V_2} = \dfrac{I_2}{I_1}$ 에서 $V_2 = \dfrac{V_1 I_1}{I_2}$ 이다.

만약 $I_2 = 0$ 이라면 $V_2 = \infty$ 가 된다.

즉, 과전압이 유기되어 절연이 파괴될 수 있다.

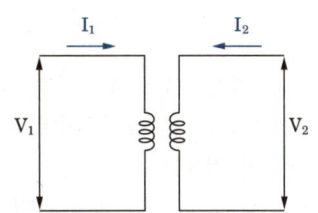

수변전 24   필수문제 [가동접속]

평형 3상 회로에 변류비 100/5인 변류기 2개를 그림과 같이 접속하였을 때 전류계에 3[A]의 전류가 흘렀다. 1차 전류의 크기는 몇 [A]인가?
- 계산 :
- 답 :

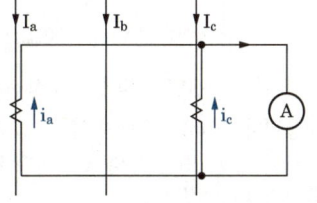

정답
- 계산 : 변류기(CT) 1차측 전류=2차측 전류×변류비(CT비)

$$= 3 \times \dfrac{100}{5} = 60\,[\text{A}]$$

- 답 : 60[A]

수변전 25   필수문제 [교차접속]

변류비 160/5인 변류기 2대를 그림과 같이 접속하였을 때, 전류계에 2.5 [A]의 전류가 흘렀다. 1차 전류를 구하시오.

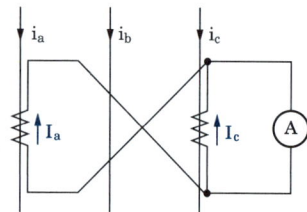

- 계산 :
- 답 :

[정답]

- 계산 : 교차 결선이며 이때 변류기 2차측에 흐르는 전류는 (I_2)

$I_2 = I_1(1차측 전류) \times CT의\ 역수비 \times \sqrt{3}$

위 식에서 1차 전류는

$I_1 = \dfrac{1}{\sqrt{3}} \times CT비 \times I_2 = \dfrac{1}{\sqrt{3}} \times \dfrac{160}{5} \times 2.5 = 46.188\,[A]$

- 답 : 46.19[A]

|참고| 변류기의 교차접속

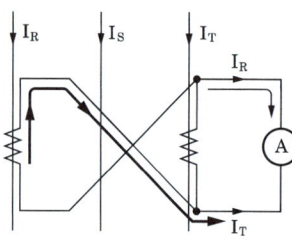 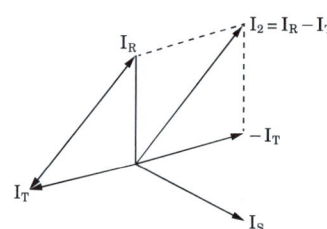

교차 접속은 전압 조정기에 보상전류를 도입하는 등 선간전압과 동상의 전류를 필요로 할 때 사용된다. 벡터도를 보면 알 수 있듯이 2차측 전류는 $I_2 = I_R - I_T$가 된다. 그 크기는 3상평형 부하일 때 I_R 또는 I_T의 $\sqrt{3}$ 배가 된다. 이 문제에서는 1차측 전류를 구하였기 때문에 $1/\sqrt{3}$ 을 곱해준 것이다.

수변전 26 　필수문제

다음은 어느 생산 공장의 수전 설비이다. 이것을 이용하여 다음 각 물음에 답하시오.

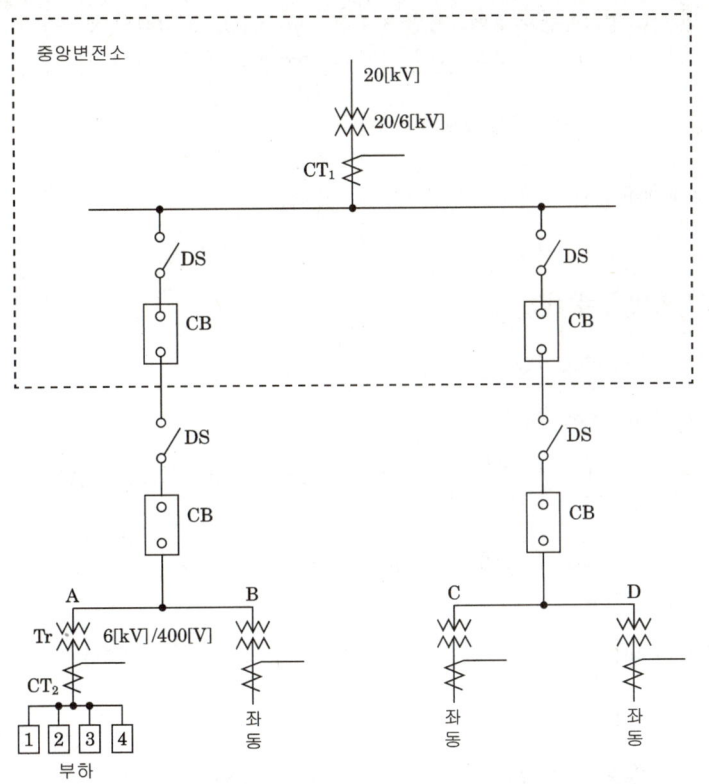

뱅크의 부하 용량표

피더	부하 설비 용량[kW]	수용률[%]
1	125	80
2	125	80
3	500	70
4	600	84

변류기 규격표

항목	변류기
정격 1차 전류[A]	5, 10, 15, 20, 30, 40, 50, 75, 100, 150, 200, 300, 400, 500, 600, 750, 1000, 1500, 2000, 2500
정격 2차 전류[A]	5

(1) 표와 같이 A, B, C, D 4개의 뱅크가 있으며, 각 뱅크는 부등률이 1.1이다. 이 때 중앙 변전소의 변압기 용량을 산정하시오. (단, 각 부하의 역률은 0.8이며, 변압기 용량은 표준규격으로 답하도록 한다.)
   • 계산 :　　　　　　• 답 :
(2) 변류기 CT_1과 CT_2의 변류비를 산정하시오. (단, 1차 수전 전압은 20000/6000[V], 2차 수전 전압은 6000/400[V]이며, 변류비는 표준규격으로 답하도록 한다.)
   • 계산 :　　　　　　• 답 :

[정답]

(1) • 계산

$$\text{변압기 용량} = \frac{\text{각부하 최대 수용전력의 합}}{\text{부등률} \times \text{역률}} = \frac{\text{설비용량} \times \text{수용률}}{\text{부등률} \times \text{역률}}$$

중소변전소 뱅크용량 = A뱅크용량 × 4 (∵ A, B, C, D 각각의 뱅크용량 동일)
$$= \frac{125 \times 0.8 + 125 \times 0.8 + 500 \times 0.7 + 600 \times 0.84}{1.1 \times 0.8} \times 4$$
$$= 4790.909 [\text{kVA}]$$

• 답 : 5000[kVA]

(2) ① CT_1의 변류비 산정

CT_1 1차측 전류 : $I_1 = \dfrac{P_a}{\sqrt{3}\,V_2} = \dfrac{5000}{\sqrt{3} \times 6}$

CT_1의 여유배수 적용

$I_1 \times (1.25 \sim 1.5) = \dfrac{5000}{\sqrt{3} \times 6} \times (1.25 \sim 1.5) = 601.401 \sim 721.687 [\text{A}]$

• 답 : CT_1 변류비 선정 : 600/5

② CT_2의 변류비 산정

CT_2의 1차측 전류 $I_1 = \dfrac{P_a'}{\sqrt{3}\,V_2}$ (여기서 P_a'는 A뱅크용량)

$P_a' = \dfrac{125 \times 0.8 + 125 \times 0.8 + 500 \times 0.7 + 600 \times 0.84}{1.1 \times 0.8} = 1197.727 [\text{kVA}]$

$I_1 = \dfrac{1197.727 \times 10^3}{\sqrt{3} \times 400}$

CT_2의 여유배수 적용 : $I_1 \times (1.25 \sim 1.5) = 2160.962 \sim 2593.155 [\text{A}]$

• 답 : CT_2 변류비 선정 : 2000/5 또는 2500/5

수변전 27 필수문제

주어진 도면은 어떤 수용가의 수전 설비의 단선 결선도이다. 도면과 참고 표를 이용하여 물음에 답하시오.

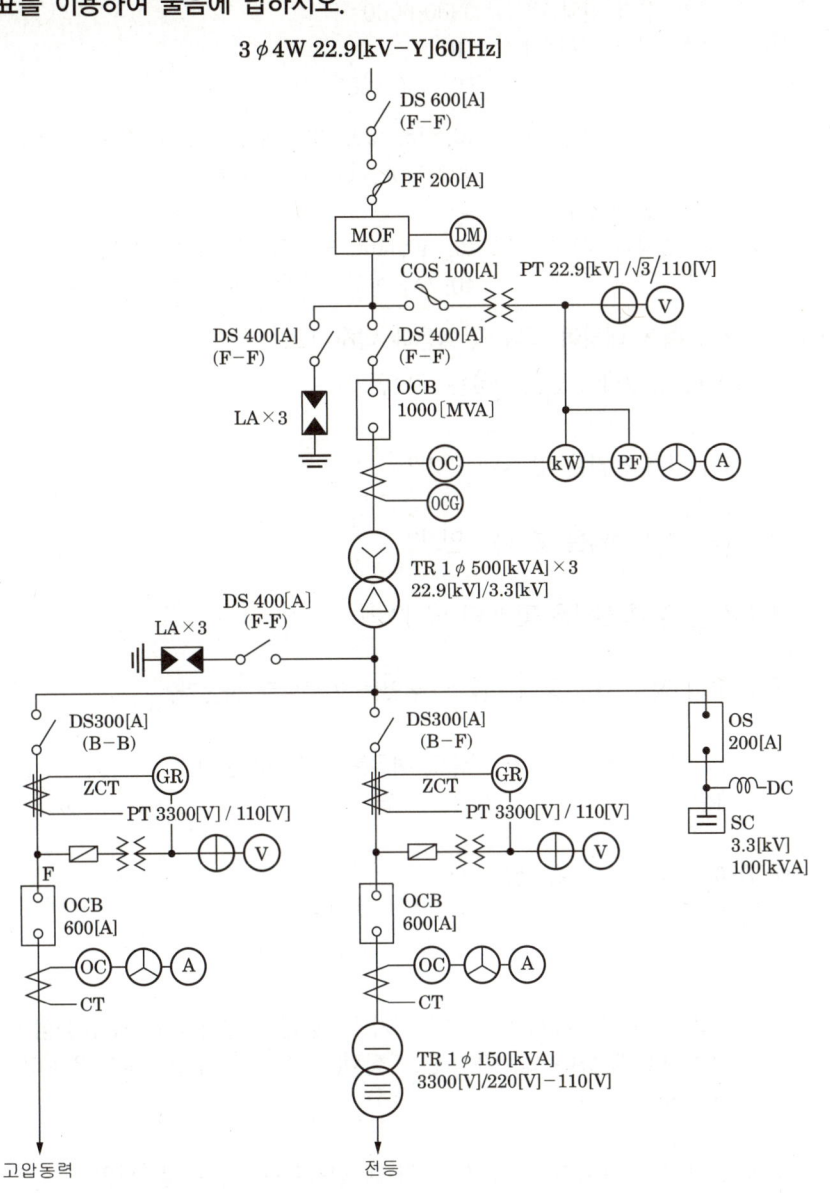

[참고표] 계기용변성기 정격(일반 고압용)

종별	정격	
PT	1차 정격 전압[V]	3300, 6000
	2차 정격 전압[V]	110
	정격 부담[VA]	50, 100, 200, 400
CT	1차 정격 전류[A]	10, 15, 20, 30, 40, 50, 75, 100, 150, 200, 300, 400, 500, 600
	2차 정격 전류[A]	5
	정격 부담[VA]	15, 40, 100 일반적으로 고압 회로는 40[VA] 이하, 저압 회로는 15[VA]이상

(1) 22.9[kV] 측에 대하여 다음 각 물음에 답하시오.

① MOF에 연결되어 있는 ⓓⓜ은 무엇인가?

② DS의 정격 전압은 몇 [kV] 인가?

③ LA의 정격 전압은 몇 [kV] 인가?

④ OCB의 정격 전압은 몇 [kV] 인가?

⑤ OCB의 정격 차단 용량 선정은 무엇을 기준으로 하는가?

⑥ CT의 변류비는?(단, 1차 전류의 여유는 25[%]로 한다.)
 • 계산 : • 답 :

⑦ DS에 표시된 F-F의 뜻은?

⑧ 변압기와 피뢰기의 최대 유효 이격 거리는 몇 [m]인가?

⑨ 그림과 같은 결선에서 단상 변압기가 2부싱형 변압기이면 1차 중성점의 접지는 어떻게 해야 하는가? (단, "접지를 한다", "접지를 하지 않는다"로 쓰시오.)

⑩ OCB의 차단 용량이 1000[MVA]일 때 정격차단전류는 몇 [A]인가?

(2) 3.3[kV]측에 대하여 다음 각 물음에 답하시오.

① 애자 사용 배선에 의한 옥내 배선인 경우 간선에는 몇 [mm²] 이상의 전선을 사용하는 것이 바람직한가?

② 옥내용 PT는 주로 어떤 형을 사용하는가?

③ 고압 동력용 OCB에 표시된 600[A]는 무엇을 의미하는가?

④ 콘덴서에 내장된 DC의 역할은?

⑤ 전등 부하의 수용률이 70[%]일 때 전등용 변압기에 걸 수 있는 부하 용량은 몇 [kW]인가?

[정답]

(1) ① 최대수요전력계
② 25.8[kV]
③ 18[kV]
④ 25.8[kV]
⑤ 단락용량
⑥ 계산 : CT비 선정방법

CT 1차측 전류 : $I_1 = \dfrac{P}{\sqrt{3} \cdot V} = \dfrac{500 \times 3}{\sqrt{3} \times 22.9}$

CT의 여유배수 적용

$I_1 \times 1.25 = \dfrac{500 \times 3}{\sqrt{3} \times 22.9} \times 1.25 = 47.272[A]$

CT 정격을 선정: 50/5
• 답 : 50/5

⑦ 표면 접속
⑧ 20[m]
⑨ 접지를 하지 않는다.
⑩ 계산

차단용량 : $P_s = \sqrt{3} \, V_n I_s \Rightarrow$ 차단전류 $I_s = \dfrac{P_s}{\sqrt{3} \, V_n}$

$I_s = \dfrac{1000 \times 10^3}{\sqrt{3} \times 25.8} = 22377.917[A]$

• 답 : 22377.92[A]

(2) ① 25[mm²]
② 몰드형
③ 정격전류
④ 잔류전하를 방전시켜 감전사고 방지
⑤ 계산

부하용량(설비용량) = $\dfrac{변압기용량[kVA]}{수용률} = \dfrac{150}{0.7} = 214.285[kW]$

• 답 214.29[kW]

> **이해하기**
> 다중접지 계통에서 수전변압기를 단상 2부싱 변압기로 $Y-\Delta$ 결선하는 경우에는 1차측 중성선은 접지하지 아니하고, 부동(Floating)하여야 하며, 변압기 외함만을 중성선과 공동접지한다.

> **이해하기**
> [내선규정 3230-2] 애자사용 배선에 의한 고압 옥내 배선인 경우 간선에는 25mm² 이상의 전선을 사용하는 것이 바람직하다.

수변전 28 필수문제

CT 2대를 V결선하여 OCR 3대를 그림과 같이 연결하여 사용할 경우 다음 각 물음에 답하시오.

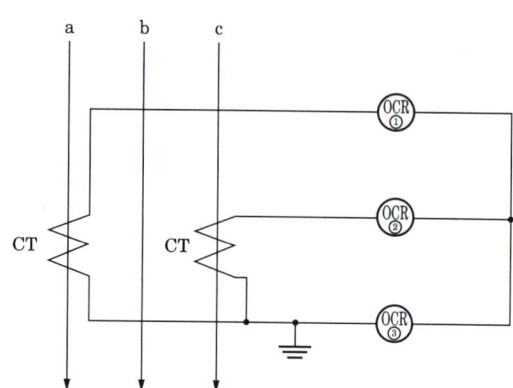

(1) 국내에서 사용되는 CT는 일반적으로 어떤 극성을 사용하는가?
(2) 도면에서 사용된 CT의 변류비가 30:5이고 변류기 2차측 전류를 측정하니 3[A]의 전류가 흘렀다면 수전전력은 몇 [kW]인가? (단, 수전전압은 22900[V]이고 역률은 90[%]이다.)
 • 계산 :   • 답 :
(3) OCR중 ③번 OCR에 흐르는 전류는 어떤 상의 전류인가?
(4) OCR은 주로 어떤 사고가 발생하였을 때 동작하는가?
(5) 통전 중에 있는 변류기 2차측 기기를 교체하고자 할 때 가장 먼저 취하여야 할 조치는 무엇인지를 설명하시오.

정답

(1) 감극성
(2) 계산 $P = \sqrt{3}\, V_1 I_1 \cos\theta$ (단, V_1: 1차측 전압, I_1: 1차측 부하전류, $\cos\theta$: 역률)

1차측 부하전류 $I_1 = CT\,2차측\,전류 \times CT비 = 3 \times \dfrac{30}{5}$

수전전력 $P = \sqrt{3} \times 22900 \times \left(3 \times \dfrac{30}{5}\right) \times 0.9 \times 10^{-3} = 642.556\,[kW]$

 • 답 : 642.56[kW]
(3) b상 (4) 단락사고 (5) CT 2차측을 단락시킨다.

|참고| 가동접속시 전류계에 흐르는 전류

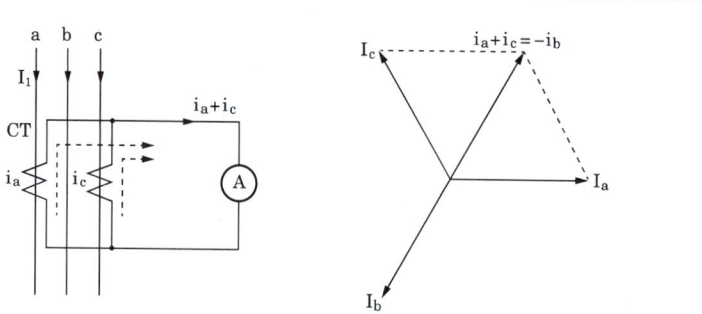

전류계 Ⓐ에 a상과 c상의 전류의 합이 흐르면 그 값은 b상 전류의 크기와 같다

12 전력수급용 계기용변성기(MOF)

> 전력량계를 고전압 선로에 직접 연결하는 것은 어렵기 때문에 전력수급용 계기용변성기 2차측에 전력량계를 접속한다. 고전압·대전류를 저전압·소전류로 변성하여 전력량계에 공급해준다. MOF 내에는 계기용변압기와 변류기가 내장되어 있으며 옥내 수전실 또는 큐비클 등 밀폐된 공간에 설치할 때에는 몰드형을 주로 사용한다.

1 전력수급용 계기용변성기의 역할

PT와 CT를 함께 내장한 함으로써 전력량계에 전원공급을 한다.

단선도용	복선도용

2 전력수급용 계기용변성기의 최소 인출 가닥수

(1) 3상 3선식 6600[V]

3상 3선식 전력 수급용 계기용 변성기에서는 계기용 변압기 2대와 변류기 2대를 그림과 같이 V결선 한다. 변류기와 계기용변압기를 단독으로 설치하는 경우보다 상면적이 작고 오접속을 방지할 수 있는 이점이 있다.

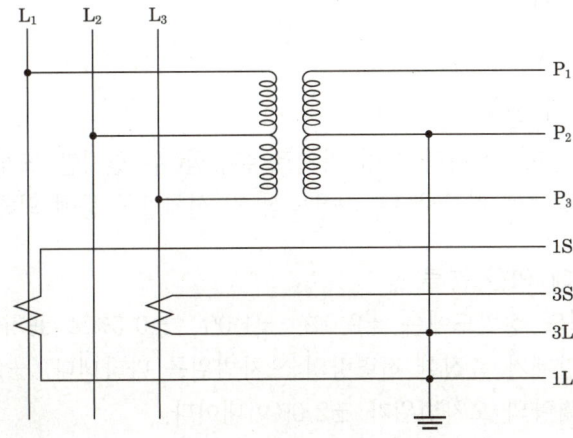

이해하기
- PT단자 : P_1, P_2, P_3
- CT단자 : 1S, 2S, 3S
  1L, 2L, 3L
- 접지단자 : P_0

이해하기
PT비 13200/110[V]=120배
CT비 40/5[A]=8배일 경우 승률은
120×8=9600이 된다. 즉, 계량기를
직독했을 때 1[kWh]는 960[kWh]
라는 뜻이다.

이해하기
전력량계는 부하에서 소비하는
전기에너지의 양을 측정하는 계
량장치로 동작원리에 따라 기계
식(유도원판형)과 전자식이 있다.
근래에 전자식이 점차 증가하는
추세이다. 전력량계에는 전류코
일과 전압코일이 있으며 전류는
직렬로, 전압은 병렬로 연결한다.

암기하기
전력량계의 결선
- 전류코일 : 직렬연결
- 전압코일 : 병렬연결

■ 참고
- 보통전력량계(±2.0%)
  500[kW] 미만의 수용가
- 정밀전력량계(±1.0%)
  500~10000[kW] 수용가

---

(2) 3상 4선식 22900[V]

전력수급용 계기용 변성기는 계기용 변압·변류기라고도 부르며, 전력량계, 무효전력량계, 최대수요전력계와 조합해서 전력수급용으로 사용한다.

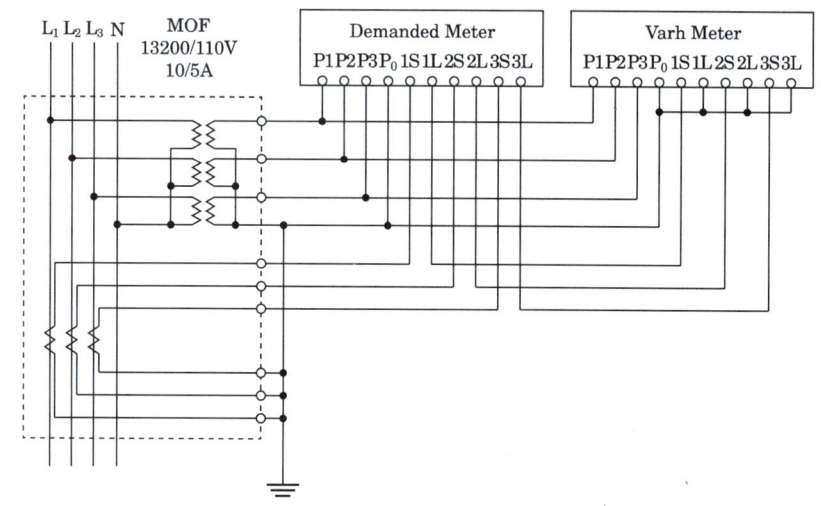

3 MOF의 승률과 1차 전력
- 승률 = PT비 × CT비
- 1차 전력 = 승률 × 2차전력

4 전력량계의 역할
전력량계는 가정용 및 산업용에 사용하여 소비 전력량을 측정하는 계기이다. 전력량계(Watt Hour Meter)로 표기하며 약호로 WHM을 사용하기도 한다. 전력량계는 공급전압과 전류를 곱한 값에 시간이 가산되므로 사용된 전력량을 표시하는 계기이다.

5 전력량계의 분류
전력량계를 용도에 따라 여러 가지로 분류할 수 있지만 크게 정밀도에 의한 분류, 적용회로에 따른 분류, 사용방식 및 설치방식 등에 의해 분류 한다.

(1) 정밀도에 의한 분류

전력량계의 정밀도에는 ±2.0%, ±1.0%, ±0.5%로 표기되어 있는데 이는 전력량계가 측정한 전력량의 오차범위를 나타낸다. ±2.0%의 경우 측정한 전력량의 오차범위가 ±2.0%이내이다.

(2) 적용회로에 따른 분류

간선 방식에 따른 단상 2선식, 3상 3선식, 3상 4선식의 전력량계가 있다.

(3) 사용방식에 의한 분류

사용부하에 직접 연결하여 전력량을 측정하는 단독계기와 전압이 고압일 경우나, 전류량이 전력량계가 측정할 수 있는 범위를 넘는 경우, 계기용 변압기, 변류기기 등을 조합하여 간접적으로 전력량을 측정하는 변성기 부 계기로 분류할 수 있다.

|참고| 전력량계 정격전류에서 40(10)A의 의미

정격 전류라 함은 괄호 밖 40을 말하며 이는 최대 부하 전류를 40[A]까지 적용할 수 있다는 의미이다. 괄호 안의 10은 KS규격상의 기준 전류라 KS규격에 계기를 구분하는 기준이 되는 값이다. 괄호 안의 숫자(기준전류)와 괄호 밖의 숫자(정격전류)의 배수를 가지고 II형(200%), III형(300%), IV형(400%)으로 구분하고 있으며, 아래와 같은 전류 범위에서 계기가 갖고 있는 오차를 보증한다는 의미이다.

II형 계기	(1/20 ×정격전류) ~ (정격전류)
III형 계기	(1/30 ×정격전류) ~ (정격전류)
IV형 계기	(1/40 ×정격전류) ~ (정격전류)

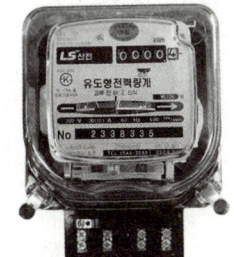

예를 들어 60(20)[A]는 III형 계기이고(정격전류가 기준전류의 3배), 60[A]는 정격전류로 이는 최대 사용할 수 있는 전류치이며, 주어진 오차를 만족하는 최소 전류범위는 2[A] (1/30 ×60[A])이다. 2[A] 이하에서도 사용할 수는 있으나, 2[A] 이하에서는 오차를 시험하지 않는다는 의미이다.

계약전력[kW]					계기용량[A]	
단상 2선 110V	단상 3선 110/220V	단상 2선 220V	3상 3선 200V	3상 4선 220/380V	III형	IV형
2	5	5	9	17	30(10)	–
3	7	7	12	23	–	40(10)
(5)	(11)	(11)	(18)	(35)	60(20)	–
11	23	23	37	71	120(40)	120(30)

이해하기

전력량계 명판 및 외부 구조
- 정밀도를 나타내고 2.0급 (오차율 ±2%이내)
- 품질보증기간
- 전력량계 사용량
- 계량기의 전기방식
- 각 제조사의 고유 모델명
- 회전원판
- 전력량계의 정격전압, 정격전류, 주파수
- 계기정수[rev/kWh](1[kWh]를 측정하는 데 소요되는 원판 회전 수)
- 제조 날짜

Chapter 02 수변전설비

6 전력량계의 결선

(1) 단독계기 결선(변성기를 사용하지 않은 경우)

■ 참고

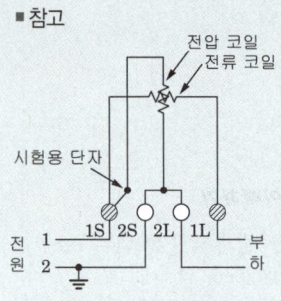

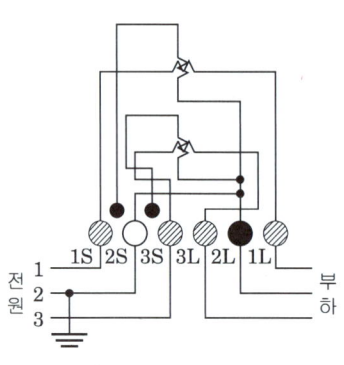

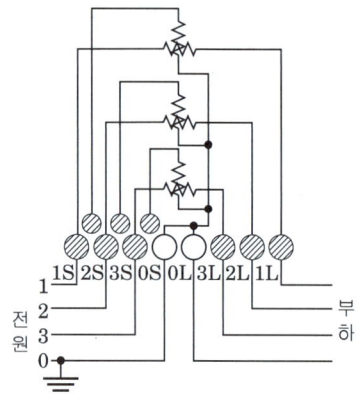

(2) 계기용 변성기 부속 결선(변성기를 사용하는 경우)

- 단상 2선식

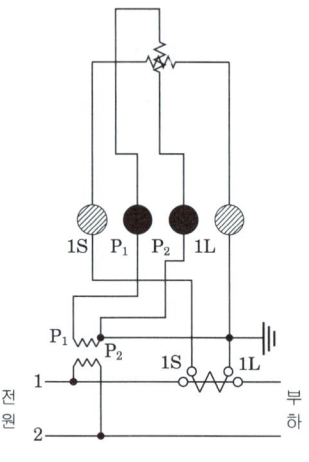

- 3상 3선식, 단상 3선식

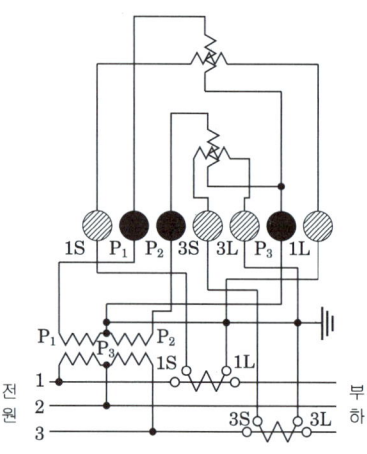

- 3상 4선식

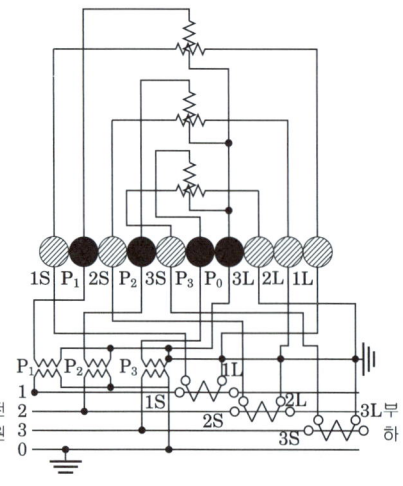

- ◌ : 접지하지 아니한 측의 전선에 접속하는 단자. 즉, 전류 코일이 접속되는 단자를 표시, 실제로는 황색으로 표시하고 있다.

- ● : 변성기 사용계기에서 전압 코일에 접속되는 단자를 표시, 실제로는 적색으로 표시하고 있다.

수변전 29 　필수문제

답안지의 그림은 3상 4선식 전력량계의 결선도를 나타낸 것이다. PT와 CT를 사용하여 미완성 부분의 결선도를 완성하시오.

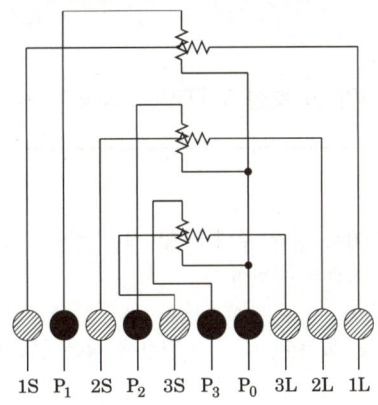

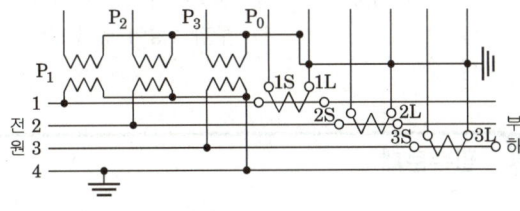

정답

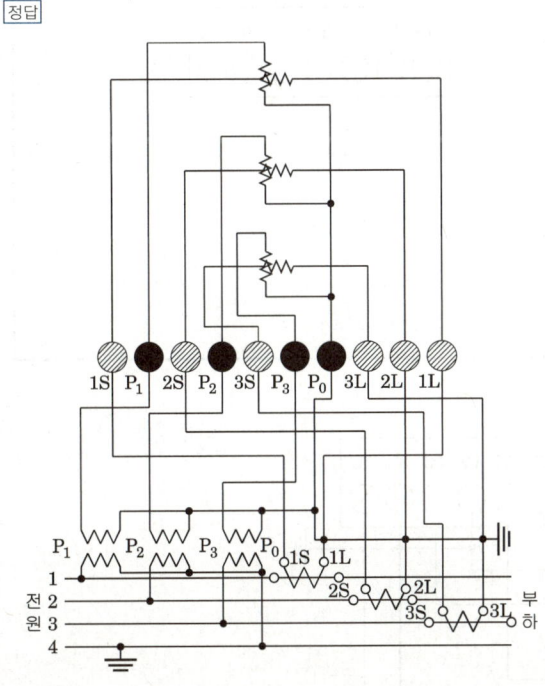

이해하기

유도형 전력량계에 전원을 인가하면, 내부에 있는 전압코일과 전류코일에 자속이 발생하여 이 자속의 영향으로, 원판이 회전을 하게 된다. 이 상태에서 부하를 차단하게 되면(무부하) 제동자석에 의해 제어는 되지만 원판의 회전력 및 잔여잔류로 인해 느린 속도로 원판이 회전을 하게 된다. 이러한 현상을 잠동(Creeping)이라 한다. 원어로 creep이라는 의미가 '살금살금 움직이다' 라는 뜻이다. 부하를 걸지 않았음에도 불구하고 원판이 움직인다면 전력 사용자의 전력 사용 요금도 이에 따라 증가할 것이다. 현재 기술이 발달하여 잠동방지 장치가 달린 전력량계도 생산되고 있다.

■ 참고
- S, L 단자는 CT와 연결되는 단자이다.
- P_1, P_3는 PT와 연결되는 단자이다.
- P_2, 1L, 2L 단자들은 모두 공통 접지한다.

수변전 30 필수문제

교류용 적산전력계에 대한 다음 각 물음에 답하시오.

(1) 잠동(creeping) 현상에 대하여 설명하고 잠동을 막기 위한 유효한 방법을 2가지만 쓰시오.

(2) 적산전력계가 구비해야 할 특성 5가지만 쓰시오.

[정답]

(1) ① 잠동 : 무부하 상태에서 정격 주파수 및 정격 전압의 110[%]를 인가하여 계기의 원판이 1회전 이상 회전하는 현상
② 방지대책
- 원판에 작은 구멍을 뚫는다.
- 원판에 작은 철편을 붙인다.

(2) 구비해야 할 특성
① 옥내 및 옥외에 설치가 적당한 것 ② 온도나 주파수 변화에 보상이 되도록 할 것
③ 기계적 강도가 클 것 ④ 부하특성이 좋을 것
⑤ 과부하 내량이 클 것

수변전 31 필수문제

다음 그림과 같은 3상 3선식 전력량계의 미완성 결선도를 완성하시오.

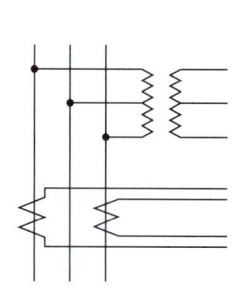

[정답]

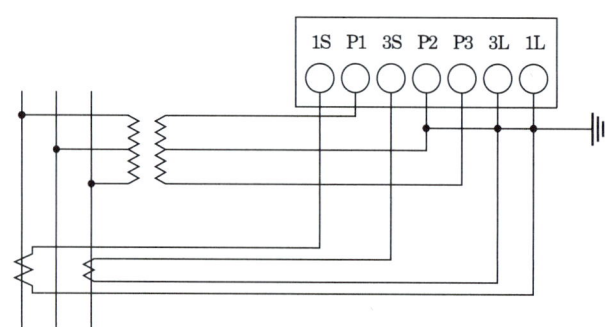

수변전 32 필수문제

그림은 3φ4W Line에 WHM을 접속하여 전력량을 적산하기 위한 결선도이다. 다음 물음에 답하여라.

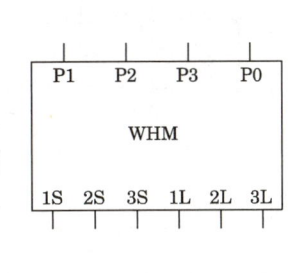

(1) WHM가 정상적으로 적산이 가능하도록 변성기를 추가하여 결선도를 완성하여라.

(2) 필요한 PT비율은?

(3) 이 WHM의 계기 정수는 2000[Rev/kWh]이다. 지금 부하 전류가 150[A]에서 변동없이 지속되고 있다면 원판의 1분간의 회전수는? (단, CT비 : 300/5[A], $\cos\theta=1$, 50[%] 부하시 WHM로 흐르는 전류는 2.5[A]임)

(4) WHM의 승률은? (단, CT비는 300/5, rpm=계기 정수×전력)

| 참고 |

- 원판의 1분간 회전수: $\dfrac{\sqrt{3}\ VI\cos\theta \times 10^{-3} \times k}{60}$
- 원판의 1초간 회전수: $\dfrac{\sqrt{3}\ VI\cos\theta \times 10^{-3} \times k}{3600}$
- 위 식에서 V: 선간전압(190[V]), I: 부하전류(2.5[A]) 이다.

[정답]

(1)

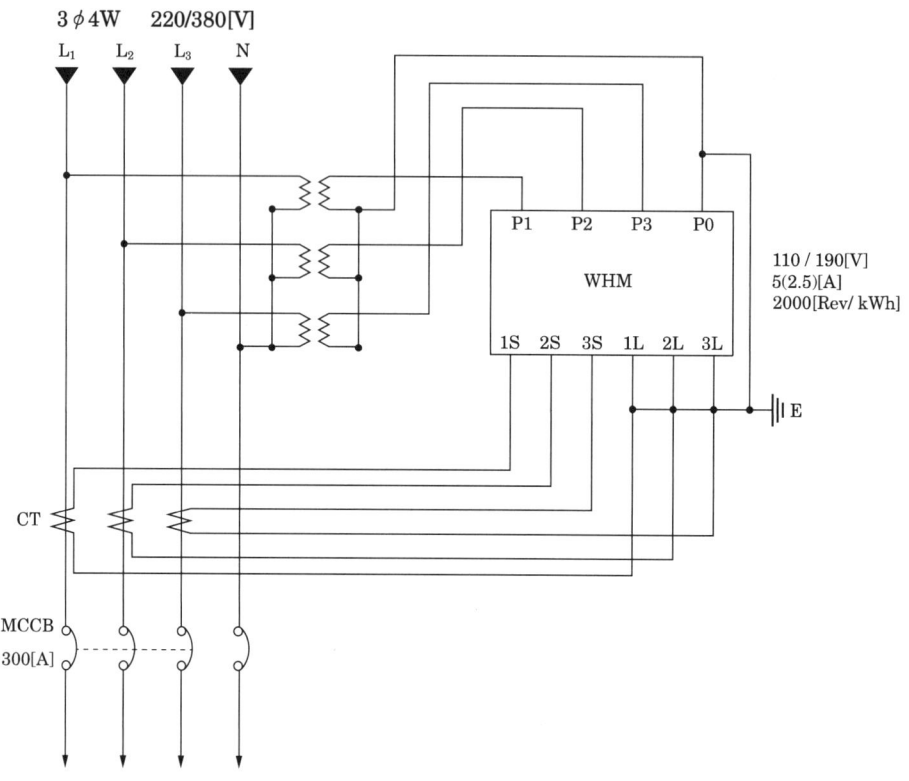

(2) PT 비 $= \dfrac{220}{110}$

(3) 원판의 1분간 회전수
$= \dfrac{\sqrt{3}\,VI\cos\theta \times 10^{-3} \times k}{60} = \dfrac{\sqrt{3} \times 190 \times 2.5 \times 10^{-3} \times 2000}{60} = 27.424$
- 답: 27.42[회]

(4) 계산 : 승률 $= PT \times CT = \dfrac{220}{110} \times \dfrac{300}{5} = 120$
- 답 : 120

13 접지형 계기용변압기(GPT)

고압의 가공선 계통이나 소규모 케이블 계통에서 주로 사용했던 비접지 방식은 계통의 중성점을 접지하지 않는 방식이다. 비접지 방식은 지락사고시 지락전류를 검출하기 어렵다. 따라서 지락사고시 발생하는 영상전압을 접지형 계기용변압기로 검출하여 선로를 보호한다.

1 접지형 계기용변압기의 역할

1선 지락사고시 영상전압을 검출한다. 3상 접지형 계기용변압기 또는 단상의 계기용변압기 3대를 사용한다.

(1) 고압 비접지 계통

고압 비접지 계통에서는 GPT를 이용한 영상전압으로 OVGR과 ZCT의 조합으로 SGR를 설치하여 보호한다. 소규모의 단독회로에는 GR를 사용하기도 한다.

(2) 저압 비접지 계통

저압 비접지 계통에서는 GPT를 이용한 영상전압으로 OVGR, 접지형 콘덴서와 ELB를 설치, GPT와 ZCT를 이용한 SGR, GPT+OVGR+SGR을 직렬로 연결하여 방향성을 갖게 하는 방법 등이 있다.

2 6600[V] 접지형 계기용변압기

(1) 결선방법

접지계통에는 크게 직접접지방식과 비접지방식으로 나눌 수 있으며 비접지계통의 지락보호에는 방향지락계전기, 지락과전압계전기가 사용되고 있다.

1차측 권선	Y결선하며 중성점을 접지한다.
2차측 권선	Y결선하며 중성점을 접지하고 계기용변압기처럼 사용한다.
3차측 권선	오픈델타(브로큰델타)결선을 하고 영상전압을 검출한다.

■ 참고
- GPT : 접지형 계기용변압기
- SGR : 선택지락계전기
- ZCT : 영상 변류기
- ELB : 누전차단기
- OVGR : 지락 과전압계전기

이해하기

정상시 1차측 상전압은 $6600/\sqrt{3}$ [V]이고 3차측 상전압은 $110/\sqrt{3}$ [V]이다. 3차측 권선의 램프는 $110/\sqrt{3}$ [V] 전압이 가해져서 엷은 빛이 난다.

이해하기

GPT 2차측 정격은 $110/\sqrt{3}$ ~ $190/\sqrt{3}$ 을 사용하고 있다.

이해하기

a상이 완전지락될 경우 a상의 전위는 0[V]가 된다. 이때 건전상인 b상과 c상의 전위는 $\sqrt{3}$ 배 증가된다. 즉 1차 b상과 c상의 전위는 6600[V]이다.
 3차측 a상의 전위도 0[V]가 된다. 1차측과 마찬가지로 3차측 b상과 c의의 전위도 $\sqrt{3}$ 배 증가되어 전위는 110[V]가 된다. 이때 램프의 상태는 a상의 전위는 0[V]이므로 a상의 램프는 소등되지만 b상과 c상의 램프는 전위상승으로 인해 더욱 밝아져서 지락상을 쉽게 식별할 수 있다. 3차측 권선의 개방단 전압은 영상전압의 3배인 190[V]까지 상승한다. 이 영상전으로 계전기등이 지락사고를 검출한다.

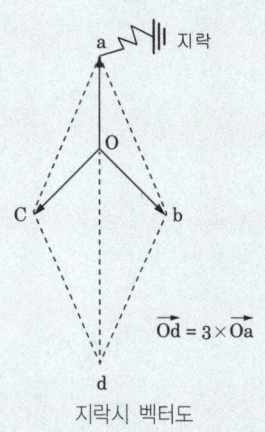

지락시 벡터도

(2) 정상시 접지형 계기용변압기 정격전압

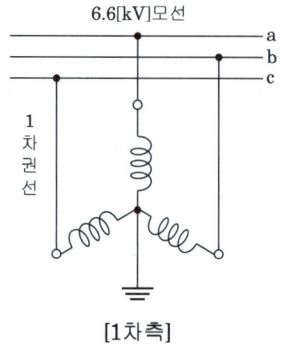

[1차측]

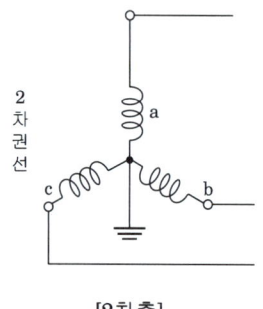

[2차측]

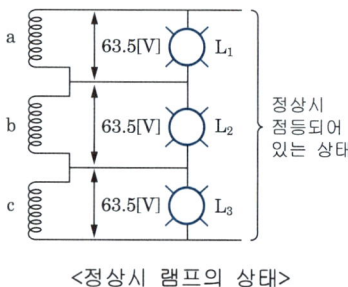

<정상시 램프의 상태>

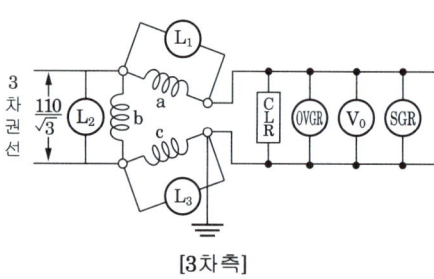

[3차측]

(3) a상 완전지락시 접지형 계기용변압기의 영상전압

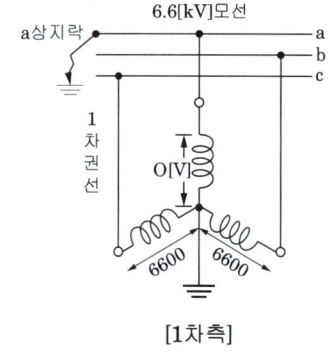

[1차측]

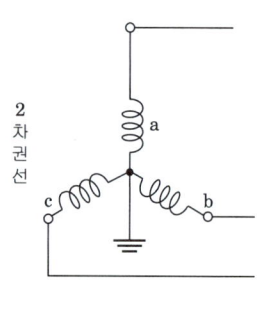

[2차측]

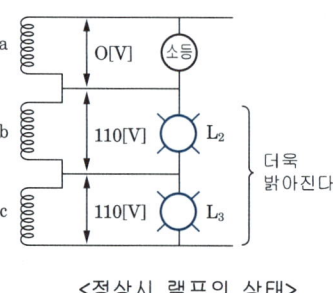

<정상시 램프의 상태>

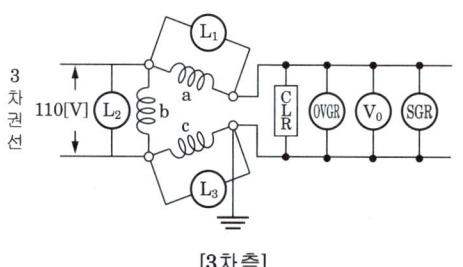

[3차측]

3 전류제한 저항기(CLR: Current Limited Resistance)

비접지 방식에서 GPT의 2차, 3차측에 설치하여 SGR, OVGR의 동작에 필요한 영상전압 및 지락 유효전류를 검출하기 위하여 사용된다.

> **암기하기**
>
> CLR의 사용 목적
> - 방향지락계전기 동작에 필요한 유효전류의 공급
> - GPT 3차측 Open Delta 결선에서 제3고조파 발생 방지
> - 중성점전위 불안정 현상 억제

4 지락 과전압계전기(OVGR : Over Voltage Ground Relay)

전압의 크기가 일정치 이상으로 되었을 때 동작하는 계전기이며 지락사고 시 발생되는 영상전압의 크기에 응동하도록 한 것을 특히 지락 과전압계전기라 한다.

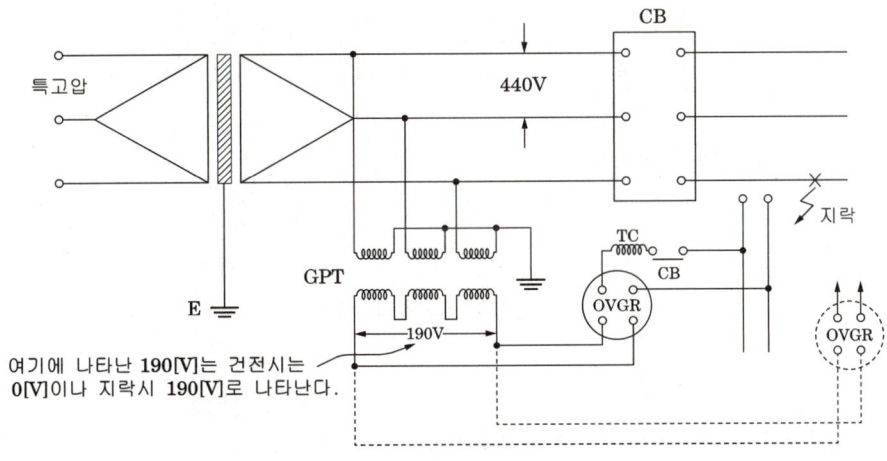

GPT와 OVGR을 이용한 지락보호 방식

5 선택지락계전기(SGR : Selective Ground Relay)

선택지락계전기는 GPT에서 영상전압과 ZCT에서 영상전류를 공급받아서 그 위상차에 의해서 동작하는 원리의 방향성 보호계전기이다.

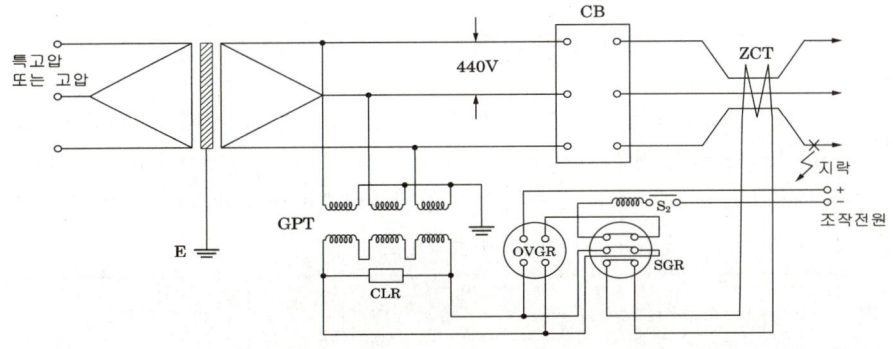

GPT와 OVGR+SGR을 이용한 지락보호 방식

- 참고
  영상 전압계의 외형

6 영상 전압계(Zero Volt Meter)

비접지계통에서 발생하는 지락전압을 나타내는 지시계기이다. GPT에서 검출한 지락전압을 나타낸다.

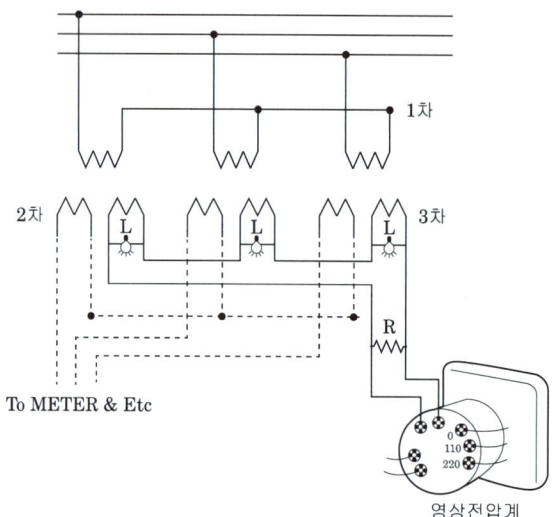

영상 전압계접속 그림

| 참고 | Y결선 잔류회로법 [영상전류 검출법]

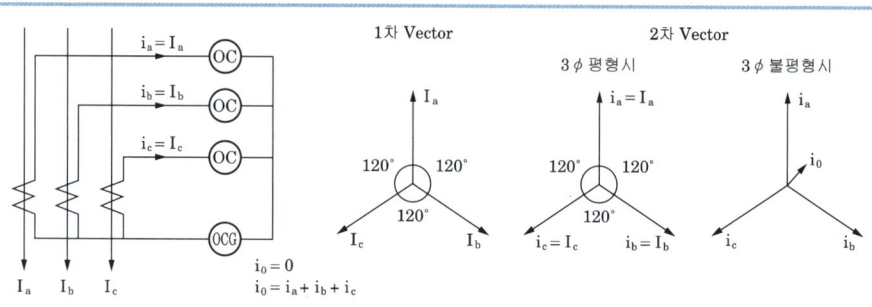

정상적인 결선시 (단, CT비를 1:1로 가정함)

3상 평형된 부하전류 $I_a = I_b = I_c$가 선로에 흐를 경우엔 CT 2차에도 이의 Vector합의 전류 $i_0 + ia + ib + ic = 0$인 전류가 OCGR에 흐른다. 즉, 전류가 OCGR엔 흐르지 않지만 부하가 불평형시에는 $i_0 + ia + ib + ic > 0$의 전류가 영상회로에 흘러 이 값이 OCGR의 정정치 이상이면 계전기의 한시 동작요소가 동작하여 트립된다.

수변전 33 필수문제

그림과 같은 수변전 결선도를 보고 다음 물음에 답하시오.

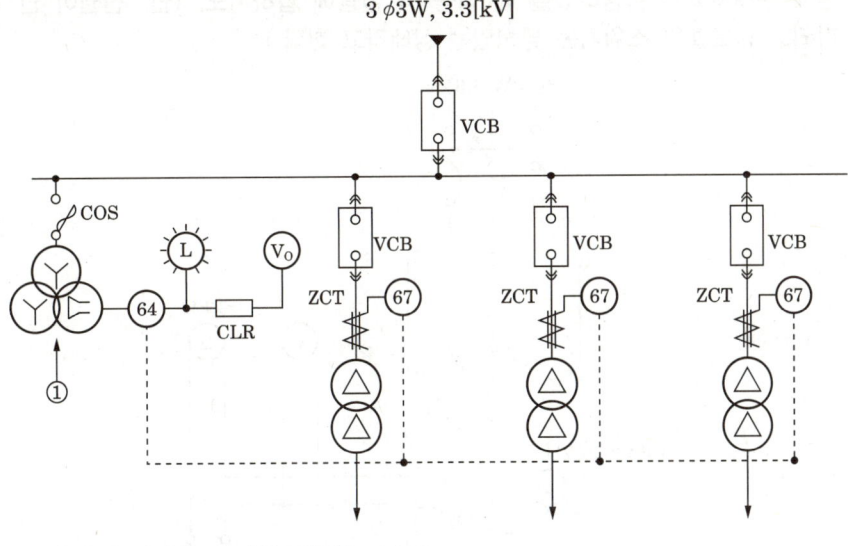

(1) ①번에 알맞은 기기의 명칭을 쓰시오.

(2) 위 배전계통의 접지방식을 쓰시오.

(3) 도면에서 CLR의 명칭을 쓰시오.

(4) 위 도면에서 계전기 67의 명칭을 쓰시오.

[정답]
(1) 접지형 계기용변압기
(2) 비접지방식
(3) 한류저항기
(4) 지락방향계전기

|참고| 개방 △결선(Broken Delta Connection)

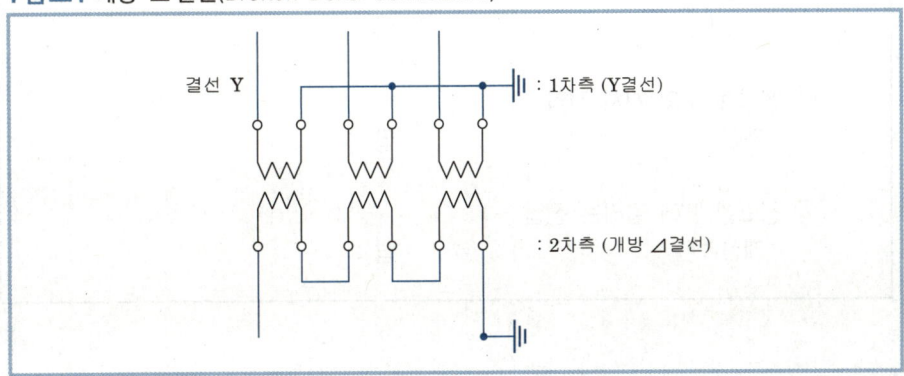

수변전 34 　 필수문제

고압선로에서의 접지사고 검출 및 경보장치를 그림과 같이 시설하였다. A선에 누전사고가 발생하였을 때 다음 각 물음에 답하시오. (단, 전원이 인가되고 경보벨의 스위치는 닫혀있는 상태라고 한다.)

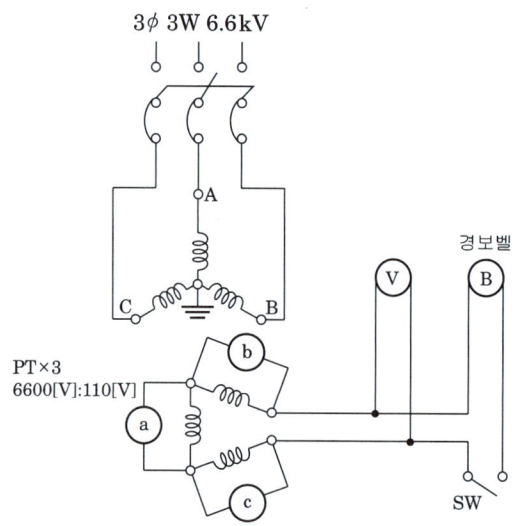

(1) 1차측 A선의 대지 전압이 0[V]인 경우 B선 및 C선의 대지 전압은 각각 몇 [V]인가?
　① B선의 대지전압
　　• 계산 :　　　　　　　　　　　• 답 :
　② C선의 대지전압
　　• 계산 :　　　　　　　　　　　• 답 :

(2) 2차측 전구 ⓐ의 전압이 0[V]인 경우 ⓑ 및 ⓒ 전구의 전압과 전압계 Ⓥ의 지시 전압, 경보벨 Ⓑ에 걸리는 전압은 각각 몇 [V]인가?

　① ⓑ 전구의 전압
　　• 계산 :　　　　　　　　　　　• 답 :

　② ⓒ 전구의 전압
　　• 계산 :　　　　　　　　　　　• 답 :

　③ 전압계 Ⓥ의 지시 전압
　　• 계산 :　　　　　　　　　　　• 답 :

　④ 경보벨 Ⓑ에 걸리는 전압
　　• 계산 :　　　　　　　　　　　• 답 :

[정답]

(1) ① B선의 대지전압

· 계산 : $\dfrac{6600}{\sqrt{3}} \times \sqrt{3} = 6600[\text{V}]$ · 답 : 6600[V]

② C선의 대지전압

· 답 : $\dfrac{6600}{\sqrt{3}} \times \sqrt{3} = 6600[\text{V}]$ · 답 : 6600[V]

(2) ① ⓑ 전구의 전압

· 계산 : $\dfrac{110}{\sqrt{3}} \times \sqrt{3} = 110[\text{V}]$ · 답 : 110[V]

② ⓒ 전구의 전압

· 답 : $\dfrac{110}{\sqrt{3}} \times \sqrt{3} = 110[\text{V}]$ · 답 : 110[V]

③ 전압계 Ⓥ의 지시 전압

· 답 : $\dfrac{110}{\sqrt{3}} \times 3 = 190.525[\text{V}]$ · 답 : 190.53[V]

④ 경보벨 Ⓑ에 걸리는 전압

· 답 : $\dfrac{110}{\sqrt{3}} \times 3 = 190.525[\text{V}]$ · 답 : 190.53[V]

▶ **이해하기**

고장전(지락사고 전)의 2차측 (오픈△측) a상, b상, c상의 전위는 $110/\sqrt{3}[\text{V}]$가 걸려 있다. 즉, 정상시 2차측의 각 전구는 점등되어 있는 상태이다. 고장시 각 상의 전위상승은 $\sqrt{3}$배 상승하며, 개방단은 선간 전압이 걸리게 되어 190.53[V]가 된다. 각 상의 전위상승으로 인해 건전상 (위 문제의 경우 b, c상)의 등기구의 밝기는 더욱 밝아진다.

수변전 35 · 필수문제

주변압기가 3상 △결선(6.6[kV] 계통)일 때 지락사고시 지락보호에 대하여 답하시오.

(1) 지락보호에 사용하는 변성기 및 계전기의 명칭을 쓰시오.
  ① 변성기
  ② 계전기

(2) 영상전압을 얻기 위하여 단상 PT 3대를 사용하는 경우 접속 방법을 간단히 설명하시오.

[정답]

(1) ① 변성기 : 접지형 계기용변압기(GPT), 영상 변류기(ZCT)
    ② 계전기 : 지락방향 계전기(DGR), 선택지락 계전기(SGR), 지락과전압 계전기(OVGR)

(2) 3대의 단상 PT를 사용하여 1차측을 Y결선하여 중성점을 직접접지하고, 2차측은 개방 △결선(Broken Delta Connection) 한다.

수변전 36 필수문제

비접지선로의 접지전압을 검출하기 위하여 그림과 같은 (Y-개방 △) 결선을 한 GPT가 있다.

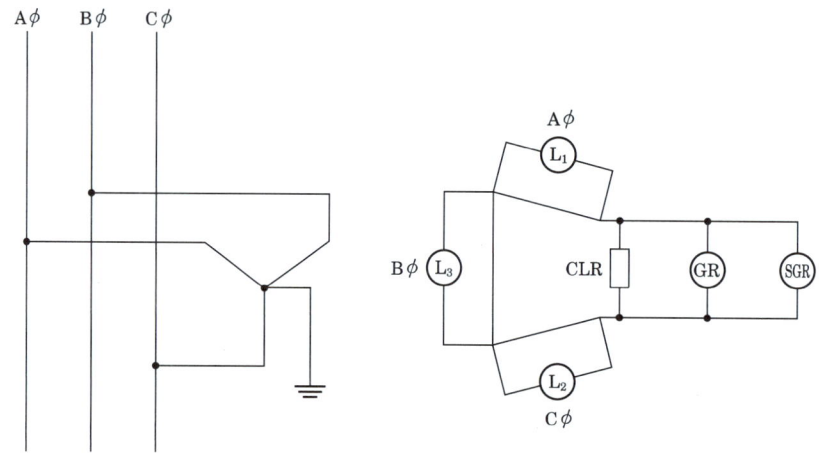

(1) $A\phi$고장시(완전지락시) 2차 접지표시등 L_1, L_2, L_3의 점멸과 밝기를 비교하시오.

(2) 1선 지락사고시 건전상의 대지 전위의 변화를 간단히 설명하시오.

(3) GR, SGR의 우리말 명칭을 간단히 쓰시오.

　• GR : ＿＿＿＿＿＿＿＿＿＿＿＿＿＿＿
　• SGR : ＿＿＿＿＿＿＿＿＿＿＿＿＿＿＿

[정답]

(1)

	점멸	밝기
L_1	소등	어둡다
L_2, L_3	점등	더욱 밝아진다

(2) 건전상의 대지전위는 $\dfrac{110}{\sqrt{3}}$ [V]이나 1선 지락사고시 전위가 $\sqrt{3}$ 배로 증가하여 110[V]가 된다.

(3) GR : 지락 계전기
　　SGR : 선택지락 계전기

14 차동계전기(Differential Current Relay:DCR)

차동계전기는 복수의 같은 종류의 전기량 벡터차를 검출해서 동작하는 차동계전방식에 사용되는 계전기이다. 한편, 비율차동계전기는 보호구간에 유입하는 전류와 보호구간에서 유출하는 전류의 벡터차와 출입하는 전류와의 관계비로 동작하는 계전기이다. 변압기, 발전기, 모선 등을 보호하는데 사용된다.

1 전류차동계전기의 역할 및 원리

(1) 역할

변압기, 발전기 등의 내부단락 및 지락고장을 검출한다. 한편 외부고장 시(보호범위 外)에는 변류기 상호를 환류하거나 차동회로에는 흐르지 않기 때문에 차동계전기는 동작 하지 않는다.

(2) 전류차동계전기의 원리

CT의 2차 전류 i_1, i_2 의 크기를 같게 해두면 차전류 I_d 는 $I_d = i_1 - i_2 = 0$ 이다. 내부사고 시에는 $I_d = i_1 - i_2 \neq 0$ 이며 차전류가 흘러 계전기가 동작한다.

2 비율차동계전기의 구조와 기능

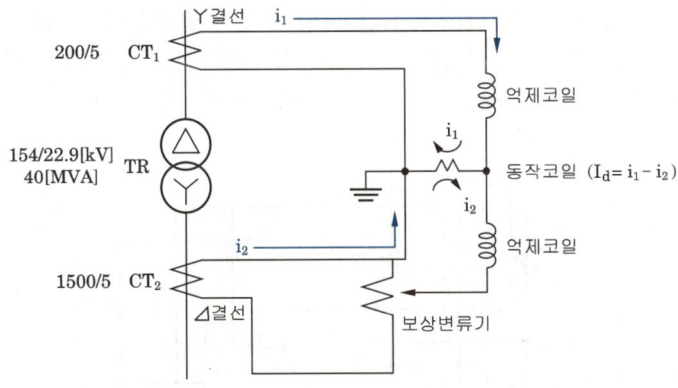

(1) 동작코일

변압기 내부단락, 지락사고시 1차와 2차의 전류차로 동작하여 차단기를 개로한다. I_d의 값이 계전기의 동작값을 초과하면 계전기를 동작한다. 한편, 비율차동계전기에서는 통과전류에 대한 차전류의 비율이 일정치 이상이 되었을 때 동작한다. 이른바 비율특성으로 되어 있다.

▶ 출제 Point
★★★★★

▶ 이해하기

차동계전방식에는 대게의 경우 전류차동형이 사용된다. 그러나 실제의 계통에서는 변류기의 특성차, 잔류자속 크기의 차이, 2차 부담의 차이 등에 기인하는 양단의 변류기의 오차 때문에 오동작의 원인이 된다. 이 오동작을 피하기 위하여 비율차동계전기를 사용한다.

▶ 암기하기

비율차동계전기 요소
- 동작코일
  변압기 고장시 1차와 2차의 전류차의 비율로 동작하여 차단기를 개로시켜 선로 및 기기를 보호한다.
- 억제코일
  비율차동계전기의 오동작을 방지한다.

> **이해하기**
> 비율차동계전기는 동작코일 이외에 유입전류 또는 유출전류에 상당하는 변류기 2차 전류에 의해 동작을 억제하는 억제코일이 있다.

(2) 억제코일
외부 사고시 과대 전류가 동작코일에 흐르더라도 억제코일 전류에 대한 비율이 어떤 값(30[%])이상이 되어야만 동작하기 때문에 이 전류를 30[%]로 억제시킨다. 비율차동계전기는 변류기의 오차에 기인하는 전류가 동작코일에 흘러도 동작코일에 의해 생기는 동작토크가 억제코일을 통과하는 전류에 의해 생기는 억제토크를 상회하지 않는 한 동작하지 않는다.

(3) 보상변류기
주 변압기 1차 전압과 2차 전압의 크기가 다르기 때문에 전류 차동계전기 2차에 흐르는 전류의 크기도 달라진다. 이 전류의 크기를 같게 하기 위하여 내부 또는 외부에 보상 CT를 설치하여 1차와 2차의 전류차를 보상한다.

3 비율차동계전기에 사용되는 변류기의 결선방법
변압기 2차측이 Y결선이면 변류기 2차는 Δ결선하며, 변압기 2차측이 Δ결선이면 변류기 2차는 Y결선한다. Y−Δ 결선의 변압기 1·2차간에는 30°의 위상차가 나타나게 된다. 이렇게 위상차가 나는 전류를 그대로 CT를 통과하여 연결하면 전류의 벡터합 또는 차에 의해서 정상시 동작코일에 전류가 흘러 비율차동계전기가 오동작 한다.

4 비율차동계전기 결선도
정상적인 운전상태에서는 변압기 1차측과 2차측의 부하전류는 차동회로에서 거의 흐르지 않는다. 여기서 주의할 것은 변압기 결선을 Y−Δ로 하였으므로 1차측과 2차측은 30°의 위상차가 발생한다. 따라서 변류기의 결선을 1차측은 Δ, 2차측은 Y로 접속하면 차동 계전기의 입력전류는 동상이 된다.

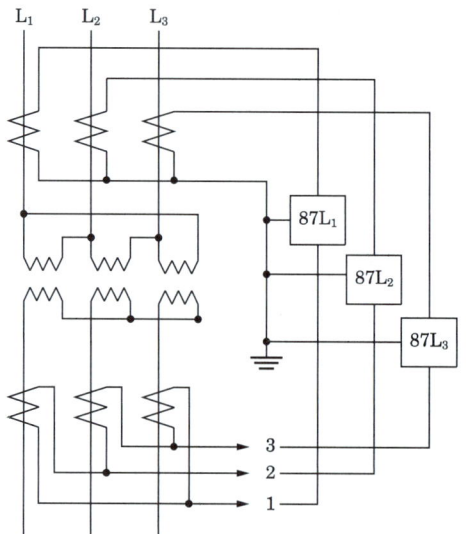

5 비율차동계전기 변류기(CT_1/CT_2) 2차 측에 흐르는 전류

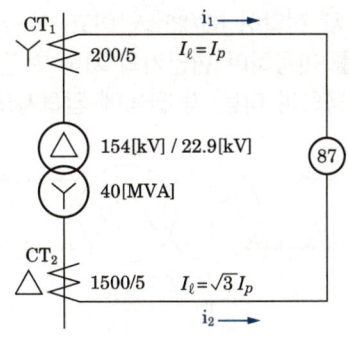

- CT_1의 결선이 Y결선이므로 상전류와 선전류는 같다.

$$i_1 = \frac{40 \times 10^3}{\sqrt{3} \times 154} \times \frac{5}{200} = 3.75[A]$$

- CT_2의 결선은 Δ결선이므로 2차측에 흐르는 선전류는 상전류의 $\sqrt{3}$ 배이다.

$$i_2 = \frac{40 \times 10^3}{\sqrt{3} \times 22.9} \times \frac{5}{1500} \times \sqrt{3} = 5.82[A]$$

|참고| 비율차동계전기 동작

만일 고압측의 T상 내부 1선 지락사고가 발생하면 ①과 ③번의 차동 계전기가 동시에 동작한다. 마찬가지로 R상 내부 1선지락 사고시는 ①번과 ②번의 차동 계전기가 동시에 동작하고 S상 내부 1선지락 사고시는 ②번과 ③번의 차동 계전기가 동시에 동작한다.

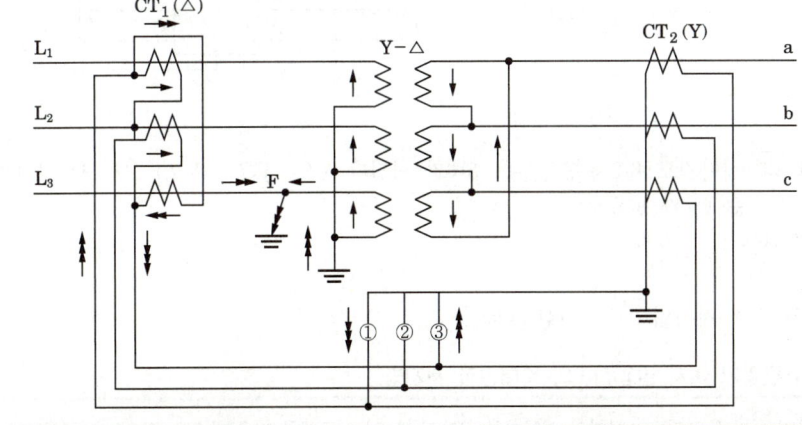

수변전 37 필수문제

답안지의 그림은 1, 2차 전압이 66/22[kV]이고, Y-△ 결선된 전력용 변압기이다. 1, 2차에 CT를 이용하여 변압기의 차동 계전기를 동작시키려고 한다. 주어진 도면을 이용하여 다음 각 물음에 답하시오.

(1) CT와 차동 계전기의 결선을 주어진 도면에 완성하시오.
(2) 1차측 CT의 권수비를 200/5로 했을 때 2차측 CT의 권수비는 얼마가 좋은지를 쓰고, 그 이유를 설명하시오.
(3) 변압기를 전력 계통에 투입할 때 여자 돌입 전류에 의해 차동 계전기의 오동작을 방지하기 위하여 이용되는 차동 계전기의 종류(또는 방식)를 한 가지만 쓰시오.
(4) 우리나라에서 사용되는 CT의 극성은 일반적으로 어떤 극성의 것을 사용하는가?

정답

(1) CT의 결선은 1차 및 2차 전류의 크기 및 각 변위를 일치시키기 위해서 변압기의 결선과 반대로 한다. 즉, 변압기가 Y-△일 경우, CT는 △-Y로 결선한다.

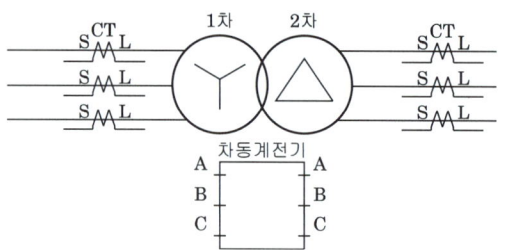

(2) 변압기의 1, 2차 전압의 비는
$a = \dfrac{V_1}{V_2} = \dfrac{66}{22} = 3$ 2차측 전압
이 3배 작아지므로 2차측 전류는 3배가 커진다. ($P = V_1 I_1 = V_2 I_2$) 그러므로 1차측보다 3배 큰 CT가 필요하다.
∴ $\dfrac{200}{5} \times 3 = \dfrac{600}{5}$

(3) 비대칭파 저지법   (4) 감극성

|참고| 변압기 여자 돌입전류와 비대칭파 저지법

- 변압기 여자 돌입전류 : 무부하 변압기를 전압이 0° 시에 투입할 경우 자속은 급변하고 철심 포화로 여자임피던스가 급감하며 과도적인 돌입전류가 흐른다. 이 전류를 여자 돌입전류라 한다.
- 비대칭파 저지법 : 여자 돌입전류는 비대칭파이므로 파형이 비대칭파일 때는 동작을 저지하여 보호계전기의 오동작을 방지하는 방법이다.

수변전 38 　필수문제

발전소 및 변전소에 사용되는 다음 각 모선보호방식에 대하여 설명하시오.

• 전류 차동계전방식 :

• 전압 차동계전방식 :

• 위상 비교계전방식 :

• 방향 비교계전방식 :

[정답]

- 전류 차동방식 : 모선 내 고장에서는 모선에 유입하는 전류의 총계와 유출하는 전류의 총계가 서로 다르다는 것을 이용해서 고장 검출을 하는 방식이다.
- 전압 차동계전방식 : 모선 내 고장에서는 계전기에 큰 전압이 인가되어서 동작하는 방식이다.
- 위상 비교계전방식 : 모선에 접속된 각 회선의 전류 위상을 비교한다. 보호구간 양단의 고장전류 위상이 내부고장시에는 동상이고, 외부고장시에는 역위상이 되는 것을 이용한 방식이다.
- 방향 비교계전방식 : 모선에 접속된 각 회선에 전력방향계전기 또는 거리방향계전기를 설치하여 모선으로부터 유출하는 고장 전류가 없는데 어느 회선으로부터 모선 방향으로 고장 전류의 유입이 있는지 파악하여 모선 내 고장인지 외부 고장인지를 판별하는 방식이다.

수변전 39   필수문제

그림은 발전기의 상간 단락 보호 계전 방식을 도면화한 것이다. 이 도면을 보고 다음 각 물음에 답하시오.

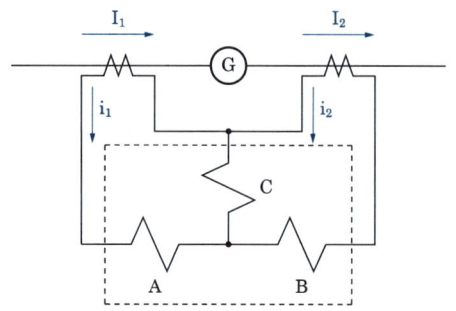

(1) 점선안의 계전기 명칭은?

(2) 동작 코일은 A, B, C 코일 중 어느 것인가?

(3) 발전기에 상간 단락이 생길 때 코일 C의 전류 i_d는 어떻게 표현되는가?

(4) 동기발전기를 병렬운전 시키기 위한 조건을 4가지만 쓰시오.

정답

(1) 비율 차동 계전기
(2) C 코일
(3) $i_d = |i_1 - i_2|$
(4) ① 기전력의 크기가 같을 것
　　② 기전력의 위상이 같을 것
　　③ 기전력의 주파수가 같을 것
　　④ 기전력의 파형이 같을 것

|참고| 동기발전기의 병렬 운전 조건과 변압기의 병렬운전 조건의 비교

동기 발전기의 병렬운전 조건	변압기의 병렬운전 조건
• 기전력의 크기가 같을 것 • 기전력의 위상이 같을 것 • 기전력의 주파수가 같을 것 • 기전력의 파형이 같을 것 • 상회전 방향이 같을 것	• 권수비가 같을 것 • % 임피던스 강하율이 같을 것 • 상회전 방향 및 위상 변위가 같을 것 • 각 변압기의 1,2차 정격전압 및 극성이 같을 것

15 전력용 콘덴서(Static Condenser: SC)

배전계통 및 수전단에서 부하까지 역률은 전압변동, 전력손실, 유효전력의 공급한계 등 여러 가지 측면에서 대단히 중요하다. 고객의 역률이 0.9이하면 전기요금을 추가, 0.9이상이면 전기요금의 기본요금을 감액해 준다. 전력용 콘덴서를 수변전설비 또는 부하에 병렬로 접속하여 뒤진 무효전력을 보상, 역률을 개선시킨다.

1 전력용 콘덴서의 역할
전력부하는 일반적으로 저항(R)과 유도성 리액턴스(X_L)의 조합으로 이루어져 있어 전압과 전류는 임피던스에 의하여 $\cos\theta$만큼의 위상차를 나타내는데 이를 역률이라 하며, 콘덴서는 역률개선을 주 목적으로 한다.

	단선도용	복선도용
전력용 콘덴서	SC / SC	SC

> **암기하기**
> 역률개선 시 효과
> · 전력손실 경감
> · 전압강하 경감
> · 설비용량 여유증가
> · 전기요금 절감

> **암기하기**
> 역률 과보상시 현상
> · 모선전압의 상승
> · 고조파 왜곡증대
> · 전력손실 증가
> · 전동기 자기여자 발생

2 역률개선시 필요한 콘덴서 용량
부하의 지상무효전력을 감소시키기 위해 진상무효전력을 공급함으로써, 지상분을 감소시킨다. 전력손실의 최소화를 위해 역률을 개선시키며, 전압강하 감소, 전기요금 절감, 설비용량의 증가 등의 효과를 얻을 수 있다.

$$Q_c = Q_1 - Q_2$$
$$= P(\tan\theta_1 - \tan\theta_2)$$
$$= P\left(\frac{\sin\theta_1}{\cos\theta_1} - \frac{\sin\theta_2}{\cos\theta_2}\right)$$
$$= P\left(\frac{\sqrt{1-\cos^2\theta_1}}{\cos\theta_1} - \frac{\sqrt{1-\cos^2\theta_2}}{\cos\theta_2}\right)[kVA]$$

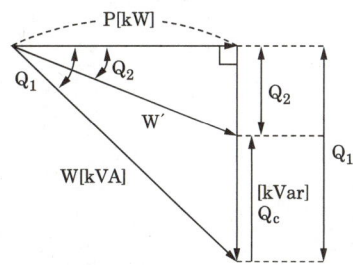

> **암기하기**
> 전력용 콘덴서 종류
> 송배전 선로의 부하와 직렬로 접속하여 선로의 인덕턴스에 의한 전압강하를 보상하여 전압 변동률의 개선, 수전단 전압의 유지, 송전 용량의 증가 또는 송전선의 안정도 증진에 기여하는 것을 직렬 콘덴서라 한다. 한편, 병렬콘덴서는 부하의 역률을 개선하여 전력 손실감소를 주목적으로 한다.

3 고압 이상의 콘덴서 설치기준 및 개폐장치
(1) 개개의 부하에 콘덴서를 설치하는 경우 : 현장조작개폐기보다도 부하측에 콘덴서를 설치하고 다음 각 호에 의하여 설치한다.

■ 참고
전동기의 자기여자현상
유도전동기와 직결된 콘덴서의 개폐기를 개방한 후 전압이 즉시 0이 되지 않고 상승하거나 오랫동안 감소하지 않는 현상을 말한다. 이런 현상을 유도전동기의 자기여자현상이라 한다. 이 현상은 콘덴서 용량이 전동기의 자기여자용량보다 클 때 일어나는 현상으로 유도전동기 여자용량보다 큰 콘덴서를 투입하면 전동기 무부하포화곡선과 콘덴서 특성곡선의 교점이 정격전압보다 높은 자기여자전압으로 회전한다. 대책으로는 여자용량은 보통 전동기 출력값의 25~50[%] 정도가 기준이다.

- 특히 전용의 개폐기, 퓨즈, 유입차단기 등을 설치하지 않는다.
- 방전장치가 있는 콘덴서는 개폐기를 설치할 수 있으나 평상시 개폐하지 않는다.
- COS설치의 경우 고압 COS에 퓨즈를 삽입하지 않고 6[mm²] 이상의 나동선을 직결하고, 특·고압에는 퓨즈를 삽입하며 정격전류의 200[%] 이내의 것을 사용한다.

(2) 각 부하에 공용하는 경우 : 콘덴서 회로에는 전용의 과전류 트립 코일이 있는 차단기를 설치한다.
- 100[kVA] 이하인 경우에는 유입개폐기 또는 이와 유사한 인터럽트스위치를 사용한다.
- 50[kVA] 미만인 경우에는 COS를 사용한다.

뱅크단위	개폐장치
300[kVA] 이하 : 1개군 설치	100[kVA] 초과 : CB
300초과 ~ 600[kVA] 이하 : 2개군 설치	100[kVA] 이하 : OS(IS)
600[kVA] 초과 : 3개군 설치	50[kVA] 미만 : COS(직결한다.)

■ 참고
콘덴서의 정기점검 항목
- 절연유 누설유무
- 용기의 발청유무
- 단자의 이완, 과열 유무

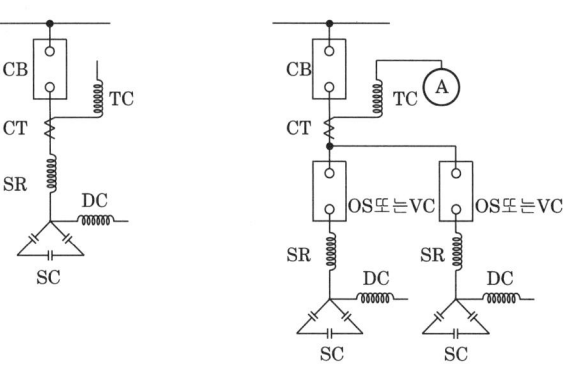

(a) 300[kVA] 이하   (b) 300[kVA] 초과 ~ 600[kVA] 이하

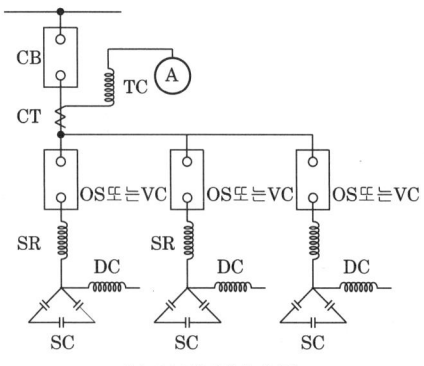

(c) 600[kVA] 초과
콘덴서 용량에 따른 직렬리액터 결선도

4 콘덴서 부속기기

(1) 방전코일

잔류전하를 방전시켜 감전사고를 방지하고, 콘덴서를 재투입할 경우 콘덴서에 걸리는 과전압을 방지하기 위하여 사용한다.

> **암기하기**
> 내선규정
> 고압의 경우 5초 이내에 잔류전하를 50[V]이하로 방전시켜야 한다.

(2) 직렬리액터

제5고조파를 제거하여 파형개선시키고, 콘덴서 투입시 발생하는 돌입전류를 억제시킨다. 직렬리액터 용량은 콘덴서용량의 이론적으로는 4[%], 실제적으로 5~6[%]를 적용한다. 실무에서 이론값보다 더 높은 값을 적용하는 이유는 주파수 변동분 등을 고려하기 때문이다.

> **암기하기**
> 직렬리액터 용량 근거식
> $5\omega L = \dfrac{1}{5\omega C}$
> $\omega L = \dfrac{1}{25 \times \omega C}$
> $\omega L = 0.04 \times \dfrac{1}{\omega C}$

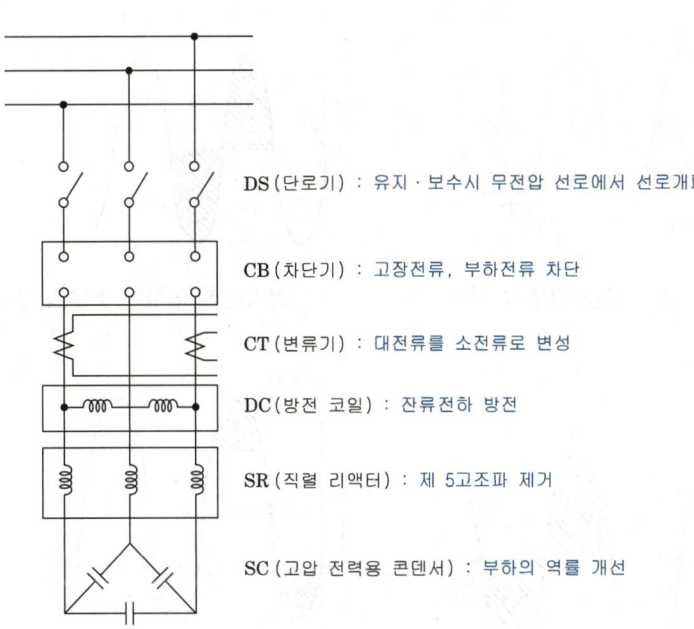

- DS(단로기) : 유지·보수시 무전압 선로에서 선로개폐
- CB(차단기) : 고장전류, 부하전류 차단
- CT(변류기) : 대전류를 소전류로 변성
- DC(방전 코일) : 잔류전하 방전
- SR(직렬 리액터) : 제 5고조파 제거
- SC(고압 전력용 콘덴서) : 부하의 역률 개선

5 역률제어방식

역률제어는 부하변동에 따른 전기설비의 효율적인 사용을 할 수 있다. 또한, 전기설비에서 경부하시 과보상이 되면 모선전압의 상승, 전력손실 증가, 전동기 자기여자현상 발생 등을 초래하여 악영향을 주기 때문에 적시에 제어할 필요가 있다. 자동제어 방식에는 특정부하의 개폐신호에 의한 제어, 프로그램에 의한 제어, 수전점 무효전력에 의한 제어, 모선전압에 의한 제어, 부하전류에 의한 제어, 수전점 역률에 의한 제어 등이 있다.

> **암기하기**
> 역률제어 방식
> · 특정부하 제어
> · 프로그램 제어
> · 무효전력 제어
> · 모선전압 제어
> · 부하전류 제어

| 참고 | 역률의 의미

교류회로의 전력은 평균전력 $P = \sqrt{3}\,VI\cos\theta$로 그림과 같이 리액턴스 성분이 있을 경우 전압 v와 전류 i 사이에는 위상차 θ가 생겨 저항 R만의 회로의 전력에 $\cos\theta$를 곱한 만큼의 전력이 소비된다. 이 $\cos\theta$를 공급된 전력이 부하에서 유효하게 이용되는 비율이라는 의미에서 역률(Power Factor)이라고 부르며, θ는 역률각이라 한다. 역률은 수치 또는 백분율로 나타내는데 아래 수식의 0~1(0~100%)의 값을 가진다.

$$역률 = \frac{유효전력[\text{kW}]}{피상전력[\text{kVA}]} \times 100\,[\%]$$

여기서, 피상전력 $= \sqrt{(유효전력)^2 + (무효전력)^2} = \sqrt{P^2 + P_r^2}$

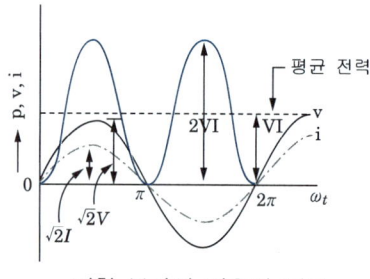

저항 부하인 경우의 전력

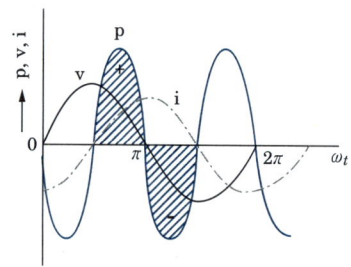

임피던스 부하인 경우의 전력

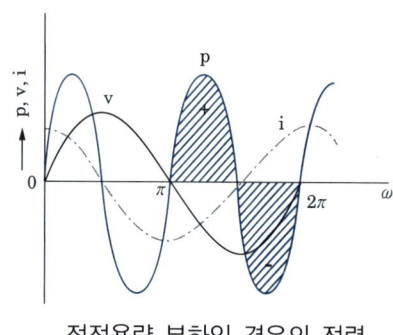

정전용량 부하인 경우의 전력

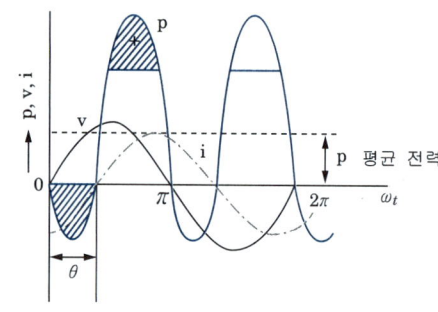

인덕턴스 부하인 경우의 전력

| 이해하기 |

저항 부하인 경우에만 부하에서 전력이 소모되고, 정전 용량이나 인덕턴스만으로 이루어진 리액턴스 부하의 경우에는 전력이 전혀 소모되지 않는다. 단지, 공급된 에너지를 축적하였다가 다시 전원으로 보낸다. 우리나라에서는 유효전력의 사용량을 기준으로 전기요금을 산정한다.

수변전 40 　필수문제

그림과 같은 3상 배전선에서 변전소(A점)의 전압은 3300[V], 중간(B점) 지점의 부하는 50[A], 역률 0.8(지상), 말단(C점)의 부하는 50[A], 역률 0.8이고, A와 B사이의 길이는 2[km], B와 C사이의 길이는 4[km]이며, 선로의 km당 임피던스는 저항 0.9[Ω], 리액턴스 0.4[Ω]이라고 할 때 다음 물음에 답하시오.

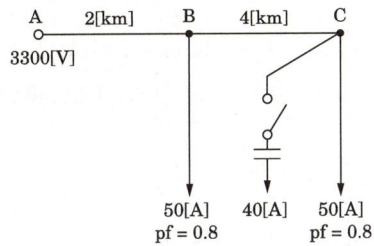

(1) 이 경우의 B점과 C점의 전압은 몇 [V]인가?
　① B점의 전압
　　• 계산 :　　　　　　　• 답 :
　② C점의 전압
　　• 계산 :　　　　　　　• 답 :

(2) C점에 전력용 콘덴서를 설치하여 진상 전류 40[A]를 흘릴 때 B점의 전압과 C점의 전압은 각각 몇 [V] 인가?
　① B점의 전압
　　• 계산 :　　　　　　　• 답 :
　② C점의 전압
　　• 계산 :　　　　　　　• 답 :

(3) 전력용 콘덴서를 설치하기 전과 후의 선로의 전력 손실을 구하시오.
　① 전력용 콘덴서 설치 전
　　• 계산 :　　　　　　　• 답 :
　② 전력용 콘덴서 설치 후
　　• 계산 :　　　　　　　• 답 :

[정답]

(1) ① B점의 전압
　• 계산
　　$R_1 = 0.9 \times 2 = 1.8 [\Omega]$
　　$X_1 = 0.4 \times 2 = 0.8 [\Omega]$
　　$V_B = V_A - \sqrt{3}\, I_1 (R_1 \cos\theta + X_1 \sin\theta)$
　　　　$= 3300 - \sqrt{3} \times 100 \times (0.9 \times 2 \times 0.8 + 0.4 \times 2 \times 0.6)$
　　　　$= 2967.446 [V]$

　• 답 : 2967.45[V]

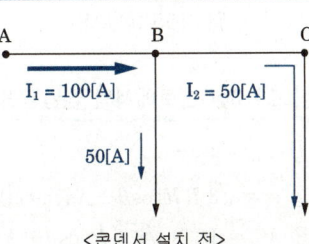

〈콘덴서 설치 전〉

② C점의 전압
- 계산
$$V_C = V_B - \sqrt{3}\,I_2(R_2\cos\theta + X_2\sin\theta)$$
$$= 2967.45 - \sqrt{3} \times 50 \times (0.9 \times 4 \times 0.8 + 0.4 \times 4 \times 0.6)$$
$$= 2634.896$$
- 답 : 2634.9[V]

(2) ① B점의 전압
- 계산
$$V_B = V_A - \sqrt{3} \times [I_1\cos\theta \cdot R_1 + (I_1\sin\theta - I_c) \cdot X_1]$$
$$= 3300 - \sqrt{3} \times [100 \times 0.8 \times 1.8 + (100 \times 0.6 - 40) \times 0.8] = 3022.871$$
- 답 : 3022.87[V]

② C점의 전압
- 계산
$$V_C = V_B - \sqrt{3} \times [I_2\cos\theta \cdot R_2 + (I_2\sin\theta - I_c) \cdot X_2]$$
$$= 3022.87 - \sqrt{3} \times [50 \times 0.8 \times 3.6 + (50 \times 0.6 - 40) \times 1.6] = 2801.167$$
- 답: 2801.17[V]

(3) 전력용 콘덴서를 설치하기 전과 후의 선로의 전력손실
3상 배전선로의 전력손실: $P_\ell = 3I^2 R \times 10^{-3}$ [kW]

① • 계산
콘덴서 설치 전의 전력손실($P_{\ell 1}$)
$$P_{\ell 1} = 3I_1^2 R_1 + 3I_2^2 R_2$$
$$P_{\ell 1} = (3 \times 100^2 \times 1.8 + 3 \times 50^2 \times 3.6) \times 10^{-3} = 81 \text{[kW]}$$
- 답 : 81[kW]

② • 계산
콘덴서 설치 후의 전류(I_1', I_2') 및 전력손실($P_{\ell 2}$)
$$I_1' = 100 \times (0.8 - j0.6) + j40 = 80 - j20$$
$$= 82.46 \text{[A]}$$
$$I_2' = 50 \times (0.8 - j0.6) + j40 = 40 + j10 = 41.23 \text{[A]}$$
$$P_{\ell 2} = 3{I_1'}^2 R_1 + 3{I_2'}^2 R_2$$
$$P_{\ell 2} = (3 \times 82.46^2 \times 1.8 + 3 \times 41.23^2 \times 3.6) \times 10^{-3}$$
$$= 55.077 \text{[kW]}$$
- 답 : 55.08[kW]

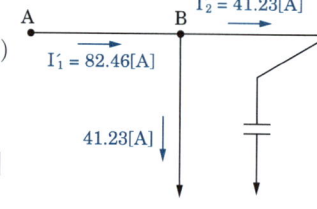

| 참고 | 3상 선로에서의 전압강하

① $V_B = V_A - e$ [V]
② $e = \sqrt{3}\,I(R\cos\theta + X\sin\theta)$ [V]
③ $V_B = V_A - \sqrt{3}\,I(R\cos\theta + X\sin\theta)$ [V]

콘덴서 투입 시 진상전류(I_c)만큼 지상전류($I\sin\theta$)가 감소하여 전압강하, 전력손실 등이 감소하게 된다.

수변전 41 필수문제

역률 80[%], 500[kVA]의 부하를 가지는 변압설비에 150[kVA]의 콘덴서를 설치해서 역률을 개선하는 경우 변압기에 걸리는 부하는 몇 [kVA]인지 계산하시오.

• 계산 :   • 답 :

정답

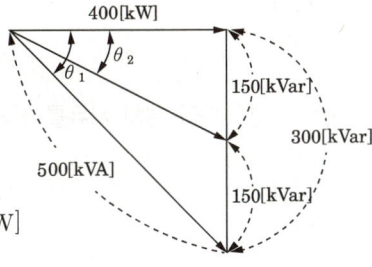

• 계산
① 부하의 지상무효전력
$P_r = P_a \cdot \sin\theta = 500 \times 0.6 = 300 \, [\text{kVar}]$
② 콘덴서 설치시 무효전력(Q_c : 콘덴서 용량)
$P_{r2} = P_{r1} - Q_c = 300 - 150 = 150 \, [\text{kVar}]$
③ 유효전력 $P = P_a \cdot \cos\theta = 500 \times 0.8 = 400 \, [\text{kW}]$
④ 변압기에 걸리는 부하의 크기
$\sqrt{P^2 + P_{r2}^2} = \sqrt{400^2 + 150^2} = 427.20 \, [\text{kVA}]$

• 답 : 427.2[kVA]

수변전 42 필수문제

전용 배전선에서 800[kW] 역률 0.8의 한 부하에 공급할 경우 배전선 전력손실은 90[kW]이다. 지금 이 부하와 병렬로 300[kVA]의 콘덴서를 시설할 때 배전선의 전력손실은 몇 [kW]인가?

• 계산 :   • 답 :

정답

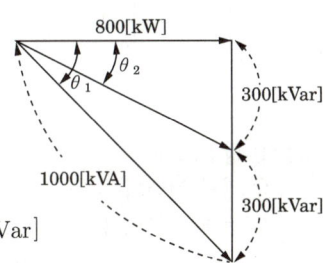

• 계산
① 부하의 지상무효전력(P_{r1})
$P_{r1} = P \tan\theta = 800 \times \dfrac{0.6}{0.8} = 600 \, [\text{kVar}]$
② 콘덴서 설치시 무효전력(P_{r2})
$P_{r2} = P_{r1} - 콘덴서 용량(Q_c) = 600 - 300 = 300 \, [\text{kVar}]$
③ 개선 후 역률
$\cos\theta_2 = \dfrac{P}{\sqrt{P^2 + P_{r2}^2}} = \dfrac{800}{\sqrt{800^2 + 300^2}} = 0.94$
④ 전력손실: $P_\ell \propto \dfrac{1}{\cos^2\theta}$

$\dfrac{P_{\ell 2}}{P_{\ell 1}} = \dfrac{\frac{1}{\cos^2\theta_2}}{\frac{1}{\cos^2\theta_1}}$ $\therefore P_{\ell 2} = P_{\ell 1} \times \left(\dfrac{\cos\theta_1}{\cos\theta_2}\right)^2 = 90 \times \left(\dfrac{0.8}{0.94}\right)^2 = 65.187 \, [\text{kW}]$

• 답 : 65.19[kW]

수변전 43   필수문제

다음 그림은 전력계통의 일부를 나타낸 것이다. 다음 물음에 답하시오.

(1) ①, ②, ③의 회로를 완성하시오.

(2) ①, ②, ③의 명칭을 한글로 쓰시오.
   ① (　　　　　　　　)
   ② (　　　　　　　　)
   ③ (　　　　　　　　)

(3) ①, ②, ③의 설치 사유를 쓰시오.
   ① (　　　　　　　　)
   ② (　　　　　　　　)
   ③ (　　　　　　　　)

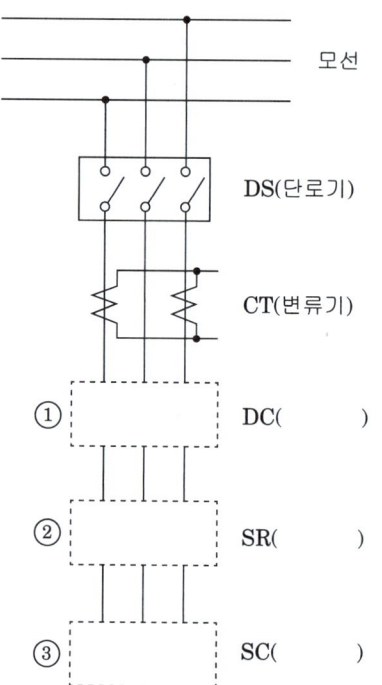

정답

(1)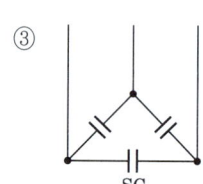

(2) ① 방전코일
   ② 직렬 리액터
   ③ 전력용 콘덴서

(3) ① 콘덴서의 잔류전하를 방전시켜 감전사고 방지
   ② 제5고조파를 제거하여 파형 개선
   ③ 역률 개선

수변전 44 필수문제

3상 380[V], 20[kW], 역률 80[%]인 부하의 역률을 개선하기 위하여 15[kVA]의 진상 콘덴서를 설치하는 경우 전류의 차(역률 개선 전과 역률 개선 후)는 몇 [A]가 되겠는가?

• 계산 :
• 답 :

[정답]

• 계산
  ① 콘덴서 설치시 무효전력(P_{r2})
   ($P_{r2} = P_{r1} - Q_c$: 여기서 P_{r1}=부하의 지상무효전력, Q_c=콘덴서 용량)
   $P_{r1} = P \cdot \tan\theta = 20 \times \dfrac{0.6}{0.8} = 15\,[\text{kVar}]$
   $P_{r2} = P_{r1} - Q_c = 15 - 15 = 0\,[\text{kVar}]$
   ∴ 콘덴서 설치시 무효전력이 '0'이 된다. 그러므로 역률은 '1'이 된다.
  ② 역률 개선 전 전류
   $I_1 = \dfrac{P}{\sqrt{3}\,V\cos\theta_1} = \dfrac{20000}{\sqrt{3}\times 380 \times 0.8} = 37.983\,[\text{A}]$
  ③ 역률 개선 후 전류
   $I_2 = \dfrac{P}{\sqrt{3}\,V\cos\theta_2} = \dfrac{20000}{\sqrt{3}\times 380 \times 1} = 30.386\,[\text{A}]$
  ④ 역률 개선 전후의 차전류($I_1 - I_2$)
   $I_1 - I_2 = 37.983 - 30.386 = 7.597\,[\text{A}]$
  ※ 역률개선전과 후의 차전류를 계산하는 문제이므로 상기와 같이 스칼라의 차로 계산한다.

• 답 : 7.6[A]

수변전 45 필수문제

전동기 부하를 사용하는 곳은 역률개선을 위하여 회로에 병렬로 역률개선용 저압콘덴서를 설치하여 전동기의 역률을 개선하여 90[%] 이상으로 유지하려고 한다. 주어진 표를 이용하여 다음 물음에 답하시오.

[표 1] kW 부하에 대한 콘덴서 용량 산출표

		개선후의 역률												
		1.0	0.99	0.98	0.97	0.96	0.95	0.94	0.93	0.92	0.91	0.9	0.875	0.85	0.825	0.8
개선전의 역률	0.4	230	216	210	205	201	197	194	190	187	184	182	175	168	161	155
	0.425	213	198	192	188	184	180	176	173	170	167	164	157	151	144	138
	0.45	198	183	177	173	168	165	161	158	155	152	149	143	136	129	123
	0.475	185	171	165	161	156	153	149	146	143	140	137	130	123	116	110
	0.5	173	159	153	148	144	140	137	134	130	128	125	118	111	104	93
	0.525	162	148	142	137	133	129	126	122	119	117	114	107	100	93	87
	0.55	152	138	132	127	123	119	116	112	109	106	104	97	90	83	77
	0.575	142	128	122	117	114	110	106	103	99	96	94	87	80	73	67
	0.6	133	119	113	108	104	101	97	94	91	88	85	78	71	65	58
	0.625	125	111	105	100	96	92	89	85	82	79	77	70	63	56	50
	0.65	116	103	97	92	88	84	81	77	74	71	69	62	55	48	42
	0.675	109	95	89	84	80	76	73	70	66	64	61	54	47	40	34
	0.7	102	88	81	77	73	69	66	62	59	56	54	46	40	33	27
	0.725	95	81	75	70	66	62	59	55	52	49	46	39	33	26	20
	0.75	88	74	67	63	58	55	52	49	45	43	40	33	26	19	13
	0.775	81	67	61	57	52	49	45	42	39	36	33	26	19	12	6.5
	0.8	75	61	54	50	46	42	39	35	32	29	27	19	13	6	
	0.825	69	54	48	44	40	36	32	29	26	23	21	14	7		
	0.85	62	48	42	37	33	29	26	22	19	16	14	7			
	0.875	55	41	35	30	26	23	19	16	13	10	7				
	0.9	48	34	28	23	19	16	12	9	6	2.8					

[표 2] 저압(200[V])용 콘덴서 규격표, 정격 주파수 : 60[Hz]

상 수	단상 및 3상								
정격용량[μF]	10	15	20	30	40	50	75	100	150

(1) 정격전압 200[V], 정격출력 7.5[kW], 역률 80[%]인 전동기의 역률을 90[%]로 개선하고자 하는 경우 필요한 3상 콘덴서의 용량[kVA]을 구하시오.
　　• 계산 :　　　　　　　　• 답 :

(2) 물음 "(1)"에서 구한 3상 콘덴서의 용량[kVA]을 [μF]로 환산한 용량으로 구하고, "[표 2] 저압(200[V])용 콘덴서 규격표"를 이용하여 적합한 콘덴서를 선정하시오. (단, 정격주파수는 60[Hz]로 계산하며, 용량은 최소치를 구하도록 한다.)
　　• 계산 :　　　　　　　　• 답 :

정답

(1) • 계산
   표 1에서 계수 $K=27[\%]$이므로, 콘덴서 용량 $Q_c = KP = 0.27 \times 7.5 = 2.025[\text{kVA}]$

   • 답 : 2.03[kVA]

(2) • 계산 :
   $Q_c = \omega C V^2$
   $C = \dfrac{Q_c}{\omega V^2} \times 10^6 [\mu\text{F}] = \dfrac{2025}{2\pi \times 60 \times 200^2} \times 10^6 = 134.286 [\mu\text{F}]$
   표 2에서 134.286$[\mu\text{F}]$보다 큰 값인 150$[\mu\text{F}]$로 선정한다.

   • 답 : 150[μF]

수변전 46 필수문제

어떤 수용가에서 뒤진 역률 80[%]로 60[kW]의 부하를 사용하고 있었으나 새로이 뒤진 역률 60[%], 40[kW]의 부하를 증가하여 사용하게 되었다. 이 때 콘덴서를 이용하여 합성 역률을 90[%]로 개선하려고 한다면 필요한 전력용 콘덴서 용량은 몇 [kVA]가 되겠는가?

• 계산 :
• 답 :

정답

• 계산

기존부하의 무효전력 : $P_{r1} = P_1 \tan\theta_1 = 60 \times \dfrac{0.6}{0.8} = 45 \ [\text{kVar}]$

추가하는 부하의 무효전력 : $P_{r2} = P_2 \tan\theta_2 = 40 \times \dfrac{0.8}{0.6} = 53.33 \ [\text{kVar}]$

부하 전체의 무효 전력 : $P_r = P_{r1} + P_{r2} = 45 + 53.33 = 98.33 [\text{kVar}]$

전체 유효전력 : $P = P_1 + P_2 = 60 + 40 = 100 [\text{kW}]$

역률 개선시($\cos\theta' = 0.9$) 무효전력 (P_r')

$P_r' = P \tan\theta' = P \times \dfrac{\sin\theta'}{\cos\theta'} = 100 \times \dfrac{\sin\theta'}{\cos\theta'} = 100 \times \dfrac{\sqrt{1-0.9^2}}{0.9} = 48.43 \ [\text{kVar}]$

부하 전체의 무효전력이 48.43[kVar]이 되어야 역률이 90%로 개선된다는 뜻이므로, "98.33 − 48.43 = 49.9[kVar]" 만큼의 지상무효전력을 보상한다. 그러므로, 49.9[kVA] 크기의 콘덴서로 진상무효전력을 공급한다.

• 답 : 49.9[kVA]

16 계전기별 기구번호

기구번호	명칭	설명
1	주제어 개폐기 또는 계전기	중요기기의 기동, 정지 S.W
2 2Q 2S 2G	시간지연 계전기 유입장치 절환용 한시계전기 Strairmer용 Timer Grease Pump 기동 Timer	기동 또는 동작에 한시를 주는 것
3 3-28B 3-28Z 3-29 3-30 3-30L 3-41 3-52 3-65L 3-66F 3-75 3-86 3-88 3-89 3-R	조작용 개폐기 Bell 복귀용 조작 S.W Buzzer 복귀용 조작 S.W 소화장비용 조작 S.W Indicator 복귀용 조작 S.W Lamp 복귀용 조작 S.W 계자개폐기용 조작 S.W 차단기용 조작개폐기 전기조속기 Lock용 조작개폐기 Fleaker Ry 복귀용 조작개폐기 제동장치용 조작 S.W Lock Out Ry 복귀용 조작 S.W 보조기용 접촉기 단로기용 접촉기 조작 S.W 일반 복귀용 조작 S.W	기기를 조작함
4 4GP	주제어회로용 접촉기 또는 계전기 발전, 양수용 주제어회로 계전기	주제어회로를 개폐하는 것
5 5E 5T 5B	정지개폐기 또는 계전기 비상정지 개폐기 또는 계전기 Turbine 정지개폐기 Boiler 정지개폐기	기기를 정지하는 것
6 6-99	기동차단기, 접속기 또는 계전기 Locator 기동용 Aux Relay	기계를 기동회로에 접속함
7 7-24LR 7-24PC 7-55 7-65P 7-65JE 7-70 7-70E 7-77 7-90R 7-IR	조정개폐기 ULTC용 Tap 조정개폐기 P.C용 Tap 조정개폐기 자동역률조정기용 조정개폐기 전기조속기 출력조정용 개폐기 결합운전 주파수 조정기 Generator 계자조정용 조정개폐기 여자기계자조정용 부하조정장치용 조정개폐기 AVR의 전압조정용 유도전압조정기용 조정개폐기	기기를 조작 조정하는 것

기구번호	명칭	설명
8 8A 8C 8D	제어전원개폐기 교류제어전원 개폐기 공동제어전원 개폐기 직류제어전원 개폐기 계전기전원 개폐기	제어전원을 개폐하는 것
9	계자 극성전환 개폐기	계자전류 극성을 반대로 함
10 10P	순서개폐기 또는 Program 조정기 Program 조정기	2조 이상 기기의 기동 정치순서를 정함
11 11-25 11L	시험개폐기 또는 Relay 자동동기장치용 개폐기 Lamp 접점용 개폐기	기기의 동작을 시험하는 것
12	과속도개폐기 또는 계전기	과속도시에 동작하는 것
13	동기속도개폐기 또는 계전기	동기속도에 동작하는 것
14	저속도개폐기 또는 계전기	저속도에 동작하는 것
15	속도조정 장치	회전기의 속도를 조정하는 것
16 16B 16BG 16BS 16G 16S	표시선 감시계전기 P/W 단선검출 계전기 P/W 지락용 단선검출 계전기 P/W 단락용 단선검출 계전기 P/W 지락검출 계전기 P/W 단락검출 계전기	표시선의 고장을 검출하는 것
17 17G 17GI 17GO 17S	표시선 계전기 지락용 P/W 계전기 지락용 내부고장 Relay 지락용 외부고장 Relay 단락용 P/W 계전기	표시선 계전방식에 사용하는 것
18	가속 또는 감속접촉기	가속 또는 감속시 다음 단계로 진행하는 것
19	기동 또는 운전절체 계전기	기기를 기동에서 운전으로 절환하는 것
20 20WC 20WE 20WB 20V	보조기 Valve 냉각수 Valve 비상용 급수 Valve 배수 Valve 진공 Pump 저지 Valve	보조기의 Valve

기구번호	명칭	설명
21 21S 21G	거리계전기(미국, 영국) 단락거리계전기 지락거리계전기 주기기 Valve(일본)	단락 또는 지락거리계전기
22	예비번호	
23 23Q 23R 233W	온도조정계전기 유온조정계전기 실내온도 조정계전기 냉각수 온도조정계전기	온도를 일정 범위로 유지함
24 24LR 24PC	Tap 절환장치 ULTC 전압조정용 PC 전압조정용	전기기기의 Tap을 절환하는 것
25	동기검출장치	교류회로의 동기를 검출함
26 26T 26LR 26PC 26SSH 26R 26RG	정지기 온도계전기 변압기용 온도계전기 ULTC용 온도계전기 P.C용 온도계전기 과열증기 온도계전기 분로 Reactor 온도계전기 재순환 Gas 온도계전기	변압기등 정지기의 온도에 의해 동작
27 27A 27H 27Q 27C	교류 부족전압 계전기 공기압축기 UVR 소내전원 UVR 유압 Pump용 UVR 제어용 교류전원 UVR	교류전압이 부족할 때 동작함
28 28B 28F 28LA 28Z	경보장치 Belldyd Relay 화재검출기 LA 검출기 Surge 검출계전기	
29 29CS 29C 29T	소화장치 소화장치 Valve Coil 29용 투입 Coil 29용 개방 Coil	화재시 동작하는 것
30 30F 30L 30S	기기상태 또는 고장표시 장치 고장표시기 Lamp 표시기 동작 표시기	기기의 동작상태나 고장을 표시하는 것
31	계자변경 차단기 또는 계전기	계자권선을 타여자 전원에 접속 시키는 것

기구번호	명칭	설명
32	교류역전력계전기(미국) 직류역류계전기(일본)	교류회로 전력 방향이 반대로 될 때 동작
33 33CO2 33Q	위치검출장치 또는 개폐기 CO2 소화기 개폐기 유면검출장치	유면 액면의 위치와 관련하여 동작
33W 33S	수위개폐기 Tap 검출장치	
34	전동순서 제어기	기동 또는 정지장치의 동작 순서를 정함
35 35LR	Brush 조작장치 또는 Slip Ring 단락장치 35용 조작개폐기	Brush의 조정 또는 Slip Ring을 단락함
36	극성계전기	극성에 의해 동작하는 것
37 37A 37D 37F 37V	부족전류계전기 교류 부족전류계전기 직류 부족전류계전기 Fuse 용단계전기 전자관 Filament 단선 검출기	전류가 부족할 때 동작하는 것
38	축수온도계전기	회전기축수 가열시 동작
39	예비번호	
40	계자상실계전기	계자상실시 동작하는 것
41 41C 41T 41A 41D 41R	계자차단기 또는 접촉기 41용 Closing Coil 41용 Trip Coil 계자증폭기 Relay 자동계자 개폐기 조정계자 개폐기	재자회로를 차단 또는 연결하는 것
42	운전차단기 또는 개폐기	기기를 운전회로에 접속함
43 43-17 43-25 43-79 43-87 43-90 43A 43C 43P 43R	제어회로 전환개폐기 P/W 전환개폐기 동기검출회로 전환개폐기 재폐로방식 전환개폐기 모선보호용 전환개폐기 자동전압조정기용 전환개폐기 자동수동 전환개폐기 반송장치 전환개폐기 PT회로 전환개폐기 원방제어 전환개폐기	제어회로를 자동 또는 수동으로 전환함

기구번호	명칭	설명
44 44G 44S	거리계전기(일본) 지락거리계전기 단락거리계전기 Sequence Starting Relay(미국)	
45	직류 과전압 계전기(일본) 기압계전기(미국)	
46	역상 또는 불평형계전기	역상 또는 불평형전류에 동작하는 것
47 47A 47F 47T	결상 또는 역상전압계전기 공기압축기용 Relay 변압기 냉각 Fan용 차단기 결상 Timer	결상 또는 역상시에 동작함
48 48-24 48-25	정체검출계전기 Tap 정체 검출 Relay 동기병열 정체 Relay	소정시간내 동작치 않을시 작동할 것
49 49A 49R	회전기 온도계전기 공기냉각용 온도계전기 회전자 온도계전기	회전기 온도가 규정치 이상, 이하에서 동작
50 50G 50S	단락, 지락 계전기 지락 선택계전기 단락 선택계전기	단락, 지락회로를 선택하는 것
51 51G 51H 51L 51N 51P 51S 51V	교류과전류 계전기 지락과전류 계전기 고정정 O.C.R 저정정 O.C.R 중성점 O.C.R MTr 1차 OCR MTr 2차 OCR 전압억제부 OCR	과전류에 동작하는 것
52 52C 52T 52H 52P 52S 52K	교류차단기 차단기 Closing Coil 차단기 Trip Coil 소내용 차단기 MTr 1차 차단기 MTr 2차 차단기 MTr 3차 차단기	교류회로를 차단하는 것
53	여자계전기	여자 예정상태에서 동작

기구번호	명칭	설명
54 54A 54F	직류고속도 차단기 양극용 DC고속 차단기 전철용 DC고속 차단기	직류회로를 고속도로 차단하는 것
55	역률계전기 또는 조정기	무효전력이나 역률을 조정함
56 56S	동기탈조검출계전기(일본) 자동여자조정기(미국) 동기기 탈조검출 계전기	
57	자동 전류조정기(일본) 접지 또는 단락장치(미국)	회로를 단락 접지시키는 장치
58	정류기 고장검출기	
59 59H 59L	교류과전압 계전기 고정정 O.V.R 저정정 O.V.R	교류전압이 규정치 이상에서 동작
60 60C 60P	전압평형 계전기 콘덴서 고장검출 Relay PT 고장검출 Relay	2회로의 전압으로 동작
61 61C	전류평형 계전기 콘덴서 고장검출 전류 Relay	2회로의 전류차로 동작하는 것
62	정지 또는 폐로지연용 계전기	
63 63A 63N 63Q 63V 63W	압력계전기 공기압력 계전기 질소압력 계전기 유압 계전기 진공 계전기 수압 계전기	유체의 압력에 의해 동작함
64 64D 64E 64H 64L 64N 64φ	지락과전압 계전기 직류접지계전기 여자회로 지락계전기 고정정 64계전기 저정정 64계전기 중성점 64계전기 지락상 판별계전기	접지회로의 전압에 동작함
65	고속장치 조속기	속도조정장치
66 66F	단속계전기 Flicker 계전기	교류회로의 전력, 지락방향에 따라 동작함
68	탈조저지 계전기(미국)	동기탈조시 회로동작을 저지함

기구번호	명칭	설명
67 67G 67GA 67GI 67GO 67S	지락방향계전기 또는 전력방향계전기 지락방향계전기 67G용 O.C.R 지락내부방향 계전기 지락외부방향 계전기 단락방향계전기	교류회로의 전력, 지락방향에 따라 동작함
69	유속계전기(일본) 절연접촉기(미국)	유체의 흐름에 의해 동작
70 70E 70M 70S	가감저항기(Rheostat) 주여자기 계자조정기 전동기 계자조정기 부여자기 계자조정기	
71	정류소자 고장검출기(일본) Level Switch(미국)	
72	직류차단기	직류회로를 개폐하는 것
73	저항단락용 차단기	전류제한 저항을 단락하는 것
74	경보용 계전기(미국, 영국) 조정변(일본)	수차조정면
75	위치변환장치(미국) 제동장치	기기의 제동을 하는 것
76	직류과전류계전기	직류회로 과전류로 동작
77	Pulse 전송기(미국) 부하조정장치	
78 78G 78S	반송보호 위상비교 계전기 지락위방비교 계전기 단락위상비교 계전기	전류의 위상차를 반송파로 비교 동작하는 것
79 79TI 79T2 79T3	교류재폐로 계전기 재폐로준비용 Timer 재폐무압시간용 Timer 재폐로확인용 Timer	교류회로 재폐로를 제어함
80	유속계전기(미국) 직류부족전압계전기(일본)	
81 81G	주파수계전기(미국) 조속기구동장치(일본) 조속기구동용 발전기	조속기를 움직이는 장치
82	직류재폐로 계전기	직류회로 재폐로를 제어함
83	선택접속기	전원을 선택 절환하는 것

기구번호	명칭	설명
84	일반구동장치(미국) 전압계전기(일본)	
85 85R 85R-1 85R-2 85RC 85RP 85S 85TA	신호계전기 수신용계전기 수신 Trip용 계전기 수신 점검용 계전기 반송보호용 계전기 표시선용 계전기 송신용 신호계전기 신호장치 점검 Timer	송신 또는 수신신호에 동작하는 것
86 86-1 86-2 86-3 86-5	폐쇄계전기(Look Out Relay) 비상정지용 Lock Out 급정지용 Lock Out 무부하용 Lock Out 고장 완정지용 Lock Out	
87 87B 87G 87T	전류차동계전기 모선보호 차동계전기 발전기용 차동계전기 주변압기 차동계전기	단락 또는 지락 차전류에 의해 동작하는 것
88 88A 88F 88H 88Q 88QT 88V 88W	보조기용 저촉기 공기압축기용 개폐기 Fan용 개폐기 Heater용 개폐기 유압 Pump용 개폐기 OT 순환 Pump용 개폐기 전공 Pump용 개폐기 냉각수 Pump용 개폐기	전동장치의 운전용 개폐기
89 89C 89T 89IL	단로기 단로기용 Cilsing Coil 단로기용 Opening Coil 단로기 ock Magnet	
90	자동전압조정기 또는 조정계전기	전압을 어떤 범위로 조정하는 것
91	전력계전기(일본) 전력방향계전기(미국)	예정된 전력에 동작하는 것
92	전력방향계전기(미국) 문비(일본)	출입구의 Damper
93	여자절환개폐기(미국)	
94	Trip Free 접촉기	Trip Free 계전장치

기구번호	명칭	설명
95 95H 95L	주파수계전기 고정정 주파수계전기 저정정 주파수계전기	
96 96-1 96-2 96P	정지기 내부고장 검출장치 Bucholzz 경보계전기 Bucholzz Trip 계전기 순시압력 계전기	변압기 등의 내부고장을 기계적으로 검출하는 것
98	연결장치	동력전달을 위해 연결하는 것
99 99F 99S	자동기록장치 자동고장기록장치 자동동작기록장치	

|참고| 계전기 명칭

- 거리 계전기
  계전기가 보는 전기적 거리를 판별하여 동작하는 계전기이다.
- 방향거리 계전기
  고장점의 방향을 판별하는 능력이 있는 거리 계전기
- 전류위상 비교 계전기
  보호구간의 각 단자 전압 위상을 비교하여 동작하는 계전기
- 전압위상 비교 계전기
  보호구간의 각 단자 전압 위상을 비교하여 동작하는 계전기
- 주파수 계전기
  예정된 주파수에서 동작하는 계전기
- 단락 계전기
  단락보호를 하는 것이 목적인 계전기
- 단락 ○○계전기
  단락보호를 하는 것이 목적인 ○○계전기
- 지락계전기
  지락보호를 하는 것이 목적인 계전기
- 지락 ○○계전기
  지락보호가 목적인 ○○계전기
- 동기검출 계전기
  2개의 교류전원 간에 동기가 유지되어 있는 것을 검출하는 계전기
- 결상계전기
  결상보호가 목적인 계전기

- 과 ○○계전기
  ○○부에 표시된 양이, 예정값 이상이 된 경우에 동작하는 계전기(예: 과전류 계전기, 과전압 계전기)
- 부족 ○○계전기
  ○○부에 표시된 양이, 예정값 이하로 된 경우에 동작하는 계전기
- 전력 계전기
  예정된 전력값에서 동작하는 계전기
- 방향 계전기
  2개 이상의 벡터(Vector)양의 관계위치에서 동작하며, 전류가 어느 방향으로 흐르는지를 판정하는 것을 목적으로 한 계전기
- 재폐로계전기
  CB의 투입조각 중이라도 트립 지령이 주어지면 CB를 트립시키며, 또 투입지령이 계속 주어지더라도 투입을 저지하는 계전기
- 방향과전류 계전기
  예정된 방향으로 예정값 이상의 전류가 흐르는 경우에 동작하는 계전기
- 차동계전기
  보호구간으로 유입하는 전류와 유출하는 전류의 벡터(Vector) 차를 판별하여 동작하는 계전기
- 비율차등계전기
  차동계전기의 일종인데, 보호구간에서 유입하는 전류와 유출하는 전류의 벡터(Vector)차와, 출입하는 전류와의 관계비율로 동작하는 계전기
- 전압억제부 ○○계전기
  전압에 의해 억제력을 만들며, 전압의 증가에 따라 동작값이 커지는 특성을 가진 ○○계전기(예: 전압 억제부 과전류 계전기)

수변전설비 20선
출제빈도순에 따른 과년도 출제예상문제

*최근 10개년 출제빈도를 분석하여 자주 출제되는 문제만 선별하여 문제에 대한 상세해설 및 요점정리까지 한꺼번에 이해할 수 있게 하여 수험생의 길잡이가 되도록 하였다.

문제 1 ★☆☆☆

그림과 같은 결선도를 보고 다음 각 물음에 답하시오.

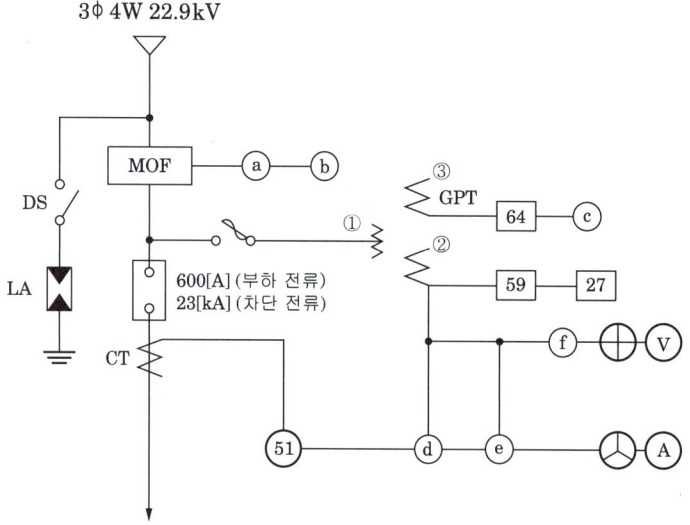

(1) 그림에서 ⓐ~ⓒ까지의 계기의 명칭을 우리말로 쓰시오.

(2) VCB의 정격 전압과 차단 용량을 산정하시오.

① 정격전압

• 계산 : _____   • 답 : _____

② 차단용량

• 계산 : _____   • 답 : _____

(3) MOF의 우리말 명칭과 그 용도를 쓰시오.

① 명칭 :

② 용도 :

(4) 그림에서 ☐ 속에 표시되어 있는 제어기구 번호에 대한 우리말 명칭을 쓰시오.

(5) 그림에서 ⓓ~ⓕ까지에 대한 계기의 약호를 쓰시오.

[정답] (1) ⓐ 최대수요전력계 ⓑ 무효 전력량계 ⓒ 영상 전압계

(2) ① 정격전압 : 정격 전압 = 공칭 전압 $\times \dfrac{1.2}{1.1}$

　　• 계산 : $22.9 \times \dfrac{1.2}{1.1} = 24.98 \,[\text{kV}]$　　　　• 답 : 25.8[kV]

　② 차단용량 : $P_s = \sqrt{3}\,V_n I_s$

　　• 계산 : $P_s = \sqrt{3} \times 25.8 \times 23 = 1027.798\,[\text{MVA}]$　• 답 : 1027.8[MVA]

(3) ① 명칭 : 전력수급용 계기용변성기
　② 용도 : 전력량을 적산하기 위하여 고전압과 대전류를 저전압과 소전류로 변성

(4) 51 : 과전류 계전기　　　　　59 : 과전압 계전기
　　27 : 부족전압 계전기　　　　64 : 지락과전압 계전기

(5) ⓓ : kW　　ⓔ : PF　　ⓕ : F

이것이 핵심

■ 계전기 기구번호

기구 번호	약호	보조 번호	계전기 명칭
27	UVR		교류 부족전압 계전기
37	UCR		부족전류계전기
		37A	교류 부족전류 계전기
		37D	직류 부족전류 계전기
49	THR		회전기 온도계전기
50	GR		단락선택 또는 지락선택 계전기
		50G	지락선택 계전기
51	OCR		교류 과전류 계전기
		51G	지락 과전류 계전기
		51N	중성점 과전류 계전기
		51V	전압 억제부 교류 과전류 계전기
52	CB		교류 차단기
59	OVR		교류 과전압 계전기
64	OVGR		지락 과전압 계전기
67	DGR		지락방향 계전기
87	DCR		전류 차동 계전기
		87-B	모선보호 차동 계전기
		87-G	발전기용 차동 계전기
		87-T	주변압기 차동 계전기

문제 2
★★★☆☆

도면은 어느 154[kV] 수용가의 수전 설비 단선 결선도의 일부분이다. 주어진 표와 도면을 이용하여 다음 각 물음에 답하시오.

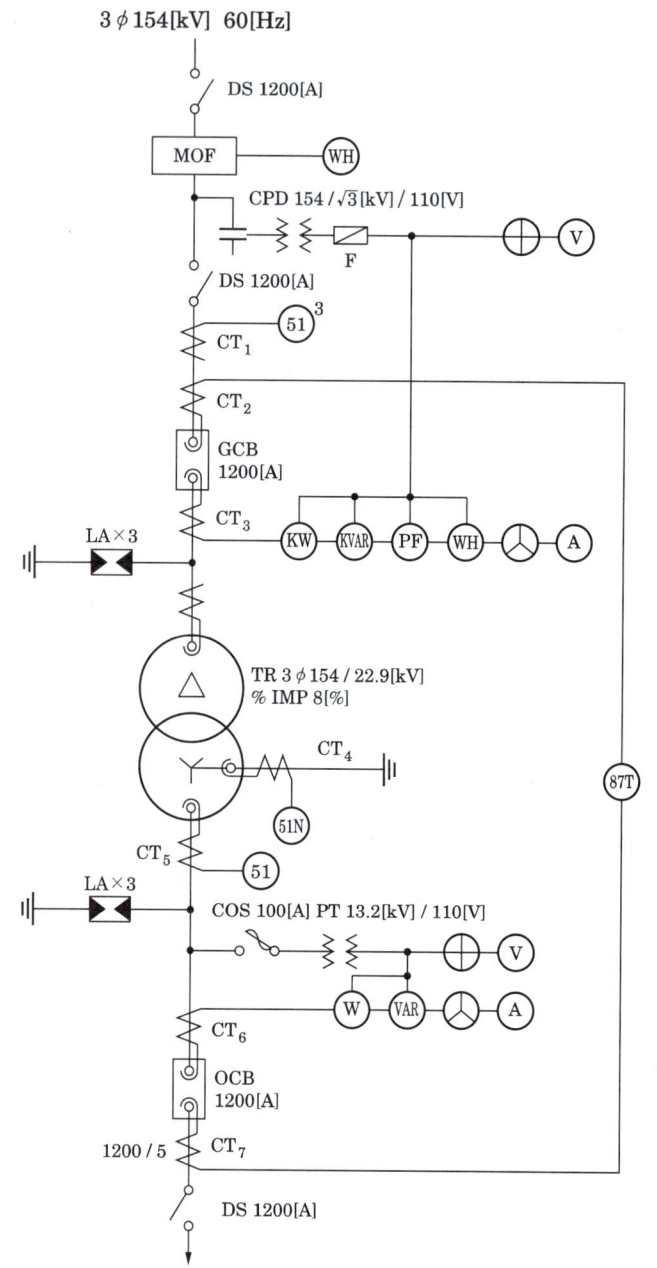

[CT의 정격]

1차 정격 전류[A]	200	400	600	800	1200
2차 정격 전류[A]	5				

(1) 변압기 2차부하 설비용량이 51[MW], 수용률이 70[%], 부하역률이 90[%]일 때 도면의 변압기 용량은 몇 [MVA]가 되는가?

　　• 계산 : _____　　　• 답 : _____

(2) 변압기 1차측 DS의 정격전압은 몇 [kV]인가?

(3) CT_1의 비는 얼마인지를 계산하고 표에서 산정하시오.

　　• 계산 : _____　　　• 답 : _____

(4) GCB의 정격전압은 몇 [kV]인가?

(5) 변압기 명판에 표시되어 있는 OA/FA의 뜻을 설명하시오.

　　• OA : _____　　　• FA : _____

(6) GCB 내에 사용되는 가스는 주로 어떤 가스가 사용되는지 그 가스의 명칭을 쓰시오.

(7) 154[kV] 측 LA의 정격전압은 몇 [kV]인가?

(8) ULTC의 구조상의 종류 2가지를 쓰시오.

　　① _____　　　② _____

(9) CT_5의 비는 얼마인지를 계산하고 표에서 선정하시오.

　　• 계산 : _____　　　• 답 : _____

(10) OCB의 정격 차단전류가 23[kA]일 때, 이 차단기의 차단용량은 몇 [MVA]인가?

　　• 계산 : _____　　　• 답 : _____

(11) 변압기 2차측 DS의 정격전압은 몇 [kV]인가?

(12) 과전류 계전기의 정격부담이 9[VA]일 때 이 계전기의 임피던스는 몇 [Ω]인가?

　　• 계산 : _____　　　• 답 : _____

(13) CT_7 1차 전류가 600[A]일 때 CT_7의 2차에서 비율 차동 계전기의 단자에 흐르는 전류는 몇 [A]인가?

　　• 계산 : _____　　　• 답 : _____

정답 (1) • 계산 :

$$변압기\ 용량 = \frac{설비용량 \times 수용률}{부등률 \times 역률} = \frac{51 \times 0.7}{1 \times 0.9} = 39.666 [MVA]$$

　　• 답 : 39.67[MVA]

(2) 170[kV]

(3) • 계산 :
　　CT비 선정 방법

CT 1차측 전류 : $I_1 = \dfrac{P}{\sqrt{3} \cdot V} = \dfrac{39.67 \times 10^3}{\sqrt{3} \times 154} = 148.72[\text{A}]$

CT의 여유 배수 적용 : $I_1 \times (1.25 \sim 1.5) = 185.9 \sim 223.08[\text{A}]$

CT 정격을 선정 : $\dfrac{200}{5}$

· 답 : $\dfrac{200}{5}$

(4) 170[kV]

(5) OA : 유입 자냉식, FA : 유입 풍냉식

(6) SF_6

(7) 144[kV]

(8) 병렬 구분식, 단일 회로식

(9) · 계산 :

CT비 선정방법

CT 1차 전류 : $I_1 = \dfrac{P}{\sqrt{3}\,V} = \dfrac{39.666 \times 10^3}{\sqrt{3} \times 22.9} = 1000.051[\text{A}]$

CT의 여유배수 적용 : $I_1 \times (1.25 \sim 1.5) = 1250.064 \sim 1500.077$

CT의 정격을 선정 : 주어진 표에서 1200이 최댓값이므로 1200/5

· 답 : 1200/5

(10) · 계산 :

차단 용량 : $P_s = \sqrt{3}\,V_n I_s = \sqrt{3} \times 25.8 \times 23 = 1027.798[\text{MVA}]$

· 답 : 1027.8[MVA]

(11) 25.8[kV]

(12) · 계산 :

부담(전류) $= I_n^2 \cdot Z\,[\text{VA}]$ (단, 여기서 I_n은 CT의 2차 정격전류인 5[A]이다.)

$Z = \dfrac{[VA]}{I^2} = \dfrac{9}{5^2} = 0.36[\Omega]$

· 답 : 0.36[Ω]

(13) · 계산 :

CT가 △결선일 경우 비율 차동 계전기 단자에 흐르는 전류(I_2)

$I_2 = CT\ 1차\ 전류 \times CT역수비 \times \sqrt{3} = 600 \times \dfrac{5}{1200} \times \sqrt{3} = 4.33[\text{A}]$

· 답 : 4.33[A]

이것이 핵심

- 차단기의 정격전압과 단로기의 정격전압은 동일 공칭전압에서 같다.
- 변류기의 부담(전류)은 $I^2 Z$이며, 계기용변압기의 부담은 $\dfrac{V_n^2}{Z}$이다.
- 변류기의 결선은 변압기 결선(△-Y)과 반대로 Y-△ 결선으로 한다. CT_7은 △결선으로 전류차동계전기의 단자에 흐르는 전류는 선전류이므로 CT 1차측 전류에 $\sqrt{3}$을 곱한다.

문제 3

다음은 계전기의 그림기호이다. 각각의 명칭을 우리말로 쓰시오.

(1) OC (2) OL (3) UV (4) GR

[정답]
(1) 과전류 계전기 (2) 과부하 계전기
(3) 부족전압 계전기 (4) 지락 계전기

이것이 핵심

계전기를 도면상에 나타낼 때 Relay의 약자 'R'은 생략하는 것이 원칙이며, 예외도 있다. O 또는 □는 Relay를 나타내는 도형이기 때문에 도면상에 O 또는 □ 안에 계전기의 약호를 쓸 때에는 'R'을 빼는 것을 원칙으로 한다.

명 칭	그림기호	기구번호	명 칭	그림기호	기구번호
과전류 계전기	OC	51	부족전류 계전기	UC	37
지락과전류 계전기	OCG	51G	지락과전압 계전기	OVG	64
부족전압 계전기	UV	27	지락방향 계전기	DG	67
과전압 계전기	OV	59	비율 차동 계전기	Rdf	87

문제 4

큐비클의 종류 3가지를 쓰고 각 주 차단장치에 대해 간단히 설명을 하시오.

[정답]

큐비클 종류	설 명
CB형	차단기(CB)를 사용한 것
PF-CB형	한류형 전력퓨즈(PF)와 CB를 조합하여 사용하는 것
PF-S형	PF와 고압개폐기를 조합하여 사용하는 것

이것이 핵심

CB형 수전설비 결선도는 일반적으로 계약 전력 500[kW] 이상인 수용가 및 500[kW] 미만일지라도 완전한 보호를 하고자 하는 경우에 적용되고 있다. PF-CB형 수전설비 표준결선도는 보통 500[kW] 미만의 수용가에 적용하는데 확률적으로 적은 특고압 및 고압 단락사고의 보호를 전력 퓨즈(한류형)에 분담시켜, 차단기를 소형화한 것이다. PF-S 형은 전력퓨즈와 교류 부하개폐기를 조합해서 보호를 하려는 300[kW] 이하의 수용가에 적용되고 있다.

문제 5 ★★★☆

그림은 고압 수전 설비 단선 결선도이다. 물음에 답하시오.

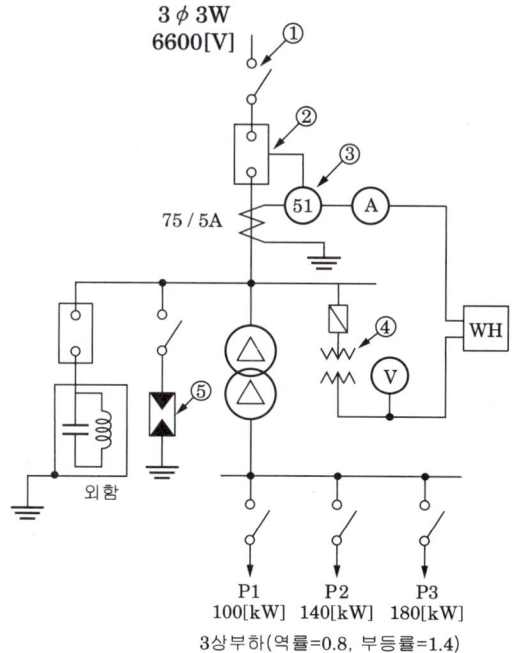

(1) 그림에서 ①~⑤의 명칭은 무엇인가?

(2) 각 부하의 최대 전력이 그림과 같고 역률이 0.8, 부등률이 1.4일 때 변압기 1차측 전류계 ⓐ에 흐르는 전류의 최대치를 구하시오. 또 동일한 조건에서 합성 역률 0.92 이상으로 유지하기 위한 전력용 콘덴서의 최소용량은 몇 $[kVA]$인가?

· 전류 : _____

· 콘덴서 용량 : _____

(3) DC(방전 코일)의 설치 목적을 설명하시오.

[정답] (1) ① 단로기　② 차단기　③ 과전류 계전기　④ 계기용변압기　⑤ 피뢰기

(2) 합성최대수용전력 $(P) = \dfrac{\text{각 부하 최대전력의 합}}{\text{부등률}} = \dfrac{100+140+180}{1.4} = 300\,[kW]$

전류계 ⓐ에 흐르는 전류 (I_2)

$I_2 = CT\ 1\text{차측 전류} \times CT\text{역수비} = \dfrac{P}{\sqrt{3} \times V\cos\theta} \times CT\text{역수비}$

$= \dfrac{300 \times 10^3}{\sqrt{3} \times 6600 \times 0.8} \times \dfrac{5}{75} = 2.186\,[A]$

· 답 : $2.19\,[A]$

역률 개선시 필요한 콘덴서 용량

$$Q_c = P(\tan\theta_1 - \tan\theta_2) = 300 \times \left(\frac{0.6}{0.8} - \frac{\sqrt{1-0.92^2}}{0.92}\right) = 97.2$$

• 답 : 97.2[kVA]

(3) 콘덴서의 잔류 전하를 방전시켜 감전사고 방지

이것이 핵심

■ 역률 개선시 필요한 콘덴서 용량

$$Q_c = Q_1 - Q_2$$
$$= P(\tan\theta_1 - \tan\theta_2)$$
$$= P\left(\frac{\sin\theta_1}{\cos\theta_1} - \frac{\sin\theta_2}{\cos\theta_2}\right)$$
$$= P\left(\frac{\sqrt{1-\cos^2\theta_1}}{\cos\theta_1} - \frac{\sqrt{1-\cos^2\theta_2}}{\cos\theta_2}\right)[\text{kVA}]$$

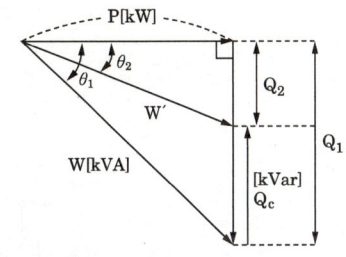

■ 방전코일(DC)
잔류전하를 방전시켜 감전사고 방지

■ 직렬리액터(SR)
제5고조파를 제거하여 파형개선

문제 6 ★☆☆☆☆

전기설비로 유입되는 뇌서지를 피보호물의 절연내력 이하로 제한함으로써 기기를 안전하게 보호하기 위해서 전기기기 전단에 설치되며, 과도적인 과전압을 제한하고 서지전류를 분류하는 것을 목적으로 설치하는 장치를 쓰시오.

[정답] 서지보호장치(Surge Protective Device)

이것이 핵심

서지보호장치의 종류
- 전압스위치형 SPD : 서지가 인가되지 않은 경우 높은 임피던스 상태이고, 전압서지가 있을 때는 급격하게 임피던스가 낮아지는 기능을 가진 SPD이다.
- 전압제한형 SPD : 서지가 인가되지 않은 경우 높은 임피던스 상태이고, 서지전류와 전압이 상승하면 임피던스가 연속적으로 감소하는 기능을 가진 SPD이다.
- 조합형 SPD : 전압스위칭형 소자와 전압제한형 소자를 갖는 SPD이다. 인가전압의 특성에 따라 전압스위칭, 전압제한 또는 전압스위칭과 전압제한의 두 가지 동작을 하는 SPD이다.

문제 7
★★★★★

그림은 22.9[kV] 특고압 수전설비의 단선도이다. 이 도면을 보고 다음 각 물음에 답하시오.

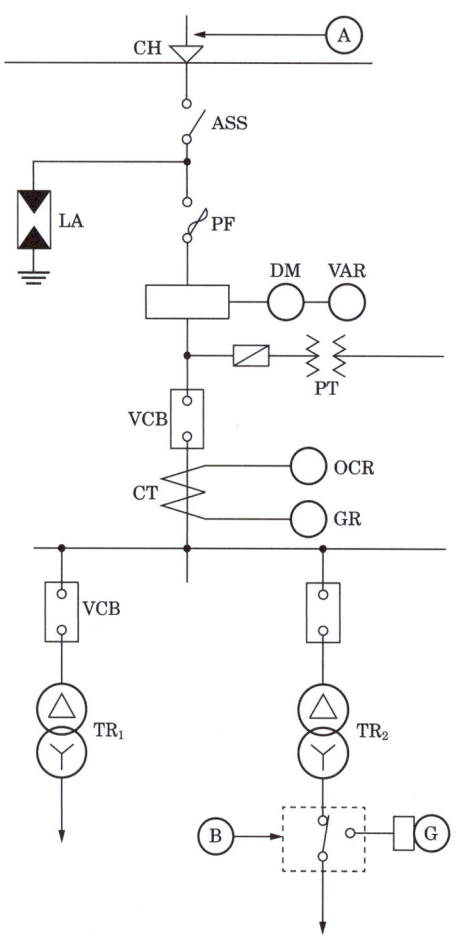

(1) 도면에 표시되어 있는 다음 약호의 명칭을 우리말로 쓰시오.

① ASS :   ② LA :

③ VCB :   ④ DM :

(2) TR₁ 쪽의 부하 용량의 합이 300[kW]이고, 역률 및 효율이 각각 0.8, 수용률이 0.6이라면 TR₁ 변압기의 용량은 몇 [kVA]가 적당한지를 계산하고 규격용량으로 답하시오.

　• 계산 : _____　　　• 답 : _____

(3) Ⓐ에는 어떤 종류의 케이블이 사용되는가?

(4) Ⓑ의 명칭은 무엇인가?

(5) 변압기의 결선도를 복선도로 그리시오.

[정답] (1) ① ASS : 자동고장 구분개폐기
② LA : 피뢰기
③ VCB : 진공 차단기
④ DM : 최대수요전력계

(2) • 계산

$$변압기용량 = \frac{설비용량 \times 수용률}{부등률 \times 역률 \times (효율)} = \frac{300 \times 0.6}{0.8 \times 0.8} = 281.25 \,[\text{kVA}]$$

• 답 : 300[kVA]

(3) CNCV-W 케이블(수밀형)

(4) 자동 전환개폐기

(5)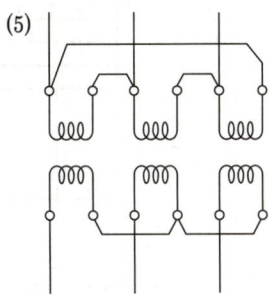

이것이 핵심

- 자동 부하 전환 개폐기(ALTS : Automatic Load Transfer Switch)
  중요시설 정전시에 큰 피해가 예상되는 수용가에 이중전원을 확보하여 주전원이 정전될 경우 예비전원으로 자동으로 전환되어 무정전 전원공급을 수행하는 3회로 2스위치의 개폐기이다.
- 자동고장 구분 개폐기(ASS : Automatic Section Switch)
  공급 신뢰도 향상과 다른 수용가에 대한 정전을 방지하기 위하여 고장 구간만을 신속, 정확하게 차단하여 고장의 확대를 방지한다. 1000[kVA]이하의 간이수전설비의 인입개폐기로 설치하도록 의무화하고 있다.

문제 8 ★★★★★

그림은 갭형 피뢰기와 갭레스형 피뢰기 구조를 나타낸 것이다. 화살표로 표시된 각 부분의 명칭을 쓰시오.

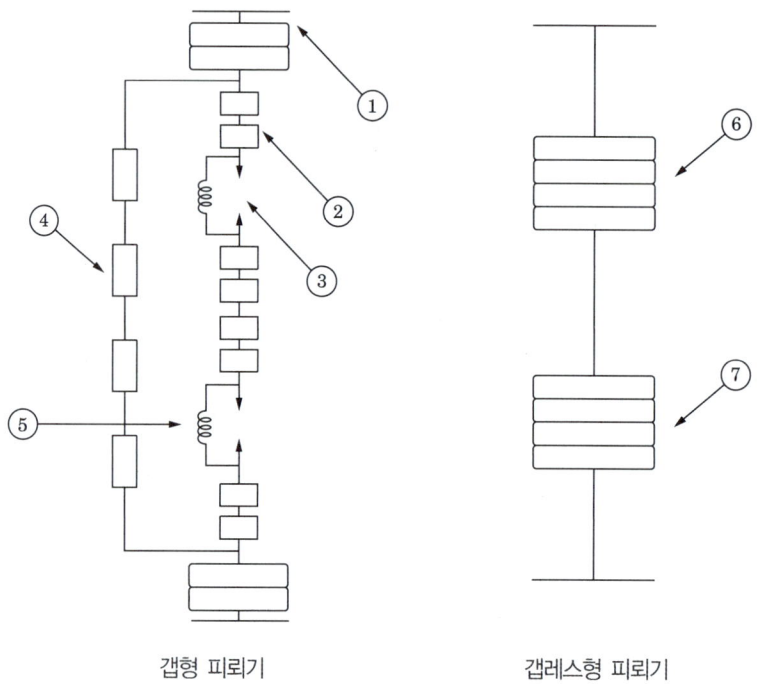

갭형 피뢰기   갭레스형 피뢰기

[정답]
① 특성요소   ② 주갭(직렬갭)   ③ 측로갭   ④ 병렬저항
⑤ 소호코일   ⑥ 특성요소   ⑦ 특성요소

이것이 핵심

- Gap형과 Gapless의 내부 구조

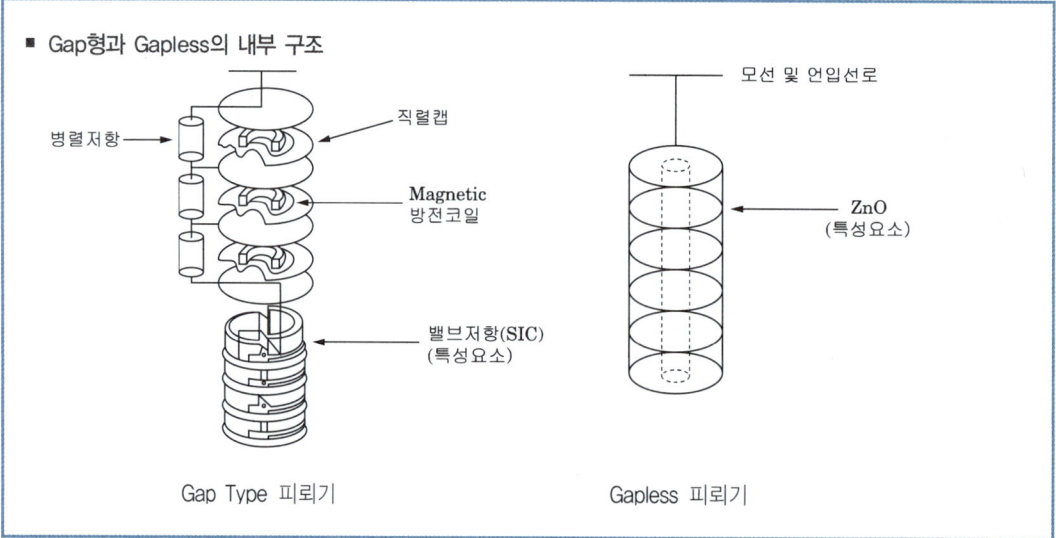

Gap Type 피뢰기   Gapless 피뢰기

문제 9 ★★★☆☆

수전전압 22.9[kV] 변압기 용량 3000[kVA]의 수전설비를 계획할 때 외부와 내부의 이상전압으로부터 계통의 기기를 보호하기 위해 설치해야 할 기기의 명칭과 그 설치 위치를 설명하시오. (단, 변압기는 몰드형으로서 변압기 1차의 주차단기는 진공차단기를 사용하고자 한다.)

(1) 낙뢰 등 외부 이상전압

(2) 개폐 이상전압 등 내부 이상전압

[정답] (1) • 기기명 : 피뢰기(LA)
　　　　　• 설치위치 : 진공 차단기 1차측
　　　 (2) • 기기명 : 서지 흡수기(SA)
　　　　　• 설치위치 : 진공 차단기 2차측과 몰드형 변압기 1차측 사이

이것이 핵심

■ 서지 흡수기 설치위치

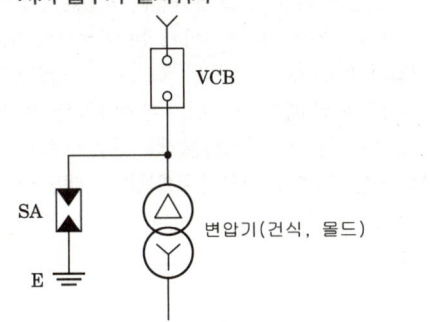
변압기 부하의 경우

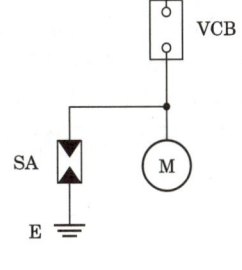
전동기 부하의 경우

■ 서지 흡수기 정격

공칭전압[kV]	3.3	6.6	22.9
정격전압[kV]	4.5	7.5	18
공칭방전전류[kA]	5	5	5

문제 10 ★★★★★

변압기 내부고장을 보호할 수 있는 보호 장치 5가지만 쓰시오.

[정답] ① 비율차동 계전기　② 과전류 계전기　③ 방압 안전장치
　　　 ④ 부흐홀츠 계전기　⑤ 충격압력 계전기

이것이 핵심

■ 변압기 보호장치 5가지

① 비율차동 계전기
   2개 또는 그 이상의 같은 종류의 전기량의 벡터차가 예정 비율을 넘었을 때 동작하는 계전기

② 과전류 계전기
   계전기에 흐르는 전류가 설정값 이상일 때 작동하는 계기이며, 설비를 과전류로부터 보호

③ 방압 안전장치
   방압안전장치는 변압기 커버에 취부되어 변압기 탱크 내에 이상 압력이 발생하여 일정압력 초과시 방압막(Diaphragm)이 동작하여 변압기 탱크의 폭발을 막아준다. 변압기유 속에서 발생하는 고장은 초기폭발을 초래하고 이 폭발의 파급은 두 번째 변압기유 밖에서 수소나 아세틸렌 공기 등의 급격한 폭발처럼 강한 것은 아니다. 아크로 인한 이상 압력은 방압안전장치가 없을 경우 탱크를 파괴할 수도 있다.

④ 부흐홀츠 계전기
   변압기의 기름탱크 안에 발생된 가스 또는 여기에 수반되는 유류를 검출하는 접점을 가지는 변압기보호용 계전기이며, 변압기의 관리에 있어서 기계적인 보호계전기로 부흐홀츠 계전기, 방압안전장치가 있지만 방압안전장치는 평상시에 알 수가 없으나 부흐홀츠 계전기는 동작상태를 육안으로 확인가능하다.

⑤ 충격압력 계전기
   변압기 내부사고 보호용 계전기에는 전기적인 방법에 의한 비율차동계전기가 있는 반면 기계적인 방법에 의한 충격압력계전기가 있으며 신속하고 확실한 동작특성 때문에 변압기 주보호용으로 가장 많이 사용되고 있다. 이 구조는 주름통, 마이크로 스위치, 균압기, 트립단자 및 시험용 플러그로 구성되어 정상운전 중으로 압력의 변화가 있을 때에는 균압기를 통한 주름통의 외부압력과 변압기 본체와의 연결구를 통한 주름통의 내부압력이 같아지나 변압기 내부에 아크가 발생하여 압력이 급상승할 때는 균압기에서 갑작스런 압력전달을 방지하기 때문에 주름통 내·외부의 압력차가 생기게 되고 따라서 주름통이 펴지면서 마이크로 스위치를 작동시키게 된다.

문제 11

그림은 차단기 트립 방식을 나타낸 도면이다. 트립방식의 명칭을 쓰시오.

(1)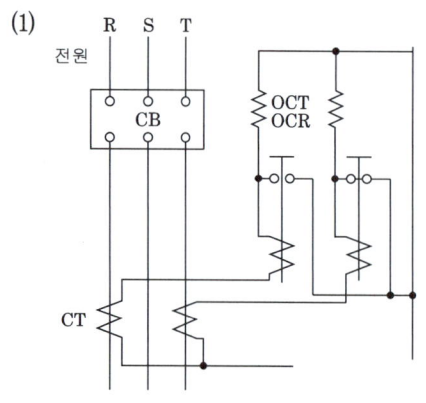

(2)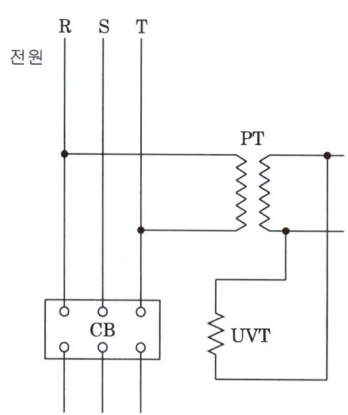

정답 (1) 전류 트립방식   (2) 부족전압 트립방식

이것이 핵심

차단기 트립방식에서 주어진 도면에 OCT일 경우 전류트립방식(Over Current Trip Device)이며 UVT일 경우 부족전압 트립방식 (Under Voltage Trip Device)이다.

분류	원리
직류전압 트립방식	고장시 축전지 등의 제어용 직류전원에 의해 트립되는 방식
콘덴서 트립방식	고장시 콘덴서의 충전전하에 의해 트립되는 방식
전류 트립방식	고장시 변류기 2차 전류에 의해 트립되는 방식
부족전압 트립방식	고장시 부족전압 트립장치에 인가되는 전압의 저하에 의해 트립되는 방식

문제 12 ★★★☆☆

송전계통에는 변압기, 차단기, 계기용변성기, 애자 등 많은 기기와 기구 등이 사용되고 있는데, 이들의 절연 강도는 서로 균형을 이루어야 한다. 만약, 대충 정해져 있다면 그다지 중요하지 않은 개소의 절연을 강화하였기 때문에, 중요한 기기의 절연이 파괴될 수도 있게 된다. 그러므로, 절연 설계에 있어 계통에서 발생하는 이상 전압, 기기 등의 절연 강도, 피뢰 장치로 저감된 전압쪽 보호 레벨(level)의 3자 사이의 관련을 합리적으로 해야 하는데, 이것을 절연 협조(Insulation coordination)라 한다. 그림은 이와 같이 하여 정한 절연 협조의 보기를 든 것이다. 각 개소에 해당되는 것을 다음 보기에서 골라 쓰시오.

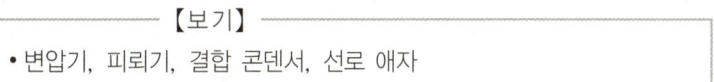

• 변압기, 피뢰기, 결합 콘덴서, 선로 애자

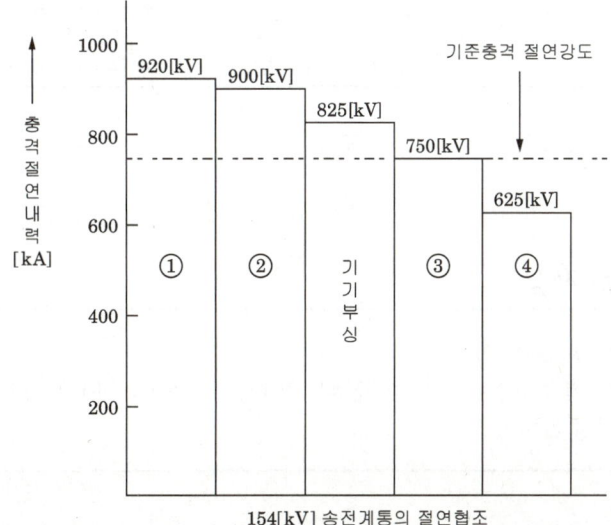

154[kV] 송전계통의 절연협조

[정답] ① 선로 애자 ② 결합 콘덴서 ③ 변압기 ④ 피뢰기

이것이 핵심

■ **절연협조**

전력 계통에는 선로를 비롯해서 발전기, 변압기, 차단기, 개폐기 등 많은 기기, 공작물이 접속되어 있다. 이들의 절연 강도가 상호간에 관계없이 정해져서 기기에 따라 필요 이상으로 절연 강도가 높거나 또는 약하게 되어 있다면 계통 전체로서의 신뢰도는 낮아진다. 예를 들어 차단기의 절연 강도가 다른 설비에 비해 낮게 정해졌다면 이상 전압이 발생할 때마다 차단기가 제일 먼저 사고를 일으켜서 계통 운용에 큰 지장을 줄 것이다. 그러므로 계통의 각 기기는 자체의 기능에서 요구되는 절연 강도뿐만 아니라 만일 사고가 발생하더라도 그 범위를 최소한으로 억제해서 계통 전체의 신뢰도를 높이고 또한 경제적이고 합리적인 절연강도로 되게끔 기기 상호간에 절연의 협조를 잘 도모해 줄 필요가 있다.

문제 13

다음은 고압 및 특고압 진상용 콘덴서 관련 방전장치에 관한 사항이다.
(①), (②)에 알맞은 내용을 쓰시오.

【조 건】

"고압 및 특고압 진상용 콘덴서 회로에 설치하는 방전장치는 콘덴서회로에 직접 접속하거나 또는 콘덴서회로를 개방하였을 경우 자동적으로 접속되도록 장치하고 또한 개로 후 (①) 초 이내에 콘덴서의 잔류전하를 (②) [V] 이하로 저하시킬 능력이 있는 것을 설치하는 것을 원칙으로 한다."

[정답] ① 5초   ② 50[V]

이것이 핵심

내선규정(3240-7)
고압 및 특고압 콘덴서용 방전장치는 콘덴서 개로 후 5초 이내에 콘덴서의 잔류전하를 50[V] 이하로 저하시킬 능력을 가질 것

문제 14 ★★★☆☆

거리계전기의 설치점에서 고장점까지의 임피던스를 70[Ω]이라고 하면 계전기측에서 본 임피던스는 몇[Ω]인가? (단, PT의 비는 154000/110[V], CT의 변류비는 500/5[A]이다.)

[정답]
- 계산 :

    계전기 측에서 본 임피던스(Z_s)

    $$Z_s = Z_F \times \frac{\text{CT비}}{\text{PT비}} = 70 \times \frac{500}{5} \times \frac{110}{154000} = 5[\Omega]$$

- 답 : 5[Ω]

이것이 핵심

■ 거리계전방식의 동작원리

거리계전방식은 계전기 설치점에서 고장점까지의 전기적 거리를 전압, 전류의 크기 및 위상차로 판별하여 동작하는 계전방식이다.

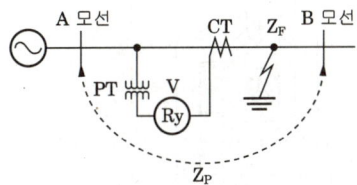
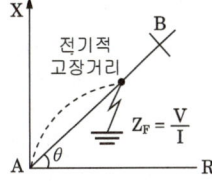

거리 계전기 설치 계통도   임피던스 특성 R-X도

(단, V: Ry 전압, Z_F: 고장점까지의 임피던스, Z_P: 선로 임피던스)

① Ry 설치점의 전압과 전류비로 고장점까지의 거리를 측정

② 계전기 정정 임피던스

$$\text{CT비} = \frac{I_1}{I_2} : I_2 = \frac{I_1}{\text{CT비}}, \quad \text{PT비} = \frac{V_1}{V_2} : V_2 = \frac{V_1}{\text{PT비}}$$

$$\therefore Z_s = \frac{V_2}{I_2} = \frac{V_1}{I_1} \cdot \frac{\frac{1}{\text{PT비}}}{\frac{1}{\text{CT비}}} = Z_p \cdot \frac{\text{CT비}}{\text{PT비}}$$

③ $Z_s > Z_F$ 이면 내부고장으로 Ry 동작

④ $Z_s < Z_F$ 이면 외부고장으로 Ry 부동작

문제 15

그림은 3상 3선식 적산전력계의 결선도(계기용변압기 및 변류기를 시설하는 경우)를 나타낸 것이다. 미완성 부분의 결선도를 완성하시오. (단, 접지가 필요한 곳에는 접지 표시를 하도록 한다.)

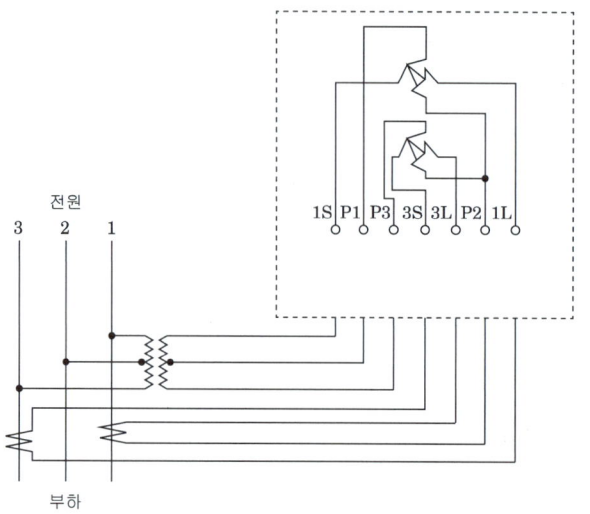

[정답]

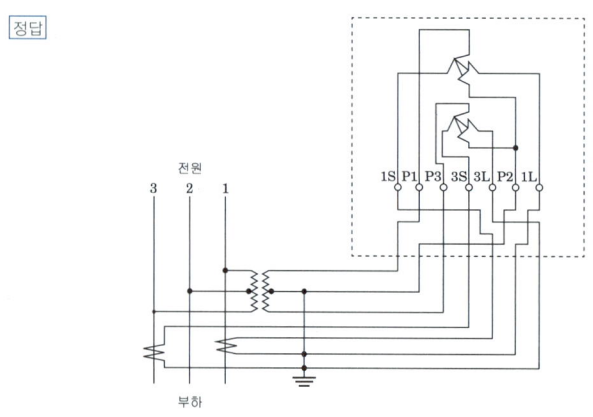

이것이 핵심

- 3상 3선식, 단상 3선식
- 3상 4선식

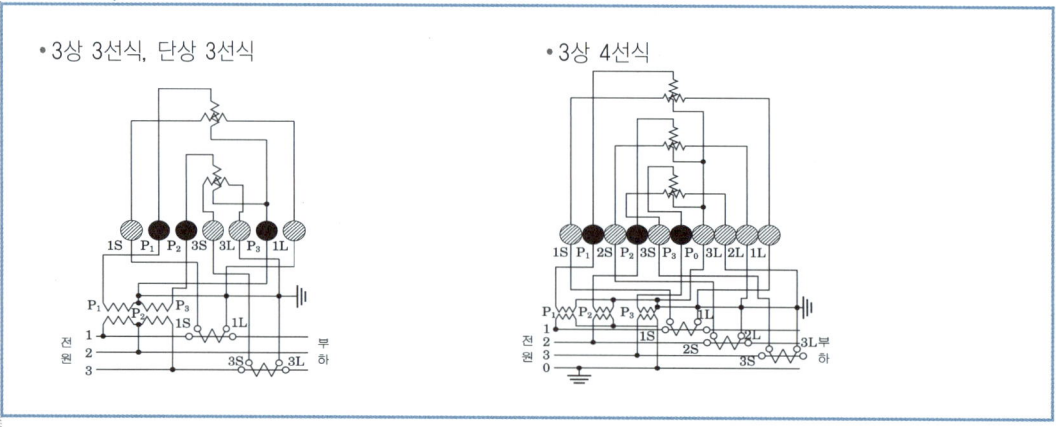

문제 16

그림은 발전기의 상간 단락 보호 계전 방식을 도면화한 것이다. 이 도면을 보고 다음 각 물음에 답하시오.

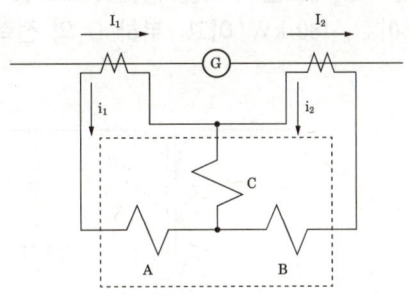

(1) 점선안의 계전기 명칭은?

(2) 동작 코일은 A, B, C 코일 중 어느 것인가?

(3) 발전기의 상간 단락이 생길 때 코일 C의 전류 i_d는 어떻게 표현되는가?

(4) 동기발전기를 병렬운전 시키기 위한 조건을 4가지만 쓰시오.

[정답] (1) 비율 차동 계전기

(2) C 코일

(3) $i_d = |i_1 - i_2|$

(4) 동기발전기를 병렬운전 시키기 위한 조건
  ① 기전력의 크기가 같을 것
  ② 기전력의 위상이 같을 것
  ③ 기전력의 주파수가 같을 것
  ④ 기전력의 파형이 같을 것

이것이 핵심

■ 병렬운전조건

동기 발전기의 병렬운전 조건	변압기의 병렬운전 조건
• 기전력의 크기가 같을 것 • 기전력의 위상이 같을 것 • 기전력의 주파수가 같을 것 • 기전력의 파형이 같을 것 • 상회전 방향이 같을 것	• 권수비가 같을 것 • % 임피던스 강하율이 같을 것 • 상회전 방향 및 위상 변위가 같을 것 • 각 변압기의 1,2차 정격전압 및 극성이 같을 것

■ 동작코일 : 변압기 내부단락, 지락사고시 1차와 2차의 전류차로 동작하여 차단기를 개로

문제 17

정격용량 500[kVA]의 변압기에서 배전선의 전력손실은 40[kW], 부하 L_1, L_2에 전력을 공급하고 있다. 지금 그림과 같이 전력용 콘덴서를 기존 부하의 병렬로 연결하여 합성 역률을 90[%]로 개선하고 새로운 부하를 증설하려고 할 때 다음 물음에 답하시오. (단, 여기서 부하 L_1은 역률 60[%], 180[kW]이고, 부하 L_2의 전력은 120[kW], 160[kVar]이다.)

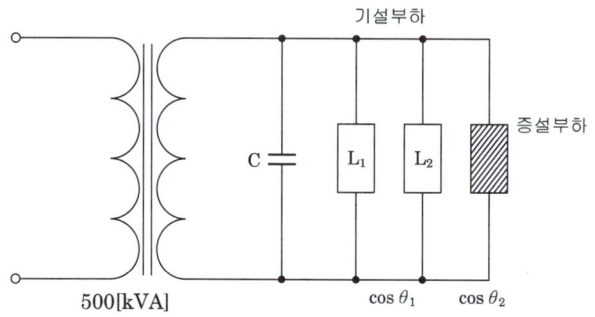

(1) 부하 L_1과 L_2의 합성용량 [kVA]과 합성역률은?

① 합성용량 : ・계산 : _____ ・답 : _____

② 합성역률 : ・계산 : _____ ・답 : _____

(2) 합성역률을 90[%]로 개선하는 데 필요한 콘덴서 용량(Q_c)는 몇 [kVA]인가?

・계산 : _____ ・답 : _____

(3) 역률 개선시 배전의 전력손실은 몇 [kW]인가?

・계산 : _____ ・답 : _____

(4) 역률 개선시 변압기 용량의 한도까지 부하설비를 증설하고자 할 때 증설부하용량은 몇 [kVA]인가? (단, 증설부하의 역률은 기존부하의 개선된 역률과 같은 것으로 한다.)

・계산 : _____ ・답 : _____

정답 (1) ① ・합성용량 계산

합성유효전력 $P = P_1 + P_2 = 180 + 120 = 300 [\text{kW}]$

합성무효전력 $P_r = P_{r1} + P_{r2} = P_1 \times \dfrac{\sin\theta_1}{\cos\theta_1} + P_{r2} = 180 \times \dfrac{0.8}{0.6} + 160 = 400 [\text{kVar}]$

합성용량 $P_a = \sqrt{P^2 + P_r^2} = \sqrt{300^2 + 400^2} = 500 [\text{kVA}]$

・답 : 500[kVA]

② ・합성역률 계산

$\cos\theta = \dfrac{P}{P_a} = \dfrac{300}{500} \times 100 = 60 [\%]$

・답 : 60[%]

(2) • 콘덴서 용량 계산

$$Q_c = P(\tan\theta_1 - \tan\theta_2) = 300 \times \left(\frac{0.8}{0.6} - \frac{\sqrt{1-0.9^2}}{0.9}\right) = 254.703 \,[\text{kVA}]$$

• 답 : 254.7[kVA]

(3) • 전력손실 계산

전력손실 $P_\ell \propto \dfrac{1}{\cos^2\theta}$ 관계이다.

$$P_{\ell 1} = \frac{1}{\cos^2\theta_1} = \frac{1}{0.6^2}$$

$$P_{\ell 2} = \frac{1}{\cos^2\theta_2} = \frac{1}{0.9^2} \quad \text{그러므로,} \quad \frac{P_{\ell 2}}{P_{\ell 1}} = \frac{\dfrac{1}{\cos^2\theta_2}}{\dfrac{1}{\cos^2\theta_1}} = \frac{\cos^2\theta_1}{\cos^2\theta_2} \text{이다.}$$

$$P_{\ell 2} = P_{\ell 1} \times \left(\frac{\cos\theta_1}{\cos\theta_2}\right)^2 = 40 \times \left(\frac{0.6}{0.9}\right)^2 = 17.777\,[\text{kW}]$$

• 답 : 17.78[kW]

(4) • 증설부하용량 계산

역률 개선 후 변압기에 인가되는 부하는

$$P_a = \sqrt{(P+P_{\ell 2})^2 + (Q-Q_c)^2} = \sqrt{(300+17.77)^2 + (400-254.7)^2} = 349.42\,[\text{kVA}]$$

증설부하용량 $P_a' = 500 - 349.42 = 150.58\,[\text{kVA}]$

• 답 : 150.58[kVA]

이것이

- 피상전력 = $\sqrt{\text{유효전력}^2 + \text{무효전력}^2} = \sqrt{P^2 + P_r^2}$
- 무효전력 = 피상전력 $\times \sin\theta$ = 유효전력 $\times \tan\theta$
- 콘덴서용량 = $P(\tan\theta_1 - \tan\theta_2) = P\left(\dfrac{\sin\theta_1}{\cos\theta_1} - \dfrac{\sin\theta_2}{\cos\theta_2}\right)$
- 종합역률 = $\dfrac{P_1 + P_2}{\sqrt{(P_1+P_2)^2 + (P_1\tan\theta_1 + P_2\tan\theta_2)^2}}$

문제 18

전력용 콘덴서 설치장소(2가지)와 전력용 콘덴서 및 직렬 리액터의 역할을 간단히 설명하시오.

(1) 전력용 콘덴서 설치장소

(2) ① 전력용 콘덴서의 역할
　　② 직렬 리액터의 역할

정답 (1) 전력용 콘덴서 설치장소
　　　　① 개개의 전동기에 콘덴서를 부착하는 방법
　　　　② 변압기 2차측 모선에 집중하여 설치하는 방법

　　　(2) ① 콘덴서의 역할 : 역률 개선
　　　　② 직렬 리액터의 역할 : 제5고조파를 제거하여 파형개선

이것이 핵심

> 전력용 콘덴서는 진상무효전력을 공급함으로써 지상 무효분을 감소시켜 역률을 개선하는 원리이다. 지상 무효분을 많이 가지고 있는 부하가 전동기, 변압기이다. 전동기와 변압기 모두 코일로 구성되어 있기 때문에 수변전설비에서 대표적인 지상부하라 할 수 있다.

문제 19

어느 변전소에서 뒤진 역률 80[%]와 부하 6000[kW]가 있다. 여기에 뒤진 역률 60[%], 1200[kW] 부하를 증가하였다면 다음과 같은 경우에 전력용 콘덴서의 용량은 몇 [kVA]가 되겠는가?

(1) 부하 증가 후 역률을 90[%]로 유지할 경우 전력용 콘덴서의 용량은 몇 [kVA]인가?

　• 계산 : _____　　• 답 : _____

(2) 부하 증가 후 변전소의 피상전력을 동일하게 유지할 경우 전력용 콘덴서의 용량은 몇 [kVA]인가?

　• 계산 : _____　　• 답 : _____

정답 (1) • 계산 :
합성유효전력 $P = P_1 + P_2 = 6000 + 1200 = 7200 [\text{kW}]$

합성무효전력 $P_r = P_{r_1} + P_{r_2} = P_1 \tan\theta_1 + P_2 \tan\theta_2 = 6000 \times \dfrac{0.6}{0.8} + 1200 \times \dfrac{0.8}{0.6} = 6100 [\text{kVar}]$

역률개선전 합성역률 $\cos\theta_1 = \dfrac{P}{\sqrt{P^2+P_r^2}} = \dfrac{7200}{\sqrt{7200^2+6100^2}} = 0.76$

역률개선시 필요한 콘덴서 용량

$Q_c = P(\tan\theta_1 - \tan\theta_2) = 7200 \times \left(\dfrac{\sqrt{1-0.76^2}}{0.76} - \dfrac{\sqrt{1-0.9^2}}{0.9}\right) = 2670.046 \,[\text{kVA}]$

- 답 : 2670.05[kVA]

(2) • 계산 :

부하증가 전 피상전력 $P_{a1} = \dfrac{6000}{0.8} = 7500\,[\text{kVA}]$

부하증가 후 피상전력 $P_a' = \sqrt{7200^2 + (6100-Q_c')^2} = 7500\,[\text{kVA}]$

부하증가 전과 후의 피상전력을 동일하게 유지하기 위해 필요한 콘덴서 용량 Q_c'

$\therefore Q_c' = 6100 - \sqrt{7500^2 - 7200^2} = 4000\,[\text{kVA}]$

- 답 : 4000[kVA]

이것이 핵심

- 피상전력 = $\sqrt{\text{유효전력}^2 + \text{무효전력}^2} = \sqrt{P^2 + P_r^2}$
- 무효전력 = 피상전력 × $\sin\theta$ = 유효전력 × $\tan\theta$
- 콘덴서용량 = $P(\tan\theta_1 - \tan\theta_2) = P\left(\dfrac{\sin\theta_1}{\cos\theta_1} - \dfrac{\sin\theta_2}{\cos\theta_2}\right)$
- 종합역률 = $\dfrac{P_1 + P_2}{\sqrt{(P_1+P_2)^2 + (P_1\tan\theta_1 + P_2\tan\theta_2)^2}}$

문제 20

수전단 전압이 3000[V]인 3상 3선식 배전 선로의 수전단에 역률이 0.8(지상)되는 520[kW]의 부하가 접속되어 있다. 이 부하에 동일 역률의 부하 80[kW]를 추가하여 600[kW]로 증가시키되 부하와 병렬로 전력용 콘덴서를 설치하여 수전단 전압 및 선로 전류를 일정하게 불변으로 유지하고자 할 때, 다음 각 물음에 답하시오. (단, 전선의 1선당 저항 및 리액턴스는 각각 1.78[Ω] 및 1.17[Ω]이다.)

(1) 이 경우에 필요한 전력용 콘덴서 용량은 몇 [kVA]인가?
(2) 부하 증가 전의 송전단 전압은 몇 [V]인가?
(3) 부하 증가 후의 송전단 전압은 몇 [V]인가?

【정답】 (1) ・계산 :

수전단 전압 및 전류가 일정하므로 다음 식이 성립된다.

$$I_1 = I_2 : \frac{P_1}{\sqrt{3}\,V\cos\theta_1} = \frac{P_2}{\sqrt{3}\,V\cos\theta_2} \ (단, V_1 = V_2 = V : 주어진 조건)$$

이 식에서 $\cos\theta_2 = \cos\theta_1 \times \frac{P_2}{P_1} = 0.8 \times \frac{600}{520} = 0.92$

그러므로 콘덴서 용량은 $600 \times \left(\frac{0.6}{0.8} - \frac{\sqrt{1-0.92^2}}{0.92}\right) = 194.4\,[\text{kVA}]$

・정답 : $194.4\,[\text{kVA}]$

(2) ・계산 :

부하 증가 전의 송전단 전압$(\cos\theta_1 = 0.8)$

$V_{s1} = V_r + \sqrt{3}\,I_1(R\cos\theta + X\sin\theta)$

$= 3000 + \sqrt{3} \times \frac{520 \times 10^3}{\sqrt{3} \times 3000 \times 0.8} \times (1.78 \times 0.8 + 1.17 \times 0.6) = 3460.63\,[\text{V}]$

・정답 : $3460.63\,[\text{V}]$

(3) ・계산 :

부하 증가 후의 송전단 전압$(\cos\theta_2 = 0.92)$

$V_{s2} = V_r + \sqrt{3}\,I_2(R\cos\theta + X\sin\theta)$

$= 3000 + \sqrt{3} \times \frac{600 \times 10^3}{\sqrt{3} \times 3000 \times 0.92} \times \left(1.78 \times 0.92 + 1.17 \times \sqrt{1-0.92^2}\right) = 3455.68\,[\text{V}]$

・정답 : $3455.68\,[\text{V}]$

이것이 핵심

■ 콘덴서 설치시 효과

역률개선 효과	역률 과보상
・전력손실의 경감	・모선전압의 상승
・전압강하 경감	・전력손실 증가
・설비용량의 여유 증가	・고조파 왜곡증대
・전기요금 절감	・전동기 자기여자현상

Engineer Electricity
Industrial Engineer Electricity

시퀀스 및 PLC

Chapter 03

01. 시퀀스 주요기기
02. 스위치
03. 릴레이
04. 타이머
05. 전자접촉기
06. 유접점 회로
07. 무접점 회로
08. 부울대수/드모르간
09. 3상 전동기 회로
10. 다이오드
11. 트랜지스터
12. PLC
13. 특수회로
■ 과년도 출제예상문제

Chapter 03 시퀀스 및 PLC

출제 Point ★★★★★

이해하기

시퀀스 제어회로
정해진 순서에 따라 제어의 각 단계를 점차적으로 진행해 나가는 회로이다. 일종의 스위치나 버튼을 이용하여 전기회로의 부하를 운전하기도 하고, 부하의 운전상태나 고장상태를 알리기도 한다. 최근 사용되는 전기회로는 모두 시퀀스회로로 구성되어 있으며 그 사용예로 엘리베이터, 세탁기, 냉장고, 자동판매기 등이 있다. 무접점 소자를 이용한 회로로서 PLC 등 전자회로를 사용하며, 유접점 소자는 버튼스위치나 각종 계전기(Relay)를 사용하기도 한다.

시퀀스(PLC)를 이용한 제어회로

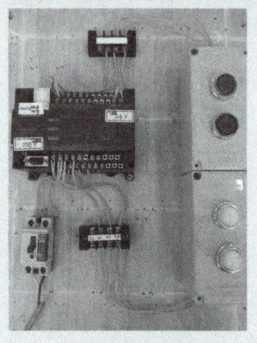

01 시퀀스의 주요기기

1 시퀀스 제어

정해진 순서나 시간지연 등을 통해 순차적인 제어동작으로 전체 시스템을 제어하는 방법

명 칭		약호	심벌 (단선도)	기능 및 용도
스위치	단로스위치	S		일반적으로 많이 사용되고 있는 스위치
	수동조작 자동복귀	PB, PBS BS…		• 수동조작 자동복귀 a접점은 ON기능 (기동용) • b접점은 OFF기능(정지용)
	검출 스위치	LS		대표적으로 리미트 스위치가 있으며 물리적, 기계적 입력에 의해서 동작
보조계전기 (릴레이)		Ry	Ⓡ	코일의 전자석에 의한 여자에 의해 동작하고 자력상실 시에 소자되어 복귀
타이머		T		ON delay timer가 주로 사용되며 한시동작 순시복귀 접점사용
전자접촉기		MC		전동기 구동 등의 대전력 제어용 릴레이
열동계전기		Thr		과전류로부터 전동기를 보호하는 보호계전기(수동복귀 접점)
전자개폐기		MS		전자 접촉 1정지할 때 쓰이거나 과부하가 되었을 때는 모터를 정지시킴 MS = MC + Thr

2 접점의 종류

(1) a접점
초기상태에서는 고정접점과 가동접점이 떨어져 있으며, 동작시 두 접점이 접촉되어 전류가 흐른다.

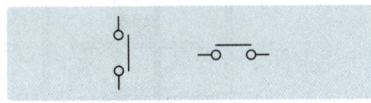

(2) b접점
초기상태에서는 고정접점과 가동접점이 붙어있으며, 동작시 접점이 떨어져 전류를 차단한다.

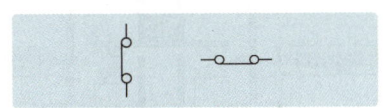

> **이해하기**
> 시퀀스의 접점은 회로를 개로 또는 폐로하여 회로의 상태를 결정하는 기능을 한다.

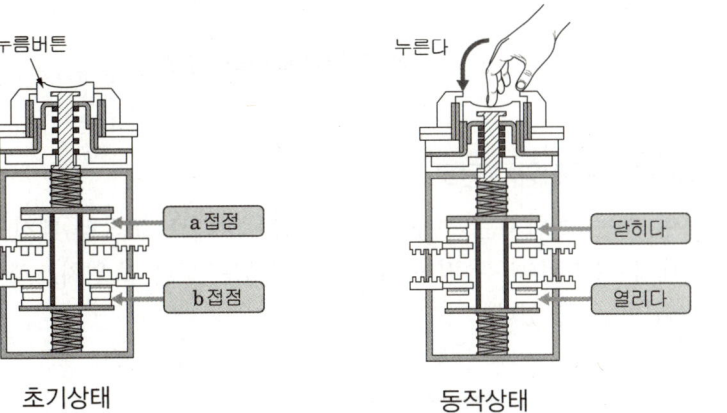

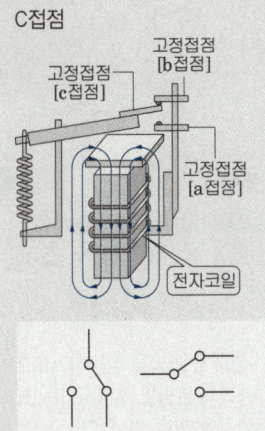

> **이해하기**
> C접점

02 스위치

스위치란 전기회로의 개폐, 또는 접속 변경 등의 작업 명령용 입력기구로서 복귀형 수동스위치, 유지형 수동위치, 검출 스위치 등이 있다. 일반적으로 가정에서 사용하는 스위치는 유지형 수동스위치로서 조작시 개폐상태가 유지되는 스위치이다.

출제 Point ★★★

1 복귀형 수동스위치(수동조작 자동복귀)

조작 중 접점 상태가 변하고 조작을 멈추면 원래 상태로 복귀하는 스위치이다. 접점의 종류에는 a 접점과 b 접점이 있다.

a 접점   b 접점

> **이해하기**
> 연동스위치는 한번의 동작으로 2개의 접점을 이동시킨다.

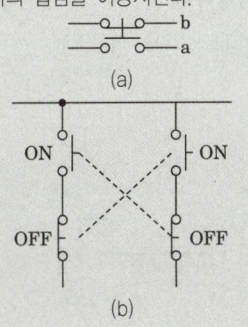

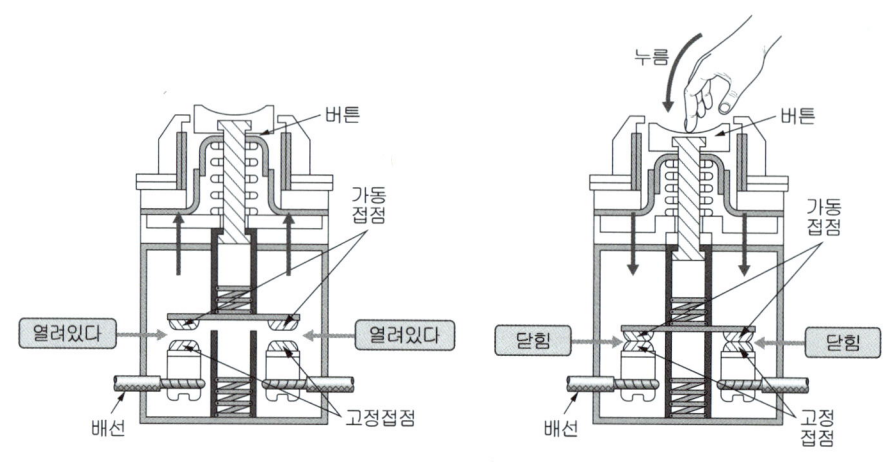

a접점 복귀상태와 동작상태

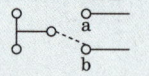

2 유지형 수동스위치(단로스위치)

유지형 수동 스위치는 수동 조작을 하면 반대로 조작할 때까지 접점의 개폐상태가 유지된다. 유지형 수동스위치에는 토글 스위치, 셀렉터 스위치, 캠 스위치 등이 있다.

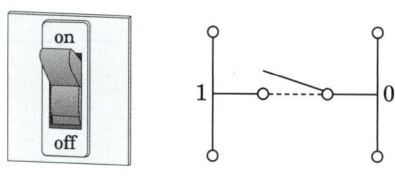

3 검출 스위치

검출 스위치는 제어 대상의 상태나 변화 등을 검출하기 위한 스위치이다. 검출위치는 위치, 액면, 온도, 전압, 그 밖의 여러 제어량을 검출하는 데에 사용되고 있다.

(1) 리미트 스위치(한계스위치)

리미트 스위치는 외부의 작용에 의해 동작부가 눌려 접점이 ON, OFF 동작을 하는 것으로 전기 회로 제어용으로 사용된다.

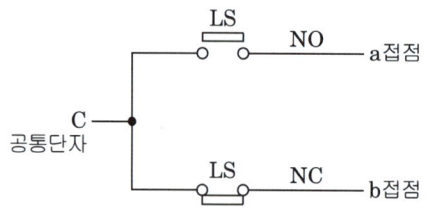

※ C(Common) : 공통
NO(Normally Open) : 항상 개
NC(Normally Close) : 항상 폐

이해하기

3로 스위치는 스위치가 ON, OFF 상관없이 a나 b에 연결이 된다.

예 1층에서 조명을 점등시키고 2층에서 조명을 소등시키는 스위치를 만들 수 있다.

이해하기

리미트 스위치 작동원리

(2) 광전 스위치(PHS : Photoelectric Switch)

광전 스위치는 빛을 방사하는 투광기와 광량의 변화를 전기신호로 변환하는 수광기 등으로 구성되고 물체가 광로를 차단 여부에 따라 동작하며, 물체에 접촉하지 않고 검지한다.

■ 참고
• 광전 스위치

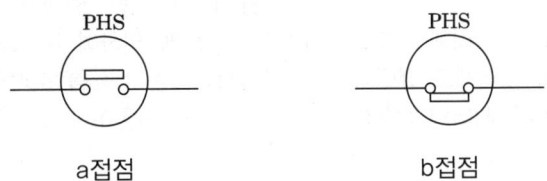

(3) 근접 스위치(PXS : Proximity Switch)

근접 스위치는 물체에 의하여 전계나 자계를 변화시켜 동작하며, 물체에 접촉하지 않고 금속체나 자성체를 검지한다.

• 근접 스위치

4 스위치의 결선 및 배선

스위치는 대부분의 시퀀스 회로에서 동작(점등)과 정지(소등)를 결정짓는 중요한 역할을 한다. 스위치의 결선 위치 및 접점에 따라 회로의 동작순서가 달라질 수 있다.

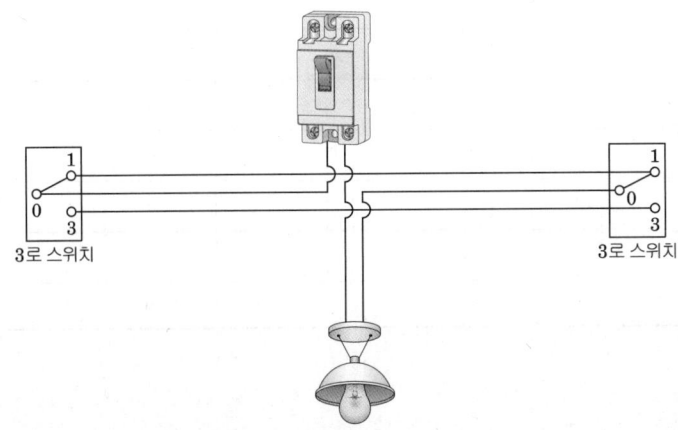

3로 스위치의 결선 및 배선

시퀀스 01 필수문제

도면과 같은 시퀀스도의 작동원리가 다음과 같을 때 주어진 물음에 답하시오.

【동작원리】
자동차 차고의 셔터에 라이트가 비치면 PHS에 의하여 자동으로 열리고, 또한 PB_1을 조작해도 열린다. 셔터를 닫을 때는 PB_2를 조작하면 셔터는 닫힌다. LS_1은 셔터의 상한이고 LS_2는 셔터의 하한이다.

[도면]

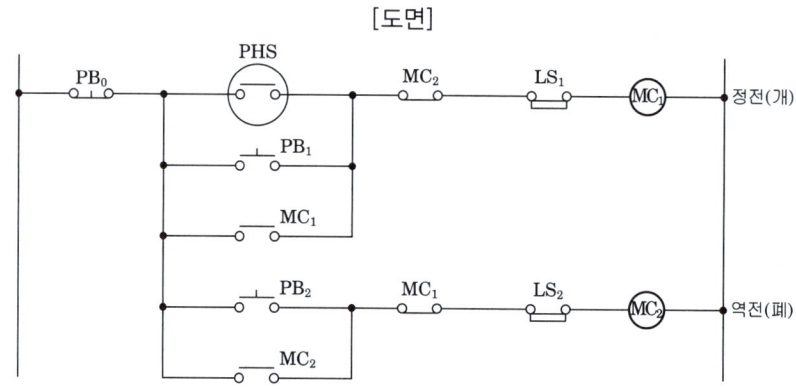

(1) MC_1, MC_2의 a접점은 어떤 역할을 하는 접점인가?

(2) MC_1, MC_2의 b접점은 어떤 역할을 하는가?

(3) 도면에서 ─o⁀o─ 의 약호는 LS이다. 이것의 우리말 명칭은 무엇인가?

(4) 시퀀스도에서 PHS(또는 PB_1)과 PB_2를 타임 차트와 같은 타이밍으로 "ON"조작하였을 때의 타임 차트를 완성하시오.

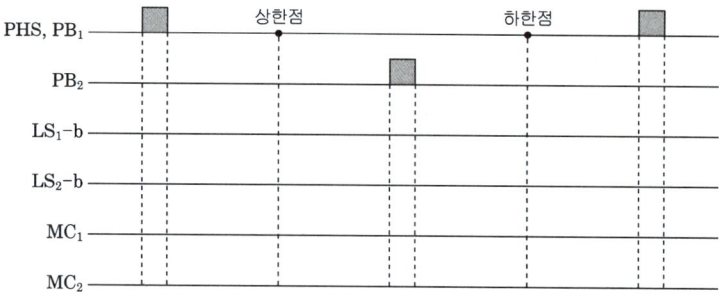

[정답]
(1) 자기 유지
(2) 동시 투입 방지
(3) 리미트 스위치
(4)

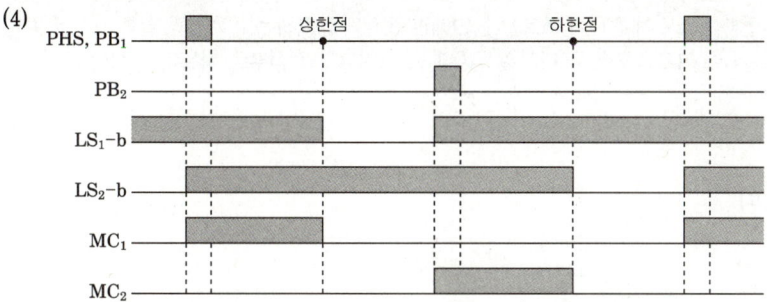

[해설]
(2) 인터록접점
(4) 최초 셔터가 닫혀있으므로 LS_1-b는 (복귀)연결상태이고 LS_2-b는 (동작)분리상태이다.
LS스위치 b접점이 있는 경우 동작과 복귀 상태를 파악해가며 타임차트를 작성해야한다.

시퀀스 02 　 필수문제

다음 동작설명과 같이 동작이 될 수 있는 시퀀스 제어도를 그리시오.

【동작원리】
1. 3로 스위치 S_{3-1}을 ON, S_{3-2}를 ON했을 시 R_1, R_2가 직렬 점등되고, S_{3-1}을 OFF, S_{3-2}를 OFF했을 시 R_1, R_2가 병렬 점등한다.
2. 푸시버튼 스위치 PB를 누르면 R_3와 B가 병렬로 동작한다.

[정답]
시퀀스 (3로 스위치)

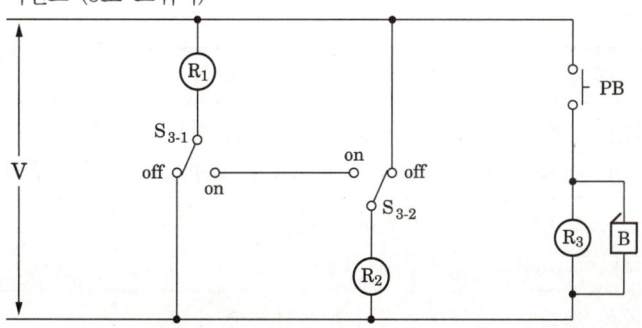

■참고

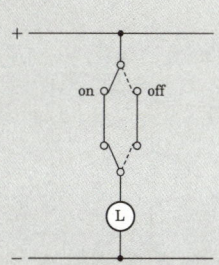

2개소 점멸이란 1층 또는 2층에서 모두 점등 소등이 가능한 방식이다.

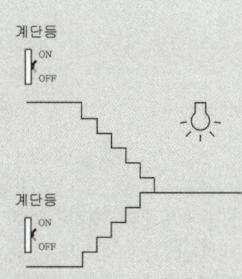

Chapter 03 시퀀스 및 PLC

출제 Point ★★★

03 릴레이

계전기는 푸시버튼과는 달리 사람의 손으로 동작되는 것이 아니라 계전기 내의 전자석에 의해 동작되며, 전자석 코일에 전류가 흐르는 동안에만 접점이 동작하는 스위치의 일종으로 코일부와 접점부로 나누어지고 기호로 나타낼 경우에도 코일부와 접점부로 나누어 표시한다.

이해하기

계전기 내부회로도
- 8핀(2a2b) 전자 계전기

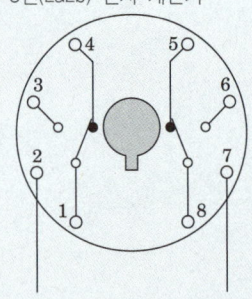

- 11핀(3a3b) 전자 계전기

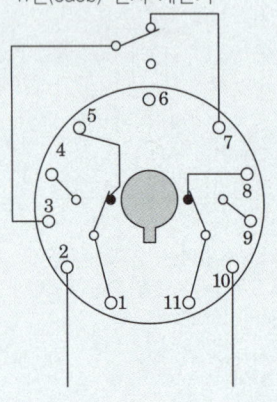

1 동작원리

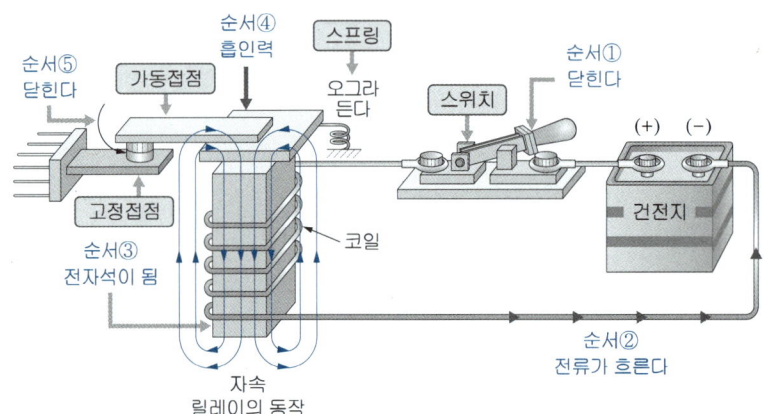

릴레이의 동작

전자 릴레이는 철심에 코일을 감고, 코일에 전류를 흘리면 전자석이 되어 가동철편을 흡인한다. 이때 a접점은 폐로가 되고, b접점은 개로 상태가 된다. 전자 코일에 전류가 더 이상 공급되지 않을 경우 각 접점은 원상태로 복귀된다.
릴레이의 사용시는 조작 전원의 정격, 필요한 접점의 수, 제어 전원의 용량 등을 고려하여 특성에 맞게 선택한다.

2 접점의 종류와 명칭

이해하기

c접점은 a접점, b접점을 동시에 사용할 수도 있고 별도로 한 접점만 사용할 수도 있다. 특히 c접점에서 a접점, b접점을 동시에 사용할 경우에 c접점(공통접점)으로 인하여 회로가 단락되는 경우가 있으므로 반드시 공통접점부가 회로에서 공통으로 사용되고 있는지 확인하고 사용한다.

명칭	상태	별칭
a 접점	열려있는 접점 (arbeit contact)	• 메이크 접점(회로를 만드는 접점) • 상개 접점(no접점 : 항상 열려있는 접점)
b 접점	닫혀있는 접점 (break contact)	• 브레이크 접점 • 상폐 접점
c 접점	전환 접점 (change-over contact)	• 브레이크 메이크 접점 • 트랜스퍼 접점

시퀀스 03   필수문제

그림은 릴레이 금지회로의 응용 예이다. 무접점 회로와 같은 유접점 릴레이 회로를 완성하시오.

문항	무접점 릴레이 회로	회로 명칭	유접점 릴레이 회로
(1)		상호 인터록 회로	
(2)		절환 회로	
(3)		절환 회로	
(4)		우선 회로	

[정답]

문항	무접점 릴레이 회로	회로 명칭	유접점 릴레이 회로
(1)		상호 인터록 회로	
(2)		절환 회로	
(3)		절환 회로	
(4)		우선 회로	

▶ **암기하기**

(1) $X_1 = A \cdot \overline{X_2}$
    $X_2 = B \cdot \overline{X_1}$
(2) $X_1 = A \cdot \overline{C} + B \cdot C$
(3) $X_1 = A \cdot \overline{B}$
    $X_2 = A \cdot B$
(4) $X_1 = A \cdot B$
    $X_2 = \overline{A} \cdot C$
    $X_3 = \overline{A} \cdot D$

시퀀스 04 　필수문제

그림과 같은 유도 전동기의 미완성 시퀀스 회로도를 보고 다음 각 물음에 답하시오.

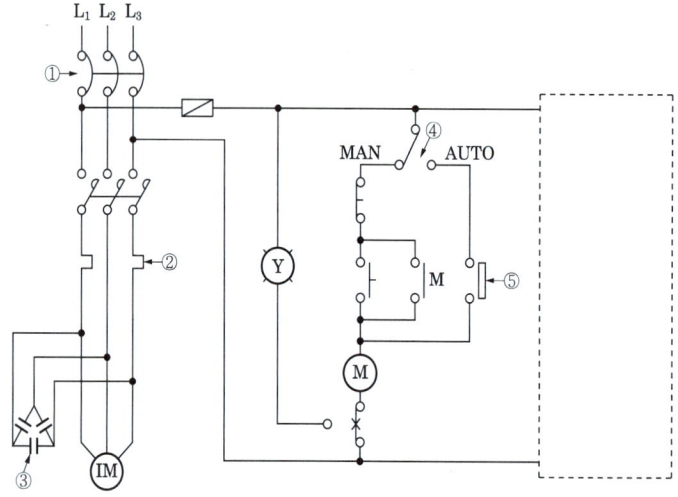

(1) 도면에 표시된 ①~⑤의 명칭을 쓰시오.

(2) 도면에 그려져 있는 ⓨ등은 어떤 역할을 하는 등인가?

(3) 전동기가 정지하고 있을 때는 녹색등 ⓖ가 점등되고, 전동기가 운전중일 때는 녹색등 ⓖ가 소등되고 적색등 ⓡ이 점등되도록 표시등 ⓖ, ⓡ을 회로의 　　　 내에 설치하시오.

[정답]
(1) ① 배선용 차단기 ② 열동 계전기 ③ 전력용 콘덴서 ④ 셀렉터 스위치
　　⑤ 리미트 스위치 접점
(2) 과부하 동작표시 램프
(3)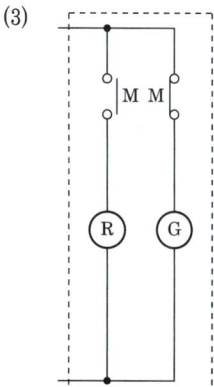

04 타이머

시간 제어기구인 타이머는 시간차를 만들어서 개폐 동작을 할 수 있는 것으로 시한 소자(Time Limit Element)를 가진 계전기이다. 동작형태에 따라서 순시동작 한시복귀, 한시동작 순시복귀, 한시동작 한시복귀 타이머로 나눈다.

1 타이머의 기본회로

시간 제어기구인 타이머는 시간차를 두어 접점이 개폐 동작을 할 수 있는 것으로 시한 소자(Time Limit Element)를 가진 계전기이다. 동작형태에 따라서 순시동작 한시복귀, 한시동작 순시복귀, 한시동작 한시복귀 타이머가 있다.

▶ **이해하기**

타임차트 작성방법

(a)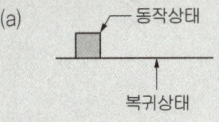
동작상태 / 복귀상태

(b)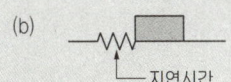
지연시간

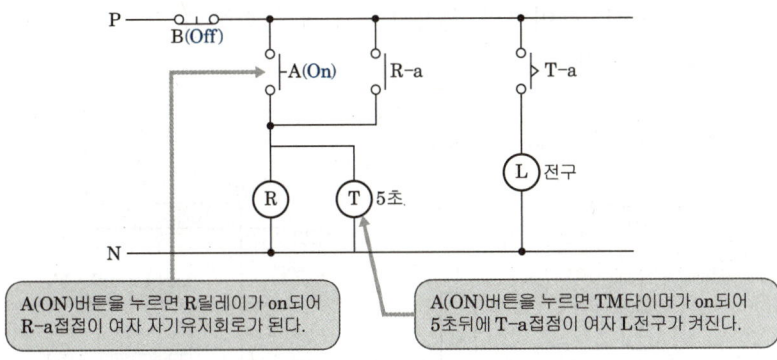

A(ON)버튼을 누르면 R릴레이가 on되어 R-a접점이 여자 자기유지회로가 된다.

A(ON)버튼을 누르면 TM타이머가 on되어 5초뒤에 T-a접점이 여자 L전구가 켜진다.

2 타이머의 종류

(1) 한시동작 순시복귀(ON delay timer)

전압을 인가하면 타이머의 설정시간 후에 동작하는 회로이다.

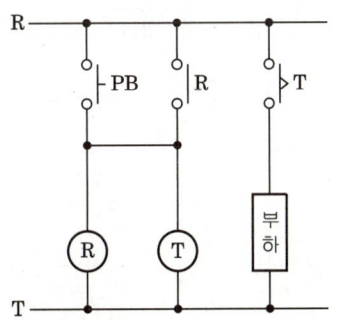 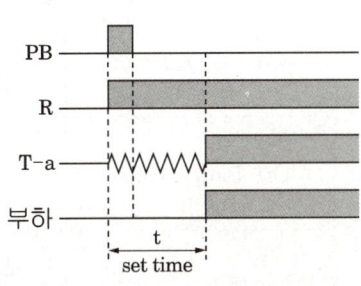

이해하기

타이머 내부회로도
• 순시접점을 이용한 타이머 내부

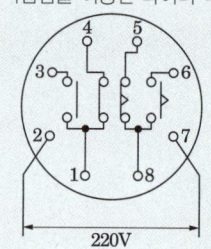

• 한시접점만으로 이루어진 타이머 내부

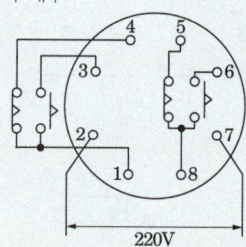

(2) 순시동작 한시복귀 (OFF delay timer)

전압을 인가하면 동시에 동작하여 타이머의 설정시간 후에 정지하는 회로이다.

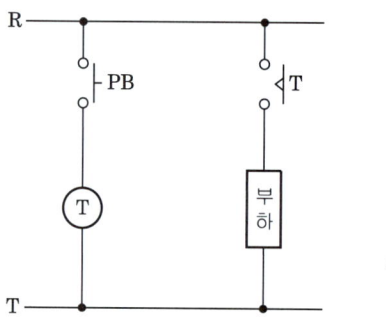 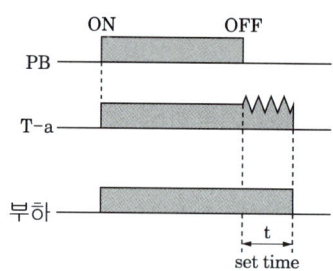

(3) 한시동작 한시복귀 (ON, OFF delay timer)

전원을 인가하면 타이머의 설정시간 후에 동작하고 다시 설정시간 후에 정지하는 회로이다.

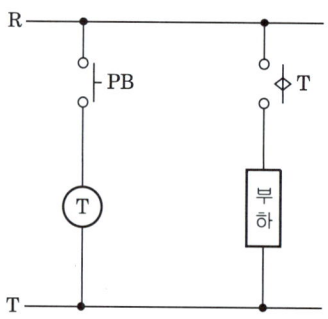 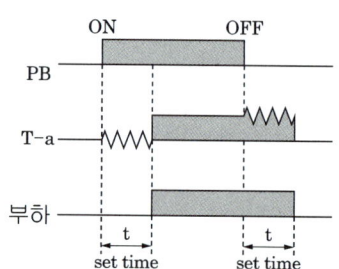

| 참고 | 타이머 접점 정리

	a접점	b접점
On Delay Timer		
Off Delay Timer		
On-Off Delay Timer		

시퀀스 05   필수문제

각각의 타임차트를 완성하시오.

구분	명령어	타임차트
(1) T-ON(ON-Delay)	Increment	S / 출력
(2) T-OFF(OFF-Delay)	Decrement	S / 출력

[정답]

(1)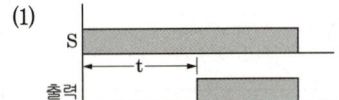

(2)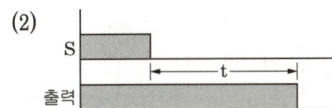

> **암기하기**
> (1) On Delay timer : 한시동작 순시복귀하는 타이머로 설정시간(t) 후에 동작하고 즉시 복귀한다.
> (2) OFF Delay timer : 순시동작 한시복귀하는 타이머로 즉시 동작하고 설정시간(t) 후에 복귀한다.

시퀀스 06   필수문제

다음 릴레이 접점에 관한 다음 물음에 답하시오.

(1) 한시동작 순시복귀 a 접점기호를 그리시오.

(2) 한시동작 순시복귀 a, b 접점의 타임차트를 완성하시오.

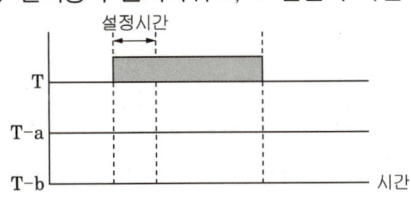

(3) 한시동작 순시복귀 a 접점의 동작상황을 설명하시오.

[해답]

(1)

(2)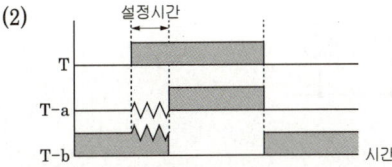

(3) 타이머 T가 여자되면 설정시간 후에 a접점은 동작하고 타이머가 소자되면 순시 복귀한다.

> **암기하기**
> ■ 타이머의 종류
> ① ON delay timer (한시동작 순시복귀)
> ② OFF delay timer (순시동작 한시복귀)
> ③ ON-OFF delay timer (한시동작 한시복귀)

시퀀스 07   필수문제

그림은 기동 입력 BS_1을 준 후 일정 시간이 지난 후에 전동기 ⓜ이 기동 운전되는 회로의 일부이다. 여기서 전동기 ⓜ이 기동하면 릴레이 ⓧ와 타이머 ⓣ가 복구되고 램프㉾이 점등되며 램프㉾은 소등되고, Thr이 트립되면 램프㉾이 점등하도록 회로의 점선 부분을 아래의 수정된 회로에 완성하시오. (단, MC의 보조 접점 (2a, 2b)을 모두 사용한다.)

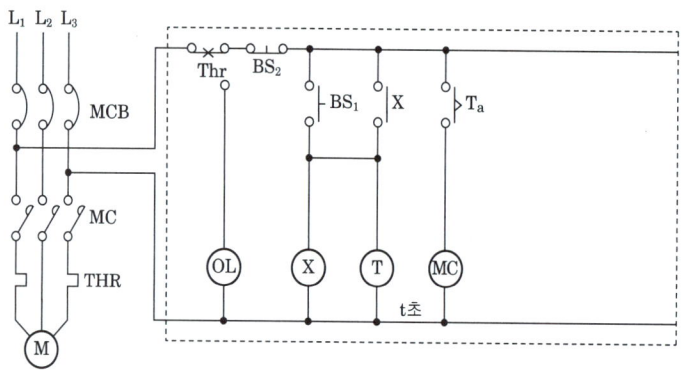

• 수정된 회로

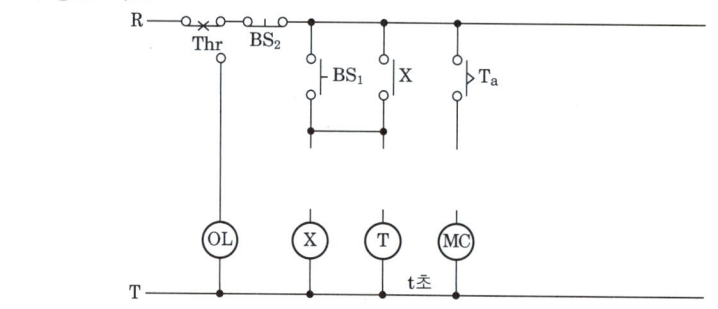

이해하기

전원인가시 GL만 점등된다. BS_1을 누르면 X와 T가 여자되고 설정 시간 후 T-a 접점이 동작하여 MC가 여자됨과 동시에 전동기가 작동하고 RL은 점등한다. 과전류가 흐르게 되면 Thr이 동작하여 OL이 점등되고 나머지는 전부 소자 및 소등 된다.

[정답]

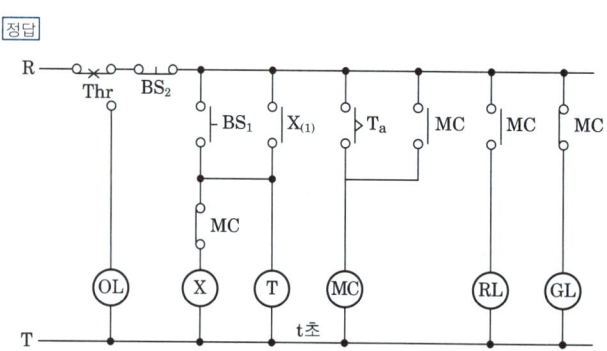

05 전자접촉기(Electromagnetic Contact : MC)

전자접촉기의 동작원리는 전자계전기의 동작원리와 동일하다. 즉, 전자석에 의한 흡인력을 이용하여 접촉부를 동작시키며, 주로 주회로 전류와 같이 대전류의 개폐나 전동기의 빈번한 시동, 정지, 제어 등에 사용된다.

1 동작원리
전자접촉기의 전자코일(MC)에 전류가 흐르면 고정 철심이 여자되어 전자석으로 바뀐다. 전자석은 가동철심을 흡인하여 가동 철심에 부착된 주접점과 보조접점을 폐로하고, 전자코일에 전류가 차단되면 개로한다.

2 전자접촉기의 구조
다양한 전자접촉기 중 5a2b 전자접촉기는 총 7개의 접점으로 이루어져 있다. 이때, 보조접점은 C접점이 아니며 개별로 독립되어 있는 접점이다.

전자코일	주 접점	보조 접점	
(MC)	L_1 L_2 L_3 / U V W	1 3 5 7 / 2 4 6 8	a접점 3-4, 7-8 b접점 1-2, 5-6

3 전자접촉기와 릴레이 비교

	전자접촉기(MC)	릴레이(Relay)
차이점	전동기 등을 연결하는 주접점(a접점으로만 구성)과 릴레이처럼 a접점과 b접점으로 이루어진 보조접점으로 구성 되어 있다.	릴레이를 작동시키는 전원부와 a접점, b접점으로 구성되어 있다
공통점	전원이 인가되면(전자코일부에 전류가 흐르면) 전자석이 되어 접점을 개폐한다.	

▶ *이해하기*

렌츠의 법칙
전자접촉기의 동작원리는 '렌츠의 법칙'을 이용하여 구성한다.

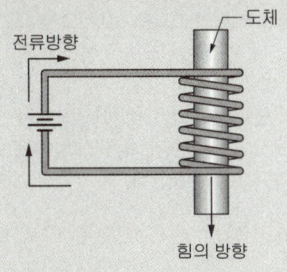

▶ *이해하기*

개폐기와 접촉기의 중요한 차이점은 접촉기가 on-off를 할 수 있는 신호를 외부에서 줄 것인지, 아니면 그 기기 자체에 줄 것인지의 차이이다.

출제 Point ★★

이해하기
열동계전기는 설정치 이상의 전류가 흐르면 접점을 동작하는 계전기로서, 전동기를 과부하로부터 보호한다. 주회로에 삽입된 히터에 과전류가 흐르면 바이메탈이 동작하는 원리이다.

이해하기
바이메탈 작동원리
바이메탈 마그네틱스위치의 주접점에 연결된 구리바를 통하여 과열이 감지되면 서로 다른 두 개의 철판이 완전히 밀착되어 맞대어져 있으므로 열팽창률의 원리에 의해 한쪽으로 휘어진다.

4 열동계전기의 역할

열동계전기는 과부하계전기라고도 불리며 정격 전류 이상의 전류가 흐르면 내부에서 발생된 열에 의해 바이메탈이 동작하여 접점이 차단되고 전자접촉기의 회로를 차단하여 부하와 전선의 과열을 방지한다.

5 열동계전기의 동작원리 및 접점기호

(1) 검출방법
  모터의 부하전류를 히터의 열에 의해 검출하여 바이메탈을 만곡시킨다.

(2) 트립동작
  바이메탈이 만곡하여 트리거레버, 인장레버에 의해 전달되어 과부하접점을 개방한다.

(3) Reset동작
  수동으로 Reset버튼에 의해 접점을 복귀시킨다.

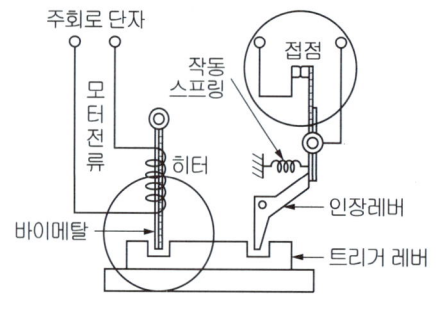 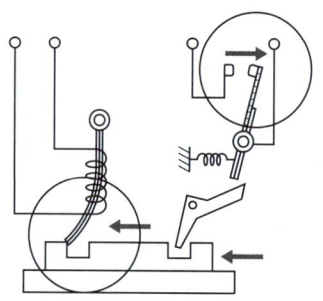

동작원리

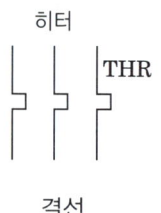
히터
결선

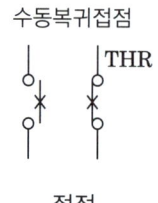
수동복귀접점
접점

6 전자개폐기의 특성

전자개폐기는 전자접촉기와 열동계전기를 일체화시킨 것으로 부하 즉 모터를 구동시키고, 정지시키기 위한 일종의 스위치이다. 원통코일에 전압을 걸리게 하면 내부에 힘이 발생되는데 이 힘으로 스위치를 붙게(close)하고 떨어지게(open) 한다. 전자접촉기에 있는 허용전류 및 전압규격에 따라 선정한다.

7 전자개폐기의 구조와 기능

(1) 구조
- 주회로 접점과 보조접점으로 구성
- 전자 코일이 여자되면 주회로 접점과 보조 접점이 동시에 동작하는 구조

(2) 기능
- 동작원리는 전자 계전기와 동일
- 전자 접촉기에 의한 부하의 ON·OFF 조작과 열동형 과부하 계전기에 의한 과부하 보조 기능을 함께 갖는 기구

8 전자개폐기의 접점

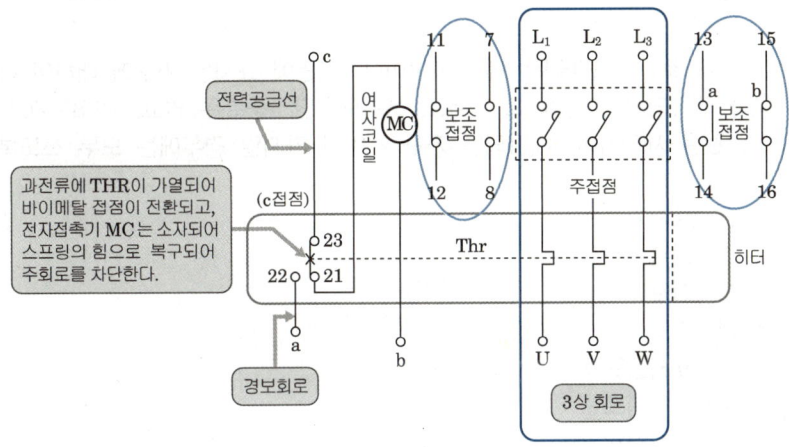

| 참고 | 전자접촉기의 배선

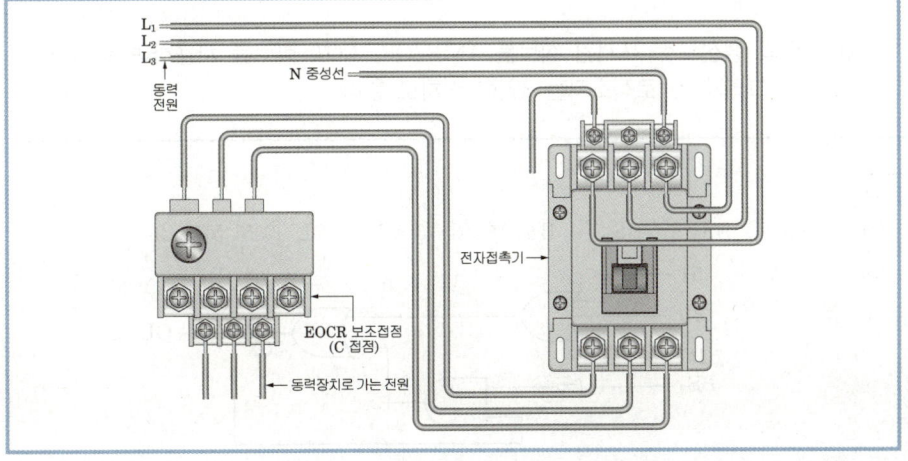

출제 Point
★★★

▶ 이해하기

열동계전기(THR)와 전자접촉기(MC)를 결합하여, 전자접촉기에 의한 부하의 ON, OFF 조작 및 열동계전기에 의해 과부하로부터 기기를 보호한다.

▶ 이해하기

전자개폐기 결합 모형

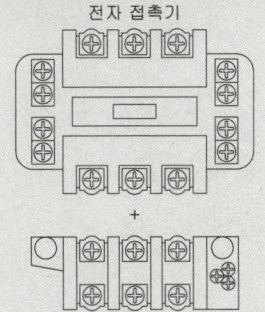

시퀀스 08   필수문제

그림은 중형 환기팬의 수동 운전 및 고장 표시 등 회로의 일부이다. 이 회로를 이용하여 다음 각 물음에 답하시오.

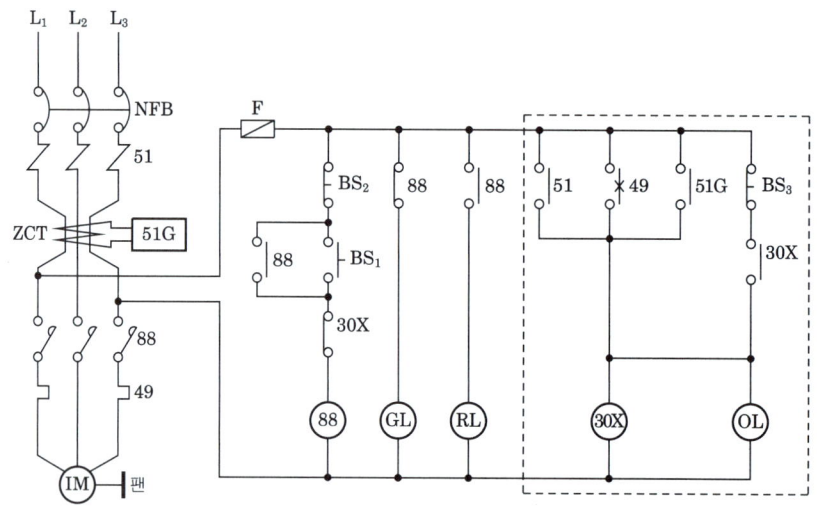

(1) 88은 MC로서 도면에서는 출력기구이다. 도면에 표시된 기구에 대하여 다음과 해당되는 명칭을 그 약호로 쓰시오. 단, 중복은 없고, NFB, ZCT, IM, 팬은 제외하며, 해당되는 기구가 여러 가지일 경우에는 모두 쓰도록 한다.
　① 고장표시기구 :
　② 고장회복 확인기구 :
　③ 기동기구 :
　④ 정지기구 :
　⑤ 운전표시램프 :
　⑥ 정지표시램프 :
　⑦ 고장표시램프 :
　⑧ 고장검출기구 :

(2) 그림의 점선으로 표시된 회로를 AND, OR, NOT 회로를 사용하여 로직회로를 그리시오. 로직소자는 3입력 이하로 한다.

이해하기

$30X = (51 + 49 + 51G)$
$\qquad + \overline{BS_3} \cdot 30X$
$OL = 30X$

정답

(1) ① 30X ② BS_3 ③ BS_1 ④ BS_2 ⑤ RL ⑥ GL ⑦ OL ⑧ 51, 51G, 49

(2)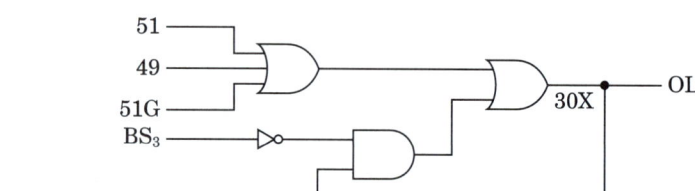

시퀀스 09   필수문제

유도 전동기 IM을 정·역 운전하기 위한 시퀀스 도면을 그리려고 한다. 주어진 조건을 이용하여 유도전동기의 정·역 운전 시퀀스 회로를 그리시오.

【기 구】
- 기구는 누름 버튼 스위치 PBS ON용 2개, OFF용 1개, 정전용 전자접촉기 MCF 1개, 역전용 전자접촉기 MCR 1개, 열동 계전기 THR 1개를 사용한다.
- 접점의 최소 수를 사용하여야 하며, 접점에는 반드시 접점의 명칭을 쓰도록 한다.
- 과전류가 발생할 경우 열동 계전기가 동작하여 전동기가 정지하도록 한다.
- 정회전과 역회전의 방향은 고려하지 않는다.

[정답]

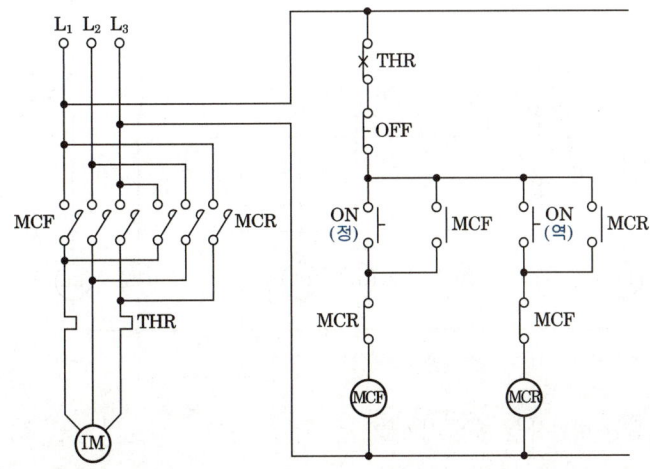

이해하기
- 주회로 : L_1, L_2, L_3 중 두상을 역으로 연결한다.
- 보조회로 : 각각에 자기유지접점과 인터록 접점을 연결한다.

시퀀스 10 — 필수문제

다음은 수중 펌프용 전동기의 MCC(Moter Control Center)반 미완성 회로도이다. 다음 각 물음에 답하시오.

(1) 펌프를 현장과 중앙 감시반에서 조작하고자 한다. 다음 조건을 이용하여 미완성 회로도를 완성하시오.

【조 건】
① 절체 스위치에 의하여 자동, 수동 운전이 가능하도록 작성
② 자동운전을 리미트 스위치 또는 플로우트 스위치에 의하여 자동운전이 가능하도록 작성
③ 표시등은 현장과 중앙감시반에서 동시에 확인이 가능하도록 설치
④ 운전등은 ⓇⓁ등, 정지등은 ⒼⓁ등, 열동계전기 동작에 의한 등은 ⓎⓁ등으로 작성

(2) 현장조작반에서 MCC반까지 전선은 어떤 종류의 케이블을 사용하는 것이 적합한지 그 케이블의 종류를 쓰시오.

(3) 차단기는 어떤 종류의 차단기를 사용하는 것이 가장 좋은지 그 차단기의 종류를 쓰시오.

이해하기

(2) CVV케이블은 기기류를 제어하기 위하여 제어용전원, 제어신호를 전송하는 케이블을 말한다. CVV는 동작과 정지, 열림과 닫힘 등의 기본적인 제어부터 정밀한 부분까지의 모든 부분을 제어하는 기능이 있다. 주로 발전소, 변전소, 공장 등의 기기의 원격조작 및 자동제어회로에 사용한다.

(3) 수중 PUMP에서 접지선이 끊어지면 누전 시에 감전사고의 원인이 되므로 누전차단기를 사용한다.

정답

(1)
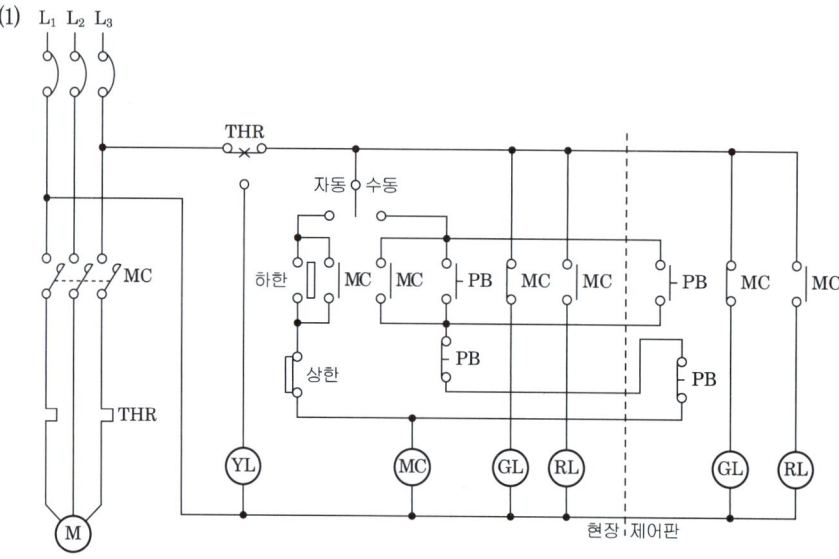

(2) CVV 0.6/1kV 비닐절연 비닐시스 제어 케이블

(3) 누전 차단기

시퀀스 11   필수문제

그림은 전자개폐기 MC에 의한 시퀀스 회로를 개략적으로 그린 것이다. 이 그림을 보고 다음 각 물음에 답하시오.

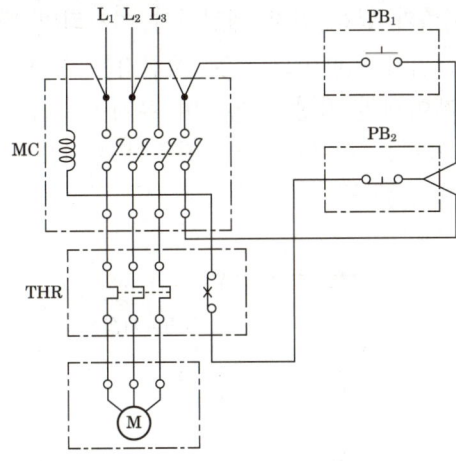

(1) 그림과 같은 회로용 전자개폐기 MC의 보조 접점을 사용하여 자기유지가 될 수 있는 일반적인 시퀀스 회로로 다시 작성하여 그리시오.

(2) 시간 t_3에 열동계전기가 작동하고, 시간 t_4에서 수동으로 복귀하였다. 이때의 동작을 타임차트로 표시하시오.

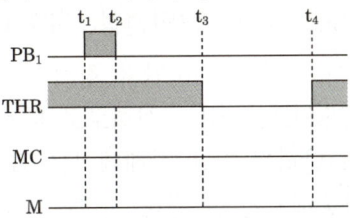

[정답]

(1)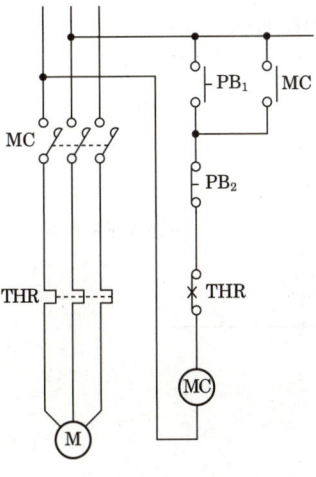

(2)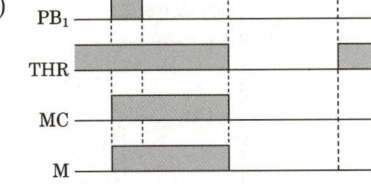

> **이해하기**
>
> 동작설명 : PB_1을 누르면 MC가 여자되고 전동기가 작동한다. 이때, MC-a접점은 자기유지 역할을 한다. 이때 과전류가 흐르면 전동기 보호를 위해 THR이 동작하여 전류를 차단시켜 MC가 소자되고 전동기가 정지한다. THR이 복귀하여도 MC는 여자되지 않는다.

06 유접점 회로

1 자기유지 회로

PB을 누르면, 스위치가 닫혀 전자 계전기가 여자되면 MC-a접점이 닫히기 때문에 누름단추 스위치를 떼어도 전자 계전기는 여자된 상태가 유지된다. 자기유지 회로는 제어계의 가장 기본이며 유지형 스위치를 사용하지 않고 자기유지회로를 이용하는 이유는 공급 전원이 무단으로 차단된 후 재공급될 경우의 회로를 보호한다.

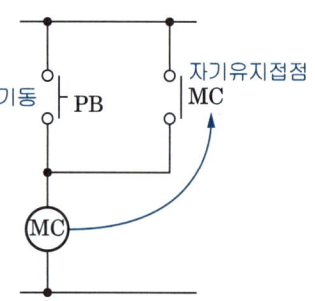

2 SET 우선회로와 RESET 우선회로(안전성 : SET 〈 RESET)

PB을 동시에 눌렀을 때 기동이 우선인지 정지가 우선인지 결정됨에 따라 SET(기동)우선회로와 RESET(정지) 우선회로로 나뉜다.
엘리베이터의 출입문이 닫히지 않은 상태에서는 절대로 엘리베이터를 올리고 내리는 전동기가 작동해서는 안 된다. 이때, RESET 회로를 사용한다.

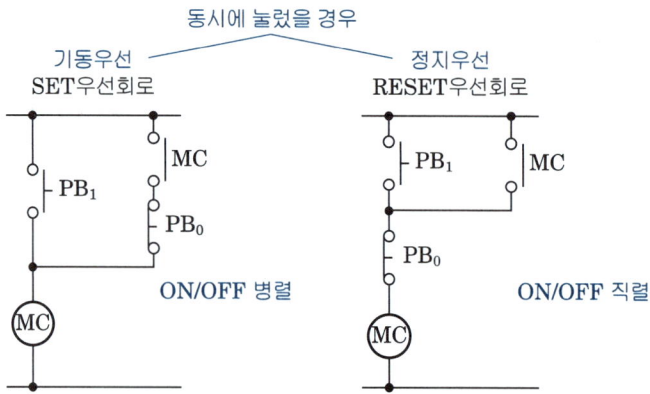

이해하기

전류 결선 표시방법

(a) 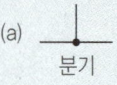 분기

(b) 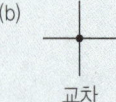 교차

(c) 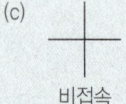 비접속

3 인터록 회로(선입력 우선회로, 병렬 우선회로)

인터록 회로란 주로 기기의 보호와 조작자의 안전을 목적으로 한다. 2개의 전자 릴레이 인터록 회로는 한쪽의 전자 릴레이(MC_1)가 동작 중, 다른 전자 릴레이(MC_2) 동작을 금지하기 때문에 상대동작 금지회로라고 한다.

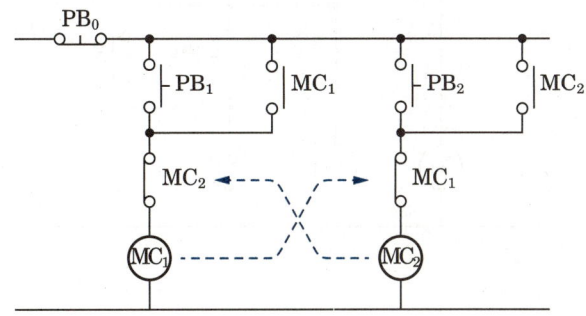

인터록 회로의 사용 예
- 퀴즈프로의 부저
- 자판기

참고
정·역운전회로 작성시 정·역회전 동작이 동시에 발생하지 않도록 인터록회로를 반드시 사용해야 한다.

4 신입력 우선회로(후입력 우선회로)

두 회로 중 한쪽 회로(X_1)를 작동 중에 다른 회로(X_2)를 동작시켰을 때 먼저 작동하던 회로(X_1)가 정지하고 새로운 회로(X_2)가 자기유지상태로 동작하는 회로를 신입력 우선회로라 한다.

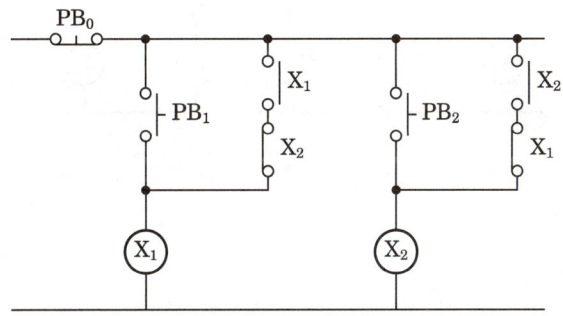

5 순차회로 (직렬 우선회로)

하나 이상의 입력과 적어도 하나의 출력이 있는 논리 회로에서 각 출력의 논리값이 현재 상태와 현재 입력의 조합으로 정해지는 논리 회로이다. 이전 입력을 기억한 상태에서만 다음 입력을 나타낼 수 있다. 따라서 이전 입력 없이 다음 입력을 나타낼 수 없다.

▶ 이해하기

순차 논리회로의 구성
조합논리회로+기억소자

입력 → 조합논리 → 출력
      ↑_메모리_↓

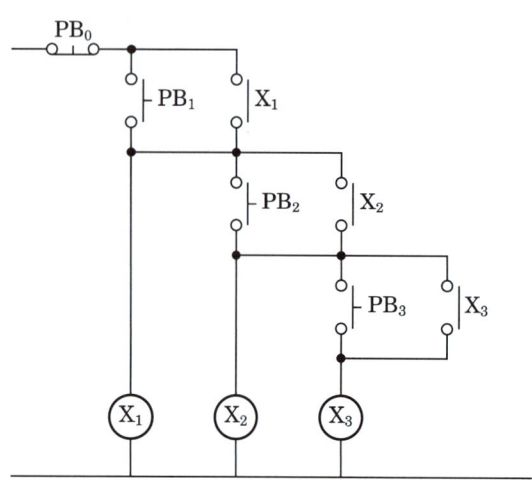

6 반복회로

한 번의 동작으로 정지버튼을 누르기 전까지 X_2 릴레이가 반복적으로 동작한다.

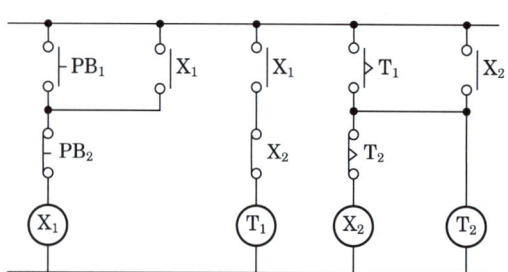

|비교|

플리커 릴레이(FR or FRy)

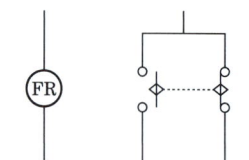

(한번여자 후) 연속적인 반복동작

예 경보회로, 신호회로 등 주의등에 주로 사용된다.

암기하기

반복회로의 예
공장 생산라인 기계의 일괄적인 동작

시퀀스 12   필수문제

다음 회로는 두 입력 중 먼저 동작한 쪽이 우선이고, 다른 쪽의 동작을 금지시키는 시퀀스 회로이다. 이 회로를 보고 다음 각 물음에 답하시오. (단, A, B는 입력 스위치이고, X_1, X_2는 계전기이다.)

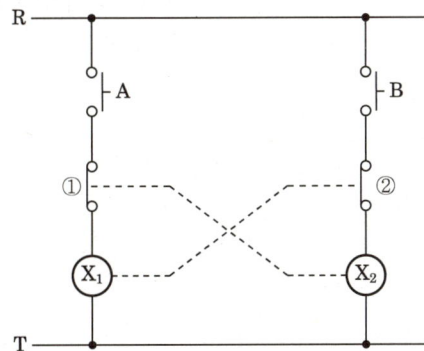

(1) ①, ②에 맞는 각 보조접점의 접점기호의 명칭을 쓰시오.

(2) 이 회로는 주로 기기의 보호와 조작자의 안전을 목적으로 하는데 이와 같은 회로의 명칭을 무엇이라 하는가?

(3) 주어진 진리표를 완성하시오.

입 력		출 력	
A	B	X_1	X_2
0	0		
0	1		
1	0		

(4) 계전기 시퀀스 회로를 논리회로로 변환하여 그리시오.

(5) 그림과 같은 타임차트를 완성하시오.

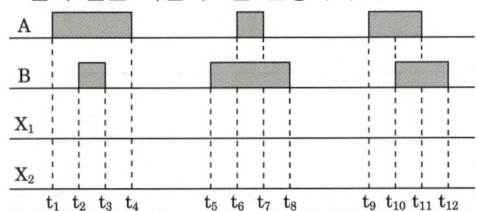

이해하기

(4) 논리식
$X_1 = A \cdot \overline{X_2}$
$X_2 = B \cdot \overline{X_1}$

(5) A동작시 X_1이 여자되고 이때 B를 동작하여도 X_2는 여자되지 못한다. 반대로 B먼저 동작시 X_2가 여자되고 이때 A를 동작시 X_1이 여자되지 못한다. A, B 동시동작시 모두 여자되지 않는다.

[정답]

(1) ① X_2 계전기의 b접점
    ② X_1 계전기의 b접점
(2) 인터록 회로
(3)

입력		출력	
A	B	X_1	X_2
0	0	0	0
0	1	0	1
1	0	1	0

(4)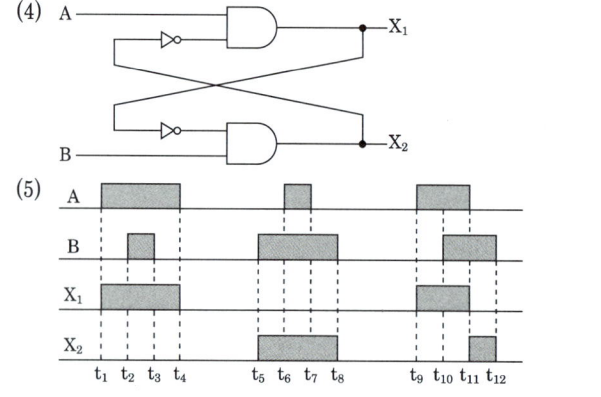

(5)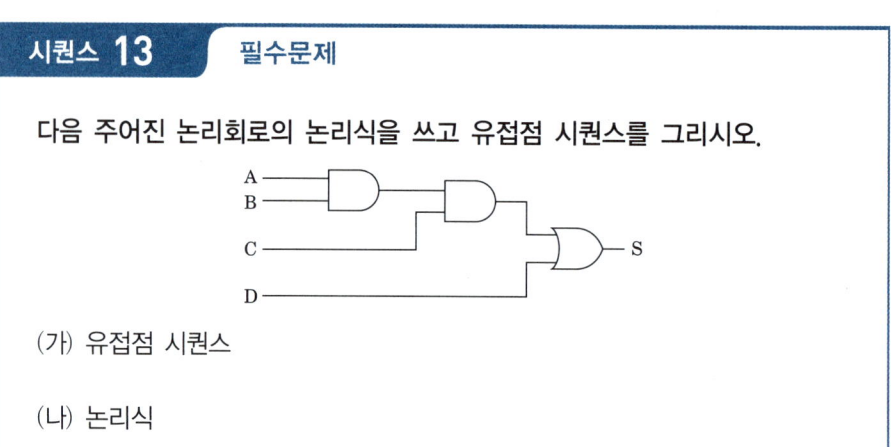

시퀀스 13 필수문제

다음 주어진 논리회로의 논리식을 쓰고 유접점 시퀀스를 그리시오.

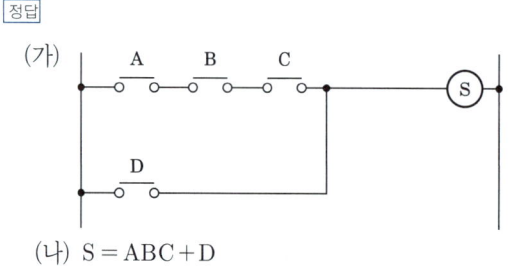

(가) 유접점 시퀀스

(나) 논리식

[정답]

(가)

(나) $S = ABC + D$

시퀀스 14 필수문제

그림과 같은 시퀀스도를 보고 다음 각 물음에 답하시오.
(단, R_1, R_2, R_3 는 보조릴레이이다.)

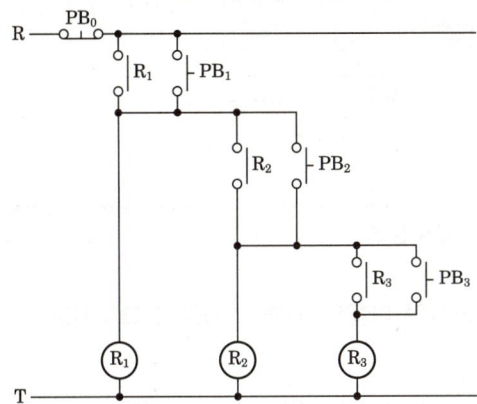

(1) 전원 측의 가장 가까운 누름버튼스위치 PB_1 으로부터 PB_2, PB_3, PB_0까지 "ON" 조작할 경우의 동작사항을 간단히 설명하시오. (단, 여기에서 "ON" 조작은 누름버튼 스위치를 눌러주는 역할을 말한다.)

(2) 최초에 PB_2를 "ON" 조작한 경우에는 동작상황이 어떻게 되는가?

(3) 타임차트의 누름버튼스위치 PB_1, PB_2, PB_3, PB_0와 같은 타이밍으로 "ON" 조작하였을 때 타임차트의 R_1, R_2, R_3의 동작상태를 그림으로 완성하시오.

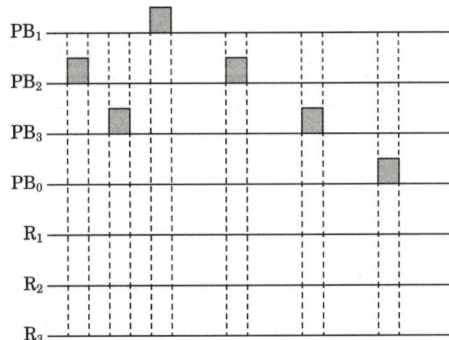

정답

(1) PB_1, PB_2, PB_3를 순서대로 누르면 R_1, R_2, R_3가 순서대로 여자된다. PB_0를 누르면 R_1, R_2, R_3가 동시에 소자된다.
(2) 동작하지 않는다.

▶ 이해하기

순차회로(직렬우선회로)는 2개 이상의 회로에서 상위순서의 회로가 우선적으로 동작해야만 차순위 회로의 동작이 가능하다.

(3)
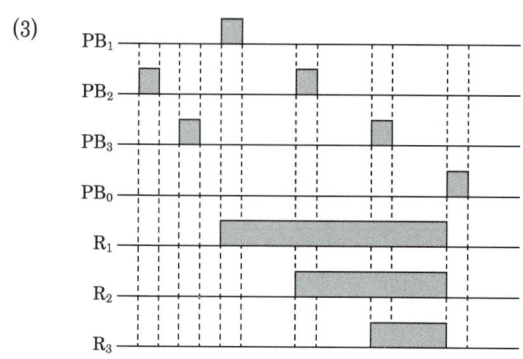

시퀀스 15 필수문제

주어진 조건을 이용하여 다음의 시퀀스 회로를 그리시오.

【조 건】
- 푸시버튼 스위치 4개(PBS_1, PBS_2, PBS_3, PBS_4)
- 보조 릴레이 3개(X_1, X_2, X_3)
- 계전기의 보조 a접점 또는 보조 b접점을 추가 또는 삭제하여 작성하되 불필요한 접점을 사용하지 않도록 할 것이며 보조 접점에는 접점의 명칭을 기입하도록 할 것

먼저 수신한 회로만을 동작시키고 그 다음 입력 신호를 주어도 동작하지 않도록 회로를 구성하고 타임차트를 그리시오.

(1)
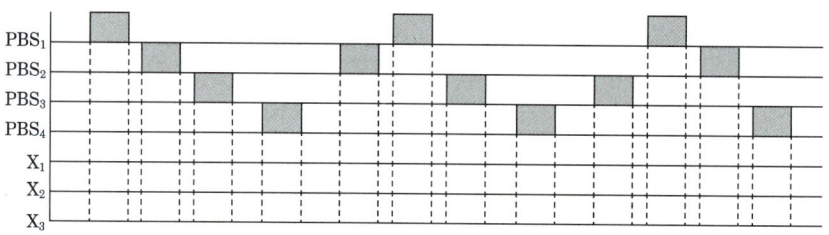

(2)
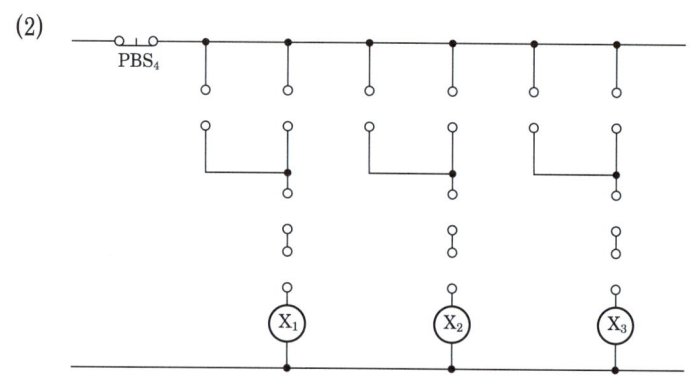

(1)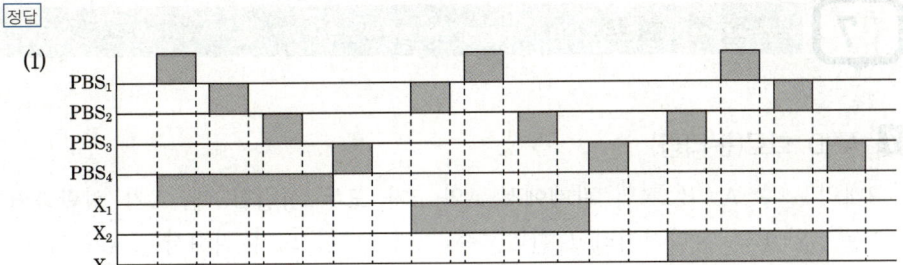

[정답]

(2)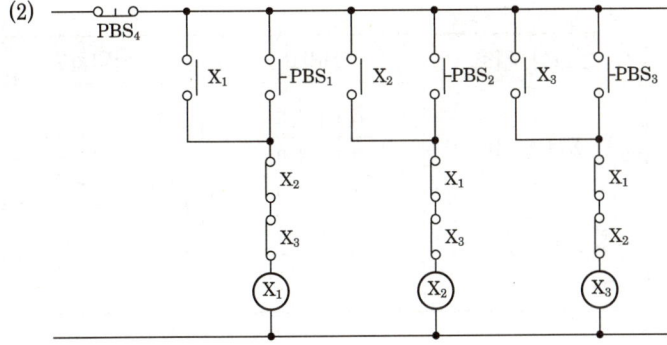

이해하기

인터록회로는 한쪽의 전자 릴레이가 동작하고 있는 동안에 다른 전자 릴레이 동작을 금지하기 때문에 상대동작 금지회로라고 한다. 병렬 우선회로 또는 선입력 우선회로라고도 한다.

Chapter 03 시퀀스 및 PLC

출제 Point
★★★★★

이해하기

직렬
입력 A, B가 모두 동작시 출력

참고
'0'은 Low(L)로 '1'은 High로 표현할 수 있다.

이해하기

병렬
입력 A, B 중 하나 이상이 동작시 출력

07 무접점 회로

1 AND 회로(논리곱)

3개의 변수 A, B, X의 관계에서 A와 B가 모두 성립할 때, X가 성립하면 X는 A와 B의 논리적이라고 한다. 즉, X가 "1"이 되기 위해서는 A가 "1"이고 또한 B가 "1"이 되어야 한다. AND회로의 논리식은 입력의 곱으로 출력을 나타낸다.

유접점 회로	논리식·기호	진리표	타임차트
	$X = A \cdot B$	A B X 0 0 0 0 1 0 1 0 0 1 1 1	

2 OR 회로(논리합)

3개의 변수 A, B, X의 관계에서 A와 B 중에서 한쪽이 성립할 때, X가 성립하면 X는 A와 B의 논리합이라고 한다. X가 "1"이 되기 위해서는 A가 "1" 또는 B가 "1"이거나 둘 다 "1"일 때 성립 된다. OR회로의 논리식은 입력의 합으로 출력을 나타낸다.

유접점 회로	논리식·기호	진리표	타임차트
	$X = A + B$	A B X 0 0 0 0 1 1 1 0 1 1 1 1	

3 NOT 회로 (부정 : b접점)

2개의 변수 A와 X가 있을 때, A가 아니면 X이다. 또는 A이면 X가 아닌 경우에 A와 X는 부정의 관계에 있다고 한다. 즉, A가 "1"이면 X는 "0", A가 "0"이면 X는 "1"이 된다.

유접점 회로	논리식·기호	진리표	타임차트
(A, X)	$X = \overline{A}$, A─▷∘─X	A | X 0 | 1 1 | 0	

4 NAND 회로

NAND 회로는 만능 회로로 사용되며, NAND 회로 조합으로 AND, OR, NOT 등 다양한 회로를 만들어 사용할 수 있다. AND 회로를 부정하는 판단기능을 갖는다.

▶ *이해하기*
NAND 회로는 NOT 회로와 AND 회로의 단축어이며, AND 회로의 보수화된 출력을 갖는다.

유접점 회로	논리식·기호	진리표	타임차트
(A, B, X, X-b, Y)	$Y = \overline{A \cdot B}$	A | B | Y 0 | 0 | 1 0 | 1 | 1 1 | 0 | 1 1 | 1 | 0	

5 NOR 회로(OR부정)

NOR 회로는 NAND 회로와 같이 만능 논리 소자로 사용되며 AND, OR, NOT 연산을 수행하기 위해 조합되어 사용된다. OR 회로를 부정하는 판단기능을 갖는다.

▶ *이해하기*
NOR 회로는 NOT 회로와 OR 회로의 단축어이며, 보수화된 OR 출력을 갖는다.

유접점 회로	논리식·기호	진리표	타임차트
(A, B, X, X-b, Y)	$Y = \overline{A + B}$	A | B | Y 0 | 0 | 1 0 | 1 | 0 1 | 0 | 0 1 | 1 | 0	

이해하기

배타적 논리합
수리는 논리학에서 주어진 2개의 명제 가운데 1개만 참일 경우를 판단하는 논리연산이다.
약칭으로 XOR, EOR, EXOR으로도 사용한다.

6 Exclusive OR회로(배타적 논리합)

두 입력 상태가 같을 때 출력이 없고, 두 입력 상태가 다를 때 출력이 발생하는 회로를 Exclusive OR회로(배타적 논리합)라 한다.

유접점 회로	논리식·기호	진리표
(회로도)	$X = A \cdot \overline{B} + \overline{A} \cdot B$	A B X 0 0 0 0 1 1 1 0 1 1 1 0
타임차트	간소화된 논리기호	

7 Exclusive NOR회로(일치회로)

두 입력 상태가 같을 때 출력이 발생하고, 두 입력의 상태가 다를 때, 출력이 없는 회로를 Exclusive NOR(일치회로)라 한다.

유접점 회로	논리식·기호	진리표
(회로도)	$X = A \cdot B + \overline{A} \cdot \overline{B}$	A B X 0 0 1 0 1 0 1 0 0 1 1 1
타임차트	간소화된 논리기호	

시퀀스 16   필수문제

3개의 입력신호 A, B, C에 조건이 ①~③일 때, 이 조건을 이용하여 다음 각 물음에 답하시오.

【조 건】
① 입력신호 A, B 중 어느 하나의 신호로 동작하거나 혹은 C의 신호가 소멸하면 동작
② A, C 양쪽의 신호가 들어가고 B의 신호가 소멸하면 동작
③ A, B 양쪽의 신호가 들어가고 C의 신호가 소멸하면 동작

(1) ①~③에 대한 논리식을 쓰고 논리회로를 그리시오.
    ①
    ②
    ③

(2) ①의 조건과 ②, ③의 조건 중 하나를 만족하는 조건이 동시에 이루어졌을 때 출력이 나타나는 논리식을 쓰고 논리회로를 그리시오. 단, ①~③를 직접 합성하는 경우와 이것을 최소화한 논리 소자로 구성되는 경우(즉, 간략화하는 경우)로 답하도록 한다.
 • 간략화하지 않고 직접 합성하는 경우
 • 간략화(최소화) 경우

[정답]

(1) ① 논리식 : $A\overline{B}+\overline{A}B+\overline{C}$
  논리회로

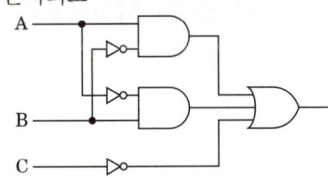

  ② 논리식 : $A\overline{B}C$
  논리회로

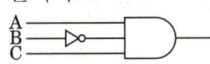

  ③ 논리식 : $AB\overline{C}$
  논리회로

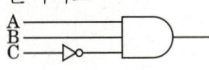

Chapter 03 시퀀스 및 PLC

이해하기

(1) Exclusive OR 회로로(배타적 논리합) 사용
(2) 부울대수 이용

항등법칙	$A+0=A$ $A+1=1$ $A \cdot 1=A$ $A+0=0$
동일법칙	$A+A=A$ $A \cdot A=A$
보원법칙	$A+\overline{A}=1$ $A \cdot \overline{A}=0$
흡수법칙	$A+A \cdot B=A$ $A \cdot (A+B)=A$

(2) • 간략화하지 않고 직접 합성하는 경우

논리식 : $(A\overline{B}+\overline{A}B+\overline{C})(A\overline{B}C+AB\overline{C})$

논리회로

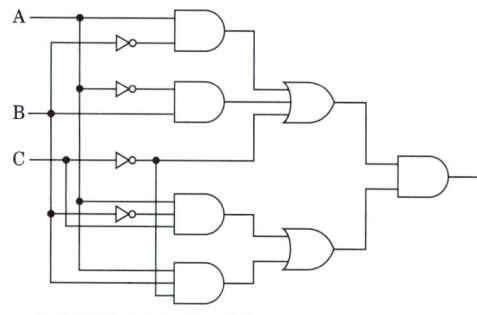

• 간략화(최소화) 한 경우

논리식 : $(A\overline{B}+\overline{A}B+\overline{C})(A\overline{B}C+AB\overline{C}) = A\overline{B}C+AB\overline{C} = A(\overline{B}C+B\overline{C})$

논리회로

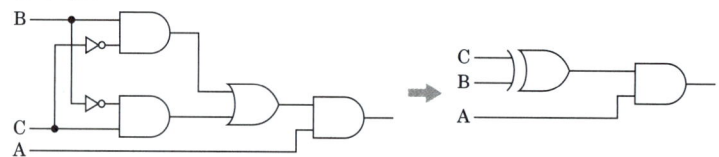

시퀀스 17 필수문제

그림과 같은 무접점의 논리 회로도를 보고 다음 각 물음에 답하시오.

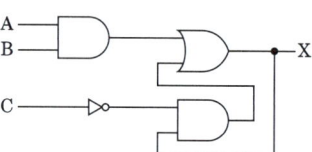

(1) 출력식을 나타내시오.

(2) 주어진 무접점 논리회로를 유접점 논리회로로 바꾸어 그리시오.

정답

(1) 출력식 : $X = AB + \overline{C}X$

(2)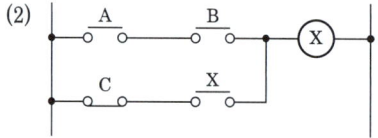

시퀀스 18   필수문제

그림과 같은 논리회로를 이용하여 다음 각 물음에 답하시오.

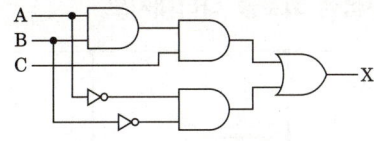

(1) 주어진 논리회로를 논리식으로 표현하시오.

(2) 논리회로의 동작 상태를 다음의 타임차트에 나타내시오.

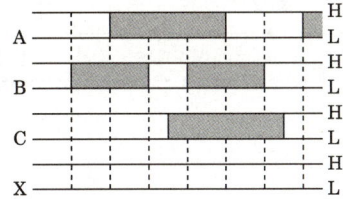

(3) 다음과 같은 진리표를 완성하시오. (단, L은 Low이고, H는 High이다.)

A	L	L	L	L	H	H	H	H
B	L	L	H	H	L	L	H	H
C	L	H	L	H	L	H	L	H
X								

이해하기

유접점으로 표현하면 A만 또는 B만 동작시 X는 여자되지 않는다. A, B가 둘 다 동작하지 않으면 X는 여자된다. A, B, C 모두 동작시 X는 여자된다.

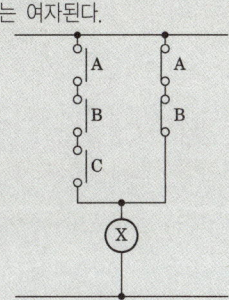

정답

(1) $X = A \cdot B \cdot C + \overline{A} \cdot \overline{B}$

(2)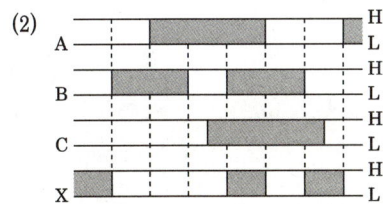

(3)

A	L	L	L	L	H	H	H	H
B	L	L	H	H	L	L	H	H
C	L	H	L	H	L	H	L	H
X	H	H	L	L	L	L	L	H

시퀀스 19 　 필수문제

그림과 같은 시퀀스 제어 회로를 AND, OR, NOT의 기본 논리 회로(Logic symbol)를 이용하여 무접점 회로를 나타내시오.

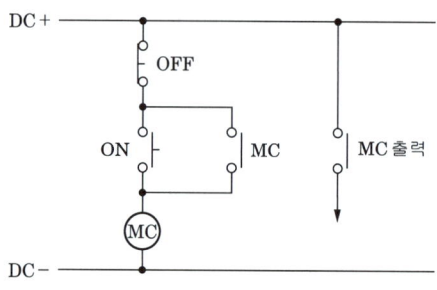

[정답]

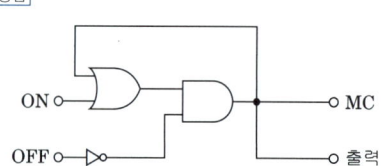

이해하기

MC = (ON + MC)
　　· $\overline{\text{OFF}}$ = 출력

08 부울대수 / 드모르간

1 부울대수 (0:개방, 1:단락)

부울대수란 디지털시스템의 논리설계를 위해 필요한 수학식으로 2진 부울변수가 가질 수 있는 값은 "0"과 "1" 또는 참과 거짓, High와 Low 등으로 표현된다.

논리합의 정리	논리곱의 정리	기타 정리
$X + 0 = X$ $X + 1 = 1$ $X + X = X$ $X + \overline{X} = 1$	$X \cdot 0 = 0$ $X \cdot 1 = X$ $X \cdot X = X$ $X \cdot \overline{X} = 0$	$\overline{\overline{X}} = X$ $X + X \cdot Y = X$ $X \cdot (x + y) = X$

배분의 정리	교환 · 결합의 정리
$X \cdot (Y + Z) = X \cdot Y + X \cdot Z$ $X + Y \cdot Z = (X + Y) \cdot (X + Z)$ $\overline{(X + Y)} = \overline{X} \cdot \overline{Y}$ $\overline{(X \cdot Y)} = \overline{X} + \overline{Y}$	$X \cdot Y = Y \cdot X$ $X + Y = Y + X$ $X \cdot (Y \cdot Z) = (X \cdot Y) \cdot Z$ $X + (Y + Z) = (X + Y) + Z$

> **이해하기**
> 논리회로에서 "0"은 낮은 전압, "1"은 높은 전압
>
> 스위치회로에서 "0"은 열린회로, "1"은 닫힌회로

2 드모르간 정리

드모르간의 정리는 NOR와 NAND의 상호 관계를 설정하는 데 있어 중요한 공식이다. 이것은 'AND가 갖는 모든 특성을 OR도 갖는다'는 것을 증명하고 있다.

$$\overline{A + B} = \overline{A} \cdot \overline{B}$$

$$\overline{A \cdot B} = \overline{A} + \overline{B}$$

> **이해하기**
> 드모르간 정리 기본사항
> 드모르간 정리는 쌍대원리를 적용하여 모든 것을 반대로 바꾸어 준다.
> $A + B = \overline{\overline{A} \cdot \overline{B}}$
> (a)
>
> $A \cdot B = \overline{\overline{A} + \overline{B}}$
> (b)

| 참고 | 카르노맵(Karnaugh map)

- 진리표를 그림모양으로 나타낸 것이며 벤다이어그램(venn diagram)을 확장한 것이다
- 여러 형태의 사각형으로 된 그림으로 진리표의 각 항(최소항 또는 최대항)들은 카르노맵의 각 한 칸의 사각형에 나타낸다.
- 카르노맵의 각 칸에서 수평 또는 수직방향으로 인접한 칸은 한 변수의 논리상태만 서로 다르다.

1. **2변수의 카르노맵**
    ① 2개의 2진변수에 대한 4개의 최소항 구성
    ② 각 최소항은 하나씩 4개의 사각형에 배치
    ③ 간소화 과정
      - 진리표를 보고 카르노맵에 A값, B값 결과값을 넣는다.
      - 논리식을 도출해낸다.
      - 2의 n승 개로 묶어 간소화된 논리식을 만든다.

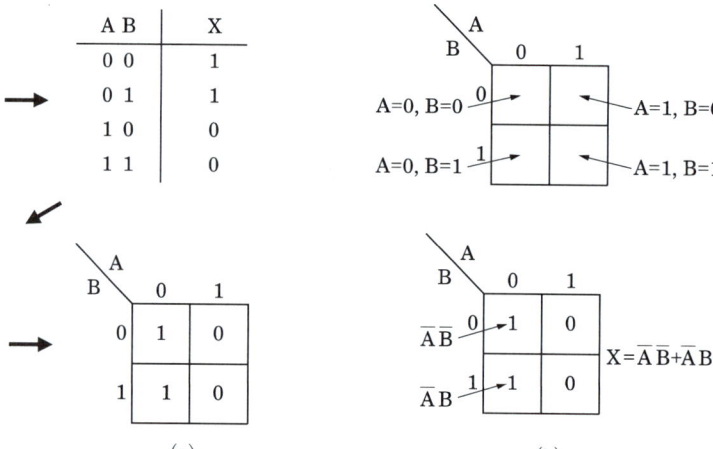

2. **3변수의 카르노맵**

A B C	X
0 0 0	0
0 0 1	1
0 1 0	0
0 1 1	1
1 0 0	0
1 0 1	1
1 1 0	0
1 1 1	1

- 논리식

$\overline{A}\,\overline{B}C + \overline{A}BC + A\overline{B}C + ABC = \overline{B}C(\overline{A}+A) + BC(\overline{A}+A)$

$\overline{A}+A = 1$ 이므로 $\overline{B}C + BC = C(\overline{B}+B)$

∴ $\overline{B}+B = 1$ 이므로 C만 남는다.

시퀀스 20 필수문제

누름버튼 스위치 BS_1, BS_2, BS_3에 의하여 직접 제어되는 계전기 X_1, X_2, X_3가 있다. 이 계전기 3개가 모두 소자(복귀)되어 있을 때만 출력램프 L_1이 점등되고, 그 이외에는 출력램프 L_2가 점등되도록 계전기를 사용한 시퀀스 제어회로를 설계하려고 한다. 이때 다음 각 물음에 답하시오.

(1) 본문 요구조건과 같은 진리표를 작성하시오.

입 력			출 력	
X_1	X_2	X_3	L_1	L_2
0	0	0		
0	0	1		
0	1	0		
0	1	1		
1	0	0		
1	0	1		
1	1	0		
1	1	1		

(2) 최소 접점수를 갖는 논리식을 쓰시오.
- $L_1 =$
- $L_2 =$

(3) 논리식에 대응되는 계전기 시퀀스 제어회로(유접점 회로)를 그리시오.

[정답]

(1)

입 력			출 력	
X_1	X_2	X_3	L_1	L_2
0	0	0	1	0
0	0	1	0	1
0	1	0	0	1
0	1	1	0	1
1	0	0	0	1
1	0	1	0	1
1	1	0	0	1
1	1	1	0	1

Chapter 03 시퀀스 및 PLC

이해하기

L_1은 AND회로, L_2는 OR 회로

(2) $L_1 = \overline{X_1} \cdot \overline{X_2} \cdot \overline{X_3}$

$L_2 = \overline{X_1} \cdot \overline{X_2} \cdot X_3 + \overline{X_1} \cdot X_2 \cdot \overline{X_3} + \overline{X_1} \cdot X_2 \cdot X_3$
$\quad + X_1 \cdot \overline{X_2} \cdot \overline{X_3} + X_1 \cdot \overline{X_2} \cdot X_3 + X_1 \cdot X_2 \cdot \overline{X_3} + X_1 \cdot X_2 \cdot X_3$
$= X_1 + X_2 + X_3$

(3)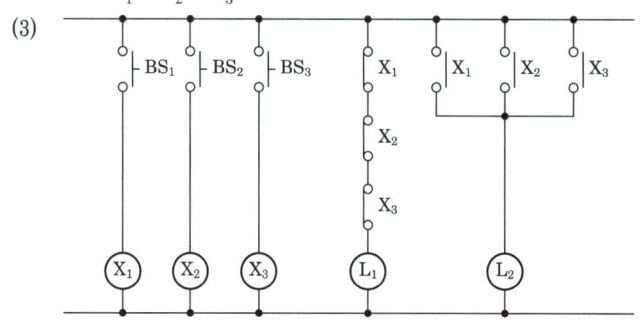

이해하기

(2) NAND는 곱의 형식으로 변환한다.
$X = (A+B) \cdot \overline{C}$
$= \overline{\overline{(A+B) \cdot \overline{C}}}$
$= \overline{\overline{A \cdot B} \cdot \overline{C}}$

(3) NOR는 합의 형식으로 변환한다.
$X = (A+B) \cdot \overline{C}$
$= \overline{\overline{(A+B) \cdot \overline{C}}}$
$= \overline{\overline{(A+B)} + C}$

단일소자만의 회로에서
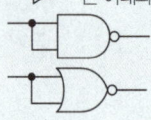
은 아래와 같이 표시한다.

시퀀스 21 필수문제

다음은 어느 계전기 회로의 논리식이다. 이 논리식을 이용하여 다음 각 물음에 답하시오. 단, 여기에서 A, B, C는 입력이고, X는 출력이다.

【논리식】
$X = (A+B) \cdot \overline{C}$

(1) 이 논리식을 로직을 이용한 시퀀스도(논리회로)로 나타내시오.

(2) 물음 (1)에서 로직 시퀀스로도 표현된 것을 2입력 NAND gate만으로 등가 변환하시오.

(3) 물음 (2)에서 로직 시퀀스로도 표현된 것을 2입력 NOR gate만으로 등가 변환하시오.

정답

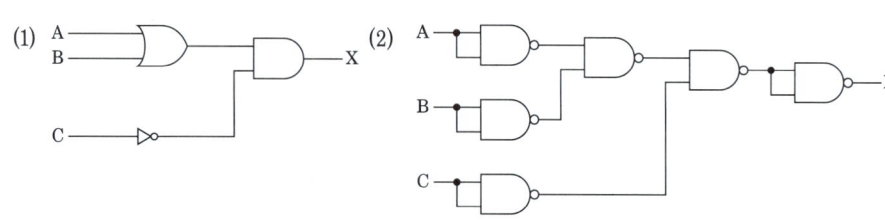

시퀀스 22 — 필수문제

주어진 진리값 표는 3개의 리미트 스위치 LS_1, LS_2, LS_3에 입력을 주었을 때 출력 X와의 관계표이다. 이 표를 이용하여 다음 각 물음에 답하시오.

[진리값 표]

LS_1	LS_2	LS_3	X
0	0	0	0
0	0	1	0
0	1	0	0
0	1	1	1
1	0	0	0
1	0	1	1
1	1	0	1
1	1	1	1

(1) 진리값 표를 이용하여 다음과 같은 Karnaugh도를 완성하시오.

LS_3 \ LS_1, LS_2	0 0	0 1	1 1	1 0
0				
1				

(2) 물음 (1)항의 Karnaugh도에 대한 논리식을 쓰시오.

(3) 진리값과 물음 (2)항의 논리식을 이용하여 이것을 무접점 회로도로 표시하시오.

정답

(1)

LS_3 \ LS_1, LS_2	0 0	0 1	1 1	1 0
0	0	0	1	0
1	0	1	1	1

(2) $X = LS_1(LS_2 + LS_3) + LS_2 LS_3$

(3)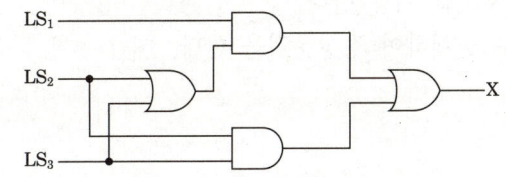

이해하기

(2) $X = \overline{LS_1} LS_2 LS_3$
    $+ LS_1 \overline{LS_2} LS_3$
    $+ LS_1 LS_2 \overline{LS_3}$
    $+ LS_1 LS_2 LS_3$
    $= LS_2 LS_3 + LS_1 LS_3$
    $+ LS_1 LS_2$

또는
  $X = LS_1(LS_2 + LS_3)$
    $+ LS_2 LS_3$

(3) 논리식 $X = LS_2 LS_3 + LS_1 LS_3 + LS_1 LS_2$ 를 선택 시에 논리회로가 달라진다.

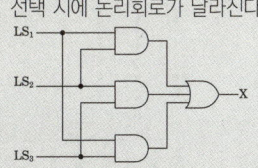

Chapter 03 시퀀스 및 PLC

출제 Point
★★★★★

09 3상 전동기 회로

3상 전동기 시퀀스 회로도의 주회로는 대부분 $Y-\triangle$ 기동회로와 정·역 변환회로로 구성되어 있다. 주회로의 동작을 결정짓는 보조회로의 릴레이종류에 따라 회로의 동작 상태가 결정된다.

이해하기

Y결선 : 고전압 저전류용 및 저속 운전

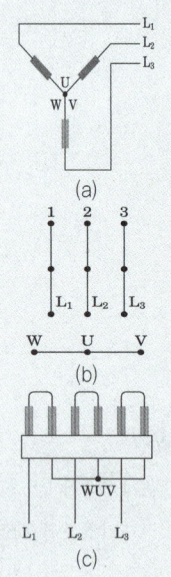

1 $Y-\triangle$ 기동회로

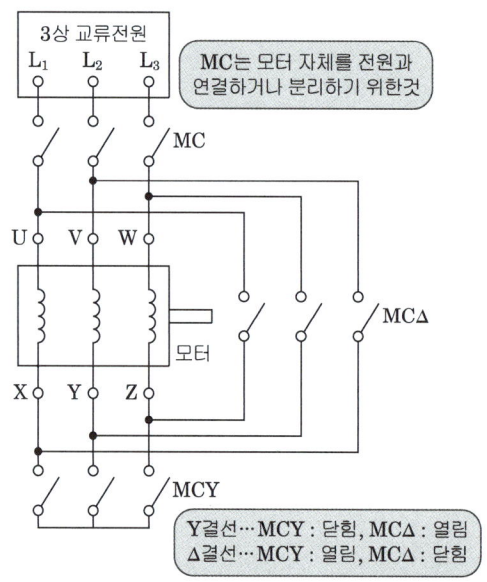

△결선 : 저전압 고전류 및 고속 운전

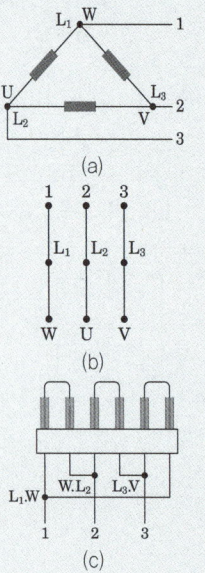

■ 동작설명
① 3상유도전동기를 직입기동하면 정격전류의 약 6배정도의 높은 기동전류가 흐른다.
② 기동전류를 줄이기 위한 여러 기동법 중 적은 비용으로 적용이 가능하여 많이 쓰이는 기동법이 $Y-\triangle$ 기동법이다.
③ Y결선 운전시 △결선 운전과 비교해보면 1/3의 전류가 흐르므로 최초 기동시에는 Y결선으로 저전압 기동 한다.
④ 일정시간 후 △결선으로 절체하여 정상운전을 한다.

2 정·역 변환회로

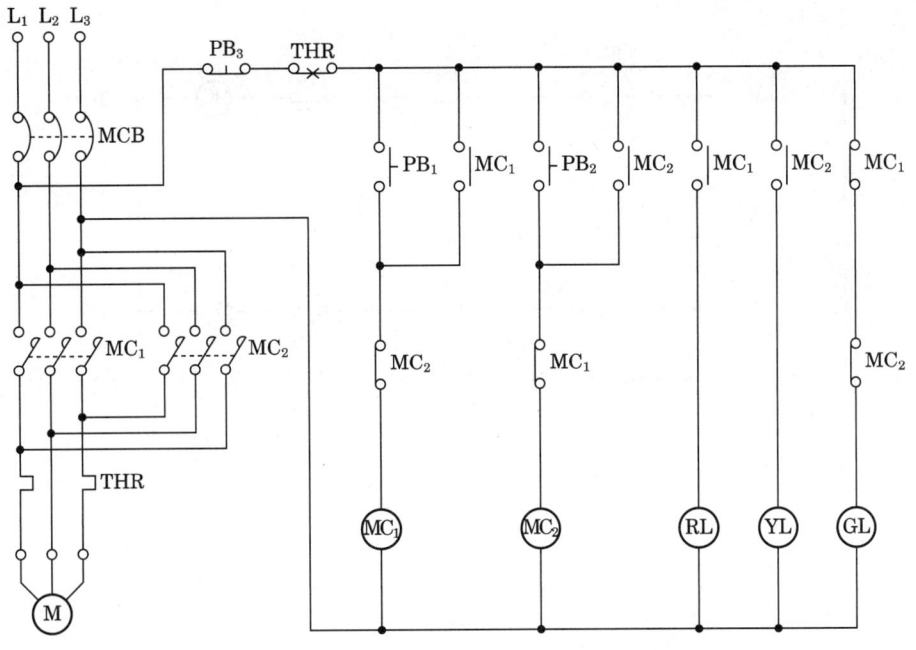

■ 동작설명
① 전원이 공급되며 램프 GL이 점등된다.
② 정회전 스위치 PB_1을 누르면 전자접촉기 MC_1이 동작하고 전동기가 정회전한다.
③ MC_1이 동작하면 램프 GL이 소등되고, 램프 RL이 점등된다.
④ 운전 스위치 PB_1에서 손을 떼도 접점 MC_1을 통하여 자기유지 회로가 구성된다.
⑤ 역회전 스위치 PB_2를 누르면 b접점 MC_1이 떨어져 있기 때문에 전동기가 역회전하지 않는다.
⑥ 정지 스위치 PB_3을 누르면 전동기는 정지된다.
⑦ 역회전 스위치 PB_2을 누르면 전자 접촉기 MC_2가 동작하고 전동기가 역회전한다.

3 자동 개폐회로

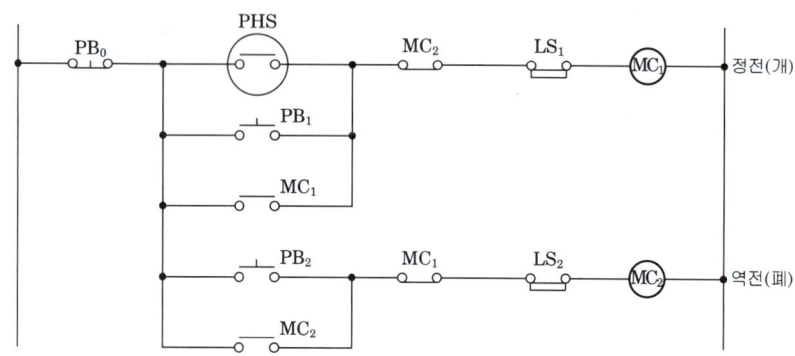

이해하기
최초 셔터는 닫혀 있으므로 LS_1-b 접점이 타임차트의 시작점부터 칠해져 있어야 한다.

■ 동작설명
① 회로에 빛이 비추면 광전 스위치에 의해 자동으로 셔터가 열린다.
② 또한 PB_1을 조작해도 셔터가 열린다.
③ 상한에 도착하면 LS_1이 동작하여 셔터가 멈춘다.
④ 셔터를 닫을 때는 PB_2를 조작하면 셔터는 닫힌다.
⑤ 셔터가 하한에 도착하면 LS_2가 동작하여 셔터가 멈춘다.
※ LS_1은 셔터의 상한이고 LS_2는 셔터의 하한이다.

■ 타임차트

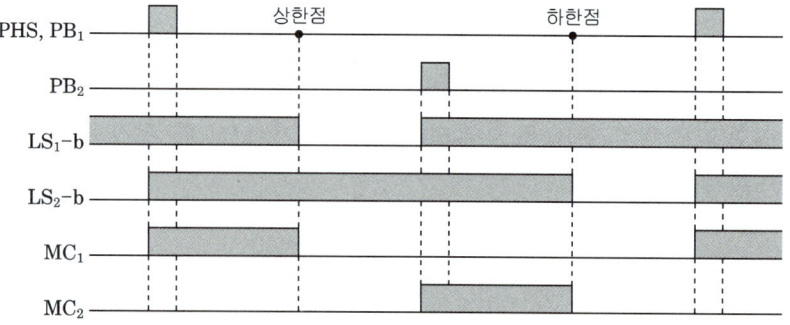

4 플러깅 회로

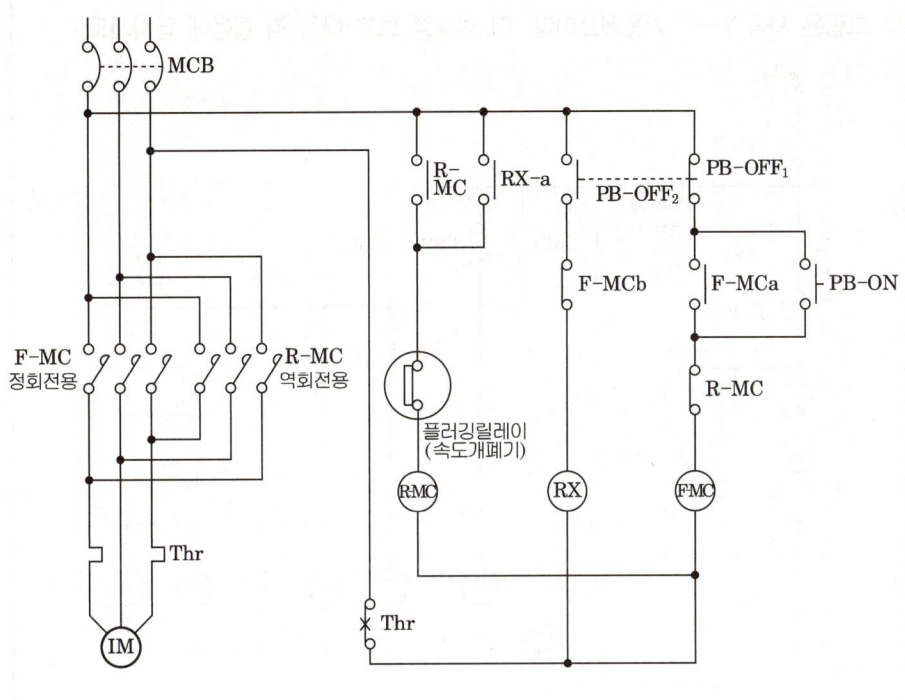

- **동작설명**
  ① PB-ON을 누르면 F-MC에 의해 전동기가 정회전을 시작한다.
  ② 이때 PB-OFF를 누르면 F-MC가 소자되고 RX 계전기가 여자된다.
  ③ RX-a에 의해 R-MC가 여자되어 전동기 역회전 토크가 발생하여 전동기 속도가 급저하된다.
  ④ 결과적으로 전동기 속도가 0에 가까워지면 플러깅 릴레이에 의해 전동기는 전원에서 분리되어 정지한다.

> **이해하기**
> 플러깅회로는 역회전을 위한 회로가 아닌 역상제동으로 전동기를 급정지시키는 회로이다.

시퀀스 23 필수문제

그림은 자동 Y-△ 기동회로이다. 이 회로를 보고 다음 각 물음에 답하시오.

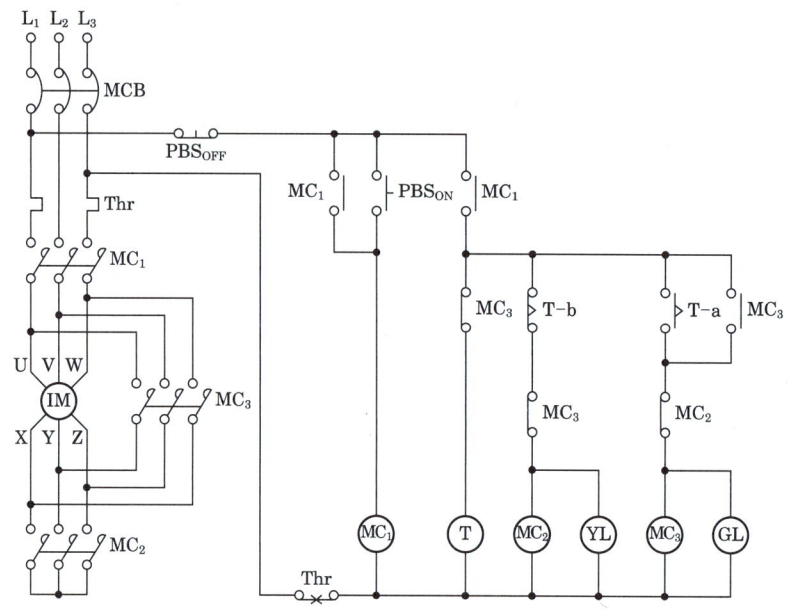

(1) 작동 설명의 (   )안에 알맞은 내용을 쓰시오.
- 기동스위치 PBS_{ON}을 누르면 (①)이 여자되고, (②)가 여자되면서 일정시간 동안 (③)와 (④) 접점에 의해 MC_2가 여자되어 MC_1, MC_2가 작동하여 (⑤) 결선으로 전동기가 기동된다.
- 일정시간 이후에 (⑥) 접점에 의해 개회로가 되므로 (⑦)가 소자되고, (⑧)와 (⑨) 접점에 의해 MC_3이 여자되어 MC_1, (⑩)가 작동하여 (⑪) 결선에서 (⑫)결선으로 변환되어 전동기가 정상운전된다.

(2) 주어진 기동회로에 인터록 회로에 표시를 한다면 어느 부분에 어떻게 표현하여야 하는가?

이해하기

(1) 일반적으로 3상유도전동기를 Y-△ 기동회로로 사용하는 이유는 처음 기동시 정격전류의 5~7배의 높은 기동전류가 흐르게 되는데 Y결선 운전시 △결선 대비 1/3의 전류가 흐르므로 최초 기동시에 Y결선으로 저전압 기동 후, 일정시간 후 △결선으로 절체하여 정상운전 한다.

정답

(1) ① MC_1 ② T ③ T-b ④ MC_3-b ⑤ Y ⑥ T-b
⑦ MC_2 ⑧ T-a ⑨ MC_2-b ⑩ MC_3 ⑪ Y ⑫ △

(2)

시퀀스 24   필수문제

그림은 전동기의 정·역 변환이 가능한 미완성 시퀀스 회로이다. 이 회로도를 보고 다음 각 물음에 답하시오. 단, 전동기는 가동 중 정·역을 곧바로 바꾸면 과전류와 기계적 손상이 발생되기 때문에 지연 타이머로 지연시간을 주도록 하였다.

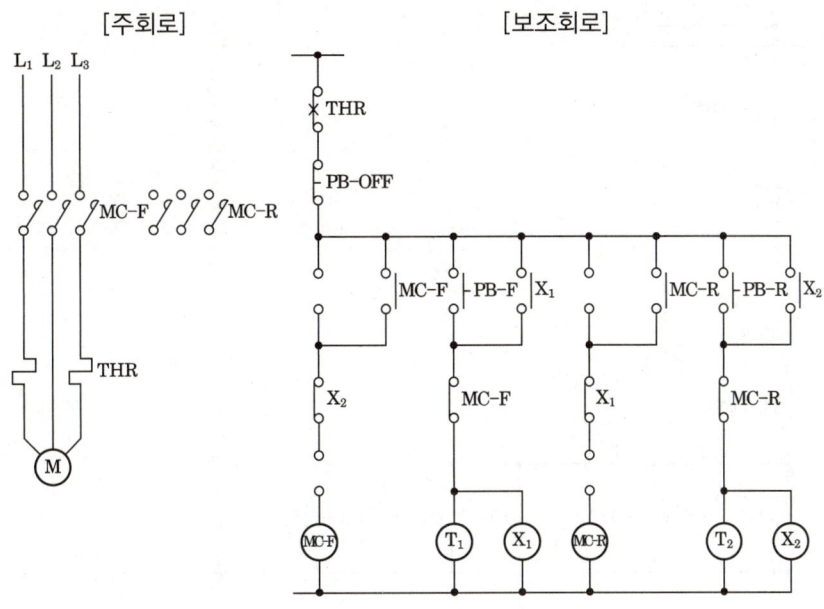

(1) 정·역 운전이 가능하도록 주어진 회로의 주회로의 미완성 부분을 완성하시오.

(2) 정·역 운전이 가능하도록 주어진 보조(제어)회로의 미완성 부분을 완성하시오. (단, 접점에는 접점 명칭을 반드시 기록하시오.)

(3) 주회로 도면에서 약호 THR은 무엇인가?

Chapter 03 시퀀스 및 PLC

이해하기

동작설명

① PB-F 동작시 T_1, X_1이 여자되고 설정시간 t_1초 후 MC-F가 여자되어 전동기가 정회전으로 작동한다.

② PB-R 동작시 T_2, X_2이 여자되고 이때 X_2에 의해 MC-F가 소자되고 전동기가 멈추기 시작한다. 설정시간 t_2초 후에 MC-R이 여자되고 전동기가 역회전으로 작동한다.

정답

(1)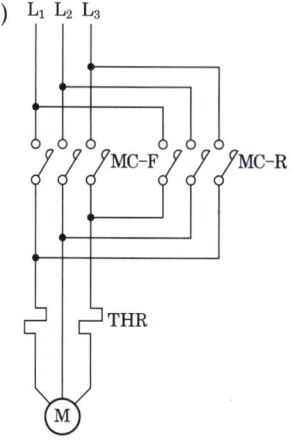

(2)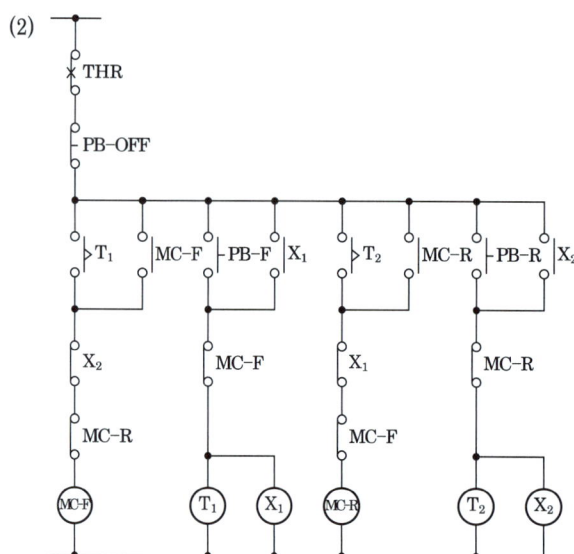

(3) 열동 계전기

시퀀스 25   필수문제

도면은 유도 전동기 IM의 정회전 및 역회전용 운전의 단선 결선도이다. 이 도면을 이용하여 다음 각 물음에 답하시오. (단, 52F는 정회전용 전자접촉기이고, 52R은 역회전용 전자접촉기이다.)

(1) 단선도를 이용하여 3선 결선도를 그리시오. (단, 점선내의 조작회로는 제외하도록 한다.)

(2) 주어진 단선 결선도를 이용하여 정·역회전을 할 수 있도록 조작회로를 그리시오. (단, 누름버튼 스위치 OFF 버튼 2개, ON 버튼 2개 및 정회전 표시램프 RL, 역회전 표시램프 GL도 사용하도록 한다.)

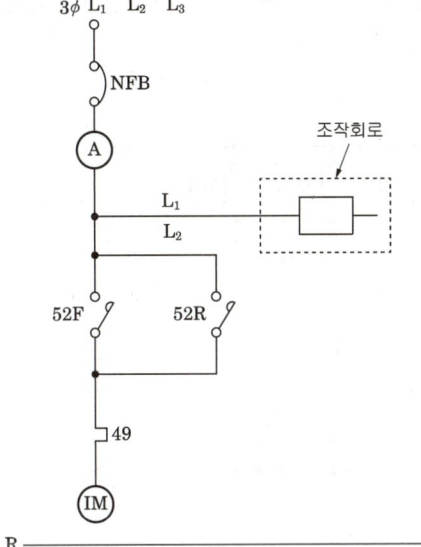

Chapter 03 시퀀스 및 PLC

이해하기

(1) 정·역 변환회로의 주회로 연결부분은 L_1, L_2, L_3 중 한 상은 동일하게 연결 후 나머지 두 상을 역으로 연결시킨다.

(2) 전동기의 과부하에 대해서는 정회전, 역회전 운전이 같은 조건이므로 열동 계전기는 보조회로 시작지점에 설치해준다. 52F와 52R이 동시에 여자되면 주회로에 단락을 일으키게 되므로 각각 인터록 접점을 사용하여 동시에 여자되는 일이 없도록 하여야 한다.

정답

(1)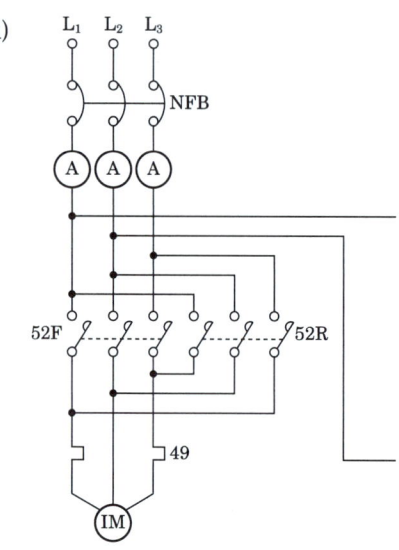

(2)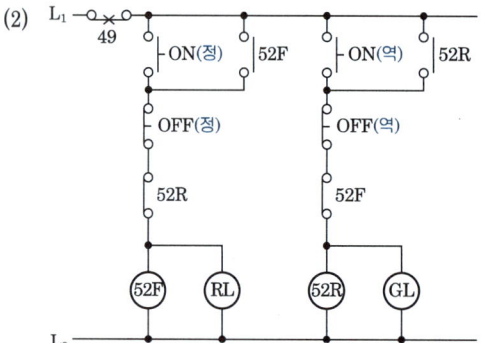

시퀀스 26 필수문제

다음 결선도는 수동 및 자동 (하루 중 설정시간 동안 운전) Y-△ 배기팬 MOTOR 결선도 및 조작회로이다. 다음 각 물음에 답하시오.

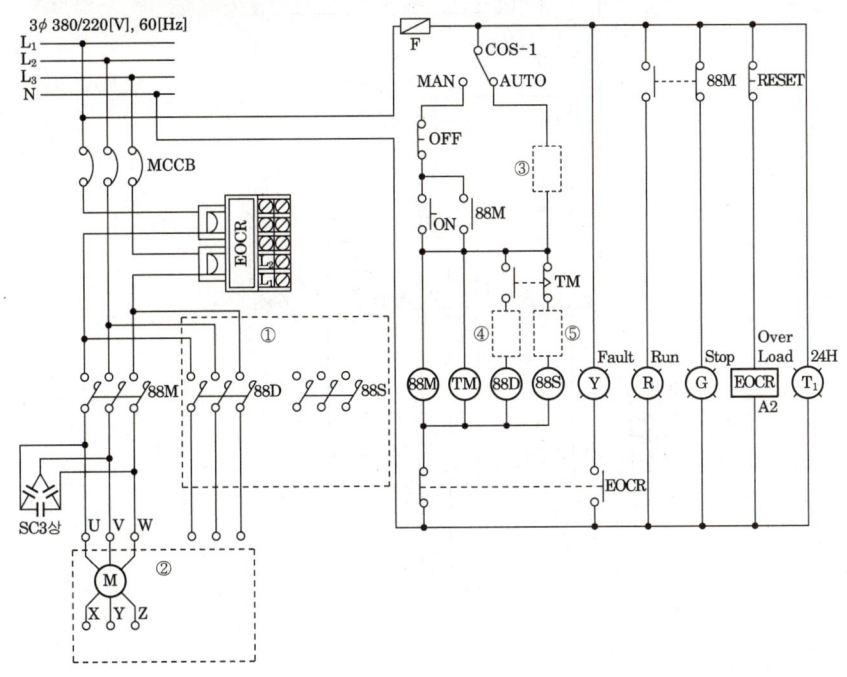

(1) ①, ② 부분의 누락된 회로를 완성하시오.

(2) ③, ④, ⑤의 미완성 부분의 접점을 그리고 그 접점기호를 표기하시오.

(3) ─o⌒o─ 의 접점 명칭을 쓰시오.

(4) Time chart를 완성하시오. (t_3는 기동과 운전의 변환시점)

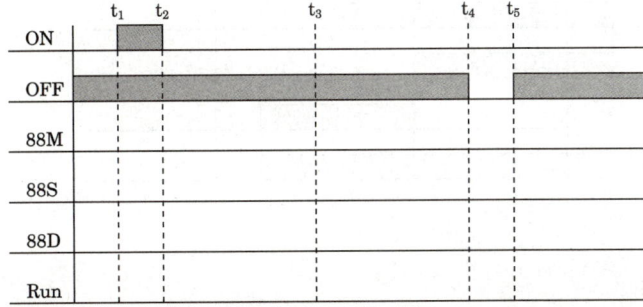

Chapter 03 시퀀스 및 PLC

이해하기

(1) Y-△ 기동회로의 결선은 L_1, L_2, L_3를 한 상씩 이동하여 연결한다.

정답

(1)

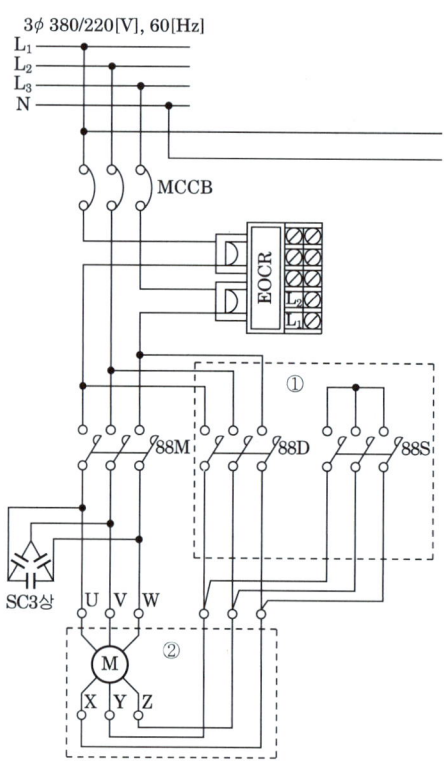

(2) ③ 한시동작 순시복귀 B접점
④, ⑤ 88 전동장치의 운전용 개폐기 인터록 접점
• ③의 경우 전자식 타이머의 조건이 있다면 T_1를 사용한다.

(2)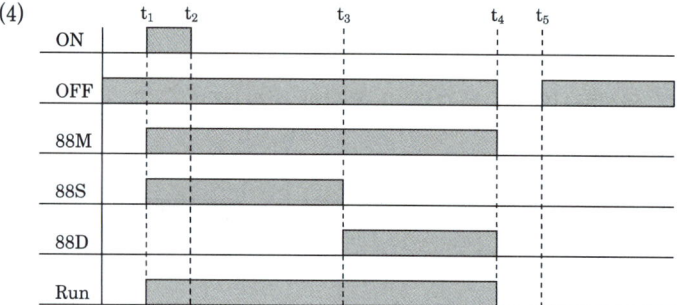

(3) 한시동작 순시복귀 a접점

(4)

	t_1	t_2	t_3	t_4	t_5
ON					
OFF					
88M					
88S					
88D					
Run					

시퀀스 27 필수문제

다음 그림은 리액터 기동 정지 조작회로의 미완성 도면이다. 이 도면에 대하여 다음 물음에 답하시오.

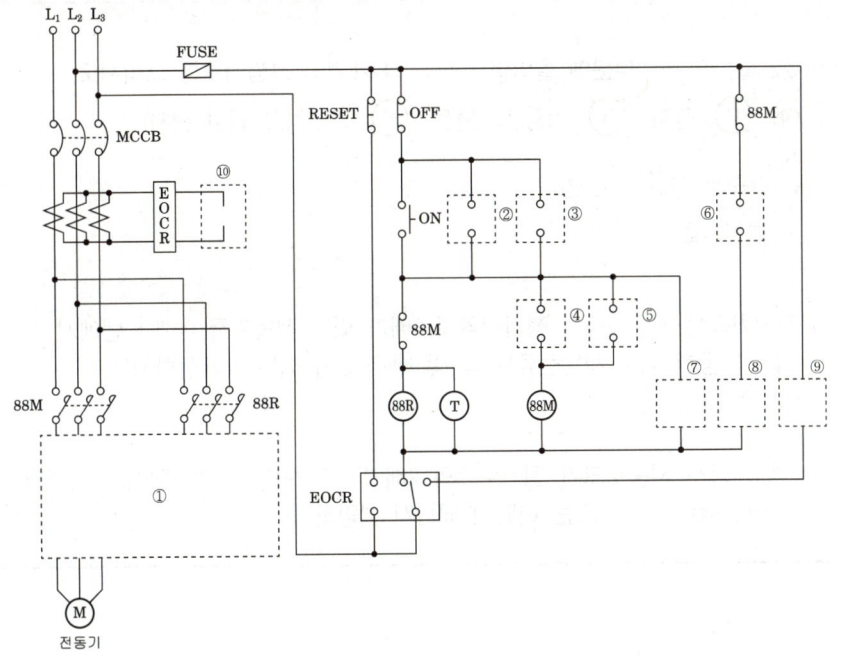

(1) ① 부분의 미완성 주회로를 회로도에 직접 그리시오.

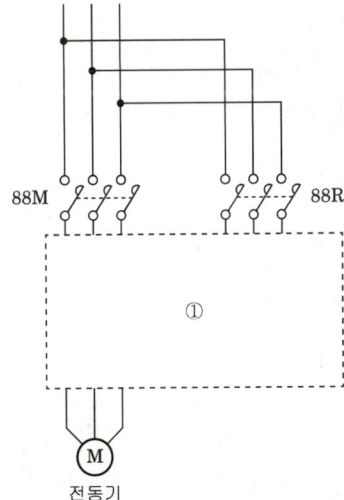

(2) 제어회로에서 ②, ③, ④, ⑤, ⑥ 부분의 접점을 완성하고 그 기호를 쓰시오.

구분	②	③	④	⑤	⑥
접점 및 기호					

(3) ⑦, ⑧, ⑨, ⑩ 부분에 들어갈 LAMP와 계기의 그림기호를 그리시오.
(예 Ⓖ 정지, Ⓡ 기동 및 운전, Ⓨ 과부하로 인한 정지)

구분	⑦	⑧	⑨	⑩
그림기호				

(4) 직입기동시 시동전류가 정격전류의 6배가 되는 전동기를 65[%] 탭에서 리액터 시동한 경우 시동전류는 약 몇 배 정도가 되는지 계산하시오.
 • 계산과정　　　　　　　　　　　　　　• 답

(5) 직입기동시 시동토크가 정격토크의 2배였다고 하면 65[%] 탭에서 리액터 시동한 경우 시동토크는 어떻게 되는지 설명하시오.

[정답]

(1)

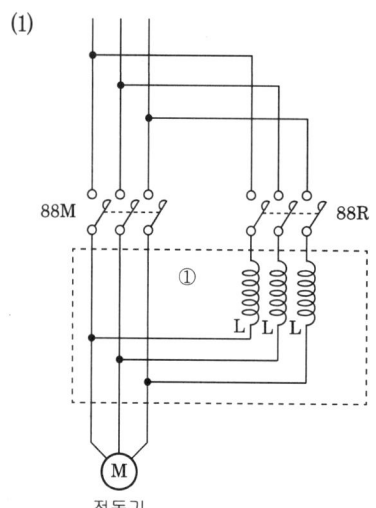

전동기

(2)

구분	②	③	④	⑤	⑥
접점 및 기호	88R (a접점)	88M (a접점)	T-a	88M (b접점)	88R (b접점)

(3)

구분	⑦	⑧	⑨	⑩
그림기호	Ⓡ⊗	Ⓖ⊗	Ⓨ⊗	Ⓐ

(4) • 계산 : 직입기동시 시동 전류가 정격전류의 6배이고, 기동 전류 $I_S \propto V_0$ 하므로
$$I_S = 6I \times 0.65 = 3.9I$$
• 답 : 약 3.9배

(5) • 계산 : 직입기동시 시동 토크는 정격토크의 2배이고, 시동 토크 $T_s \propto V_0^2$ 하므로
$$T_s = 2T \times 0.65^2 = 0.845T$$
• 답 : 0.85배

참고

- 리액터 기동회로란 전동기 전원 측에 리액터를 달아서 기동시 리액터의 전압 강하를 이용하여 입력전압을 낮게하여 기동하는 회로이다
- 동작설명
  ① 최초 정지시에 G램프가 점등되어 있다.
  ② ON버튼을 누르면 88R과 T가 여자되어 전동기가 작동하고 88R-a 접점에 의해 R램프가 점등되는 동시에 G램프는 소등된다.(이때 리액터에 의한 기동이 시작된다.)
  ③ T초 후 T-a 접점이 동작하여 88M이 동작하고 88M-b 접점에 의해 88R은 소자된다.
  ④ OFF 버튼을 누르면 88M이 소자되고 R램프가 소등되고 G램프가 점등된다.

> **이해하기**
>
> (3) 일반적으로 R램프는 작동, G램프는 정지, Y램프는 이상 유무 확인용이다.
> CT는 대전류를 소전류로 변성하는 계기용변성기이므로 Ⓐ 전류계를 설치해준다.

Chapter 03 시퀀스 및 PLC

★★★★★

10 다이오드

다이오드란 전류를 한쪽 방향으로만 흘리는 반도체 부품이다. 이러한 성질 때문에 반도체라 불린다. 트랜지스터도 반도체이지만, 다이오드는 특히 한 방향으로만 전류가 흐르도록 하는 것을 목적으로 하고 있다. 다이오드의 용도는 전원장치에서 교류전류를 직류전류로 바꾸는 정류기로서의 용도, 라디오의 고주파에서 신호를 꺼내는 검파용 전류의 ON/OFF를 제어하는 스위칭 용도 등, 매우 광범위하게 사용되고 있다.

1 다이오드의 특성

① 다이오드는 전류를 한 방향으로만 흐르게 하는 정류 작용을 한다.
② 교류를 직류로 정류하는데 사용되는 정류 다이오드, 전압조정용과 스위치용으로 사용되는 제너다이오드, 펄스발생용 다이오드, 전기에너지를 빛에너지로 변환시키는 LED(Light Emitting Diode) 등이 있다.
③ P-N접합 다이오드 : n형 반도체와 p형 반도체를 접합하여 만든 것으로, 한쪽 방향으로만 전류를 흐르게 한다. 회로에서는 스위치 작용도 할 수 있다.

이해하기
다이오드의 기호 및 전류의 방향
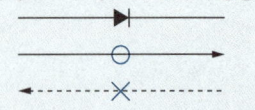

■ 다이오드 구성요소
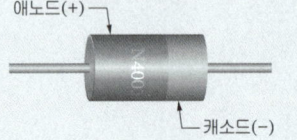

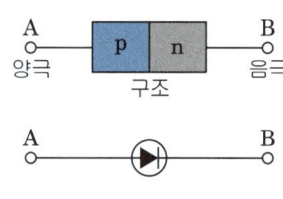

다이오드의 구조와 기호

2 다이오드를 이용한 회로

■ 참고
브릿지 다이오드
4개의 다이오드를 연결한 브릿지 회로로서 어떤 극성 전압이 입력되더라도 동일한 전압을 출력한다. 일반적으로 교류입력을 직류출력으로 변경할 때 사용한다.

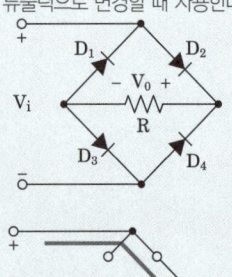
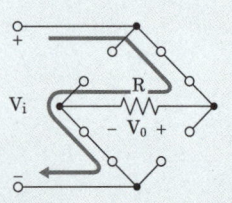

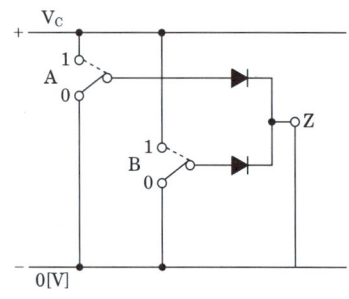

A	B	Z
0	0	0
0	1	1
1	0	1
1	1	1

A를 1로 이동시 출력 O
B를 1로 이동시 출력 O   ─ OR 회로
A, B를 1로 이동시 출력 O

Z=A+B

시퀀스 28 필수문제

무접점 릴레이 회로가 그림과 같을 때 출력 Z 값을 구하고 이것의 전자릴레이(유접점)회로와 논리회로를 그리시오.

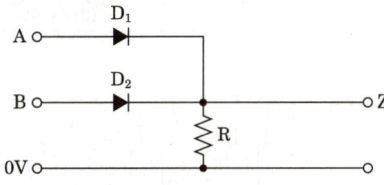

[정답]

① 출력값 : $Z = A + B$

② 유접점회로

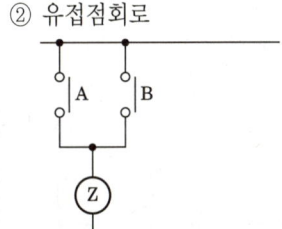

③ 무접점 회로

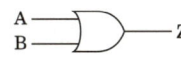

이해하기

다이오드의 방향이 입력측일 경우 직렬(AND)회로, 출력측일 경우 병렬(OR)회로이다.

■ 일반적인 다이오드 회로

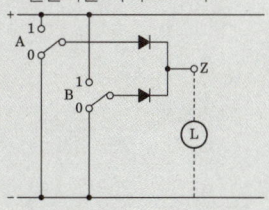

시퀀스 29 필수문제

그림과 같은 무접점 릴레이 회로의 출력식 Z를 구하고, 이것을 전자 릴레이 회로로 바꾸어 그리시오.

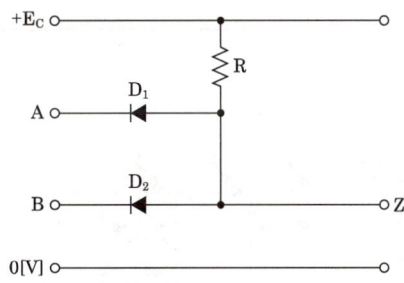

[정답]

- 출력식 : $Z = A \cdot B$
- 전자 릴레이 회로

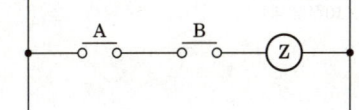

Chapter 03 시퀀스 및 PLC

시퀀스 30 　필수문제

그림과 같은 전자 릴레이 회로를 미완성 다이오드매트릭스 회로에 다이오드를 추가시켜 다이오드매트릭스로 바꾸어 그리시오.

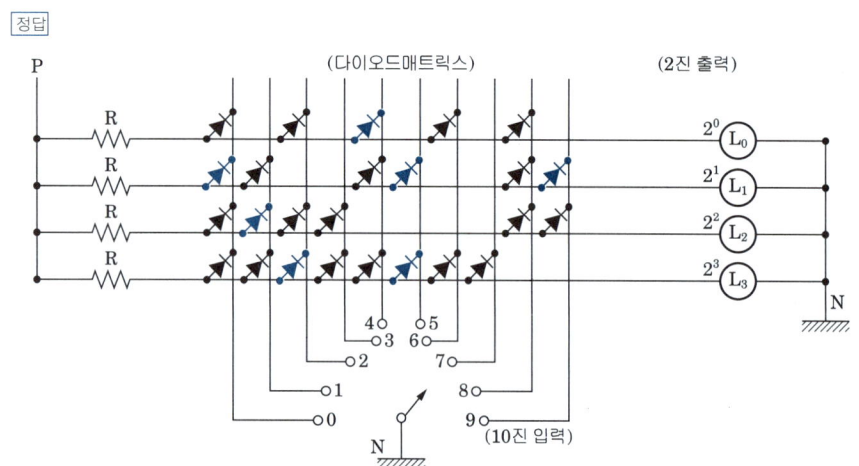

이해하기

① 10진법을 2진법으로 변환

10진법	2진법
1	2^0
2	2^1
3	2^1+2^0
4	2^2
5	2^2+2^0
6	2^2+2^1
7	$2^2+2^1+2^0$
8	2^3
9	2^3+2^0

10진 입력1의 출력은 2^0이 되어야 한다. 그러므로 셀렉트 스위치가 1을 가리킬 때 L_0만 점등된다. 이러한 방식으로 10진 입력 9의 출력은 2^3+2^0이 되어야 하므로 L_0, L_3가 점등된다.

② 주어진 도표를 활용
전자 릴레이 회로를 보면 셀렉트 스위치가 1을 가리킬 때 R_1이 여자되어 R_1-a접점이 동작하여 L_0만 점등이 된다. 이러한 방식으로 스위치 위치와 여자되는 회로를 찾아보면 점등하는 램프를 찾을 수 있다.

11 트랜지스터

트랜지스터의 기본은 다이오드이다. 트랜지스터에는 NPN형과 PNP형이 있다. NPN형은 중앙에 P형 반도체, 양측에 N형 반도체로 구성되어 있고, PNP형은 중앙에 N형 반도체, 양측에 P형 반도체로 구성되어 있다. 회로에서는 ON, OFF 스위칭 용도로도 사용된다.

1 트랜지스터의 종류 및 구조

(1) PNP형

PNP 트랜지스터는 Emitter, Collector가 P형 반도체 물질로 구성되어 있고 Base는 N형 반도체 물질로 구성 되어 있다.

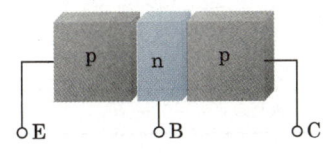
PNP 트랜지스터 구조

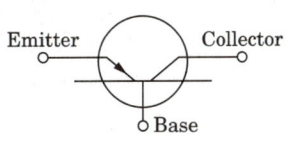
회로기호

(2) NPN형

PNP형과 반대의 구조를 가지고 있다.

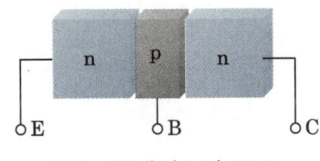
NPN 트랜지스터 구조

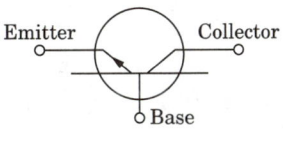
회로기호

2 트랜지스터를 이용한 회로

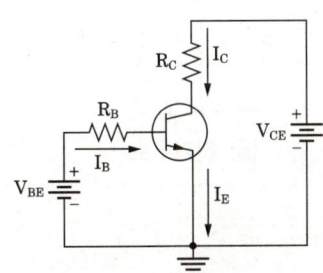

■ 트랜지스터회로의 전류 방향
① 트랜지스터의 기호에서 화살표의 방향이 에미터 전류의 방향이다.
② $I_E = I_C + I_B$
③ I_B는 I_E와 I_C에 비해서 매우 적다.

■ 참고
트랜지스터는 기본적으로는 전류를 증폭할 수 있는 부품이다. 하지만 디지털 회로에서는 ON, OFF의 2차 신호를 취급하기 때문에 트랜지스터의 증폭 특성에 대한 차이는 상관없다.

■ 참고
트랜지스터 동작원리
〈PNP 기준〉
이미터와 베이스 사이에 순방향 전압을 인가하면 PN접합에서 순방향 전압을 인가한 것처럼 이미터에서 베이스 쪽으로 정공이 이동하면서 전류가 흐르게 된다.

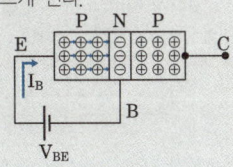

콜렉터와 베이스 사이에 더 높은 역방향 전압을 인가하게 되면, 이미터에서 베이스 쪽으로 흐르던 정공의 대부분이 콜렉터 쪽의 높은 전압에 의해서 콜렉터 쪽으로 이동하고 소수의 정공만이 베이스 쪽으로 이동하게 된다. 결국 대부분의 전류는 콜렉터 쪽으로 흐르게 된다.

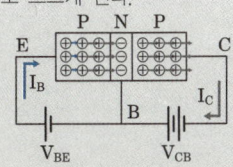

시퀀스 31   필수문제

그림에서 고장 표시 접점 F가 닫혀 있을 때는 부저 BZ가 울리나 표시등 L은 켜지지 않으며, 스위치 24에 의하여 벨이 멈추는 동시에 표시등 L이 켜지도록 SCR의 게이트와 스위치 등을 접속하여 회로를 완성하시오. 또한 회로 작성에 필요한 저항이 있으면 그것도 삽입하여 도면을 완성하도록 하시오. (단, 트랜지스터는 NPN 트랜지스터이며, SCR은 P게이트형을 사용한다.)

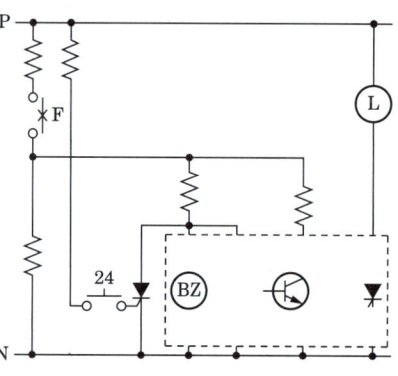

이해하기

오른쪽 두 개의 저항이 있어야 그쪽으로 전류가 흐를 때 전압이 걸려 TR을 도통시킬 수 있기 때문에 양쪽에 저항을 삽입한다. 만약에 저항이 없다면 TR의 베이스에는 전압이 걸리지 않아 도통되지 않게 된다.

|정답|

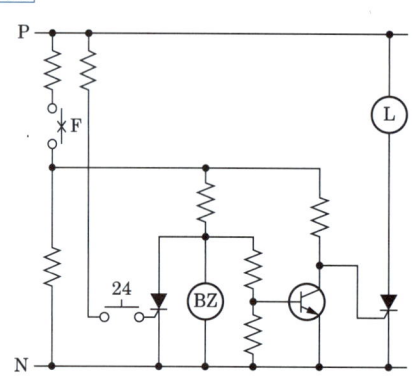

|참고|

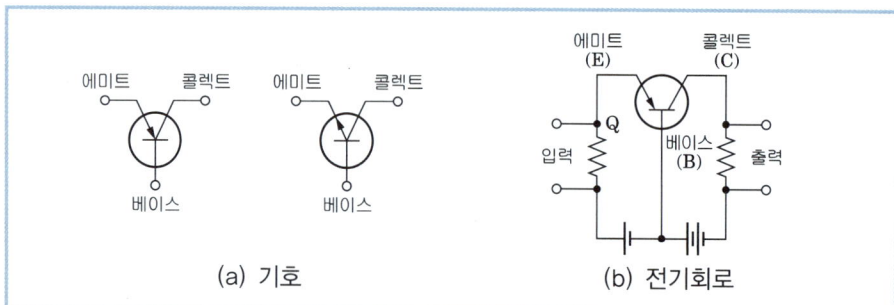

(a) 기호   (b) 전기회로

시퀀스 32   필수문제

그림에서 고장표시접점 F가 닫혀있을 때는 부저 BZ가 울리나 표시등 L은 켜지지 않으며, 스위치 24에 의하여 벨이 멈추는 동시에 표시등 L이 켜지도록 SCR의 게이트와 스위치 등을 접속하여 회로를 완성하시오. 또한, 회로 작성에 필요한 저항이 있으면 그것도 삽입하여 도면을 완성하도록 하시오.

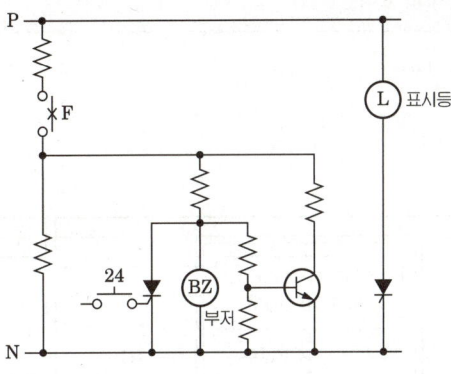

[정답]

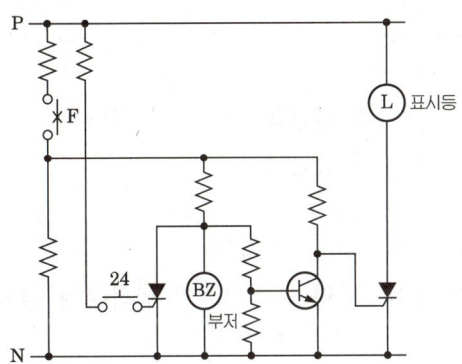

▶ *이해하기*

스위치 24를 이용하여 BZ가 여자되지 않도록 P와 스위치 24를 연결한다. 이때 저항을 넣어 전압을 걸어 전류가 흐르도록 해주고 다이오드의 출력 쪽과 TR을 연결한다.

|참고|

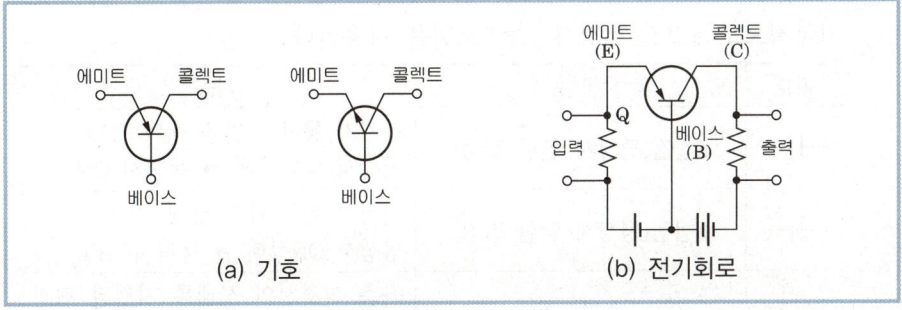

출제 Point ★★★★★

이해하기

■ PLC 프로그램

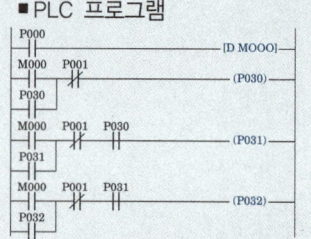

12 PLC(programmable logic controller)

PC의 CPU로 시퀀스 회로를 프로그램화한 것으로 공장 자동화(FA) 설비에 널리 사용된다. 릴레이, 카운터, 타이머, 등의 기능을 프로그램으로 처리가 가능하며 시퀀스 진행상황 및 내부 논리상태 모니터링이 가능하다. 원거리 제어가 가능하고 프로그램의 저장 및 변경 등이 자유로운 장점을 가지고 있다.

1 PLC의 구성

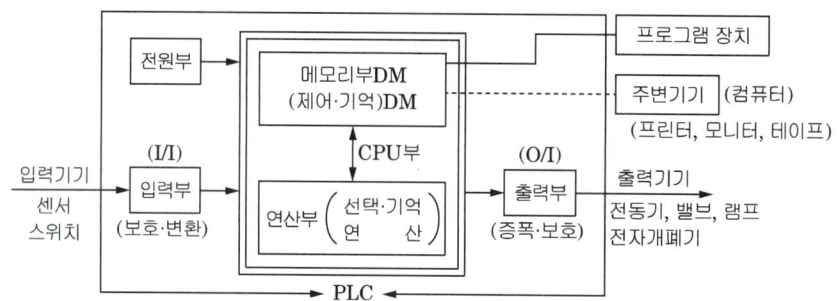

① 입·출력부(I/O card)는 레벨 변환, 절연 결합회로로 되어 있다.
② CPU는 연산부와 메모리(DM, PM)부로 구성된다.
  • DATA Memory : 시퀀스 구성소자를 a접점으로 기억시키고 제어회로 구성의 연산용 자료로 사용한다.
  • PROGRAM Memory : 시퀀스의 순서, 명령을 기억시켜 연산부에 실행을 지령한다.
  • 연산부 : DM의 자료를 사용하여 PM에 따라 시작성한다.
③ PLC 기본 접점으로 로직회로와 유사한 스위치 형태의 입력과 출력코일이 있다.
  기본적으로 a접점, b접점, 출력코일을 사용한다.

기호	명칭	기능
─┤├─	a접점(평상시 열린 접점)	전기가 통하지 않을 때의 상태 평상시 OFF상태 ➡ 동작시 ON
─┤╱├─	b접점(평상시 닫힌 접점)	전기가 통할 때의 상태 평상시 ON상태 ➡ 동작시 OFF
─( )─	출력코일	좌측 연결선의 상태를 지정된 접점으로 출력

2 PLC 명령어

PLC 제조 회사별 명령어에 따른 분류(①, ②, ③)

1. 시작입력	2. 병렬	3. 직렬	4. 출력
─┤ ├─	─┤├─┬─┤├─	─┤ ├─┤ ├─	─( )─
① LOAD	①, ② OR	①, ② AND	①, ② OUT
② STR	③ O	③ A	③ W
③ R			

─┤/├─	─┤/├─┬─┤/├─	─┤ ├─┤/├─	
① LOAD NOT	①, ② OR NOT	①, ② AND NOT	
② STR NOT	③ ON	③ AN	
③ R N			

> **이해하기**
>
> 그룹간의 접속
> 1. 병렬 그룹
>   ① OR LOAD
>   ② OR STR
>   ③ O MRG
> 2. 직렬 그룹
>   ① AND LOAD
>   ② AND STR
>   ③ A MRG

3 PLC의 이용

PLC는 자동화 장치 및 기계 장치의 제어기로 사용되어 왔다. 그러나 컴퓨터와 통신 기능, 고급 자동 제어 기능, 각종 모터 제어 기능 등이 추가되어 적용 분야가 크게 넓어지고 있다.

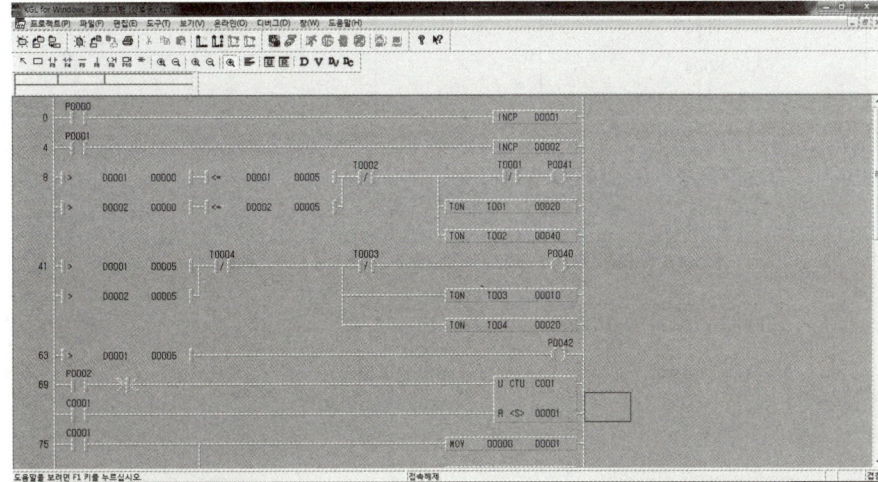

시퀀스 33 필수문제

다음 그림은 PLC 프로그램 명령어 중 반전명령어(*, NOT)를 이용한 도면이다. 반전 명령어를 사용하지 않을 때의 래더 다이어그램을 작성하시오.

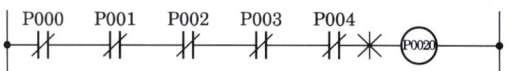

- 반전 명령어를 사용하지 않을 때의 래더 다이어그램

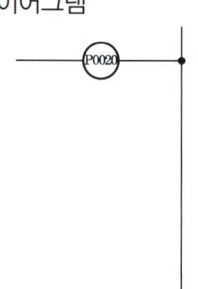

[정답]

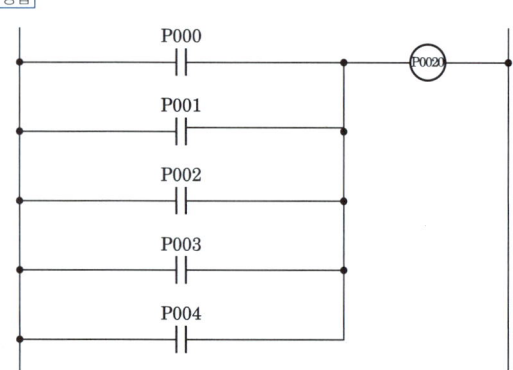

[해설] • 드모르간의 법칙을 사용한다.

$$\overline{(A+B)} = \overline{A} \cdot \overline{B} \qquad \overline{(A \cdot B)} = \overline{A} + \overline{B} \qquad \overline{\overline{A}} = A$$

- $\overline{P0000 \cdot P0001 \cdot P0002 \cdot P0003 \cdot P0004}$

$= \overline{\overline{P0000}} + \overline{\overline{P0001}} + \overline{\overline{P0002}} + \overline{\overline{P0003}} + \overline{\overline{P0004}}$

$= P000 + P0001 + P0002 + P0003 + P0004$

시퀀스 34 필수문제

그림과 같은 PLC시퀀스 (래더 다이어그램)가 있다. 다음 물음에 답하시오

(1) PLC 프로그램에서의 신호 흐름은 단방향이므로 시퀀스를 수정해야 한다. 문제의 도면을 바르게 작성하시오.

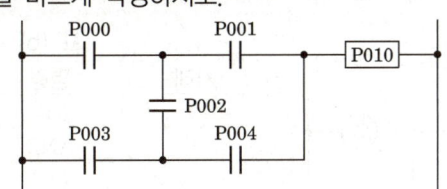

(2) PLC 프로그램을 표 ①~⑧에 완성하시오. (단, 명령어는 LOAD, AND, OR, NOT, OUT를 사용한다.)

STEP	OP	add	주소	명령어	번지
0	LOAD	P000	7	AND	P002
1	AND	P001	8	⑤	⑥
2	①	②	9	OR LOAD	
3	AND	P002	10	⑦	⑧
4	AND	P004	11	AND	P004
5	OR LOAD		12	OR LOAD	
6	③	④	13	OUT	P010

정답

(1)
```
  P000   P001
──┤├────┤├──────[P010]──
  P000  P002  P004
──┤├───┤├───┤├──
  P003  P002  P001
──┤├───┤├───┤├──
  P003  P004
──┤├───┤├──
```

(2) ① LOAD, ② P000, ③ LOAD, ④ P003, ⑤ AND, ⑥ P001, ⑦ LOAD, ⑧ P003

시퀀스 35 필수문제

PLC 래더 다이어그램이 그림과 같을 때 표 (b)에 ①~⑥의 프로그램을 완성하시오. (단, 회로 시작(STR), 출력(OUT), AND, OR, NOT 등의 명령어를 사용한다.)

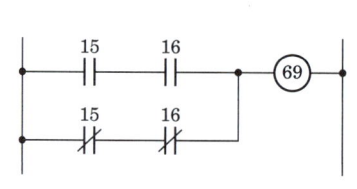

표 (b)

차례	명령	번지
0	(①)	15
1	AND	16
2	(②)	(③)
3	(④)	16
4	OR STR	-
5	(⑤)	(⑥)

[정답]
① STR ② STR NOT ③ 15
④ AND NOT ⑤ OUT ⑥ 69

이해하기
① 시작입력
② b접점 시작입력
④ b접점 직렬
⑤ 출력

시퀀스 36 필수문제

그림과 같은 PLC 시퀀스의 프로그램을 표의 차례 1~9에 알맞은 명령어를 각각 쓰시오. 여기서 시작(회로)입력 STR, 출력 OUT, 직렬 AND, 병렬 OR, 부정 NOT, 그룹 직렬 AND STR, 그룹 병렬 OR STR의 명령을 사용한다.

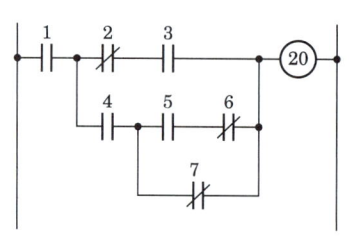

차례	명령	번지	차례	명령	번지
0	STR	1	6		7
1		2	7		-
2		3	8		-
3		4	9		-
4		5	10	OUT	20
5		6			

[정답]

차례	명령	번지	차례	명령	번지
0	STR	1	6	OR NOT	7
1	STR NOT	2	7	AND STR	-
2	AND	3	8	OR STR	-
3	STR	4	9	AND STR	-
4	STR	5	10	OUT	20
5	AND NOT	6			

이해하기
첫 번째 이후 STR로 시작하는 지점에 AND STR(직렬 그룹), OR STR(병렬 그룹)을 접점으로 연결해준다.

시퀀스 37 필수문제

다음 그림과 같은 유접점 회로에 대한 주어진 미완성 PLC 래더 다이어그램을 완성하고, 표의 빈칸 ①~⑥에 해당하는 프로그램을 완성하시오. (단, 회로시작 LOAD, 출력 OUT, 직렬 AND, 병렬 OR, b접점 NOT, 그룹간 묶음 AND LOAD 이다.)

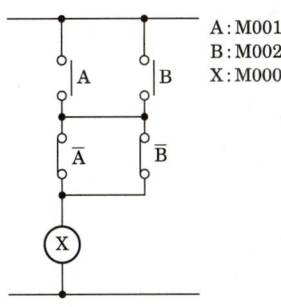

A : M001
B : M002
X : M000

• 프로그램

차례	명령	번지
0	LOAD	M001
1	①	M002
2	②	③
3	④	⑤
4	⑥	–
5	OUT	M000

• 래더 다이어그램

[정답]
① OR ② LOAD NOT ③ M001 ④ OR NOT ⑤ M002 ⑥ AND LOAD

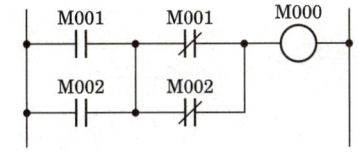

▶ 이해하기
① 병렬
② b접점 시작
④ b접점 병렬
⑥ 직렬 그룹

13 특수 회로

시퀀스회로도에서는 기존 직렬회로 및 병렬회로를 구분 짓지 않고 동작 상태를 결정하기 위해 결선도를 제작할 수 있다. 또한 다이오드 및 트랜지스터를 이용하여 전류의 방향을 제어한 회로 및 보조회로를 제작 할 수 있다.

1 3상 농형 유도 전동기회로

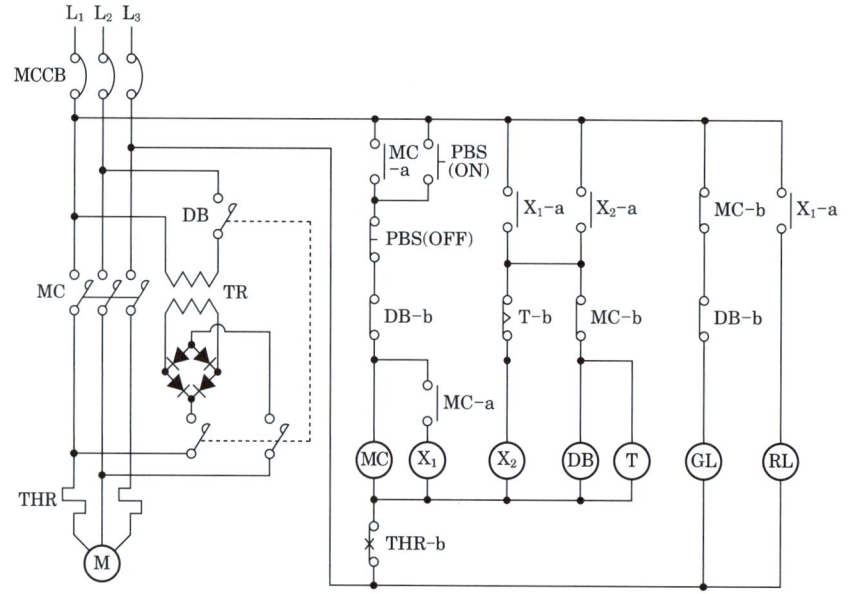

■ 용어해설
- TMC : 전자 접촉기
- TR : 정류 전원 변압기
- SiRf : 실리콘 정류기
- X1, X2 : 보조 계전기
- T : 타이머
- DB : 제동용 전자 접촉기

■ 동작설명
① 운전용 푸시버튼 스위치PBS(ON)를 누르면 각 접점이 동작한다.
② 전자접촉기 MC가 투입되어 전동기는 가동하기 시작하며 운전을 시작한다.
③ 운전을 마치기 위해 정지용 푸시버튼 PBS(OFF)를 누르면 각 접점이 동작하여 전자접촉기 MC가 끊어지고 직류 제동용 전자접촉기 DB가 투입되며 전동기에는 직류가 흐른다.
④ 타이머 T에 SET한 시간만큼 직류제동 전류가 흐르고 직류가 차단된 후, 각 접점은 운전 전의 상태로 복귀되고 전동기는 정지하게 된다.

2 자동급수 제어회로

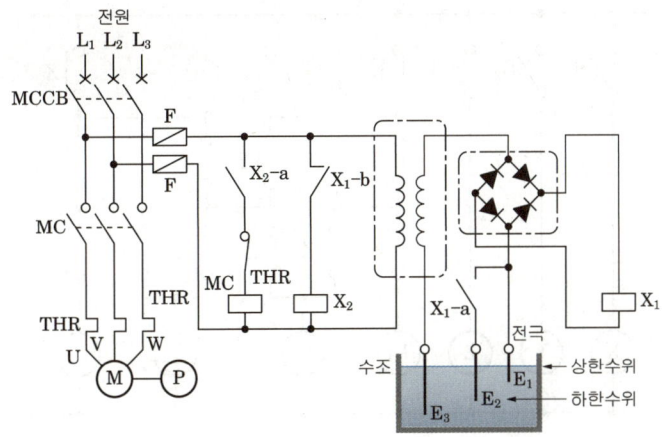

- 전동 펌프의 정지동작순서
  ① 수조 수위가 플로트리스 액면 릴레이의 전극 E_1까지 올라가면 전극 E_1과 E_3간이 도통하여 닫히므로 오른쪽 회로에 전류가 흐른다.
  ② 오른쪽 회로에 전류가 흐르면 X_1이 동작하여 보조릴레이가 작동한다.
  ③ X_1이 동작하면 X_1-a 접점이 닫힌다.
  ④ X_1이 동작하면 왼쪽회로에 있는 X_1-b 접점은 열린다.
  ⑤ X_1-b 접점이 열리면 전자코일 X_2에 전류가 흐르지 않고 보조 릴레이 X_2가 복귀한다.
  ⑥ X_2가 복귀하면 X_2-a 접점이 열린다.
  ⑦ X_2-a이 열리면 전자코일 MC에 전류가 흐르지 않고 전자접촉기 MC가 복귀한다.
  ⑧ 전자접촉기 MC가 복귀하면 주회로의 주 접점 MC가 열린다.
  ⑨ 주 접점 MC가 열리면 전동기에 전류가 흐르지 않고 정지한다.
  ⑩ 전동기의 정지에 의해 펌프도 정지하므로 수조에의 급수를 중지한다.
  ⑪ 전동 펌프는 수조의 수위가 하한 수위가 될 때까지 정지해 있다.

3 직·병렬 비구분회로

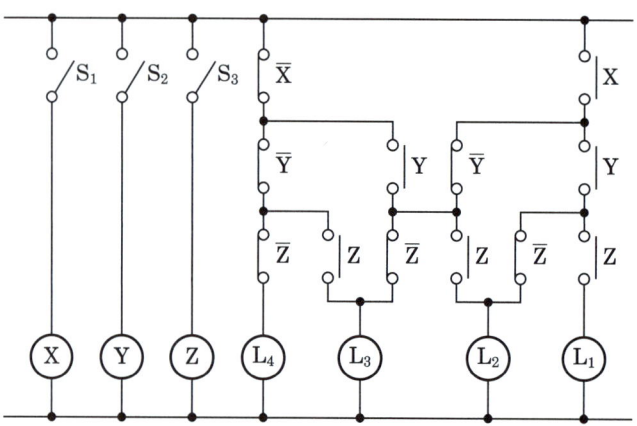

- 논리식
  - 출력 램프 L_1에 대한 논리식 $L_1 = X \cdot Y \cdot Z$
  - 출력 램프 L_2에 대한 논리식 $L_2 = \overline{X} \cdot Y \cdot Z + X \cdot \overline{Y} \cdot Z + X \cdot Y \cdot \overline{Z}$
    $= \overline{X} \cdot Y \cdot Z + X(\overline{Y} \cdot Z + Y \cdot \overline{Z})$
  - 출력 램프 L_3에 대한 논리식 $L_3 = \overline{X} \cdot \overline{Y} \cdot Z + \overline{X} \cdot Y \cdot \overline{Z} + X \cdot \overline{Y} \cdot \overline{Z}$
    $= X \cdot \overline{Y} \cdot \overline{Z} + \overline{X} \cdot (\overline{Y} \cdot Z + Y \cdot \overline{Z})$
  - 출력 램프 L_4에 대한 논리식 $L_4 = \overline{X} \cdot \overline{Y} \cdot \overline{Z}$

- 무접점회로

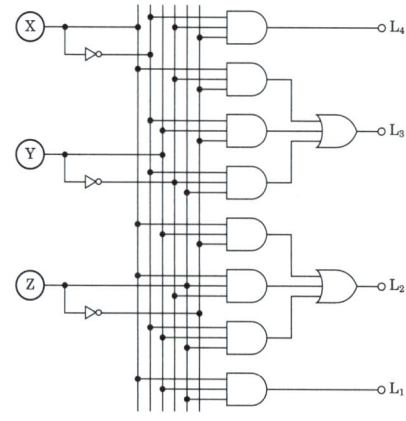

시퀀스 38 필수문제

도면과 같은 시퀀스도는 기동 보상기에 의한 전동기의 기동제어 회로의 미완성 도면을 보고 다음 각 물음에 답하시오.

(1) 전동기의 기동 보상기 기동제어는 어떤 기동 방법인지 그 방법을 상세히 설명하시오.
(2) 주 회로에 대한 미완성 부분을 완성하시오.
(3) 보조 회로의 미완성 접점을 그리고 그 접점 명칭을 표시하시오.

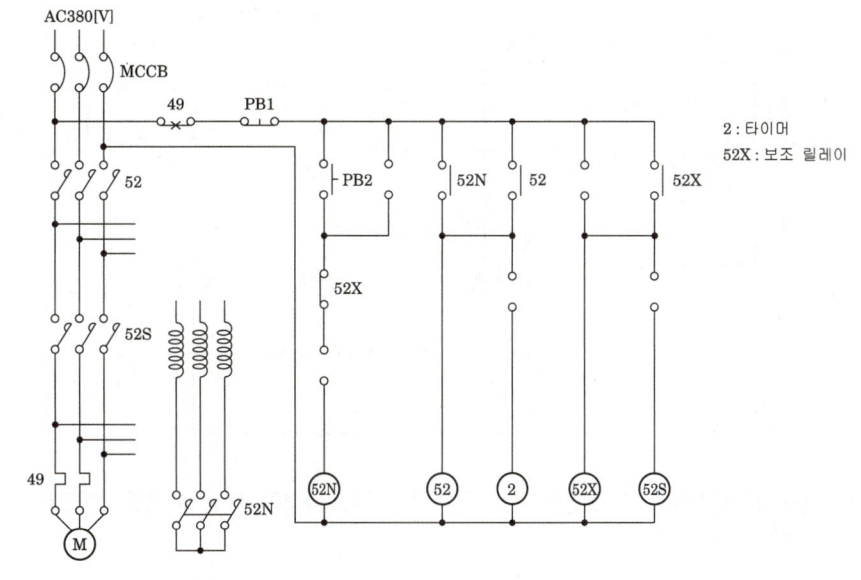

정답

(1) 기동시 전동기에 대한 인가전압을 단권변압기로 감압하여 공급함으로써 기동전류를 억제하고 기동완료 후 전전압을 가하는 방식이다.

(2) 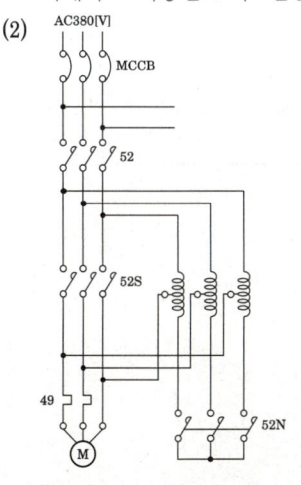 (3)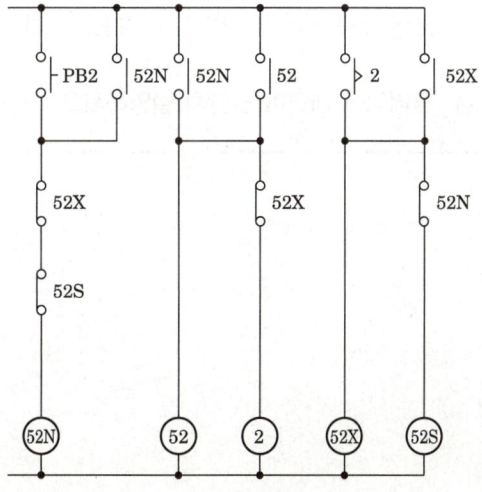

▶ 이해하기

(1) 단권변압기는 배전선로의 전압강하를 보상하기 위해 승압기나 유도 전동기의 시동 전류를 제한하는 시동보상기로 사용한다.

시퀀스 39 필수문제

주어진 도면은 3상 유도전동기의 플러깅(plugging)회로에 대한 미완성 도면이다. 이 도면을 보고 다음 각 물음에 답하시오.

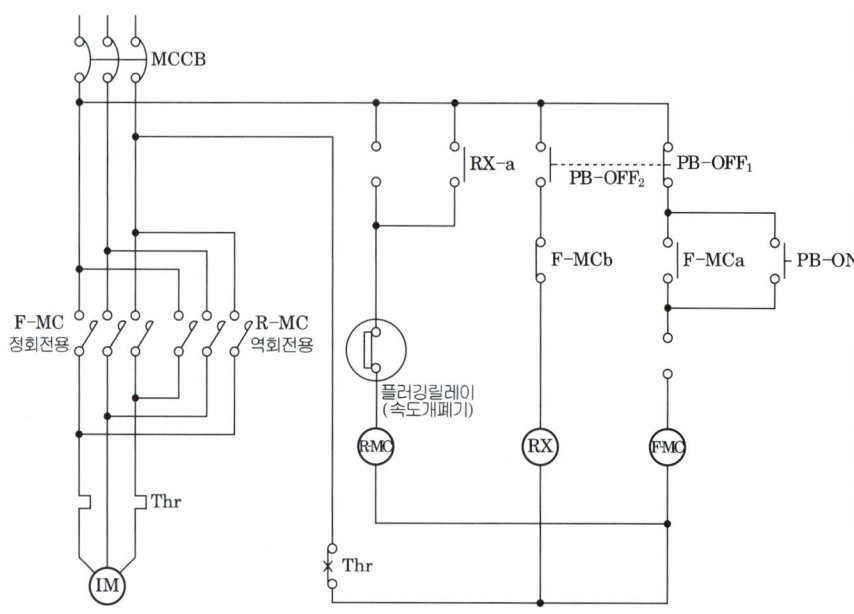

(1) 동작이 완전하도록 도면을 완성하시오. 사용 접점에 대한 기호를 반드시 기록하도록 한다.

(2) ⓇⓍ 계전기를 사용하는 이유를 설명하시오.

(3) 전동기가 정회전하고 있는 중에 PB-OFF를 누를 때 동작 과정을 상세하게 설명하시오. (단, PB-OFF$_1$, PB-OFF$_2$는 연동 스위치로 PB-OFF$_1$을 누르는 것을 PB-OFF$_2$를 누른다고 한다.)

(4) 플러깅에 대하여 간단히 설명하시오.

정답

(1)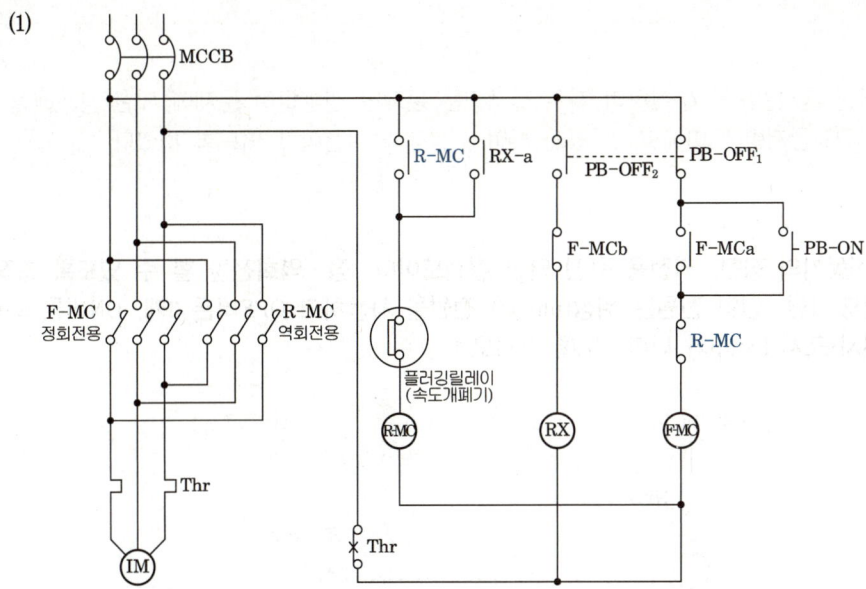

(2) 인터록 시간 지연과 제동시 과전류를 방지하는 시간적인 여유를 얻기 위해서이다.

(3) PB-OFF를 누르면 F-MC가 소자되고 RX 계전기가 여자된다. RX-a에 의해 R-MC가 여자되어 전동기 역회전 토크 발생하여 전동기 속도가 급저하된다. 결과적으로 전동기 속도가 0에 가까워지면 플러깅 릴레이에 의해 전동기는 전원에서 분리되어 정지한다.

(4) 역방향 토크를 이용하여 전동기를 급제동시키는 것이다.

과년도 출제예상문제

* 최근 10개년 출제빈도를 분석하여 자주 출제되는 문제만 선별하여 문제에 대한 상세해설 및 요점정리까지 한꺼번에 이해할 수 있게 하여 수험생의 길잡이가 되도록 하였다.

문제 1
★★★☆☆

도면은 유도 전동기의 정전, 역전용 운전 단선 결선도이다. 정·역회전을 할 수 있도록 조작회로를 그리시오. (단, 인입 전원은 위상(phase) 전원을 사용하고 OFF버튼 3개, ON버튼 2개 및 정·역회전시 표시 Lamp가 나타나도록 하시오.)

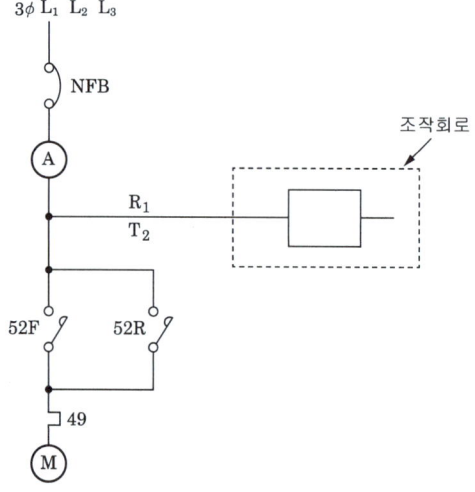

[정답]

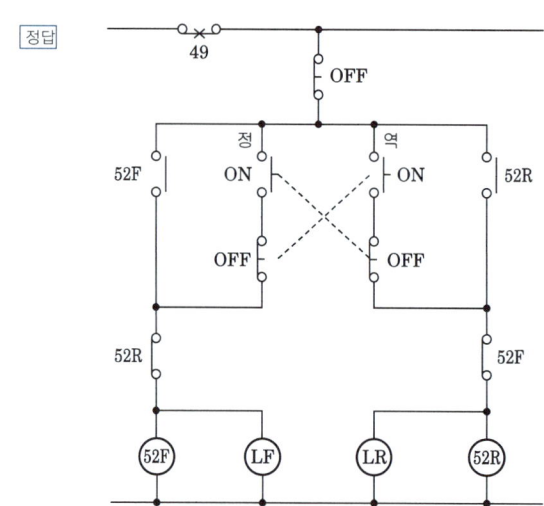

해설 • 동작설명
① 정회전 ON버튼을 누르면 52F가 여자되어 52F-a와 52F-b 접점이 동작하고 F램프가 점등된다.
② 이때, 역회전ON 버튼을 눌러도 자기유지접점이 있으므로 아무런 동작을 하지 않는다.
③ 중앙의 OFF버튼을 누르면 모든 동작이 정지한다.
④ 역회전 ON버튼을 누를시 처음 정회전 ON버튼을 누른 상황과 같다.

이것이 핵심

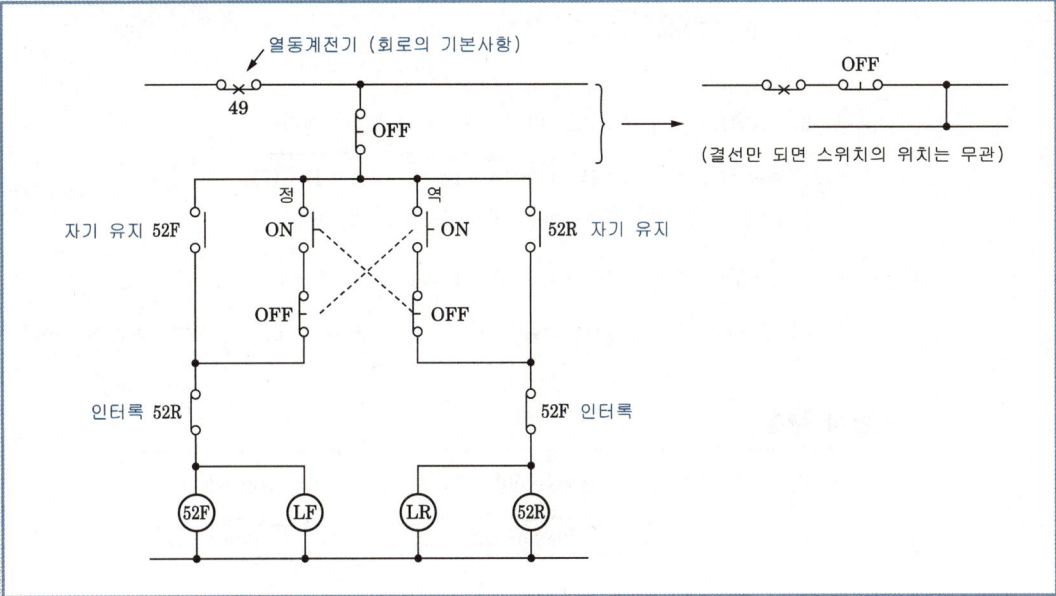

문제 2 다음 논리식에 대한 물음에 답하시오.

【조 건】
$$X = A + B \cdot \overline{C}$$

(1) 무접점 시퀀스로 그리시오.
(2) NAND GATE로 그리시오.
(3) NOR GATE를 최소로 이용하여 그리시오.

[정답] (1) 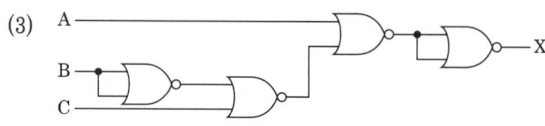 (2)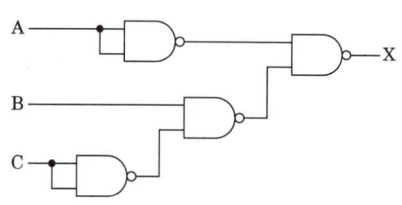

(3)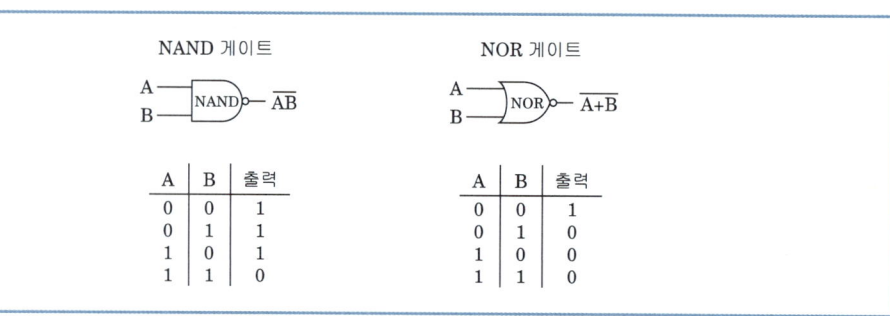

[해설] (2) NAND는 곱의 형식으로 바꿔준다. (드모르간의 정리)

논리식 : $X = A + B \cdot \overline{C} = \overline{\overline{A + B \cdot \overline{C}}} = \overline{\overline{\overline{A} \cdot \overline{B \cdot \overline{C}}}}$

(3) NOR는 합의 형식으로 바꿔준다. (드모르간의 정리)

논리식 : $X = A + B \cdot \overline{C} = A + \overline{\overline{B} + C} = \overline{\overline{A + \overline{B} + C}}$

• 단일소자만의 회로에서 ─▷─ 은 ─⊐⊅─ 과 ─⊐⊅─ 으로 표시한다.

이것이 핵심

NAND 게이트	NOR 게이트
A ─⊐NAND⊅─ $\overline{AB}$ B	A ─⊐NOR⊅─ $\overline{A+B}$ B
A|B|출력 0|0|1 0|1|1 1|0|1 1|1|0	A|B|출력 0|0|1 0|1|0 1|0|0 1|1|0

문제 3 ★☆☆☆☆
그림과 같은 회로의 출력을 입력변수로 나타내고 AND 회로 1개, OR 회로 2개, NOT회로 1개를 이용한 등가회로를 그리시오.

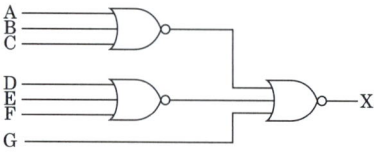

• 출력식

• 등가회로

[정답] • 출력식 : X = (A+B+C) · (D+E+F) · $\overline{G}$
　　　• 등가회로

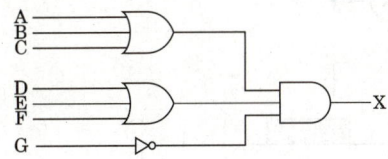

[해설] • 드모르간의 정리를 이용한다.

$$X = \overline{\overline{A+B+C}+\overline{D+E+F}+G} = (A+B+C) \cdot (D+E+F) \cdot \overline{G}$$

이것이 핵심

■ 등가회로 변환법

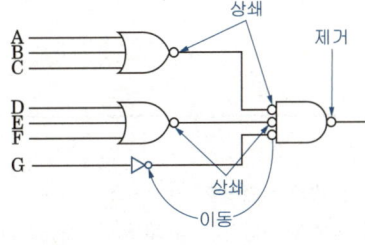

그림과 같은 무접점의 논리 회로도를 보고 다음 각 물음에 답하시오.

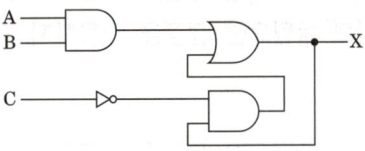

(1) 출력식을 나타내시오.

(2) 주어진 무접점 논리회로를 유접점 논리회로로 바꾸어 그리시오.

(3) 주어진 타임 차트를 완성하시오.

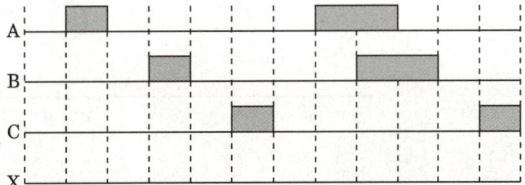

제3장 시퀀스 및 PLC 20선 **373**

[정답] (1) $X = A \cdot B + \overline{C} \cdot X$

(2)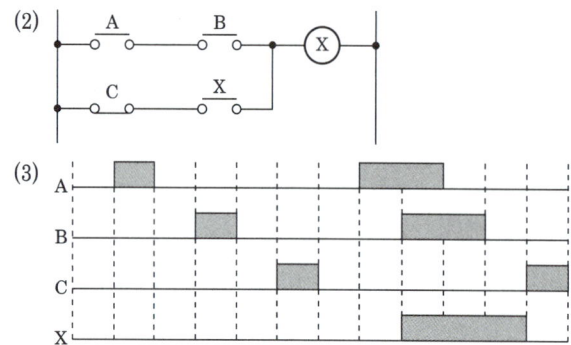

(3)

[해설] • X가 여자 될 수 있는 상황은 A-a와 B-a는 AND이므로 둘 다 동작하게 되는 시점부터 여자되어 자기 유지로 한동안 동작하다가 C-b접점이 동작하면 소자된다.

이것이 핵심

■ 논리회로 변환법

무접점 논리회로와 유접점 논리회로를 서로 교차표현할 경우 논리식으로 변환 후 교차해주면 간단히 할 수 있다. 문제의 무접점 논리회로는 두 개의 입력을 각각 직렬(AND)접속후 병렬(OR)로 그룹을 만들면 된다.

문제 5 ★★★★★

그림은 누름버튼스위치 PB_1, PB_2, PB_3를 ON 조작하여 기계 A, B, C를 운전하는 시퀀스 회로도이다. 이 회로를 타임차트 1~3의 요구사항과 같이 병렬 우선 순위회로로 고쳐서 그리시오. (단, R_1, R_2, R_3는 계전기이며, 이 계전기의 보조 a접점 또는 b접점을 추가 또는 삭제하여 작성하되 불필요한 접점을 사용하지 않도록 하며, 보조 접점에는 접점명을 기입하도록 한다.)

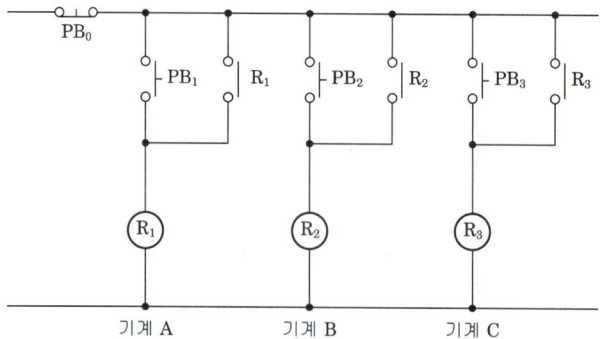

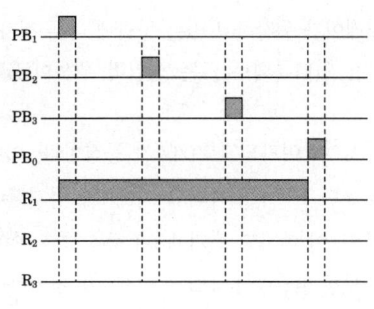
타임 차트1

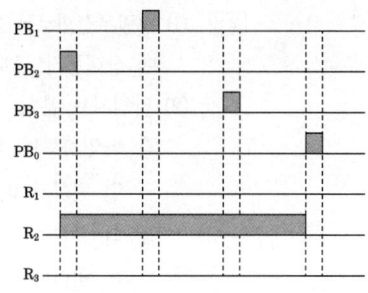
타임 차트2

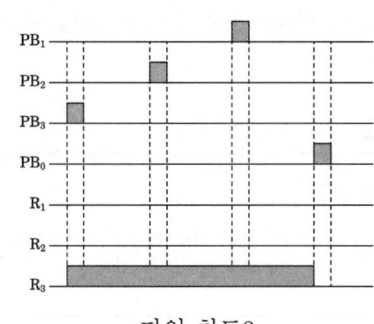
타임 차트3

· **병렬 우선 순위회로**

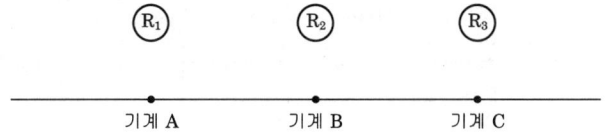

[정답]
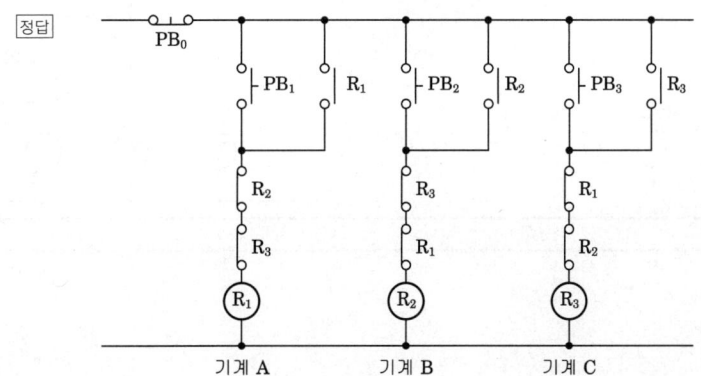

[해설] (1) 병렬우선회로는 한쪽의 전자 릴레이가 동작하고 있는 동안에 다른 전자 릴레이 동작을 금지하기 때문에 상대동작 금지회로라고 한다. 인터록회로 또는 선입력 우선회로라고도 불린다.

(2) 타임차트 분석

① 타임차트1 : PB_1을 누르면 R_1이 여자되고 기계A가 동작한다. 이때, PB_2, PB_3를 눌러도 아무런 변화가 없다. PB_0을 누르면 R_1이 소자되고 기계A가 정지한다.

② 타임차트2 : PB_2을 누르면 R_2이 여자되고 기계B가 동작한다. 이때, PB_1, PB_3를 눌러도 아무런 변화가 없다. PB_0을 누르면 R_2이 소자되고 기계B가 정지한다.

③ 타임차트3 : PB_3을 누르면 R_3이 여자되고 기계C가 동작한다. 이때, PB_1, PB_2를 눌러도 아무런 변화가 없다. PB_0을 누르면 R_3이 소자되고 기계C가 정지한다.

이것이 핵심

■ 유접점 회로 비교

인터록회로 { 선입력 우선회로 ⇔ 신입력 우선회로
         병렬 우선회로 ⇔ 순차회로 (직렬 우선회로)

인터록회로	신입력 우선회로
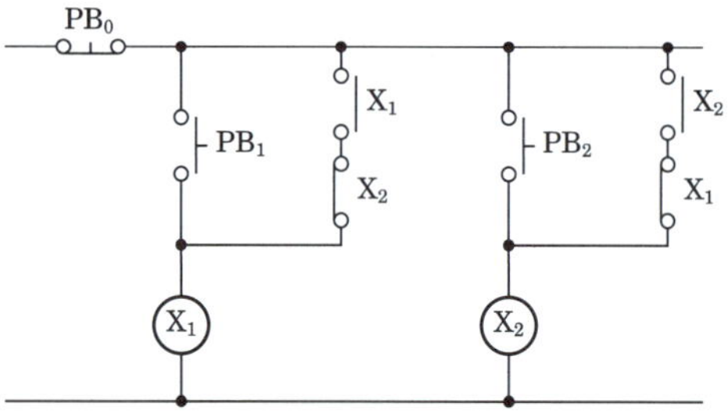	순차회로

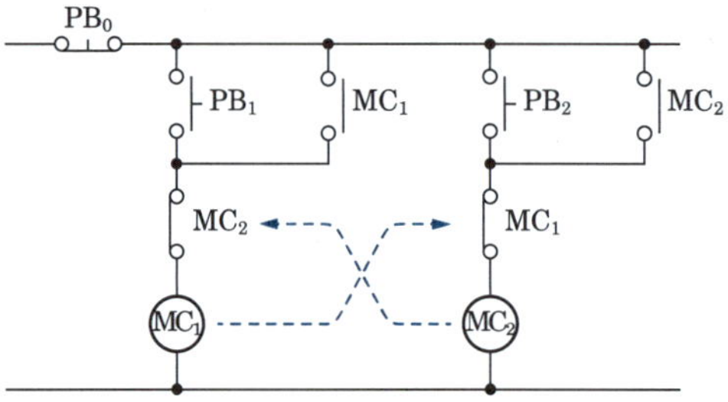

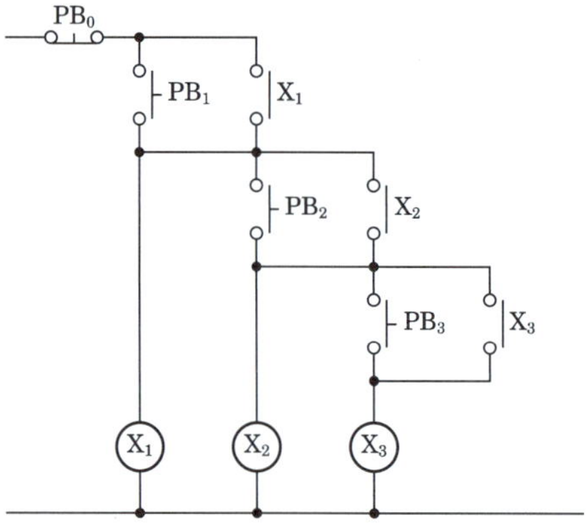

그림과 같은 회로의 램프 ⓛ에 대한 점등을 타임차트로 표시하시오.

(1)
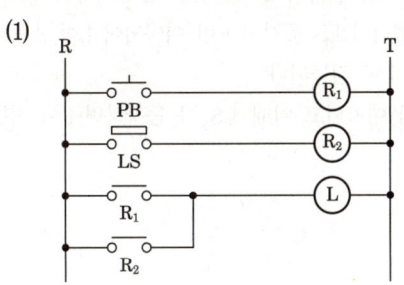
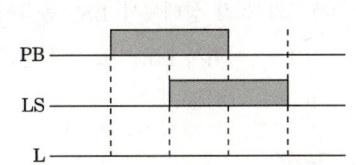

(2)
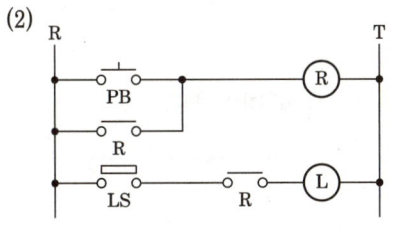
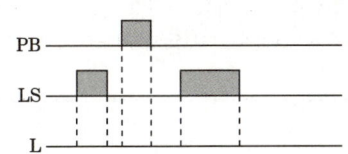

(3)
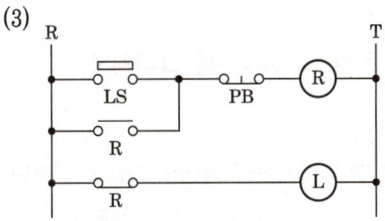
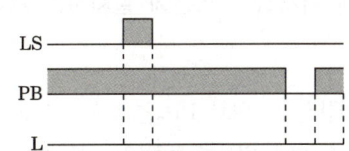

(4)
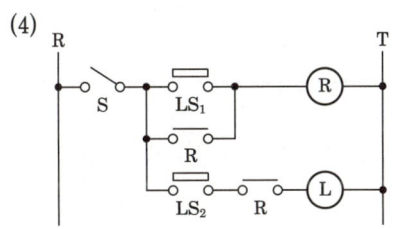
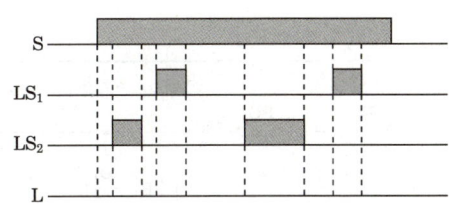

[정답]

(1)
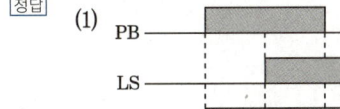

(2)
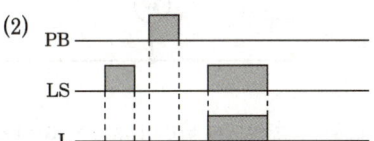

(3)
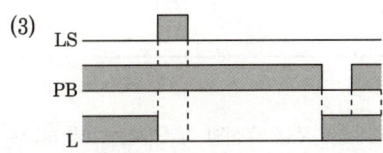

(4)
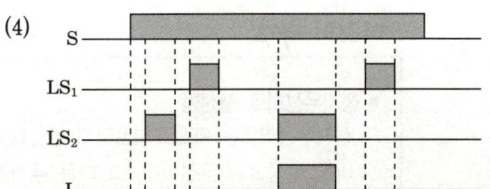

해설 (1) PB 동작으로 R₁이 여자되거나 LS 동작으로 R₂가 여자시 L이 점등된다.
(2) PB 동작으로 R이 여자된 상태에서만 LS 동작시 L이 점등된다. LS 복귀시 L도 바로 소등된다.
(3) 처음 전원 인가시 부터 L이 점등되었다가 LS 동작시 R이 여자되어 L이 소등된다.
이후 PB 동작시 R이 소자되어 다시 L이 점등된다.
(4) S가 동작 상태에서 LS₁ 동작시 R이 여자되고 이때 LS₂가 동작하면 L이 점등된다.
LS₂ 복귀시 L도 바로 소등된다.

이것이 핵심

■ 타임차트 주의점
타임차트 작성시 가장 주의할 점은 최초 동작상태 확인이다.
리미트 스위치(LS)의 사용시 리미트가 되어 있는지 반드시 확인해야 한다.

문제 7

다음에 제시하는 조건에 일치하는 제어 회로의 Sequence를 그리시오.

【조 건】
• 누름버튼 스위치 PB₂를 누르면 lamp ⓛ이 점등되고 손을 떼어도 점등이 계속된다.
• 그 다음에 PB₁을 누르면 ⓛ이 소등되며 손을 떼어도 소등상태는 지속된다.

정답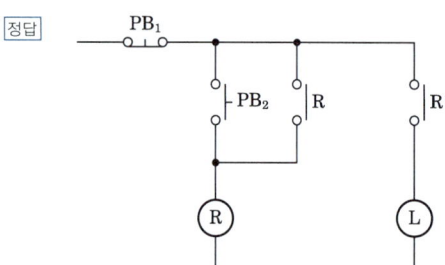

해설 • 정지우선 회로의 조건은 두 가지 버튼을 동시에 눌렀을 때 동작인지 정지인지를 판단해보면 알 수 있다.

이것이 핵심

■ 정지우선회로 결선법
정지우선회로는 RESET회로라고 불린다. 정지우선회로를 결선할 때 언제는 버튼하나로 모든 동작이 정지되는 버튼 설정이 최우선이다. 그 다음 추가적인 동작회로를 순차적으로 구성하면 된다.

문제 8

그림과 같은 릴레이 시퀀스도를 이용하여 다음 각 물음에 답하시오.

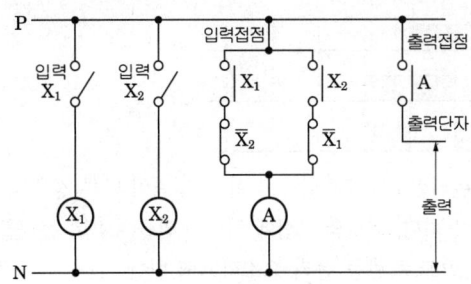

(1) AND, OR, NOT 등의 논리게이트를 이용하여 주어진 릴레이 시퀀스도를 논리회로로 바꾸어 그리시오.

(2) 물음 "(1)"에서 작성된 회로에 대한 논리식을 쓰시오.

(3) 논리식에 대한 진리표를 완성하시오.

X_1	X_2	A
0	0	
0	1	
1	0	
1	1	

(4) 진리표를 만족할 수 있는 로직회로를 간소화하여 그리시오.

(5) 주어진 타임차트를 완성하시오.

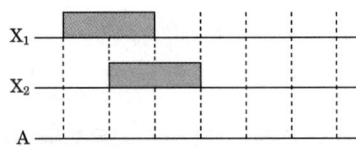

정답 (1)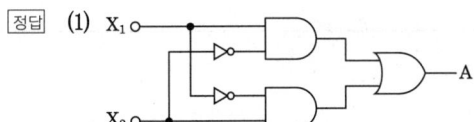

(2) $A = X_1 \cdot \overline{X_2} + \overline{X_1} \cdot X_2$

(3)

X_1	X_2	A
0	0	0
0	1	1
1	0	1
1	1	0

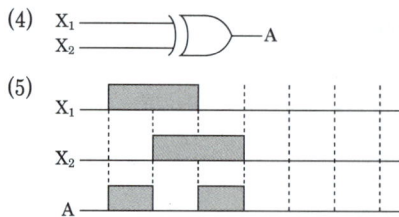

[해설] • 부정회로와 논리회로를 조합한 논리회로. 입력이 다른 경우에 출력이 1이 되고, 같은 경우에 0이 되는 반일치 동작을 하며, 회로의 조합에 의해 논리곱(AND), 논리합(OR), 논리 부정(NOT)의 3가지를 모두 실현할 수 있으므로 만능 논리 요소라고도 한다.

이것이 핵심

■ Exclusive OR의 논리회로 표현방법

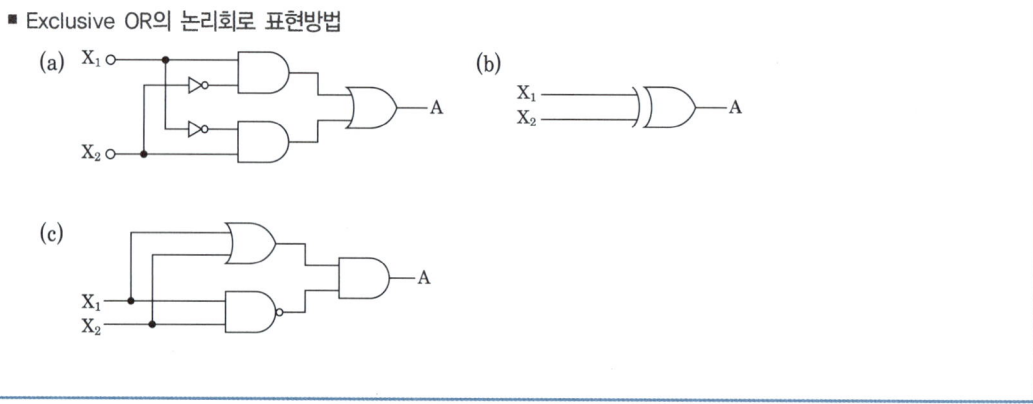

릴레이 시퀀스와 무접점 시퀀스에 사용되는 전자릴레이와 무접점 릴레이를 비교할 때 전자릴레이의 장단점을 5가지씩만 쓰시오.

[정답] • 장점 ① 과부하 내량이 크다.
② 온도 특성이 좋다.
③ 전기적 잡음 없이 입·출력을 분리할 수 있다.
④ 부하가 큰 전력을 인출할 수 있다.
⑤ 가격이 싸다.
• 단점 ① 소비 전력이 크다.
② 소형화에 한계가 있다.
③ 응답속도가 느리다.
④ 충격, 진동에 약하다
⑤ 가동 접촉부 수명이 짧다.

[해설] • 전자 릴레이는 철심에 코일을 감고, 여기에 전류를 흘리면 전자석이 되어 가동철편을 흡인한다. 이때 a 접점은 폐로(ON)가 되고, b 접점은 개로(OFF) 상태가 된다. 이것을 릴레이가 작동한다고 한다. 전자 코일에 전류가 끊기면 각 접점은 원상태로 복귀된다.

이것이 핵심

■ 무접점릴레이의 장단점

장점	단점
1. 동작속도가 빠르다.	1. 노이즈, 서지(Serge)에 약하다
2. 수명이 길다.	2. 온도 변화에 약하다
3. 회로변경이 용이하다.	3. 신뢰성이 떨어진다.
4. 장치의 소형화가 가능하다.	4. 별도의 전원을 필요로 한다.

도면은 전동기 A, B, C 3대를 기동시키는 제어 회로이다. 이 회로를 보고 다음 각 물음에 답하시오. 단, MA : 전동기 A의 기동 정지 개폐기, MB : 전동기 B의 기동 정지 개폐기, MC : 전동기 C의 기동 정지 개폐기이다.

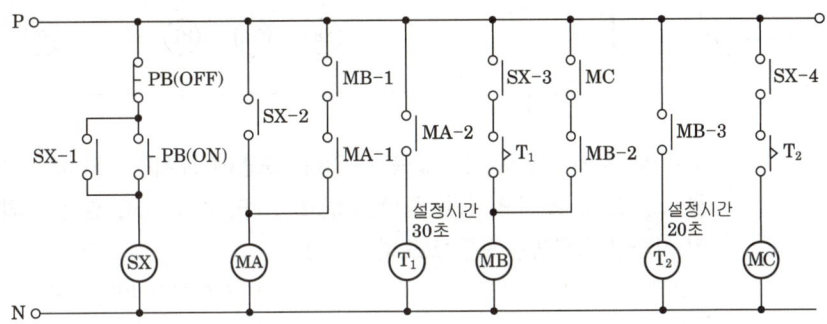

(1) 전동기를 기동시키기 위하여 PB(ON)을 누르면 전동기는 어떻게 기동되는지 그 기동 과정을 상세히 설명하시오.

(2) SX-1의 역할에 대한 접점 명칭은 무엇인가?

(3) 전동기(A, B, C)를 정지시키고자 PB(OFF)를 눌렀을 때, 전동기가 정지되는 순서는 어떻게 되는가?

[정답] (1) SX가 동작되어 SX-$_2$ 접점에 의하여 MA가 동작되고 MA-$_2$ 접점에 의하여 T$_1$이 여자되어 30초 후에 MB가 동작된다. 이어서 MB-$_3$ 접점에 의해서 T$_2$가 여자되고 20초 후 MC가 동작된다.
(2) 자기 유지 접점
(3) C, B, A 순서대로 정지된다.

Engineer Electricity
Industrial Engineer Electricity

> ■ 기동정지 개폐기
> PB(OFF)를 누르면 SX에 대한 유지접점들이 모두 떨어진다.
> 각 접점 밑에 T(타이머)의 설정시간에 따라 C, B, A 순으로 개폐기가 개방되므로 C, B, A 순으로 정지된다.

문제 11 그림은 중형 환기팬의 수동 운전 및 고장 표시 등 회로의 일부이다. 이 회로를 이용하여 다음 각 물음에 답하시오.

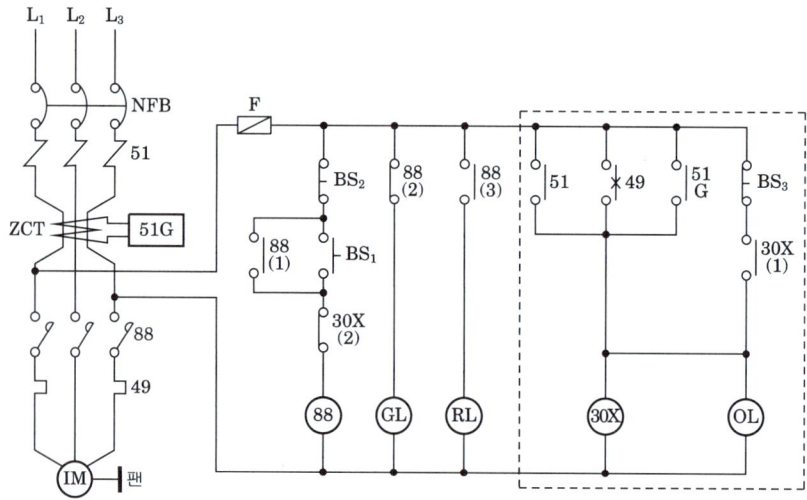

(1) 88은 MC로서 도면에서는 출력기구이다. 도면에 표시된 기구에 대하여 다음과 해당되는 명칭을 그 약호로 쓰시오. (단, 중복은 없고, NFB, ZCT, IM, 팬은 제외하며, 해당되는 기구가 여러 가지일 경우에는 모두 쓰도록 한다.)

① 고장표시기구 : ② 고장회복 확인기구 :
③ 기동기구 : ④ 정지기구 :
⑤ 운전표시램프 : ⑥ 정지표시램프 :
⑦ 고장표시램프 : ⑧ 고장검출기구 :

(2) 그림의 점선으로 표시된 회로를 AND, OR, NOT 회로를 사용하여 로직회로를 그리시오. 로직소자는 3입력 이하로 한다.

정답 (1) ① 30X ② BS₃ ③ BS₁ ④ BS₂ ⑤ RL ⑥ GL ⑦ OL ⑧ 51, 51G, 49

(2)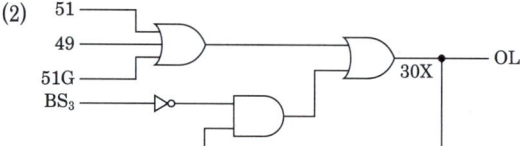

[해설] • 30X = (51＋49＋51G)＋$\overline{BS_3}$ · 30X

　　　　OL = 30X

이것이 핵심

■ 로직회로
　로직회로를 그리기 위해선 먼저 논리식을 만든다. 51, 49, 5G가 병렬연결이고 BS₃, 30X가 직렬연결 되어 있으므로 OR과 AND를 사용하여 로직회로를 그린다.
　시퀀스에서 일반적인 램프의 표시는 GL (녹색등) : 정지용으로 사용한다.
　　　　　　　　　　　　　　　　　RL (빨간등) : 운전용
　　　　　　　　　　　　　　　　　OL (황색등) : 고장용

문제 12 ★☆☆☆☆

어느 회사에서 한 부지에 A, B, C의 세 공장을 세워 3대의 급수 펌프 P_1(소형), P_2(중형), P_3(대형)으로 다음 계획에 따라 급수 계획을 세웠다. 이 계획을 잘 보고 다음 물음에 답하시오.

【계획】
① 모든 공장 A, B, C가 휴무일 때 또는 그 중 한 공장만 가동할 때에는 펌프 P_1만 가동시킨다.
② 모든 공장 A, B, C 중 어느 것이나 두 개의 공장만 가동할 때에는 P_2만 가동시킨다.
③ 모든 공장 A, B, C가 모두 가동할 때에는 P_3만 가동시킨다.

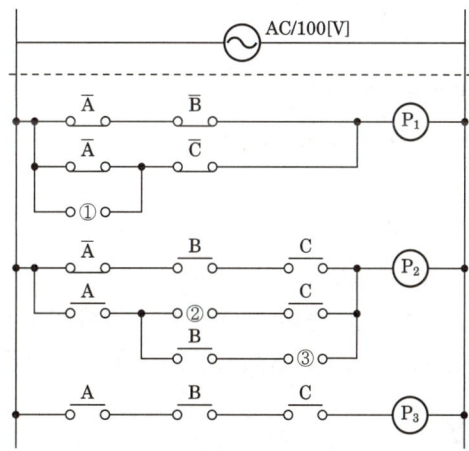

(1) 조건과 같은 진리표를 작성하시오.

(2) ①~③번의 접점 문자 기호를 쓰시오.

(3) $P_1 \sim P_3$의 출력식을 각각 쓰시오.

※ 접점 심벌을 표시할 때는 A, B, C, $\overline{A}$, $\overline{B}$, $\overline{C}$ 등 문자 표시도 할 것

[정답] (1)

A	B	C	P_1	P_2	P_3
0	0	0	1	0	0
1	0	0	1	0	0
0	1	0	1	0	0
0	0	1	1	0	0
1	1	0	0	1	0
1	0	1	0	1	0
0	1	1	0	1	0
1	1	1	0	0	1

(2)

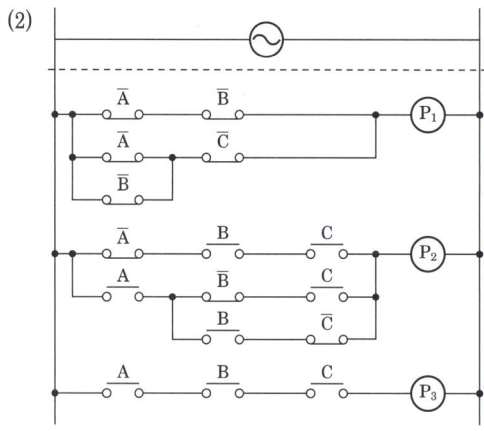

(3) $P_1 = \overline{A}\,\overline{B} + (\overline{A} + \overline{B})\overline{C}$

$P_2 = \overline{A}BC + A(\overline{B}C + B\overline{C})$

$P_3 = ABC$

[해설] (3) 부울대수 이용

$P_1 = \overline{A}\,\overline{B}\,\overline{C} + \overline{A}\,\overline{B}C + \overline{A}B\overline{C} + A\overline{B}\,\overline{C}$

$\quad = \overline{A}\,\overline{B}\,\overline{C} + \overline{A}\,\overline{B}C + \overline{A}\,\overline{B}\,\overline{C} + \overline{A}B\overline{C} + \overline{A}\,\overline{B}\,\overline{C} + A\overline{B}\,\overline{C}$

$\quad = \overline{A}\,\overline{B}(\overline{C}+C) + \overline{A}\,\overline{C}(\overline{B}+B) + \overline{B}\,\overline{C}(\overline{A}+A)$ (단, $\overline{C}+C=1,\ \overline{B}+B=1,\ \overline{A}+A=1$)

$\quad = \overline{A}\,\overline{B} + \overline{A}\,\overline{C} + \overline{B}\,\overline{C} = \overline{A}\,\overline{B} + (\overline{A}+\overline{B})\overline{C}$

($\overline{A}\,\overline{B}\,\overline{C}$를 병렬로 추가하여도 회로의 기능은 변함없다.)

$P_2 = \overline{A}BC + A\overline{B}C + AB\overline{C} = \overline{A}BC + A(\overline{B}C + B\overline{C})$

이것이 핵심

■ 부울대수

항등법칙	$A+0=A,\ A+1=1$	$A \cdot 1 = A,\ A \cdot 0 = 0$
동일법칙	$A+A=A,\ A \cdot A = A$	
보원법칙	$A+\overline{A}=A,\ A \cdot \overline{A}=0$	
흡수법칙	$A+A \cdot B = A$	$A \cdot (A+B) = A$

유도 전동기 IM을 유도전동기가 있는 현장과 현장에서 조금 떨어진 제어실 어느 쪽에서든지 기동 및 정지가 가능하도록 전자접촉기 MC와 누름버튼 스위치 PBS-ON용 및 PBS-OFF용을 사용하여 제어회로를 점선 안에 그리시오.

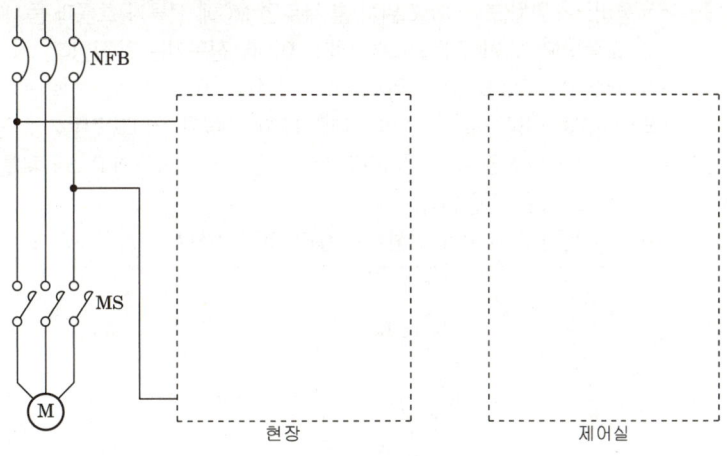

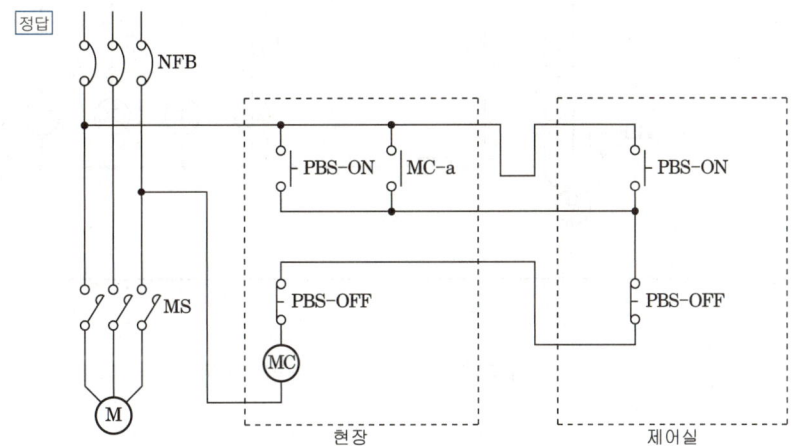

해설
- ON 스위치는 병렬접속하고, OFF 스위치는 직렬접속 한다.
- 최소가닥수를 사용한다.

이것이 핵심

■ 양방향 기동제어법
ON스위치와 OFF스위치를 둘 다 병렬접속 할 경우 OFF스위치로는 정지할 수 없게 되는 상황이 발생할 수 있다. ON스위치와 OFF스위치를 둘 다 직렬접속 할 경우 현장과 제어실 동시에 ON스위치를 눌러야만 동작하는 회로가 된다.

문제 14

다음의 요구사항에 의하여 동작이 되도록 회로의 미완성된 부분(①~⑦)에 접점기호를 그리시오.

【요구사항】
- 전원이 투입되면 GL이 점등하도록 한다.
- 누름버튼스위치(PB-ON 스위치)를 누르면 MC에 전류가 흐름과 동시에 MC의 보조접점에 의하여 GL이 소등되고 RL이 점등되도록 한다. 이 때 전동기는 운전된다.
- 누름버튼스위치(PB-ON 스위치) ON에서 손을 떼어도 MC는 계속 동작하여 전동기의 운전은 계속된다.
- 타이머 T에 설정된 일정시간이 지나면 MC에 전류가 끊기고 전동기는 정지, RL은 소등, GL은 점등된다.
- 타이머 T에 설정된 시간 전이라도 누름버튼스위치(PB-OFF 스위치)를 누르면 전동기는 정지되며 RL은 소등, GL은 점등된다.
- 전동기 운전 중 사고로 과전류가 흘러 열동 계전기가 동작되면 모든 제어 회로의 전원이 차단된다.

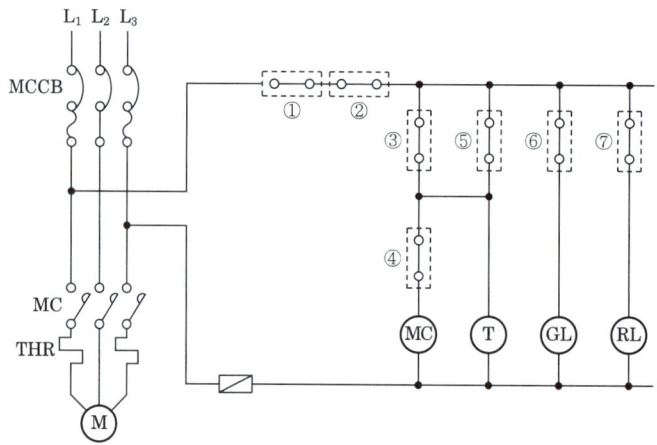

[정답]

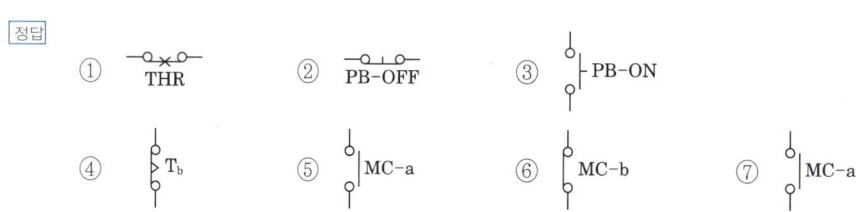

[해설] ① 열동 계전기 ④ 한시동작 순시복귀 b접점 ⑤ 자기 유지접점

이것이 핵심

■ 조건에 따른 결선도 그리기
1. 전원과 동시에 GL 점등이므로 GL과 연결선은 모두 b접점이다.
2. MC보조접점에 의해 GL이 소등이고 RL이 점등이므로 GL은 MC-b, RL은 MC-a이다.
3. MC는 스위치에서 손을 떼어도 동작하므로 자기유지 접점을 가지고 있다.
4. 타이머에 의해 MC가 정지하므로 MC에 연결된 타이머 접점은 b접점이다.
5. PB-OFF와 열등계전기는 동작과 함께 모든 회로가 정지되므로 전체 회로 입구에 직렬연결한다.

도면은 유도 전동기 IM의 정회전 및 역회전용 운전의 단선 결선도이다. 이 도면을 이용하여 다음 각 물음에 답하시오. (단, 52F는 정회전용 전자접촉기이고, 52R은 역회전용 전자접촉기이다.)

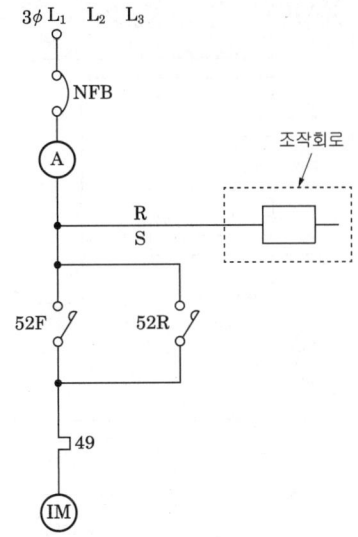

(1) 단선도를 이용하여 3선 결선도를 그리시오.
    (단, 점선내의 조작회로는 제외하도록 한다.)

(2) 주어진 단선 결선도를 이용하여 정·역회전을 할 수 있도록 조작회로를 그리시오. (단, 누름버튼 스위치 OFF 버튼 2개, ON 버튼 2개 및 정회전 표시램프 RL, 역회전 표시램프 GL도 사용하도록 한다.)

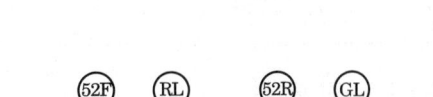

정답 (1)

(2)

해설 (1) 정·역 변환회로의 주회로 연결부분은 R, S, T 중 한상은 동일하게 연결 후 나머지 두상을 역으로 연결시킨다.

(2) 전동기의 과부하에 대해서는 정회전, 역회전 운전이 똑같은 조건이므로 열동 계전기는 보조회로 시작지점에 설치해준다. 52F와 52R이 동시에 여자되면 주회로에 단락을 일으키게 되므로 각각 인터록 접점을 사용하여 동시에 여자되는 일이 없도록 하여야 한다.

이것이 핵심

■ 정·역 변환회로의 다양한 결선법

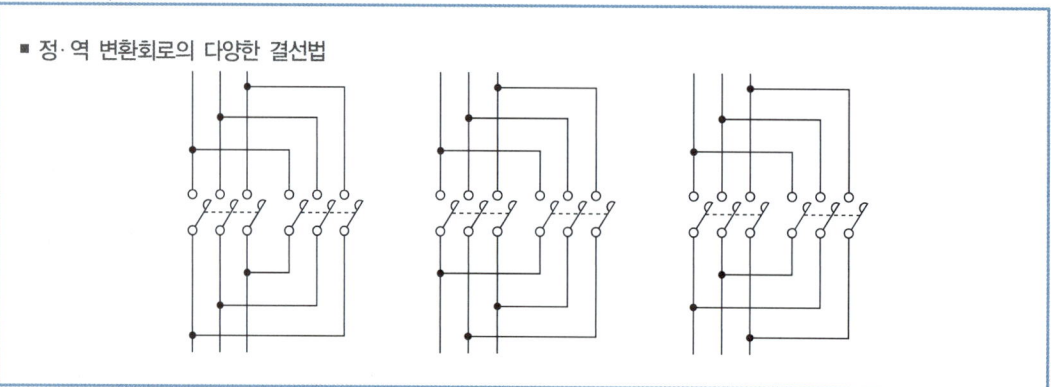

문제 16

답란의 그림은 농형 유도 전동기의 Y-△ 기동 회로도이다. 이중 미완성 부분인 ①~⑩까지 완성하시오. (단, 접점 등에는 접점 기호를 반드시 쓰도록 하며, $MC_\triangle$, MC_Y, MC_L은 전자접촉기, Ⓞ, Ⓡ, Ⓖ는 각 경우의 표시등이다.)

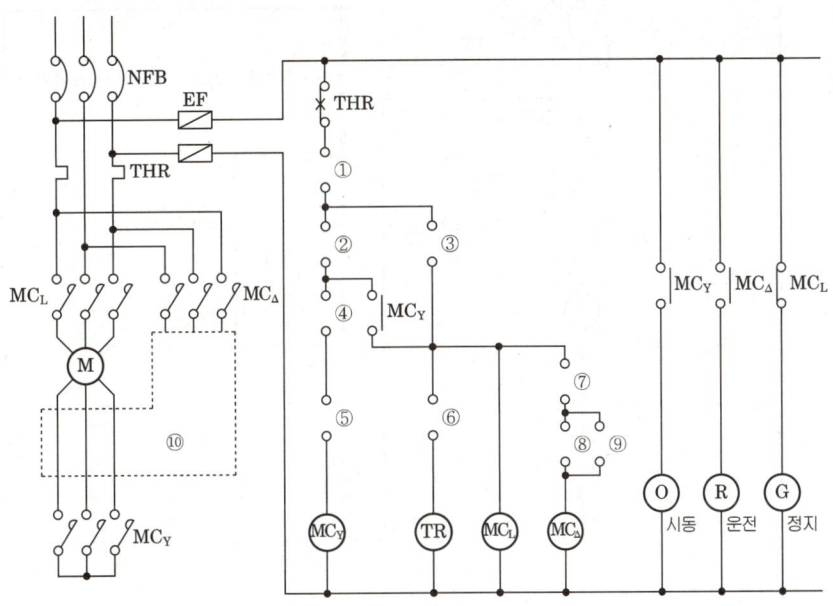

[정답]

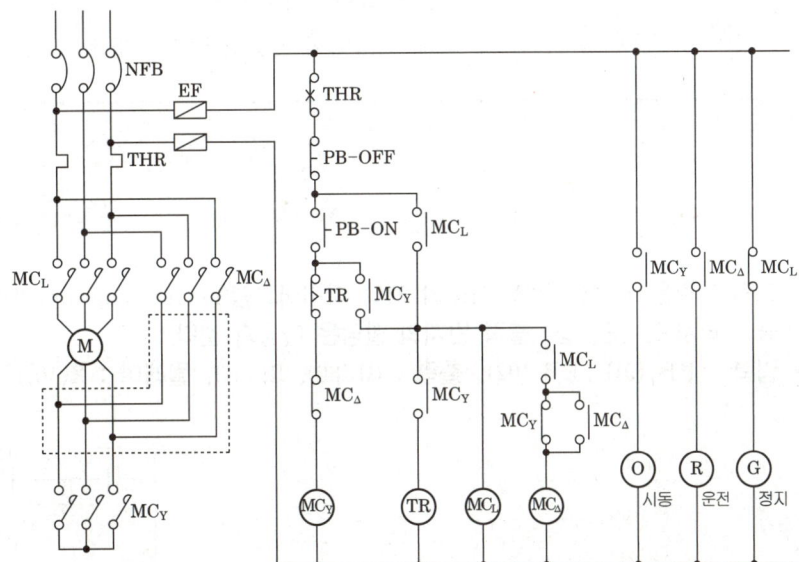

[해설]
- 주회로 : Y-△ 기동회로는 R, S, T 한 칸씩 이동하여 결선해주면 된다. 예 R-S, S-T, T-R
- 동작설명 : 처음 전원 인가 시 G램프가 점등상태이다. PB-ON을 누르면 MC_Y가 여자되어 O 램프가 점등되면서 시동이 걸린다. 이때 MC_Y-a 접점이 동작하여 TR과 MC_L이 여자되어 G램프는 소등한다. 일정시간 후 TR-b 접점이 동작하여 MC_Y는 소자 되고 O램프는 소등된다. 동시에 $MC_\triangle$이 여자되고 R램프가 점등되면서 운전을 지속한다. PB-OFF를 누를시 정지한다.

이것이 *핵심*

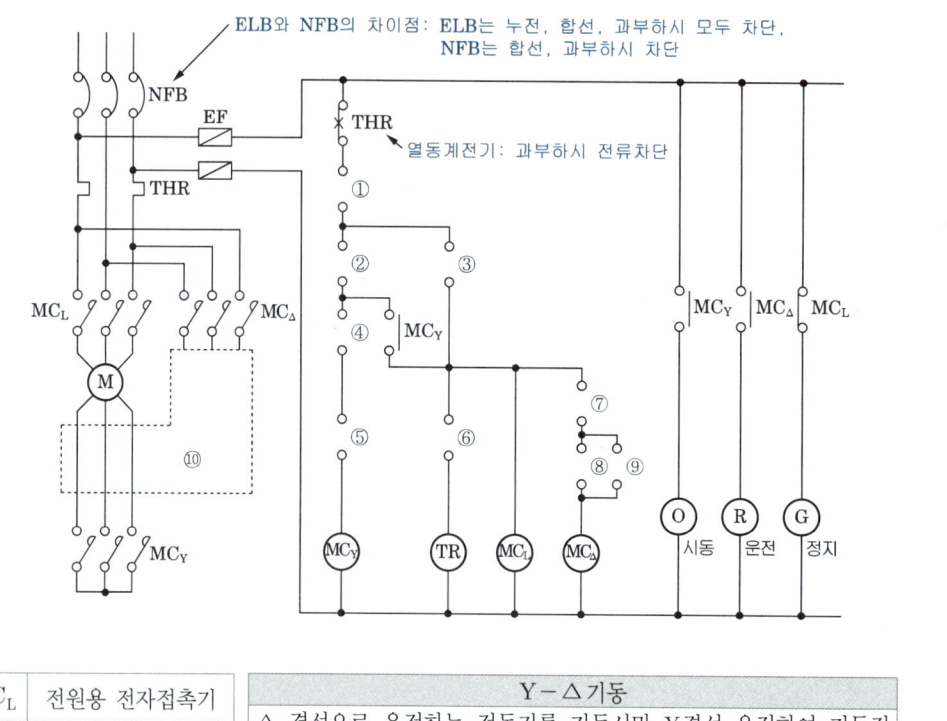

MC_L	전원용 전자접촉기
$MC_\triangle$	운전용 전자접촉기
MC_Y	시동용 전자접촉기

Y–△기동

△결선으로 운전하는 전동기를 기동시만 Y결선 운전하여 기동전류를 직입가동시의 $\frac{1}{3}$로 줄임

최대 기동전류에 의한 전압강하를 경감시킬 수 있다.

문제 17 ★☆☆☆☆

그림과 같은 무접점 논리 회로의 래더 다이어그램(ladder diagram)의 미완성 부분(점선부분)을 그리시오. (단, 입·출력 번지의 할당은 다음과 같다.
입력 : $PB_1(01)$, $PB_2(02)$, 출력 : GL(30), RL(31), 릴레이 : X(40))

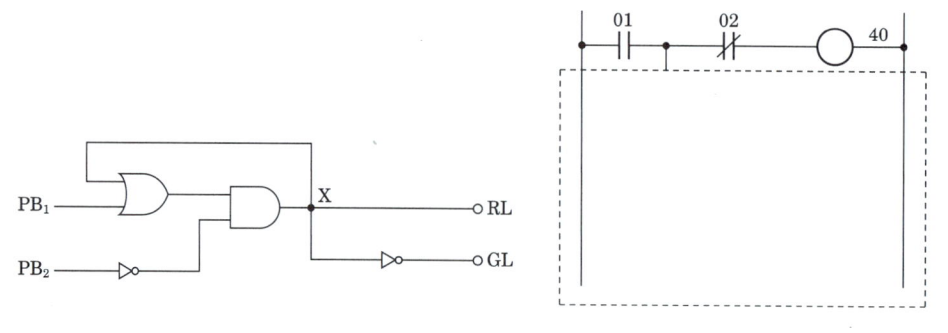

[정답]

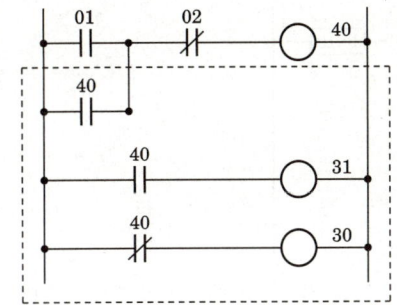

[해설] $X(40) = (PB_1(01) + X(40)) \cdot \overline{PB_2}(02)$

$RL(31) = X(40)$

$GL(30) = \overline{X}(40)$

이것이 핵심

■ 무접점 논리 회로 변환법

무접점 회로의 경우 논리식으로 변환한다.

논리식을 만들 때 출력을 먼저 표시후 순차적으로 AND 및 OR를 사용한다.

논리식을 통해 PLC회로의 각 입력을 표시후 그룹간 연결을 한다.

문제 18 ★☆☆☆☆

그림과 같은 PLC 시퀀스(래더 다이어그램)가 있다. 물음에 답하시오.

(1) PLC 프로그램에서의 신호 흐름은 단방향이므로 시퀀스를 수정해야 한다. 문제의 도면을 바르게 작성하시오.

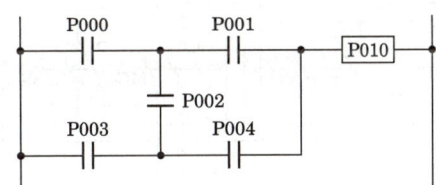

(2) PLC 프로그램을 표의 ①~⑧에 완성하시오. (단, 명령어는 LOAD, AND, OR, NOT, OUT를 사용한다.)

STEP	OP	add	주소	명령어	번지
0	LOAD	P000	7	AND	P002
1	AND	P001	8	⑤	⑥
2	①	②	9	OR LOAD	
3	AND	P002	10	⑦	⑧
4	AND	P004	11	AND	P004
5	OR LOAD		12	OR LOAD	
6	③	④	13	OUT	P010

[정답] (1)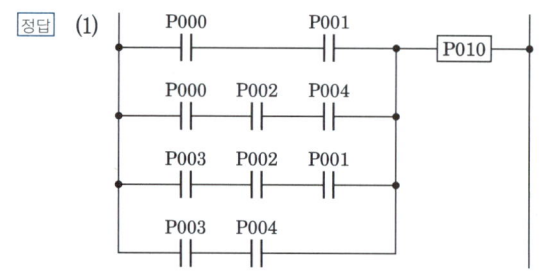

(2) ① LOAD, ② P000, ③ LOAD, ④ P003, ⑤ AND, ⑥ P001, ⑦ LOAD, ⑧ P003

이것이 핵심

- PLC 명령어
  LOAD(입력시작),　　　　　OR(병렬),　　　　　　　AND(직렬),　　　　　　　AND LOAD(직렬그룹)
  AND NOT(직렬 b접점),　　OR LOAD(병렬그룹),　　OR NOT(병렬 b접점),　　OUT(출력)

문제 19 ★☆☆☆☆

그림과 같은 시퀀스도는 3상 농형 유도전동기의 정·역 및 Y-△ 기동회로이다. 이 시퀀스도를 보고 다음 각 물음에 답하시오. (단, $MC_{1\sim4}$: 전자접촉기, PB_0 : 누름버튼 스위치, PB_1과 PB_2 : 1a와 1b 접점을 가지고 있는 누름버튼 스위치, PL_1, PL_3 : 표시등, T : 한시동작 순시복귀 타이머이다.)

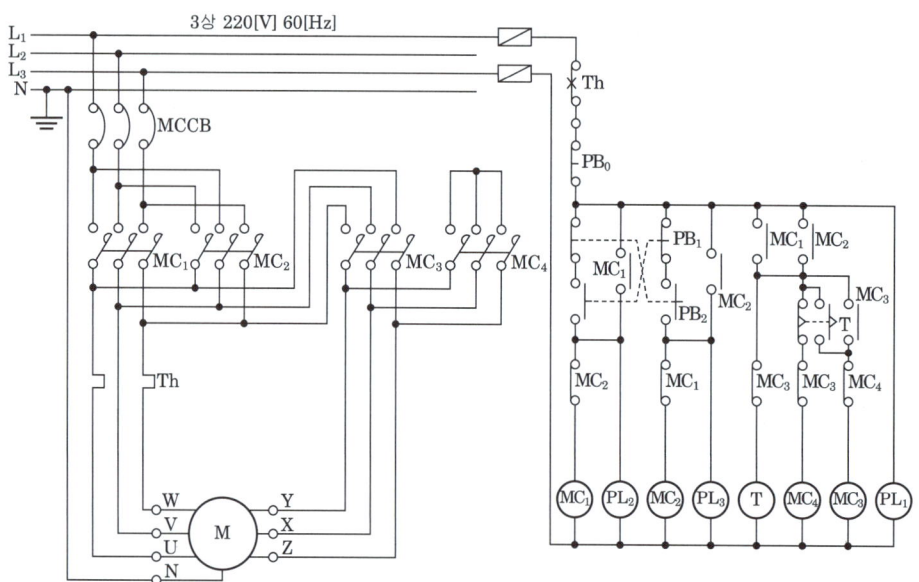

(1) MC_1을 정회전용 전자접촉기라고 가정하면 역회전용 전자접촉기는 어느 것인가?

(2) 유도전동기를 Y결선과 △결선을 시키는 전자접촉기는 어느 것인가?
  • Y결선 :　　　　　　　　　　　　　　　　• △결선 :

(3) 유도전동기를 정·역운전할 때, 정회전 전자접촉기와 역회전 전자접촉기가 동시에 작동하지 못하도록 보조회로에서 전기적으로 안전하게 구성하는 것을 무엇이라 하는가?

(4) 유도전동기를 Y – △ 로 기동하는 이유에 대하여 설명하시오.

(5) 유도전동기가 Y결선에서 △ 결선으로 되는 것은 어느 기계기구의 어떤 접점에 의한 입력신호를 받아서 △ 결선 전자접촉기가 작동하여 운전되는가? (단, 접점 명칭은 작동원리에 따른 우리말 용어로 답하도록 하시오.)

(6) MC_1을 정회전 전자접촉기로 가정할 경우, 유도전동기가 역회전Y – △ 로 운전할 때 작동(여자)되는 전자접촉기를 모두 쓰시오.

(7) MC_1을 정회전 전자접촉기로 가정할 경우, 유도전동기가 역회전할 경우만 점등되는 표시램프는 어떤 것인가?

(8) 주회로에서 Th는 무엇인가?

정답 (1) MC_2

(2) • Y결선 : MC_4　　• △ 결선 : MC_3

(3) 인터록

(4) 전전압 기동시보다 Y – △ 기동시 전류는 1/3배이기 때문이다.

(5) 한시 동작 순시 복귀 a접점

(6) MC_2, MC_3

(7) PL_3

(8) 열동 계전기

이것이 핵심

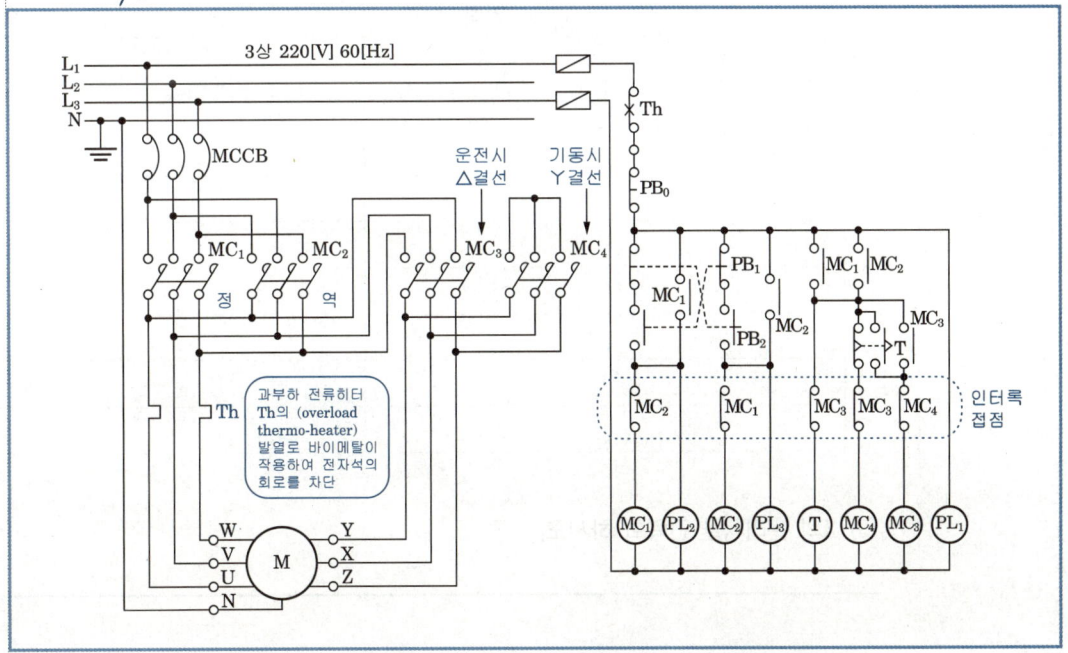

문제 20

그림에서 3개의 접점 A, B, C 가운데 둘 이상이 ON되었을 때, RL이 동작하는 회로이다. 다음 물음에 답하시오.

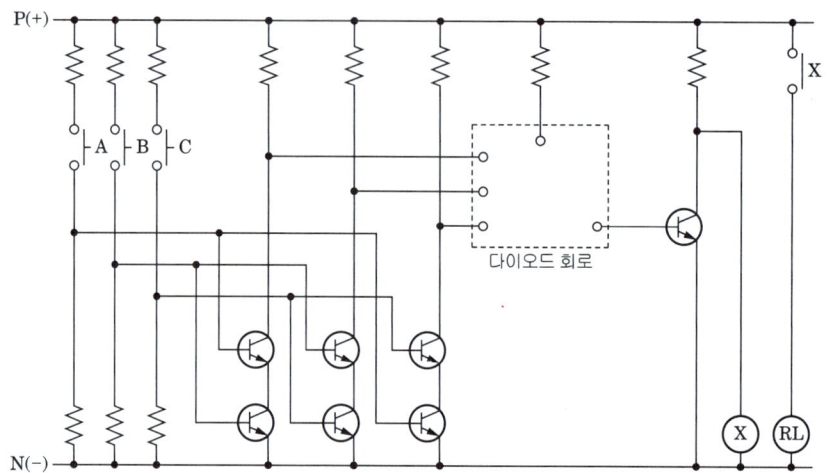

(1) 회로에서 점선 안의 내부회로를 다이오드 소자(→▸├)를 이용하여 올바르게 연결하시오.

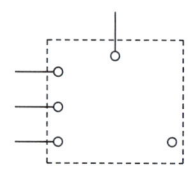

(2) 진리표를 완성하시오.

입력			출력
A	B	C	X

(3) X의 논리식을 간략화 하시오.

[정답] (1)

(2)

입력			출력
A	B	C	X
0	0	0	0
0	0	1	0
0	1	0	0
0	1	1	1
1	0	0	0
1	0	1	1
1	1	0	1
1	1	1	1

(3) $X = AB + BC + AC$

[해설] (3) $X = \overline{A}BC + A\overline{B}C + AB\overline{C} + ABC = \overline{A}BC + A\overline{B}C + AB\overline{C} + ABC + ABC + ABC$
(ABC를 추가해도 결과는 같다.)
$X = \overline{A}BC + ABC + A\overline{B}C + ABC + AB\overline{C} + ABC$
$= (\overline{A}+A)BC + (\overline{B}+B)AC + (\overline{C}+C)AB$
$= AB + BC + AC$

이것이 핵심

■ 트랜지스터와 다이오드

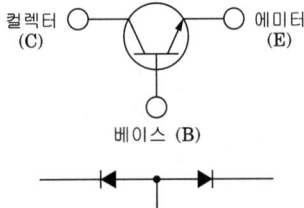

트랜지스터와 다이오드를 결선시 트랜지스터의 내부를 다이오드와 동일하게 보고 전류의 흐름에 따라 알맞게 결선하면 된다. 다이오드는 순방향시 전류의 흐름이 원활하고 트랜지스터는 컬렉터와 베이스부분에 동시에 전류가 흘러야만 에미터를 통해 원활히 흐를 수 있다.

조명설비 및 심벌

Chapter 04

01. 조명설비 용어
02. 조도의 분류
03. 조명설계
04. 광원의 종류 및 특성
05. 조명설비 에너지절약방안
■ 과년도 출제예상문제 (조명설비 / 심벌)

Chapter 04 조명설비 및 심벌

01 조명설비 용어

조명이란 빛을 이용하여 사람이 사물을 판단할 수 있도록 광원을 이용하여 피조면에 빛을 비추는 것을 말하며, 조명 설비란 조명 기구, 점멸·조광 시스템, 전원 시스템 및 배선으로 구성되는 빛의 이용 설비를 말한다.

1 방사속(Radiant flux)

전자파로 전달되는 에너지를 방사속이라 한다. 단위 시간당 어떤 면을 통과하는 방사 에너지의 양을 방사속(Radiant flux : Φ)이라 하며, 단위는 와트[W]를 사용한다.

2 광속(Luminous flux)

사람의 눈으로 느끼는 빛의 파장범위 380~760[nm], 가시영역의 방사속을 시감에 기초하여 측정한 것을 광속(Luminous flux : F)이라 한다. 즉, 어떤 영역을 단위시간에 통과하는 광량이며 단위는 루멘[lm]이다.

대표적인 광원의 광속

광 원	광속[lm]
태 양	3.6×10^{28}
백열전구 40[W]	445
백색형광램프 40[W]	3,000
3파장 형광등 40[W]	3,500
고압 나트륨램프 400[W]	46,000

|참고|

용어	기호	의미	단위	단위 발음
광속	F	빛의 양	[lm]	루멘
광도	I	빛의 세기	[cd]	칸델라

암기하기

광원의 형태에 따른 전광속
- 구광원(백열전구)
  $F = 4\pi I$ [lm]
- 원통광원(형광등)
  $F = \pi^2 I$ [lm]
- 평판광원(면광원)
  $F = \pi I$ [lm]

| 참고 |

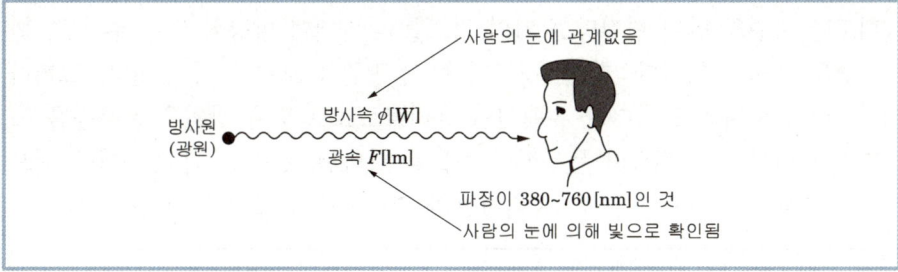

3 광도(Luminous Intensity)

광원으로부터 단위거리만큼 떨어진 곳에서 빛의 방향에 수직으로 놓인 단위면적을 단위시간에 통과하는 빛의 양을 말하며 빛의 세기(광원의 밝기)를 나타낸다. 기호는 I이며, 단위는 [cd](칸델라)를 사용한다. 1[cd]는 단위입체각내의 광속이 1[lm]일 때를 말한다.

$$I = \frac{F}{\omega}[\mathrm{lm/sr}] = [\mathrm{cd}]$$

원뿔의 입체각 $\omega = 2\pi(1-\cos\theta)$이며 구면광도는 다음과 같이 구할 수 있다.

$$\text{구면광도 } I = \frac{F}{4\pi}[\mathrm{cd}]$$

대표적인 광원의 광도

광 원	광 도[cd]
태 양	2.8×10^{27}
백열전구 40[W]	40
백색형광램프 40[W]	330
고압 나트륨램프 400[W]	1,800

| 참고 |

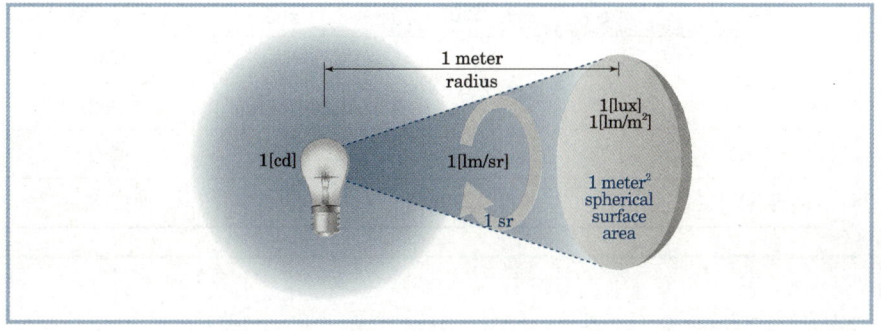

▶ 이해하기

여기서, 'sr'은 스테라디언(steradian) 즉, 단위입체각을 말한다. 단위입체각이란 둥근 원형 공간에서 중심점으로부터 어느 한 방향으로 일정한 방향으로의 입체적 공간 각도를 뜻한다.

4 휘도(Brightness)

휘도란 광원의 단위 면적당 밝기의 정도를 나타내며 발광원 또는 투과면, 반사면의 표면 밝기이다. 한편, 광도가 큰 점광원을 보면 눈이 부시다. 그러나 같은 광도일지라도 커다란 유백색인 유리글로브로 덮은 광원은 눈부심을 느끼지 못한다. 즉, 휘도란 눈부심의 정도를 나타낸 것이다. 휘도는 다음 식으로 나타낼 수 있다. 단, S'은 외견상의 면적으로 겉보기 면적이라 한다.

$$B = \frac{I}{S'}[cd/m^2] = [nt]$$

■참고
- $[cd/cm^2] = [sb]$
- $1[nt]=10^{-4}[sb] \rightarrow 1[sb]=10^4[nt]$
- $1[ph]=1[lm/cm^2]=10^4[lx]$

5 조도(Illumination)

조도란 단위면적당의 입사광속의 밀도를 말한다. 기호는 E이며, 단위는 [lx](룩스)를 사용한다. 이것은 어떤 물체에 광속이 투사되면 그 면을 밝게 비추는 정도를 표시한 것이다. 조도의 MKS 단위인 룩스[lux : lx] 즉, $1[lx] = 1[lm/m^2]$로 나타내며 CGS 단위계로는 포트(phot : ph)를 사용하기도 한다.

$$E = \frac{F}{S}[lm/m^2] = [lx]$$

이해하기
휘도가 크면 눈부심을 강하게 느낀다. 휘도는 눈과 광원과의 거리에는 관계가 없다. 어느 방향에서 보아도 휘도가 같은 면을 완전 확산면이라 한다.

6 광속 발산도(Luminous emittance)

어떤 면으로부터 나오는 전광속 $F[lm]$을 그 발산면의 면적 $S[m^2]$로 나눈 것을 광속 발산도라 하고 R이라 표현하며, 단위는 $[rlx]$(레드룩스)를 사용한다.

$$R = \frac{F[lm]}{S[m^2]} = \pi B = \rho E = \tau E = \eta E \,[rlx]$$

■참고
- τ : 투과율
- η : 기구효율
- S : 면적

| 참고 |

용어	기호	의미	단위	단위 발음
휘도	B	눈부심 정도	$[nt]=[cd/m^2]$	니트
			$[sb]=[cd/cm^2]$	스틸브
조도	E	피조면의 밝기	$[lx]$	룩스
광속 발산도	R	광원의 밝기	$[rlx]$	레드 룩스

7 조명률

(1) 정의

광원의 전광속이 피조면에 도달되는 유효 광속의 비율을 조명률이라 한다.

$$조명률 = \frac{피조면(작업면)에\ 도달하는\ 광속[lm]}{램프의\ 전광속[lm]}$$

(2) 조명률에 영향을 주는 요소
- 조명기구의 배광 : 협조형 기구가 광조형 기구에 비하여 조명률이 높다.
- 조명기구의 간격 : 고정간격(S)와 고정높이(H) 비(S/H)가 높을수록 조명률이 높다.
- 실지수 : 실지수가 높을수록 조명률이 높아진다.
  방의 크기와 형태는 빛의 이용에 많은 영향을 미치고 있다. 넓고 천장이 낮은 방은 좁고 천장 높은 방에 비하여 빛의 이용률이 좋은 이유는 방바닥 면적에 비례하여 빛을 흡수하는 벽의 면적이 작아지기 때문이다. 실지수(K)는 방의 크기와 모양에 대한 빛의 이용 척도이다.

$$K = \frac{X \cdot Y}{H(X+Y)}$$

- 조명기구의 효율
- 반사율 : 실내표면의 반사율이 높을수록 조명률이 높아진다. 반사율은 조명률에 영향을 주며 천장과 벽 등이 특히 영향이 크다. 천장에 있어서 반사율은 높은 부분일수록 영향이 크다. 이 반사율 값은 계산상의 오차를 고려하면 낮춰진 값으로 해야 한다.

■ 참고
X : 방의 폭
Y : 방의 길이
H : 광원의 작업면상의 높이

8 발광효율과 전등효율

(1) 발광효율

광원으로부터 어떤 방향의 방사속 Φ[W]가 발산되면, 이 중에서 광속 F[lm]만을 육안으로 느끼게 된다. 이 방사속 Φ에 대한 광속 F의 비율을 그 광원의 발광효율(Luminous efficiency) ε이라 한다. 발광효율은 다음 식으로 나타낸다.

$$\varepsilon = \frac{F}{\Phi}[lm/W]$$

최대 시감도를 일으키는 파장 555[nm]일 때의 발광효율은 680[lm/W]이다.

(2) 전등효율

실제로 광원에서는 발산되는 전방사속보다 많은 에너지를 가하여야 한다. 즉, 전발산광속 외에 대류, 전도 등에 의한 손실을 포함한 전소비전력을 생각하여야 한다. 전력소비 P에 대한 전발산광속 F의 비율을 전등효율(Lamp efficiency) η이라 하며 다음 식으로 나타낼 수 있다.

$$\eta = \frac{F}{P} [\text{lm/W}]$$

일반적으로 전등효율은 발광효율보다 적다.

9 균제도

조명에 있어서 균제도란 일정 공간에서 빛의 균일한 분포 정도를 말하며 조도균제도와 휘도균제도가 있다. 일반적으로 균제도란 조도 균제도를 의미한다. 어떤 면의 조도 값 중 한정된 범위에 있어서의 평균조도에 대한 최소 조도의 비로 나타낸다. 사무실, 학교, 공장, 주택 등에서 작업면 등에 주변의 밝기가 어느 정도 고른가를 판단하고 작업자에게 시각적 피로도를 경감시키기 위해 밝음의 차를 좁혀야 한다.

이해하기
터널조명의 경우 효율이 비교적 높은 나트륨등을 사용하나 나트륨등은 연색성이 좋지 않으므로 터널 안에서의 물체의 색감이 정확하지 않다.

10 연색성(Color rendering)

인공조명은 사람의 눈이 사물의 색을 자연광 아래에서처럼 제대로 인식할 수 있도록 해야 한다. 연색성이란, 광원에 의해 물체를 비추었을 때 그 물체의 색이 어떻게 보이냐를 결정하는 광원의 성질을 말한다. 이러한 점은 동일한 물체를 백열전등에서 볼 경우와 형광등에서 볼 경우, 주로 터널 안에서 연색성의 특징을 느낄 수 있다. 터널 안에서는 물체의 색감이 정확히 구분되지 않는다.

암기하기
색온도
어느 광원의 광색이 어느 온도의 흑체의 광색과 같을 때 그 흑체의 온도를 색온도라 한다.

|참고| 방전등의 특성비교

구분	메탈할라이드 램프	나트륨 램프	무전극 램프	
			(135W)	(165W)
소비전력(W)	270	270	135	165
광속(lm)	17000	25000	9600	13500
연색성(R_a)	65	28	80	
색온도(K)	4800	2000	6500	

02 조도의 분류

조도는 입사하는 빛과 받는 면의 위치에 따라 분류할 수 있다. 책상이나 바닥처럼 피조면이 수평인 경우의 조도를 수평면 조도, 벽이나 칠판처럼 수직인 면의 경우를 수직면 조도, 광원을 마주보는 방향에 수직인 면의 조도를 법선조도라 한다.

1 조도의 분류

임의의 면에서 한 점의 조도는 광원의 광도 및 입사각 θ의 코사인에 비례하고 거리의 제곱에 반비례한다. 이와 같이 입사각의 코사인에 비례하는 것을 Lambert의 코사인 법칙이라 한다.

▶ 암기하기

조도의 분류
- 법선조도
- 수평면조도
- 수직면조도

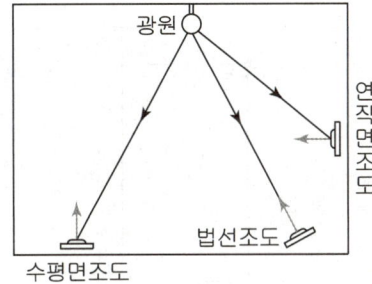
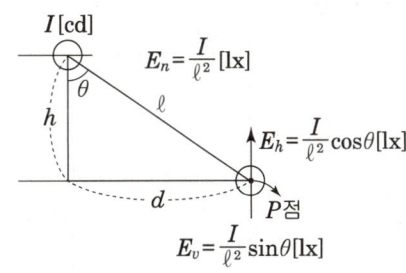

(1) 법선조도

법선조도(Normal illumination)란 빛의 진행 방향에 수직인 면을 수조면(受照面)으로 한 빛에 의한 조도를 말하며, 입사각 0의 방향의 조도를 뜻한다.

$$E_n = \frac{I}{\ell^2} [\text{lx}]$$

(2) 수평면조도

조도는 본래 작업을 위한 빛의 밝기를 정도를 나타내는 측광량이다. 일반적으로 조도는 수평면조도(Horizontal plane illumination)를 가리킨다.

$$E_h = \frac{I}{\ell^2}\cos\theta = \frac{I}{h^2}\cos^3\theta = \frac{I}{d^2}\sin^2\theta\cos\theta\,[\text{lx}]$$

▶ 이해하기

수평면 조도는 일반적으로 바닥이나 책상면의 조도를 말한다.

(3) 수직면조도

연직면이 받는 조도를 수직면 조도(Vertical plane illumination)라 한다.

$$E_v = \frac{I}{\ell^2}\sin\theta = \frac{I}{h^2}\cos^2\theta\sin\theta = \frac{I}{d^2}\sin^3\theta\,[\text{lx}]$$

Chapter 04 조명설비 및 심벌

03 조명설계

조명 설계란 빛을 이용하는 여러 상태를 이미지화·설정하고, 그 실현을 위해 필요한 조명기구, 점멸·조광 시스템, 전원 시스템, 배선 등을 설계 도서에 표시하는 것을 말한다.

1 실지수

방의 크기와 형태는 빛의 이용에 많은 영향을 미치고 있다. 넓고 천장이 낮은 방은 좁고 천이 높은 방에 비하여 빛의 이용률이 좋은 이유는 방바닥 면적에 비례하여 빛을 흡수하는 벽의 면적이 작아지기 때문이다. 실지수(K)는 방의 크기와 모양에 대한 빛의 이용 척도이다.

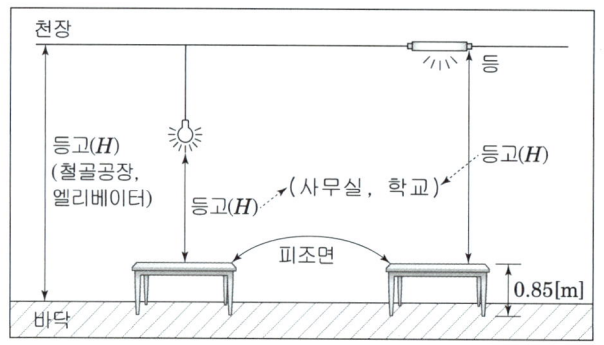

$$K = \frac{X \cdot Y}{H(X+Y)}$$

여기서, X : 방의 폭
Y : 방의 길이
H : 광원의 작업면상의 높이

이해하기

높이가 높아질수록 벽면의 면적이 커지고 실지수가 감소한다. 바닥면적에 비해 높이가 상대적으로 낮으면 실지수와 조명률이 증가한다.

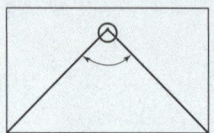

실지수 大
조명률 大

실지수 小
조명률 小

| 참고 | 실지수와 기호

기호	A	B	C	D	E	F	G	H	I	J
실지수	5.0	4.0	3.0	2.5	2.0	1.5	1.25	1.0	0.8	0.6
범위	4.5 이상	45~3.5	3.5~2.75	2.75~2.25	2.25~1.75	1.75~1.38	1.38~1.12	1.12~0.9	0.9~0.7	0.7 이하

2 등고와 등간격

(1) 등고

$$등고(H) = 전체\ 높이 - 피조면의\ 높이 - 등\ 설치길이$$

■ 참고
엘리베이터, 철골공장의 등고는 바닥이 기준이다.

(2) 등간격

$$S \leq 1.5H$$

$$\left(가로등간격 = \frac{가로길이}{가로의\ 등수},\ 세로등간격 = \frac{세로길이}{세로의\ 등수}\right)$$

▶ 암기하기

벽간격
$S' \leq 0.5H$

가로 벽간격 $= \dfrac{가로\ 등간격}{2}$

세로 벽간격 $= \dfrac{세로\ 등간격}{2}$

3 조명설계 계산

$$F \cdot U \cdot N = D \cdot E \cdot S$$

- F : 한 등의 광속[lm]
- U : 조명률
- N : 등수
- D : 감광 보상율(D)은 유지율(M)의 역수
- E : 평균조도[lx]
- S : 조명면적[m²]

| 참고 | 조명설비 에너지 절약을 위한 자동제어

- 넓은 구역으로 구획된 창가의 주광에 의한 조도레벨 유지가능범위까지의 조명기구는 주광센서에 의한 제어로 한다.
- 업무스케줄에 따라 자동제어 될 수 있도록 한다. 다만, 일반적인 제어 형태는 전체점등, 체소등, 솎음소등, 중식시간 소등 있으며, 솎음소등은 조명레벨 조정(예 50%, 25%…)이 가능한 패턴제어로 한다.
- 자동제어 시스템 설치는 중앙집중방식으로서 중앙감시실 등 항상 관리인원이 상주하는 장소로 한다.

▶ 이해하기

조명률, 등수, 감광 보상율, 보수율이 없을 때는 1로 간주하고 계산하며, 조명설계 계산시 등의 개수는 절상한다.

| 참고 | 보수율과 감광 보광률

1. 보수율(Maintenance factor)
   (1) 정의 : 조명시설의 조도를 계산할 때, 광원의 사용에 따른 열화, 광원 및 조명 기구의 오손으로 인한 감광을 경제적으로 허용할 수 있는 한도를 각각 M_1, M_2로 하고, 이들의 곱 M을 보수율 및 유지율이라고 한다.
   (2) 적용
      ① 기구의 구조, 재질, 실내먼지 상태에 따라 결정
      ② 실내상태, 작업내용, 청소기간, 광원의 사용기간 고려

2. 감광 보상률(Depreciation factor)
   (1) 정의 : 조도의 감소를 예상하여 소요 전광속에 여유를 주는 것으로 설계조도 결정을 위한 계수이다.
   (2) 광속감소의 주요원인
      ① 필라멘트의 증발로 인한 광속의 감소
      ② 유리구 내면의 흑화현상
      ③ 등기구의 노화 등에 의한 흡수율 증가
      ④ 조명기구 및 천장, 벽, 바닥 등 실내반사면의 오손에 의한 반사율 감소

암기하기

보수율과 감광보상률 관계

$$M = \frac{1}{D}$$

4 도로조명

(1) 도로조명의 조명면적

양쪽조명(대칭식)	양쪽조명(지그재그)	일렬조명(편측)	일렬조명(중앙)
$S = \dfrac{a \cdot b}{2}$	$S = \dfrac{a \cdot b}{2}$	$S = ab$	$S = ab$

(2) 도로조명 설계에 있어서 성능상 고려하여야 할 사항
   ① 운전자가 보는 도로의 휘도가 충분히 높고, 조도균제도가 일정할 것
   ② 보행자가 보는 도로의 휘도가 충분히 높고, 조도균제도가 일정할 것
   ③ 조명기구의 눈부심이 불쾌감을 주지 않을 것
   ④ 조명시설이 도로나 그 주변의 경관을 해치지 않을 것
   ⑤ 광원색이 환경에 적합한 것이며, 그 연색성이 양호할 것

04 광원의 종류 및 특성

광원의 발광방법은 온도방사와 루미네센스가 있다. 물질을 구성하는 입자는 그 온도에 대응한 열진동을 한다. 물체는 온도를 높이면 빛의 방사가 일어나며, 처음에는 적외선이 방사하고, 온도를 더 높여서 500[℃] 이상으로 하면 물체는 빛을 발산한다. 온도복사 이외의 모든 발광을 루미네센스(Luminescence)라 한다.

1 발광원리에 따른 광원의 종류

광원은 크게 자연 광원과 인공 광원으로 나눌 수 있는데 자연광원에는 태양광, 인공 광원에는 백열등, 할로겐램프, 형광등, 수은램프, 나트륨램프, 메탈할라이드램프, 크세논램프 등이 있다.

> **암기하기**
>
> **조명효율 순서**
> 나트륨등 > 메탈할라이드 등 > 형광등 > 수은등 > 할로겐램프 > 백열등

발광원리에 따른 조명용 광원의 분류

발광원리	광 원	램프의 종류
온도 방사	텅스텐 필라멘트전구	백열전구, 특수전구, 할로겐램프
방전 발광	저압 방전램프	형광램프, 네온사인, 저압 나트륨램프 무전극 방전램프
	고압 방전램프	고압 수은 램프, 메탈할라이드램프 고압 나트륨램프

2 온도방사에 의한 램프

(1) 백열전구

필라멘트에 통전하여 고온이 된 필라멘트로부터 나온 열방사 즉, 온도방사에 의한 빛을 이용한 광원이다.

특징	구조
• 연색성이 좋고, 따스한 광색 • 점광원에 가깝고, 빛의 집광이 용이 • 조광을 연속적으로 가능 • 점등이 간단하고, 곧 점등되어 밝음 • 광속저하가 작음 • 효율이 낮고 수명이 비교적 짧음 • 열선방사가 많음	시동저항, 주전극, 보조전극, 발광관(수은+A_r), 리드선, 형광체(형광의 경우), 질소봉입

이해하기

할로겐램프의 용도

할로겐램프는 백열전구에 비해 1/20 정도로 크기가 작고 가벼워 자동차 헤드라이트용이나 비행장의 활주로 매입등, 무대 조명, 백화점·미술관·상점 등의 스포트라이트용과 인테리어 조명의 광원으로 많이 사용된다.

(2) 할로겐램프

백열전구에 열방사 법칙 적용시 발생하는 휘도 증가, 수명 저하 및 텅스텐 원자의 증발에 따른 관벽 흑화 현상을 감소시키기 위해 할로겐 재생 사이클을 이용한 램프이다.

특징	구조
• 초소형, 경량화가 가능하고 휘도가 높다. • 수명이 백열전구에 비하여 2배로 길고, 광속이 크다. • 별도의 점등장치가 필요 없다. • 연색성이 좋다. • 온도가 높다.(할로겐전구의 베이스로 세라믹 사용)	

|참고| 할로겐 재생 사이클의 원리

할로겐전구는 유리구 내에 불활성가스 이외에 요오드, 브롬, 염소 등의 할로겐 화합물을 미량 봉입한 것으로 할로겐은 낮은 온도에서 텅스텐과 결합하고 높은 온도에서는 분해하는 성질이 있다. 전구 내에 소량의 할로겐을 넣으면 이것이 증발하여 확산하며 250[℃] 이상에서는 증기상태로 관벽에 부착하지 않고 유리구 내를 떠다니다가 필라멘트로부터 증발된 텅스텐이 온도가 낮은 유리구 관벽에 가까이 간 것과 결합하여 할로겐화 텅스텐으로 된다. 이것은 대류에 의하여 2,000[℃] 이상의 고온의 필라멘트 가까이 가면 고온으로 인해 분해되고 텅스텐은 필라멘트에 되돌아가며 할로겐은 확산된다. 이 할로겐이 관벽에 가면, 또다시 텅스텐을 잡아서 필라멘트로 되돌려 주는 할로겐 재생 사이클을 이루게 된다.

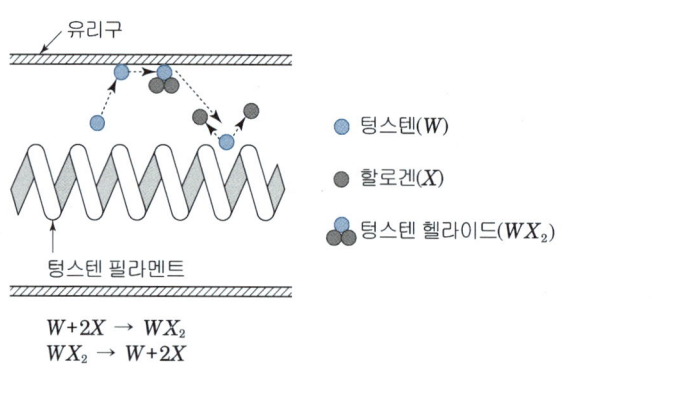

$W + 2X \rightarrow WX_2$
$WX_2 \rightarrow W + 2X$

3 고휘도 방전램프(High intensity Discharge Lamp ; HID램프)

고휘도 방전램프는 고압가스 또는 증기 중의 방전에 의한 발광을 이용한 방전램프이며 고압 수은 램프, 메탈할라이드 램프 및 고압 나트륨램프 등을 총칭하는 것으로 HID램프라고도 한다.

(1) 수은 램프(H)의 특징
수은 증기중의 방전을 이용하며 완전히 점등시 8~10분 정도의 시간이 필요하다.

일반 형광램프의 특징	일반 형광램프와 3파장 형광램프의 비교
• 수명이 길고, 발열이 거의 없다. • 휘도는 낮고 효율이 높다. • 기동시간이 길며 역률이 낮다. • 주위 온도의 영향을 받으며 flicker 현상이 있다.	• 일반 형광등에 비해서 10[%]정도 밝다. • 연색성이 우수하다 • 산뜻하고 싱싱한 분위기를 만든다. • 비슷하므로 기존의 등 기구를 그대로 사용할 수 있다.

(2) 나트륨램프(N)의 특징
① 저압 나트륨램프
  • 인공광원 중 효율이 최대이며, 연색성이 나쁘다.
  • 투과력, 비시감도가 좋아 강변도로나 터널 등에 사용된다.
② 고압 나트륨램프의 특징
  나트륨 증기압 100~200[mmHg] 방전으로, 황백색광이다.

(3) 메탈할라이드램프(M)의 특징
고압 수은등과 동일한 구조에 금속할로겐 증기를 사용한다.
• 연색성이 좋고, 배광제어가 용이하다.
• 광속이 많고, 수명이 길다.
• 점등 부속장치 필요(점등회로 : 리드피크형, 펄스시동형)

▶ **암기하기**

형광등의 점등회로 종류
• 직류 점등회로
• 교류 점등회로
• 자기누설변압기 점등회로

■ 참고
나트륨 증기압 $4×10^{-3}$[mmHg]으로 방전, 전광속 60[%] 이상이 589~589.9[nm]의 D선인 등황색 단색광 발광

05 조명설비 에너지절약방안

조명방식은 조명 대상, 장소에 대한 설치광원, 조명기구 설치, 조명기구 배광, 조명기구 배치와 건축화 조명으로 구분하여 설계한다. 한편, 조명설비는 다른 에너지 기기와는 달리 종합효율이 0.1~20[%]로 매우 효율이 낮은 에너지 다소비 기기이다.

1 조명설비 에너지 절약

(1) 개요

조명설비의 사용전력량은 조명기구 한 등 당의 소비전력 × 점등시간 × 등 개수이다. 이것을 분석하면 조명설비의 합리적 사용에서의 7개의 요소로 되며, 조명에너지 절약의 방법 또는 목표라고 할 수 있다.

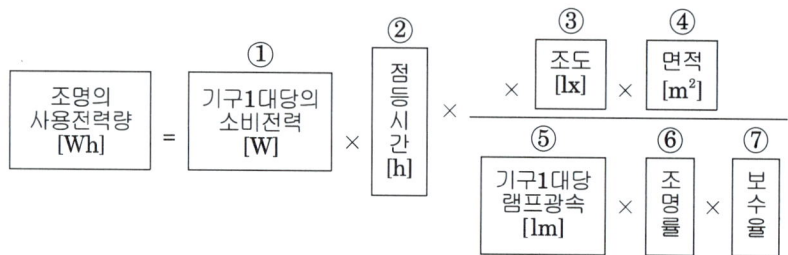

조명전력절감 7개 요소

(2) 조명설비 에너지 절약 방법
- 고역률의 등기구 사용
- 고효율의 등기구 사용
- 고조도 및 저휘도의 반사갓을 사용
- 등기구의 격등 제어 및 회로 구성 (적정 조명제어 시스템 채택)
- 재실감지기 및 카드키 채용
- 전구형 형광등 및 슬림라인 형광등 사용
- 전반 조명과 국부조명을 적절히 병용
- 적절한 등기구의 보수 및 유지 관리

2 조명제어

(1) 점멸장치
① 가정용 조명기구는 등기구마다 점멸기를 설치한다.
② 사무실, 학교, 병원, 상가, 공장 및 이와 비슷한 장소의 옥내에 시설하는 전반 조명기구는 부분조명이 가능토록 전등군을 구분하여 점멸이 가능해야 한다.

③ 다음의 시설이 된 경우 위와 같이 점멸기를 시설하지 않아도 된다.
- 조명 자동제어설비를 설치한 경우
- 동시에 많은 인원을 수용하는 장소(극장, 영화관, 강당, 대합실, 주차장 등)
- 조명기구가 1열이고 그 열이 창과 평행한 경우 창측 조명기구
- 광천장조명이나 간접조명 설치시 조명제어를 격등으로 설치한 경우
- 건축물의 구조가 창문이 없는 경우
- 공장의 경우 생산공정이 연속되는 곳에 일렬로 설치되어 조명기구를 동시에 점멸할 필요가 있을 때

④ 객실 수가 30실 이상인 호텔이나 여관의 각 객실의 조명용 전원은 출입문개폐용 기구 또는 집중제어방식(객실관리 시스템)을 이용한 자동 또는 반자동의 점멸이 가능한 장치를 설치한다.

⑤ 공동주택 각 세대내의 현관 및 숙박시설의 객실 내부 입구 조명기구는 인체감지점멸형 또는 점등 한지 일정시간의 지난 이후 자동 소등되는 조명기구를 설치한다.

⑥ 주택 현관에 설치하는 조명기구는 인체감지점멸형 또는 점등 한지 일정시간이 지난 이후 자동 소등되는 조명기구를 설치한다.

⑦ 가로등, 보안등의 조명은 주광센서를 설치하여 주광 조도레벨에 의하거나 타이머를 설치하여 자동점멸하거나 또는 집중제어방식을 이용하여 제어한다.

(2) 조광 설비
① 업무용 빌딩의 회의실, 전시실, 극장의 무대, 호텔 등의 연회장, 컨벤션센터 등의 기능상 설치된 조명기구와 분위기 조명을 시행하는 장소는 조광장치를 설치하여 조도를 연속제어 하는 것이 바람직하며, 조명 연출이 필요한 조명기구는 조광장치를 설치한다.
② 조광장치의 설치가 필요한 장소에서도 각 용도에 맞도록 단계별 조정이 가능하도록 한다.
③ 조광장치는 일반적으로 사이리스터 또는 전력용 반도체 소자로 구성한 위상제어 조광방식을 사용한다.

(3) 조명 자동제어
① 조명 자동제어 설계시 기본개념은 용도와 주위 조건에 따라 최적의 조도레벨유지와 이에 따른 에너지절약을 목적으로 하는 것이다.
② 조명 자동제어는 마이크로프로세서와 센서를 사용하는 방식으로 하고, 수동제어와 자동제어가 되도록 한다.

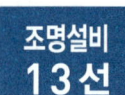

과년도 출제예상문제

*최근 10개년 출제빈도를 분석하여 자주 출제되는 문제만 선별하여 문제에 대한 상세해설 및 요점정리까지 한꺼번에 이해할 수 있게 하여 수험생의 길잡이가 되도록 하였다.

문제 1 ★☆☆☆

도로폭 24[m] 도로 양쪽에 20[m] 간격으로 지그재그 배치한 경우, 노면의 평균조도 25[lx]로 하는 경우, 등주 한등당의 광속은 얼마나 되는지 계산하시오. (단, 노면의 광속이용률은 50[%]로 하고, 감광보상률은 1로 한다.)

정답
- 계산 : $F = \dfrac{DES}{UN} = \dfrac{25 \times \left(20 \times 24 \times \dfrac{1}{2}\right)}{0.5 \times 1} = 12000$
- 답 : 12000[lm]

이것이 핵심

■ 도로조명 방식의 조명면적(등의 개수 1개를 기준)

양쪽조명(대칭식)	양쪽조명(지그재그)	일렬조명(편측)	일렬(중앙)
$S = \dfrac{a \cdot b}{2}$	$S = \dfrac{a \cdot b}{2}$	$S = ab$	$S = ab$

문제 2 ★★★★★

평균조도 500[lx] 전반 조명을 시설한 40[m²]의 방이 있다. 이 방에 조명기구 1대당 광속 500[lm], 조명률 50[%], 유지율 80[%]인 등기구를 설치하려고 한다. 이 때 조명기구 1대의 소비 전력이 70[W]라면 이 방에서 24시간 동안 점등한 경우 하루의 소비전력량은 몇 [kWh] 인가?

[정답] • 계산 :

등수 $N = \dfrac{DES}{FU} = \dfrac{ES}{FUM} = \dfrac{500 \times 40}{500 \times 0.5 \times 0.8} = 100 [등]$

소비전력 : 70×100

소비전력량 : $W =$ 소비전력 $\times$ 시간
$= 70 \times 100 \times 24 \times 10^{-3} = 168 [\text{kWh}]$

• 답 : 168[kWh]

이것이 핵심

1. 보수율(Maintenance factor)
   (1) 정의 : 조명시설의 조도를 계산할 때, 광원의 사용에 따른 열화, 광원 및 조명 기구의 오손으로 인한 감광을 경제적으로 허용할 수 있는 한도를 각각 M_1, M_2로 하고, 이들의 곱 M을 보수율 및 유지율이라고 한다.
   (2) 적용
      ① 기구의 구조, 재질, 실내먼지 상태에 따라 결정
      ② 실내상태, 작업내용, 청소기간, 광원의 사용기간 고려

2. 감광 보상률(Depreciation factor)
   (1) 정의 : 조도의 감소를 예상하여 소요 전광속에 여유를 주는 것으로 설계조도 결정을 위한 계수이다.
   (2) 광속감소의 주요원인
      ① 필라멘트의 증발로 인한 광속의 감소
      ② 유리구 내면의 흑화현상
      ③ 등기구의 노화 등에 의한 흡수율 증가
      ④ 조명기구 및 천장, 벽, 바닥 등 실내반사면의 오손에 의한 반사율 감소

3. 보수율과 감광보상률 관계
   $M = \dfrac{1}{D}$

문제 3 눈부심이 있는 경우 작업능률의 저하, 재해 발생, 시력의 감퇴 등이 발생한다. 조명설계의 경우 이 눈부심을 피할 수 있도록 고려해야 한다. 눈부심의 발생원인 5가지를 쓰시오.

[정답] ① 광원의 휘도가 과대할 때
② 광원을 오래 바라볼 때
③ 시선 부근에 광원이 있을 때
④ 눈에 들어오는 광속이 너무 많을 때
⑤ 순응이 잘 안될 때

이것이 핵심

휘도란 광원의 단위 면적당 밝기(빛의 양)의 정도를 나타내며 발광원 또는 투과면이나 반사면의 표면 밝기이다. 한편, 광도가 큰 점광원을 보면 눈이 부시다. 그러나 같은 광도일지라도 커다란 유백색인 유리글로브로 덮은 광원은 눈부심을 느끼지 못한다. 즉, 휘도란 눈부심의 정도를 나타낸 것이다.

$$B = \frac{I}{S} = [\text{cd/m}^2] = [\text{nt}], [\text{cd/cm}^2] = [\text{sb}]$$

$$1[\text{nt}] = 10^{-4}[\text{sb}] \rightarrow 1[\text{sb}] = 10^4[\text{nt}]$$

문제 4 ★★★☆☆

가로 20[m], 세로 30[m]인 사무실에 평균조도 600[lx]를 얻고자 형광등 40[W] 2등용을 사용하고 있다. 다음 각 물음에 답하시오. (단, 40[W] 2등용 형광등 기구의 전체광속은 4600[lm], 조명률은 0.5, 감광보상률은 1.3, 전기방식은 단상 2선식 200[V]이며, 40[W] 2등용 형광등의 전체 입력전류는 0.87[A]이고, 1회로의 최대 전류는 15[A]로 한다.)

(1) 형광등 기구수를 구하시오.

 • 계산 : _____   • 답 : _____

(2) 최소분기회로 수를 구하시오.

 • 계산 : _____   • 답 : _____

[정답] (1) • 계산

등수 $N = \dfrac{DES}{FU} = \dfrac{1.3 \times 600 \times 20 \times 30}{4600 \times 0.5} = 203.478$ • 답 : 204[등]

(2) • 계산 :

분기회로 수 $n = \dfrac{\text{형광등의 총 입력전류}}{\text{분기 1회로의 전류}} = \dfrac{204 \times 0.87}{15} = 11.832$ • 답 : 15[A] 분기 12회로

이것이 핵심

■ 분기회로
수용가의 전부하를 그 사용 목적에 따라 안전하게 분전반에서 분할한 배선을 분기회로라 한다.

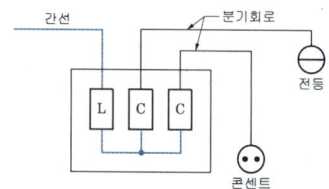

$$\text{분기회로수} = \dfrac{\text{표준부하밀도}[\text{VA/m}^2] \times \text{바닥면적}[\text{m}^2]}{\text{전압}[\text{V}] \times \text{분기회로의 전류}[\text{A}]}$$

도로 조명 설계에 관한 다음 각 물음에 답하시오.

(1) 도로 조명 설계에 있어서 성능상 고려하여야 할 중요 사항을 5가지만 쓰시오.

(2) 도로의 너비가 40[m]인 곳의 양쪽으로 35[m]간격으로 지그재그 식으로 등주를 배치하여 도로 위의 평균 조도를 6[lx]가 되도록 하고자 한다. 도로면 광속 이용률은 30[%], 유지율 75[%]로 한다고 할 때 각 등주에 사용되는 수은등의 규격은 몇 [W]의 것을 사용하여야 하는지, 전 광속을 계산하고, 주어진 수은등 규격 표에서 찾아 쓰시오.

크기[W]	램프 전류[A]	전광속[lm]
100	1.0	3200~4000
200	1.9	7700~8500
250	2.1	10000~11000
300	2.5	13000~14000
400	3.7	18000~20000

정답 (1) ① 운전자가 보는 도로의 휘도가 충분히 높고, 조도균제도가 일정할 것
② 보행자가 보는 도로의 휘도가 충분히 높고, 조도균제도가 일정할 것
③ 조명기구의 눈부심이 불쾌감을 주지 않을 것
④ 조명시설이 도로나 그 주변의 경관을 해치지 않을 것
⑤ 광원색이 환경에 적합한 것이며, 그 연색성이 양호할 것

(2) ・계산 :

등 1개의 조명 면적 $S = \dfrac{1}{2} \times$ 도로폭 $\times$ 등간격

$$F = \dfrac{DES}{UN} = \dfrac{ES}{UNM} = \dfrac{6 \times \left(\dfrac{1}{2} \times 40 \times 35\right)}{0.3 \times 1 \times 0.75} = 18666.666 \,[\text{lm}] \quad \text{표에서 } 400[\text{W}] \text{ 선정}$$

・답 : 400[W]

이것이 핵심

■ 도로조명 방식의 조명면적(등의 개수 1개를 기준)

양쪽조명(대칭식)	양쪽조명(지그재그)	일렬조명(편측)	일렬(중앙)
$S = \dfrac{a \cdot b}{2}$	$S = \dfrac{a \cdot b}{2}$	$S = ab$	$S = ab$

문제 6 ★★★☆☆

그림과 같은 사무실에서 평균조도를 200[lx]로 할 때 다음 각 물음에 답하시오.

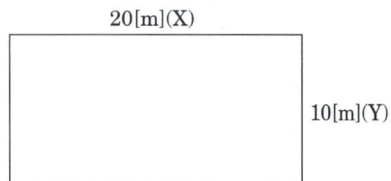

【조 건】
- 40[W] 형광등이며 광속은 2500[lm]으로 한다.
- 사무실 내부에 기둥은 없다.
- 등기구는 ○으로 표시한다.
- 조명률은 0.6, 감광보상률은 1.2로 한다.
- 간격은 등기구 센터를 기준으로 한다.

(1) 이 사무실에 필요한 형광등의 수를 구하시오.
- 계산 : _____   • 답 : _____

(2) 등기구를 답안지에 배치하시오.

(3) 등간격과 최외각에 설치된 등기구와 건물벽간의 간격(A, B, C, D)은 각각 몇 [m]인가?

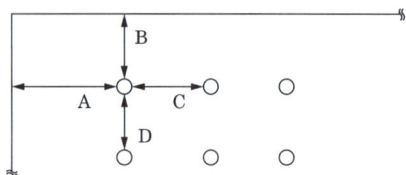

(4) 만일 주파수 60[Hz]에 사용하는 형광방전등을 50[Hz]에서 사용한다면 광속과 점등 시간은 어떻게 변화되는지를 설명하시오.

(5) 양호한 전반 조명이라면 등간격은 등높이의 몇 배 이하로 해야 하는가?

정답 (1) • 계산 :
$$N = \frac{DES}{FU} = \frac{1.2 \times 200 \times (10 \times 20)}{2500 \times 0.6} = 32$$
• 답 : 32[등]

(2)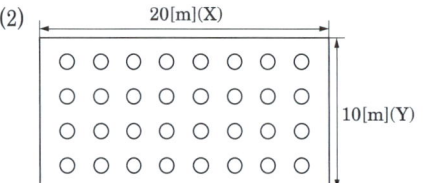

(3) A : 1.25[m]   B : 1.25[m]   C : 2.5[m]   D : 2.5[m]

(4) • 광속 : 증가   • 점등시간 : 늦음

(5) 1.5배

이것이 핵심

■ 주파수와 광속 및 점등시간의 관계

형광등 안정기의 임피던스는 $X_L = 2\pi f L [\Omega]$이다. 주파수가 감소하면 안정기의 임피던스는 낮아져 형광등에 흐르는 전류는 증가한다. 전류 증가로 인해 형광등에서 발생하는 광속은 증가하게 된다. 한편 주파수가 낮아질 경우 방전횟수의 감소로 인해 점등시간은 길어져 늦게 점등이 된다.

문제 7 ★☆☆☆☆

조명설비에 대한 다음 각 물음에 답하시오.

(1) 배선 도면에 ◯H400으로 표현되어 있다. 이것의 의미를 쓰시오.

(2) 비상용 조명을 건축기준법에 따른 형광등으로 시설하고자 할 때 이것을 일반적인 경우의 그림 기호로 표현하시오.

(3) 평면이 15×10[m]인 사무실에 40[W], 전광속 2500[lm]인 형광등을 사용하여 평균조도를 300[lx]로 유지하도록 설계하고자 한다. 이 사무실에 필요한 형광등 수를 산정하시오.
(조명률은 0.6이고, 감광보상률은 1.3임)

• 계산 : _____   • 답 : _____

정답 (1) 400[W] 수은등

(2)

(3) • 계산 :
$$N = \frac{DES}{FU} = \frac{1.3 \times 300 \times 15 \times 10}{2500 \times 0.6} = 39 [등]$$

• 정답 : 39[등]

이것이 핵심

■ 형광등 기호
- H500 : 500[W] 수은등
- N200 : 200[W] 나트륨등
- F40 : 40[W] 형광등
- X200 : 200[W] 크세논등
- M200 : 200[W] 메탈 할라이드등

문제 8

가로 8[m], 세로 18[m], 천장 높이 3[m], 작업면 높이 0.75[m]인 사무실에 천장직부 형광등(40[W]×2)을 설치하고자 할 때 다음 물음에 답하시오.

【조 건】
① 작업면 소요 조도 1000[lx]   ② 천장 반사율 70[%]
③ 벽 반사율 50[%]   ④ 바닥 반사율 10[%]
⑤ 보수율 70[%]   ⑥ 40[W]×2 형광등 1등의 광속 8800[lm]

[참고자료]

산형 기구(2등용) FA 42006

반사율 천장	80[%]				70[%]				50[%]				30[%]				0[%]
벽	70	50	30	10	70	50	30	10	70	50	30	10	70	50	30	10	0[%]
바닥	10[%]				10[%]				10[%]				10[%]				0[%]
실지수	조명률(×0.01)																
0.6	44	33	26	21	42	32	25	20	30	29	23	19	34	27	21	18	14
0.8	52	41	34	28	50	40	33	27	45	36	30	26	40	33	28	24	20
1.0	58	47	40	34	55	45	38	33	50	42	36	31	45	38	33	29	25
1.25	63	53	46	40	60	51	44	39	54	47	41	36	49	43	38	34	29
1.5	67	58	50	45	64	55	49	43	58	51	45	41	52	46	42	38	33
2.0	72	64	57	52	69	61	55	50	62	56	51	47	57	52	48	44	38
2.5	75	68	62	57	72	66	60	55	65	60	56	52	60	55	52	48	42
3.0	78	71	66	61	74	69	64	59	68	63	59	55	62	58	55	52	45
4.0	81	76	71	67	77	73	69	65	71	67	64	61	65	62	59	56	50
5.0	83	78	75	71	79	75	72	69	73	70	67	64	67	64	62	60	52
7.0	85	82	79	76	82	79	76	73	75	73	71	68	79	67	65	64	56
10.0	87	85	82	80	84	82	79	77	78	76	75	72	71	70	68	67	59

(1) 실지수를 구하시오.

(2) 조명률을 구하시오.

(3) 등기구를 효율적으로 배치하기 위한 소요 등수는 몇 조인가?

■참고
명시할 실지수의 값은 2.461이 아닌 그 값과 가장 가까운 2.5가 있으므로 2.5 선정

정답 (1) • 계산 :

실지수 $K = \dfrac{X \times Y}{H(X+Y)}$

H(등고) : $3 - 0.75 = 2.25$

∴ 실지수 $K = \dfrac{X \times Y}{H(X+Y)} = \dfrac{8 \times 18}{2.25 \times (8+18)} = 2.461$ 이다.

• 답 : 2.5

(2) 조명률은 주어진 표에서 천장, 벽, 바닥 반사율과 계산한 실지수를 이용하여 찾는다.

• 답 : 66[%]

(3) 소요등수 $N = \dfrac{DES}{FU} = \dfrac{ES}{FUM} = \dfrac{1000 \times (8 \times 18)}{8800 \times 0.66 \times 0.7} = 35.419$

• 답 : 36[조]

이것이 핵심

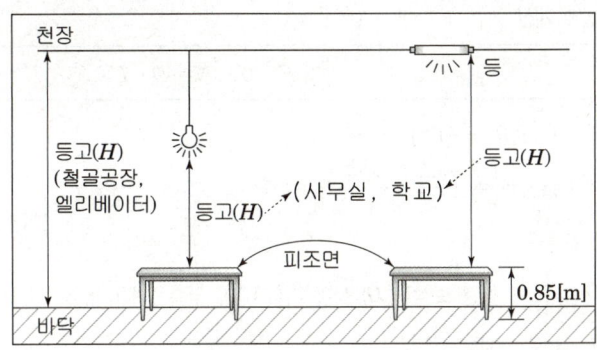

실지수 $K = \dfrac{X \cdot Y}{H(X+Y)}$

여기서, X : 방의 폭, Y : 방의 길이, H : 광원의 작업면상의 높이

문제 9

면적 204[m²]인 방에 평균 조도 200[lx]를 얻기 위해 300[W] 백열전등(전광속 5500[lm], 램프 전류 1.5[A]) 또는 40[W] 형광등(전광속 2300[lm], 램프 전류 0.435[A])을 사용할 경우, 각각의 소요 전력은 몇 [VA]인가? (단, 조명률 55[%], 감광보상률 1.3, 공급전압은 200[V], 단상 2선식이다.)

정답 ① 백열전등

  • 계산 $N = \dfrac{DES}{FU} = \dfrac{1.3 \times 200 \times 204}{5500 \times 0.55} = 17.533$

  전등 수 : 18[등]
  소요전력 $P = V \times I = 200 \times 1.5 \times 18 = 5400 [\mathrm{VA}]$

  • 답 : 5400[VA]

② 형광등

  • 계산
  $N = \dfrac{DES}{FU} = \dfrac{1.3 \times 200 \times 204}{2300 \times 0.55} = 41.928$

  전등 수 : 42[등]
  소요전력 $P = V \times I = 200 \times 0.435 \times 42 = 3654 [\mathrm{VA}]$

  • 답 : 3654[VA]

이것이 핵심

■ 조명설계 계산

$$F \cdot U \cdot N = D \cdot E \cdot S$$

- F : 한 등의 광속[lm]
- U : 조명률 $\left(= \dfrac{\text{피조면 광속}}{\text{전 광속}}\right)$
- N : 등수
- $D = \dfrac{1}{M}$: 감광 보상율(D)은 유지율(M)과 역수관계이다.
- E : 평균조도[lx]
- S : 조명면적[m²]
- 조명률, 등수, 감광 보상률, 보수율이 없을 때는 1로 간주하고 계산하며, 조명설계 계산시 등의 개수는 절상한다.

문제 10

공장 조명 설계 시 에너지 절약대책을 4가지만 쓰시오.

[정답]
① 고 역률의 등기구 사용
② 고 효율의 등기구 사용
③ 적절한 등기구의 보수 및 유지 관리
④ 전반 조명과 국부조명(TAL 조명)을 적절히 병용

이것이 핵심

■ 조명설비 에너지 절약 방법
① 고 역률의 등기구 사용
② 고 효율의 등기구 사용
③ 고 조도 및 저 휘도의 반사 갓을 사용
④ 등기구의 격등 제어 및 회로 구성 (적정 조명제어 시스템 채택)
⑤ 재실감지기 및 카드키 채용
⑥ 전구형 형광등 및 슬림라인 형광등 사용
⑦ 전반 조명과 국부조명(TAL 조명)을 적절히 병용
⑧ 적절한 등기구의 보수 및 유지 관리

문제 11

그림과 같은 철골공장에 백열등의 전반 조명을 할 때 평균조도로 200[lx]를 얻기 위한 광원의 소비전력을 구하려고 한다. 주어진 조건과 참고자료를 이용하여 다음 각 물음에 답하면서 순차적으로 구하도록 하시오.

【조 건】

① 천정, 벽면의 반사율은 30[%]이다.
② 광원은 천장면하 1[m]에 부착한다.
③ 천장의 높이는 9[m] 이다.
④ 감광보상률은 보수 상태를 "양"으로 하며 적용한다.
⑤ 배광은 직접 조명으로 한다.
⑥ 조명 기구는 금속 반사갓 직부형이다.

[도면]

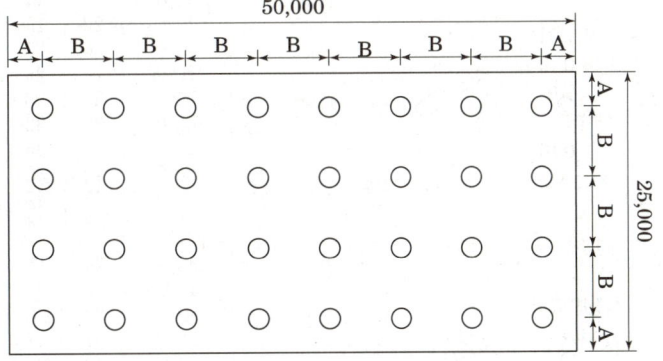

[참고자료]
[표 1] 각종 전등의 특성
(A) 백열등

형식	종별	유리구의 지름 (표준치) (mm)	길이 (mm)	베이스	초기 특성			50(%) 수명에서의 효율 [lm/W]	수명 [h]
					소비전력 [W]	광속 [lm]	효율 [lm/W]		
L100V 10W	진공 단코일	55	101 이하	E26/25	10±0.5	76±8	7.6±0.6	6.5 이상	1500
L100V 20W	진공 단코일	55	101 〃	E26/25	20±1.0	175±20	8.7±0.7	7.3 〃	1500
L100V 30W	가스입단코일	5	108 〃	E26/25	30±1.5	290±30	9.7±0.8	8.8 〃	1000
L100V 40W	가스입단코일	55	108 〃	E26/25	40±2.0	440±45	11.0±0.9	10.0 〃	1000
L100V 60W	가스입단코일	50	114 〃	E26/25	60±3.0	760±75	12.6±1.0	11.5 〃	1000
L100V 100W	가스입단코일	70	140 〃	E26/25	100±5.0	1500±150	15.0±1.2	13.5 〃	1000
L100V 150W	가스입단코일	80	170 〃	E26/25	150±7.5	2450±250	16.4±1.3	14.8 〃	1000
L100V 200W	가스입단코일	80	180 〃	E26/25	200±10	3450±350	17.3±1.4	15.3 〃	1000
L100V 300W	가스입단코일	95	220 〃	E39/41	300±15	555±550	18.3±1.5	15.8 〃	1000
L100V 500W	가스입단코일	110	240 〃	E39/41	500±25	9900±990	19.7±1.6	16.9 〃	1000
L100V1000W	가스입단코일	165	332 〃	E26/25	1000±50	21000±2100	21.0±1.7	17.4 〃	1000
L100V 30W	가스입이중코일	55	108 〃	E26/25	30±1.5	330±35	11.1±0.9	10.1 〃	1000
L100V 40W	가스입이중코일	55	108 〃	E26/25	40±2.0	500±50	12.4±1.0	11.3 〃	1000
L100V 50W	가스입이중코일	60	114 〃	E26/25	50±2.5	660±65	13.2±1.1	12.0 〃	1000
L100V 60W	가스입이중코일	60	114 〃	E26/25	60±3.0	830±85	13.0±1.1	12.7 〃	1000
L100V 75W	가스입이중코일	60	117 〃	E26/25	75±4.0	1100±110	14.7±1.2	13.2 〃	1000
L100V 100W	가스입이중코일	65 또는 67	128 〃	E26/25	100±5.0	1570±160	15.7±160	14.1 〃	1000

[표 2] 조명률, 감광보상률 및 설치 간격

번호	배광 설치간격	조명 기구	감광보상률(D) 보수상태			반사율 ρ	천장 벽	0.75			0.50			0.30	
								0.5	0.3	0.1	0.5	0.3	0.1	0.3	0.1
			양	중	부	실지수		조명률 U (%)							
(1)	간접 0.80 ↕ 0 S ≤ 1.2H		전구			J0.6		16	13	11	12	10	08	06	05
			1.5	1.7	2.0	I0.8		20	16	15	15	13	11	08	17
						H1.0		23	20	17	17	14	13	10	08
			형광등			G1.25		26	23	20	20	17	15	11	10
						F1.5		29	26	22	22	19	17	12	11
						E2.0		32	29	26	24	21	19	13	12
			1.7	2.0	2.5	D2.5		36	32	30	26	24	22	15	14
						C3.0		38	35	32	28	25	24	16	15
						B4.0		42	39	36	30	29	27	18	17
						A5.0		44	41	39	33	30	29	19	18
(2)	반간접 0.70 ↕ 0.10 S ≤ 1.2H		전구			J0.6		18	14	12	14	11	09	08	07
			1.4	1.5	1.7	I0.8		22	19	17	17	15	13	10	09
						H1.0		26	22	19	20	17	15	12	10
			형광등			G1.25		29	25	22	22	19	17	14	12
						F1.5		32	28	25	24	21	19	15	14
						E2.0		35	32	29	27	24	21	17	15
			1.7	2.0	2.5	D2.5		39	35	32	29	26	24	19	18
						C3.0		42	38	35	31	28	27	20	19
						B4.0		46	42	39	34	31	29	22	21
						A5.0		48	44	42	36	33	31	23	22
(3)	전반확산 0.40 ↕ 0.40 S ≤ 1.2H		전구			J0.6		24	19	16	22	18	15	16	14
			1.3	1.4	1.5	I0.8		29	25	22	27	23	20	21	19
						H1.0		33	28	26	30	26	24	24	21
			형광등			G1.25		37	32	29	33	29	26	26	24
						F1.5		40	36	31	36	32	29	29	26
						E2.0		45	40	36	40	36	33	32	29
			1.4	1.7	2.0	D2.5		48	43	39	43	39	36	34	33
						C3.0		51	46	42	45	41	38	37	34
						B4.0		55	50	47	49	45	42	40	38
						A5.0		57	53	49	51	47	44	41	40
(4)	반직접 0.25 ↕ 0.55 S ≤ H		전구			J0.6		26	22	19	24	21	18	19	17
			1.3	1.4	1.5	I0.8		33	28	26	30	26	24	25	23
						H1.0		36	32	30	33	30	28	28	26
			형광등			G1.25		40	36	33	36	33	30	30	29
						F1.5		43	39	35	39	35	33	33	31
						E2.0		47	44	40	43	39	36	36	34
			1.6	1.7	1.8	D2.5		51	47	43	46	42	40	39	37
						C3.0		54	49	45	48	44	42	42	38
						B4.0		57	53	50	51	47	45	43	41
						A5.0		59	55	52	53	49	47	47	43
(5)	직접 0 ↕ 0.75 S ≤ H		전구			J0.6		34	29	26	32	29	27	29	27
			1.3	1.4	1.5	I0.8		43	38	35	39	36	35	36	34
						H1.0		47	43	40	41	40	38	40	38
			형광등			G1.25		50	47	44	44	43	41	42	41
						F1.5		52	50	47	46	44	43	44	43
						E2.0		58	55	52	49	48	46	47	46
			1.4	1.7	2.0	D2.5		62	58	56	52	51	49	50	49
						C3.0		64	61	58	54	52	51	51	50
						B4.0		67	64	62	55	53	52	52	52
						A5.0		68	66	64	56	54	53	54	52

기 호	A	B	C	D	E	F	G	H	I	J
실지수	5.0	4.0	3.0	2.5	2.0	1.5	1.25	1.0	0.8	0.6
범 위	4.5 이상	4.5 ∫ 3.5	3.5 ∫ 2.75	2.75 ∫ 2.25	2.25 ∫ 1.75	1.75 ∫ 1.38	1.38 ∫ 1.12	1.12 ∫ 0.9	0.9 ∫ 0.7	0.7 이하

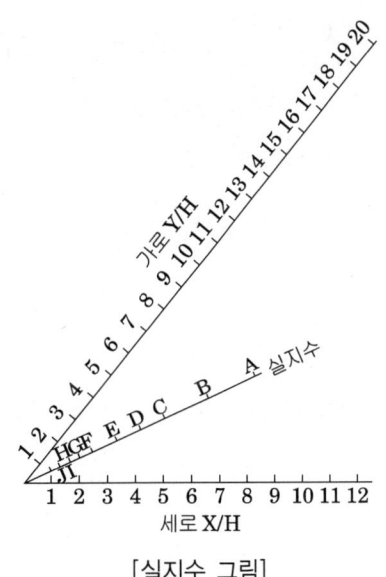

[실지수 그림]

(1) 광원의 높이는 몇 [m]인가?

(2) 실지수의 기호와 실지수를 구하시오.

(3) 조명률은 얼마인가?

(4) 감광보상률은 얼마인가?

(5) 전 광속을 계산하시오.

(6) 전등 한 등의 광속은 몇 [lm]인가?

(7) 전등의 Watt 수는 몇 [W]를 선정하면 되는가?

• 계산 : _____   • 답 : _____

[정답] (1) • 계산

$H(등고) : 9 - 1 = 8 \, [\text{m}]$

• 답 : 8 [m]

(2) • 계산

실지수 $K = \dfrac{X \cdot Y}{H(X+Y)}$

$K = \dfrac{X \cdot Y}{H(X+Y)} = \dfrac{50 \times 25}{8 \times (50+25)} = 2.08$

[표3]에서 실지수의 기호를 찾는다.

• 답 : 실지수의 기호 : E,   실지수 : 2.0이다.   ∴ E2.0

(3) 위 문제에서 구한 실지수(E2.0)와 주어진 조건(직접조명, 천정/벽면의 반사율:30%)을 이용하여 [표2]에서 알맞은 조명률을 찾는다.

• 답 : 47 [%]

(4) 주어진 조건(직접조명, 보수상태: 양호, 전구)을 이용하여 [표2]에서 알맞은 감광보상률을 찾는다.

• 답 : 1.3

(5) • 계산

$NF = \dfrac{DES}{U} = \dfrac{1.3 \times 200 \times (50 \times 25)}{0.47} = 691489.36 \, [\text{lm}]$

• 답 : 691489.36 [lm]

(6) • 계산

도면을 보고 등수를 구할 수 있다. 등수 $= 4 \times 8$

전등 한 등의 광속 $= \dfrac{\text{전광속}}{\text{등수}} = \dfrac{691489.36}{(4 \times 8)} = 21609.04 \, [\text{lm}]$

• 답 : 21609.04 [lm]

(7) 백열전구의 Watt 수 : [표1]의 전등 특성 표에서 위에서 구한 광속(21609.04[lm])을 이용하여 21,000±2,100[lm]인 1,000[W]을 선정한다.

• 답 : 1,000 [W]

[참고]
- 이 문제에서 실지수 공식을 이용하여 얻은 값을 표[3]에서 찾을 수도 있고, 공식을 사용하지 않고 실지수 그림만을 이용하여 실지수 값을 구할 수 있다.
- 문제(5)는 전(全)소요광속을 구하는 것이므로 광속(F)에 등 개수(N)를 곱해야 한다.
- 일반적으로 철골공장/엘리베이터의 피조면의 높이는 0[m]이며, 사무실/학교의 피조면의 높이는 0.85[m]이다.

문제 12 전구를 수요자가 부담하는 종량 수용가에서 A, B 어느 전구를 사용하는 편이 유리한가를 다음 표를 이용하여 산정하시오.

전구의 종류	전구의 수명	1[cd]당 소비전력[W] (수명 중의 평균)	평균 구명광도 (cd)	1[kWh]당 전력요금[원]	전구의 값 [원]
A	1500시간	1.0	38	20	90
B	1800시간	1.1	40	20	100

• 계산 : _____   • 답 : _____

정답 • 계산

전구	전력비[원/시간]	전구비[원/시간]	계[원/시간]
A	$1 \times 38 \times 10^{-3} \times 20 = 0.76$	$\dfrac{90}{1,500} = 0.06$	0.82
B	$1.1 \times 40 \times 10^{-3} \times 20 = 0.88$	$\dfrac{100}{1,800} = 0.06$	0.94

• 답 : A전구가 유리하다.

경제적인 전구의 선정은 전구의 구입비용 및 점등시 필요한 전력비등을 고려하여 선정한다.

• A전구의 경우 조건에서

전구의 종류	전구의 수명	1[cd]당 소비전력[W] (수명 중의 평균)	평균 구면광도 (cd)	1[kWh]당 전력요금[원]	전구의 값 [원]
A	1,500시간	1.0	38	20	90

이므로 광도가 38[cd]이며, 소비전력이 1.0[W/cd]이므로 소비전력은 $1 \times 38 \times 10^{-3}$[kW]가 된다.
따라서 1[kWh]당 전력요금이 20[원]이므로 1×38×10−3×20=0.76[원]이 된다.

전구의 구입비용은 90[원], 전구의 수명은 1,500시간 이므로 시간당 비용은 $\dfrac{90}{1,500} = 0.06$[원]이 된다.

따라서 전구의 비용은 0.76+0.06=0.82[원]이 된다.

• B전구의 경우 조건에서

전구의 종류	전구의 수명	1[cd]당 소비전력[W] (수명 중의 평균)	평균 구면광도 (cd)	1[kWh]당 전력요금[원]	전구의 값 [원]
B	1,800시간	1.1	40	20	100

이므로 광도가 40[cd]이며, 소비전력이 1.1[W/cd]이므로 소비전력은 $1.1 \times 40 \times 10^{-3}$[kW]가 된다.
따라서 1[kWh]당 전력요금이 20[원]이므로 1.1×40×10−3×20=0.88[원]이 된다.

전구의 구입비용은 100[원], 전구의 수명은 1,800시간 이므로 시간당 비용은 $\dfrac{100}{1,800} = 0.06$[원]이 된다.

따라서 전구의 비용은 0.88+0.06=0.94[원]이 된다.
그러므로 두 전구를 비교하면 A전구의 비용이 저렴하므로 A전구가 경제적이 된다.

문제 13

그림과 같은 배광 곡선을 갖는 반사갓형 수은등 400[W] 22,000[lm]을 사용할 경우 기구 직하 7[m]점으로부터 수평 5[m] 떨어진 점의 수평면 조도를 구하시오. (단, $\cos^{-1}0.814 = 35.5°$, $\cos^{-1}0.707 = 45°$, $\cos^{-1}0.583 = 54.3°$)

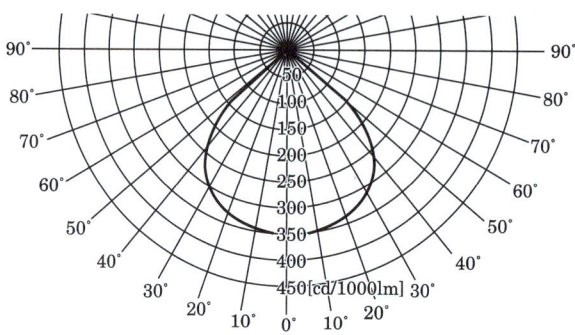

정답

① 수평면 조도 $E_h = \dfrac{I}{\ell^2}\cos\theta$ 이다. 여기서 ℓ을 먼저 구한다.

$$\ell = \sqrt{h^2 + W^2} = \sqrt{7^2 + 5^2}$$

② $\cos\theta$를 구한다.

$$\cos\theta = \frac{h}{\sqrt{h^2 + W^2}} = \frac{7}{\sqrt{7^2 + 5^2}} = 0.814$$

③ 위에서 구한 $\cos\theta$값을 이용하여 각도(θ)를 구한다.

$$\theta = \cos^{-1}0.814 = 35.5°$$

④ 표에서 각도 35.5°에서의 광도(I)를 찾는다.

35.5°에 해당하는 광도는 약 280[cd/1,000lm]이다. 이 수치를 이용하여 수은등의 광도(I)를 구한다.

$$I = \frac{280}{1,000} \times 22,000 = 6,160[\text{cd}] \text{ 이다.}$$

⑤ 수평면 조도 $E_h = \dfrac{I}{\ell^2}\cos\theta = \dfrac{6,160}{(\sqrt{7^2 + 5^2})^2} \times 0.814 = 67.76[\text{lx}]$

참고 이 배광곡선에서 주어진 광도는 280[cd/1,000lm]이며, 이것은 1,000[lm]당 280[cd]의 광도를 의미

심벌 11선 — 출제빈도순에 따른 과년도 출제예상문제

* 최근 10개년 출제빈도를 분석하여 자주 출제되는 문제만 선별하여 문제에 대한 상세해설 및 요점정리까지 한꺼번에 이해할 수 있게 하여 수험생의 길잡이가 되도록 하였다.

문제 1 ★☆☆☆

점멸기의 그림 기호에 대한 다음 각 물음에 답하시오.

【참고】
점멸기의 그림기호 : ●

(1) 용량 몇 [A] 이상은 전류치를 방기하는가?
(2) ① ●$_{2P}$과 ② ●$_4$은 어떻게 구분되는지 설명하시오.
(3) ① 방수형과 ② 방폭형은 어떤 문자를 방기하는가?

[정답]
(1) 15[A]
(2) ① 2극 스위치   ② 4로 스위치
(3) ① 방수형 : WP   ② 방폭형 : EX

이것이 핵심

■ 점멸기의 종류 및 심벌

- 용량표시 :
  - 15[A] 이상은 전류치를 표기한다.
  - 10[A]는 표시하지 않는다.
- 극수위치 :
  - 단극은 방기하지 않는다.
  - 2극은 2P로 표기한다.
  - 3로 또는 4로는 3, 4의 숫자로 표기한다.

① 방폭형 : EX
② 방수형 : WP
③ 자동 : A
④ 리모콘 : R
⑤ 타이머붙이 : T
⑥ 파일럿램프 내장 점멸기 : L
⑦ 따로 놓여진 파일럿 램프 점멸기 : ○●
⑧ 조광기 : ↗
⑨ 리모콘 릴레이 : ▲ (리모콘 릴레이를 접합하여 부착하는 경우 : ▲▲▲$_{10}$ 수량표시)

문제 2

그림은 콘센트의 종류를 표시한 옥내배선용 그림기호이다. 각 그림기호는 어떤 의미를 가지고 있는지 설명하시오.

(1) ⊙ET

(2) ⊙E

(3) ⊙WP

(4) ⊙H

[정답] (1) ⊙ET : 접지단자붙이   (2) ⊙E : 접지극붙이
(3) ⊙WP : 방수형   (4) ⊙H : 의료용

이것이 핵심

명칭	그림기호	적요
콘센트	⊙	① 천장에 부착하는 경우는 다음과 같다. ⊙ ② 바닥에 부착하는 경우는 다음과 같다. ⊙ ③ 용량의 표시 방법은 다음과 같다. 　• 15[A]는 표기하지 않는다. 　• 20[A] 이상은 암페어 수를 표기한다. 　【보기】 ⊙20A ④ 2구 이상인 경우는 구수를 방기한다. 　【보기】 ⊙2 ⑤ 3극 이상인 경우는 극수를 방기한다. 　【보기】 ⊙3P ⑥ 종류를 표시하는 경우는 다음과 같다. 　빠짐방지형　⊙LK 　걸림형　　　⊙T 　접지극붙이　⊙E 　접지단자붙이　⊙ET 　누전 차단기붙이　⊙EL ⑦ 방수형은 WP를 방기한다. ⊙WP ⑧ 방폭형은 EX 방기한다. ⊙EX ⑨ 의료용은 H를 방기한다. ⊙H

문제 3

개폐기 중에서 다음 기호(심벌)가 의미하는 것은 무엇인지 모두 쓰시오.

정답
- 3극 50[A] 개폐기로서
- 퓨즈 정격 20[A]
- 정격전류 5[A]인 전류계 붙이

문제 4

다음 그림 기호는 일반 옥내배선의 전등·전력·통신·신호·재해방지·피뢰설비 등의 배선, 기기 및 부착위치, 부착방법을 표시하는 도면에 사용하는 그림 기호이다. 각 그림 기호의 명칭을 쓰시오.

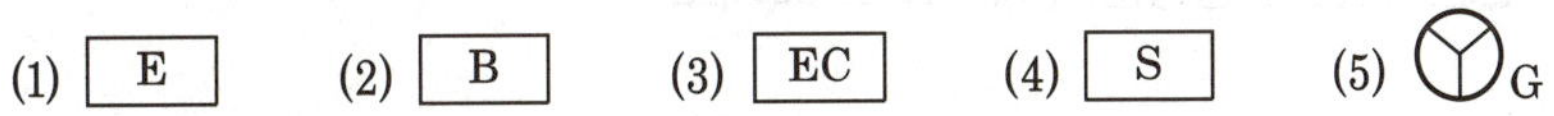

(1) E   (2) B   (3) EC   (4) S   (5) Ⓨ G

정답
(1) 누전 차단기   (2) 배선용 차단기
(3) 접지센터   (4) 개폐기   (5) 누전 경보기

문제 5

다음 심벌의 명칭을 쓰시오.

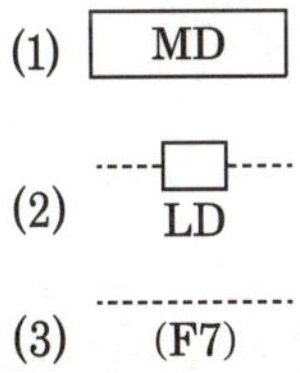

(1) MD

(2) ----□---- LD

(3) ------------ (F7)

정답
(1) 금속덕트
(2) 라이팅덕트
(3) 플로어덕트

이것이 핵심

- **덕트공사의 종류 및 심벌**
  ① 금속덕트 : MD
  ② 플로어덕트 : (F7)
  ③ 라이팅덕트 : LD
  ④ 버스덕트 :
    - 피트버스덕트(FBD) : 덕트 도중에 부하를 접속할 수 없도록 만든 구조
    - 플러그인버스덕트(PBD) : 덕트 도중에 부하를 접속할 수 있도록 만든 구조
    - 트롤리버스덕트(TBD) : 덕트 도중에 이동 부하를 접속할 수 있도록 만든 구조
  ⑤ 버스덕트 익스팬션 :

문제 6 ★★★☆

그림과 같은 심벌의 명칭을 구체적으로 쓰시오.

(1)

(2)

(3)

(4)

(5)

[정답] (1) 배전반   (2) 분전반   (3) 제어반
(4) 재해방지 전원회로용 배전반
(5) 재해방지 전원회로용 분전반

이것이 핵심

① 배전반 :   ② 분전반 :
③ 제어반 :   ④ 재해방지 전원회로용 배전반 :
⑤ 재해방지 전원회로용 분전반 :

문제 7
★★★★★

일반용 조명 및 콘센트의 그림 기호에 대한 다음 각 물음에 답하시오.

(1) 백열등의 그림 기호는 ◯이다. 벽붙이의 그림 기호를 그리시오.

(2) ◎로 표시되는 등은 어떤 등인가?

(3) ◯$_H$:   ◯$_M$:   ◯$_N$

[정답] (1) ◐

(2) 옥외등

(3) ◯$_H$: 수은등   ◯$_M$: 메탈할라이드등   ◯$_N$: 나트륨등

문제 8
★☆☆☆☆

일반용 조명 및 콘센트의 그림 기호에 대한 다음 각 물음에 답하시오.

(1) ◎로 표시되는 등은 어떤 등인가?

(2) HID등을 ① ◯$_{H400}$, ② ◯$_{M400}$, ③ ◯$_{N400}$ 로 표시하였을 때 각 등의 명칭은 무엇인가?

(3) 콘센트의 그림 기호는 ⏣이다.
① 천장에 부착하는 경우의 그림 기호는?
② 바닥에 부착하는 경우의 그림 기호는?

(4) 다음 그림 기호를 구분하여 설명하시오.
① ⏣$_2$ ② ⏣$_{3P}$

[정답] (1) 옥외등

(2) ① 400[W] 수은등   ② 400[W] 메탈 헬라이드등   ③ 400[W] 나트륨등

(3) ①   ②

(4) ① 2구 콘센트   ② 3극 콘센트

참고 (1) 등기구(일반용)

명칭	그림기호	적요
백열등 HID등	◯	① 벽붙이는 벽 옆을 칠한다. ◐ ② 옥외등을 ⊚로 하여도 좋다. ③ HID등의 종류를 표시하는 경우는 용량 앞에 다음 기호를 붙인다. 　• 수은등　　　H 　• 메탈 할라이드등　M 　• 나트륨등　　　N 【보기】 H400
형광등	▭◯▭	① 용량을 표시하는 경우는 램프와 크기(형)×램프 수로 표시한다. 또 용량 앞에 F를 붙인다. 【보기】 F40　　F40×2 ② 용량 외에 기구수를 표시하는 경우는 램프의 크기(형)×램프 수-기구수로 표시한다. 【보기】 F-40-2　F40×2-3

(2) 등기구(비상용)

명칭	그림기호	적요
백열등	●	① 일반용 조명 백열등의 적요를 준용한다. 다만, 기구의 종류를 표시하는 경우는 표기한다. ② 일반용 조명 형광등에 조립하는 경우는 다음과 같다. 　▭◯●▭
형광등	▬◯▬	① 일반용 조명 백열등의 적요를 준용한다. 다만, 기구의 종류를 표시하는 경우는 표기한다. ② 계단에 설치하는 통로 유도등과 겸용인 것은 ▬⊗▬ 로 한다.

문제 9

다음 약호의 명칭을 우리말로 쓰시오.

① PO　　　　　　　　② SP
③ TR　　　　　　　　④ PR

정답　① 위치 계전기　② 속도 계전기　③ 온도 계전기　④ 압력 계전기

참고

약 어	명 칭
CLR	한류계전기(Current Limiting Relay)
CR	전류계전기(Current Relay)
DFR	차동계전기 (Differential Relay)
FR	주파수계전기 (Frequency Relay)
GR	지락계전기 (Ground Relay)
OCR	과전류계전기 (Overcurrent Relay)
OSR	과속도계전기 (Overspeed Relay)
OVR	과전압계전기 (Over voltage Relay)
PLR	극성계전기 (Polarity Relay)
POR	위치계전기 (Position Relay)
PRR	압력계전기 (Pressure Relay)
RCR	재폐로계전기 (Reclosing Realy)
SPR	속도계전기 (Speed Relay)
SR	단락계전기(Shortcitcuit Relay)
TDR	시연계전기 (Time Delay Relay)
THR	열동계전기 (Thermal Relay)
TLR	한시계전기 (Timelag Relay)
TR	온도계전기 (Temperature Relay)
UVR	부족전압계전기 (Undervoltage Relay)
VR	전압계전기 (Voltage Relay)

문제 10 ★★★☆☆

다음 전기 설비에서 사용하는 그림 기호의 명칭을 쓰시오.

(1) 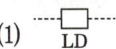   (2)   (3)   (4)

(5)    (6)    (7) ───

정답
(1) 라이팅 덕트
(2) 풀박스 및 접속 상자
(3) 리모콘 스위치
(4) 방폭형 콘센트
(5) 분전반
(6) 본 배선반
(7) 단자반

참고 전선 및 케이블의 종류와 약호

약 호	명 칭
ACSR	강심 알루미늄 연선
ACSR-OC 전선	옥외용 강심 알루미늄도체 가교 폴리에틸렌 절연전선
ACSR-OE 전선	옥외용 강심 알루미늄도체 폴리에틸렌 절연전선
AL-OC 전선	옥외용 알루미늄도체 가요 폴리에틸렌 절연전선
AL-OE 전선	옥외용 알루미늄도체 폴리에틸렌 절연전선
AL-OW 전선	옥외용 알루미늄도체 비닐 절연전선
BL 케이블	300/500[V] 편조 리프트 케이블
BRC 코드	300/300[V] 편조 고무코드
CE1 케이블	0.6/1[kV] 가교 폴리에틸렌 절연 폴리에틸렌 시스케이블
CE10 케이블	6/10[kV] 가교 포리에틸렌 절연 폴리에틸렌 시스케이블
CN-CV 케이블	동심중성선 차수형 전력케이블
CN-CV-W 케이블	동심중성선 수밀형 전력 케이블
CV1 케이블	0.6/1[kV] 가교 폴리에틸렌 절연 비닐 시스 케이블
CV10 케이블	6/10[kV] 가교 폴리에틸렌 절연 비닐 시스 케이블
CVV 전선	0.6/1[kV] 비닐절연 비닐시스 제어케이블
DV 전선	인입용 비닐 절연 전선
EE 케이블	폴리에틸렌 절연 폴리에틸렌 시스 케이블
EV 케이블	폴리에틸렌 절연 비닐 시스 케이블
FL 전선	형광 방전등용 비닐 전선
HR(0.5) 전선	500[V] 내열성 고무 절연전선(110[℃])
HR(0.75) 전선	750[V] 내열성 고무 절연전선(110[℃])
MI 케이블	미네랄 인슈레이션 케이블
NR 전선	450/750[V] 일반용 단심 비닐 절연 전선
NRI(70) 전선	300/500[V] 기기 배선용 단심 비닐전령전선(70[℃])
NRI(90) 전선	300/500[V] 기기 배선용 단심 비닐전령전선(90[℃])
OC 전선	옥외용 가교 폴리에틸렌 절연전선
OE 전선	옥외용 폴리에틸렌 절연전선
OW 전선	옥외용 비닐 전연 전선
PDC 전선	6/10[kV] 고압 인하용 가교 폴리에틸렌 절연 전선
PNCT 케이블	0.6/1[kV] EP 고무 절연 클로로프렌 캡타이어 케이블
VCT 케이블	0.6/1[kV] 비닐 절연 비닐 캡타이어 케이블
VV 케이블	0.6/1[kV] 비닐 절연 비닐 시스 케이블

문제 11 일반용 조명에 관한 다음 각 물음에 답하시오.

(1) 백열등의 그림 기호는 ○이다. 벽붙이의 그림 기호를 그리시오.

(2) HID 등의 종류를 표시하는 경우는 용량 앞에 문자기호를 붙이도록 되어 있다. 수은등, 메탈헬라이드등, 나트륨등은 어떤 기호를 붙이는가?

• 수은등 :　　　　　　• 메탈헬라이드등 :　　　　　　• 나트륨등 :

(3) 그림 기호가 ⊗로 표시되어 있다. 어떤 용도의 조명등인가?

[정답] (1) ◐
(2) • 수은등 : H　　• 메탈헬라이드등 : M　　• 나트륨등 : N
(3) 옥외등

명 칭	그림 기호	적 요
백열등 HID등	○	① 벽붙이는 벽 옆을 칠한다. ◐ ② 옥외등은 ⊗로 하여도 좋다. ③ HID등의 종류를 표시하는 경우는 용량 앞에 다음 기호를 붙인다. 　수은등　　　　　H 　메탈 헬라이드 등　M 　나트륨등　　　　N [보기] H400
형광등	⊏○⊐	① 용량을 표시하는 경우는 램프의 크기(형)×램프 수로 표시한다. 또, 용량 앞에 F를 붙인다. [보기] F 40　　F40×2 ② 용량 외에 기구수를 표시하는 경우는 램프의 크기(형)×램프 수-기구 수로 표시한다. [보기] F40-2　　F40×2-3

Engineer Electricity
Industrial Engineer Electricity

Table-Spec 및 시공

Chapter 05

01. 수용가 설비의 전압강하
02. 분기회로에 대한 과전류 보호설계
03. 간선에 대한 과전류 보호설계
04. 전선의 최대길이 및 보호도체의 선정
■ 과년도 출제예상문제

Chapter 05 Table-Spec 및 시공

01 수용가 설비의 전압강하

1 다른 조건을 고려하지 않는다면 수용가 설비의 인입구로부터 기기까지의 전압강하는 아래 표에 따른 값 이하이어야 한다.

설비의 유형	조명(%)	기타(%)
A-저압으로 수전하는 경우	3	5
B-고압 이상으로 수전하는 경우[a]	6	8

[a] 가능한 한 최종회로내의 전압강하가 A 유형의 값을 넘지 않도록 하는 것이 바람직하다. 사용자의 배선설비가 100m를 넘는 부분의 전압강하는 미터 당 0.005% 증가할 수 있으나 이러한 증가분은 0.5%를 넘지 않아야 한다.

2 더 큰 전압강하 허용범위
　① 기동 시간 중의 전동기
　② 돌입전류가 큰 기타 기기

3 고려하지 않는 일시적인 조건
　① 과도과전압
　② 비정상적인 사용으로 인한 전압 변동

T/S 및 시공 01 필수문제

다음 수용가 설비에서의 전압강하에 대한 물음에 답하시오.

(1) 다른 조건을 고려하지 않는다면 수용가 설비의 인입구로부터 기기까지의 전압강하는 다음 표와 같다. 표의 빈칸을 채우시오.

수용가설비의 전압강하

설비의 유형	조명(%)	기타(%)
A-저압으로 수전하는 경우		
B-고압 이상으로 수전하는 경우[a]		

[a] 가능한 한 최종회로내의 전압강하가 A 유형의 값을 넘지 않도록 하는 것이 바람직하다. 사용자의 배선설비가 100m를 넘는 부분의 전압강하는 미터 당 0.005% 증가할 수 있으나 이러한 증가분은 0.5%를 넘지 않아야 한다.

(2) 표보다 더 큰 전압강하를 허용할 수 있는 방법 2가지를 쓰시오.

- _____
- _____

정답 (1) 수용가설비의 전압강하

설비의 유형	조명 [%]	기타 [%]
A-저압으로 수전하는 경우	3	5
B-고압 이상으로 수전하는 경우[a]	6	8

[a] 가능한 한 최종회로내의 전압강하가 A 유형의 값을 넘지 않도록 하는 것이 바람직하다. 사용자의 배선설비가 100m를 넘는 부분의 전압강하는 미터 당 0.005% 증가할 수 있으나 이러한 증가분은 0.5%를 넘지 않아야 한다.

(2) • 기동 시간 중의 전동기
 • 돌입전류가 큰 기타 기기

02 분기회로에 대한 과전류 보호설계

현장에서 상황과 조건에 의해 KEC 212 및 232에서 요구하는 기준에 따라 가장 적절한 크기의 선도체, 중성선 및 보호도체의 단면적과 보호장치의 정격전류를 선정한다.

1 도체의 단면적 선정

(1) 설계전류를 고려한 공칭단면적 선정
   ① 단상회로의 설계전류

$$I_B = \frac{P}{V \times \eta \times \cos\theta} [\text{A}]$$

I_B : 전동기 회로의 설계전류[A], P : 전동기의 출력[kW],
V : 전동기의 정격전압[kV], η : 전동기의 효율,
$\cos\theta$: 전동기의 역률

   ② 3상 전동기 회로의 설계전류

$$I_B = \frac{P}{\sqrt{3} \times V \times \eta \times \cos\theta} [\text{A}]$$

I_B : 전동기 회로의 설계전류[A], P : 전동기의 출력[kW],
V : 전동기의 정격전압[kV], η : 전동기의 효율,
$\cos\theta$: 전동기의 역률

   ③ 도체의 허용전류
   설계전류를 기초로 그 이상의 값을 주어지는 표에 의해 산정하되 계산조건인 보정된 허용전류 값을 통해 선정한다.

(2) 과부하 보호장치의 정격전류를 고려한 도체의 단면적

$$I_B(\text{설계전류}) \leq I_n(\text{정격전류})$$

(3) 전압강하율을 고려한 계산단면적
   ① 공급전압에 대한 부하의 단자에서 허용전압강하율은 부하기기의 허용 전압강하율을 고려하여 선정하는 것이 원칙이다. 일반적으로 분기회로에서 허용전압강하율은 공급전압의 2[%] 이내로 하지만, 간선의 전압강하율을 포함한 합산전압강하율은 5[%] 이내가 바람직하다.
   ② 허용전압강하율을 고려한 계산단면적 (계산면적보다 상위 값 선정)

$$S = \frac{K_w \times I \times L}{1000 \times e}$$

S : 도체의 최소단면적[mm^2], L : 도체의 길이[m],
K_w : 단상2선 35.6, 3상3선 30.8, 3상4선 17.8, I : 전류[A],
e : 선간의 전압강하율(3상4선의 경우 전압선과 중성선과의 전압)

(4) 전동기의 기동전류에 의한 온도상승을 고려한 도체의 단면적

$$S = \frac{I_B \times \beta \times \sqrt{t_m}}{K \times n}$$

K : 절연물의 종류에 따라 정해지는 상수,
I_B : 전동기회로의 설계전류, β : 전동기의 전전압 기동배율,
t_m : 전동기의 전전압 기동시간[s], n : 병렬도체 수

(5) (1)~(4) 중 보호장치의 과전류값 이상의 허용전류를 갖는 적합한 공칭 단면적 선정

2 과부하 보호장치의 정격전류 선정

(1) 설계전류를 고려한 과부하 보호장치의 정격전류 선정

$$I_B(\text{설계전류}) \leq I_n(\text{정격전류})$$

(2) $I_2 \leq 1.45 \times I_Z$(도체의 허용전류)에 의한 과부하 보호장치의 정격전류
I_2는 보호장치가 규약시간 이내에 유효하게 동작하는 것을 보증하는 전류를 뜻한다.

$$I_2 = \text{계산시 산정계수} \times I_n(\text{정격전류})$$

■ 보호장치의 규약동작전류

구분	동작전류	동작시간		계산식	
		60A 이하	63A 초과	63A 이하	63A 초과
주택용	$1.45 \times I_n$	60분	120분	$I_2 = I_n \times 1.45$	$I_2 = I_n \times 1.52$
산업용	$1.3 \times I_n$	60분	120분	$I_2 = I_n \times 1.3$	$I_2 = I_n \times 1.37$

(3) 전동기의 기동전류를 고려한 과부하 보호장치의 정격전류

$$I_n = \frac{I_B \times \beta}{\gamma}$$

I_B : 전동기의 설계전류,
β : 전동기의 전전압 기동배율, γ : 보호장치의 규약동작배율

※ 보호장치의 규약동작배율
과부하보호장치의 최소동작시간과 동작특성곡선과의 교점 아래측의 전류배율을 뜻하며, 동작특성의 그래프 세로측 시간(초)의 산정은 전동기의 전전압 기동시간을 기준으로 하여 50~100[%]의 범위에서 가산하며, 가산시간은 5초를 초과하지 않도록 한다.

03 간선에 대한 과전류 보호설계

현장에서 상황과 조건에 의해 KEC 212 및 232에서 요구하는 기준에 따라 가장 적절한 크기의 선도체, 중성선 및 보호도체의 단면적과 보호장치의 정격전류를 선정한다.

1 도체의 단면적 선정

(1) 설계전류를 고려한 공칭단면적 선정

① 선행운전부하최대값

$$S_a = S_{tot} \times a$$

S_{tot} : 선행운전부하의 합계, α : 수용률

② 전동기 부하입력

$$S_m = \frac{P_m}{\eta \times \cos\theta} [\text{kVA}]$$

P_m : 전동기 정격출력[kW], η : 전동기의 효율,
$\cos\theta$: 전동기의 역률

③ 간선에 접속된 부하의 입력

$$S = \sqrt{P^2 + Q^2}$$

④ 간선의 설계전류

$$I_B = \frac{S}{\sqrt{3}\, V}$$

⑤ 간선의 설계전류
설계전류를 기초로 그 이상의 값을 주어지는 표에 의해 산정하되 계산 조건인 보정된 허용전류 값을 통해 선정한다.

(2) 과부하 보호장치의 정격전류를 고려한 도체의 단면적

$$I_B(\text{설계전류}) \leq I_n(\text{정격전류}) \leq I_Z(\text{도체의 허용전류})$$

(3) 전압강하율을 고려한 계산단면적
  ① 간선에서 허용전압강하율은 3[%] 이내로 한다.
  ② 허용전압강하율을 고려한 계산단면적 (계산면적보다 상위 값 선정)

$$S = \frac{K_w \times I \times L}{1000 \times e}$$

  S : 도체의 최소단면적[mm²], L : 도체의 길이[m],
  K_w : 단상2선 35.6, 3상3선 30.8, 3상4선 17.8, I : 전류[A],
  e : 선간의 전압강하율(3상4선의 경우 전압선과 중성선과의 전압)

(4) 전동기의 기동전류에 의한 온도상승을 고려한 도체의 단면적

$$S = \frac{I_{FS} \times \sqrt{t_m}}{K \times n} \times \alpha$$

  I_{FS} : 전동기 기동시 간선에 흐르는 전류,
  K : 절연물의 종류에 따라 정해지는 상수,
  t_m : 전동기의 전전압 기동시간[s], α : 설계여유, n : 병렬도체 수

(5) (1)~(4) 중 보호장치의 과전류값 이상의 허용전류를 갖는 적합한 공칭 단면적 선정

2 과부하 보호장치의 정격전류 선정

(1) 설계전류를 고려한 과부하 보호장치의 정격전류 선정

$$I_B \text{(설계전류)} \leq I_n \text{(정격전류)}$$

(2) $I_2 \leq 1.45 \times I_Z$(도체의 허용전류)에 의한 과부하 보호장치의 정격전류 I_2는 보호장치가 규약시간 이내에 유효하게 동작하는 것을 보증하는 전류를 뜻한다.

$$I_2 = \text{계산시 산정계수} \times I_n \text{(정격전류)}$$

(3) 전동기의 기동전류를 고려한 과부하 보호장치의 정격전류

$$I_n = \frac{I_{FS}}{\gamma}$$

  I_{FS} : 전동기 기동시 간선에 흐르는 전류, γ : 보호장치의 규약동작배율

(4) (1)~(3) 중 큰 값을 선정한다.

3 단락 보호장치의 선정

(1) 단락고장에 의한 도체의 단시간허용온도에 도달하는 시간을 고려한 보호장치의 선정

① 분기회로 도체가 단시간 허용온도에 도달하는 시간

$$t_z = \left(\frac{S \times K \times n}{I}\right)^2$$

S : 적용도체의 단면적, K : 도체에 따른 계수, I : 최소단락전류
n : 병렬도체수

② 최소단락전류의 차단배율

$$\delta = \frac{I_F}{I_n}$$

I_F : 최소단락전류, I_n : 과부하 보호장치의 정격전류

③ 최소단락전류에 의한 보호장치 동작시간 고려(기구별 보호장치의 동작 특성 참고)

(2) 전동기의 기동돌입전류를 고려한 단락보호장치의 정격전류 선정

① 전동기의 기동돌입부하용량

$$S_{mi} = S_m \times \beta \times C \times k$$

S_m : 전동기 부하입력, β : 전동기의 전전압 기동배율,
C : 전동기의 기동방식에 따른 배율, k : 전동기의 돌입전류의 배율

② 기동돌입부하의 크기

$$S = \sqrt{P^2 + Q^2}$$

P : 선행운전부하와 전동기의 기동돌입부하 유효분의 합

④ 전동기의 기동시 합산부하의 기동돌입전류

$$I_i = \frac{S}{\sqrt{3}\,V}$$

⑤ 단락보호장치의 정격전류 계산

$$I_n = \frac{I_i \times \alpha}{\delta}$$

δ : 보호장치의 순시차단배율, α : 설계여유

(3) (1)과 (2) 중 큰 값 선정

(4) 보호장치의 차단용량 선정

정격차단전류는 제조사의 기술사양서를 참조하여 선정하며, 계통의 최대 단락전류를 기초로 하여 125[%] 이상의 표준값을 선정하여야 한다.

04 전선의 최대길이 및 보호도체의 선정

1 전선 굵기 산정시 전선의 길이에 따른 계산식

(1) 전선최대길이

$$L = \frac{\text{배선 설계의 길이} \times \dfrac{\text{부하의 최대 사용 전류[A]}}{\text{표의 전류[A]}}}{\dfrac{\text{배선 설계의 전압 강하[V]}}{\text{표의 전압 강하[V]}}}$$

(2) 부하중심까지의 거리

$$L = \frac{\Sigma\text{전류} \times \text{길이}}{\Sigma\text{전류}} = \frac{\Sigma\text{전압} \times \text{전류} \times \text{길이}}{\Sigma\text{전압} \times \text{전류}} = \frac{\Sigma\text{전력} \times \text{길이}}{\Sigma\text{전력}}$$

2 보호도체의 단면적

보호도체의 최소 단면적은 표에 따라 선정해야 하며, 보호도체용 단자도 이 도체의 크기에 적합하여야 한다. 다만, 계산식에 따라 계산한 값 이상이어야 한다.

상도체의 단면적 S (mm², 구리)	보호도체의 최소 단면적(mm², 구리)	
	보호도체의 재질	
	상도체와 같은 경우	상도체와 다른 경우
$S \leq 16$	S	$(k_1/k_2) \times S$
$16 < S \leq 35$	$16(a)$	$(k_1/k_2) \times 16$
$S > 35$	$S(a)/2$	$(k_1/k_2) \times (S/2)$

- k_1 : 도체 및 절연의 재질에 따라 선정된 상도체에 대한 k값
- k_2 : 보호도체에 대한 k값
- a : PEN 도체의 최소단면적은 중성선과 동일하게 적용한다

※ 차단시간이 5초 이하인 경우에만 다음 계산식을 적용한다.

(1) 간선의 계산값

$$S = \frac{\sqrt{I_F^2 t}}{k} \times \alpha$$

S : 단면적[mm^2], α : 설계여유, I_F : 최소단락전류[A]
t : 자동차단을 위한 보호장치의 동작시간[s]
k : 보호도체, 절연, 기타부위의 재질 및 초기온도와 최종온도에 따라 정해지는 계수

(2) 분기회로의 계산값

$$S = \frac{\sqrt{I^2 t}}{k}$$

S : 단면적[mm^2]
t : 자동차단을 위한 보호장치의 동작시간[s]
I : 보호장치를 통해 흐를 수 있는 예상고장전류 실효값[A]
k : 보호도체, 절연, 기타부위의 재질 및 초기온도와 최종온도에 따라 정해지는 계수

T/S 및 시공 02 필수문제

분전반에서 30[m]인 거리에 5[kW]의 단상 교류 200[V]의 절연기용 아웃트렛을 설치하여, 그 전압강하를 4[V] 이하가 되도록 하려고 한다. 배선방법을 금속관공사로 한다고 할 때 여기에 필요한 전선의 굵기를 계산하고, 실제 사용되는 전선의 굵기를 정하시오.

정답 • 계산

$I = \dfrac{P}{V} = \dfrac{5000}{200} = 25[A]$ 단상 2선식의 전선의 굵기

$A = \dfrac{35.6 L I}{1000 \times e} = \dfrac{35.6 \times 30 \times 25}{1000 \times 4} = 6.675[mm^2]$ 이다. 실제 사용되는 전선의 굵기이므로 KSC IEC 기준에 의하여 선정한다.

• 답 : 10[mm^2] 선정

해설

전선의 단면적		KSC IEC 전선규격[mm^2]		
단상 2선식	$A = \dfrac{35.6 L I}{1000 \cdot e}$	1.5	2.5	4
		6	10	16
3상 3선식	$A = \dfrac{30.8 L I}{1000 \cdot e}$	25	35	50
		70	95	120
단상 3선식 3상 4선식	$A = \dfrac{17.8 L I}{1000 \cdot e}$	150	185	240
		300	400	500

T/S 및 시공 03 필수문제

그림과 같은 3상 3선식 회로의 전선 굵기를 구하시오. (단, 배선 설계의 길이는 50[m], 부하의 최대 사용 전류는 300[A], 배선 설계의 전압 강하는 4[V]이며, 전선 도체는 구리이다.)

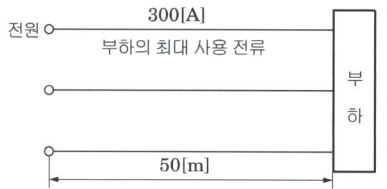

[참고자료]

[표] 전선 최대 길이(3상 3선식 380[V]·전압강하 3.8[V])

전류 [A]	전선의 굵기[mm²]											
	2.5	4	6	10	16	25	35	50	95	150	185	240	300
	전선 최대 길이 [m]											
1	534	854	1281	2135	3416	5337	7472	10674	20281	32022	39494	51236	64045
2	267	427	610	1067	1708	2669	3736	5337	10140	16011	19747	25618	32022
3	178	285	427	712	1139	1779	3491	3558	6760	10674	13165	17079	21348
4	133	213	320	534	854	1334	1868	2669	5070	8006	9874	12809	16011
5	107	171	256	427	683	1067	1494	2135	4056	6404	7899	10247	12809
6	89	142	213	356	569	890	1245	1779	3380	5337	6582	8539	10674
7	76	122	183	305	488	762	1067	1525	2897	4575	5642	7319	9149
8	67	107	160	267	427	667	934	1334	2535	4003	4937	6404	8006
9	59	95	142	237	380	593	830	1186	2253	3558	4388	5693	7116
12	44	71	107	178	285	445	623	890	1690	2669	3291	4270	5337
14	38	61	91	152	244	381	534	762	1449	2287	2821	3660	4575
15	36	57	85	142	228	356	498	712	1352	2135	2633	3416	4270
16	33	53	80	133	213	334	467	667	1268	2001	2468	3202	4003
18	30	47	71	119	190	297	415	593	1127	1779	2194	2846	3558
25	21	34	51	85	137	213	299	427	811	1281	1580	2049	2562
35	15	24	37	61	98	152	213	305	579	915	1128	1464	1830
45	12	19	28	47	76	119	166	237	451	712	878	1139	1423

[비고 1] 전압강하가 2[%] 또는 3[%]의 경우, 전선길이는 각각 이 표의 2배 또는 3배가 된다. 다른 경우에도 이 예에 따른다.
[비고 2] 전류가 20[A] 또는 200[A] 경우의 전선길이는 각각 이 표 전류 2[A] 경우의 1/10 또는 1/100이 된다.
[비고 3] 이 표는 평형부하의 경우에 대한 것이다.
[비고 4] 이 표는 역률 1로 하여 계산한 것이다.

[정답] • 계산

전선 최대 길이 $= \dfrac{50 \times \dfrac{300}{3}}{\dfrac{4}{3.8}} = 4750[\text{m}]$

따라서, 표의 3[A]난에서 전선 최대 길이가 4750[m]를 넘는 6760[m]인 전선의 굵기 95[mm²] 선정

• 답 : 95[mm²]

[해설] • 전선 최대 길이 $= \dfrac{\text{배선 설계의 길이} \times \dfrac{\text{부하의 최대 사용 전류[A]}}{\text{표의 전류[A]}}}{\dfrac{\text{배선 설계의 전압 강하[V]}}{\text{표의 전압 강하[V]}}}$

• 표의 전류는 부하의 최대 사용전류를 고려하여 표의 전류 중 임의의 값을 선정하면 된다. 즉, 부하의 최대 전류가 300[A]인 경우 표의 전류값을 3[A]하면 $\dfrac{300}{3}=100$으로 계산이 용이한 반면에 임의의 값으로 13[A]를 선정하면 $\dfrac{300}{13}=23.0769\cdots$으로 소수점이 발생하게 되어 계산이 복잡해진다. 그러나 어떠한 값을 선정하여 계산을 하든지 간에 구하고자 하는 전선의 굵기 값은 변함이 없다. 따라서 [비고 2] 조건에서 1/10 또는 1/100이 되는 상황을 고려하여 값을 산정하여 계산하는 것이 용이하다.

T/S 및 시공 04 · 필수문제

그림과 같은 분기회로 전선의 단면적을 산출하여 적당한 굵기를 선정하시오.

단, ① 배전 방식은 단상 2선식 교류 200[V]로 한다.
② 사용 전선은 450/750[V] 일반용 단심 비닐절연전선이다.
③ 사용 전선관은 후강전선관으로 하며, 전압 강하는 최원단에서 2[%]로 보고 계산한다.

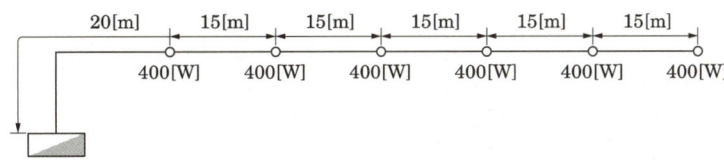

• 계산 :
• 답 :

[정답]
- 계산

① 부하 중심까지의 거리

$$L = \frac{(400\times20)+(400\times35)+(400\times50)+(400\times65)+(400\times80)+(400\times95)}{(400+400+400+400+400+400)}$$

$$= \frac{8000+14000+20000+26000+32000+38000}{2400} = 57.5[\text{m}]$$

② 전부하전류

$$I = \frac{P}{V} = \frac{400\times6}{200} = 12[\text{A}]$$

③ 전압강하

$$e = 200 \times 0.02 = 4[\text{V}]$$

④ 전선의 굵기

$$A = \frac{35.6\,LI}{1000e} = \frac{35.6\times57.5\times12}{1000\times4} = 6.141[\text{mm}^2]$$

전선규격(KSC IEC 기준)에 의거하여 $6.14[\text{mm}^2]$ 보다 큰 굵기를 선정하여야 하므로 $10[\text{mm}^2]$가 된다.

- 답 : $10[\text{mm}^2]$

[참고] 부하 중심까지의 거리

$$L = \frac{\Sigma\text{전류}\times\text{길이}}{\Sigma\text{전류}} = \frac{\Sigma\text{전압}\times\text{전류}\times\text{길이}}{\Sigma\text{전압}\times\text{전류}} = \frac{\Sigma\text{전력}\times\text{길이}}{\Sigma\text{전력}}$$

전선의 단면적	
단상 2선식	$A = \dfrac{35.6\,LI}{1000\cdot e}$
3상 3선식	$A = \dfrac{30.8\,LI}{1000\cdot e}$
단상 3선식 3상 4선식	$A = \dfrac{17.8\,LI}{1000\cdot e}$

KSC IEC 전선규격[mm²]		
1.5	2.5	4
6	10	16
25	35	50
70	95	120
150	185	240
300	400	500

과년도 출제예상문제

*최근 10개년 출제빈도를 분석하여 자주 출제되는 문제만 선별하여 문제에 대한 상세해설 및 요점정리까지 한꺼번에 이해할 수 있게 하여 수험생의 길잡이가 되도록 하였다.

문제 1 ★☆☆☆☆

다음 그림은 농형 유도 전동기를 공사방법 B1, XLPE 절연전선을 사용하여 시설한 것이다. 도면을 충분히 이해한 다음 참고자료를 이용하여 다음 각 물음에 답하시오. (단, 전동기 4대의 용량은 다음과 같다.)

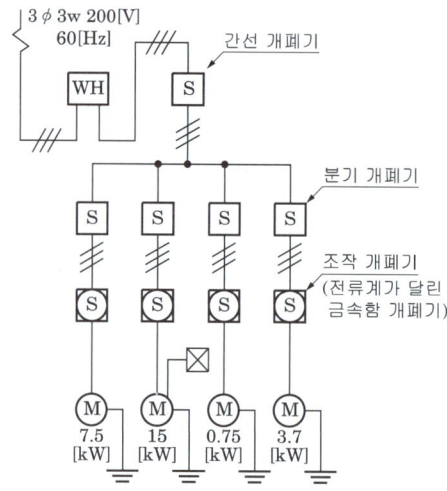

① 3상 200[V] 7.5[kW]-직입 기동 ② 3상 200[V] 15[kW]-기동기 사용
③ 3상 200[V] 0.75[kW]-직입 기동 ④ 3상 200[V] 3.7[kW]-직입 기동

(1) 간선의 최소 굵기[mm²] 및 간선 금속관의 최소 굵기는?

(2) 간선의 과전류 차단기 용량[A] 및 간선의 개폐기 용량[A]은?

(3) 7.5[kW] 전동기의 분기 회로에 대한 다음을 구하시오.

   ① 개폐기 용량 ┬ 분기[A]
                └ 조작[A]

   ② 과전류 차단기 용량 ┬ 분기[A]
                        └ 조작[A]

   ③ 접지선의 굵기[mm²]

   ④ 초과 눈금 전류계[A]

   ⑤ 금속관의 최소 굵기[호]

[참고자료]

[표 1] 200[V] 3상 유도 전동기 1대인 경우의 분기회로(B종 퓨즈의 경우)

정격 출력 [kW]	전부하 전류 [A]	배선 종류에 의한 동 전선의 최소 굵기[mm²]					
		공사방법 A1 (3개선)		공사방법 B1 (3개선)		공사방법 C (3개선)	
		PVC	XLPE, EPR	PVC	XLPE, EPR	PVC	XLPE, EPR
0.2	1.8	2.5	2.5	2.5	2.5	2.5	2.5
0.4	3.2	2.5	2.5	2.5	2.5	2.5	2.5
0.75	4.8	2.5	2.5	2.5	2.5	2.5	2.5
1.5	8	2.5	2.5	2.5	2.5	2.5	2.5
2.2	11.1	2.5	2.5	2.5	2.5	2.5	2.5
3.7	17.4	2.5	2.5	2.5	2.5	2.5	2.5
5.5	26	6	4	4	2.5	4	2.5
7.5	34	10	6	6	4	6	4
11	48	16	10	10	6	10	6
15	65	25	16	16	10	16	10
18.5	79	35	25	25	16	25	16
22	93	50	25	35	25	25	16
30	124	70	50	50	35	50	35
37	152	95	70	70	50	70	50

정격 출력 [kW]	전부하 전류 [A]	개폐기 용량[A]				과전류 차단기(B종 퓨즈)[A]				전동기용 초과눈금 전류계의 정격전류[A]	접지선의 최소 굵기 [mm²]
		직입기동		기동기 사용		직입기동		기동기 사용			
		현장 조작	분기	현장 조작	분기	현장 조작	분기	현장 조작	분기		
0.2	1.8	15	15			15	15			3	2.5
0.4	3.2	15	15			15	15			5	2.5
0.75	4.8	15	15			15	15			5	2.5
1.5	8	15	30			15	20			10	4
2.2	11.1	30	30			20	30			15	4
3.7	17.4	30	60			30	50			20	6
5.5	26	60	60	30	60	50	60	30	50	30	6
7.5	34	100	100	60	100	75	100	50	75	30	10
11	48	100	200	100	100	100	150	75	100	60	16
15	65	100	200	100	100	100	150	100	100	60	16
18.5	79	200	200	100	200	150	200	100	150	100	16
22	93	200	200	100	200	150	200	100	150	100	16
30	124	200	400	200	200	200	300	150	200	150	25
37	152	200	400	200	200	200	300	150	200	200	25

[비고 1] 최소 전선 굵기는 1회선에 대한 것이며, 2회선 이상일 경우는 부록 500-2의 복수회로 보정계수를 적용하여야 한다.
[비고 2] 공사방법 A1은 벽 내의 전선관에 공사한 절연전선 또는 단심케이블, B1은 벽면의 전선관에 공사한 절연전선 또는 단심 케이블, 공사방법 C는 벽면에 공사한 단심 또는 다심케이블을 시설하는 경우의 전선 굵기를 표시하였다.
[비고 3] 전동기 2대 이상을 동일 회로로 할 경우는 간선의 표를 적용할 것

[표 2] 전동기 공사에서 간선의 전선 굵기·개폐기 용량 및 적정 퓨즈(200[V], B종 퓨즈)

전동기 [kW] 수의 총계 ① [kW] 이하	최대 사용 전류 [A] 이하	배선종류에 의한 간선의 최소 굵기[mm²]②						직입기동 전동기 중 최대 용량의 것										
		공사방법 A1		공사방법 B1		공사방법 C		0.75 이하	1.5	2.2	3.7	5.5	7.5	11	15	18.5	22	30	37~55
								기동기 사용 전동기 중 최대 용량의 것											
								-	-	-	5.5	7.5	11 / 15	18.5 / 22	-	30 / 37	-	45	55
		PVC	XLPE, EPR	PVC	XLPE, EPR	PVC	XLPE, EPR	과전류 차단기[A] ······ (칸 위 숫자) ③ 개폐기 용량[A] ······ (칸 아래 숫자) ④											
3	15	2.5	2.5	2.5	2.5	2.5	2.5	15/30	20/30	30/30	-	-	-	-	-	-	-	-	-
4.5	20	4	2.5	2.5	2.5	2.5	2.5	20/30	20/30	30/30	50/60	-	-	-	-	-	-	-	-
6.3	30	6	4	6	4	4	2.5	30/30	30/30	50/60	50/60	75/100	-	-	-	-	-	-	-
8.2	40	10	6	10	6	6	4	50/60	50/60	50/60	75/100	75/100	100/100	-	-	-	-	-	-
12	50	16	10	10	10	10	6	50/60	50/60	50/60	75/100	75/100	100/100	150/200	-	-	-	-	-
15.7	75	35	25	25	16	16	16	75/100	75/100	75/100	75/100	100/100	100/200	150/200	150/200	-	-	-	-
19.5	90	50	25	35	25	25	16	100/100	100/100	100/100	100/100	100/100	150/200	150/200	200/200	200/200	-	-	-
23.2	100	50	35	35	25	35	25	100/100	100/100	100/100	100/100	100/100	150/200	150/200	200/200	200/200	200/200	-	-
30	125	70	50	50	35	50	35	150/200	150/200	150/200	150/200	150/200	150/200	150/200	200/200	200/200	200/200	-	-
37.5	150	95	70	70	50	70	50	150/200	150/200	150/200	150/200	150/200	150/200	150/200	300/300	300/300	300/300	-	-
45	175	120	70	95	50	70	50	200/200	200/200	200/200	200/200	200/200	200/200	200/200	300/300	300/300	300/300	300/300	-
52.5	200	150	95	95	70	95	70	200/200	200/200	200/200	200/200	200/200	200/200	200/200	300/300	300/300	300/300	400/400	400/400
63.7	250	240	150	-	95	120	95	300/300	300/300	300/300	300/300	300/300	300/300	300/300	300/300	400/400	400/400	500/600	-
75	300	300	185	-	120	185	120	300/300	300/300	300/300	300/300	300/300	300/300	300/300	300/300	400/400	400/400	500/600	-
86.2	350	-	240	-	-	240	150	400/400	400/400	400/400	400/400	400/400	400/400	400/400	400/400	400/400	400/400	600/600	-

[비고 1] 최소 전선 굵기는 1회선에 대한 것이며, 2회선 이상일 경우는 부록 500-2의 복수회로 보정계수를 적용하여야 한다.
[비고 2] 공사방법 A1은 벽 내의 전선관에 공사한 절연전선 또는 단심케이블, B1은 벽면의 전선관에 공사한 절연전선 또는 단심케이블, 공사방법 C는 벽면에 공사한 단심 또는 다심케이블을 시설하는 경우의 전선 굵기를 표시하였다.
[비고 3] 「전동기중 최대의 것」에 동시 기동하는 경우를 포함함
[비고 4] 과전류 차단기의 용량은 해당 조항에 규정되어 있는 범위에서 실용상 거의 최댓값을 표시함
[비고 5] 과전류 차단기의 선정은 최대 용량의 정격전류의 3배에 다른 전동기의 정격전류의 합계를 가산한 값 이하를 표시함.
[비고 6] 이 표의 전선 굵기 및 허용전류는 부록 500-2에서 공사방법 A1, B1, C는 표 A.52-4와 표 A.25에 의한 값으로 하였다.
[비고 7] 고리퓨즈는 300[A] 이하에서 사용하여야 한다.

[표 3] 후강전선관 굵기의 선정

도체 단면적 [mm²]	전선 본수									
	1	2	3	4	5	6	7	8	9	10
	전선관의 최소 굵기[호]									
2.5	16	16	16	16	22	22	22	28	28	28
4	16	16	16	22	22	22	28	28	28	28
6	16	16	22	22	22	28	28	28	36	36
10	16	22	22	28	28	36	36	36	36	36
16	16	22	28	28	36	36	36	42	42	42
25	22	28	28	36	36	42	54	54	54	54
35	22	28	36	42	54	54	54	70	70	70
50	22	36	54	54	70	70	70	82	82	82
70	28	42	54	54	70	70	70	82	82	82
95	28	54	54	70	70	82	82	92	92	104
120	36	54	54	70	70	82	82	92		
150	36	70	70	82	92	92	104	104		
185	36	70	70	82	92	104				
240	42	82	82	92	104					

정답 (1) 간선의 최소 굵기 : 35[mm²], 간선 금속관의 최소 굵기 : 36[호]

(2) 간선의 과전류 차단기 용량 : 150[A], 간선의 개폐기 용량 : 200[A]

(3) ① 개폐기 용량 ─┬─ 분기 100[A]
　　　　　　　　　└─ 조작 100[A]

　② 과전류 차단기 용량 ─┬─ 분기 100[A]
　　　　　　　　　　　　└─ 조작 75[A]

　③ 접지선의 굵기 : 10[mm²]
　④ 초과 눈금 전류계 : 30[A]
　⑤ 금속관의 최소 굵기 : 16[호]

해설 (1) 간선의 최소 굵기는 [표 2] 전동기 공사에서 간선의 전선 굵기에서 전동기수의 총계에 따라 결정되므로 전동기의 정격출력수의 총계= 7.5 + 15 + 0.75 + 3.7 = 26.95[kW] 이며 그 값보다는 큰 값을 [표 2]에서 30[kW] 선정, 공사방법 B1, XLPE 절연전선이므로 간선의 최소 굵기항에서 35[mm²]를 선정한다.

[표 2] 전동기 공사에서 간선의 전선 굵기·개폐기 용량 및 적정 퓨즈(200[V], B종 퓨즈)

전동기 [kW] 수의 총계 ① [kW] 이하	최대 사용 전류 [A] 이하	배선종류에 의한 간선의 최소 굵기[mm²] ②						직입기동 전동기 중 최대 용량의 것										
		공사방법 A1		공사방법 B1		공사방법 C		0.75이하	1.5	2.2	3.7	5.5	7.5	11	15	18.5	22	30	37~55
								기동기 사용 전동기 중 최대 용량의 것											
								–	–	–	5.5	7.5	11, 15	18.5, 22	–	30, 37	–	45	55
		PVC	XLPE, EPR	PVC	XLPE, EPR	PVC	XLPE, EPR	과전류 차단기[A] ······ (칸 위 숫자) ③ 개폐기 용량[A] ······ (칸 아래 숫자) ④											
3	15	2.5	2.5	2.5	2.5	2.5	2.5	15 / 30	20 / 30	30 / 30	–	–	–	–	–	–	–	–	–
4.5	20	4	2.5	2.5	2.5	2.5	2.5	20 / 30	20 / 30	30 / 30	50 / 60	–	–	–	–	–	–	–	–
6.3	30	6	4	6	4	4	2.5	30 / 30	30 / 30	50 / 60	50 / 60	75 / 100	–	–	–	–	–	–	–
8.2	40	10	6	10	6	6	4	50 / 60	50 / 60	50 / 60	75 / 100	75 / 100	100 / 100	–	–	–	–	–	–
12	50	16	10	10	10	10	6	50 / 60	50 / 60	50 / 60	75 / 100	75 / 100	100 / 100	150 / 200	–	–	–	–	–
15.7	75	35	25	25	16	16	16	75 / 100	75 / 100	75 / 100	75 / 100	100 / 100	100 / 100	150 / 200	150 / 200	–	–	–	–
19.5	90	50	25	35	25	25	16	100 / 100	100 / 100	100 / 100	100 / 100	100 / 100	150 / 200	150 / 200	200 / 200	200 / 200	–	–	–
23.2	100	50	35	35	25	35	25	100 / 100	100 / 100	100 / 100	100 / 100	100 / 100	150 / 200	150 / 200	200 / 200	200 / 200	200 / 200	–	–
30	125	70	50	50	(1)35	50	35	150 / 200	150 / 200	150 / 200	150 / 200	150 / 200	(2)150 / (2)200	150 / 200	200 / 200	200 / 200	200 / 200	–	–
37.5	150	95	70	70	50	70	50	150 / 200	150 / 200	150 / 200	150 / 200	150 / 200	150 / 200	150 / 200	200 / 300	300 / 300	300 / 300	300 / 300	–
45	175	120	70	95	50	70	50	200 / 200	200 / 200	200 / 200	200 / 200	200 / 200	200 / 200	200 / 200	200 / 300	300 / 300	300 / 300	300 / 300	300 / 300
52.5	200	150	95	95	70	95	70	200 / 200	200 / 200	200 / 200	200 / 200	200 / 200	200 / 200	200 / 200	200 / 300	300 / 300	300 / 300	400 / 400	400 / 400
63.7	250	240	150	–	95	120	95	300 / 300	300 / 300	300 / 300	300 / 300	300 / 300	300 / 300	300 / 300	300 / 300	400 / 400	400 / 400	400 / 500	500 / 600
75	300	300	185	–	120	185	120	300 / 300	300 / 300	300 / 300	300 / 300	300 / 300	300 / 300	300 / 300	300 / 300	400 / 400	400 / 400	400 / 500	500 / 600
86.2	350	–	240	–	–	240	150	400 / 400	400 / 400	400 / 400	400 / 400	400 / 400	400 / 400	400 / 400	400 / 400	400 / 400	400 / 400	400 / 500	600 / 600

[표 3]에서 도체 단면적은 35[mm²]이며 3본인 경우이므로 후강 전선관의 최소 굵기는 36[mm]가 되므로 **간선 금속관의 최소 굵기는 36[호]를 선정한다.**

[표 3] 후강전선관 굵기의 선정

도체단면적 [mm²]	전선 본수									
	1	2	3	4	5	6	7	8	9	10
	전선관의 최소 굵기[호]									
2.5	16	16	16	16	22	22	22	28	28	28
4	16	16	16	22	22	22	28	28	28	28
6	16	16	22	22	22	28	28	28	36	36
10	16	22	22	28	28	36	36	36	36	36
16	16	22	28	28	36	36	36	42	42	42
25	22	28	28	36	36	42	54	54	54	54
35	22	28	(1)36	42	54	54	54	70	70	70

(2) [표 2] 전동기 공사에서 간선의 전선 굵기·개폐기 용량 및 적정 퓨즈(200[V], B종 퓨즈)에서 동기 [kW]수의 총계 30[kW]에서 직입기동 전동기중 최대 용량은 7.5[kW] 또는 기동기사용 전동기중 최대용량 15[kW]와 교차하는 곳의 과전류 차단기 용량은 150[A]이고 개폐기 용량은 200[A]이다.

(3) 7.5[kW] 200[V] 3상 유도 전동기의 분기회로에 대한 것을 [표1]에서 구하면 다음과 같다.

구 분	규 격	구 분	규 격
① 분기 개폐기 용량	100[A]	③ 접지선의 굵기	10[mm²]
① 조작 개폐기 용량	100[A]	④ 초과 눈금 전류계	30[A]
② 과전류 차단기 용량(분기)	100[A]	⑤ 금속관의 최소 굵기	16[호]
② 과전류 차단기 용량(조작)	75[A]		

[표 1] 200[V] 3상 유도 전동기 1대인 경우의 분기회로(B종 퓨즈의 경우)

정격 출력 [kW]	전부하 전류 [A]	배선 종류에 의한 동 전선의 최소 굵기[mm²]					
		공사방법 A1 3개선		공사방법 B1 3개선		공사방법 C 3개선	
		PVC	XLPE, EPR	PVC	XLPE, EPR	PVC	XLPE, EPR
0.2	1.8	2.5	2.5	2.5	2.5	2.5	2.5
0.4	3.2	2.5	2.5	2.5	2.5	2.5	2.5
0.75	4.8	2.5	2.5	2.5	2.5	2.5	2.5
1.5	8	2.5	2.5	2.5	2.5	2.5	2.5
2.2	11.1	2.5	2.5	2.5	2.5	2.5	2.5
3.7	17.4	2.5	2.5	2.5	2.5	2.5	2.5
5.5	26	6	4	4	2.5	4	2.5
7.5	34	10	6	6	4	6	4
11	48	16	10	10	6	10	6
15	65	25	16	16	10	16	10
18.5	79	35	25	25	16	25	16
22	93	50	25	35	25	25	16
30	124	70	50	50	35	50	35
37	152	95	70	70	50	70	50

7.5[kW] 200[V] 3상 유도 전동기는 직입 기동이다.

정격출력 [kW]	전부하 전류 [A]	개폐기 용량[A]				과전류 차단기(B종 퓨즈)[A]				전동기용 초과눈금 전류계의 정격전류 [A]	접지선의 최소 굵기 [mm²]
		직입기동		기동기 사용		직입기동		기동기 사용			
		현장 조작	분기	현장 조작	분기	현장 조작	분기	현장 조작	분기		
0.2	1.8	15	15			15	15			3	2.5
0.4	3.2	15	15			15	15			5	2.5
0.75	4.8	15	15			15	15			5	2.5
1.5	8	15	30			15	20			10	4
2.2	11.1	30	30			20	30			15	4
3.7	17.4	30	60			30	50			20	6
5.5	26	60	60	30	60	50	60	30	50	30	6
7.5	34	①100	①100	60	100	②75	②100	50	75	④30	③10
11	48	100	200	100	100	100	150	75	100	60	16
15	65	100	200	100	100	100	150	100	100	60	16
18.5	79	200	200	100	200	150	200	100	150	100	16
22	93	200	200	100	200	150	200	100	150	100	16
30	124	200	400	200	200	200	300	150	200	150	25
37	152	200	400	200	200	200	300	150	200	200	25

⑤ 금속관의 최소 굵기는 분기선의 굵기를 알아야 구할 수 있으므로 [표 1]에서 7.5[kW] 정격출력, 공사방법 B1, XLPE 절연전선이므로 분기선의 굵기를 산정하면 4[mm²]이다. [표 3]에서 3상 유도전동기이므로 전선본수 3을 적용 하면 최소 굵기는 16[mm]가 되므로 분기회로 금속관의 최소 굵기는 16[호]를 선정한다.

[표 3] 후강전선관 굵기의 선정

도체 단면적 [mm²]	전선 본수									
	1	2	3	4	5	6	7	8	9	10
	전선관의 최소 굵기[호]									
2.5	16	16	16	16	22	22	22	28	28	28
4	16	16	⑤16	22	22	22	28	28	28	28
6	16	16	22	22	22	28	28	28	36	36
10	16	22	22	28	28	36	36	36	36	36
16	16	22	28	28	36	36	36	42	42	42
25	22	28	28	36	36	42	54	54	54	54
35	22	28	36	42	54	54	54	70	70	70

전동기 $M_1 \sim M_5$의 사양이 주어진 조건과 같고 이것을 그림과 같이 배치하여 금속관공사로 시설하고자 한다. (단, 전선은 XLPE이고, 공사방법 B1이다.)

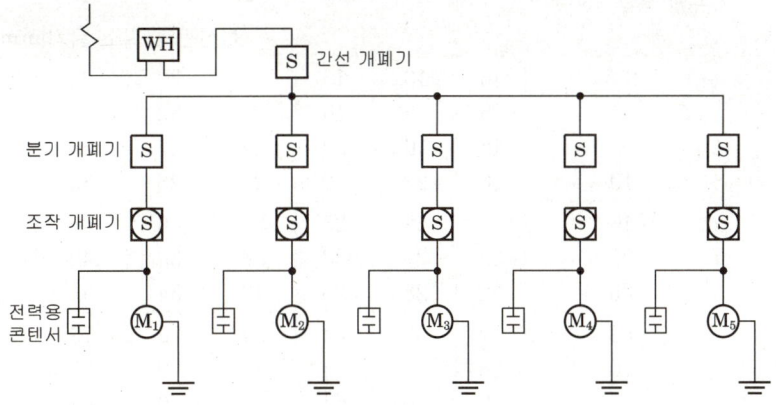

【 조 건 】
- M_1 : 3상 200[V] 0.75[kW] 농형 유도전동기(직입기동)
- M_2 : 3상 200[V] 3.7[kW] 농형 유도전동기(직입기동)
- M_3 : 3상 200[V] 5.5[kW] 농형 유도전동기(직입기동)
- M_4 : 3상 200[V] 15[kW] 농형 유도전동기($Y-\triangle$ 기동)
- M_5 : 3상 200[V] 30[kW] 농형 유도전동기(기동보상기기동)

(1) 각 전동기 분기회로의 설계에 필요한 자료를 답란에 기입 하시오.

구분		M_1	M_2	M_3	M_4	M_5
규약전류[A]						
전선	최소 굵기[mm²]					
개폐기 용량[A]	분기					
	현장조작					
과전류 차단기[A]	분기					
	현장조작					
초과눈금 전류계[A]						
접지선의 굵기[mm²]						
금속관의 굵기[mm]						
콘덴서 용량[μF]						

(2) 간선의 설계에 필요한 자료를 답란에 기입 하시오.

전선 최소 굵기[mm²]	개폐기 용량[A]	과전류 보호기 용량[A]	금속관의 굵기[mm]

[표 1] 후강 전선관 굵기의 선정

도체 단면적[mm²]	전선본수									
	1	2	3	4	5	6	7	8	9	10
	전선관의 최소 굵기[mm]									
2.5	16	16	16	16	22	22	22	28	28	28
4	16	16	16	22	22	22	28	28	28	28
6	16	16	22	22	22	28	28	28	36	36
10	16	22	22	28	28	36	36	36	36	36
16	16	22	28	28	36	36	36	42	42	42
25	22	28	28	36	36	42	54	54	54	54
35	22	28	36	42	54	54	54	70	70	70
50	22	36	54	54	70	70	70	82	82	82
70	28	42	54	54	70	70	70	82	82	92
95	28	54	54	70	70	82	82	92	92	104
120	36	54	54	70	70	82	82	92		
150	36	70	70	82	92	92	104	104		
185	36	70	70	82	92	104				
240	42	82	82	92	104					

[비고1] 전선 1본수는 접지선 및 직류 회로의 전선에도 적용한다.
[비고2] 이 표는 실험 결과와 경험을 기초로 하여 결정한 것이다.
[비고3] 이 표는 KSC IEC 60227-3의 450/750[V] 일반용 단심 비닐절연전선을 기준한 것이다.

[표 2] 콘덴서 설치용량 기준표(200[V], 380[V], 440[V] 3상 유도 전동기)

정격출력[kW]	설치하는 콘덴서 용량(90[%] 까지)					
	200[V]		380[V]		440[V]	
	[μF]	[kVA]	[μF]	[kVA]	[μF]	[kVA]
0.2	15	0.2262	−	−		
0.4	20	0.3016	−	−		
0.75	30	0.4524	−	−		
1.5	50	0.754	−	−		
2.2	75	1.131	15	0.816	15	1.095
3.7	100	1.508	20	1.088	20	1.459
5.5	175	2.639	50	2.720	40	2.919
7.5	200	3.016	75	4.080	40	2.919
11	300	4.524	100	5.441	75	5.474
15	400	6.032	100	5.441	75	5.474
22	500	7.54	150	8.161	100	7.299
30	800	12.064	200	10.882	175	12.744
37	900	13.572	250	13.602	200	14.598

[비고1] 200[V]용과 380[V]용은 전기공급약관 시행세칙에 의함
[비고2] 440[V]용은 계산하여 제시한 값으로 참고용임
[비고3] 콘덴서가 일부 설치되어 있는 경우는 무효전력[kVar] 또는 용량[kVA] 또는 [μF] 합계에서 설치되어 있는 콘덴서의 용량[kVA] 또는 [μF]의 합계를 뺀 값을 설치하면 된다.

[표 3] 200[V] 3상 유도 전동기의 간선의 전선 굵기 및 기구의 용량 (B종 퓨즈의 경우)

전동기 [kW] 수의 총계 [kW] 이하	최대 사용 전류 (A) 이하	배선종류에 의한 간선의 최소 굵기[mm²]						직입기동 전동기 중 최대용량의 것								
		공사방법 A1 3개선		공사방법 B1 3개선		공사방법 C 3개선		0.75이하	1.5	2.2	3.7	5.5	7.5	11	15	18.5	22
								기동기사용 전동기 중 최대용량의 것									
		PVC	XLPE, EPR	PVC	XLPE, EPR	PVC	XLPE, EPR	–	–	–	5.5	7.5	11 / 15	18.5 / 22	–	30 / 37	–
								과전류차단기[A] ……… (칸 위 숫자) 개폐기용량[A] ……… (칸 아래 숫자)									
3	15	2.5	2.5	2.5	2.5	2.5	2.5	15/30	20/30	30/30	–	–	–	–	–	–
4.5	20	4	2.5	2.5	2.5	2.5	2.5	20/30	20/30	30/30	50/60	–	–	–	–	–
6.3	30	6	4	6	4	4	2.5	30/30	30/30	50/60	50/60	75/100	–	–	–	–
8.2	40	10	6	10	6	6	4	50/60	50/60	50/60	75/100	75/100	100/100	–	–	–
12	50	16	10	10	10	10	6	50/60	50/60	50/60	75/100	75/100	100/100	150/200	–	–
15.7	75	35	25	25	16	16	16	75/100	75/100	75/100	75/100	100/100	150/200	150/200	–	–
19.5	90	50	25	35	25	25	16	100/100	100/100	100/100	100/100	150/200	150/200	200/200	200/200	–
23.2	100	50	35	35	25	35	25	100/100	100/100	100/100	100/100	150/200	150/200	200/200	200/200	200/200
30	125	70	50	50	35	50	35	150/200	150/200	150/200	150/200	150/200	150/200	200/200	200/200	200/200
37.5	150	95	70	70	50	70	70	150/200	150/200	150/200	150/200	150/200	150/200	200/200	200/200	200/200
45	175	120	70	95	50	70	50	200/200	200/200	200/200	200/200	200/200	200/200	200/200	300/300	300/300
52.5	200	150	95	95	70	95	70	200/200	200/200	200/200	200/200	200/200	200/200	200/200	300/300	300/300
63.7	250	240	150	–	95	120	95	300/300	300/300	300/300	300/300	300/300	300/300	300/300	300/300	400/400
75	300	300	185	–	120	185	120	300/300	300/300	300/300	300/300	300/300	300/300	300/300	300/300	400/400
86.2	350	–	240	–	–	240	150	400/400	400/400	400/400	400/400	400/400	400/400	400/400	400/400	400/400

[비고1] 최소 전선 굵기는 1회선에 대한 것임
[비고2] 공사방법 A1은 벽 내의 전선관에 공사한 절연전선 또는 단심케이블, B1은 벽면의 전선관에 공사한 절연전선 또는 단심케이블, 공사방법 C는 벽면에 공사한 단심 또는 다심케이블을 시설하는 경우의 전선 굵기를 표시하였다.
[비고3] 「전동기중 최대의 것」에는 동시 기동하는 경우를 포함함
[비고4] 과전류차단기의 용량은 해당 조항에 규정되어 있는 범위에서 실용상 거의 최댓값을 표시함
[비고5] 과전류 차단기의 선정은 최대용량의 정격전류의 3배에 다른 전동기의 정격전류의 합계를 가산한 값 이하를 표시함
[비고6] 고리퓨즈는 300[A] 이하에서 사용하여야 한다.

[표 4] 200[V] 3상 유도 전동기 1대인 경우의 분기회로 (B종 퓨즈의 경우)

정격출력 [kW]	전부하전류 [A]	배선종류에 의한 간선의 최소 굵기[mm²]					
		공사방법 A1		공사방법 B1		공사방법 C	
		3개선		3개선		3개선	
		PVC	XLPE, EPR	PVC	XLPE, EPR	PVC	XLPE, EPR
0.2	1.8	2.5	2.5	2.5	2.5	2.5	2.5
0.4	3.2	2.5	2.5	2.5	2.5	2.5	2.5
0.75	4.8	2.5	2.5	2.5	2.5	2.5	2.5
1.5	8	2.5	2.5	2.5	2.5	2.5	2.5
2.2	11.1	2.5	2.5	2.5	2.5	2.5	2.5
3.7	17.4	2.5	2.5	2.5	2.5	2.5	2.5
5.5	26	6	4	4	2.5	4	2.5
7.5	34	10	6	6	4	6	4
11	48	16	10	10	6	10	6
15	65	25	16	16	10	16	10
18.5	79	35	25	25	16	25	16
22	93	50	25	35	25	25	16
30	124	70	50	50	35	50	35
37	152	95	70	70	50	70	50

정격 출력 [kW]	전부하 전류 [A]	개폐기용량[A]				과전류차단기(B종 퓨즈)[A]				전동기용 초과눈금 전류계의 정격전류 [A]	접지선의 최소 굵기 [mm²]
		직입기동		기동기 사용		직입기동		기동기 사용			
		현장 조작	분기	현장 조작	분기	현장 조작	분기	현장 조작	분기		
0.2	1.8	15	15			15	15			3	2.5
0.4	3.2	15	15			15	15			5	2.5
0.75	4.8	15	15			15	15			5	2.5
1.5	8	15	30			15	20			10	4
2.2	11.1	30	30			20	30			15	4
3.7	17.4	30	60			30	50			20	6
5.5	26	60	60	30	60	50	60	30	30	30	6
7.5	34	100	100	60	100	75	100	50	75	30	10
11	48	100	200	100	100	100	150	75	100	60	16
15	65	100	200	100	100	100	150	100	100	60	16
18.5	79	200	200	100	200	150	200	100	150	100	16
22	93	200	200	100	200	150	200	100	150	100	16
30	124	200	400	200	200	200	300	150	200	150	25
37	152	200	400	200	200	200	300	150	200	200	25

[비고1] 최소 전선 굵기는 1회선에 대한 것이며, 2회선 이상일 경우는 복수회로 보정계수를 적용하여야 한다.
[비고2] 공사방법 A1은 벽 내의 전선관에 공사한 절연전선 또는 단심케이블, B1은 벽면의 전선관에 공사한 절연전선 또는 단심케이블, 공사방법 C는 벽면에 공사한 단심 또는 다심케이블을 시설하는 경우의 전선 굵기를 표시하였다.

[비고3] 전동기 2대 이상을 동일회로로 할 경우는 간선의 표를 적용할 것
[비고4] 전동기용 퓨즈 또는 모터브레이커를 사용하는 경우는 전동기의 정격출력에 적합한 것을 사용할 것
[비고5] 과전류차단기의 용량은 해당 조항에 규정되어 있는 범위에서 실용상 거의 최댓값을 표시한다.
[비고6] 개폐기 용량이 [kW]로 표시된 것은 이것을 초과하는 정격출력의 전동기에는 사용하지 말 것

[정답] (1)

구분		M_1	M_2	M_3	M_4	M_5
규약전류[A]		4.8	17.4	26	65	124
전선 최소 굵기[mm^2]		2.5	2.5	2.5	10	35
개폐기용량[A]	분기	15	60	60	100	200
	현장조작	15	30	60	100	200
과전류차단기[A]	분기	15	50	60	100	200
	현장조작	15	30	50	100	150
초과눈금 전류계[A]		5	20	30	60	150
접지선의 굵기[mm^2]		2.5	6	6	16	25
금속관의 굵기[mm]		16	16	16	36	36
콘덴서 용량[μF]		30	100	175	400	800

(2) 전동기수의 총계 = $0.75 + 3.7 + 5.5 + 15 + 30 = 54.95$[kW]

전류 총계 = $4.8 + 17.4 + 26 + 65 + 124 = 237.2$[A]이다. 조건에서 전선은 XLPE이고, 공사방법은 B1이므로 [표 3]에서 전동기수의 총계 63.7[kW], 250[A]난에서 선정하면 다음과 같다.

구분	전선 최소 굵기[mm^2]	개폐기 용량[A]	과전류 차단기 용량[A]	금속관의 굵기 [mm]
간선	95	300	300	54

[해설] (1) 1. 규약전류

내선규정 3115-1에 따라 전동기 부하의 산정은 전동기 명판에 표시된 정격전류(전부하전류)를 기준으로 한다. 다만, 일반용 전동기일 경우 설계시 이를 모를 경우가 대부분이므로 그 정격출력에 따른 규약전류(설계기준 값)를 정격전류로 적용할 수 있다. 따라서 [표 4] 200[V] 3상 유도 전동기 1대인 경우의 분기회로에 해당하므로 정격출력에 따른 규약전류는 전부하전류로 선정한다.

정격출력 [kW]	전부하 전류[A]	배선종류에 의한 간선의 최소 굵기[mm^2]					
		공사방법 A1		공사방법 B1		공사방법 C	
		3개선		3개선		3개선	
		PVC	XLPE, EPR	PVC	XLPE, EPR	PVC	XLPE, EPR
0.2	1.8	2.5	2.5	2.5	2.5	2.5	2.5
0.4	3.2	2.5	2.5	2.5	2.5	2.5	2.5
0.75	4.8	2.5	2.5	2.5	2.5	2.5	2.5
1.5	8	2.5	2.5	2.5	2.5	2.5	2.5

2.2	11.1	2.5	2.5	2.5	2.5	2.5	2.5
3.7	17.4	2.5	2.5	2.5	2.5	2.5	2.5
5.5	26	6	4	4	2.5	4	2.5
7.5	34	10	6	6	4	6	4
11	48	16	10	10	6	10	6
15	65	25	16	16	10	16	10
18.5	79	35	25	25	16	25	16
22	93	50	25	35	25	25	16
30	124	70	50	50	35	50	35
37	152	95	70	70	50	70	50

2. 전선 최소 굵기[mm²]는 [표 4] 200[V] 3상 유도 전동기 1대인 경우의 분기회로에 해당하며 공사방법B1, XLPE에 해당하므로 전선의 굵기는 다음과 같다.

정격출력 [kW]	전부하 전류[A]	배선종류에 의한 간선의 최소 굵기[mm²]					
		공사방법 A1		공사방법 B1		공사방법 C	
		3개선		3개선		3개선	
		PVC	XLPE, EPR	PVC	XLPE, EPR	PVC	XLPE, EPR
0.2	1.8	2.5	2.5	2.5	2.5	2.5	2.5
0.4	3.2	2.5	2.5	2.5	2.5	2.5	2.5
0.75	4.8	2.5	2.5	2.5	2.5	2.5	2.5
1.5	8	2.5	2.5	2.5	2.5	2.5	2.5
2.2	11.1	2.5	2.5	2.5	2.5	2.5	2.5
3.7	17.4	2.5	2.5	2.5	2.5	2.5	2.5
5.5	26	6	4	4	2.5	4	2.5
7.5	34	10	6	6	4	6	4
11	48	16	10	10	6	10	6
15	65	25	16	16	10	16	10
18.5	79	35	25	25	16	25	16
22	93	50	25	35	25	25	16
30	124	70	50	50	35	50	35
37	152	95	70	70	50	70	50

3. 분기 및 현장조작에 따른 개폐기용량과 과전류차단기 용량은 [표 4] 200[V] 3상 유도 전동기 1대인 경우의 분기회로의 부분에서 다음과 같으며 정격출력이 15[kW], 30[kW]에서는 직입기동이 아닌 기동기 사용이므로 그 부분에 유의하여 답을 선정한다. 또한 초과 눈금전류계 및 접지선의 최소 굵기값 또한 옆에 명시가 되어 있으므로 바로 답을 선정할 수 있다.

정격 출력[kW]	전부하 전류 [A]	개폐기용량[A]				과전류차단기(B종 퓨즈)[A]				전동기용 초과눈금 전류계의 정격전류 [A]	접지선의 최소 굵기 [mm²]
		직입기동		기동기 사용		직입기동		기동기 사용			
		현장 조작	분기	현장 조작	분기	현장 조작	분기	현장 조작	분기		
0.2	1.8	15	15			15	15			3	2.5
0.4	3.2	15	15			15	15			5	2.5
0.75	4.8	15	15			15	15			5	2.5

1.5	8	15	30			15	20			10	4
2.2	11.1	30	30			20	30			15	4
3.7	17.4	30	60			30	50			20	6
5.5	26	60	60	30	60	50	60	30	30	30	6
7.5	34	100	100	60	100	75	100	50	75	30	10
11	48	100	200	100	100	100	150	75	100	60	16
15	65	100	200	100	100	100	150	100	100	60	16
18.5	79	200	200	100	200	150	200	100	150	100	16
22	93	200	200	100	200	150	200	100	150	100	16
30	124	200	400	200	200	200	300	150	200	150	25
37	152	200	400	200	200	200	300	150	200	200	25

4. 금속관의 굵기는 도체 단면적에 대한 전선본수의 관계에 따라 산정을 하면 $M_1 \sim M_3$은 2.5[mm²]이고 M_4는 10[mm²]이며, M_5는 35[mm²]이므로 [표 1] 후강 전선관 굵기의 선정은 다음과 같다.

도체 단면적 [mm²]	전선본수									
	1	2	3	4	5	6	7	8	9	10
	전선관의 최소 굵기[mm]									
2.5	16	16	16	16	22	22	22	28	28	28
4	16	16	16	22	22	22	28	28	28	28
6	16	16	22	22	22	28	28	28	36	36
10	16	22	22	28	28	36	36	36	36	36
16	16	22	28	28	36	36	36	42	42	42
25	22	28	28	36	36	42	54	54	54	54
35	22	28	36	42	54	54	54	70	70	70
50	22	36	54	54	70	70	70	82	82	82
70	28	42	54	54	70	70	70	82	82	92
95	28	54	54	70	70	82	82	92	92	104
120	36	54	54	70	70	82	82	92		
150	36	70	70	82	92	92	104	104		
185	36	70	70	82	92	104				
240	42	82	82	92	104					

M_4 전동기($Y-\triangle$ 기동)

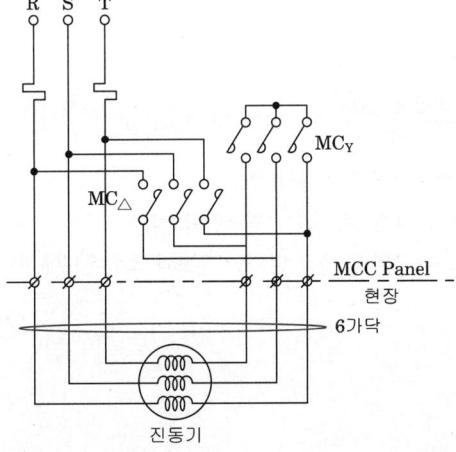

M_4 전동기는 $Y-\triangle$ 기동이므로 MCC Panel로부터 전동기까지의 전선은 6가닥으로 산정하여야 함에 주의한다.

문제 3

정크션 박스(Joint Box)와 풀 박스(Pull Box)의 용도를 쓰시오.

(1) 정크션 박스(Joint Box)

(2) 풀 박스(Pull Box)

정답 (1) 정크션 박스(Joint Box) : 전선 상호간의 접속시 접속 부분이 외부로 노출되지 않도록 하기 위해 설치
(2) 풀 박스(Pull Box) : 전선의 통과를 용이하게 하기 위하여 배관의 도중에 설치

해설

①	정크션 박스(Joint Box)	
②	풀 박스(Pull Box)	

문제 4

어떤 보호장치를 통해 흐를 수 있는 예상 고장전류 실효값은 48162[A]이고, 사용되는 보호도체의 절연물의 상수는 143일 때, 보호장치의 순시차단시간이 0.1초라면 보호도체의 단면적은 몇 [mm²] 이상이어야 하는가? (단, 자동차단시간이 5초 이내인 경우이며, 설계여유는 1.25를 적용한다.)

•계산과정 : _____ •답 : _____

정답 •계산과정

$$S = \frac{I_F\sqrt{t_n}}{k} \times \alpha = \frac{48162 \times \sqrt{0.1}}{143} \times 1.25 = 133.13[\text{mm}^2]$$

t : 자동차단을 위한 보호장치의 동작시간[s]

S : 단면적[mm²], α : 설계여유, I_F : 최소단락전류

k : 보호도체, 절연, 기타부위의 재질 및 초기온도와 최종온도에 따라 정해지는 계수

•답 : 150[mm²]

문제 5

3상 4선식 교류 380[V], 50[kVA] 부하가 변전실 배전반에서 190[m] 떨어져 설치되어 있다. 이 경우 배전용 케이블의 최소 굵기는 얼마로 하여야 하는지 계산하시오. (단, 전기사용장소 내 시설한 변압기이며, 케이블은 IEC 규격에 의한다.)

• 계산과정 : _____   • 답 : _____

[정답] • 계산과정

공급 변압기의 2차측 단자 또는 인입선 접속점에서 최원단 부하에 이르는 사이의 전선 길이가 100[m] 기준 5[%], 추가 1[m]당 0.005[%] 가산이므로 190[m]인 경우 90[m] 만큼에 대한 부분을 가산하여 준다.)

• 허용전압강하 = $5 + 90 \times 0.005 = 5.45[\%]$

전선의 단면적 A는 3상 4선식일 경우

$A = \dfrac{17.8LI}{1000e}$ 이므로 $I = \dfrac{P}{\sqrt{3}\,V} = \dfrac{50 \times 10^3}{\sqrt{3} \times 380} = 75.97[A]$을 적용하여

$A = \dfrac{17.8 \times 190 \times 75.97}{1000 \times 220(\text{전력선과 중선선 사이의 전압}) \times 0.0545} = 6.43[\text{mm}^2]$

• 답 : $10[\text{mm}^2]$

문제 6

아래의 표에서 금속관 부품의 특징에 해당하는 부품명을 쓰시오.

부품명	특징
①	관과 박스를 접속할 경우 파이프 나사를 죄어 고정시키는데 사용
②	전선 관단에 끼우고 전선을 넣거나 빼는데 있어서 전선의 피복을 보호하여 전선이 손상되지 않게 하는 것
③	금속관 상호 접속 또는 관과 노멀 밴드와의 접속에 사용
④	노출 배관에서 금속관을 조영재에 고정시키는데 사용되며 합성수지 전선관, 가요 전선관, 케이블 공사에도 사용
⑤	배관의 직각 굴곡에 사용하며 양단에 나사가 나있어 관과의 접속에는 커플링을 사용
⑥	금속관을 아웃렛 박스의 노크아웃에 취부할 때 노크아웃의 구멍이 관의 구멍보다 클 때 사용
⑦	매입형의 스위치나 콘센트를 고정하는데 사용
⑧	전선관 공사에 있어 전등 기구나 점멸기 또는 콘센트의 고정, 접속합으로 사용되며 4각 및 8각이 있다.

[정답]

①		로크너트(lock nut)
②		부싱(bushing)
③		커플링(coupling)
④		새들(saddle)
⑤		노멀밴드(normal bend)
⑥		링 리듀우서(ring reducer)
⑦		스위치 박스(switch box)
⑧		아웃렛 박스(outlet box)

[해설]

①	로크너트(lock nut)	
②	부싱(bushing)	
③	커플링(coupling)	
④	새들(saddle)	
⑤	노멀밴드(normal bend)	
⑥	링 리듀우서(ring reducer)	
⑦	스위치 박스(switch box)	
⑧	아웃렛 박스(outlet box)	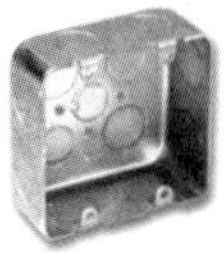 4각 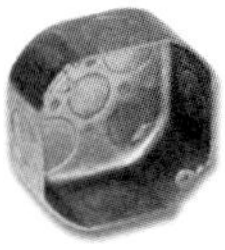 8각

문제 7 ★★★☆

공장 구내 사무실 건물에 110/220[V] 단상 3선식 채용하고, 공장 구내 변압기가 설치된 변전실에서 60[m] 되는 곳의 부하를 아래 표 "부하집계표"와 같이 배분하는 분전반을 시설하고자 한다. 이 건물의 전기 설비에 대하여 다음의 허용 전류표를 참고로 하여 다음 물음에 답하시오. (단, 전압 강하는 2[%] 이하로 하여야 하고 간선의 수용률은 100[%]로 한다.)

(1) 간선의 굵기를 산정하시오.

(2) 간선 설비에 필요한 후강 전선관의 굵기를 산정하시오.

(3) 분전반의 복선 결선도를 작성하시오.

※ 전선 굵기 중 상과 중성선(N)의 굵기는 같게 한다.

[부하집계표]

회로 번호	부하 명칭	총부하 [VA]	부하분담		NFB 크기			비고
			A선	B선	극수	AF	AT	
1	백열등	2460	2460		1	30	15	
2	형광등	1960		1960	1	30	15	
3	전열	2000	2000(AB간)		2	50	20	
4	팬코일	1000	1000(AB간)		2	30	15	
합계		7420						

[참고자료]

[표1] 전압 강하 및 전선 단면적을 구하는 공식

전기 방식	전압 강하	전선 단면적
단상 2선식 및 직류 2선식	$e = \dfrac{35.6LI}{1000A}$	$A = \dfrac{35.6LI}{1000e}$
3상 3선식	$e = \dfrac{30.8LI}{1000A}$	$A = \dfrac{30.8LI}{1000e}$
단상 3선식 · 직류 3선식 · 3상 4선식	$e' = \dfrac{17.8LI}{1000A}$	$A = \dfrac{17.8LI}{1000e'}$

단, e : 각 선간의 전압 강하[V]
　　e' : 외측선 또는 각 상의 1선과 중성선 사이의 전압 강하[V]
　　A : 전선의 단면적[mm²]
　　L : 전선 1본의 길이[m]
　　I : 전류[A]

[표 2] 후강 전선관 굵기의 선정

도체 단면적 [mm²]	전선 본수									
	1	2	3	4	5	6	7	8	9	10
	전선관의 최소 굵기[호]									
2.5	16	16	16	16	22	22	22	28	28	28
4	16	16	16	22	22	22	28	28	28	28
6	16	16	22	22	22	28	28	28	36	36
10	16	22	22	28	28	36	36	36	36	36
16	16	22	28	28	36	36	36	42	42	42
25	22	28	28	36	36	42	54	54	54	54
35	22	28	36	42	54	54	54	70	70	70
50	22	36	54	54	70	70	70	82	82	82
70	28	42	54	54	70	70	70	82	82	82
95	28	54	54	70	70	82	82	92	92	104
120	36	54	54	70	70	82	82	92		
150	36	70	70	82	92	92	104	104		
185	36	70	70	82	92	104				
240	42	82	82	92	104					

정답 (1) 전선의 단면적 $A = \dfrac{17.8LI}{1000e}[\text{V}]$

① 선로의 길이는 $L = 60[\text{m}]$

② A선의 정격전류 $= I_A = \dfrac{P}{V} = \dfrac{\text{부하부담}}{\text{사용전압}} = \dfrac{2460}{110} + \dfrac{2000}{220} + \dfrac{1000}{220} = 36[\text{A}]$

B선의 정격전류 $= I_B = \dfrac{P}{V} = \dfrac{\text{부하부담}}{\text{사용전압}} = \dfrac{1960}{110} + \dfrac{2000}{220} + \dfrac{1000}{220} = 31.45[\text{A}]$

A선 정격전류가 높으므로 전류는 36[A]를 산정한다.

③ $e = \text{사용전압} \times \text{전압강하율} = 110 \times 0.02 = 2.2[\text{V}]$

∴ 전선의 단면적 $A = \dfrac{17.8LI}{1000e} = \dfrac{17.8 \times 60 \times 36}{1000 \times 2.2} = 17.476[\text{mm}^2]$

• 답 : 25[mm²]

(2) 후강전선관 굵기 [표 3]에서 도체의 단면적과 전선 본수에 따른 조건을 선정한다. 따라서 [표 3]에서 25[mm²] 전선과 3선을 만족하는 후강전선관의 굵기는 28[호]가 된다.

• 답 : 28[호]

(3)

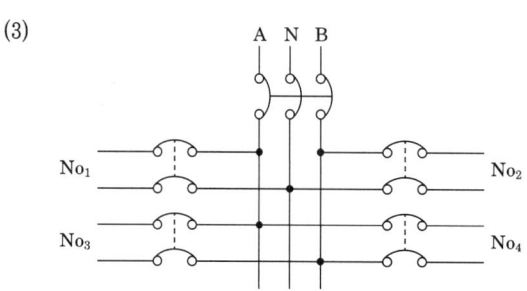

[해설] (1) 단면적을 구하는 공식이 여러 가지가 있지만 문제에서 단상 3선식, 전압강하, 전선의 길이가 주어졌기 때문에 문제에 맞는 계산식을 이용한다.

구분	전선단면적 계산식	비 고
단상 2선식	$A = \dfrac{35.6LI}{1000e}$	A : 전선의 단면적 [mm²]
3상 3선식	$A = \dfrac{30.8LI}{1000e}$	L : 선로의 길이 [m] I : 전선의 정격전류 [A]
3상 4선식 또는 단상 3선식	$A = \dfrac{17.8LI}{1000e}$	e : 허용전압강하 [V]

A선 및 B선에 부하분담을 문제에서 주어지지 않았으므로 110[V] 및 220[V]를 기준으로 공급되는 전류를 구하고 항상 큰 값을 기준으로 산정하여야 한다.

단상 3선식 및 3상 4선식에서 전압강하는 각 상의 1선과 중성선사이의 전압강하[V]를 의미한다.

과년도 기출문제

Engineer Electricity
Industrial Engineer Electricity

Chapter 06
2022~2024

전기기사
1. 2022년 과년도문제해설 및 정답 ⋯ 2
2. 2023년 과년도문제해설 및 정답 ⋯ 42
3. 2024년 과년도문제해설 및 정답 ⋯ 84

전기산업기사
1. 2022년 과년도문제해설 및 정답 ⋯ 121
2. 2023년 과년도문제해설 및 정답 ⋯ 157
3. 2024년 과년도문제해설 및 정답 ⋯ 191

국가기술자격검정 실기시험문제 및 정답

2022년도 전기기사 제1회 필답형 실기시험

종 목	시험시간	형 별	성 명	수험번호
전기기사	2시간 30분	A		

※ 수험자 인적사항 및 답안작성(계산식 포함)은 흑색의 필기구만 사용하여야 하며 흑색을 제외한 유색 필기구 또는 연필류를 사용하거나 2가지 이상의 색을 혼합 사용하였을 경우 그 문항은 0점 처리됩니다.

---

01 154[kV] 중성점 직접 접지계통의 피뢰기 정격전압은 어떤 것을 선택해야 하는가?
(단, 접지 계수는 0.75이고, 유도계수는 1.1이다.)

피뢰기 정격전압[kV]					
126	144	154	168	182	196

• 계산 :   • 답 :

[정답] • 계산 : $E_n = \alpha \beta V_m [kV]$

여기서, α : 접지계수, β : 유도계수, V_m : 계통최고전압[kV]

$E_n = 0.75 \times 1.1 \times 170 = 140.25 [kV]$

• 답 : 144[kV]

---

02 다음과 같은 380[V] 선로에서 계기용 변압기의 PT비는 380/110[V]이다. 아래의 그림을 참고하여 다음 각 물음에 답하시오.

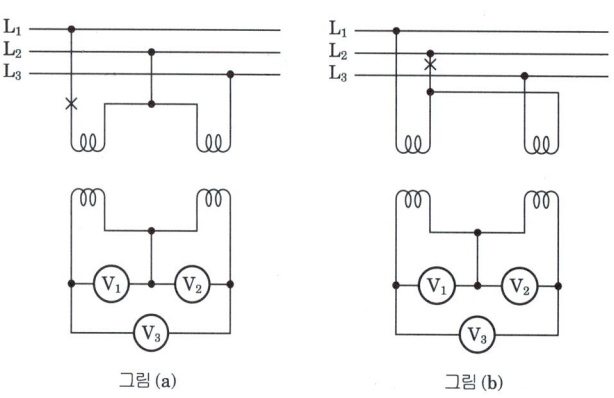

그림(a)   그림(b)

(1) 그림 (a)의 X 지점에서 단선사고가 발생하였을 때, 전압계 V_1, V_2, V_3의 지시값을 구하시오.

① V_1 :
- 계산 : _____   • 답 : _____

② V_2 :
- 계산 : _____   • 답 : _____

③ V_3 :
- 계산 : _____   • 답 : _____

(2) 그림 (b)의 X 지점에서 단선사고가 발생하였을 때, 전압계 V_1, V_2, V_3의 지시값을 구하시오.

① V_1 :
- 계산 : _____   • 답 : _____

② V_2 :
- 계산 : _____   • 답 : _____

③ V_3 :
- 계산 : _____   • 답 : _____

[정답] (1) ① • 계산 : $V_1 = 0[\text{V}]$
  • 답 : 0[V]

② • 계산 : $V_2 = 380 \times \dfrac{110}{380} = 110[\text{V}]$
  • 답 : 110[V]

③ • 계산 : $V_3 = 0 + 380 \times \dfrac{110}{380} = 110[\text{V}]$
  • 답 : 110[V]

(2) ① • 계산 : $V_1 = 380 \times \dfrac{1}{2} \times \dfrac{110}{380} = 55[\text{V}]$
  • 답 : 55[V]

② • 계산 : $V_2 = 380 \times \dfrac{1}{2} \times \dfrac{110}{380} = 55[\text{V}]$
  • 답 : 55[V]

③ • 계산 : $V_3 = 380 \times \dfrac{1}{2} \times \dfrac{110}{380} - 380 \times \dfrac{1}{2} \times \dfrac{110}{380} = 0[\text{V}]$
  • 답 : 0[V]

03 용량이 500[kVA]인 변압기에 역률 60[%](지상), 500[kVA]인 부하가 접속되어있다. 부하에 병렬로 전력용 커패시터를 설치하여 역률을 90[%]로 개선하려고 할 때, 이 변압기에 증설할 수 있는 부하 용량[kW]을 구하시오. 단, 증설 부하의 역률은 90[%]이다.

• 계산 :   • 답 :

정답 증설 가능한 부하 용량
• 계산 : $P' = P_a(\cos\theta_2 - \cos\theta_1) = 500 \times (0.9 - 0.6) = 150[\text{kW}]$
• 답 : 150[kW]

04 전압 22900[V], 주파수 60[Hz], 1회선의 3상 지중 송전선로의 3상 무부하 충전전류 및 충전용량을 구하시오. (단, 송전선의 선로 길이는 7[km], 케이블 1선당 작용 정전용량은 0.4[μF/km]라고 한다.)

(1) 충전전류
• 계산 :   • 답 :

(2) 충전용량
• 계산 :   • 답 :

정답 (1) 충전전류
• 계산 : $I_c = \omega C E [\text{A}] = 2\pi \times 60 \times 0.4 \times 10^{-6} \times 7 \times \left(\dfrac{22900}{\sqrt{3}}\right) = 13.96[\text{A}]$

여기서, ω : 각속도, C : 작용 정전용량[F], E : 대지전압[V]
• 답 : 13.96[A]

(2) 충전용량
• 계산 : $Q = 3\omega C E^2 \times 10^{-3} [\text{kVA}]$
$= 3 \times 2\pi \times 60 \times 0.4 \times 10^{-6} \times 7 \times \left(\dfrac{22900}{\sqrt{3}}\right)^2 \times 10^{-3} = 553.55[\text{kVA}]$
• 답 : 553.55[kVA]

05 최대 수요 전력이 5000[kW], 부하 역률 0.9, 네트워크(network) 수전 회선수 4회선, 네트워크 변압기의 과부하율 130[%]인 경우 네트워크 변압기 용량은 몇 [kVA] 이상이어야 하는가?

- 계산 : _____   - 답 : _____

[정답] • 계산 : 네트워크 변압기 용량 = $\dfrac{\text{최대수요전력[kVA]}}{\text{수전회전수}-1} \times \dfrac{100}{\text{과부하율}}$

$$= \dfrac{\frac{5000}{0.9}}{4-1} \times \dfrac{100}{130} = 1424.5 \text{[kVA]}$$

- 답 : 1424.5[kVA]

06 커패시터에서 주파수가 50[Hz]에서 60[Hz]로 증가했을 때 전류는 몇 [%]가 증가 또는 감소하는가?

- 계산 : _____   - 답 : _____

[정답] • 계산 : 주파수가 50[Hz]에서 60[Hz] 증가한 경우 전류는 주파수에 비례하므로 $\dfrac{6}{5} \times 100[\%] = 120[\%]$가 되어 20[%] 증가하게 된다.

- 답 : 20[%] 증가

07 측정범위 1[mA], 내부저항 20[kΩ]의 전류계에 분류기를 붙여서 6[mA]까지 측정하고자 한다. 몇 [Ω]의 분류기를 사용하여야 하는지 계산하시오.

- 계산 : _____   - 답 : _____

[정답] • 계산

$I_0 = \left(1 + \dfrac{r}{R}\right) I_a$ 에서, R 분류기의 저항[Ω], r 전류계의 내부저항[Ω], I_a 전류계의 측정범위[A]

$R = \dfrac{r}{\left(\dfrac{I_0}{I_a} - 1\right)} = \dfrac{20 \times 10^3}{\left(\dfrac{6 \times 10^{-3}}{1 \times 10^{-3}} - 1\right)} = 4000 \text{[Ω]}$

- 답 : 4000[Ω]

08 대지 고유 저항률 400[Ω·m], 직경 19[mm], 길이 2400[mm]인 접지봉을 전부 매입했다고 한다. 접지저항(대지저항)값은 얼마인가?

• 계산 : _____   • 답 : _____

정답 • 계산 : 막대 모양의 접저저항 $R = \dfrac{\rho}{2\pi\ell} \times \ln\dfrac{2\ell}{r}[\Omega]$

여기서, ρ : 대지고유저항률[Ω·m], ℓ : 접지봉의 길이[m], r : 접지봉의 반지름[m]

$R = \dfrac{400}{2\pi \times 2.4} \times \ln\dfrac{2 \times 2.4}{\dfrac{0.019}{2}} = 165.13[\Omega]$

• 답 : 165.13[Ω]

---

09 다음 주어진 불평형 전압 조건을 이용하여 영상분, 정상분, 역상분 전압[V]을 구하시오.
($V_a = 7.3\angle 12.5°$, $V_b = 0.4\angle -100°$, $V_c = 4.4\angle 154°$ 단, 상순은 a-b-c이다.)

(1) 영상분 전압

• 계산 : _____   • 답 : _____

(2) 정상분 전압

• 계산 : _____   • 답 : _____

(3) 역상분 전압

• 계산 : _____   • 답 : _____

정답 (1) 영상분 전압

• 계산 : $V_0 = \dfrac{1}{3}(V_a + V_b + V_c) = \dfrac{1}{3}(7.3\angle 12.5° + 0.4\angle -100° + 4.4\angle 154°) = 1.47\angle 45.11°$

• 답 : $1.47\angle 45.11°[V]$

(2) 정상분 전압

• 계산 : $V_1 = \dfrac{1}{3}(V_a + aV_b + a^2V_c)$
$= \dfrac{1}{3}(7.3\angle 12.5° + 1\angle 120° \times 0.4\angle -100° + 1\angle 240° \times 4.4\angle 154°) = 3.97\angle 20.54°$

• 답 : $3.97\angle 20.54°[V]$

(3) 역상분 전압

- 계산 : $V_2 = \dfrac{1}{3}(V_a + a^2 V_b + a V_c)$

  $= \dfrac{1}{3}(7.3\angle 12.5° + 1\angle 240° \times 0.4\angle -100° + 1\angle 120° \times 4.4\angle 154°) = 2.52\angle -19.7°$

- 답 : $2.52\angle -19.7°[\text{V}]$

10 다음 부하에 대한 발전기 최소 용량[kVA]을 아래의 식을 이용하여 산정하시오. (단, 전동기[kW]당 입력 환산계수(a)는 1.45, 전동기의 기동계수(c)는 2, 발전기의 허용전압강하계수(k)는 1.45이다.)

【발전기용량 산정식】

$PG \geq \{\sum P + (\sum P_m - P_L) \times a + (P_L \times a \times c)\} \times k$

여기서,
PG : 발전기용량
P : 전동기 이외 부하의 입력 용량[kVA]
$\sum P_m$: 전동기 부하 용량 합계[kW]
P_L : 전동기 부하 중 기동용량이 가장 큰 전동기 부하 용량[kW]
a : 전동기의 [kW]당 입력[kVA] 용량 계수
c : 전동기의 기동계수
k : 발전기의 허용전압강하계수

No	부하 종류	부하 용량
1	유도전동기 부하	37[kW]×1대
2	유도전동기 부하	10[kW]×5대
3	전동기 이외 부하의 입력용량	30[kVA]

- 계산 : _____ • 답 : _____

[정답] • 계산 : $PG \geq \{\sum P + (\sum P_m - P_L) \times a + (P_L \times a \times c)\} \times k$

$= \{30 + (37 + 10\times 5 - 37) \times 1.45 + (37 \times 1.45 \times 2)\} \times 1.45 = 304.21[\text{kVA}]$

- 답 : 304.21[kVA]

11 단권변압기에서 전부하 2차단자전압 115[V], 권수비 20, 전압변동률 2[%]일 때 1차 전압을 구하시오.

• 계산 :   • 답 :

[정답] • 계산 : $V_1 = a(1+\epsilon)V_{2n} = 20(1+0.02) \times 115 = 2346[V]$

• 답 : 2346[V]

12 그림은 누전차단기를 적용하는 것으로 CVCF 출력단의 접지용 콘덴서 C_0는 $5[\mu F]$이고, 부하측 라인필터의 대지 정전용량 $C_1 = C_2 = 0.1[\mu F]$, 누전차단기 ELB_1에서 지락점까지의 케이블의 대지정전용량 $C_{L1} = 0.2$(ELB_1의 출력단에 지락 발생 예상), ELB_2에서 부하 2까지의 케이블의 대지정전용량은 $C_{L2} = 0.2[\mu F]$이다. 지락저항은 무시하며, 사용 전압은 $220[V]$, 주파수가 $60[Hz]$인 경우 다음 각 물음에 답하시오.

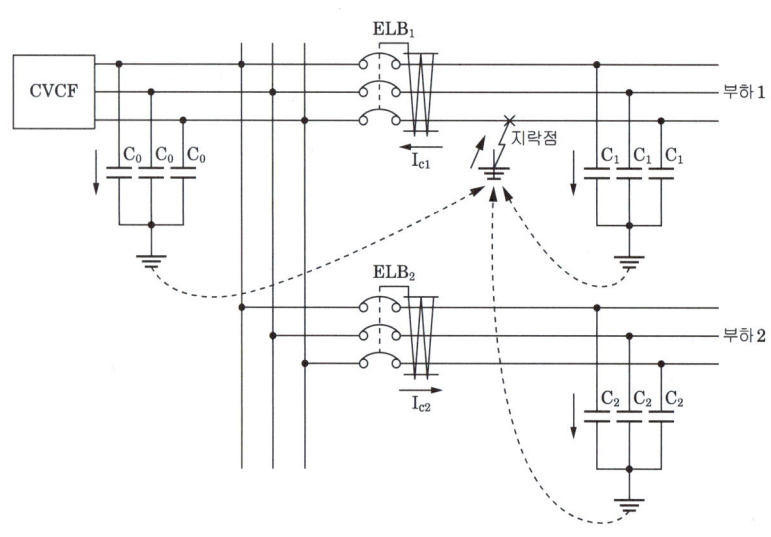

【조 건】

• $I_{C1} = 3 \times 2\pi f\, CE$ 에 의하여 계산한다.
• 누전차단기는 지락시의 지락전류의 $\frac{1}{3}$에 동작 가능하여야 하며, 부동작 전류는 건전 피더에 흐르는 지락전류의 2배 이상의 것으로 한다.
• 누전차단기의 시설 구분에 대한 표시 기호는 다음과 같다.
  ○ : 누전차단기를 시설할 것
  △ : 주택에 기계기구를 시설하는 경우에는 누전차단기를 시설할 것
  □ : 주택 구내 또는 도로에 접한 면에 룸에어컨디셔너, 아이스박스, 진열장, 자동판매기 등 전동기를 부품으로 한 기계기구를 시설하는 경우에는 누전차단기를 시설하는 것이 바람직하다.
  ※ 사람이 조작하고자 하는 기계기구를 시설한 장소보다 전기적인 조건이 나쁜 장소에서 접촉할 우려가 있는 경우에는 전기적 조건이 나쁜 장소에 시설된 것으로 취급한다.

(1) 도면에서 CVCF는 무엇인지 우리말로 그 명칭을 쓰시오.

(2) 건전 피더(Feeder) ELB_2에 흐르는 지락전류 I_{C2}는 몇 [mA]인가?
 • 계산 : _____   • 답 : _____

(3) 누전차단기 ELB_1, ELB_2가 불필요한 동작을 하지 않기 위해서는 정격감도전류 몇 [mA] 범위의 것을 선정하여야 하는가?
 • 계산 : _____   • 답 : _____

(4) 누전차단기의 시설 예에 대한 표의 빈칸에 ○, △, □로 표현하시오.

전로의 대지전압 \ 기계기구 시설장소	옥내 건조한 장소	옥내 습기가 많은 장소	옥측 우선내	옥측 우선외	옥외	물기가 있는 장소
150[V] 이하	–	–	–			
150[V] 초과 300[V] 이하			–			

[정답] (1) 정전압 정주파수 공급 장치

(2) 지락전류
 • 계산 : $I_{c2} = 3\omega CE = 3 \times 2\pi f \times (C_{L2} + C_2) \times \dfrac{V}{\sqrt{3}}$
 $= 3 \times 2\pi \times 60 \times (0.2 + 0.1) \times 10^{-6} \times \dfrac{220}{\sqrt{3}} \times 10^3 = 43.1 [\mathrm{mA}]$
 • 답 : 43.1[mA]

(3) 정격감도전류
 • 계산 :
 ① 동작 전류 = 지락전류 $\times \dfrac{1}{3}$
 $I_c = 3\omega CE = 3 \times 2\pi f \times (C_0 + C_{L1} + C_1 + C_{L2} + C_2) \times \dfrac{V}{\sqrt{3}}$
 $= 3 \times 2\pi \times 60 \times (5 + 0.2 + 0.1 + 0.2 + 0.1) \times 10^{-6} \times \dfrac{220}{\sqrt{3}} \times 10^3 = 804.46 [\mathrm{mA}]$
 ∴ ELB $= 804.46 \times \dfrac{1}{3} = 268.15 [\mathrm{mA}]$

 ② 부동작 전류 = 건전피더 지락전류 $\times 2$
 부하 1측 cable 지락시 부하 2측 cable에 흐르는 지락전류
 $I_c' = 3 \times 2\pi f \times (C_{L2} + C_2) \times \dfrac{V}{\sqrt{3}} = 3 \times 2\pi \times 60 \times (0.2 + 0.1) \times 10^{-6} \times \dfrac{220}{\sqrt{3}} \times 10^3$
 $= 43.1 [\mathrm{mA}]$
 ∴ $ELB = 43.1 \times 2 = 86.2 [\mathrm{mA}]$
 • 답 : 정격 감도 전류 ELB = 86.2 ~ 268.15[mA]

(4) 누전차단기의 시설

전로의 대지전압 / 기계기구 시설장소	옥내		옥측		옥외	물기가 있는 장소
	건조한 장소	습기가 많은 장소	우선내	우선외		
150[V] 이하	—	—	—	□	□	○
150[V] 초과 300[V] 이하	△	○	—	○	○	○

13 수전전압 140[kV]인 변전소에 아래와 같은 정격전압 및 용량을 가진 3권선 변압기가 설치되어 있다. (단, 1차, 2차, 3차 전압과 용량은 각각 154[kV], 100[MVA], 66[kV], 50[MVA], 15.4[kV], 50[MVA]이며, 권선간의 %리액턴스는 아래와 같고 변압기의 기타 정수는 무시한다.)

- $X_{ps} = 9[\%]$ (100[MVA] 기준)
- $X_{st} = 3[\%]$ (50[MVA] 기준)
- $X_{pt} = 8.5[\%]$ (50[MVA] 기준)

(1) 각 권선의 %리액턴스를 각 권선의 용량기준으로 표시하여라.

① 1차
- 계산 : _____   • 답 : _____

② 2차
- 계산 : _____   • 답 : _____

③ 3차
- 계산 : _____   • 답 : _____

(2) 1차 입력이 100000[kVA](역률은 0.9앞섬) 3차에는 50000[kVA]의 진상 무효전력이 접속되어 있을 때 2차 출력과 역률을 구하여라.

① 2차측 출력
- 계산 : _____   • 답 : _____

② 2차측 역률
- 계산 : _____   • 답 : _____

(3) (1),(2)의 경우 1차 전압이 154[kV]일 때 2차와 3차 모선의 전압을 구하여라.

① 2차 모선

• 계산 : _____ • 답 : _____

② 3차 모선

• 계산 : _____ • 답 : _____

[정답] (1) 각 권선의 %리액턴스를 100[MVA]로 환산하면

$$X_{ps}=9[\%],\ X'_{st}=\frac{100}{50}\times X_{st}=\frac{100}{50}\times 3=6[\%],\ X'_{pt}=\frac{100}{50}\times X_{pt}=2\times 8.5=17[\%]$$

따라서, 각 권선의 리액턴스는

① 1차
• 계산 : $X_p=\dfrac{9+17-6}{2}=10[\%]$ (100[MVA] 기준)
• 답 : 10[%]

② 2차
• 계산 : $X_s=\dfrac{9+6-17}{2}=-1[\%]$ (100[MVA] 기준) ∴ 50[MVA] 기준 : −0.5[%]
• 답 : −0.5[%]

③ 3차
• 계산 : $X_t=\dfrac{17+6-9}{2}=7[\%]$ (100[MVA] 기준) ∴ 50[MVA] 기준 : 3.5[%]
• 답 : 3.5[%]

(2) 각 권선의 피상전력을 P_p, P_s, P_t라고 하면 2차 출력과 역률은 아래와 같다.

① 2차측 출력
• 계산 : $P_s=\sqrt{(P_p\cos\theta_p)^2+(P_t-P_p\sin\theta_p)^2}=\sqrt{(100\times 0.9)^2+(50-100\times\sqrt{1-0.9^2})^2}$
        $=90200[\text{kVA}]$
• 답 : 90200[kVA]

② 2차측 역률
• 계산 : $\cos\theta_s=\dfrac{90000}{90200}\times 100=99.8[\%]$
• 답 : 99.8[%]

(3) 각 권선의 전압강하

$$e_p=(-0.1)\sqrt{1-0.9^2}=-0.0436$$

$$e_s=(-0.01)\sqrt{1-0.998^2}\times\frac{90200}{100000}=-0.00057$$

$$e_t=(-0.035)\times 1=-0.035$$

① 2차 모선
• 계산 : $V_2=66(1-e_p-e_s)=66\times[1-(-0.0436)-(-0.00057)]=68.92[\text{kV}]$
• 답 : 68.92[kV]

② 3차 모선
• 계산 : $V_3=15.4(1-e_p-e_t)=15.4\times[1-(-0.0436)-(-0.035)]=16.61[\text{kV}]$
• 답 : 16.61[kV]

14 다음은 어느 제조공장의 부하 목록이다. 부하중심거리공식을 활용하여 부하중심위치(X, Y)를 구하시오. (단, X는 X축 좌표, Y는 Y축 좌표를 의미하고 다른 주어지지 않은 조건은 무시한다.)

구분	분류	소비전력량	위치(X)	위치(Y)
1	물류저장소	120[kWh]	4[m]	4[m]
2	유틸리티	60[kWh]	9[m]	3[m]
3	사무실	20[kWh]	9[m]	9[m]
4	생산라인	320[kWh]	6[m]	12[m]

• 계산 : _____   • 답 : _____

[정답]
• 계산 : $X = \dfrac{120 \times 4 + 60 \times 9 + 20 \times 9 + 320 \times 6}{120 + 60 + 20 + 320} = 6[m]$

$Y = \dfrac{120 \times 4 + 60 \times 3 + 20 \times 9 + 320 \times 12}{120 + 60 + 20 + 320} = 9[m]$

• 답 : $X = 6[m]$, $Y = 9[m]$

---

15 다음 주어진 논리회로를 보고 물음에 답하시오.

(1) 회로의 명칭을 쓰시오.

(2) 논리식을 작성하시오.

(3) 진리표를 완성하시오.

A	B	Y
0	0	
0	1	
1	0	
1	1	

[정답] (1) Exclusive NOR회로, 일치회로
(2) $Y = A \cdot B + \overline{A} \cdot \overline{B}$
(3) 진리표

A	B	Y
0	0	1
0	1	0
1	0	0
1	1	1

16 다음 논리식을 참고하여 유접점 회로를 완성하시오.

$$(X + \overline{Y} + Z) \cdot (Y + \overline{Z})$$

[정답]

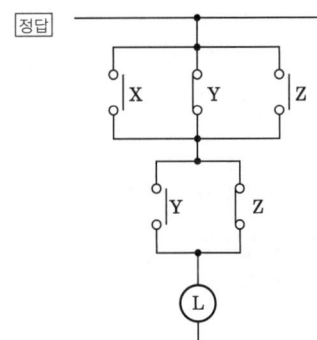

17 기계기구 및 전선의 보호시 과전류 차단기의 시설이 제한되는 개소 3가지를 작성하시오. (단, 전동기 과부하 보호 사항은 제외된다.)

○ _____

○ _____

○ _____

[정답]
- 접지공사의 접지도체
- 다선식 전로의 중성선
- 전로의 일부에 접지공사를 한 저압가공전선로의 접지측 전선

18 감리자의 지시 등이 서로 일치하지 아니하는 경우에 있어 계약으로 그 적용의 우선순위를 정하지 아니한 때의 순서를 바르게 배열하시오.

• 산출내역서	• 표준시방서	• 감리자의 지시사항	• 공사시방서
• 설계도면	• 전문시방서	• 승인된 상세시공도면	• 관계법령의 유권해석

[정답]
1. 공사시방서
2. 설계도면
3. 전문시방서
4. 표준시방서
5. 산출내역서
6. 승인된 상세시공도면
7. 관계법령의 유권해석
8. 감리자의 지시사항

국가기술자격검정 실기시험문제 및 정답

2022년도 전기기사 제2회 필답형 실기시험

종 목	시험시간	형 별	성 명	수험번호
전기기사	2시간 30분	A		

※ 수험자 인적사항 및 답안작성(계산식 포함)은 흑색의 필기구만 사용하여야 하며 흑색을 제외한 유색 필기구 또는 연필류를 사용하거나 2가지 이상의 색을 혼합 사용하였을 경우 그 문항은 0점 처리됩니다.

01 그림과 같이 전류계 3개를 가지고 부하전력을 측정하려고 한다. 각 전류계의 지시가 $A_1 = 7[A]$, $A_2 = 4[A]$, $A_3 = 10[A]$, 이고, $R = 25[\Omega]$일 때 다음을 구하시오.

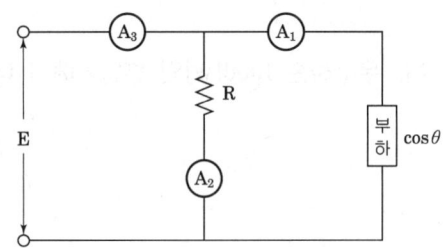

(1) 부하전력[W]을 구하시오.

• 계산 : _____ • 답 : _____

(2) 부하 역률을 구하시오.

• 계산 : _____ • 답 : _____

[정답] (1) • 계산 : $P = \dfrac{R}{2}(A_3^2 - A_2^2 - A_1^2) = \dfrac{25}{2} \times (10^2 - 4^2 - 7^2) = 437.5[W]$

• 답 : 437.5[W]

(2) • 계산 : $\cos\theta = \dfrac{A_3^2 - A_2^2 - A_1^2}{2A_2 A_1} = \dfrac{10^2 - 4^2 - 7^2}{2 \times 4 \times 7} \times 100 = 62.5[\%]$

• 답 : 62.5[%]

02 3상 3선식 1회선 배전선로의 말단에 늦은 역률 80[%]인 평형 3상의 집중부하가 있다. 변전소 인출구 전압이 6600[V]인 경우 부하의 단자 전압을 6000[V] 이하로 떨어뜨리지 않기 위한 부하전력은 몇[kW]인지 구하시오. (단, 전선 1가닥당 저항은 1.4[Ω], 리액턴스는 1.8[Ω]이라고 하고 기타의 선로정수는 무시한다.)

- 계산 : ────────────── • 답 : ──────────────

정답 • 계산 : 전압강하 $e = \dfrac{P}{V_r}(R + X\tan\theta)$ 에서

$$P = \dfrac{e \times V_r}{R + X\tan\theta} = \dfrac{600 \times 6000}{1.4 + 1.8 \times \dfrac{0.6}{0.8}} \times 10^{-3} = 1309.09 \text{[kW]}$$

• 답 : 1309.09[kW]

---

03 전압 2300[V], 전류 43.5[A], 저항 0.66[Ω], 무부하손 1000[W]인 변압기에서 다음 조건일 때의 효율을 구하시오.

(1) 전 부하시 역률 100[%]와 80[%]인 경우

• 계산 : ────────────── • 답 : ──────────────

(2) 반 부하시 역률 100[%]와 80[%]인 경우

• 계산 : ────────────── • 답 : ──────────────

정답 (1) 전 부하시 역률 100[%]와 80[%]인 경우

변압기 효율 $\eta = \dfrac{mP_a\cos\theta}{mP_a\cos\theta + P_i + m^2 P_c} \times 100[\%]$, 전 부하시 $m = 1$

① 역률 100[%]일 때

• 계산 : $\eta = \dfrac{1 \times 2300 \times 43.5 \times 1}{1 \times 2300 \times 43.5 \times 1 + 1000 + 1^2 \times 43.5^2 \times 0.66} \times 100[\%] = 97.8[\%]$

• 답 : 역률 100[%]일 때 97.8[%]

② 역률 80[%]일 때

• 계산 : $\eta = \dfrac{1 \times 2300 \times 43.5 \times 0.8}{1 \times 2300 \times 43.5 \times 0.8 + 1000 + 1^2 \times 43.5^2 \times 0.66} \times 100[\%] = 97.27[\%]$

• 답 : 역률 80[%]일 때 97.27[%]

(2) 반 부하시 역률 100[%]와 80[%]인 경우

변압기 효율 $\eta = \dfrac{mP_a\cos\theta}{mP_a\cos\theta + P_i + m^2P_c} \times 100[\%]$, 반 부하시 부하율 $m = 0.5$

① 역률 100[%]일 때
- 계산 : $\eta = \dfrac{0.5 \times 2300 \times 43.5 \times 1}{0.5 \times 2300 \times 43.5 \times 1 + 1000 + 0.5^2 \times 43.5^2 \times 0.66} \times 100[\%] = 97.44[\%]$
- 답 : 역률 100[%]일 때 97.44[%]

② 역률 80[%]일 때
- 계산 : $\eta = \dfrac{0.5 \times 2300 \times 43.5 \times 0.8}{0.5 \times 2300 \times 43.5 \times 0.8 + 1000 + 0.5^2 \times 43.5^2 \times 0.66} \times 100[\%] = 96.83[\%]$
- 답 : 역률 80[%]일 때 96.83[%]

04 지표면상 10[m] 높이에 수조가 있다. 이 수조에 초당 1[m³]의 물을 양수하는데 사용되는 펌프용 전동기에 3상 전력을 공급하기 위하여 단상 변압기 2대를 V결선 하였다. 펌프 효율이 70[%]이고, 펌프축 동력에 20[%]의 여유를 두는 경우 다음 각 물음에 답하시오. (단, 펌프용 3상 농형 유도 전동기의 역률을 100[%]로 가정한다.)

(1) 펌프용 전동기의 소요 동력은 몇 [kW]인가?
- 계산 : _____ • 답 : _____

(2) 변압기 1대의 용량은 몇 [kVA]인가?
- 계산 : _____ • 답 : _____

[정답] (1) 펌프용 전동기의 소요동력

- 계산 : $P = \dfrac{9.8QH}{\eta} \times K[\text{kW}]$

여기서, Q : 유량[m³/s], H : 높이[m], K : 여유계수, η : 펌프 효율

$P = \dfrac{9.8 \times 1 \times 10}{0.7} \times 1.2 = 168[\text{kW}]$

- 답 : 168[kW]

(2) 변압기 1대의 용량
- 계산 : V결선시 변압기 용량 $P_V = \sqrt{3}\,P_1 = 168[\text{kVA}]$ ($\because \cos\theta = 1$)

$P_1 = \dfrac{168}{\sqrt{3}} = 96.99[\text{kVA}]$

- 답 : 96.99[kVA]

05 아래의 그림과 같은 전력 계통이 있다. 각 부분의 %임피던스는 그림에 보인 대로이며 모두가 10[MVA]의 기준용량으로 환산된 것이다. 차단기 a의 단락 용량[MVA]을 구하시오.

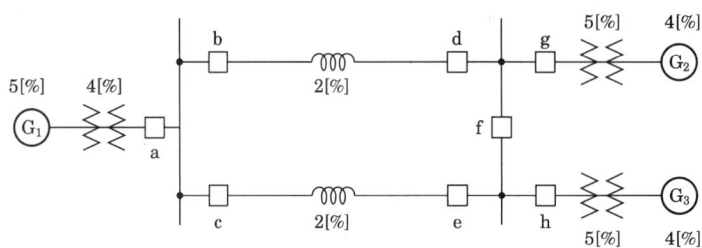

• 계산 : _____   • 답 : _____

[정답] • 계산 :
① 차단기 a의 바로 우측에서 단락 고장이 일어났을 경우 a에 흐르는 전류 I_a

$$I_a = I_{G1} = \frac{100}{5+4} \times I_n = 11.11 I_n$$

② 차단기 a의 바로 좌측에서 단락 고장이 일어났을 경우 a에 흐르는 전류 I_a'

$$I_a' = I_{G2} + I_{G3} = \frac{100}{5+4+2} \times I_n \times 2 = 18.18 I_n$$

$I_a' > I_a$ 이므로, I_a' 에 대해서 단락 용량을 결정한다.

$$\%Z_{total} = \frac{4+5+2}{2} = 5.5[\%]$$

$$\therefore P_s = \frac{100}{5.5} \times 10 = 181.82[MVA]$$

• 답 : 181.82[MVA]

---

06 다음 아래의 표를 이용하여 합성최대전력을 구하시오.

	A	B	C	D
설비용량[kW]	10	20	20	30
수용률	0.8	0.8	0.6	0.6
부등률	1.3			

• 계산 : _____   • 답 : _____

[정답] • 계산 :

$$합성최대전력 = \frac{\sum 설비용량 \times 수용률}{부등률} = \frac{10 \times 0.8 + 20 \times 0.8 + 20 \times 0.6 + 30 \times 0.6}{1.3} = 41.54[kW]$$

• 답 : 41.54[kW]

07 다음 주어진 불평형 전압 조건을 이용하여 영상분, 정상분, 역상분 전압[V]을 구하시오.
($V_a = 7.3\angle 12.5°$, $V_b = 0.4\angle -100°$, $V_c = 4.4\angle 154°$ 단, 상순은 a-b-c이다.)

(1) 영상분 전압

• 계산 : _____ • 답 : _____

(2) 정상분 전압

• 계산 : _____ • 답 : _____

(3) 역상분 전압

• 계산 : _____ • 답 : _____

정답 (1) 영상분 전압

• 계산 : $V_0 = \dfrac{1}{3}(V_a + V_b + V_c) = \dfrac{1}{3}(7.3\angle 12.5° + 0.4\angle -100° + 4.4\angle 154°) = 1.47\angle 45.11°$

• 답 : $1.47\angle 45.11°[V]$

(2) 정상분 전압

• 계산 : $V_1 = \dfrac{1}{3}(V_a + aV_b + a^2V_c)$
$= \dfrac{1}{3}(7.3\angle 12.5° + 1\angle 120° \times 0.4\angle -100° + 1\angle 240° \times 4.4\angle 154°) = 3.97\angle 20.54°$

• 답 : $3.97\angle 20.54°[V]$

(3) 역상분 전압

• 계산 : $V_2 = \dfrac{1}{3}(V_a + a^2V_b + aV_c)$
$= \dfrac{1}{3}(7.3\angle 12.5° + 1\angle 240° \times 0.4\angle -100° + 1\angle 120° \times 4.4\angle 154°) = 2.52\angle -19.7°$

• 답 : $2.52\angle -19.7°[V]$

---

08 폭 15[m]인 도로의 양쪽에 간격 20[m]를 두고 대칭 배열로 가로등이 점등되어 있다. 한 등의 전광속은 8000[lm], 조명률은 45[%]일 때, 도로의 조도를 계산하시오.

• 계산 : _____ • 답 : _____

정답 • 계산 : 도로 양쪽 조명[대칭배열]의 면적 $S = \dfrac{ab}{2}$

$E = \dfrac{FUN}{D \times \dfrac{ab}{2}} = \dfrac{8000 \times 0.45 \times 1}{1 \times \dfrac{20 \times 15}{2}} = 24[lx]$

• 답 : 24[lx]

09 수전전압 6600[V], 가공전선로의 %임피던스가 58.5[%]일 때 수전점의 3상 단락전류가 8000[A]인 경우 기준용량과 수전용 차단기의 정격차단용량은 얼마인가?

차단기 정격용량

10	20	30	50	75	100	150	250	300	400	500

(1) 기준용량

• 계산 : _____   • 답 : _____

(2) 차단용량

• 계산 : _____   • 답 : _____

정답 (1) 기준용량

• 계산 : $I_s = \dfrac{100}{\%Z} \times I_n$, $I_s = 8000[\text{A}]$, $I_n = \dfrac{\%Z}{100} \times I_s = \dfrac{58.5}{100} \times 8000 = 4680[\text{A}]$

$P_n = \sqrt{3} \times 6600 \times 4680 \times 10^{-6} = 53.5[\text{MVA}]$

• 답 : 53.5[MVA]

(2) 차단용량

• 계산 : $P_s = \dfrac{100}{\%Z} \times P_n = \dfrac{100}{58.5} \times 53.5 = 91.45[\text{MVA}]$

• 답 : 100[MVA]

---

10 그림과 같이 접속된 3상 3선식 고압 수전설비의 변류기 2차 전류가 언제나 4.2[A]이었다. 이때, 수전전력[kW]을 구하시오. (단, 수전전압은 6600[V], 변류비는 50/5[A], 역률은 100[%]이다.)

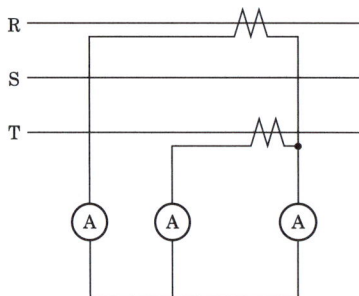

• 계산 : _____   • 답 : _____

정답 • 계산 : $P = \sqrt{3}\, V_1 I_1 \cos\theta = \sqrt{3} \times 6600 \times \left(4.2 \times \dfrac{50}{5}\right) \times 1 \times 10^{-3} = 480.12[\text{kW}]$

• 답 : 480.12[kW]

11 다음 도면은 22.9[kV]특고압 수전설비의 도면이다. 다음 도면을 보고 물음에 답하시오.

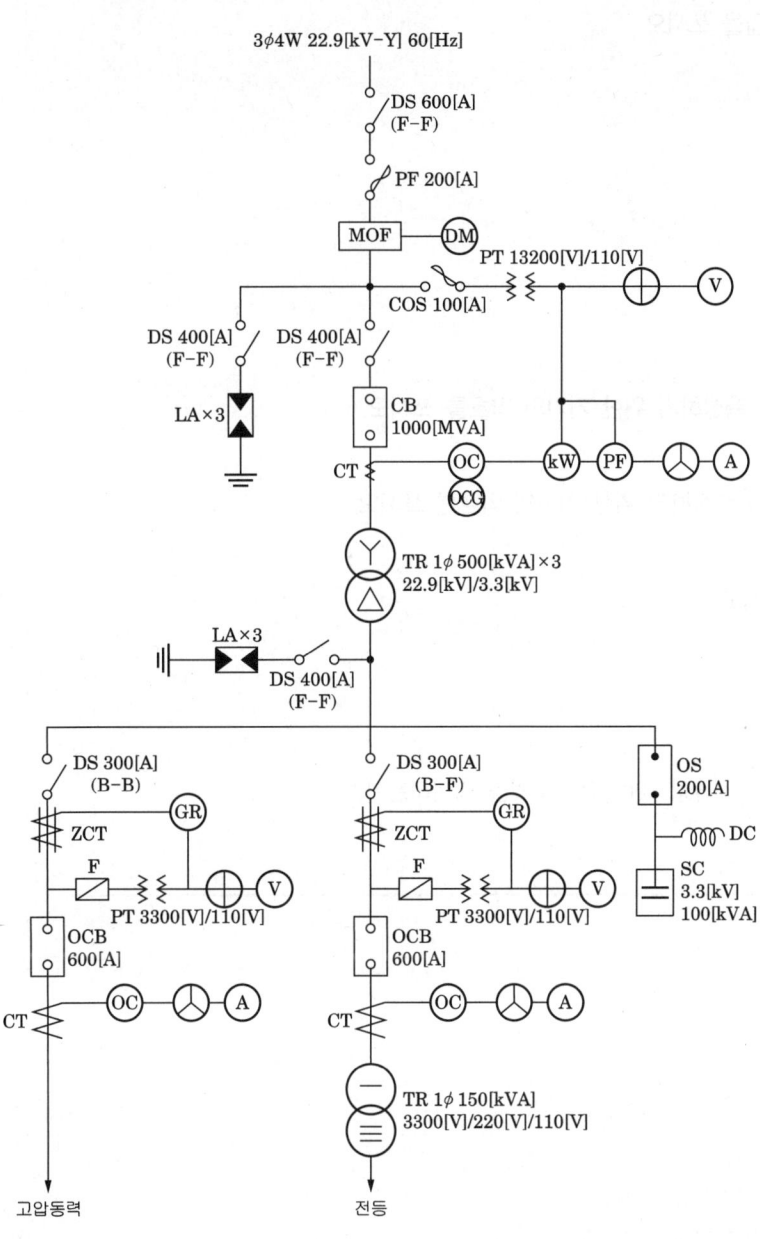

(1) DM의 명칭을 쓰시오.

(2) 단로기의 정격전압을 쓰시오.

(3) PF의 역할을 쓰시오.

(4) SC의 역할을 쓰시오.

(5) 22.9[kV] 피뢰기의 정격전압을 쓰시오

(6) ZCT의 역할을 쓰시오.

(7) GR의 역할을 쓰시오.

(8) CB의 역할을 쓰시오.

(9) 1대의 전압계로 3상 전압을 측정하기 위한 기기의 약호를 쓰시오.

(10) 1대의 전류계로 3상 전류를 측정하기 위한 기기의 약호를 쓰시오.

(11) OS의 명칭이 무엇인지 쓰시오.

(12) MOF의 기능을 쓰시오.

(13) 3.3[kV]측의 차단기에 적힌 전류값 600[A]는 무엇을 의미하는가?

정답 (1) 최대수요전력량계
- (2) 25.8[kV]
- (3) 단락전류 차단
- (4) 부하의 역률개선
- (5) 18[kV]
- (6) 지락 사고시 영상 전류 검출
- (7) 지락사고시 트립코일을 여자시킴
- (8) 고장전류 차단 및 부하전류 개폐
- (9) VS
- (10) AS
- (11) 유입 개폐기
- (12) PT와 CT를 함께 내장하여 전력량계에 전원을 공급
- (13) 차단기의 정격전류

12 5000[kVA]의 변전설비를 갖는 수용가에서 현재 5000[kVA], 역률 75[%](지상)의 부하를 공급하고 있다.

(1) 1000[kVA]의 전력용 콘덴서를 연결할 경우 개선되는 역률은?
   • 계산 : _____ • 답 : _____

(2) 전력용 콘덴서 연결 후 80[%](지상)의 부하를 추가하여 변압기 전용량까지 사용할 경우 증가시킬 수 있는 유효전력은 몇 [kW]인가?
   • 계산 : _____ • 답 : _____

(3) 이때의 종합역률[%]은 얼마인가?
   • 계산 : _____ • 답 : _____

정답 (1) • 계산 :
① 기존부하의 유효분 : $P_1 = P_a \times \cos\theta_1 = 5000 \times 0.75 = 3750$[kW]
② 콘덴서 설치 후 기존부하의 무효분 :
$P_{r1} = P_r - Q = 5000 \times \sqrt{1-0.75^2} - 1000 = 2307.19$[kVar]
③ 개선 역률 $\cos\theta = \dfrac{3750}{\sqrt{3750^2 + 2307.19^2}} \times 100 = 85.17$[%]
• 답 : 85.17[%]

(2) • 계산 :
① 콘덴서 설치 후 부하의 크기 : $P_a' = \sqrt{3750^2 + 2307.19^2} = 4402.91$[kVA]
② 감소된 부하의 크기[kVA]
$\Delta P_a = 5000 - 4402.91 = 597.09$[kVA]
③ 증가시킬 수 있는 부하의 크기[kW]
$\Delta P = 597.09 \times 0.8 = 477.67$[kW]
• 답 : 477.67[kW]

(3) • 계산 : $\cos\theta_0 = \dfrac{3750 + 477.67}{5000} \times 100 = 84.55$[%]
• 답 : 84.55[%]

13 다음 회로를 보고 물음에 답하시오.

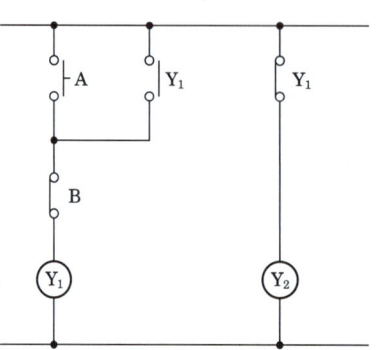

(1) 논리식을 작성하시오.

(2) 논리회로를 완성하시오.

정답 (1) $Y_1 = (A + Y_1)\overline{B}$, $Y_2 = \overline{Y_1}$

(2) 논리회로

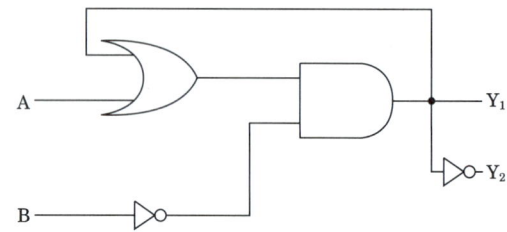

14 다음 진리표를 보고 물음에 답하시오.

A	B	C	Y_1	Y_2
0	0	0	0	1
0	0	1	0	1
0	1	0	0	1
0	1	1	0	0
1	0	0	0	1
1	0	1	1	1
1	1	0	1	1
1	1	1	1	0

(1) 논리식을 작성하시오.

(2) 유접점 회로를 완성하시오.

(3) 논리회로를 완성하시오.

정답 (1) · $Y_1 = A(B+C)$

· $Y_2 = \overline{B} + \overline{C}$

(2) 유접점 회로

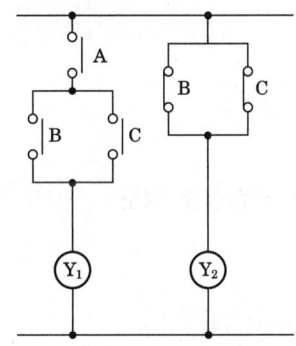

(3) 논리회로

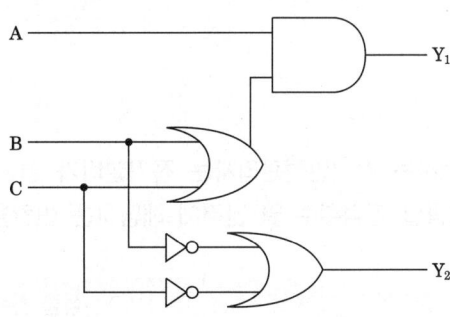

15 다음 한국전기설비규정(KEC)에 의한 전선의 색상표이다. 빈칸을 채우시오.

상(문자)	색상
L1	①
L2	검정색
L3	②
N	③
보호도체	④

정답 ① 갈색 ② 회색 ③ 파란색 ④ 녹색-노란색

16 다음 약호에 대한 명칭을 쓰시오.

(1) PEM(protective earthing conductor and a mid-point conductor)

(2) PEL(protective earthing conductor and a line conductor)

정답 (1) (직류회로) 중간선 겸용 보호도체
     (2) (직류회로) 선도체 겸용 보호도체

17 안전관리업무를 대행하는 전기안전관리자는 전기설비가 설치된 장소 또는 사업장을 방문하여 실시해야 하는 용량별 점검횟수 및 간격에 해당하는 빈칸을 채우시오.

용량별		점검 횟수	점검 간격
저압	1~300[kW] 이하	월 1회	20일 이상
	300[kW] 초과	월 2회	10일 이상
고압이상	1~300[kW] 이하	월 1회	20일 이상
	300[kW] 초과 ~ 500[kW] 이하	월 ① 회	② 일 이상
	500[kW] 초과 ~ 700[kW] 이하	월 ③ 회	④ 일 이상
	700[kW] 초과 ~ 1,500[kW] 이하	월 ⑤ 회	⑥ 일 이상
	1,500[kW] 초과 ~ 2,000[kW] 이하	월 ⑦ 회	⑧ 일 이상
	2,000[kW] 초과~	월 ⑨ 회	⑩ 일 이상

정답 ① 2   ② 10   ③ 3   ④ 7   ⑤ 4
      ⑥ 5   ⑦ 5   ⑧ 4   ⑨ 6   ⑩ 3

18 다음 사항은 전력시설물 공사감리업무 수행지침 중 설계변경 및 계약금액의 조정 관련 감리업무와 관련된 사항이다. 빈칸을 채우시오.

> 감리원은 설계변경 등으로 인한 계약금액의 조정을 위한 각종 서류를 공사업자로부터 제출받아 검토 및 확인한 후 감리업자에게 보고하여야 하며, 감리업자는 소속 비상주감리원에게 검토 및 확인하게 하고 대표자 명의로 발주자에게 제출하여야 한다. 이때 변경설계도서의 설계자는 (①), 심사자는 (②)이 날인하여야 한다. 다만, 대규모 통합감리의 경우, 설계자는 실제 설계 담당 감리원과 책임감리원이 연명으로 날인하고 변경설계도서의 표지양식은 사전에 발주처와 협의하여 정한다.

[정답] ① 책임감리원 ② 비상주감리원

국가기술자격검정 실기시험문제 및 정답

2022년도 전기기사 제3회 필답형 실기시험

종 목	시험시간	형 별	성 명	수험번호
전기기사	2시간 30분	A		

※ 수험자 인적사항 및 답안작성(계산식 포함)은 흑색의 필기구만 사용하여야 하며 흑색을 제외한 유색 필기구 또는 연필류를 사용하거나 2가지 이상의 색을 혼합 사용하였을 경우 그 문항은 0점 처리됩니다.

01 고압선로에서의 지락사고 검출 및 경보장치를 그림과 같이 시설하였다. A선에 지락사고가 발생하였을 때 다음 각 물음에 답하시오. (단, 전원이 인가되고 경보벨의 스위치는 닫혀있는 상태라고 한다.)

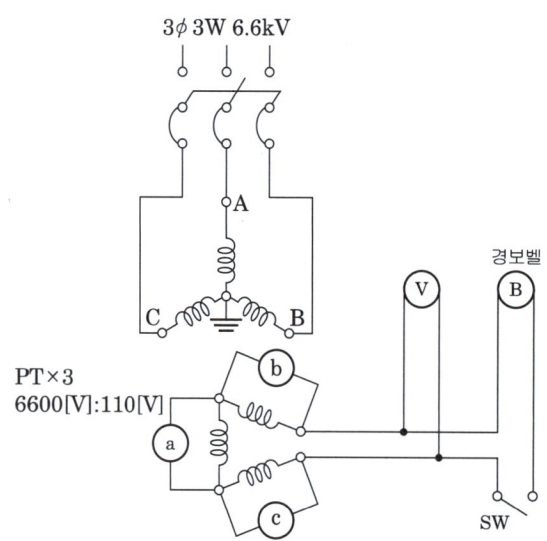

(1) 1차측 A선의 대지 전압이 0[V]인 경우 B선 및 C선의 대지 전압은 각각 몇 [V]인가?

① B선의 대지전압

• 계산 : _____   • 답 : _____

② C선의 대지전압

• 계산 : _____   • 답 : _____

(2) 2차측 전구 ⓐ의 전압이 0[V]인 경우 ⓑ 및 ⓒ 전구의 전압과 전압계 □의 지시 전압, 경보벨 □에 걸리는 전압은 각각 몇 [V]인가?

① ⓑ 전구의 전압

- 계산 : _____   • 답 : _____

② ⓒ 전구의 전압

- 계산 : _____   • 답 : _____

③ 전압계 □의 지시 전압

- 계산 : _____   • 답 : _____

④ 경보벨 □에 걸리는 전압

- 계산 : _____   • 답 : _____

[정답] (1) ① • 계산 : $\dfrac{6600}{\sqrt{3}} \times \sqrt{3} = 6600[\text{V}]$

- 답 6600[V]

② • 계산 : $\dfrac{6600}{\sqrt{3}} \times \sqrt{3} = 6600[\text{V}]$

- 답 6600[V]

(2) ① • 계산 : $\dfrac{110}{\sqrt{3}} \times \sqrt{3} = 110[\text{V}]$

- 답 110[V]

② • 계산 : $\dfrac{110}{\sqrt{3}} \times \sqrt{3} = 110[\text{V}]$

- 답 110[V]

③ • 계산 : $\dfrac{110}{\sqrt{3}} \times 3 = 190.53[\text{V}]$

- 답 190.53[V]

④ • 계산 : $\dfrac{110}{\sqrt{3}} \times 3 = 190.53[\text{V}]$

- 답 190.53[V]

02 그림은 22.9[kV-Y], 1000[kVA] 이하에 적용 가능한 특고압 간이 수전설비 결선도이다. 각 물음에 답하시오.

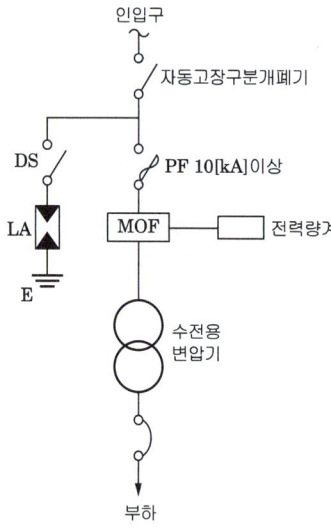

(1) 위 결선도에서 생략할 수 있는 것은?

(2) 인입선을 지중선으로 시설하는 경우로 공동주택 등 고장시 정전피해가 큰 경우에는 예비지중선을 포함하여 몇 회선으로 시설하는 것이 바람직한가?

(3) 지중 인입선의 경우에 22.9[kV-Y] 계통은 어떤 케이블을 사용하는 것이 바람직한가?

(4) 300[kVA] 이하인 경우는 자동고장 구분개폐기 대신 어떤 것을 사용할 수 있는가?

정답 (1) 피뢰기용 단로기
(2) 2회선
(3) CNCV-W(수밀형) 또는 TR CNCV-W(트리억제형)
(4) 인터럽터스위치

□□□

03 다음 상용전원과 예비전원 운전시 유의하여야 할 사항이다. ( )안에 알맞은 내용을 쓰시오.

득점	배점
	4

상용전원과 예비전원 사이에는 병렬운전을 하지 않는 것이 원칙이므로 수전용 차단기와 발전용 차단기 사이에는 전기적 또는 기계적 (①)을 시설해야 하며 (②)를 사용해야 한다.

정답 ① 인터록 ② 전환개폐기

□□□

04 다음 아래의 보호계전기의 약호에 따른 명칭을 쓰시오.

득점	배점
	4

약호	명칭
OCR	
OVR	
UVR	
GR	

정답 ① 과전류계전기
② 과전압계전기
③ 부족전압계전기
④ 지락계전기

□□□

05 어느 기간 중에 수용가의 최대수요전력[kW]과 그 수용가가 설치하고 있는 설비용량의 합계[kW]와의 비를 말하는 것은 무엇인가?

득점	배점
	4

정답 수용률

06 발전기의 최대출력 400[kW], 일부하율 40[%], 중유의 발열량 9600[kcal/l], 열효율 36[%]일 때 하루 동안의 연료 소비량[l]은 얼마인가?

• 계산 : _____ • 답 : _____

[정답]
• 계산 : 발전기 효율 $\eta = \dfrac{860W}{mH} \times 100[\%]$

단, m : 연료[l], H : 발열량[kcal/l], W : 발생 전력량[kWh]

$$m = \dfrac{860 \times 400 \times 0.4 \times 24}{0.36 \times 9600} = 955.56[l]$$

• 답 : 955.56[l]

---

07 전력계통에 이용되는 리액터의 설치 목적에 따른 리액터의 명칭을 쓰시오.

설치 목적	리액터 명칭
단락사고시 단락전류를 제한한다.	
페란티 현상을 방지한다.	
중성점 접지용으로 아크를 소호시킨다.	

[정답]

설치 목적	리액터 명칭
단락사고시 단락전류를 제한한다.	한류리액터
페란티 현상을 방지한다.	분로리액터
중성점 접지용으로 아크를 소호시킨다.	소호리액터

---

08 전기설비의 방폭구조 종류 3가지만 쓰시오.

[정답]
① 내압 방폭구조
② 유입 방폭구조
③ 특수 방폭구조
④ 압력 방폭구조

09 평형 3상 회로로 운전하는 유도 전동기의 회로를 2전력계법에 의하여 측정하고자 한다. $W_1 = 2.6[\text{kW}]$, $W_2 = 5.4[\text{kW}]$, $V = 220[\text{V}]$, $I = 25[\text{A}]$일 때 전동기의 역률은 몇 [%]인가?

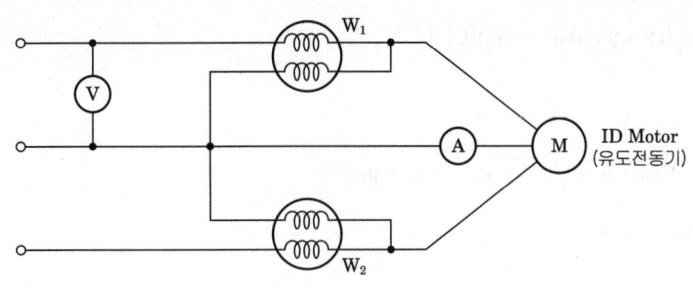

• 계산 : _____ • 답 : _____

[정답] • 계산 : ① 유효 전력 $P = W_1 + W_2 = 2.6 + 5.4 = 8[\text{kW}]$

② 피상 전력 $P_a = \sqrt{3}\,VI = \sqrt{3} \times 220 \times 25 \times 10^{-3} = 9.53[\text{kVA}]$

③ 역률 $\cos\theta = \dfrac{P}{P_a} = \dfrac{8}{9.53} \times 100 = 83.95[\%]$

• 답 : 83.95[%]

---

10 5[km]의 3상 3선식 배전선로의 말단에 1000[kW], 역률 80[%](지상)의 부하가 접속되어 있다. 지금 전력용 콘덴서로 역률이 95[%]로 개선 되었다면 이 선로의 전압강하와 전력손실은 역률 개선 전의 몇 [%]로 되겠는가? 단, 선로의 임피던스는 1선당 $0.3 + j0.4[\Omega/\text{km}]$라 하고 부하전압은 6000[V]로 일정하다고 한다.

(1) 전압강하

• 계산 : _____ • 답 : _____

(2) 전력손실

• 계산 : _____ • 답 : _____

[정답] (1) 전압강하

• 계산 :
$R = 0.3 \times 5 = 1.5[\Omega]$, $X = 0.4 \times 5 = 2[\Omega]$

전압강하 $e = \sqrt{3}\,I(R\cos\theta + X\sin\theta)[\text{V}]$

역률 개선 전 전류 $I_1 = \dfrac{1000 \times 10^3}{\sqrt{3} \times 6000 \times 0.8} = 120.28[\text{A}]$

역률 개선 후 전류 $I_2 = \dfrac{1000 \times 10^3}{\sqrt{3} \times 6000 \times 0.95} = 101.29[\text{A}]$

① 역률 개선 전 전압강하

$e_1 = \sqrt{3}\, I_1 (R\cos\theta_1 + X\sin\theta_1)[\text{V}]$
$\quad = \sqrt{3} \times 120.28 \times (1.5 \times 0.8 + 2 \times 0.6) = 500[\text{V}]$

② 역률 개선 후 전압강하

$e_2 = \sqrt{3}\, I_2 (R\cos\theta_2 + X\sin\theta_2)[\text{V}]$
$\quad = \sqrt{3} \times 101.29 \times (1.5 \times 0.95 + 2 \times \sqrt{1-0.95^2}) = 359.56[\text{V}]$

$\therefore \dfrac{e_2}{e_1} = \dfrac{359.56}{500} \times 100 = 71.91[\%]$

• 답 : 71.91[%]

(2) 전력손실

• 계산 :

① 역률 개선 전 전력손실

$P_{\ell 1} = 3I_1^2 R = 3 \times (120.28)^2 \times 1.5 = 65102.75[\text{W}]$

② 역률 개선 후 전력손실

$P_{\ell 2} = 3I_2^2 R = 3 \times (101.29)^2 \times 1.5 = 46168.49[\text{W}]$

$\therefore \dfrac{P_{\ell 2}}{P_{\ell 1}} = \dfrac{46168.49}{65102.75} \times 100 = 70.92[\%]$

• 답 : 70.92[%]

11 높이 5[m]의 점에 있는 백열전등에서 광도 12500[cd]의 빛이 수평거리 7.5[m]의 점 P에 주어지고 있다.

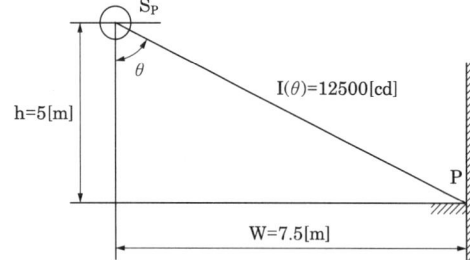

(1) P점의 수평면 조도(E_h)를 구하시오.

• 계산 :　　　　　　　　　　　　　　• 답 :

(2) P점의 수직면 조도(E_v)를 구하시오.

• 계산 :　　　　　　　　　　　　　　• 답 :

[정답] (1) • 계산 : $E_h = \dfrac{I}{\ell^2}\cos\theta = \dfrac{12500}{5^2+7.5^2} \times \dfrac{5}{\sqrt{5^2+7.5^2}} = 85.338[\text{lx}]$

• 답 : 85.34[lx]

(2) • 계산 : $E_v = \dfrac{I}{\ell^2}\sin\theta = \dfrac{12500}{5^2+7.5^2} \times \dfrac{7.5}{\sqrt{5^2+7.5^2}} = 128.007[\text{lx}]$

• 답 : 128.01[lx]

12 그림과 같은 사무실에서 평균조도를 200[lx]로 할 때 다음 각 물음에 답하시오.

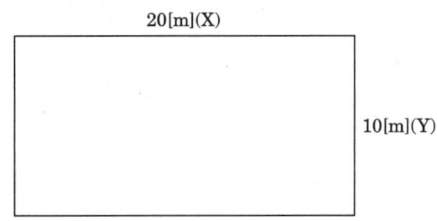

【조 건】
• 40[W]형광등이며 광속은 2500[lm]으로 한다.
• 사무실 내부에 기둥은 없다.
• 등기구는 ○으로 표시한다.
• 조명률은 0.6, 감광보상률은 1.2로 한다.
• 간격은 등기구 센터를 기준으로 한다.

(1) 이 사무실에 필요한 형광등의 수를 구하시오.

• 계산 : _____ • 답 : _____

(2) 등기구를 답안지에 배치하시오.

(3) 등간격과 최외각에 설치된 등기구와 건물벽간의 간격(A, B, C, D)은 각각 몇 [m]인가?

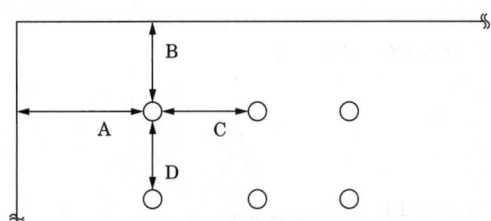

(4) 만일 주파수 60[Hz]에 사용하는 형광방전등을 50[Hz]에서 사용한다면 광속과 점등 시간은 어떻게 변화되는지를 설명하시오.

(5) 양호한 전반 조명이라면 등간격은 등높이의 몇 배 이하로 해야 하는가?

[정답] (1) • 계산 : $N = \dfrac{DES}{FU} = \dfrac{1.2 \times 200 \times (10 \times 20)}{2500 \times 0.6} = 32$

• 답 : 32[등]

(2)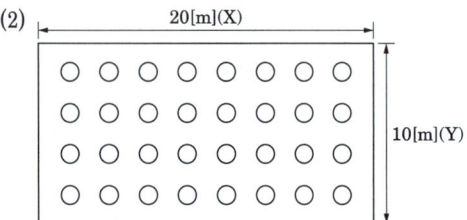

(3) A : 1.25[m]   B : 1.25[m]   C : 2.5[m]   D : 2.5[m]

(4) • 광속 : 증가   • 점등시간 : 늦음

(5) 1.5배

13 가로 10[m], 세로 16[m], 천정높이 3.85[m], 작업면 높이 0.85[m]인 사무실에 천장 직부 형광등 F40×2를 설치하려고 한다. 다음 물음에 답하시오.

(1) 이 사무실의 실지수는 얼마인가?

• 계산 : _____   • 답 : _____

(2) 이 사무실의 작업면 조도를 300[lx], 천장 반사율 70[%], 벽 반사율 50[%], 바닥 반사율 10[%], 40[W] 형광등 1등의 광속 3150[lm], 보수율 70[%], 조명률 61[%]로 한다면 이 사무실에 필요한 소요되는 등기구 수는?

• 계산 : _____   • 답 : _____

[정답] (1) • 계산 : 실지수 $K = \dfrac{X \cdot Y}{H(X+Y)}$, 등고 $H = 3.85 - 0.85 = 3$

$K = \dfrac{10 \times 16}{3 \times (10+16)} = 2.051$

• 답 : 2.05

(2) • 계산 : 등수 $N = \dfrac{DES}{FU} = \dfrac{ES}{FUM} = \dfrac{300 \times (10 \times 16)}{3150 \times 0.61 \times 0.7} = 35.686$[등]

∴ F40×2등용 이므로 2로 나눈다 : $\dfrac{36}{2} = 18$[등]

• 답 : 18[등]

14 정격 전압비가 같은 두 변압기가 병렬로 운전중이다. A변압기의 정격용량은 20[kVA], %임피던스는 4[%]이고 B변압기의 정격용량은 75[kVA], %임피던스는 5[%]일 때 다음 각 물음에 답하시오. 단, 변압기 A, B의 내부저항과 누설리액턴스비는 같다. ($\frac{R_a}{X_a} = \frac{R_b}{X_b}$)

(1) 2차 측의 부하용량이 60[kVA]일 때 각 변압기가 분담하는 전력은 얼마인가?

① A 변압기

• 계산 : _____ • 답 : _____

② B 변압기

• 계산 : _____ • 답 : _____

(2) 2차 측의 부하용량이 120[kVA]일 때 각 변압기가 분담하는 전력은 얼마인가?

① A 변압기

• 계산 : _____ • 답 : _____

② B 변압기

• 계산 : _____ • 답 : _____

(3) 변압기가 과부하 되지 않는 범위 내에서 2차측 최대 부하용량은 얼마인가?

• 계산 : _____ • 답 : _____

[정답] (1) 2차 측의 부하용량이 60[kVA]일 때 각 변압기가 분담

$$\frac{P_a}{P_b} = \frac{\%Z_B}{\%Z_A} \times \frac{P_A}{P_B} = \frac{5}{4} \times \frac{20}{75} = \frac{1}{3} \quad \therefore P_a : P_b = 1 : 3$$

① A 변압기

• 계산 : A 변압기 = $60 \times \frac{1}{4} = 15$[kVA]

• 답 : 15[kVA]

② B 변압기

• 계산 : B 변압기 = $60 \times \frac{3}{4} = 45$[kVA]

• 답 : 45[kVA]

(2) 2차 측의 부하용량이 120[kVA]일 때 각 변압기가 분담

① A 변압기

• 계산 : A 변압기 = $120 \times \frac{1}{4} = 30$[kVA]

• 답 : 30[kVA]

② B 변압기

- 계산 : B 변압기 = $120 \times \dfrac{3}{4} = 90 [\text{kVA}]$
- 답 : 90[kVA]

(3) • 계산 : $60 + 20 = 80 [\text{kVA}]$
- 답 : 80[kVA]

15 단상 3선식 110/220[V]를 채용하고 있는 어떤 건물이 있다. 변압기가 설치된 수전실로부터 100[m]되는 곳에 부하 집계표와 같은 분전반을 시설하고자 한다. 다음 표를 참고하여 전압 변동률 2[%] 이하, 전압강하율 2[%] 이하가 되도록 다음 사항을 구하시오.

- 공사방법 B1이며 전선은 PVC 절연전선이다.
- 후강 전선관 공사로 한다.
- 3선 모두 같은 선으로 한다.
- 부하의 수용률은 100[%]로 적용
- 후강 전선관 내 전선의 점유율은 48[%] 이내를 유지할 것

[표 1] 부하집계표

회로 번호	부하 명칭	부하[VA]	부하 분담[VA]		NFB 크기			비고
			A선	B선	극수	AF	AT	
1	전등	2400	1200	1200	2	50	15	
2	〃	1400	700	700	2	50	15	
3	콘센트	1000	1000	–	1	50	20	
4	〃	1400	1400	–	1	50	20	
5	〃	600	–	600	1	50	20	
6	〃	1000	–	1000	1	50	20	
7	팬코일	700	700	–	1	30	15	
8	〃	700	–	700	1	30	15	
합계		9200	5000	4200				

[표 2] 전선 (피복절연물을 포함)의 단면적

도체 단면적[mm²]	절연체 두께[mm]	평균 완성 바깥지름[mm]	전선의 단면적[mm²]
1.5	0.7	3.3	9
2.5	0.8	4.0	13
4	0.8	4.6	17
6	0.8	5.2	21
10	1.0	6.7	35
16	1.0	7.8	48
25	1.2	9.7	74
35	1.2	10.9	93
50	1.4	12.8	128
70	1.4	14.6	167
95	1.6	17.1	230
120	1.6	18.8	277
150	1.8	20.9	343
185	2.0	23.3	426
240	2.2	26.6	555
300	2.4	29.6	688
400	2.6	33.2	865

[비고 1] 전선의 단면적은 평균완성 바깥지름의 상한값을 환산한 값이다.

[비고 2] KSC IEC 60227-3의 450/750[V] 일반용 단심 비닐절연전선(연선)을 기준한 것이다.

[후강전선관] G16, G22, G28, G36, G42, G54, G70, G82, G92, G104

(1) 간선의 굵기는?

- 계산 : _____ • 답 : _____

(2) 후강 전선관의 굵기는?

- 계산 : _____ • 답 : _____

(3) 설비 불평형률은?

- 계산 : _____ • 답 : _____

정답 (1) • 계산 : A선의 전류 $I_A = \dfrac{5000}{110} = 45.45[A]$, B선의 전류 $I_B = \dfrac{4200}{110} = 38.181[A]$

I_A와 I_B중 큰 값인 45.45[A] 기준

전선길이 L = 50[m], 선 전류 I = 45.45[A], 전압강하 $e = 110 \times 0.02 = 2.2[V]$

$A = \dfrac{17.8LI}{1000e} = \dfrac{17.8 \times 100 \times 45.45}{1000 \times 110 \times 0.02} = 36.773[mm^2]$

[표 2]에서 18.386을 넘는 공칭단면적(도체단면적)을 선정

• 답 : 50[mm²]

(2) • 계산 : [표 2]에서 공칭단면적(도체단면적)이 50[mm²]

후강전선관에 넣기 위한 피복포함 된 전선의 단면적 128[mm²]

3선식이므로 전선의 최대 총단면적=128×3=384[mm²]이다.

조건에서 후강전선관 내단면적의 48[%]이내를 사용하므로 $A = \frac{1}{4}\pi d^2 \times 0.48 \geq 384$

$$d = \sqrt{\frac{384 \times 4}{0.48 \times \pi}} = 31.923[\text{mm}]$$

• 답 : G36

(3) • 계산 : 설비 불평형률

$$= \frac{\text{중성선과 각 전압측 전선간에 접속되는 부하설비용량[kVA]의 차}}{\text{총 부하설비용량[kVA]의 1/2}} \times 100[\%]$$

$$= \frac{3100 - 2300}{9200 \times \frac{1}{2}} \times 100 = 17.39[\%]$$

• 답 : 17.39[%]

16 다음 논리회로를 보고 물음에 답하시오.

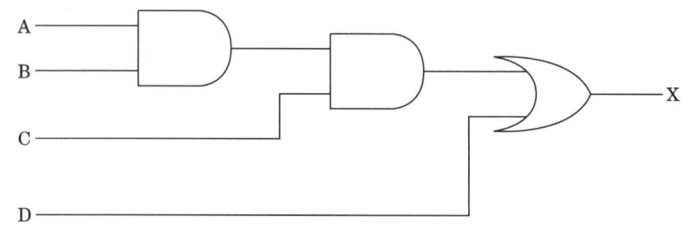

(1) 논리식을 작성하시오.

(2) 유접점회로로 나타내시오.

정답 (1) $X = ABC + D$

(2)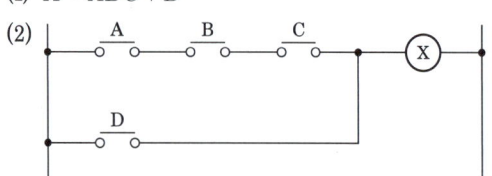

17 그림과 같은 무접점의 논리 회로도를 보고 다음 각 물음에 답하시오.

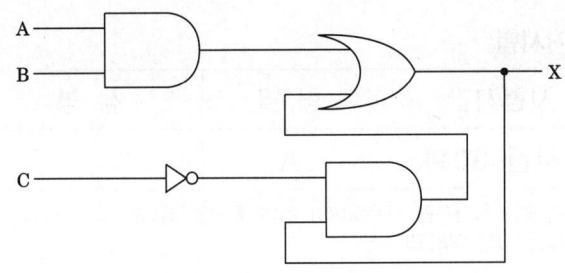

(1) 출력식을 나타내시오.

(2) 주어진 무접점 논리회로를 유접점 논리회로로 바꾸어 그리시오.

[정답] (1) 출력식 : $X = AB + \overline{C}X$

(2)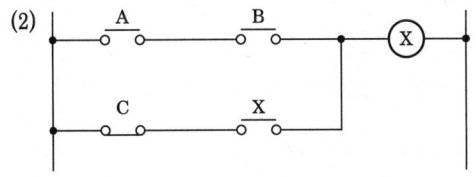

※ 본 회차의 기출문제는 실제 시험의 총점과 다르게 구성되어 있습니다.

국가기술자격검정 실기시험문제 및 정답

2023년도 전기기사 제1회 필답형 실기시험

종 목	시험시간	형 별	성 명	수험번호
전기기사	2시간 30분	A		

※ 수험자 인적사항 및 답안작성(계산식 포함)은 흑색의 필기구만 사용하여야 하며 흑색을 제외한 유색 필기구 또는 연필류를 사용하거나 2가지 이상의 색을 혼합 사용하였을 경우 그 문항은 0점 처리됩니다.

01 가스절연변전소의 특징 5가지를 작성하시오.

○
○
○
○
○

[정답]
① 소형화 할 수 있다.
② 소음이 작고 환경조화를 기할 수 있다.
③ 충전부가 완전히 밀폐되어 안정성이 높다.
④ 공장조립이 가능하여 설치공사 기간이 단축된다.
⑤ 대기 중 오염물의 영향을 받지 않으므로 신뢰도가 높다.

02 평형 3상 회로에 변류비 100/5인 변류기 2개를 그림과 같이 접속하였을 때 전류계에 3[A]의 전류가 흘렀다. 1차 전류의 크기는 몇 [A]인가?

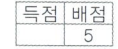

• 계산 :   • 답 :

[정답] • 계산 : $I_1 = I_2 \times CT$비 $= 3 \times \dfrac{100}{5} = 60[A]$

• 답 : 60[A]

03 전압 33000[V], 60[c/s], 1회선의 3상 지중 송선로의 3상 무부하 충전전류 및 충전용량을 구하시오. (단, 송전선의 선로길이는 7[km], 케이블 1선당 작용 정전용량은 0.4[μF/km]라고 한다.)

득점 배점
6

(1) 충전전류

• 계산 : _____ • 답 : _____

(2) 충전용량

• 계산 : _____ • 답 : _____

[정답] (1) • 계산 : 충전전류 $I_c = \omega CE[A]$

$$I_c = 2\pi \times 60 \times 0.4 \times 10^{-6} \times 7 \times \left(\dfrac{33000}{\sqrt{3}}\right) = 20.11[A]$$

• 답 : 20.11[A]

(2) • 계산 : 충전용량 $Q = 3\omega CE^2 \times 10^{-3}[kVA]$

$$Q = 3 \times 2\pi \times 60 \times 0.4 \times 10^{-6} \times 7 \times \left(\dfrac{33000}{\sqrt{3}}\right)^2 \times 10^{-3} = 1149.52[kVA]$$

• 답 : 1149.52[kVA]

04 지중 전선로의 매설방식 3가지를 작성하시오.

득점 배점
3

○ _____ ○ _____

○ _____

[정답] ① 직접매설식
② 관로식
③ 전력구식(암거식)

05 회전날개의 지름이 31[m]인 프로펠러형 풍차의 풍속이 16.5[m/s]일 때 풍력 에너지[kW]를 계산하시오. (단, 공기의 밀도는 1.225[kg/m³])

• 계산 : _____ • 답 : _____

정답 • 계산 : $P = \dfrac{1}{2}\rho A V^3 = \dfrac{1.225 \times \dfrac{\pi 31^2}{4} \times 16.5^3}{2} \times 10^{-3} = 2076.69\,[\text{kW}]$

• 답 : 2076.69[kW]

06 권수비가 30, 1차 전압 6.6[kV]인 3상 변압기가 있다. 다음 물음에 답하시오. (단, 변압기의 손실은 무시한다.)

(1) 2차 전압[V]을 구하시오.

• 계산 : _____ • 답 : _____

(2) 2차 측에 부하 50[kW], 역률 0.8을 2차에 연결할 때 2차 전류 및 1차 전류를 구하시오.

① 2차 전류

• 계산 : _____ • 답 : _____

② 1차 전류

• 계산 : _____ • 답 : _____

(3) 1차 입력[kVA]

• 계산 : _____ • 답 : _____

정답 (1) • 계산 : $V_2 = \dfrac{V_1}{a} = \dfrac{6600}{30} = 220\,[\text{V}]$

• 답 : 220[V]

(2) ① 2차 전류

• 계산 : $I_2 = \dfrac{P}{\sqrt{3}\,V_2 \cos\theta} = \dfrac{50 \times 10^3}{\sqrt{3} \times 220 \times 0.8} = 164.02\,[\text{A}]$

• 답 : 164.02[A]

② 1차 전류

- 계산 : $I_1 = \dfrac{1}{a} \times I_2 = \dfrac{1}{30} \times 164.02 = 5.47[A]$
- 답 : 5.47[A]

(3) • 계산 : $P = \sqrt{3}\, V_1 I_1 = \sqrt{3} \times 6600 \times 5.47 \times 10^{-3} = 62.53[kVA]$
- 답 : 62.53[kVA]

07 수전전압 22.9[kV]이며, 계약전력은 300[kW]이다. 3상 단락전류가 7000[A]일 경우 차단용량[MVA]을 구하시오.

○ _____

[정답] • 계산 : $P_s = \sqrt{3}\, V_n I_{kA} = \sqrt{3} \times 25.8 \times 7 = 312.81[MVA]$
- 답 : 312.81[MVA]

08 그림과 같이 3상 4선식 배전선로에 역률 100[%]인 부하 a-n, b-n, c-n이 각 상과 중성선간에 연결되어 있다. a, b, c상에 흐르는 전류가 220[A], 172[A], 190[A]일 때 중성선에 흐르는 전류를 계산(절대값)하시오.

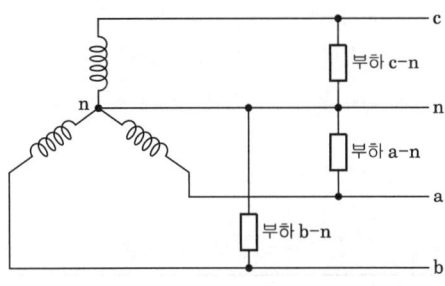

• 계산 : _____ • 답 : _____

[정답] • 계산 : $\dot{I}_n = I_a + a^2 I_b + a I_c \left(\text{단, } a^2 = -\dfrac{1}{2} - j\dfrac{\sqrt{3}}{2},\ a = -\dfrac{1}{2} + j\dfrac{\sqrt{3}}{2}\right)$

$= 220 + 172 \times \left(-\dfrac{1}{2} - j\dfrac{\sqrt{3}}{2}\right) + 190 \times \left(-\dfrac{1}{2} + j\dfrac{\sqrt{3}}{2}\right)$

$= 39 + j15.59$

$\therefore |I_n| = \sqrt{39^2 + 15.58^2} = 42[A]$

- 답 : 42[A]

09 어느 변전소에서 그림과 같은 일부하 곡선을 가진 3개의 부하 A, B, C의 수용가가 있을 때 다음 각 물음에 답하시오. (단, 부하 A, B, C의 평균 전력은 각각 4500[kW], 2400[kW], 및 900[kW]라 하고 역률은 각각 100[%], 80[%], 60[%]라 한다.)

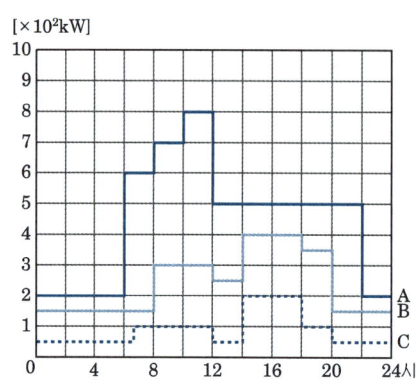

(1) 합성최대전력[kW]을 구하시오.
- 계산 : _____ • 답 : _____

(2) 종합 부하율[%]을 구하시오.
- 계산 : _____ • 답 : _____

(3) 부등률을 구하시오.
- 계산 : _____ • 답 : _____

(4) 최대 부하시의 종합역률[%]을 구하시오.
- 계산 : _____ • 답 : _____

정답 (1) • 계산 : 합성최대전력=$(8+3+1)\times 10^3$ =12000[kW]
    [참고] 합성최대전력 발생시간 : 10~12시
- 답 12000[kW]

(2) • 계산 : 종합부하율=$\dfrac{각\ 부하\ 평균전력의\ 합}{합성최대전력}=\dfrac{4500+2400+900}{12000}\times 100=65[\%]$
- 답 : 65[%]

(3) • 계산 : 종합부하율=$\dfrac{각\ 부하\ 최대전력의\ 합}{합성최대전력}=\dfrac{8+4+2}{12}=1.17$
- 답 : 1.17

(4) • 계산 :

① A수용가 유효전력=8000[kW], A수용가 무효전력=0[kVar]

② B수용가 유효전력=3000[kW], B수용가무효전력 $= 3000 \times \frac{0.6}{0.8} = 2250 [\text{kVar}]$

③ C수용가 유효전력=1000[kW], C수용가 무효전력 $= 1000 \times \frac{0.8}{0.6} = 1333.33 [\text{kVar}]$

④ 종합유효전력=8000+3000+1000=12000[kW]

⑤ 종합무효전력=0+2250+1333.33=3583.33[kVar]

∴ 종합역률 $= \frac{12000}{\sqrt{12000^2 + 3583.33^2}} \times 100 = 95.82 [\%]$

• 답 : 95.82[%]

---

10 전력용 콘덴서의 자동조작방식 제어요소 4가지를 쓰시오.

○ _____

○ _____

○ _____

○ _____

[정답] ① 전압에 의한 제어 ② 전류에 의한 제어
③ 역률에 의한 제어 ④ 무효전력에 의한 제어

---

11 다음은 어느 계전기 회로의 논리식이다. 이 논리식을 이용하여 다음 각 물음에 답하시오. (단, 여기에서 A, B, C는 입력이고, X는 출력이다.)

$$X = A + B \cdot \overline{C}$$

(1) 이 논리식을 로직을 이용한 시퀀스도(논리회로)로 나타내시오.

(2) 물음 (1)에서 로직 시퀀스도로 표현된 것을 2입력 NAND gate만으로 등가 변환하시오.

(3) 물음 (2)에서 로직 시퀀스도로 표현된 것을 2입력 NOR gate만으로 등가 변환하시오.

[정답] (1)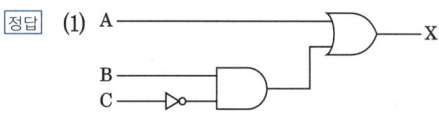

(2)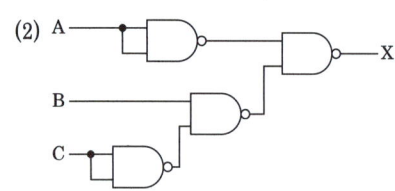

(3)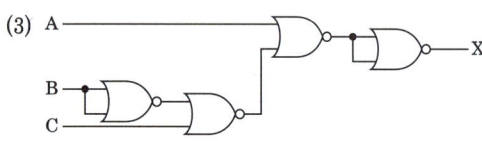

12 전력설비의 간선을 설계하고자 한다. 간선설계시 고려해야 할 사항을 5가지 쓰시오.

○
○
○
○
○

[정답] ① 간선의 굵기(허용전류, 전압강하, 기계적강도 등)
② 간선계통(전용간선의 분리, 건물용도에 적합한 간선구분, 공급 전압의 결정 등)
③ 간선경로(파이프샤프트의 위치, 크기, 루트의 길이 등의 검토)
④ 배선방식(용량, 시공성에서 본 재료 및 분기방법 등)
⑤ 설계조건(수용률, 부하율, 동력설비, 부하 등)

13 아래 회로도의 $a-b$ 사이에 저항을 연결하려고 한다. 각 물음에 답하시오.

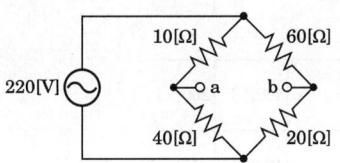

(1) 최대전력이 발생할 때의 $a-b$ 사이 저항의 크기를 구하시오.
• 계산 : _____ • 답 : _____

(2) 10분간 전압을 가했을 때 $a-b$ 사이 저항의 일량[kJ]을 구하시오. (단, 효율은 0.9이다.)
• 계산 : _____ • 답 : _____

정답 (1) • 계산 :
테브난의 등가회로 변환시 테브난의 등가저항
$$R_T = \frac{10 \times 40}{10+40} + \frac{60 \times 20}{60+20} = 23[\Omega]$$
최대전력시 $R_T = R_{ab}$ 이므로 $R_{ab} = 23[\Omega]$
• 답 : $23[\Omega]$

(2) • 계산 :
테브난의 등가회로 변환시 테브난의 등가전압
$$V_T = V_a - V_b = 220 \times \frac{40}{10+40} - 220 \times \frac{20}{60+20} = 121[V]$$
전체전류 $I = \frac{V}{R_0} = \frac{121}{23+23} = 2.63[A]$
$W = Pt\eta = I^2 R_{ab} \times t \times \eta = 2.63^2 \times 23 \times 10 \times 60 \times 0.9 \times 10^{-3} = 85.91[kJ]$
• 답 : $85.91[kJ]$

14 아래와 같이 단상 3선식 선로에 전열기 부하가 접속되어 있다. 각 선에 흐르는 전류의 크기를 구하시오.

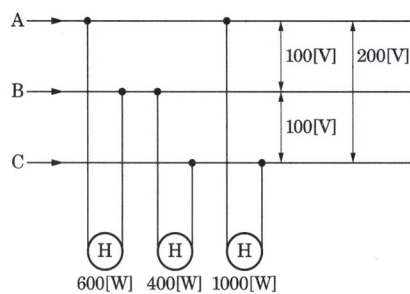

• 계산 :   • 답 :

[정답] • 계산 :

$$I_{ab} = \frac{600}{100} = 6[\text{A}], \quad I_{bc} = \frac{400}{100} = 4[\text{A}], \quad I_{ac} = \frac{1000}{200} = 5[\text{A}] \text{이므로}$$

$$I_a = I_{ab} + I_{ac} = 6 + 5 = 11[\text{A}]$$

$$I_b = I_{bc} - I_{ab} = 4 - 6 = -2[\text{A}]$$

$$I_c = -I_{bc} - I_{ac} = -4 - 5 = -9[\text{A}]$$

• 답 : $I_a = 11[\text{A}], \quad I_b = -2[\text{A}], \quad I_c = -9[\text{A}]$

---

15 제3고조파를 감소시키기 위한 리액터의 용량은 콘덴서의 몇 [%] 이상이어야 하는지 계산하여 쓰시오. (단, 실제 적용시 2% 가산하여 적용하시오.)

• 계산 :   • 답 :

[정답] • 계산 :

$$3\omega L = \frac{1}{3\omega C}, \quad \omega L = \frac{1}{3^2 \times \omega C} = 0.1111 \times \frac{1}{\omega C}$$

(리액터의 용량은 이론상 콘덴서 용량의 11.11[%])

실제 적용시 2[%] 가산하여 11.11 + 2 = 13.11[%]

• 답 : 13.11[%]

16 다음 조건과 같은 동작이 되도록 제어회로의 배선과 감시반 회로 배선 단자를 연결하시오.

【조 건】
- 배선용차단기(MCCB)를 투입(ON)하면 GL_1과 GL_2가 점등된다.
- 선택스위치(SS)를 "L" 위치에 놓고 PB_2를 누른 후 놓으면 전자접촉기(MC)에 의하여 전동기가 운전되고, RL_1과 RL_2는 점등, GL_1과 GL_2는 소등된다.
- 전동기 운전 중 PB_1을 누르면 전동기는 정지하고, RL_1과 RL_2는 소등, GL_1과 GL_2는 점등된다.
- 선택스위치(SS)를 "R" 위치에 놓고 PB_3를 누른 후 놓으면 전자접촉기(MC)에 의하여 전동기가 운전되고, RL_1과 RL_2는 점등, GL_1과 GL_2는 소등된다.
- 전동기 운전 중 PB_4를 누르면 전동기는 정지하고, RL_1과 RL_2는 소등되고 GL_1과 GL_2가 점등된다.
- 전동기 운전 중 과부하에 의하여 EOCR이 작동되면 전동기는 정지하고 모든 램프는 소등되며, EOCR을 RESET하면 초기상태로 된다.

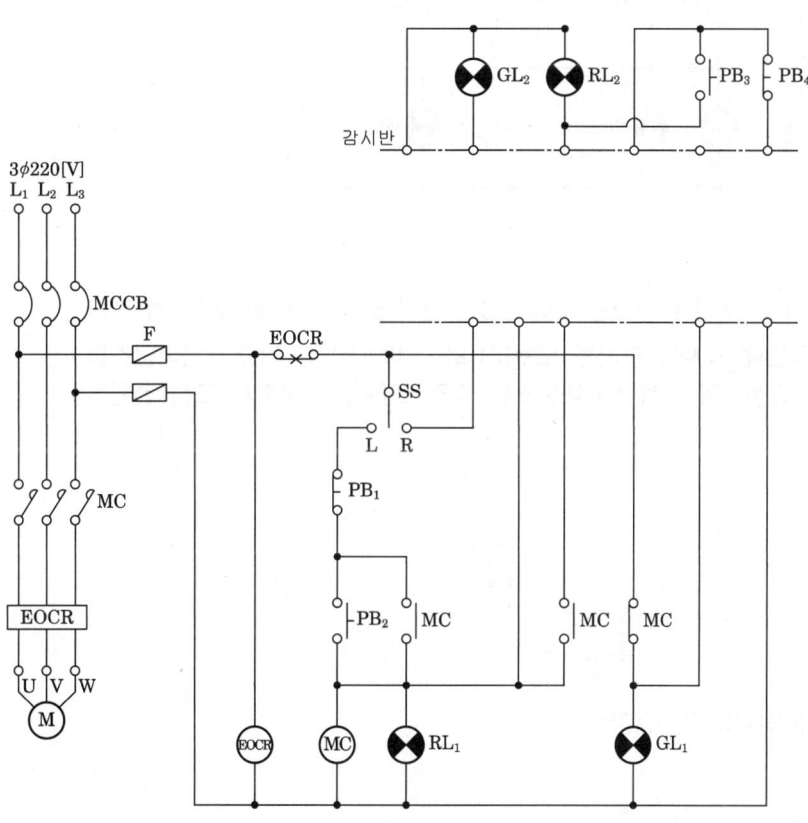

[정답]

(회로도)

□□□
17 그림과 같은 154[kV] 계통에서 X친 F점(모선③)에서 3상 단락 고장이 발생하였을 경우 다음 사항을 구하시오. (단, 그림에 표시된 수치는 모두154[kV], 100[MVA] 기준 %임피던스를 표시하여 모선①의 좌측 및 모선②의 우측 %임피던스는 각각 40[%], 4[%]로서 모선 전원측 등가 임피던스를 표시한다.)

득점	배점
	12

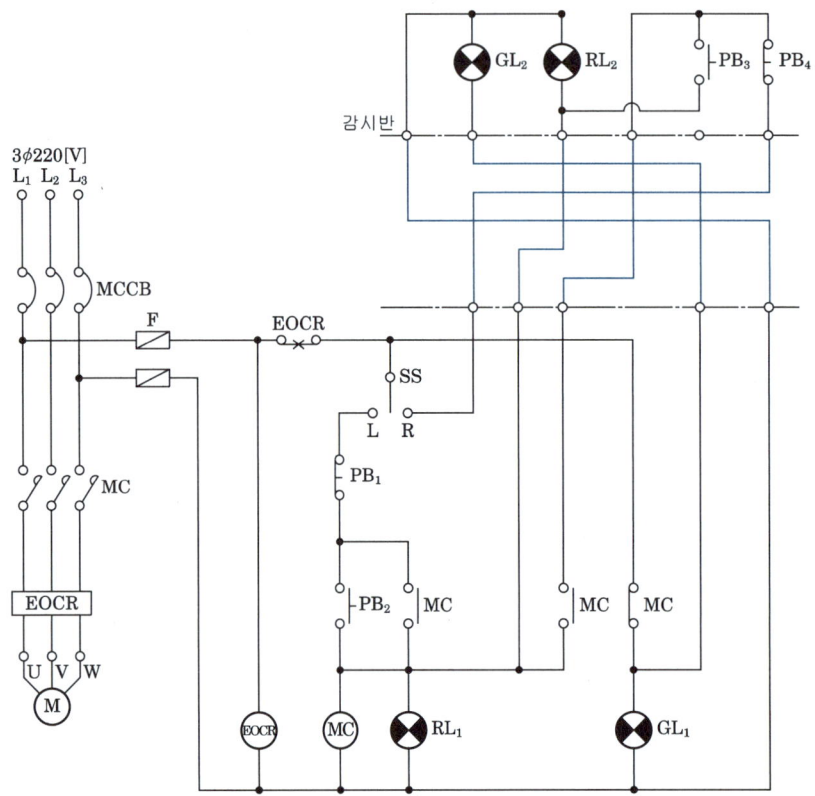

(1) ①번과 ②번 모선간 단락전류[A]와 단락용량[MVA]

• 계산 : _____ • 답 : _____

(2) ①번과 ③번 모선간 단락전류[A]와 단락용량[MVA]

• 계산 : _____ • 답 : _____

(3) ②번과 ③번 모선간 단락전류[A]와 단락용량[MVA]

• 계산 : _____ • 답 : _____

[참고 해설 1]
1. 계통을 PU법으로 전환환 등가 회로도

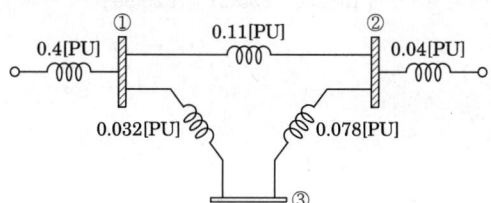

2. Y_{bus} 산출

$$Y_{bus} = \begin{bmatrix} Y_{11} & Y_{12} & Y_{13} \\ Y_{21} & Y_{22} & Y_{23} \\ Y_{31} & Y_{32} & Y_{33} \end{bmatrix}$$

① $Y_{11} = \dfrac{1}{0.4} + \dfrac{1}{0.11} + \dfrac{1}{0.032} = \dfrac{1885}{44} = 42.84$

② $Y_{12} = Y_{21} = -\dfrac{1}{0.11} = -\dfrac{100}{11} = -9.09$

③ $Y_{13} = Y_{31} = -\dfrac{1}{0.032} = -\dfrac{125}{4} = -31.25$

④ $Y_{22} = \dfrac{1}{0.11} + \dfrac{1}{0.04} + \dfrac{1}{0.078} = \dfrac{20125}{429} = 46.91$

⑤ $Y_{23} = Y_{32} = -\dfrac{1}{0.078} = -\dfrac{500}{39} = -12.82$

⑥ $Y_{33} = \dfrac{1}{0.032} + \dfrac{1}{0.078} = \dfrac{6875}{156} = 44.07$

$$\therefore Y_{bus} = \begin{bmatrix} 42.84 & -9.09 & -31.25 \\ -9.09 & 46.91 & -12.82 \\ -31.25 & -12.82 & 44.07 \end{bmatrix}$$

[참고 해설 2]
어드미턴스 행렬 작성시 지문에서 주어진 것은 임피던스이므로 리액턴스로 간주하여 실제 j를 붙여 계산하여야 한다. (편의상 j생략된 계산식)

⑦ $Z_{bus} = Y_{bus}^{-1}$

$$A = \begin{bmatrix} 42.84 & -9.09 & -31.25 \\ -9.09 & 46.91 & -12.82 \\ -31.25 & -12.82 & 44.07 \end{bmatrix}^{-1} = Z_{bus}$$

(a) $\det(A) = \begin{vmatrix} 42.84 & -9.09 & -31.25 \\ -9.09 & 46.91 & -12.82 \\ -31.25 & -12.82 & 44.07 \end{vmatrix} = 24787.96$

(b) $\mathrm{adj}(A) = \begin{vmatrix} \begin{vmatrix} 46.91 & -12.82 \\ -12.82 & 44.07 \end{vmatrix} & -\begin{vmatrix} -9.09 & -31.25 \\ -12.82 & 44.07 \end{vmatrix} & \begin{vmatrix} -9.09 & -31.25 \\ 46.91 & -12.82 \end{vmatrix} \\ -\begin{vmatrix} -9.09 & -12.82 \\ -31.25 & 44.07 \end{vmatrix} & \begin{vmatrix} 42.84 & -31.25 \\ -31.25 & 44.07 \end{vmatrix} & -\begin{vmatrix} 42.84 & -31.25 \\ -9.09 & -12.82 \end{vmatrix} \\ \begin{vmatrix} -9.09 & 46.91 \\ -31.25 & -12.82 \end{vmatrix} & -\begin{vmatrix} 42.84 & -9.09 \\ -31.25 & -12.82 \end{vmatrix} & \begin{vmatrix} 42.84 & -9.09 \\ -9.09 & 46.91 \end{vmatrix} \end{vmatrix}$

$$\mathrm{adj}(A) = \begin{vmatrix} 1902.97 & 801.22 & 1582.47 \\ 801.22 & 911.39 & 833.27 \\ 1582.47 & 833.27 & 1926.99 \end{vmatrix}$$

$$Z_{bus} = Y_{bus}^{-1} = \frac{1}{\det(A)} \cdot adj(A) = \frac{1}{24787.96} \cdot \begin{bmatrix} 1902.97 & 801.22 & 1582.47 \\ 801.22 & 911.39 & 833.27 \\ 1582.47 & 833.27 & 1926.99 \end{bmatrix}$$

$$Z_{bus} = \begin{bmatrix} 0.0767 & 0.0323 & 0.0638 \\ 0.0323 & 0.0367 & 0.0336 \\ 0.0638 & 0.0336 & 0.0777 \end{bmatrix}$$

3. ③번 모선의 3상 단락시

①번 모선의 전압, ②번 모선의 전압, ③번 모선의 전압

$$Z_{bus} = \begin{bmatrix} 0.0767 & 0.0323 & 0.0638 \\ 0.0323 & 0.0367 & 0.0336 \\ 0.0638 & 0.0336 & 0.0777 \end{bmatrix}$$

ⓐ ①번 모선의 전압 : $E_1^{(F)} = E_1^{(0)} - Z_{13} \times I_3 = 1 - (0.0638 \times 12.87) = 0.1788$ [pu]

ⓑ ②번 모선의 전압 : $E_2^{(F)} = E_2^{(0)} - Z_{23} \times I_3 = 1 - (0.0336 \times 12.87) = 0.5675$ [pu]

ⓒ ③번 모선의 전압 : $E_3^{(F)} = 0$

[참고 해설 3]

$E_i^{(F)} = E_i^{(0)} - Z_{ip} \times I_p$ 단) i = 1, 2, 3 (모선)   P = 3 (고장점)

$E_i^{(F)}$: 고장시 전압으로 3상단락시 그 해당 모선은 0이된다

$E_i^{(0)}$: 고장직전의 전압으로 1[pu]=154[kV]이다

정답 (1) ⓐ 단락전류

• 계산

단락전류 : $I_{12} = \dfrac{E_1 - E_2}{Z_{12}} = \dfrac{0.1788 - 0.5675}{0.11} = -3.53$ [pu]

실제전류 $= -3.53 \times I_n = -3.53 \times \dfrac{100 \times 10^3}{\sqrt{3} \times 154} = -1323.41$ [A]

• 답 : -1323.41[A]

ⓑ 단락용량

• 계산

$P_s = 3 \times I_s^2 \times Z \times 10^{-6}$ [MVA]

단) I_s : 모선간 단락전류[A],   Z : 모선간 임피던스[Ω]

%Z와 Z관계식 %Z = $\dfrac{P \cdot Z}{10V^2}$ 에서

1[%] 임피던스 $Z = \dfrac{10V^2 \times \%Z}{P} = \dfrac{10 \times 154^2}{100 \times 10^3 [kVA]} \times 1$

$Z = 2.3716$ [Ω/%]

$P_s = 3 \times (-1323.41)^2 \times 2.3716$ [Ω/%] $\times 11$ [%] $\times 10^{-6} = 137.07$ [MVA]

• 답 : 137.07[MVA]

(2) ⓐ 단락전류

- 계산 : $I_{13} = \dfrac{E_1 - E_3}{Z_{13}} = \dfrac{0.1788 - 0}{0.032} = 5.59[\text{pu}]$

  실제전류 $= 5.59 \times I_n = 5.59 \times \dfrac{100 \times 10^3}{\sqrt{3} \times 154} = 2095.71[\text{A}]$

- 답 : 2095.71[A]

ⓑ 단락용량

- 계산 : $P_s = 3 \times I_s^2 \times Z \times 10^{-6}[\text{MVA}]$

  $P_s = 3 \times 2095.71^2 \times 2.3716[\Omega/\%] \times 3.2[\%] \times 10^{-6} = 99.99[\text{MVA}]$

- 답 : 99.99[MVA]

(3) ⓐ 단락전류

- 계산 : $I_{23} = \dfrac{E_2 - E_3}{Z_{23}} = \dfrac{0.5675 - 0}{0.078} = 7.276[\text{pu}]$

  실제전류 $= 7.276 \times I_n = 7.276 \times \dfrac{100 \times 10^3}{\sqrt{3} \times 154} = 2727.79[\text{A}]$

- 답 : 2727.79 [A]

ⓑ 단락용량

- 계산 : $P_s = 3 \times I_s^2 \times Z \times 10^{-6}[\text{MVA}]$

  $P_s = 3 \times 2727.79^2 \times 2.3716[\Omega/\%] \times 7.8[\%] \times 10^{-6} = 412.93[\text{MVA}]$

- 답 : 412.93[MVA]

18 다음 빈칸에 알맞은 값을 넣으시오.

【다 음】

가공 전선로에 사용하는 지지물의 강도 계산에 적용하는 을종 풍압 하중은 전선 기타의 가섭선 주위에 두께 (①) mm, 비중 (②)의 빙설이 부착된 상태에서 수직 투영면적 372Pa(다도체를 구성하는 전선은 333Pa), 그 이외의 것은 갑종 풍압의 2분의 1을 기초로 하여 계산한 것을 적용한다.

 ① 6

② 0.9

국가기술자격검정 실기시험문제 및 정답

2023년도 전기기사 제2회 필답형 실기시험

종 목	시험시간	형 별	성 명	수험번호
전기기사	2시간 30분	A		

※ 수험자 인적사항 및 답안작성(계산식 포함)은 흑색의 필기구만 사용하여야 하며 흑색을 제외한 유색 필기구 또는 연필류를 사용하거나 2가지 이상의 색을 혼합 사용하였을 경우 그 문항은 0점 처리됩니다.

01 입력이 A, B, C이며 출력이 Y_1, Y_2일 때 진리표와 같이 동작시키고자 한다. 다음 물음에 답하시오.

[배점 6]

A	B	C	Y_1	Y_2
0	0	0	1	1
0	0	1	0	0
0	1	0	0	1
0	1	1	0	-1
1	0	0	1	1
1	0	1	0	0
1	1	0	1	1
1	1	1	0	-1

[접속점 표기 방식]

접속	비접속
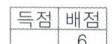	

(1) Y_1, Y_2의 논리식을 간략화하여 작성하시오.

(2) Y_1, Y_2를 논리회로로 나타내시오.

(3) Y_1, Y_2를 시퀀스회로(유접점회로)로 나타내시오.

[정답] (1) $Y_1 = \overline{C}(A+\overline{B})$, $Y_2 = B + \overline{C}$

(2)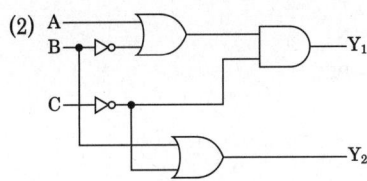

(3)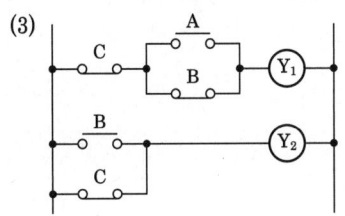

[참고] 논리식 간소화
$$Y_1 = \overline{A}\overline{B}\overline{C} + A\overline{B}\overline{C} + AB\overline{C} = \overline{C}(\overline{A}\overline{B} + A\overline{B} + AB)$$
$$= \overline{C}(\overline{A}\overline{B} + A(\overline{B}+B)) = \overline{C}((\overline{A}+A)(A+\overline{B})) = \overline{C}(A+\overline{B})$$
$$Y_2 = \overline{A}\overline{B}\overline{C} + \overline{A}B\overline{C} + \overline{A}BC + A\overline{B}C + AB\overline{C} + ABC$$
$$= \overline{A}\overline{C} + BC + A\overline{C} = \overline{C}(\overline{A}+A) + BC = (\overline{C}+B)(\overline{C}+C) = \overline{C}+B$$

02 다음 그림은 TN-S계통의 일부분이다. 결선하여 계통을 완성하시오. (단, 계통 일부의 중성선과 보호선을 동일전선으로 사용하며, 중성선 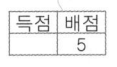, 보호선 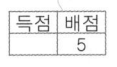, 보호선과 중성선을 겸한 선 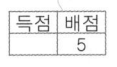을 사용한다.)

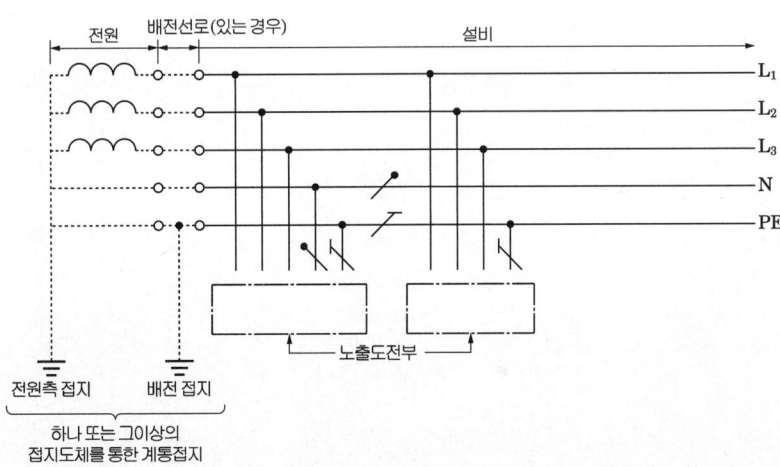

[정답]

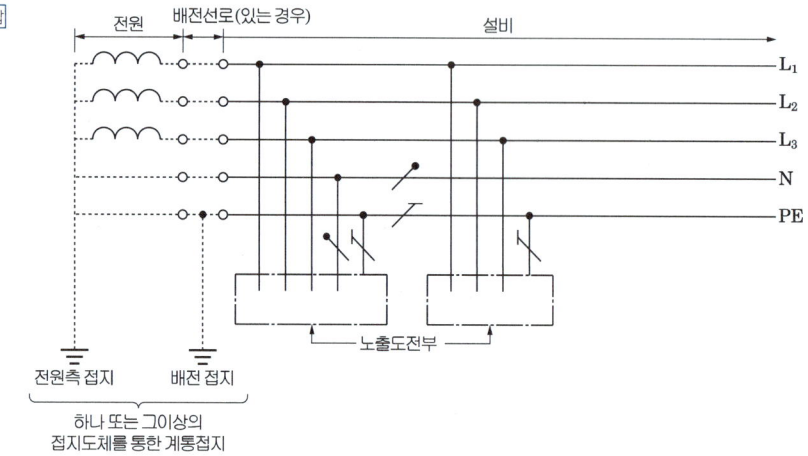

□□□
03 피뢰기의 설치장소에 관한 사항이다. 아래의 빈칸을 채우시오.

【설치장소】
- (①) 또는 이에 준하는 장소의 가공전선 인입구 및 인출구
- 가공전선로에 접속되는 (②) 변압기의 고압 및 특별고압측
- (③) 가공전선로로부터 공급받는 (④)의 인입구
- 가공전선로와 (⑤)가 접속되는 곳

[정답] ① 발전소·변전소
　　　② 배전용
　　　③ 고압 및 특고압
　　　④ 수용장소
　　　⑤ 지중전선로

04 다음은 한국전기설비규정(KEC)의 저압배선용 차단기에 대한 사항이다. 다음 빈칸을 채우시오.

[순시트립에 따른 구분(주택용)]

형	순시트립범위
①	$3I_n$ 초과 $5I_n$ 이하
②	$5I_n$ 초과 $10I_n$ 이하
③	$10I_n$ 초과 $20I_n$ 이하

[과전류트립 동작시간 및 특성(주택용)]

정격전류의 구분	시간(분)	정격전류의 배수	
		부동작전류	동작전류
63[A] 이하	60	④ ( )	⑤ ( )
63[A] 초과	120	④ ( )	⑤ ( )

[정답] ① B ② C ③ D ④ 1.13 ⑤ 1.45

05 유도 전동기 IM을 유도전동기가 있는 현장과 현장에서 조금 떨어진 제어실 어느 쪽에서든지 기동 및 정지가 가능하도록 전자접촉기 MC와 누름버튼 스위치 PBS-ON용 및 PBS-OFF용을 사용하여 제어회로를 점선 안에 그리시오.

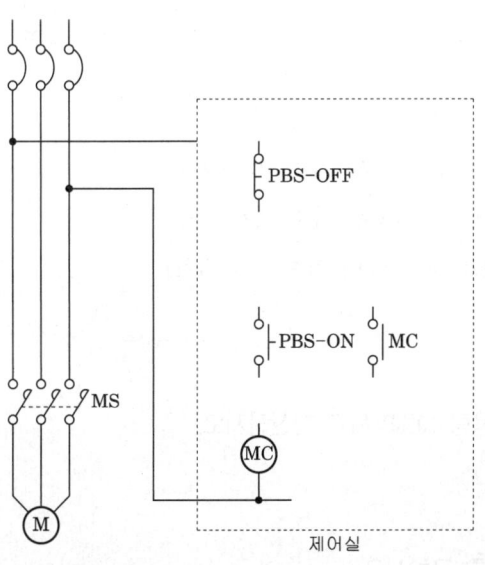
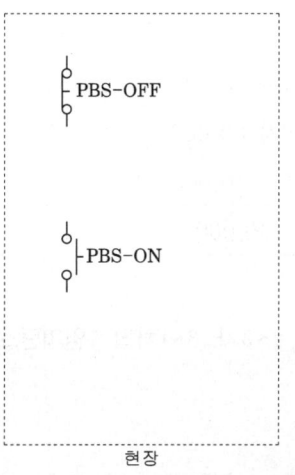

[정답]

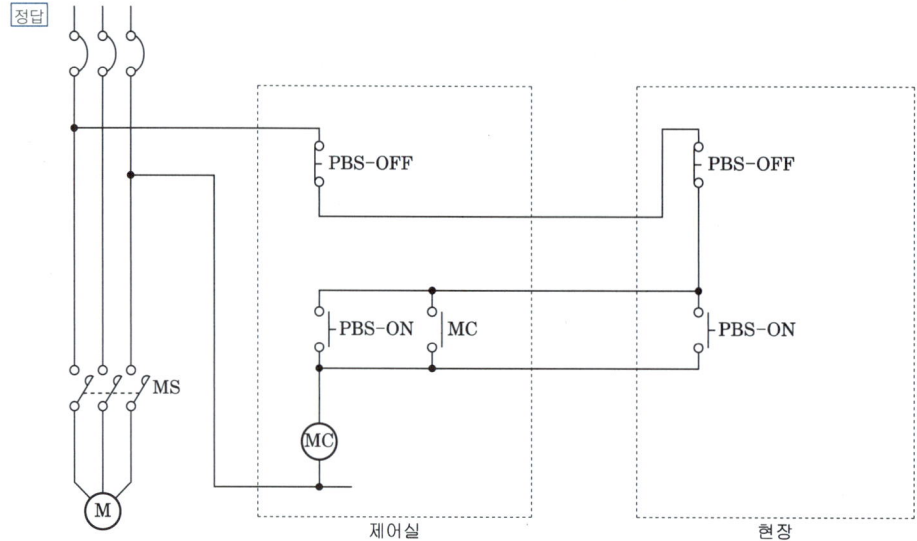

06 그림과 같은 송전계통 S점에서 3상 단락사고가 발생하였다. 주어진 도면과 조건을 참고하여 다음 각 물음에 답하시오.

득점	배점
	14

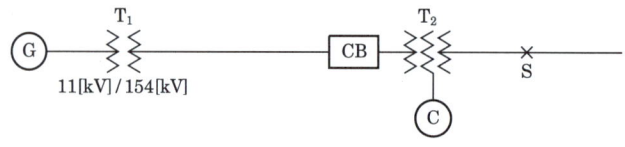

번호	기기명	용량[kVA]	전압[kV]	%Z
1	발전기(G)	50,000	11	25
2	변압기(T_1)	50,000	11/154	10
3	송전선		154	8(10000[kVA] 기준)
4	변압기(T_2)	1차 25,000	154	12(25,000[kVA] 기준, 1차~2차)
		2차 30,000	77	16(25,000[kVA] 기준, 2차~3차)
		3차 10,000	11	9.5(10,000[kVA] 기준, 3차~1차)
5	조상기(C)	10,000	11	15

(1) 변압기(T_2)의 1~2차, 2~3차, 3~1차의 %임피던스를 기준용량 10[MVA]로 환산하시오.

• 계산 : _____ • 답 : _____

(2) 변압기(T_2)의 1차(%Z_1), 2차(%Z_2), 3차(%Z_3) %임피던스를 구하시오.

• 계산 : _____ • 답 : _____

(3) 고장점 S에서 바라본 전원 측의 합성 %임피던스를 구하시오.
- 계산 : _____ • 답 : _____

(4) 고장점의 차단용량을 구하시오.
- 계산 : _____ • 답 : _____

(5) 고장점의 고장전류를 구하시오.
- 계산 : _____ • 답 : _____

[정답] (1) • 계산 :

1차 : $\dfrac{10}{25} \times 12 = 4.8[\%]$

2차 : $\dfrac{10}{25} \times 16 = 6.4[\%]$

3차 : $\dfrac{10}{0} \times 9.5 = 9.5[\%]$

• 답 : 1차 4.8[%], 2차 6.4[%], 3차 9.5[%]

(2) • 계산 :

$\%Z_1 = \dfrac{1}{2}(4.8 + 9.5 - 6.4) = 3.95[\%]$

$\%Z_2 = \dfrac{1}{2}(4.8 + 6.4 - 9.5) = 0.85[\%]$

$\%Z_3 = \dfrac{1}{2}(6.4 + 9.5 - 4.8) = 5.55[\%]$

• 답 : 3.95[%], 0.85[%], 5.55[%]

(3) • 계산 :

발전기 10[MVA]기준으로 환산하면 $\dfrac{10}{50} \times 25 = 5[\%]$

변압기 10[MVA]기준으로 환산하면 $\dfrac{10}{50} \times 10 = 2[\%]$

송전선 8[%]이므로 $\%Z = \dfrac{(5+2+8+3.95) \times (5.55+15)}{(5+2+8+3.95) + (5.55+15)} + 0.85 = 10.71[\%]$

• 답 : 10.71[%]

(4) • 계산 :

$P_s = \dfrac{100}{\%Z} \times P_n = \dfrac{100}{10.71} \times 10 = 93.37[\text{MVA}]$

• 답 : 93.73[MVA]

(5) • 계산 :

$I_s = \dfrac{100}{\%Z} \times I_n = \dfrac{100}{10.71} \times \dfrac{10 \times 10^6}{\sqrt{3} \times 77 \times 10^3} = 700.1[\text{A}]$

• 답 : 700.1[A]

07 전동기 부하의 역률 개선을 위해 병렬로 콘덴서를 설치하여 역률 90%로 유지하고자 한다. 다음 각 물에 답하시오. (단, 콘덴서는 △결선한다.)

(1) 전압 380[V], 전동기의 출력 7.5[kW], 역률 80%이다. 역률 개선시 필요한 콘덴서의 용량 [kVA]를 구하시오.

• 계산 : _____ • 답 : _____

(2) 물음 (1)의 콘덴서 용량을 구성하기 위해 1상에 필요한 콘덴서 정전용량[μF]을 구하시오.

• 계산 : _____ • 답 : _____

[정답] (1) • 계산 : $Q = P(\tan\theta_1 - \tan\theta_2) = 7.5\left(\dfrac{\sqrt{1-0.8^2}}{0.8} - \dfrac{\sqrt{1-0.9^2}}{0.9}\right) = 1.99[\text{kVA}]$

• 답 : 1.99[kVA]

(2) • 계산 : $C = \dfrac{Q}{3\omega V^2} = \dfrac{1.99 \times 10^3}{3 \times 2\pi \times 60 \times 380^2} \times 10^6 = 12.19[\mu\text{F}]$

• 답 : 12.19[μF]

---

08 그림과 같은 점광원으로부터 원뿔 밑면까지의 거리가 4[m]이고, 밑면의 반지름이 3[m]인 원형면의 평균 조도가 100[lx]라면 이 점광원의 평균 광도[cd]는?

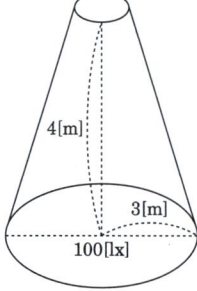

• 계산 : _____ • 답 : _____

[정답] • 계산 :

$E = \dfrac{F}{S}$ 에서 $F = E \cdot S = E \cdot \pi r^2 = 100 \times \pi \times 3^2 = 900\pi[\text{lm}]$

광도 $I = \dfrac{F}{\omega} = \dfrac{F}{2\pi(1-\cos\theta)} = \dfrac{900\pi}{2\pi\left(1-\dfrac{4}{5}\right)} = 2250[\text{cd}]$

• 답 : 2250[cd]

09 다음은 A, B 수용가에 대해 나타낸 것이다. 다음 각 물음에 답하시오.

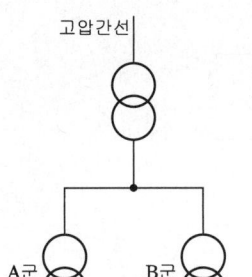

	A군	B군
설비용량	50[kW]	30[kW]
역률	1	1
수용률	0.6	0.5
부등률	1.2	1.2
변압기 간 부등률	1.3	

(1) A 수용가의 변압기 용량[kVA]을 구하시오.
- 계산 : _____ • 답 : _____

(2) B 수용가의 변압기 용량[kVA]을 구하시오.
- 계산 : _____ • 답 : _____

(3) 고압 간선에 걸리는 최대부하[kW]를 구하시오.
- 계산 : _____ • 답 : _____

[정답] (1) • 계산 : $TR_A = \dfrac{\text{설비용량} \times \text{수용률}}{\text{부등률} \times \text{역률}} = \dfrac{50 \times 0.6}{1.2 \times 1} = 25[\text{kVA}]$

• 답 : 25[kVA]

(2) • 계산 : $TR_B = \dfrac{\text{설비용량} \times \text{수용률}}{\text{부등률} \times \text{역률}} = \dfrac{30 \times 0.5}{1.2 \times 1} = 12.5[\text{kVA}]$

• 답 : 12.5[kVA]

(3) • 계산 : 최대부하 $= \dfrac{\text{각 부하 합성최대전력의 합}}{\text{부등률}} = \dfrac{25 + 12.5}{1.3} = 28.85[\text{kW}]$

• 답 : 28.85[kW]

10 변류비 50/5인 변류기 2대를 그림과 같이 접속하였을 때 전류계에 2[A]의 전류가 흘렀다. 1차 전류를 구하시오.

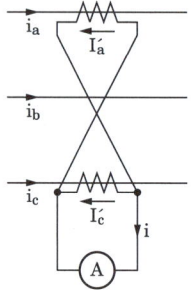

• 계산 : _____   • 답 : _____

[정답] • 계산 :
$$I_1 = I_2 \times CT비 \times \frac{1}{\sqrt{3}} = 2 \times \frac{50}{5} \times \frac{1}{\sqrt{3}} = 11.55[A]$$
• 답 : 11.55[A]

11 다음은 전기안전관리자의 직무에 관한 고시 제6조에 대한 사항이다. 다음 빈칸에 알맞은 말을 쓰시오.

(1) 전기안전관리자는 제3조제2항에 따라 수립한 점검을 실시하고, 다음 각 호의 내용을 기록하여야 한다. 다만, 전기안전관리자와 점검자가 같은 경우 별지 서식(제2호~제8호)의 서명을 생략할 수 있다.

1. 점검자
2. 점검 연월일, 설비명(상호) 및 설비용량
3. 점검 실시 내용(점검항목별 기준치, 측정치 및 그 밖에 점검 활동 내용 등)
4. 점검의 결과
5. 그 밖에 전기설비 안전관리에 관한 의견

(2) 전기안전관리자는 제1항에 따라 기록한 서류(전자문서를 포함한다)를 전기설비 설치장소 또는 사업장마다 갖추어 두고, 그 기록서류를 (①)년간 보존하여야 한다.

(3) 전기안전관리자는 법 제11조에 따른 정기검사 시 제1항에 따라 기록한 서류(전자문서를 포함한다)를 제출하여야 한다. 다만, 법 제 38조에 따른 전기안전종합정보시스템에 매월 (②) 회 이상 안전관리를 위한 확인·점검 결과 등을 입력한 경우에는 제출하지 아니할 수 있다.

[정답] ① 4 ② 1

12 3300/200[V]인 변압기의 용량이 각각 250[kVA], 200[kVA]이고 [%]임피던스 강하가 각각 2.7[%]와 3[%]일 때 그 병렬 합성 용량[kVA]은?

• 계산 : _____   • 답 : _____

[정답] • 계산 :

부하분담은 용량에 비례, 임피던스에 반비례한다.

$\dfrac{I_A}{I_B} = \dfrac{[kVA]_A}{[kVA]_B} \times \dfrac{\%Z_B}{\%Z_A}$ ∴ $\dfrac{I_A}{I_B} = \dfrac{[kVA]_A}{[kVA]_B} \times \dfrac{\%Z_B}{\%Z_A} = \dfrac{250}{200} \times \dfrac{3}{2.7} = \dfrac{25}{18}$

① A기의 부하분담 $I_A = \dfrac{25}{18} \times I_B = \dfrac{25}{18} \times 200 = 277.78 [kVA]$

최대용량 250[kVA]까지 가능

② B기의 부하분담 $I_B = \dfrac{18}{25} \times I_A = \dfrac{18}{25} \times 250 = 180 [kVA]$

∴ 250+180=430[kVA]

• 답 : 430[kVA]

13 그림과 같은 일 부하 곡선을 가진 2개의 부하 A, B의 수용가가 있을 때 다음 각 물음에 답하시오. (단, 부하 A, B의 설비용량은 각각 10[kW]이다.)

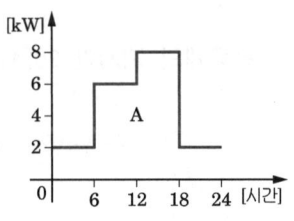
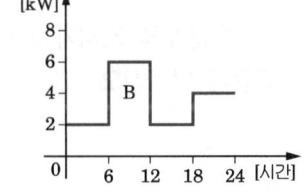

(1) A, B 각 수용가의 수용률을 계산하시오.

• 계산 : _____   • 답 : _____

(2) A, B 각 수용가의 부하율을 계산하시오.

• 계산 : _____   • 답 : _____

(3) 부등률을 구하시오.

• 계산 : _____   • 답 : _____

정답 (1) • 계산 :

$$수용률 = \frac{설비용량}{최대전력} \times 100$$

$$A = \frac{8}{10} \times 100 = 80[\%]$$

$$B = \frac{6}{10} \times 100 = 60[\%]$$

• 답 : 80[%], 60[%]

(2) • 계산 :

$$부하율 = \frac{평균전력}{최대전력} = \frac{사용전력량/시간}{최대전력} = \frac{사용전력량}{최대전력 \times 시간}$$

$$A = \frac{(2+6+8+2) \times 6}{8 \times 24} \times 100 = 56.25[\%]$$

$$B = \frac{(2+6+2+4) \times 6}{6 \times 24} \times 100 = 58.33[\%]$$

• 답 : 56.25[%], 58.33[%]

(3) • 계산 :

$$부등률 = \frac{각\ 부하\ 최대\ 수용전력의\ 합}{합성최대전력} = \frac{8+6}{12} = 1.17$$

• 답 : 1.17

14 평형 3상 회로에 그림과 같이 접속된 전압계의 지시가 220[V], 전류계의 지시가 20[A], 전력계의 지시가 2[kW]일 때 다음 각 물음에 답하시오.

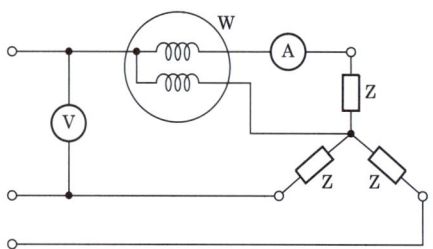

(1) Z에서 소비되는 전력은 몇 [kW]인가?

• 계산 : _____   • 답 : _____

(2) 부하의 임피던스 $Z[\Omega]$를 복소수로 나타내시오.

[정답] (1) • 계산 :

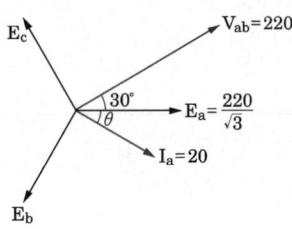

[벡터도]

전압계의 지시값이 선간전압 220[V]이므로 상전압(E_a) = $\dfrac{V_{ab}}{\sqrt{3}}$ = $\dfrac{220}{\sqrt{3}}$ [V]

1상의 유효전력(P) = $E_a I_a \cos\theta$ 에서 $\cos\theta = \dfrac{P}{E_a I_a} = \dfrac{2000}{\dfrac{220}{\sqrt{3}} \times 20} = 0.787$

$\cos\theta = 0.787 \Rightarrow \theta = \cos^{-1} 0.787 = 38.09°$

$Z = \dfrac{E_a}{I_a} = \dfrac{\dfrac{220}{\sqrt{3}}}{20} = \dfrac{220}{20\sqrt{3}} = 6.35 [\Omega]$

$R = Z\cos\theta = 6.35 \times 0.787 = 4.997$

∴ $R = 5 [\Omega]$

$X = Z\sin\theta = 6.35\sqrt{1 - 0.787^2} = 3.917$

∴ $Z = 3.92 [\Omega]$

Z에서 소비되는 전력 (3상 소비전력)

$P_{3\phi} = 3I^2 R = 3 \times 20^2 \times 5 \times 10^{-3} = 6 [kW]$

• 답 : 6[kW]

(2) $Z = R + jX = 5 + j3.92 [\Omega]$

☐☐☐

15 다음 회로에서 저항 $R = 20[\Omega]$, 전압 $V = 220\sqrt{2}\sin(120\pi t)[V]$이고, 변압기 권수비는 1 : 1일 때, 단상 전파 정류 브리지 회로에 대한 다음 물음에 답하시오.

득점	배점
	6

(1) 점선 안에 브리지 회로를 완성하시오.

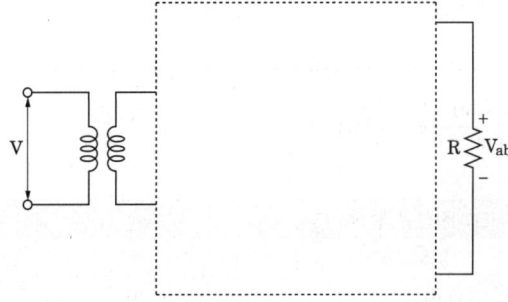

(2) V_{ab}의 평균 전압[V]을 구하시오.

• 계산 : _____   • 답 : _____

(3) V_{ab}에 흐르는 평균 전류[A]를 구하시오.

• 계산 : _____ • 답 : _____

정답 (1)

(2) • 계산 :

V_{ab} = 평균전압 = V_{av}

$V_{av} = \dfrac{2V_m}{\pi} = \dfrac{2 \times 220\sqrt{2}}{\pi} = 198.07[V]$

• 답 : 198.07[V]

(3) • 계산 :

I_{av} = 평균전류

$I_{av} = \dfrac{V_{av}}{R} = \dfrac{\dfrac{2 \times 220\sqrt{2}}{\pi}}{20} = \dfrac{2 \times 220\sqrt{2}}{20 \times \pi} = 9.9[A]$

• 답 : 9.9[A]

16 4극 3상 유도전동기를 변전실 분전반에서 긍장 50[m] 떨어진 곳에 설치하였으며 부하 전류는 75[A]이다. 이때 전압강하를 5[V] 이하로 하기 위해서 전선의 굵기[mm²]를 얼마로 선정하는 것이 적당한가? (단, 3상 3선식 회로이며, 전압은 380[V]임)

• 계산 : _____ • 답 : _____

정답 • 계산 : 전선의 굵기 = $\dfrac{30.8 \times LI}{1000 \times e} = \dfrac{30.8 \times 50 \times 75}{1000 \times 5} = 23.1[\text{mm}^2]$

• 답 : 25[mm²]

KSC IEC 전선규격[mm²]		
1.5	2.5	4
6	10	16
25	35	50

17 3상 3선식의 6.6[kV] 가공배전 선로에 접속된 주상변압기의 저압측에 시설될 중성점 접지공사의 접지저항값을 구하시오. (단, 1초 초과, 2초 이내에 자동적으로 차단하는 장치를 설치하였으며, 고압측 1선 지락전류는 5[A]라고 한다.)

• 계산 : _____ • 답 : _____

[정답] • 계산 : $R = \dfrac{300}{I_g} = \dfrac{300}{5} = 60[\Omega]$

• 답 : $60[\Omega]$

---

18 3상 불평형 교류의 대칭분이 아래와 같을 때, 각 상의 전류 I_a, I_b, I_c[A]를 구하시오. (단, 상 순서는 a-b-c 순이다.)

영상분	정상분	역상분
$1.8 \angle -159.17°$	$8.95 \angle 1.14°$	$2.5 \angle 96.55°$

• 계산 : _____ • 답 : _____

[정답] (1) I_a

• 계산 :

$I_a = I_0 + I_1 + I_2$

$1.8 \angle -159.17° + 8.95 \angle 1.14° + 2.5 \angle 96.55° = 7.27 \angle 16.15°$

• 답 : $7.27 \angle 16.15°$

(2) I_b

• 계산 :

$I_b = I_0 + a^2 I_1 + a I_2$

$1.8 \angle -159.17° + 1 \angle 240° \times 8.95 \angle 1.14° + 1 \angle 120° \times 2.5 \angle 96.55° = 12.78 \angle -128.79°$

• 답 : $I_b = 12.78 \angle -128.79°$

(3) I_c

• 계산 :

$I_c = I_0 + a I_1 + a^2 I_2$

$1.8 \angle -159.17° + 1 \angle 120° \times 8.95 \angle 1.14° + 1 \angle 240° \times 2.5 \angle 96.55° = 7.24 \angle 123.69°$

• 답 : $I_c = 7.24 \angle 123.69°$

국가기술자격검정 실기시험문제 및 정답

2023년도 전기기사 제3회 필답형 실기시험

종 목	시험시간	형 별	성 명	수험번호
전기기사	2시간 30분	A		

※ 수험자 인적사항 및 답안작성(계산식 포함)은 흑색의 필기구만 사용하여야 하며 흑색을 제외한 유색 필기구 또는 연필류를 사용하거나 2가지 이상의 색을 혼합 사용하였을 경우 그 문항은 0점 처리됩니다.

01 다음은 차단기의 트립방식에 관한 설명이다. 빈칸을 채우시오.

트립방식	설명
①	고장시 변류기의 2차 전류에 의해 트립되는 방식
②	고장시 콘덴서의 충전전하에 의해 트립되는 방식
③	고장시 부족 전압 트립 장치에 인가되는 전압의 저하에 의해 트립되는 방식

[정답]

①	②	③
과전류 트립방식	콘덴서 트립방식	부족전압 트립방

02 다음은 한국전기설비규정의 내용이다. 빈칸을 채우시오.

【다음】

다음과 같이 분기회로 (S_2)의 보호장치 (P_2)는 (P_2)의 전원 측에서 분기점(O) 사이에 다른 분기회로 또는 콘센트의 접속이 없고, 단락의 위험과 화재 및 인체에 대한 위험성이 최소화 되도록 시설된 경우, 분기회로의 보호장치 (P_2)는 분기회로의 분기점(O)으로부터 (   )[m]까지 이동하여 설치할 수 있다.

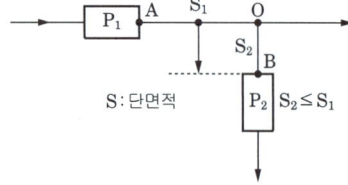

[정답] 3

03 연료전지의 특징에 대해 3가지를 쓰시오.

○
○
○

[정답] ① 환경 친화적이다.
② 발전 효율이 높다.
③ 연료의 다양화가 가능하다.

04 소선의 지름이 3.2[mm], 37가닥으로 된 연선의 외경은 몇 [mm]인가?

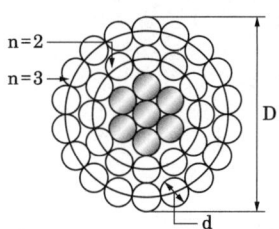

• 계산 : _____   • 답 : _____

[정답] • 계산 :
연선의 바깥지름 : $D = (2n+1)d$
n : 층수, d : 소선의 지름, D : 연선의 바깥지름
$D = (2 \times 3 + 1) \times 3.2 = 22.4$[mm]
• 답 : 22.4[mm]

05 현장에서 시험용 변압기가 없을 경우 그림과 같이 주상 변압기 2대와 수(水)저항기를 사용하여 변압기의 절연내력 시험을 할 수 있다. 이때 다음 각 물음에 답하시오. (단, 최대사용전압 6900[V]의 변압기의 권선을 시험할 경우이며, $E_2/E_1 = 105/6300[V]$임)

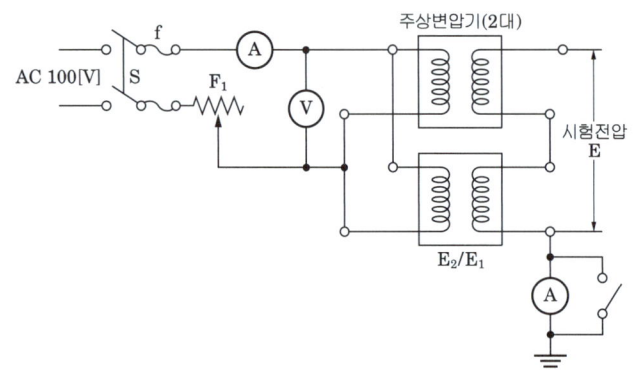

(1) 절연내력시험전압은 몇 [V]이며, 이 시험전압을 몇 분간 가하여 이에 견디어야 하는가?

　• 계산 : _____　　　• 답 : _____

(2) 시험 시 전압계 Ⓥ로 측정되는 전압은 몇 [V]인가?

　• 계산 : _____　　　• 답 : _____

(3) 전류계는 어떤 목적으로 사용되는가?

[정답] (1) ① 절연내력시험전압
　　　　• 계산 : 절연내력시험전압 7[kV]이하인 전로는 최대사용전압의 1.5배
　　　　　∴ 절연내력시험전압 $V = 6900 \times 1.5 = 10350[V]$
　　　　• 답 : 10350[V]
　　　② 가하는 시간
　　　　• 답 : 10분

(2) • 계산 :
　　변압기 1대에 걸리는 전압이므로 $\frac{1}{2}$을 곱한다.
　　전압계 V에 걸리는 전압
　　$V = 10350 \times a \times \frac{1}{2} = 10350 \times \frac{105}{6300} \times \frac{1}{2} = 86.25[V]$
　　• 답 : 86.25[V]

(3) • 답 : 누설 전류의 측정

06 다음 ①, ②에 알맞은 말을 넣으시오.

【다음】
중성선을 (①) 및 (②)하는 회로의 경우에 설치하는 개폐기 및 차단기는 (①) 시에는 중성선이 선도체보다 늦게 (①)되어야 하며, (②) 시에는 선도체와 동시 또는 그 이전에 (②) 되는 것을 설치하여야 한다.

[정답] ① 차단 ② 재폐로

---

07 어떤 공장의 어느 날 부하실적이 1일 사용전력량 192[kWh]이며, 1일의 최대전력이 12[kW]이고, 최대전력일 때의 전류값이 34[A]이었을 경우 다음 각 물음에 답하시오. (단, 이 공장은 220[V], 11[kW]인 3상 유도전동기를 부하 설비로 사용한다고 한다.)

(1) 일 부하율은 몇 [%]인가?
- 계산 : _____   • 답 : _____

(2) 최대 공급 전력일 때의 역률은 몇 [%]인가?
- 계산 : _____   • 답 : _____

[정답] (1) • 계산 :

$$일부하율 = \frac{사용전력량(kWh/24[h])}{최대전력[kW]} \times 100 = \frac{\frac{192}{24}}{12} \times 100 = 66.67[\%]$$

• 답 : 66.67[%]

(2) • 계산 :

$$역률 = \frac{유효전력}{피상전력} \times 100 = \frac{12000}{\sqrt{3} \times 220 \times 34} \times 100 = 92.62[\%]$$

• 답 : 92.62[%]

08 차단기의 정격전압이 170[kV]이고 정격차단전류가 24[kA]일 때 아래 표를 참조하여 차단기의 차단용량[MVA]을 구하시오.

차단기의 정격차단용량[MVA]

3600	5800	7300	9200	12000

• 계산 : _____   • 답 : _____

[정답] • 계산 : 정격차단용량 $P_s = \sqrt{3}\, V_n I_{kA} = \sqrt{3} \times 170 \times 24 = 7066.77 [\text{MVA}]$

• 답 : 7300[MVA]

09 동일한 용량의 단상변압기 2대를 V결선으로 3상 운전할 경우, △결선과 비교하여 출력비와 이용률은 얼마인가?

• 출력비 : _____   • 이용률 : _____

[정답] • 출력비 : 57.74[%]
• 이용률 : 86.6[%]

10 6600/220[V]인 두 대의 단상 변압기 A, B가 있다. A는 30[kVA]로서 2차로 환산한 저항과 리액턴스의 값은 $r_A = 0.03[\Omega]$, $x_A = 0.04[\Omega]$이고, B는 20[kVA]로서 2차로 환산한 값은 $r_B = 0.03[\Omega]$, $x_B = 0.06[\Omega]$이다. 이 두 변압기를 병렬 운전해서 40[kVA]의 부하를 건 경우, A기의 분담 부하[kVA]는 얼마인가?

• 계산 : _____   • 답 : _____

[정답] • 계산 :
$\%Z_A = \dfrac{PZ_{21}}{10 V_2^2} = \dfrac{30 \times \sqrt{0.03^2 + 0.04^2}}{10 \times 0.22^2} = 3.1[\%]$,

$\%Z_B = \dfrac{PZ_{21}}{10 V_2^2} = \dfrac{20 \times \sqrt{0.03^2 + 0.06^2}}{10 \times 0.22^2} = 2.77[\%]$

$\dfrac{P_A'}{P_B'} = \dfrac{P_A}{P_B} \times \dfrac{\%Z_B}{\%Z_A} = \dfrac{30}{20} \times \dfrac{2.77}{3.1} = 1.34$

$$P_B{'} = \frac{P_A{'}}{1.341}, \quad P_A{'} + P_B{'} = P_A{'} + \frac{P_A{'}}{1.34} = \frac{2.34}{1.34}P_A{'} = 40[\text{kVA}]$$

$$\therefore P_A{'} = 22.91[\text{kVA}]$$

• 답 : 22.91[kVA]

11 진공차단기(VCB)의 특징 3가지를 쓰시오.

○

○

○

[정답] ① 소형·경량이다.
② 화재의 염려가 없다.
③ 고속도 개폐가 가능하고 차단 성능이 우수하다.

12 다음 무접점회로를 보고 진리표의 빈칸을 채우시오.

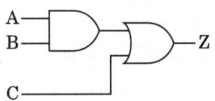

A	L	L	L	L	H	H	H	H
B	L	L	H	H	L	L	H	H
C	L	H	L	H	L	H	L	H
Z								

[정답]

A	L	L	L	L	H	H	H	H
B	L	L	H	H	L	L	H	H
C	L	H	L	H	L	H	L	H
Z	L	H	L	H	L	H	H	H

13 동기 발전기의 병렬 운전 조건을 4가지 쓰시오.

○ _____

○ _____

○ _____

○ _____

|정답| ① 기전력의 주파수가 같을 것
② 기전력의 위상이 같을 것
③ 기전력의 파형이 같을 것
④ 기전력의 크기가 같을 것

14 그림은 전자개폐기 MC에 의한 시퀀스 회로를 개략적으로 그린 것이다. 이 그림을 보고 다음 각 물음에 답하시오.

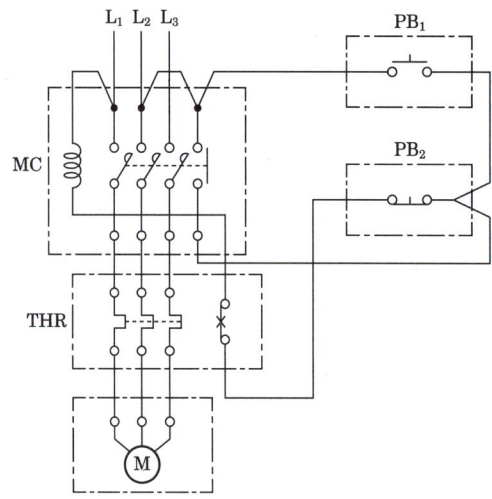

(1) 그림과 같은 회로용 전자개폐기 MC의 보조 접점을 사용하여 자기유지가 될 수 있는 일반적인 시퀀스 회로로 다시 작성하여 그리시오.

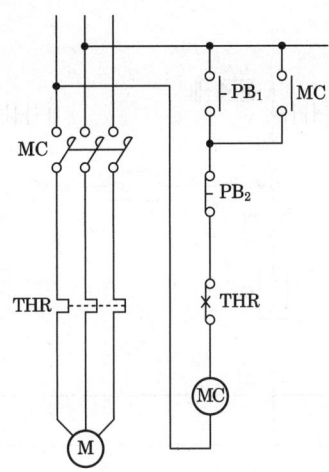

(2) 시간 t_3에 열동 계전기가 작동하고, 시간 t_4에서 수동으로 복귀하였다. 이때의 동작을 타임차트로 표시하시오.

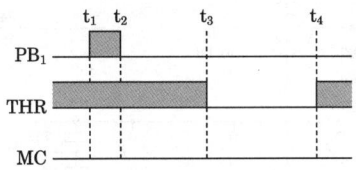

[정답]

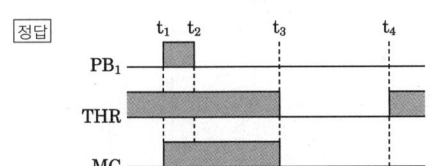

□□□

15 도면과 같이 345[kV] 변전소의 단선도와 변전소에 사용되는 주요제원을 이용하여 다음 각 물음에 답하시오.

득점	배점
	13

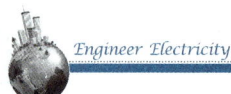

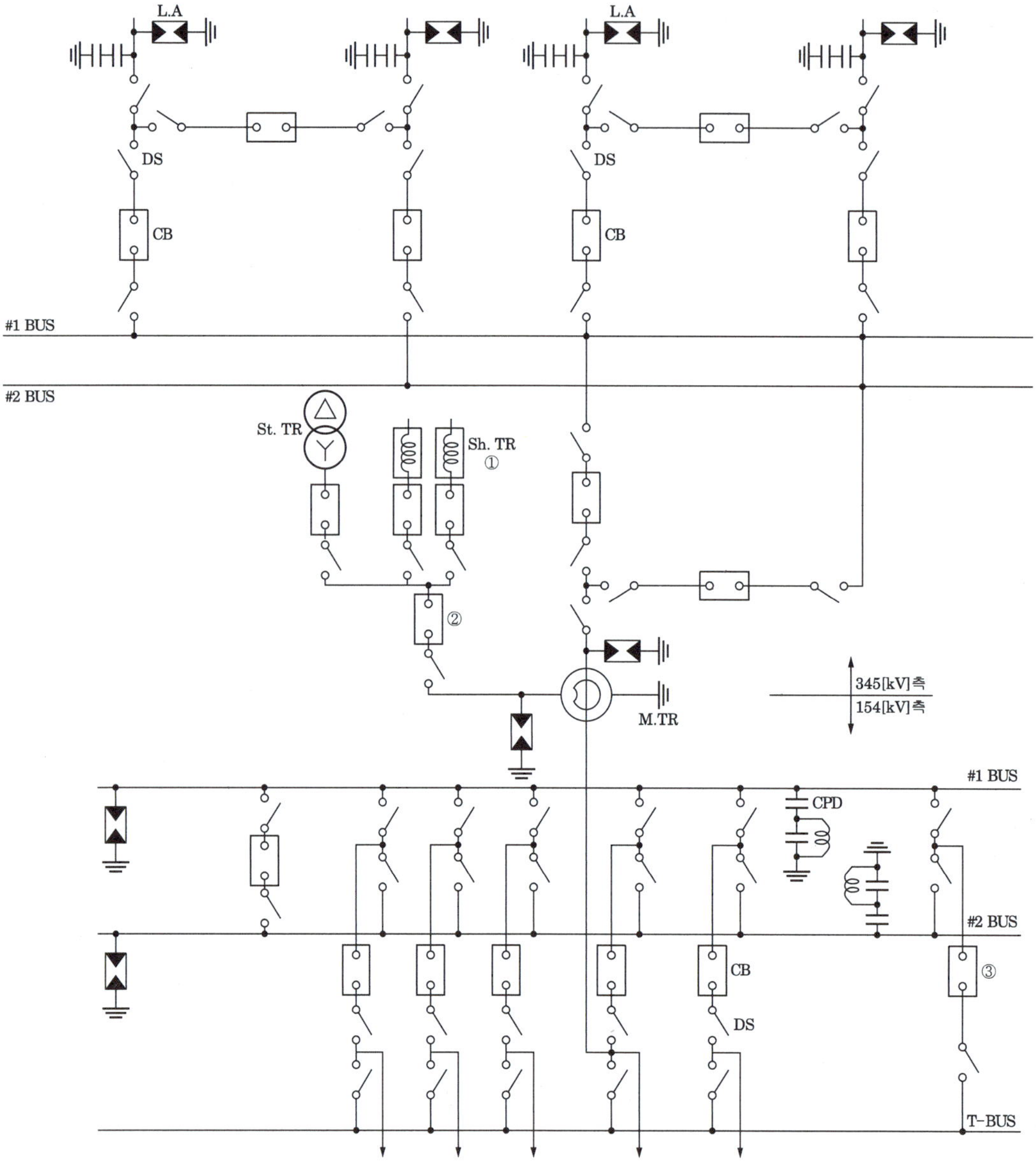

[주변압기]
- 단권변압기
  345[kV]/154[kV]/23[kV] (Y-Y-△)
  166.7[MVA] X 3대 ≒ 500[MVA]
- OLTC %임피던스 (500[MVA] 기준)
  1차~2차 : 10[%]
  1차~3차 : 78[%]
  2차~3차 : 67[%]

[차단기]
- 462[kV] GCB 25[GVA] 4000~2000[A]
- 170[kV] GCB 15[GVA] 4000~2000[A]
- 25.8[kV] VCB 1120[MVA] 2500~1200[A]

[단로기]
- 362[kV] DS 4000~2000[A]
- 170[kV] DS 4000~2000[A]
- 25.8[kV] DS 2500~1200[A]

[피뢰기]
- 288[kV] LA10[kA]
- 144[kV] LA10[kA]
- 21[kV] LA10[kA]

[분로 리액터]
- 23[kV] Sh.R 30[MVar]

[주모선]
- Al-Tube 200φ

(1) 도면의 345[kV]측 모선 방식은 어떤 모선 방식인가?

(2) 도면에서 ①번 기기의 설치 목적은 무엇인가?

(3) 도면에 주어진 제원을 참조하여 주변압기에 대한 등가 %임피던스(%Z_H, %Z_M, %Z_L)를 구하고, ②번 23[kV] VCB의 차단용량을 계산하시오. (단, 그림과 같은 임피던스 회로는 100[MVA] 기준)

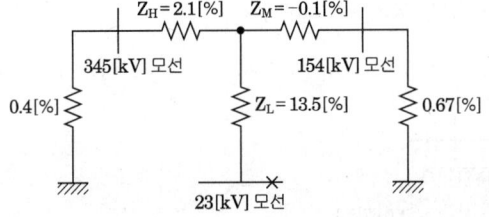

- 계산 :   - 답 :

(4) 도면의 345[kV] GCB에 내장된 계전기용 BCT의 오차계급은 C800이다. 부담은 몇 [VA]인가?

• 계산 : _____ • 답 : _____

(5) 도면의 ③번 차단기의 설치 목적을 설명하시오.

(6) 도면의 주변압기 1 Bank(단상×3)을 증설하여 병렬 운전을 하고자 한다. 이때 병렬 운전 4가지를 쓰시오.

○ _____
○ _____
○ _____
○ _____

정답 (1) 2중 모선방식

(2) 페란티 현상 방지

(3) ① • 계산 :

$$Z_{HM} = 10 \times \frac{100}{500} = 2[\%]$$

$$Z_{ML} = 67 \times \frac{100}{500} = 13.4[\%]$$

$$Z_{HL} = 78 \times \frac{100}{500} = 15.6[\%]$$

$$\%Z_H = \frac{1}{2}(Z_{HM} + Z_{HL} - Z_{ML}) = \frac{1}{2}(2 + 15.6 - 13.4) = 2.1[\%]$$

$$\%Z_M = \frac{1}{2}(Z_{HM} + Z_{ML} - Z_{HL}) = \frac{1}{2}(2 + 13.4 - 15.6) = -0.1[\%]$$

$$\%Z_L = \frac{1}{2}(Z_{HL} + Z_{ML} - Z_{HM}) = \frac{1}{2}(15.6 + 13.4 - 2) = 13.5[\%]$$

• 답 : $\%Z_H = 2.1[\%]$, $\%Z_M = -0.1[\%]$, $\%Z_L = 13.5[\%]$

② • 계산 :

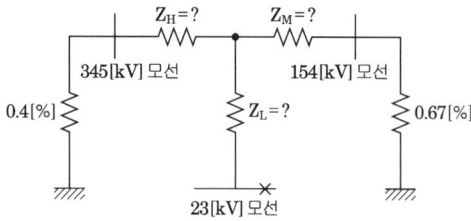

23[kV] VCB 차단용량

$$\%Z_{total} = 13.5 + \frac{(2.1+0.4)(-0.1+0.67)}{(2.1+0.4)+(-0.1+0.67)} = 13.96[\%]$$

차단용량 $P_s = \frac{100}{\%Z_{total}} \times P_n = \frac{100}{13.96} \times 100 = 716.33[\text{MVA}]$

• 답 : 716.33[MVA]

(4) • 계산 :

부담 $= I^2 Z = 5^2 \times 8 = 200[\text{VA}]$

• 답 : 200[VA]

(5) 무정전으로 점검하기 위한 모선절체용 차단기

(6) ① 정격 전압이 같을 것
② 극성이 같을 것
③ %임피던스가 같을 것
④ 내부 저항과 누설리액턴스 비가 같을 것

16 차단기는 고장시 발생하는 대전류를 신속하게 차단하여 고장구간을 분리하는 역할을 한다. 아래 차단기의 약호에 알맞은 명칭을 쓰시오.

• OCB : _____ • ABB : _____

• GCB : _____ • MBB : _____

[정답] • 유입 차단기 • 공기 차단기 • 가스 차단기 • 자기 차단기

17 아래 표와 같이 부하가 시설될 경우 여기에 공급하는 변압기 용량을 선정하시오.

	용량[kW]	수용률[%]	부등률	역률[%]
전등	60	80		95
전열	40	50		90
동력	70	40	1.4	90

변압기 표준용량[kVA]					
50	75	100	150	200	300

• 계산 : _____ • 답 : _____

정답
- 계산 :

  전등부하의 합성 유효전력 $P_1 = 60 \times 0.8 = 48[\text{kW}]$

  전등부하의 합성 무효전력 $P_{1r} = 60 \times 0.8 \times \dfrac{\sqrt{1-0.95^2}}{0.95} = 15.78[\text{kVar}]$

  전열부하의 합성 유효전력 $P_2 = 40 \times 0.5 = 20[\text{kW}]$

  전열부하의 합성 무효전력 $P_{2r} = 40 \times 0.5 \times \dfrac{\sqrt{1-0.9^2}}{0.9} = 9.69[\text{kVar}]$

  동력부하의 합성 유효전력 $P_3 = \dfrac{70 \times 0.4}{1.4} = 20[\text{kW}]$

  동력부하의 합성 무효전력 $P_{3r} = \dfrac{70 \times 0.4}{1.4} \times \dfrac{\sqrt{1-0.9^2}}{0.9} = 9.69[\text{kVar}]$

  변압기 용량 $P_a = \sqrt{(48+20+20)^2 + (15.78+9.69+9.69)^2} = 94.76[\text{kVA}]$

- 답 : 100[kVA] 선정

18 22.9[kV-Y] 중선선 다중접지 전선로에 정격전압13.2[kV], 정격용량 250[kVA]의 단상 변압기 3대를 이용하여 아래 그림과 같이 Y-△ 결선하고자 한다. 다음 물음에 답하시오.

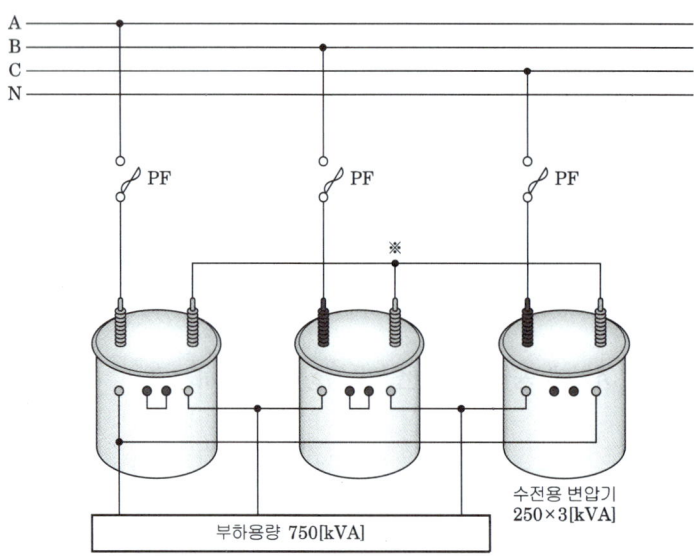

(1) 변압기 1차측 Y결선의 중성점(※표 부분)을 전선로의 N선에 연결하여야 하는가? 연결하여서는 안 되는가?

(2) 연결하여야 하면 연결하여야 하는 이유, 연결하여서는 안 되면 안 되는 이유를 설명하시오.

(3) PF 전력퓨즈의 용량은 몇 [A]인지 선정하시오. (1.25배 적용)

> 퓨즈용량(10[A], 15[A], 20[A], 25[A], 30[A], 40[A], 50[A], 65[A], 80[A], 100[A])

[정답] (1) 연결하지 않는다.

(2) 1상의 PF 용단시 역V결선이 되어 변압기가 과열, 소손된다.

(3) • 계산 :

$$전부하전류 = \frac{P_a}{\sqrt{3} \cdot V} = \frac{750}{\sqrt{3} \times 22.9} = 18.91\,[A]$$

퓨즈용량 = 18.91 × 1.25 = 23.64[A]

• 답 : 25[A]

국가기술자격검정 실기시험문제 및 정답

2024년도 전기기사 제1회 필답형 실기시험

종 목	시험시간	형 별	성 명	수험번호
전기기사	2시간 30분	A		

※ 수험자 인적사항 및 답안작성(계산식 포함)은 흑색의 필기구만 사용하여야 하며 흑색을 제외한 유색 필기구 또는 연필류를 사용하거나 2가지 이상의 색을 혼합 사용하였을 경우 그 문항은 0점 처리됩니다.

01 욕조나 샤워시설이 있는 욕실 또는 화장실 등 인체가 물에 젖어있는 상태에서 전기를 사용하는 장소에 콘센트를 시설하는 경우 인체감전보호용 누전차단기의 정격감도전류와 동작시간은?

• 계산 : _____ • 답 : _____

[정답]
- 정격감도전류 : 15[mA]
- 동작시간 : 0.03초

02 한국전기설비규정에 따른 저압전로 중의 전동기 보호용 과전류보호장치의 시설에서 적합한 단락보호전용 퓨즈의 용단특성 표를 완성하시오.

[단락보호전용 퓨즈(aM)의 용단특성]

정격전류의 배수	불용단시간	용단시간
4배	(㉠)초 이내	-
6.3배	-	(㉢)초 이내
8배	0.5초 이내	-
10배	(㉡)초 이내	-
12.5배	-	0.5초 이내
19배	-	(㉣)초 이내

[정답]
㉠ 60   ㉢ 0.2
㉡ 60   ㉣ 0.1

03 다음 빈 칸을 채우시오.

> 상주 감시를 하지 아니하는 변전소의 시설
> (1) 변전소(이에 준하는 곳으로서 (①)[kV]를 초과하는 특고압의 전기를 변성하기 위한 것을 포함한다. 이하 같다)의 운전에 필요한 지식 및 기능을 가진 자(이하 "기술원" 이라고 한다)가 그 변전소에 상주하여 감시를 하지 아니하는 변전소는 다음에 따라 시설하는 경우에 한한다.
> (2) 사용전압이 (②)[kV] 이하의 변압기를 시설하는 변전소로서 기술원이 수시로 순회하거나 그 변전소를 원격감시 제어하는 제어소(이하에서 "변전제어소"라 한다)에서 상시 감시하는 경우

[정답] ① 50
② 170

04 보호도체, 절연, 기타 부위의 재질 및 초기온도와 최종온도에 따른 계수가 143이며 보호장치를 통해 흐를 수 있는 예상 고장전류의 실효값이 10000[A]이고, 자동 차단을 위한 보호장치의 동작시간이 0.2초라면 보호도체의 최소 공칭단면적은 몇 [mm²]인가?

[공칭단면적] 단위[mm²]

6	10	16	25	35	50

· 계산 : _____   · 답 : _____

[정답] · 계산 :

$$S = \frac{\sqrt{I^2 t}}{k} = \frac{I\sqrt{t}}{k} = \frac{10000 \times \sqrt{0.2}}{143} = 31.27 [\text{mm}^2]$$

I : 보호장치를 통해 흐를 수 있는 예상 고장전류 실효값[A]
S : 단면적[mm²]
t : 자동 차단을 위한 보호장치의 동작 시간[s]
k : 보호도체, 절연, 기타 부위의 재질 및 초기온도와 최종온도에 따라 정해지는 계수)

· 답 : 35[mm²] 선정

05 전동기를 현장과 사무실에서 각각 기동 및 정지가 가능하도록 미완성된 회로를 완성하시오. (단, ON/OFF 스위치는 각각 한 개씩 사용한다.)

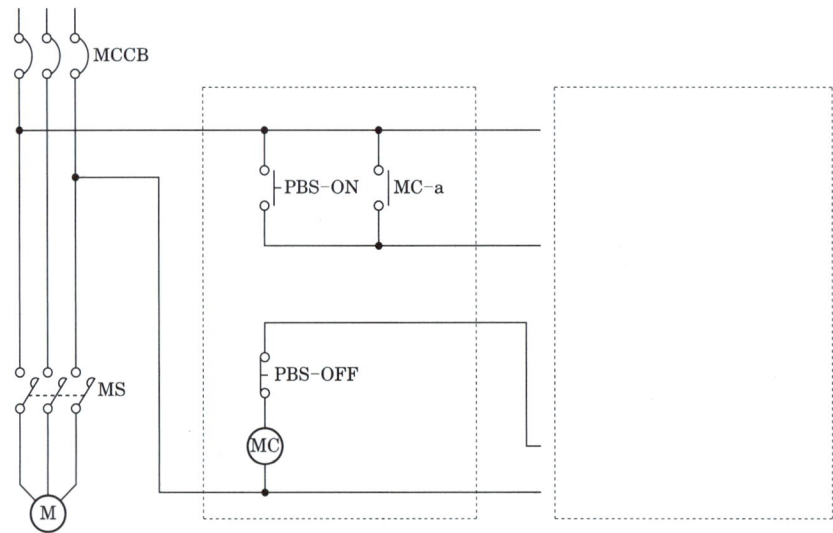

정답

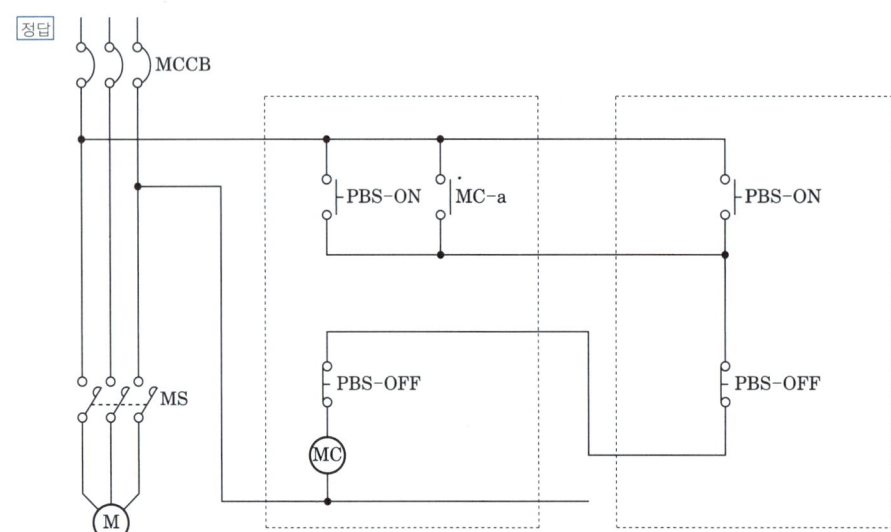

06 그림과 같은 논리회로의 명칭과 논리식을 쓰고 진리표를 완성하시오.

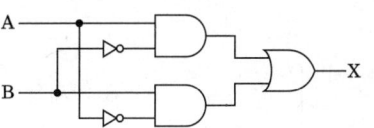

(1) 명칭
○ _____

(2) 논리식
○ _____

(3) 진리표

A	B	X
0	0	
0	1	
1	0	
1	1	

정답 (1) 배타적 논리합 회로(Exclusive OR)

(2) $X = A\overline{B} + \overline{A}B$

(3)

A	B	X
0	0	0
0	1	1
1	0	1
1	1	0

07 다음 주어진 레더 다이어그램을 통해 PLC 프로그램을 완성하시오.

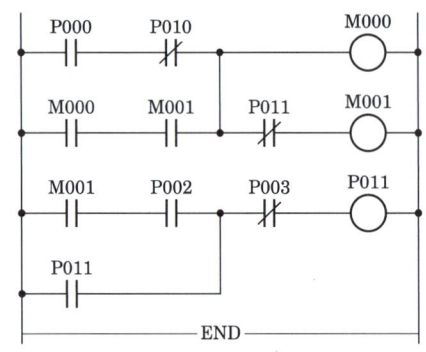

S : 시작
A : AND
O : OR
W : 출력
N : NOT
AS : 그룹직렬연결
OS : 그룹병렬연결
END : 종료

차례	명령	번지	차례	명령	번지
1	S	P000	8	W	M001
2	AN	P010	9	(⑤)	(⑥)
3	(①)	(②)	10	A	P002
4	A	M001	11	(⑦)	P011
5	(③)	–	12	AN	P003
6	(④)	M000	13	W	P011
7	AN	P011	14	(⑧)	–

정답 ① S   ② M000
      ③ OS   ④ W
      ⑤ S   ⑥ M001
      ⑦ O   ⑧ END

08 사용 중인 UPS의 2차측에 단락사고 등이 발생했을 경우 UPS와 고장회로를 분리시키는 방식 3가지를 쓰시오.

○ _____

○ _____

○ _____

[정답] ① 속단퓨즈에 의한 방식
② 배선용차단기에 의한 방식
③ 반도체차단기에 의한 방식

09 어떤 건물에 수전설비를 계획하고 있다. 예상되는 설비용량이 조명 $20[\text{VA}/\text{m}^2]$, 일반동력 $35[\text{VA}/\text{m}^2]$, 냉방동력 $40[\text{VA}/\text{m}^2]$이다. 건물의 연면적이 $70000[\text{m}^2]$일 때 건물의 총 수전설비용량[kVA]을 구하시오.

• 계산 : _____   • 답 : _____

[정답] • 계산 : 수전설비용량 $= (20+35+40) \times 10^{-3} \times 70000 = 6.65[\text{kVA}]$
• 답 : $6.65[\text{kVA}]$

10 계약부하설비에 의한 계약최대전력을 정하는 경우 부하설비용량이 $900[\text{kW}]$일 때 전력 회사와의 계약최대전력은 몇 $[\text{kW}]$인가? (단, 계약최대전력 환산표는 다음과 같다.)

계약전력	환산율
처음 75[kW]에 대하여	100[%]
다음 75[kW]에 대하여	85[%]
다음 75[kW]에 대하여	75[%]
다음 75[kW]에 대하여	65[%]
300[kW] 초과분에 대하여	60[%]

• 계산 : _____   • 답 : _____

[정답] • 계산 : 계약전력 $= 75 \times 1 + 75 \times 0.85 + 75 \times 0.75 + 75 \times 0.65 + (900-300) \times 0.6 = 603.75[\text{kW}]$
• 답 : $604[\text{kW}]$

11 연축전지의 정격용량 200[Ah], 상시 부하 10[kW], 표준전압 100[V]인 부동 충전방식의 충전기 2차 전류는 몇 [A]인가?

- 계산 :   • 답 :

[정답] • 계산 : 부동 충전방식의 충전기 2차 전류 = $\dfrac{\text{축전지 정격 용량[Ah]}}{\text{정격방전율[h]}} + \dfrac{\text{상시 부하 용량[VA]}}{\text{표준전압[V]}}$

$$I = \dfrac{200}{10} + \dfrac{10 \times 10^3}{100} = 120[\text{A}]$$

• 답 : 120[A]

12 각 단상 변압기의 변압비가 3500/100[V]이며 고압측에 5500[V]의 전압이 인가되고 있다. 저압측에 3[Ω], 5[Ω]의 저항을 연결했을 때 고압측 전압 E_1, E_2를 구하시오.

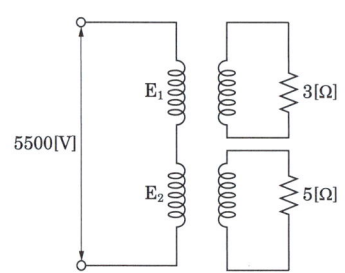

- 계산 :   • 답 :

[정답] • 계산 : $E_1 = \dfrac{3}{3+5} \times 5500 = 2.06[\text{kV}]$

$E_2 = \dfrac{5}{3+5} \times 5500 = 3.44[\text{kV}]$

• 답 : $E_1 = 2.06[\text{kV}]$, $E_2 = 3.44[\text{kV}]$

13 전력시설물 공사감리업무 수행지침에 따라 전기공사업자는 해당 공사현장에서 공사업무 수행상 필요한 서식을 비치하고 기록·보관하여야 한다. 해당 서류 5가지만 쓰시오.

○ _____

○ _____

○ _____

○ _____

○ _____

[정답]
① 하도급 현황　　　　　　　　② 주요인력 및 장비투입 현황
③ 작업계획서　　　　　　　　　④ 기자재 공급원 승인현황
⑤ 주간공정계획 및 실적보고서　⑥ 안전관리비 사용실적 현황
⑦ 각종 측정 기록표

14 어떤 램프의 전압이 220[V], 소비전력이 1000[W]이며 램프에서 나오는 광속이 2000[lm]이다. 램프의 효율을 구하시오. (단, 반드시 단위를 명시하시오.)

• 계산 : _____　• 답 : _____

[정답]
• 계산 : $\eta = \dfrac{F}{P} = \dfrac{2000}{1000} = 2[\text{lm/W}]$
• 답 : $2[\text{lm/W}]$

15 양수량 18[m³/min], 총 양정 25[m]인 양수 펌프용 전동기의 소요출력[kW]을 구하시오. (단, 효율은 82[%]이며, 여유계수 1.1을 적용한다.)

• 계산 : _____　• 답 : _____

[정답]
• 계산 : $P = \dfrac{9.8 HQ}{\eta} K = \dfrac{HQ}{6.12\eta} K = \dfrac{25 \times 18}{6.12 \times 0.82} \times 1.1 = 98.64 [\text{kW}]$
• 답 : 98.64[kW]

16 아래 그림에서 중성선이 단선되었을 때 A부하와 B부하에 걸리는 전압을 구하시오.

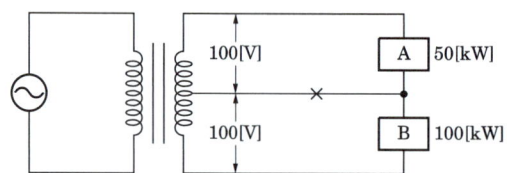

• 계산 : _____   • 답 : _____

정답 • 계산 : $R_A = \dfrac{100^2}{50 \times 10^3} = 0.2[\Omega]$

$R_B = \dfrac{100^2}{100 \times 10^3} = 0.1[\Omega]$

$V_A = \dfrac{R_A}{R_A + R_B} \times 200 = \dfrac{0.2}{0.2 + 0.1} \times 200 = 133.33[V]$

$V_B = 200 - V_A = 66.67[V]$

• 답 : A부하에 걸리는 전압 : 133.33[V]
　　　B부하에 걸리는 전압 : 66.67[V]

17 도면은 어느 154[kV] 수용가의 수전 설비 단선 결선도의 일부분이다. 주어진 표와 도면을 이용하여 다음 각 물음에 답하시오.

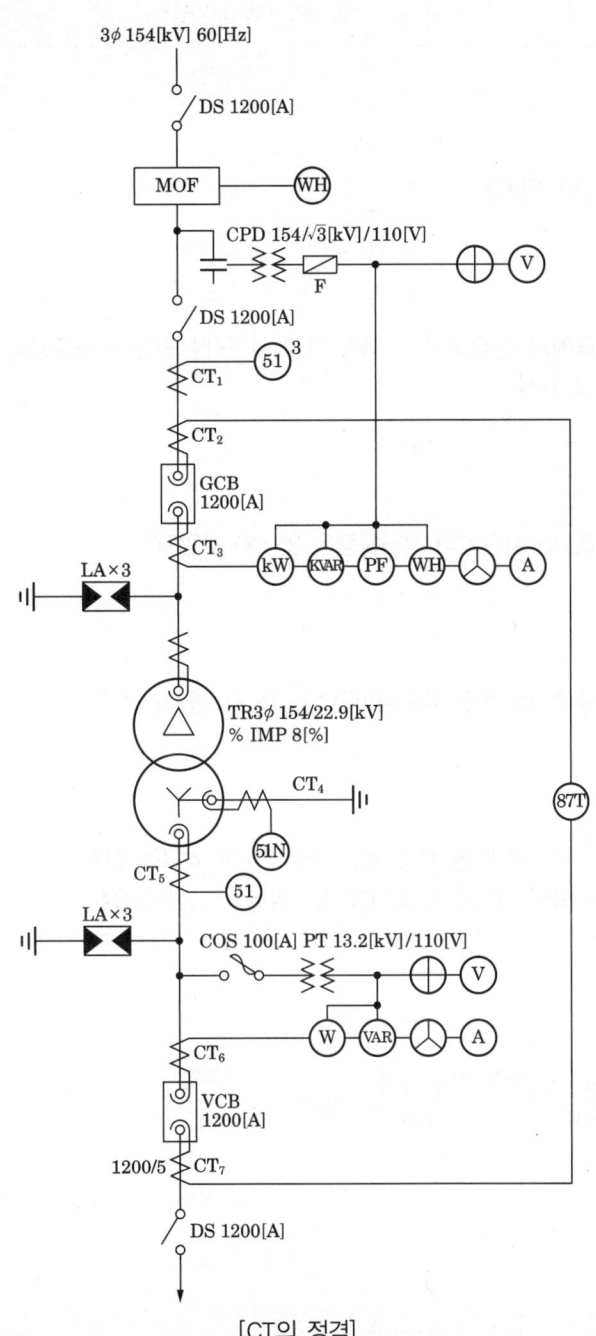

[CT의 정격]

1차 정격 전류[A]	200	400	600	800	1,200	1,500
2차 정격 전류[A]	5					

(1) 변압기 2차 부하 설비 용량이 51[MW], 수용률 70[%], 부하 역률이 90[%]일 때, 도면의 변압기 표준용량을 선정하시오.

> 변압기 표준용량 : 15, 20, 25, 30, 40, 50, 80, 100 [MVA]

• 계산 : _____   • 답 : _____

(2) 변압기 1차 측 DS의 정격전압은 몇 [kV]인가?

• 계산 : _____   • 답 : _____

(3) CT_1의 비는 얼마인지를 계산하고 표에서 선정하시오. (단, (1)에서 구한 변압기 표준용량을 기준으로 계산하고 여유율은 1.25배로 계산)

• 계산 : _____   • 답 : _____

(4) VCB의 정격 차단전류가 23[kA]일 때, 이 차단기의 차단용량은 몇 [MVA]인가?

• 계산 : _____   • 답 : _____

(5) 과전류 계전기의 정격부담이 9[VA]일 때 이 계전기의 임피던스는 몇 [Ω]인가?

• 계산 : _____   • 답 : _____

(6) CT_7 1차 전류가 600[A]일 때 CT_7의 2차에서 비율 차동 계전기의 단자에 흐르는 전류는 몇 [A]인가? (단, 비율 차동 계전기의 위상 보정 기능은 없고, CT결선 방식으로 위상보정)

• 계산 : _____   • 답 : _____

정답 (1) • 계산 : 변압기 용량 $= \dfrac{\text{설비용량} \times \text{수용률}}{\text{역률}} = \dfrac{51 \times 0.7}{0.9} = 39.67$

• 답 : 40[MVA] 선정

(2) • 답 : 170[kV]

(3) • 계산 : CT비 선정 방법

① CT 1차 측 전류 : $I_1 = \dfrac{P}{\sqrt{3}\,V} = \dfrac{40 \times 10^3}{\sqrt{3} \times 154} = 149.96[A]$

② CT의 여유 배수 적용 : $I_1 \times 1.25 = 187.45[A]$

• 답 : 200/5 선정

(4) ・계산 : 차단용량 $P_S = \sqrt{3}\,V_n I_s = \sqrt{3} \times 25.8 \times 23 = 1027.798 [\text{MVA}]$

・답 : 1027.8[MVA]

(5) ・계산 : 정격부담 = $I_2^2 \cdot Z [\text{VA}]$ (단, 여기서 I_2은 CT의 2차 정격 전류인 5[A]이다.)

$$Z = \frac{[\text{VA}]}{I_2^2} = \frac{9}{5^2} = 0.36 [\Omega]$$

・답 : 0.36[Ω]

(6) ・계산 : CT가 Δ결선일 경우 비율 차동 계전기 단자에 흐르는 전류(I_2)

$$I_2 = CT1차전류 \times CT역수비 \times \sqrt{3} = 600 \times \frac{5}{1200} \times \sqrt{3} = 4.33 [\text{A}]$$

・답 : 4.33[A]

18 아래 계전기의 명칭을 쓰시오.

약호	명칭
OCR	
GR	
OPR	
OVR	
PWR	

[정답]

약호	명칭
OCR	과전류계전기
GR	지락계전기
OPR	결상계전기
OVR	과전압계전기
PWR	전력계전기

국가기술자격검정 실기시험문제 및 정답

2024년도 전기기사 제2회 필답형 실기시험

종 목	시험시간	형 별	성 명	수험번호
전기기사	2시간 30분	A		

※ 수험자 인적사항 및 답안작성(계산식 포함)은 흑색의 필기구만 사용하여야 하며 흑색을 제외한 유색 필기구 또는 연필류를 사용하거나 2가지 이상의 색을 혼합 사용하였을 경우 그 문항은 0점 처리됩니다.

01 다음은 한국전기설비규정의 용어에 대한 내용이다. 빈칸에 알맞은 용어는?

배점 4

- PEN 도체(Protective Earthing conductor and Neutral conductor)란 (①)회로에서 (②) 겸용 보호도체를 말한다.
- PEL 도체(Protective Earthing conductor and a Line conductor)란 (③)회로에서 (④) 겸용 보호도체를 말한다.

[정답] ① 교류 ② 중성선
③ 직류 ④ 선도체

02 다음 논리식을 참고하여 유접점 회로를 완성하시오.

배점 5

【논리식】
$$L = (X + \overline{Y} + \overline{Z})(\overline{X} + Y + \overline{Z})$$

[정답]
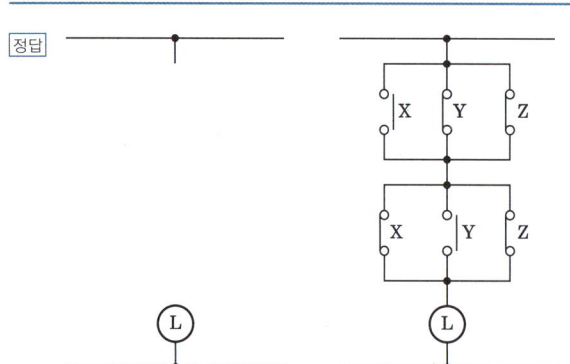

[별해] 간소화 진행시

$X\bar{X}+XY+X\bar{Z}+\bar{X}\bar{Y}+\bar{Y}Y+\bar{Y}\dot{Z}+\bar{X}\bar{Z}+Y\bar{Z}+\bar{Z}Z$
$=O+XY+X\bar{Z}+\bar{X}\bar{Y}+O+\bar{Y}\bar{Z}+\bar{X}\bar{Z}+Y\bar{Z}+\bar{Z}$
$=XY+\bar{X}\bar{Y}+(X+\bar{Y}+\bar{X}+Y+1)\bar{Z}$
$=XY+\bar{X}\bar{Y}+\bar{Z}$

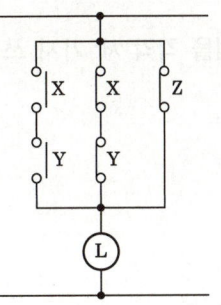

03 주어진 프로그램표를 참고하여 래더다이어그램을 완성하시오.

주소	명령어	번지	주소	명령어	번지
0	STR	P00	4	AND STR	-
1	OR	P01	5	AND NOT	P04
2	STR NOT	P02	6	OUT	P10
3	OR	P03	7		

[정답]
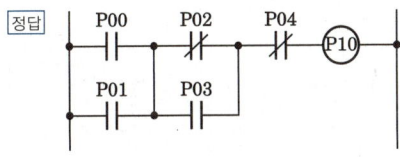

04 다음은 전류계붙이 개폐기의 그림기호이다. 그림 기호에서 의미하는 것을 각각 쓰시오.

S 3P30A
f15A
A5

[정답]
- 3P30A : 3극 30A 개폐기
- f15A : 퓨즈 정격 15A
- A5 : 정격전류 5A 전류계붙이

05 중성점 접지방식의 장, 단점을 각각 세 가지 쓰시오.

(1) 장점
  ○
  ○
  ○

(2) 단점
  ○
  ○
  ○

정답 (1) 장점
  ① 1선 지락시 건전상 전위상승 억제된다.
  ② 전선로 및 기기의 절연레벨 경감
  ③ 보호계전기 동작이 확실하다.
 (2) 단점
  ① 1선 지락시 지락전류가 크다.
  ② 통신선 유도장해가 크다.
  ③ 과도 안정도가 나쁘다.

06 그림과 같이 Y결선된 평형 부하에 전압을 측정할 때 전압계의 지시값이 V_p=150[V], V_ℓ=220[V]로 나타났다. 다음 각 물음에 답하시오. (단, 부하측에 인가된 전압은 각상 평형 전압이고 기본파와 제3고조파분 전압만이 포함되어 있다.)

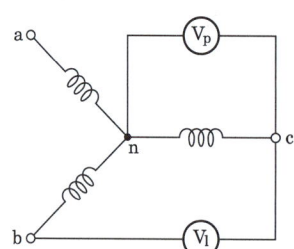

(1) 제3고조파 전압[V]을 구하시오.

　　• 계산 : _____　　• 답 : _____

(2) 전압의 왜형률[%]을 구하시오.

　　• 계산 : _____　　• 답 : _____

[정답] (1) • 계산 :

　　부하측에 인가된 상전압(V_p : 150[V])은 기본파와 제3고조파분 전압만이 포함되어 있으며, 선간전압에는 제3고조파분이 없으므로 기본파의 상전압을 알 수 있다.

　　① 상전압 $V_p = \sqrt{V_1^2 + V_3^2}$　여기서, V_1은 기본파 전압이다.

　　② 선간전압 $V_\ell = \sqrt{3}\,V_1$, $220 = \sqrt{3}\,V_1$　→　기본파 전압 $V_1 = \dfrac{220}{\sqrt{3}} = 127.02[V]$이다.

　　③ 제3고조파 전압 $V_3 = \sqrt{V_p^2 - V_1^2} = \sqrt{150^2 - 127.02^2} = 79.79[V]$

　• 답 : 79.79[V]

(2) • 계산 :

　　왜형률 $= \dfrac{\text{고조파 실효값}}{\text{기본파 실효값}} = \dfrac{79.79}{127.02} \times 100 = 62.82[\%]$

　• 답 : 62.82[%]

---

07 3상 3선식 3000[V], 200[kVA]의 배전선로의 전압을 3100[V]로 승압하기 위해서 단상 변압기 3대를 그림과 같이 접속하였다. 이 변압기의 1차, 2차 전압 및 용량을 구하여라. (단, 변압기의 손실은 무시한다.)

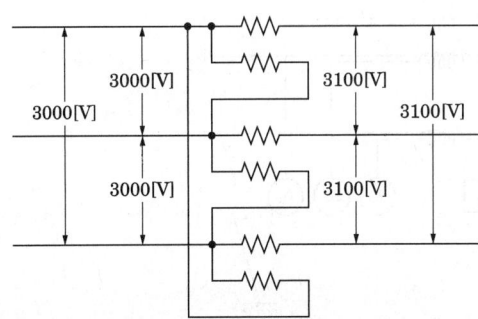

(1) 변압기 1, 2차 전압

  • 계산 :   • 답 :

(2) 변압기의 용량

  • 계산 :   • 답 :

정답 (1) • 계산 :

$$V_n = \sqrt{\frac{4V_2^2 - V_1^2}{12}} - \frac{V_1}{2} = \sqrt{\frac{4 \times 3100^2 - 3000^2}{12}} - \frac{3000}{2} = 66.31[\text{V}]$$

  • 답 : 1차측 전압 : 3000[V]
         2차측 전압 : 66.31[V]

(2) • 계산 :

$$\frac{\text{자기용량}}{\text{선로출력}} = \frac{3V_n I_2}{\sqrt{3} V_2 I_2} = \frac{3V_n}{\sqrt{3} V_2} \text{ 이므로}$$

$$\text{자기용량(변압기용량)} = \text{선로출력} \times \frac{3V_n}{\sqrt{3} V_2} = 200 \times \frac{3 \times 66.31}{\sqrt{3} \times 3100} = 7.41[\text{kVA}]$$

  • 답 : 7.41[kVA]

---

08 그림은 변류기를 영상 접속시켜 그 잔류 회로에 지락계전기를 삽입시킨 것이다. 선로의 전압은 66[kV], 중성점에 300[Ω]의 저항 접지로 하였고, 변류기의 변류비는 300/5[A]이다. 송전 전력이 20000[kW], 역률이 0.8(지상)일 때 a상에 완전 지락 사고가 발생하였다. 물음에 답하시오. (단, 부하의 정상, 역상 임피던스 기타의 정수는 무시한다.)

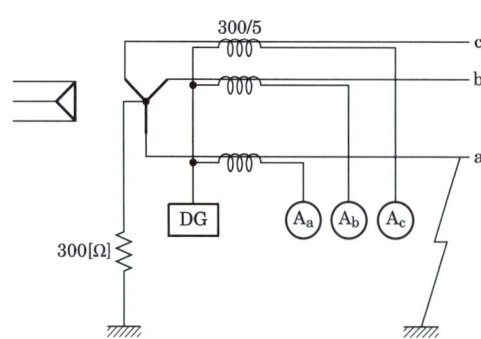

(1) 지락 계전기 DG에 흐르는 전류는 몇 [A]인가?
   • 계산 : _____   • 답 : _____

(2) a상 전류계 A에 흐르는 전류는 몇 [A]인가?
   • 계산 : _____   • 답 : _____

(3) b상 전류계 B에 흐르는 전류는 몇 [A]인가?
   • 계산 : _____   • 답 : _____

(4) c상 전류계 C에 흐르는 전류는 몇 [A]인가?
   • 계산 : _____   • 답 : _____

정답 (1) • 계산 :

중성점 저항접지 방식의 지락전류 $I_g = \dfrac{E}{R}$ (단, E는 대지전압)

지락계전기는 CT 2차 측에 설치하므로 CT 2차 측의 전류를 계산한다.

$$I_{DG} = \dfrac{E}{R} \times \dfrac{1}{CT비} = \dfrac{66000/\sqrt{3}}{300} \times \dfrac{5}{300} = 2.12[A]$$

• 답 : 2.12[A]

(2) • 계산 :

※ $I = I \times (\cos\theta - j\sin\theta) = I\cos\theta - Ij\sin\theta$

부하전류 $I = \dfrac{20000}{\sqrt{3} \times 66 \times 0.8} \times (0.8 - j0.6) = 175 - j131.2$

지락전류 $\left(I_g = \dfrac{66000/\sqrt{3}}{300} = 127.02[A]\right)$ 는 저항접지방식이므로 유효분 전류이다.

a상에 흐르는 전류는 부하전류와 지락전류의 합이 흐른다.

⇨ $I_a = I_L + I_g = 175 - j131.2 + 127.02 = \sqrt{(127.02 + 175)^2 + 131.2^2} = 329.29[A]$

전류계 A에 흐르는 전류는 CT 2차 측에 흐르는 전류이다.

$$i_a = I_a \times \dfrac{1}{CT비} = I_a \times \dfrac{5}{300} = 329.29 \times \dfrac{5}{300} = 5.49[A]$$

• 답 : 5.49[A]

(3) • 계산 :

부하전류 $I_b = \dfrac{20000}{\sqrt{3} \times 66 \times 0.8} = 218.69[A]$

$i_b = I_b \times \dfrac{5}{300} = 218.69 \times \dfrac{5}{300} = 3.64[A]$

• 답 : 3.64[A]

(4) • 계산 :

$$부하전류 \ I_c = \frac{20,000}{\sqrt{3} \times 66 \times 0.8} = 218.69[A]$$

$$i_c = I_c \times \frac{5}{300} = 218.69 \times \frac{5}{300} = 3.64[A]$$

• 답 : 3.64[A]

09 가로 10[m], 세로 16[m], 천장높이 3.85[m], 작업면 높이 0.85[m]인 사무실에 천장 직부 형광등(F40×2)를 설치하려고 한다. 다음 물음에 답하시오.

(1) F40×2의 그림기호를 그리시오.

(2) 이 사무실의 실지수는 얼마인가?

• 계산 : _____ • 답 : _____

(3) 이 사무실의 작업면 조도를 300[lx], 천장반사율 70[%], 벽반사율 50[%], 바닥반사율 10[%], 40[W] 형광등 (F40×2)의 광속 3150[lm], 보수율 70[%], 조명률 60[%]로 한다면 이 사무실에 필요한 소요되는 등기구수는?

• 계산 : _____ • 답 : _____

정답 (1)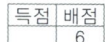
F40×2

(2) • 계산 :

$$K = \frac{XY}{H(X+Y)} = \frac{10 \times 16}{(3.85-0.85) \times (10+16)} = 2.05$$

• 답 : 2.05

(3) • 계산 :

$$N = \frac{DES}{FU} = \frac{ES}{FUM} = \frac{300 \times 10 \times 16}{3150 \times 0.6 \times 0.7} = 36.28$$

• 답 : 37등

10 고휘도 방전램프(HID LAMP)의 종류 3가지를 쓰시오.

○ _____

○ _____

○ _____

[정답]
① 고압 수은등
② 고압 나트륨등
③ 메탈 할라이드등
④ 고압 크세논등

11 송전단 전압이 6600[V]인 3상 선로의 수전단 전압을 6300[V]로 유지하려고 한다. 부하전력 2200[kW], 역률 0.8, 선로 길이 3[km]이며 선로의 리액턴스를 무시할 때 아래 표에서 적당한 경동선의 굵기[mm²]를 선정하시오.

경동선의 굵기[mm²]

10	16	25	36	50	70	95	120

• 계산 : _____ • 답 : _____

[정답] • 계산 :
① 전압강하 $e = V_s - V_r = 6600 - 6300 = 300[V]$

② $e = \dfrac{P}{V_r}(R + x \cdot \tan\theta)$ 에서 리액턴스를 무시할 때

$e = \dfrac{PR}{V_r}$ 에서 $R = \dfrac{eV_r}{P} = \dfrac{6300}{2200 \times 10^3} \times 300 = 0.85[\Omega]$

③ 전선의 저항 $R = \rho\dfrac{\ell}{A}$ 에서 $A = \rho\dfrac{\ell}{R} = \dfrac{1}{55} \times \dfrac{3000}{0.85} = 64.17[\mathrm{mm}^2]$

• 답 : 70 [mm²] 선정

12 그림과 같이 환상 직류 배전선로에서 각 구간의 왕복 저항은 0.1[Ω], 급전점 A의 전압은 100[V], 부하점 B, C의 부하전류는 각각 30[A], 50[A]라 할 때 부하점 B의 전압은 몇 [V]인가?

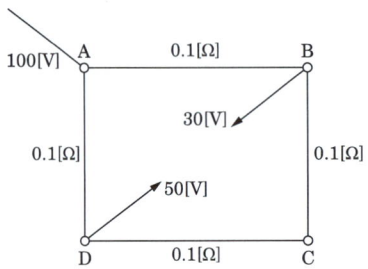

• 계산 : _____ • 답 : _____

정답 • 계산 :
① $I_1 + I_2 = 80$
② $0.1I_1 + 0.1(I_1 - 30) \times 2 - 0.1I_2 = 0$, $0.1I_1 + 0.1(I_1 - 30) \times 2 - 0.1(80 - I_1) = 0$
③ $0.4I_1 = 14$
   ∴ $I_1 = 35[A]$
④ $V_B = 100 - 0.1I_1 = 100 - 0.1 \times 35 = 96.5[V]$

• 답 : 96.5[V]

13 전력계통의 단락용량의 경감대책을 3가지만 쓰시오.

○ _____
○ _____
○ _____

정답 ① 계통전압의 격상
② 한류리액터 설치
③ 고 임피던스 기기를 채택
④ 모선계통을 분리 운용

14 피뢰기 접지공사를 실시한 후, 접지저항을 보조 접지 2개(A와 B)를 시설하여 측정하였더니 본 접지와 A 사이의 저항은 86[Ω], A와 B 사이의 저항은 156[Ω], B와 본 접지 사이의 저항은 80[Ω]이었다. 이 때 다음 각 물음에 답하시오.

(1) 피뢰기의 접지 저항값을 구하시오.

  • 계산 : _____   • 답 : _____

(2) 다음 내용은 한국전기설비규정(KEC)에 따른 정의를 서술한 것이다. 보기 중 설명에 맞는 명칭을 고르시오

【보 기】
보호도체, 접지도체, 접지시스템, 내부 피뢰시스템, 계통접지, 보호접지

명칭	정의
	계통, 설비 또는 기기의 한 점과 접지극 사이의 도전성 경로 또는 그 경로의 일부가 되는 도체
	고장 시 감전에 대한 보호를 목적으로 기기의 한 점 또는 여러 점을 접지하는 것
	기기나 계통을 개별적 또는 공통으로 접지하기 위하여 필요한 접속 및 장치로 구성된 설비

[정답] (1) • 계산 :

$$R_E = \frac{1}{2}(86 + 80 - 156) = 5[\Omega]$$

• 답 : 5[Ω]

(2)

명칭	정의
접지도체	계통, 설비 또는 기기의 한 점과 접지극 사이의 도전성 경로 또는 그 경로의 일부가 되는 도체
보호도체	고장 시 감전에 대한 보호를 목적으로 기기의 한 점 또는 여러 점을 접지하는 것
접지시스템	기기나 계통을 개별적 또는 공통으로 접지하기 위하여 필요한 접속 및 장치로 구성된 설비

15 다음 그림과 같은 전력 계통에서 B변전소의 (1)번 차단기의 차단용량[MVA]을 선정하시오. (단, 계통의 %임피던스는 10[MVA]를 기준으로 그림에 표시한 것으로 본다.)

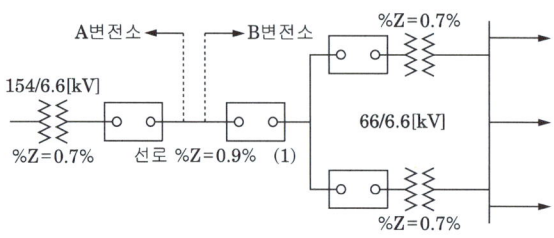

차단기의 표준용량[MVA]

| 100 | 150 | 250 | 300 | 400 | 500 | 700 |

- 계산 :   • 답 :

정답 • 계산 :
① 고장점까지의 %임피던스(%Z)
$$\%Z = \%Z_T + \%Z_L = 0.7 + 0.9 = 1.6[\%]$$
② 단락용량(P_s)
$$P_s = \frac{100}{\%Z} \times P_n = \frac{100}{1.6} \times 10 = 625[\text{MVA}]$$
③ 차단용량은 단락용량보다 커야 하므로 표에 의해서 700[MVA] 선정
- 답 : 700[MVA]

16 연동선으로 만든 코일의 저항이 0[℃]에서 4000[Ω]이다. 코일에 전류를 흘려 온도가 높아지면서 저항이 4500[Ω]이 되었다. 이때의 연동선의 온도를 구하시오.

- 계산 :   • 답 :

정답 • 계산 :
$$R_T = R_t[1 + \alpha_t(T-t)] \quad 단, \ \alpha_t = \frac{1}{234.5 + t℃} = \frac{1}{234.5 + 0} = \frac{1}{234.5}$$
$$4500 = 4000[1 + \frac{1}{234.5}(T-0)] \rightarrow T = 29.312[℃]$$
- 답 : 29.31[℃]

17 다음 빈 칸에 알맞은 기기를 쓰시오.

①	배전선로에서 지락 고장이나 단락 고장 사고가 발생하였을 때 고장을 검출하여 선로를 차단한 후 일정시간 경과하면 자동적으로 재투입 동작을 반복함으로써 순간 고장을 제거할 수 있다. 단, 영구 고장일 경우에는 정해진 재투입 동작을 반복한 후 사고 구간만을 계통에서 분리하여 선로에 파급되는 정전 범위를 최소한으로 억제하도록 한다.
②	부하전류를 차단할 수 없으며 무부하 회로의 개폐시 사용한다. 특히 기기의 점검 및 수리 또는 회로 접속 변경시 사용하며, 요즘에는 ASS로 대체하여 사용하고 있으며, 66[kV] 이상의 경우에 사용한다.

[정답] ① 리클로저
② 선로개폐기

18 그림과 같은 배선평면도와 주어진 조건을 이용하여 다음 각 물음에 답하시오.

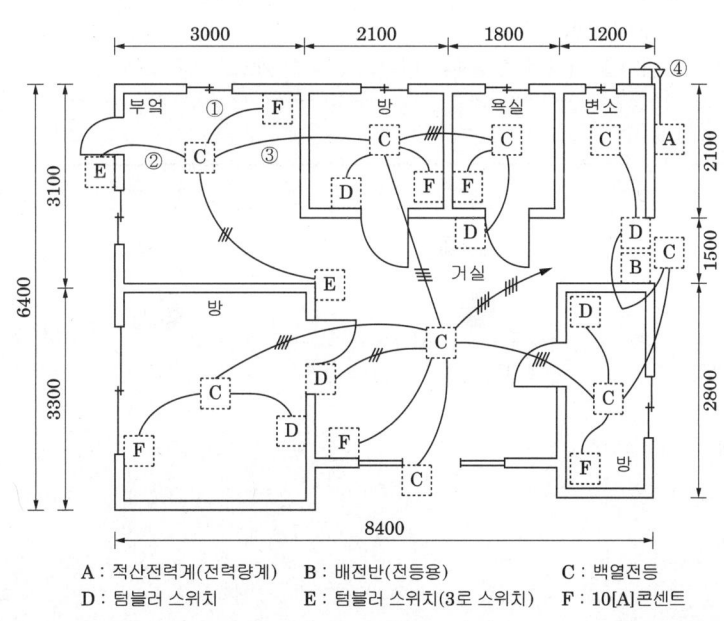

A : 적산전력계(전력량계)　　B : 배전반(전등용)　　C : 백열전등
D : 텀블러 스위치　　E : 텀블러 스위치(3로 스위치)　　F : 10[A]콘센트

(1) 점선으로 표시된 위치(A~F)에 기구를 배치하여 배선평면도를 완성하려고 한다. 해당되는 기구의 그림기호를 그리시오.

Ⓐ		Ⓑ		Ⓒ	
Ⓓ		Ⓔ		Ⓕ	

(2) 배선평면도의 ①~③의 배선 가닥수는 몇 가닥인가?

• 계산 : _____   • 답 : _____

(3) 도면의 ④에 대한 그림기호의 명칭은 무엇인가?

○ _____

(4) 본 배선평면도에 소요되는 4각 박스와 부싱은 몇 개인가? (단, 자제의 규격은 구분하지 않고 개수만 산정한다.)

【조 건】

- 사용하는 전선은 모두 450/750[V]일반용 단심 비닐절연전선 4[mm^2]이다.
- 박스는 모두 4각 박스를 사용하며, 기구 1개에 박스 1개를 사용한다. 2개 연등인 경우에는 각 1개씩을 사용하는 것으로 한다.
- 전선관은 콘크리트 매입 후강금속관이다.
- 층고는 3[m]이고, 분전반의 설치 높이는 1.5[m]이다.
- 3로 스위치 이외의 스위치는 단극 스위치를 사용하며, 2개를 나란히 사용한 개소는 2개소이다.

정답 (1)

Ⓐ	WH	Ⓑ	◺	Ⓒ	○
Ⓓ	●	Ⓔ	●₃	Ⓕ	●₃

(2) ① 2가닥   ② 3가닥   ③ 4가닥

(3) 케이블 헤드

(4) 4각 박스 25개, 부싱 46개

국가기술자격검정 실기시험문제 및 정답

2024년도 전기기사 제3회 필답형 실기시험

종 목	시험시간	형별	성 명	수험번호
전기기사	2시간 30분	A		

※ 수험자 인적사항 및 답안작성(계산식 포함)은 흑색의 필기구만 사용하여야 하며 흑색을 제외한 유색 필기구 또는 연필류를 사용하거나 2가지 이상의 색을 혼합 사용하였을 경우 그 문항은 0점 처리됩니다.

01 그림과 같은 전자 릴레이 회로를 미완성 다이오드매트릭스 회로에 다이오드를 추가시켜 다이오드매트릭스로 바꾸어 그리시오.

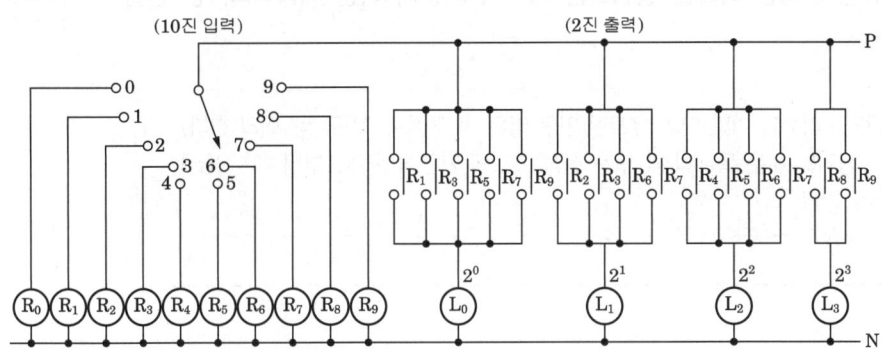

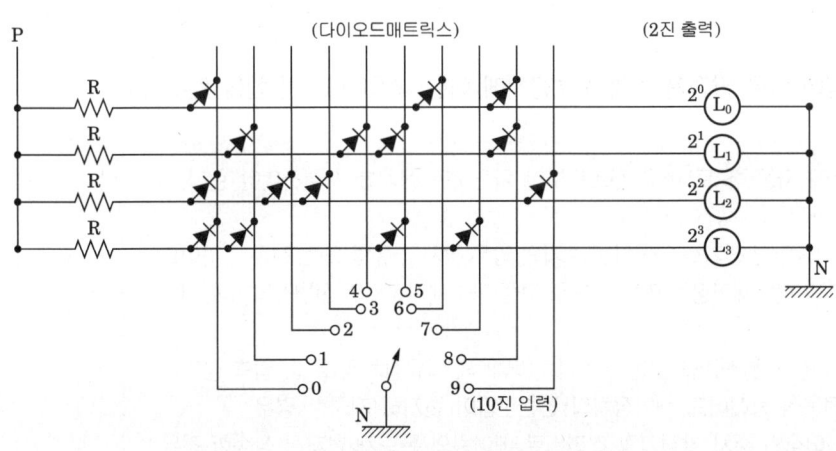

[정답]

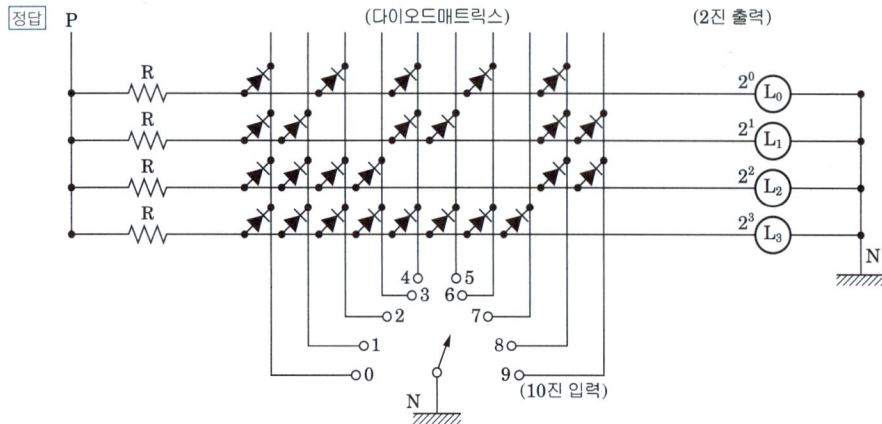

02 다음은 한국전기설비규정에 따른 아크를 발생하는 기구의 시설에 대한 내용이다. 빈 칸을 채우시오.

> 고압용의 개폐기·차단기·피뢰기 기타 이와 유사한 기구(이하 이 조에서 "기구 등"이라 한다)로서 동작 시에 아크가 생기는 것은 목재의 벽 또는 천장 기타의 가연성 물체로부터 (　　)[m] 이상 이격하여 시설여야 한다.

[정답] 1

03 다음은 한국전기설비규정에 따른 발전기 등의 보호장치에 대한 내용이다. 빈 칸을 채우시오.

> 발전기에는 다음의 경우에 자동적으로 이를 전로로부터 차단하는 장치를 시설하여야 한다.
> 가. 발전기에 과전류나 과전압이 생긴 경우
> 나. 용량이 (①)[kVA] 이상의 발전기를 구동하는 수차의 압유 장치의 유압 또는 전동식 가이드 밴 제어장치, 전동식 니이들 제어장치 또는 전동식 디플렉터 제어장치의 전원전압이 현저히 저하한 경우
> 다. 용량이 (②)[kVA] 이상의 발전기를 구동하는 풍차(風車)의 압유장치의 유압, 압축 공기장치의 공기압 또는 전동식 브레이드 제어장치의 전원전압이 현저히 저하한 경우
> 라. 용량이 (③)[kVA] 이상인 수차 발전기의 스러스트 베어링의 온도가 현저히 상승한 경우
> 마. 용량이 (④)[kVA] 이상인 발전기의 내부에 고장이 생긴 경우
> 바. 정격출력이 (⑤)[kW]를 초과하는 증기터빈은 그 스러스트 베어링이 현저하게 마모되거나 그의 온도가 현저히 상승한 경우

정답 ① 500
② 100
③ 2000
④ 10000
⑤ 10000

□□□

04 다음 주어진 표에 절연내력 시험전압을 빈 칸에 채워 넣으시오.

득점	배점
	6

정격전압[V]	최대전압[V]	시험전압[V]
6600	6900	①
13200(중성점 다중 접지 전로)	13800	②
22900(중성점 다중 접지 전로)	24000	③

정답 ① 10350
② 12696
③ 22080

□□□

05 다음은 한국전기설비규정에서 지중전선로에 대한 내용이다. 아래 빈 칸을 채우시오.

득점	배점
	6

1. 지중 전선로는 전선에 케이블을 사용하고 또한 (①) · 암거식(暗渠式) 또는 (②)에 의하여 시설하여야 한다.
2. 지중 전선로를 (①) 또는 암거식에 의하여 시설하는 경우에는 다음에 따라야 한다.
   가. (①)에 의하여 시설하는 경우에는 매설 깊이를 (③)[m] 이상으로 하되, 매설 깊이를 충족하지 못한 장소에는 견고하고 차량 기타 중량물의 압력에 견디는 것을 사용할 것. 다만 중량물의 압력을 받을 우려가 없는 곳은 0.6[m] 이상으로 한다.

정답 ① 관로식
② 직접 매설식
③ 1

06 다음 그림은 TN-C-S계통의 일부분이다. 결선하여 계통을 완성하시오. (단, 계통 일부의 중성선과 보호선을 동일전선으로 사용하며, 중성선 ∕, 보호선 ∕, 보호선과 중성선을 겸한 선 ∕ 을 사용한다.)

득점	배점
	4

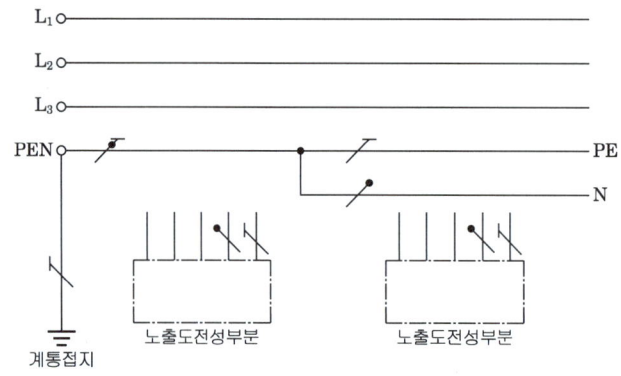

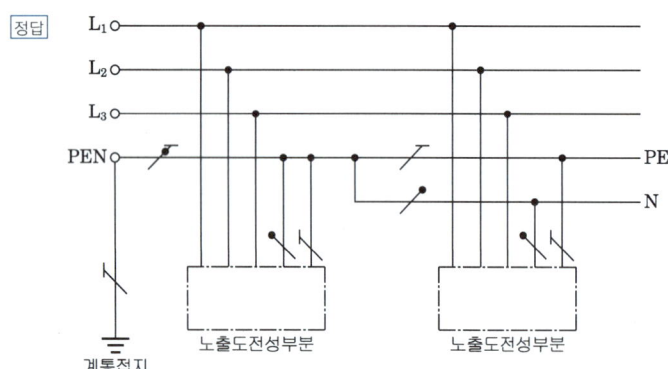

[정답]

07 다음 빈 칸을 채우시오.

전력시설물 공사감리업무 수행지침에 따르면 감리원은 설계도서 등에 대하여 공사계약문서 상호 간의 모순되는 사항, 현장 실정과의 부합여부 등 현장 시공을 주안으로 하여 해당 공사 시작 전에 검토하여야 하며 검토내용에는 다음 각 호의 사항 등이 포함되어야 한다.
1. 현장조건에 부합 여부
2. 시공의 (①) 여부
3. 다른 사업 또는 다른 공정과의 상호부합 여부
4. (②), 설계설명서, 기술계산서, (③) 등의 내용에 대한 상호일치 여부
5. (④), 오류 등 불명확한 부분의 존재여부
6. 발주자가 제공한 (⑤)와 공사업자가 제출한 산출내역서의 수량일치 여부

정답 ① 실제 가능
② 설계도면
③ 산출내역서
④ 설계도서의 누락
⑤ 물량내역서

08 종합부하역률이 0.85, 부하간 부등률이 1.3이며 변압기는 최대부하에 20%의 여유를 준다고 할 때 변압기의 전용량[kVA]을 선정하시오. (단, 변압기 표준용량은 100, 200, 300, 400, 500[kVA]이다.)

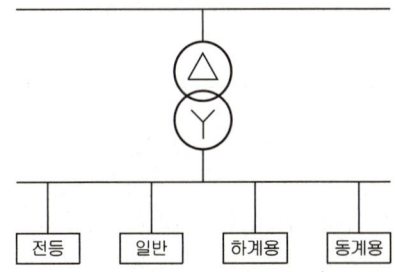

	전등부하	일반부하	하계용 냉방부하	동계용 난방부하
용량[kW]	120	230	130	70
수용률	0.7	0.6	0.7	0.65

|정답| •계산 :

$$변압기\ 용량 = \frac{설비용량 \times 수용률}{부등률 \times 역률} \times 효율$$

$$= \frac{120 \times 0.7 + 230 \times 0.6 + 130 \times 0.7}{0.85 \times 1.3} \times 1.2 = 339.91[\text{kVA}]$$

• 답 : 400[kVA] 선정

09 아래 그림과 같이 3상 3선식 배전선로의 중앙에 100[A], 지상 역률 0.8의 부하를 설치하고 배전선로의 말단에 100[A], 지상 역률 0.6의 부하를 설치하였다. 말단 부하와 병렬로 콘덴서를 연결하였을 때 아래 질문에 답하시오. (단, 주어진 조건 외 다른 조건은 무시한다.)

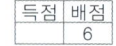

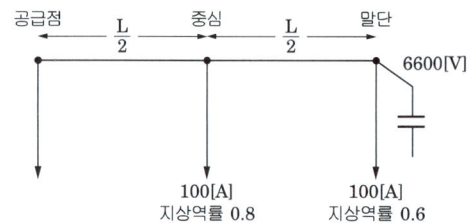

(1) 공급점의 지상역률을 0.9로 개선하는 콘덴서 용량 Q_c[kVA]를 구하시오.

• 계산 : _____ • 답 : _____

(2) 선로손실을 최소로 하는 콘덴서 용량 Q_c[kVA]를 구하시오. (단, 말단전압은 6600[V]로 일정하며 선로저항은 $r[\Omega/\text{m}]$이다.)

• 계산 : _____ • 답 : _____

|정답| (1) •계산 :

공급점 기준 전체 전류

$I = 100 \times (0.8 - j0.6) + 100 \times (0.6 - j0.8) = 140 - j140[\text{A}]$

$\cos\theta = \dfrac{유효분}{피상분} = \dfrac{I}{I_a} = \dfrac{140}{\sqrt{140^2 + (140 - I_c)^2}} = 0.9$

$I_c = j\left(140 - \sqrt{\dfrac{140^2}{0.9^2} - 140^2}\right) = j72.19[\text{A}]$

∴ $Q_c = \sqrt{3} \times 6600 \times 72.19 \times 10^{-3} = 825.24[\text{kVA}]$

• 답 : 825.24[kVA]

(2) ・계산 :

손실이 최소가 되려면 역률이 최대($\cos\theta = 1$)가 되어야 하므로

$\cos\theta = \dfrac{I}{I_a} = \dfrac{140}{\sqrt{140^2 + (140 - I_c)^2}} = 1 \quad \Rightarrow \quad I_c = j140[A]$

∴ $Q_c = \sqrt{3} \times 6600 \times 140 \times 10^{-3} = 1600.41[kVA]$

・답 : 1600.41[kVA]

10 다음은 컴퓨터 등 중요 부하의 무정전 전원 공급을 나타낸 그림이다. 빈 칸을 채우시오.

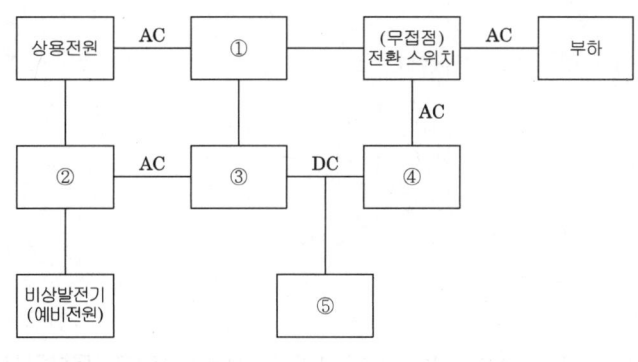

정답 ① AVR ② 전환스위치
③ 컨버터 ④ 인버터
⑤ 축전지

11 스폿 네트워크(SPOT NETWORK) 방식의 특징을 3가지만 쓰시오.

○ _____
○ _____
○ _____

정답 ① 무정전 전력공급이 가능하다
② 부하증가에 대한 적응성이 높다.
③ 계통 기기의 이용률이 향상된다.
④ 운전효율이 높고 전압변동률이 작다.

12 방폭구조의 종류를 4가지만 쓰시오.

○ _____
○ _____
○ _____
○ _____

정답 ① 내압 방폭구조
② 유입 방폭구조
③ 안전증 방폭구조
④ 본질안전 방폭구조
⑤ 특수 방폭구조
⑥ 압력 방폭구조

13 어떤 송전선의 4단자 정수가 $A = 0.9$, $B = j380$, $C = j0.5 \times 10^{-3}$, $D = 0.9$이고, 무부하시 송전단에 154[kV]를 인가했을 때 다음 각 물음에 답하시오.

(1) 수전단 전압[kV] 및 송전단 전류[A]를 구하시오.

① 수전단 전압

• 계산 : _____   • 답 : _____

② 송전단 전류

• 계산 : _____   • 답 : _____

(2) 수전단 전압을 140[kV]로 유지하려고 한다. 이 때 수전단에서 필요로 하는 조상설비용량은 몇 [kVA]인지 구하시오.

• 계산 : _____   • 답 : _____

정답 (1) ① 수전단 전압

• 계산 :

4단자 방정식 $E_s = AE_r + BI_r$ 무부하시 $I_r = 0$이므로 $E_s = AE_r$이다.

∴ $E_r = \dfrac{1}{A}E_s = \dfrac{1}{0.9} \times 154 = 171.11[kV]$

• 답 : 171.11[kV]

② 송전단 전류

• 계산 :

4단자 방정식 $I_s = CE_r + DI_r$ 무부하시 $I_r = 0$이므로 $I_s = CE_r$이다.

$$\therefore I_s = CE_r = j0.5 \times 10^{-3} \times \frac{171.11 \times 10^3}{\sqrt{3}} = 49.4[A]$$

• 답 : 49.4[A]

(2) • 계산 :

$$\begin{bmatrix} \frac{V_s}{\sqrt{3}} \\ I_s \end{bmatrix} = \begin{bmatrix} A & B \\ C & D \end{bmatrix} \begin{bmatrix} \frac{V_r}{\sqrt{3}} \\ I_r \end{bmatrix} \Rightarrow \begin{bmatrix} \frac{154 \times 10^3}{\sqrt{3}} \\ I_s \end{bmatrix} = \begin{bmatrix} 0.9 & j380 \\ j0.5 \times 10^{-3} & 0.9 \end{bmatrix} \begin{bmatrix} \frac{140 \times 10^3}{\sqrt{3}} \\ I_c \end{bmatrix}$$

위 식에서 조상기 전류를 계산하면 다음과 같다.

$$I_c = \left(\frac{154 \times 10^3}{\sqrt{3}} - 0.9 \times \frac{140 \times 10^3}{\sqrt{3}} \right) \div j380 = -j42.54[A]$$

그러므로 수전단에서 필요한 조상설비 용량은 아래와 같이 계산할 수 있다.

$$Q = \sqrt{3} V_r I_c \times 10^{-3} = \sqrt{3} \times 140 \times 10^3 \times 42.54 \times 10^{-3} = 1,0315.4[\text{kVar}]$$

• 답 : 1,0315.4[kVar]

14 송전단 전압 3300[V]인 변전소에서 5.8[km] 떨어진 곳에 역률 0.9(지상) 500[kW]인 3상 동력부하에 지중송전선로를 설치하여 전력을 공급하려 한다. 선로의 전압강하율이 10[%]가 넘지 않게 케이블의 허용전류(안전전류) 범위 내에서 아래 표를 참고하여 심선의 굵기를 선정하시오.(케이블의 허용전류는 아래 표와 같고, 도체의 고유저항은 $\frac{1}{55}[\Omega \text{mm}^2/\text{m}]$이며 선로의 정전용량과 인덕턴스를 무시한다.)

심선의 굵기[mm²]	22	30	38	58	60	80	100	125	150
허용전류[A]	50	70	90	100	110	140	160	180	200

• 계산 : _____ • 답 : _____

[정답] • 계산 :

$$V_r = \frac{3300}{1+0.1} = 3000[V]$$

$$\delta = \frac{P}{V_r^2}(R + X\tan\theta) \text{ 식에서 } R = \frac{V_r^2}{P}\delta = \frac{3000^2}{500 \times 10^3} \times 0.1 = 1.8[\Omega]$$

$$A = \rho\frac{\ell}{R} = \frac{1}{55} \times \frac{5.8 \times 10^3}{1.8} = 58.59[\text{mm}^2] \text{이므로 } 60[\text{mm}^2] \text{ 선정}$$

부하전류 $I = \frac{P}{\sqrt{3} V \cos\theta} = \frac{500 \times 10^3}{\sqrt{3} \times 3000 \times 0.9} = 106.92[A]$이며 심선의 굵기 60[mm²] 허용전류 범위 만족

• 답 : 60[mm²] 선정

15 전력용 한류퓨즈의 단점 4가지를 쓰시오.

○ _____

○ _____

○ _____

○ _____

정답 ① 소전류 차단이 곤란하다.
② (차단시) 과전압이 발생한다.
③ 재투입 불가능하다.
④ 비보호 영역이 존재한다. (결상사고 우려)

16 한류저항기의 설치 목적을 2가지 쓰시오.

○ _____

○ _____

정답 ① 지락 방향 계전기 사용시 지락전류의 유효분을 발생
② 오픈델타 회로의 각 상전압 중의 제 3고조파 억제

17 아래 기기의 명칭과 용도를 쓰시오.

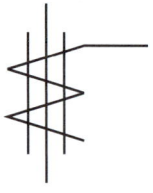

정답 • 명칭 : 영상변류기
• 용도 : 지락사고시 영상전류 검출

18 그림은 통상적인 단락, 지락 보호에 쓰이는 방식으로서 주보호와 후비보호의 기능을 지니고 있다. 도면을 보고 다음 각 물음에 답하시오.

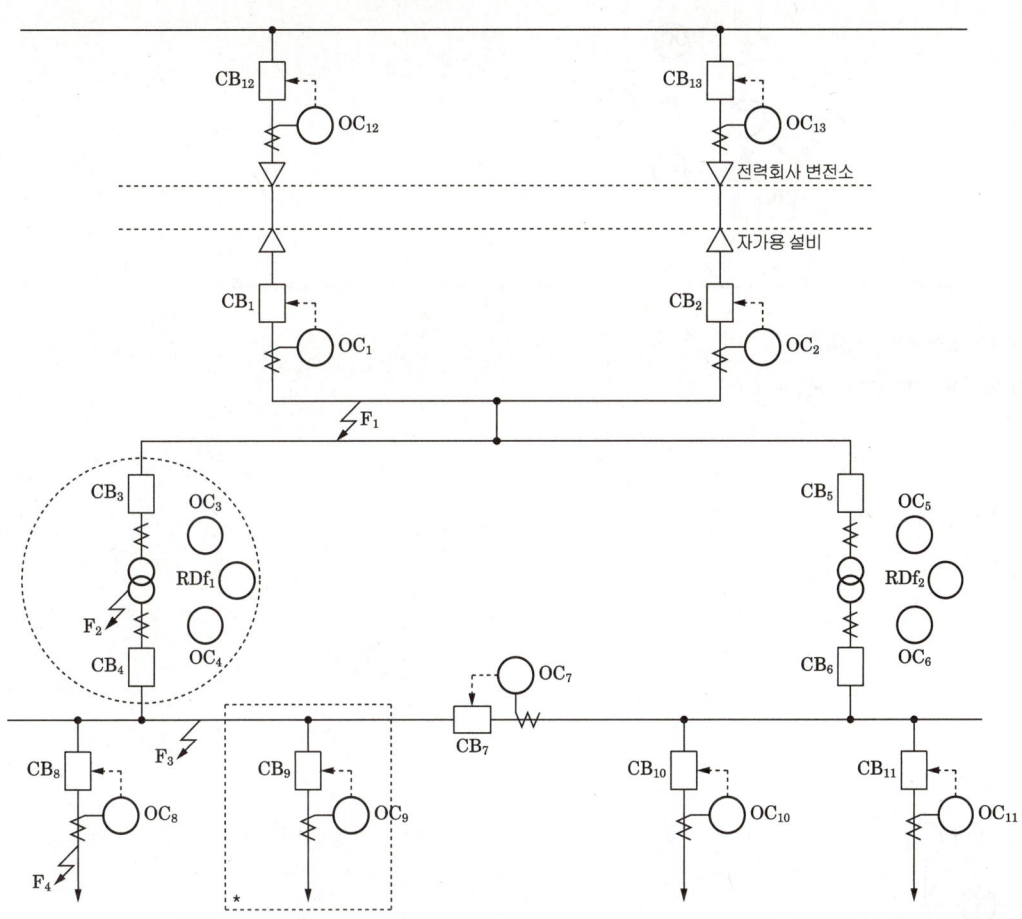

(1) 사고점이 F_1, F_2, F_3, F_4라고 할 때 주보호와 후비보호에 대한 다음 표의 ( ) 안을 채우시오.

사고점	주보호	후비보호
F_1	$OC_1 + CB_1$ And $OC_2 + CB_2$	(①)
F_2	(②)	$OC_1 + CB_1$ And $OC_2 + CB_2$
F_3	$OC_4 + CB_4$ And $OC_7 + CB_7$	$OC_3 + CB_3$ And $OC_6 + CB_6$
F_4	$OC_8 + CB_8$	$OC_4 + CB_4$ And $OC_7 + CB_7$

(2) 그림은 도면의 * 표 부분을 좀 더 상세하게 나타낸 도면이다. 각 부분 ①~④에 대한 명칭을 쓰고, 보호 기능 구성상 ⑤~⑦의 부분을 검출부, 판정부, 동작부로 나누어 표현하시오.

(3) 답란의 그림 F_2 사고와 관련된 검출부, 판정부, 동작부의 도면을 완성하시오. (단, 질문 "(2)"의 도면을 참고하시오.)

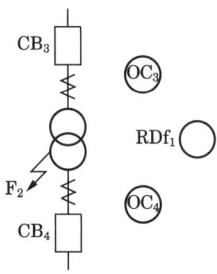

정답 (1) ① $OC_2 + CB_2$ And $OC_3 + CB_3$
　　② $OC_3 + CB_3$ And $RDf_1 + OC_3 + CB_3$

(2) ① 차단기
　② 변류기
　③ 계기용변압기
　④ 과전류계전기
　⑤ 동작부
　⑥ 검출부
　⑦ 판정부

(3)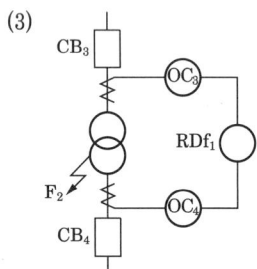

국가기술자격검정 실기시험문제 및 정답

2022년도 전기산업기사 제1회 필답형 실기시험

종 목	시험시간	형 별	성 명	수험번호
전기산업기사	2시간	A		

※ 수험자 인적사항 및 답안작성(계산식 포함)은 흑색의 필기구만 사용하여야 하며 흑색을 제외한 유색 필기구 또는 연필류를 사용하거나 2가지 이상의 색을 혼합 사용하였을 경우 그 문항은 0점 처리됩니다.

01 공칭 변류비가 150/5 변류기 1차에 400A가 흐를 때 2차 측에 실제 10A가 흐른 경우 변류기의 비오차를 계산하시오.

- 계산 : _____   • 답 : _____

[정답]
- 계산 : 비오차 $\varepsilon = \dfrac{K_n - K}{K} \times 100 = \dfrac{\dfrac{150}{5} - \dfrac{400}{10}}{\dfrac{400}{10}} \times 100 = -25[\%]$
- 답 : $-25[\%]$

02 자가용전기설비의 수변전설비 단선도의 일부이다. 과전류계전기와 관련된 다음 각 물음에 답하시오.

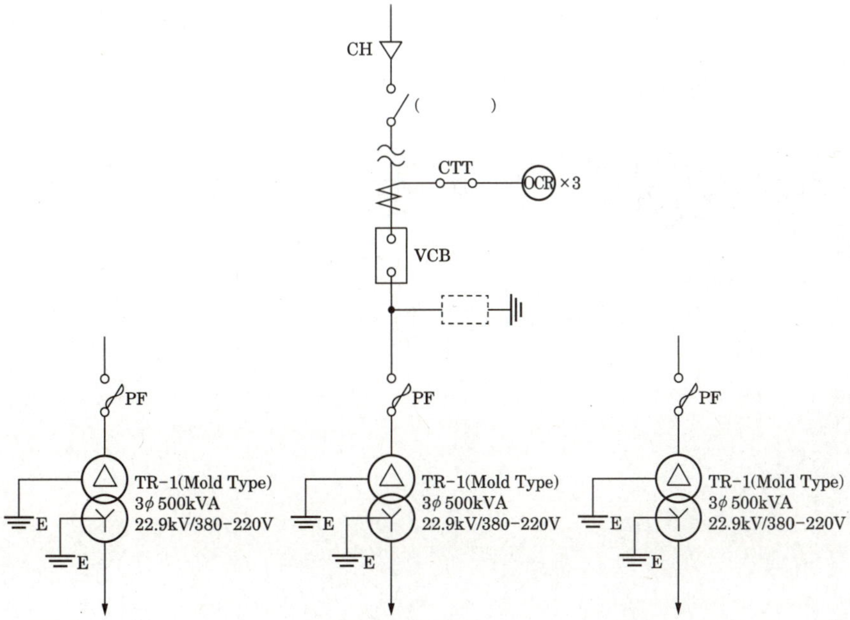

- 계전기 Type : 유도원판형
- 동작특성 : 반한시
- Tap Range : 한시 3~9[A] (3, 4, 5, 6, 7, 8, 9)
- Level : 1~10

[계기용 변류기 정격]

1차 정격전류[A]	20	25	30	40	50	75
2차 정격전류[A]	5					

(1) 수변전설비에서 자주 쓰는 개폐기로써 부하전류차단, 단락전류제한(한류형 전력퓨즈)와 결합하여 단락 전류를 차단할 수 있는 기능을 가진 개폐기의 명칭은?

(2) CT비를 구하시오. (단, 여유율은 1.25를 적용한다.)
- 계산 : 　　　　　　　　　　　　・답 : 　　　　　　　

(3) OCR 탭전류를 구하시오. (정정기준은 변압기 정격전류의 150[%]이다.)
- 계산 : 　　　　　　　　　　　　・답 : 　　　　　　　

(4) 개폐 서지 혹은 순간과도전압 등 이상전압으로부터 2차측 기기를 보호하는 장치는 무엇인가?

정답 (1) 부하개폐기

(2) • 계산 : CT 1차측 $I_{CT} = \dfrac{1500}{\sqrt{3} \times 22.9} \times 1.25 = 47.27 \to \therefore 50/5$ 선정

　　• 답 : 50/5

(3) • 계산 : OCR 한시 Tap 전류 $I_{tap} = \dfrac{1500}{\sqrt{3} \times 22.9} \times \dfrac{5}{50} \times 1.5 = 5.67[A]$

　　• 답 : 6[A]

(4) 서지흡수기

03 3상 200[V], 60[Hz], 20[kW]의 부하가 지상 역률 60[%]이다. 여기에 전력용 커패시터를 △ 결선 후 병렬로 설치하여 역률을 80[%]로 개선하고자 한다. 다음 물음에 답하시오.

(1) 3상 전력용 커패시터의 용량[kVA]을 구하시오.
 • 계산 : _____ • 답 : _____

(2) 1상당 전력용 커패시터의 정전용량[μF]을 구하시오.
 • 계산 : _____ • 답 : _____

[정답] (1) • 계산 : $Q = P \times (\tan\theta_1 - \tan\theta_2) = 20 \times \left(\dfrac{0.8}{0.6} - \dfrac{0.6}{0.8}\right) = 11.67[\text{kVA}]$
 • 답 : 11.67[kVA]

(2) • 계산 : $C = \dfrac{Q}{3\omega V^2} = \dfrac{11.67 \times 10^3}{3 \times 2\pi \times 60 \times 200^2} \times 10^6 = 257.96[\mu\text{F}]$
 • 답 : 257.96[μF]

04 500[kVA] 단상 변압기 3대를 △-△ 결선의 1뱅크로 하여 사용하고 있는 변전소가 있다. 지금 부하의 증가로 동일한 용량의 단상 변압기 1대를 추가하여 운전하려고 할 때, 최대 몇 [kVA]의 3상 부하에 대응할 수 있겠는가?

 • 계산 : _____ • 답 : _____

[정답] 변압기 V-V결선하여 2뱅크로 운전한다. 아래와 같이 P_V에 2배를 한다.
 • 계산 : $P = 2P_V = 2 \times \sqrt{3}\, P_1 = 2 \times \sqrt{3} \times 500 = 1732.05[\text{kVA}]$
 • 답 : 1732.05[kVA]

05 52C, 52T의 명칭을 쓰시오.

[정답] • 52C - 차단기 투입코일
 • 52T - 차단기 트립코일

06 3상 4선식 22.9[kV] 수전 설비에 부하전류 30[A]가 흐른다고 한다. 60/5의 변류기를 통하여 과전류계전기를 시설하였다. 120[%]의 과부하에서 차단기를 동작시키려면 과전류계전기의 탭전류는 몇 [A]로 설정해야 하는가?

과전류계전기의 전류 TAP[A]							
2	3	4	5	6	7	8	10

• 계산 : _____   • 답 : _____

[정답] • 계산 : 과전류계전기의 탭전류 $I_{tap} = 30 \times \dfrac{5}{60} \times 1.2 = 3[A]$

• 답 : 3[A]

07 연축전지의 용량이 100[Ah], 상시 부하전류는 80[A]인 부동 충전방식이 있다. 부동 충전방식에서의 충전기 2차 전류는 몇 [A]인가?

• 계산 : _____   • 답 : _____

[정답] • 계산 : 충전기 2차 전류 $I = \dfrac{축전지용량[Ah]}{정격방전률[h]} + \dfrac{상시부하용량[W]}{표준전압[V]}$

$= \dfrac{100}{10} + 80 = 90[A]$ (연축전지의 정격 방전율: 10[h])

• 답 : 90[A]

08 3상 송전선의 각 선의 전류가 $I_a = 220+j50$, $I_b = -150-j300$, $I_c = -50+j150$이고, 이것과 병행으로 가설된 통신선에 유기되는 전자유도 전압의 크기는 몇 [V]인가? (단, 송전선과 통신선 사이의 상호 임피던스는 15[Ω]이다.)

• 계산 : _____   • 답 : _____

[정답] $|E_m| = \omega M\ell \times (I_a + I_b + I_c) = \omega M\ell (3I_0)$ 이고,

상호 임피던스 $Z_M = \omega M\ell = 15[\Omega]$이므로 전자유도전압은 아래와 같다.

• 계산 : $|E_m| = 15 \times (220+j50-150-j300-50+j150) = 15 \times (20-j100)$

$= 15 \times \sqrt{20^2 + 100^2} = 1529.71[V]$

• 답 : 1529.71[V]

09 평형 3상 회로에 그림과 같은 유도 전동기가 있다. 이 회로에 2개의 전력계와 전압계 및 전류계를 접속하였더니 그 지시값은 $W_1 = 6.24[kW]$, $W_2 = 3.77[kW]$, 전압계의 지시는 200[V], 전류계의 지시는 34[A]이었다. 이때 다음 각 물음에 답하시오.

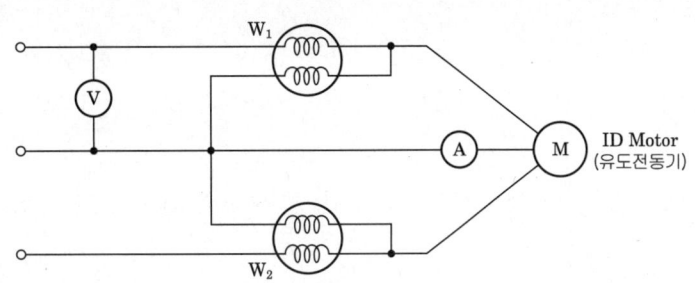

(1) 부하에 소비되는 전력을 구하시오.
   - 계산 :
   - 답 :

(2) 부하의 피상전력을 구하시오.
   - 계산 :
   - 답 :

(3) 이 유도 전동기의 역률은 몇 [%]인가?
   - 계산 :
   - 답 :

[정답] (1) • 계산 : $P = W_1 + W_2 = 6.24 + 3.77 = 10.01 [kW]$
   • 답 : 10.01[kW]
(2) • 계산 : $P_a = \sqrt{3}\,VI = \sqrt{3} \times 200 \times 34 \times 10^{-3} = 11.78 [kVA]$
   • 답 : 11.78[kVA]
(3) • 계산 : $\cos\theta = \dfrac{P}{P_a} \times 100 = \dfrac{10.01}{11.78} \times 100 = 84.97 [\%]$
   • 답 : 84.97[%]

10 다음 각 항목을 측정하는데 가장 알맞은 계측기 또는 측정방법을 쓰시오.

(1) 변압기의 절연저항 :
(2) 검류계의 내부저항 :
(3) 전해액의 저항 :
(4) 배전선의 전류 :
(5) 절연 재료의 고유저항 :

[정답] (1) 절연저항계
(2) 휘스톤 브리지
(3) 콜라우시 브리지
(4) 후크온 메터
(5) 절연저항계

11 150[kVA], 변압기 용량에 22.9[kV]/380-220[V] 전압이 있다. %R는 3[%], %X는 4[%]일 때 정격전압에서 단락 전류는 정격전류의 몇 배인가? (단, 변압기 전원 측 임피던스는 무시할 것)

• 계산 : _____ • 답 : _____

[정답] • 계산 : 퍼센트 임피던스 $\%Z = \sqrt{\%R^2 + \%X^2} = \sqrt{3^2 + 4^2} = 5[\%]$

단락전류 $I_s = \dfrac{100}{\%Z} \times I_n$ 이므로, $I_s = \dfrac{100}{5} \times I_n = 20 I_n$

• 답 : 20배

12 접지저항을 측정하기 위하여 보조접지극 A, B와 접지극 E 상호간에 접지저항을 측정한 결과 그림과 같은 저항값을 얻었다. E의 접지저항은 몇 [Ω] 인지 구하시오.

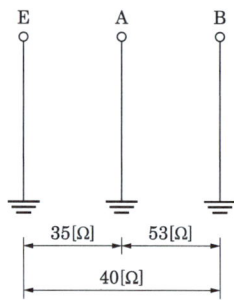

• 계산 : _____ • 답 : _____

[정답] • 계산 : 접지저항 $R_E = \dfrac{R_{EA} + R_{EB} - R_{AB}}{2} = \dfrac{40 + 35 - 53}{2} = 11[\Omega]$

• 답 : 11[Ω]

13 지름 30[cm]인 완전 확산성 반구형 전구를 사용하여 평균 휘도가 0.3[cd/cm²]인 천장등을 가설하려고 한다. 기구효율을 0.75라 하면, 이 전구의 광속은 몇 [lm] 정도이어야 하는지 계산하시오. (단, 광속발산도는 0.95[lm/cm²]라 한다.)

• 계산 : _____   • 답 : _____

[정답] • 계산 : 광속 발산도 $R = \dfrac{F}{S}$ 이고 여기서, 반구의 표면적 $S = \dfrac{4\pi r^2}{2} = \dfrac{\pi d^2}{2}$ 이다.

광속 $F = R \times S = R \times \dfrac{\pi d^2}{2} = 0.95 \times \dfrac{\pi \times 30^2}{2} = 1343.03 [\text{lm}]$

기구효율 0.75를 적용하여 아래와 같이 전구의 광속을 계산한다.

$\dfrac{F}{\eta} = \dfrac{1343.03}{0.75} = 1790.71 [\text{lm}]$

• 답 : 1790.71[lm]

14 그림과 같은 점광원으로부터 원뿔 밑면까지의 거리가 8[m]이고, 밑면의 지름이 12[m]인 원형면의 평균 조도가 1570[lx]라면 이 점광원의 평균 광도[cd]는?

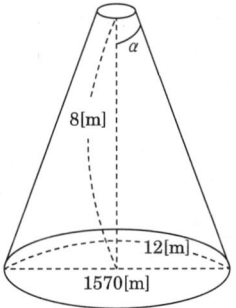

• 계산 : _____   • 답 : _____

[정답] • 계산 : 조도 $E = \dfrac{F}{S}$ 에서, $1570 = \dfrac{2I \times \left(1 - \dfrac{8}{10}\right)}{6^2}$

따라서, $56520 = 2I \times 0.2$

$\therefore I = \dfrac{56520}{0.4} = 141300 [\text{cd}]$

• 답 : 141300[cd]

15 주어진 프로그램 표를 이용하여 래더도를 그리시오.

(1)
LOAD	P001
OR	P002
LOAD NOT	P003
OR	P004
AND LOAD	
OUT	P010

(2)
LOAD	P001
AND	P002
LOAD	P003
AND	P004
OR LOAD	
OUT	P011

정답 (1)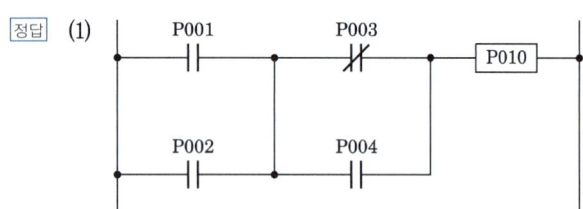

(2)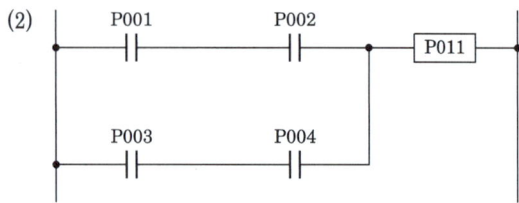

16 다음은 어느 계전기 회로의 논리식이다. 이 논리식을 이용하여 다음 각 물음에 답하시오. 단, 여기에서 A, B, C는 입력이고, X는 출력이다.

【논리식】
$$X = (A + B) \cdot \overline{C}$$

(1) 이 논리식을 로직을 이용한 시퀀스도(논리회로)로 나타내시오.

(2) 물음 (1)에서 로직 시퀀스도로 표현된 것을 2입력 NOR gate만으로 등가 변환하시오.

[정답] (1)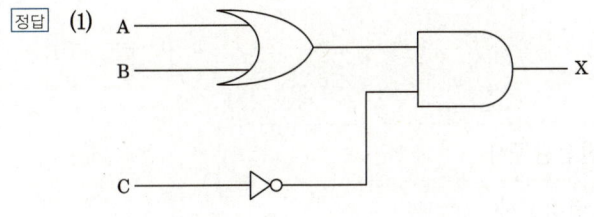

(2)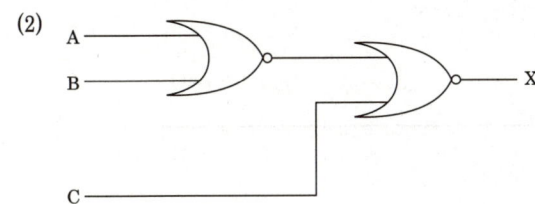

17 책임 설계감리원이 설계감리의 기성 및 준공을 처리할 때에 발주자에게 제출하는 준공서류 중 감리기록서류 5가지를 쓰시오. (단, 설계감리업무 수행지침을 따른다.)

[정답] ① 설계감리일지   ② 설계감리 지시부
③ 설계감리 기록부   ④ 설계감리 요청서
⑤ 설계자와 협의사항 기록부

18 다음 약호의 명칭을 쓰시오.

(1) 450/750 HFIO

(2) 0.6/1[kV] PNCT

[정답] (1) 450/750V 저독성 난연 폴리올레핀 절연전선
(2) 0.6/1kV 고무절연 캡타이어 케이블

19 아래 표의 빈칸을 채우시오.

전선관공사	합성수지관공사, 금속관공사, 가요전선관공사
케이블트렁킹	(①), (②), 금속트렁킹공사
케이블덕트	플로어덕트공사, 셀룰러덕트공사, 금속덕트공사

득점 배점
   6

정답 ① 합성수지몰드공사   ② 금속몰드공사

국가기술자격검정 실기시험문제 및 정답

2022년도 전기산업기사 **제2회 필답형** 실기시험

종 목	시험시간	형 별	성 명	수험번호
전기산업기사	2시간	A		

※ 수험자 인적사항 및 답안작성(계산식 포함)은 흑색의 필기구만 사용하여야 하며 흑색을 제외한 유색 필기구 또는 연필류를 사용하거나 2가지 이상의 색을 혼합 사용하였을 경우 그 문항은 0점 처리됩니다.

01 전동기를 제작하는 어떤 공장에 700[kVA]의 변압기가 설치되어 있다. 이 변압기에 역률 65[%]의 부하 700[kVA]가 접속되어 있다고 할 때, 이 부하와 병렬로 전력용 콘덴서를 접속하여 합성 역률을 90[%]로 유지하려고 한다. 다음 각 물음에 답하시오.

(1) 전력용 콘덴서의 용량은 몇 [kVA]가 필요한가?

• 계산 : _____ • 답 : _____

(2) 이 변압기에 부하는 몇 [kW] 증가시켜 접속할 수 있는가?

• 계산 : _____ • 답 : _____

[정답] (1) • 계산 : $Q = P \times \left(\dfrac{\sqrt{1-\cos^2\theta_1}}{\cos\theta_1} - \dfrac{\sqrt{1-\cos^2\theta_2}}{\cos\theta_2} \right)$

$= 700 \times 0.65 \times \left(\dfrac{\sqrt{1-0.65^2}}{0.65} - \dfrac{\sqrt{1-0.9^2}}{0.9} \right) = 311.59 [\text{kVA}]$

• 답 : 311.59[kVA]

(2) • 계산 : $\triangle P = P_a \times (\cos\theta_2 - \cos\theta_1) = 700 \times (0.9 - 0.65) = 175[\text{kW}]$

• 답 : 175[kW]

02 피뢰기의 구조에 따른 종류를 4가지 쓰시오.

[정답] ① 저항형 피뢰기 ② 밸브형 피뢰기
③ 밸브 저항형 피뢰기 ④ 갭리스 피뢰기
⑤ 갭 타입 피뢰기 ⑥ 방출형 피뢰기

03 $\Delta-\Delta$ 결선으로 운전하던 중 한 상의 변압기에 고장이 생겨 이것을 분리하고 나머지 2대로 3상 전력을 공급하고자 한다. 다음 각 물음에 답하시오.

(1) 결선의 명칭을 쓰시오.

(2) 이용률은 몇 [%]인가?
- 계산 : _____ • 답 : _____

(3) 변압기 2대의 3상 출력은 $\Delta-\Delta$ 결선시의 변압기 3대의 출력과 비교할 때 몇 [%] 정도인가?
- 계산 : _____ • 답 : _____

정답 (1) V-V 결선

(2) • 계산 : 이용률 $U = \dfrac{V\text{결선시 출력}}{\text{변압기 2대의 출력}} = \dfrac{\sqrt{3}P}{2P} = \dfrac{\sqrt{3}}{2} = 0.866 = 86.6[\%]$

• 답 : 86.6[%]

(3) • 계산 : 출력비 $= \dfrac{\text{고장후의 출력}}{\text{고장전의 출력}} = \dfrac{P_V}{P_\Delta} = \dfrac{\sqrt{3}P}{3P} = \dfrac{1}{\sqrt{3}} ≒ 0.5774 = 57.74[\%]$

• 답 : 57.74[%]

---

04 어느 건물의 부하는 하루에 240[kW]로 5시간, 100[kW]로 8시간, 75[kW]로 나머지 시간을 사용한다. 이에 따른 수전설비를 450[kVA]로 하였을 때 이 건물의 일부하율[%]을 구하시오.

• 계산 : _____ • 답 : _____

정답 • 계산 : 일부하율 $= \dfrac{\text{사용전력량}[kWh]/24[h]}{\text{최대전력}[kW]} \times 100$

$= \dfrac{(240\times 5 + 100\times 8 + 75\times 11)/24}{240} \times 100 = 49.05[\%]$

• 답 : 49.05[%]

05 송전 거리 40[km], 송전전력 10000[kW]일 때의 Still 식에 의한 송전전압은 [kV]인가?

• 계산 : _____ • 답 : _____

정답
• 계산 : $V_s = 5.5 \cdot \sqrt{0.6 \cdot \ell[\text{km}] + \frac{P[\text{kW}]}{100}}\,[\text{kV}] = 5.5 \times \sqrt{0.6 \times 40 + \frac{10000}{100}} = 61.25\,[\text{kV}]$
• 답 : 61.25[kV]

06 변압기에 30[kW], 역률 0.8인 전동기와 25[kW] 전열기가 연결되어 있다. 이 변압기 용량은 몇 [kVA]인지 아래 표에서 선정하시오.

[변압기 표준용량[kVA]]

5	10	15	20	40	50	75	100	150

• 계산 : _____ • 답 : _____

정답
• 계산 :
① 합성 유효전력 $P = P_1 + P_2 = 30 + 25 = 55\,[\text{kW}]$
② 합성 무효전력 $P_r = P_{r1} + P_{r2} = P_1 \tan\theta_1 + P_2 \tan\theta_2 = 30 \times \frac{0.6}{0.8} + 25 \times 0 = 22.5\,[\text{kVar}]$
③ 변압기 용량 $P_a = \sqrt{P^2 + P_r^2} = \sqrt{55^2 + 22.5^2} = 59.42\,[\text{kVA}]$
• 답 : 75[kVA] 선정

07 그림과 같이 50[kW], 40[kW] 부하 설비에 수용률을 각각 0.6 / 0.7로 할 경우 변압기 용량은 몇 [kVA]가 필요한지 선정하시오. (단, 부등률은 1.2이다.)

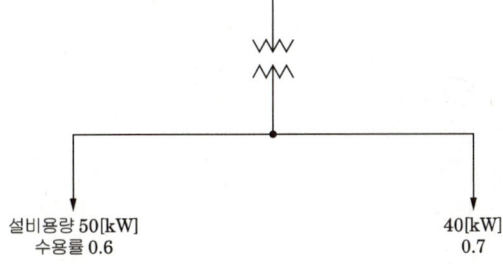

설비용량 50[kW]   40[kW]
수용률 0.6   0.7

• 계산 : _____ • 답 : _____

정답
• 계산 : 변압기용량 ≥ 합성최대전력 = $\frac{\text{설비용량} \times \text{수용률}}{\text{부등률}}\,[\text{kVA}]$
$= \frac{50 \times 0.6 + 40 \times 0.7}{1.2} = 48.33\,[\text{kVA}]$
• 답 : 50[kVA]

08 주어진 조건에 의하여 1년 이내 최대 전력 3000[kW], 월 기본요금 6490[원/kW], 월간 평균 역률이 95[%]일 때 1개월의 기본요금을 구하시오. 또한, 1개월의 사용 전력량이 54만[kWh], 전력요금 89[원/kWh]라 할 때 1개월의 총 전력요금은 얼마인지를 계산하시오.

【조 건】
역률의 값에 따라 전력요금은 할인 또는 할증되며, 역률 90[%] 기준으로 하여 역률이 1[%] 늘 때마다 기본요금 또는 수요전력요금이 1[%]할인 되며, 1[%] 나빠질 때마다 1[%]의 할증요금을 지불해야 한다.

(1) 기본요금을 구하시오.
　　• 계산 : _____　　• 답 : _____

(2) 1개월의 총 전력요금을 구하시오.
　　• 계산 : _____　　• 답 : _____

[정답] (1) • 계산 : $3000 \times 6490 \times (1-0.05) = 18496500$[원]
　　　　　• 답 : 18496500[원]
　　　(2) • 계산 : $18496500 + 540000 \times 89 = 66556500$[원]
　　　　　• 답 : 66556500[원]

---

09 어떤 부하에 그림과 같이 접속된 전압계, 전류계 및 전력계의 지시가 각각 $V=200$[V], $I=30$[A], $W_1=5.96$[kW], $W_2=2.36$[kW]이다. 이 부하에 대하여 다음 각 물음에 답하시오.

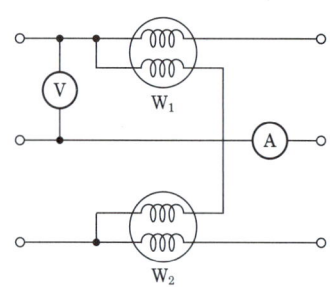

(1) 소비 전력은 몇 [kW]인가?
　　• 계산 : _____　　• 답 : _____

(2) 피상 전력은 몇 [kVA]인가?
　　• 계산 : _____　　• 답 : _____

(3) 부하 역률은 몇 [%]인가?
- 계산 :   • 답 :

[정답] (1) • 계산 : $P = W_1 + W_2 = 5.96 + 2.36 = 8.32[kW]$
- 답 : 8.32[kW]
(2) • 계산 : $P_a = \sqrt{3}\,VI = \sqrt{3} \times 200 \times 30 \times 10^{-3} = 10.39[kVA]$
- 답 : 10.39[kVA]
(3) • 계산 : $\cos\theta = \dfrac{P}{P_a} = \dfrac{8.32}{10.39} \times 100 = 80.08[\%]$
- 답 : 80.08[%]

10 콜라우시브리지에 의해 접지저항을 측정한 경우 접지판 상호간의 저항이 그림과 같다면 G_3의 접지저항 값은 몇 $[\Omega]$인지 계산하시오.

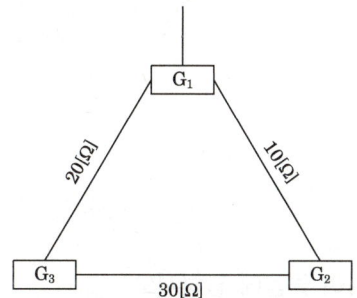

- 계산 :   • 답 :

[정답] • 계산 : G_3의 접지 저항값 = $\dfrac{1}{2} \times (20 + 30 - 10) = 20[\Omega]$
- 답 : 20[Ω]

11 다음 그림과 같은 단상 3선식 회로에서 중성선이 X점에서 단선되었다면 부하 A 및 B의 단자전압은 몇 [V]인가?

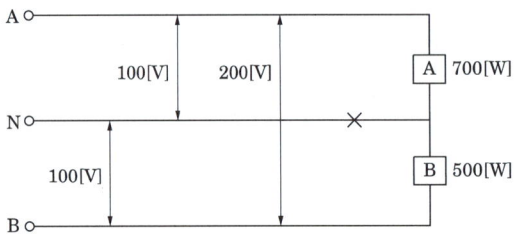

• 계산 : _____ • 답 : _____

[정답] $R_A = \dfrac{V^2}{P_A} = \dfrac{100^2}{700} = 14.29[\Omega]$, $R_B = \dfrac{V}{P_B} = \dfrac{100^2}{500} = 20[\Omega]$

① 부하 A
- 계산 : $V_A = \dfrac{14.29}{14.29+20} \times 200 = 83.35[V]$
- 답 : 83.35[V]

② 부하 B
- 계산 : $V_B = 200 - 83.35 = 116.65[V]$
- 답 : 116.65[V]

12 다음은 표에 주어진 전동기 기동방식을 이용하여 물음에 답하시오.

기동방식 종류			
직입기동	$Y-\triangle$ 기동	리액터 기동	콘돌퍼기동

(1) 기동전류가 가장 큰 기동법을 고르시오.

(2) 기동토크가 가장 큰 기동법을 고르시오.

[정답] (1) 직입기동
(2) 직입기동

13 조명설비에 관한 용어이다. 아래의 아래 빈칸을 채우시오.

가. 휘도		나. 광도		다. 조도		라. 광속발산도	
기호	단위	기호	단위	기호	단위	기호	단위

[정답]

가. 휘도		나. 광도		다. 조도		라. 광속발산도	
기호	단위	기호	단위	기호	단위	기호	단위
B	[nt] [sb]	I	[cd]	E	[lx]	R	[rlx]

14 폭 5[m], 길이 7.5[m], 천장 높이 3.5[m]의 방에 형광등 40[W] 4등을 설치하니 평균조도가 100[lx]가 되었다. 조명률 0.5, 40[W] 형광등 1등의 전광속이 3000[lm]일 때 감광보상률 D를 구하시오.

• 계산 : _____   • 답 : _____

[정답] • 계산 : $D = \dfrac{FUN}{ES} = \dfrac{3000 \times 0.5 \times 4}{100 \times 5 \times 7.5} = 1.6$

• 답 : 1.6

15 전기사업자는 그가 공급하는 전기의 품질(표준전압, 표준주파수)을 허용오차 범위 안에서 유지하도록 전기사업법에 규정되어 있다. 다음 표의 괄호 안에 표준전압 또는 표준주파수에 대한 허용오차를 정확하게 쓰시오.

표준전압 또는 표준주파수	허용 오차
110볼트	110볼트의 상하로 (①)볼트 이내
220볼트	220볼트의 상하로 (②)볼트 이내
380볼트	380볼트의 상하로 (③)볼트 이내
60헤르츠	60헤르츠 상하로 (④)헤르츠 이내

[정답] ① 6   ② 13   ③ 38   ④ 0.2

16 그림과 같은 시퀀스 회로에서 접점 "A"가 닫혀서 폐회로가 될 때 표시등 PL의 동작사항을 설명하시오. (단, X는 보조릴레이, $T_1 - T_2$는 타이머(On delay)이며 설정시간은 1초이다.)

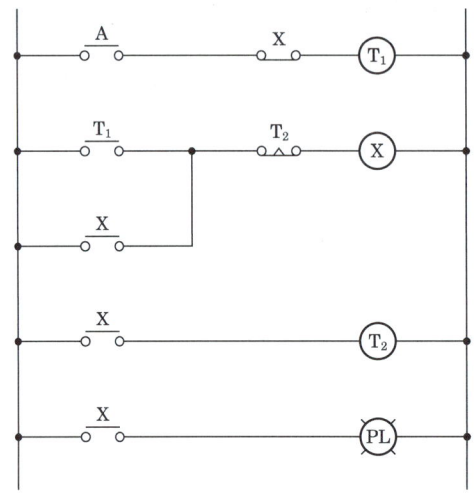

[정답] A가 닫히면 T_1이 여자되고 1초 후 한시동작순시복귀 T_{1-a} 접점에 의해 X가 여자된다. 이때 X_a접점에 의해 T_2가 여자되고 PL이 점등되며, X_b접점에 의해 T_1은 소자된다. 1초 후 한시동작 순시복귀 T_{2-b}접점에 의해 X가 여자되어 X_b 접점에 의해 T_1이 동작되고 위의 동작을 반복하여 PL은 1초 간격으로 점등 소등이 반복된다.

17 다음 조건에 맞는 콘센트의 그림 기호를 그리시오.

벽붙이용	천장에 부착하는 경우	바닥에 부착하는 경우
방수형	2구형	

[정답]

벽붙이용	천장에 부착하는 경우	바닥에 부착하는 경우
⊙	⊙	⊙
방수형	2구형	
⊙WP	⊙₂	

18 아래의 그림과 같이 클램프메터로 전류를 측정하려고 한다. 주어진 조건을 참고하여 다음 각 물음에 답하시오.

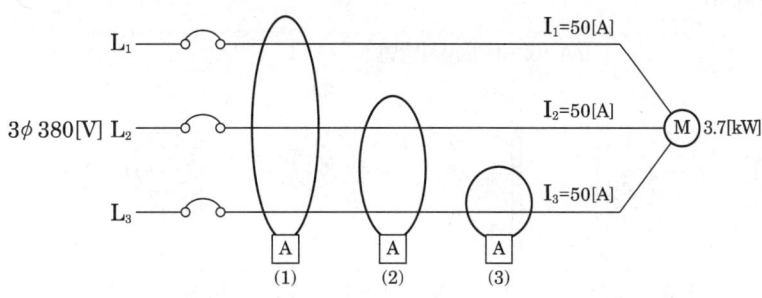

【조 건】
3상, 정격전류 50A, 공사방법 B2, XLPE 절연전선, 허용전압강하 2%, 주위온도 40도, 분전반으로부터 전동기까지의 거리 70m

[표1] 기중케이블의 허용전류에 적용되는 기중주위온도가 30℃ 이외인 경우의 보정계수

주위온도[℃]	절연체	
	PVS	XLPE 또는 EPR
10	1.22	1.15
15	1.17	1.12
20	1.12	1.08
25	1.06	1.04
30	1.00	1.00
35	0.94	0.96
40	0.87	0.91
45	0.79	0.87
50	0.71	0.82
55	0.61	0.76
60	0.50	0.71

[표 2] 공사방법의 허용전류[A]

XLPE 또는 EPR 절연, 3개 부하도체, 동 또는 알루미늄 전선온도 : 70[℃],

주위온도 : 기중 30[℃], 지중 20[℃]

전선의 공칭단면적[mm²]	표A. 52-1의 공사방법									
	A1		A2		B1		B2		C	
1	2		3		4		5		6	
	단상	3상	단상	3상	단상	3상	단상	3상	단상	3상
동										
1.5	19	17	18.5	16.5	23	20	22	19.5	24	22
2.5	26	23	25	22	31	28	30	26	33	30
4	35	31	33	30	42	37	40	35	45	40
6	45	40	42	38	54	48	51	44	58	52
10	61	54	57	51	75	66	49	60	80	71
16	81	73	76	68	100	88	91	80	107	96
25	106	95	99	89	133	117	119	105	138	119
35	131	117	121	109	164	144	146	128	171	147

(1) 공사방법과 주위 온도를 고려하여 도체의 굵기를 산정하시오. 단, 허용전압강하는 무시한다.

　• 계산 : _____　　• 답 : _____

(2) 허용전압강하를 고려한 도체의 굵기를 계산하고, 상기 조건을 만족하는 규격 굵기를 산정하시오.

　• 계산 : _____　　• 답 : _____

(3) 3상 평형이고 전동기가 정상운전할 때 ①, ②, ③ 클램프미터에 표시되는 값을 다음 표에 적으시오.

　• 계산 : _____　　• 답 : _____

[정답] (1) • 계산 : 부하전류 I = 설계전류(I_B) × 보정계수(표1)

$$설계전류(I_B) = \frac{부하전류}{보정계수} = \frac{50}{0.91} = 54.95[A]$$

표2에서 공사방법 B2 3상 60란의 공칭단면적 10[mm²] 선정

　• 답 : 10[mm²]

(2) • 계산 : 단면적 $A = \dfrac{KIL}{1000 \times e} = \dfrac{30.8 \times 70 \times 50}{1000 \times 380 \times 0.02} = 14.18$ 따라서 16[mm²] 선정

　• 답 : 16[mm²]

(3) • 계산 : ① : $I_1+I_2+I_3$ ② : I_1+I_2 ③ : I_3
    ($I_1=50\angle 0°$, $I_2=50\angle -120°$, $I_3=50\angle 120°$)
• 답 : ① 0[A] ② 50[A] ③ 50[A]

19 다음은 한국전기설비규정에서 명시하는 사항이다. 빈칸에 알맞은 수치를 넣으시오.

배점 6

옥내에 시설하는 전동기(정격 출력이 0.2[kW] 이하인 것을 제외한다. 이하 여기에서 같다)에는 전동기가 손상될 우려가 있는 과전류가 생겼을 때에 자동적으로 이를 저지하거나 이를 경보하는 장치를 하여야 한다. 다만, 다음의 어느 하나에 해당하는 경우에는 그러하지 아니하다.
가. 전동기를 운전 중 상시 취급자가 감시할 수 있는 위치에 시설하는 경우
나. 전동기의 구조나 부하의 성질로 보아 전동기가 손상될 수 있는 과전류가 생길 우려가 없는 경우
다. 단상전동기[KS C 4204(2013)의 표준정격의 것을 말한다]로써 그 전원측 전로에 시설하는 과전류 차단기의 정격전류가 (①) A(배선용차단기는 (②) A) 이하인 경우

정답 ① 16   ② 20

국가기술자격검정 실기시험문제 및 정답

2022년도 전기산업기사 제3회 필답형 실기시험

종 목	시험시간	형 별	성 명	수험번호
전기산업기사	2시간	A		

※ 수험자 인적사항 및 답안작성(계산식 포함)은 흑색의 필기구만 사용하여야 하며 흑색을 제외한 유색 필기구 또는 연필류를 사용하거나 2가지 이상의 색을 혼합 사용하였을 경우 그 문항은 0점 처리됩니다.

01 어느 회사에서 한 부지에 A, B, C의 세 공장을 세워 3대의 급수 펌프 P_1(소형), P_2(중형), P_3(대형)으로 다음 계획에 따라 급수 계획을 세웠다. 이 계획을 잘 보고 다음 물음에 답하시오.

【계 획】
① 모든 공장 A, B, C가 휴무일 때 또는 그 중 한 공장만 가동할 때에는 펌프 P_1만 가동시킨다.
② 모든 공장 A, B, C 중 어느 것이나 두 개의 공장만 가동할 때에는 P_2만 가동시킨다.
③ 모든 공장 A, B, C가 모두 가동할 때에는 P_3만 가동시킨다.

(1) 조건과 같은 진리표를 작성하시오.

A	B	C	P_1	P_2	P_3
0	0	0			
1	0	0			
0	1	0			
0	0	1			
1	1	0			
1	0	1			
0	1	1			
1	1	1			

(2) $P_1 \sim P_3$의 출력식을 각각 쓰시오. (간소화된 논리식)

(3) (2)의 출력식을 이용하여 미완성 무접점 회로도를 완성하시오.

정답 (1)

A	B	C	P_1	P_2	P_3
0	0	0	1	0	0
1	0	0	1	0	0
0	1	0	1	0	0
0	0	1	1	0	0
1	1	0	0	1	0
1	0	1	0	1	0
0	1	1	0	1	0
1	1	1	0	0	1

(2) • 계산 : $P_1 = \overline{A}\overline{B} + (\overline{A}+\overline{B})\overline{C}$, $P_2 = \overline{A}BC + A(\overline{B}C + B\overline{C})$, $P_3 = ABC$

부울대수 이용

$P_1 = \overline{A}\overline{B}\overline{C} + \overline{A}\overline{B}C + \overline{A}B\overline{C} + A\overline{B}\overline{C}$

$\quad = \overline{A}\overline{B}\overline{C} + \overline{A}\overline{B}C + \overline{A}B\overline{C} + \overline{A}\overline{B}\overline{C} + \overline{A}\overline{B}\overline{C} + A\overline{B}\overline{C}$

$\quad = \overline{A}\overline{B}(\overline{C}+C) + \overline{A}\overline{C}(\overline{B}+B) + \overline{B}\overline{C}(\overline{A}+A)$ (단, $\overline{C}+C=1$, $\overline{B}+B=1$, $\overline{A}+A=1$)

$\quad = \overline{A}\overline{B} + \overline{A}\overline{C} + \overline{B}\overline{C} = \overline{A}\overline{B} + (\overline{A}+\overline{B})\overline{C}$

($\overline{A}\overline{B}\overline{C}$를 병렬로 추가하여도 회로의 기능은 변함없다.)

$P_2 = \overline{A}BC + A\overline{B}C + AB\overline{C} = \overline{A}BC + A(\overline{B}C + B\overline{C})$

(3)
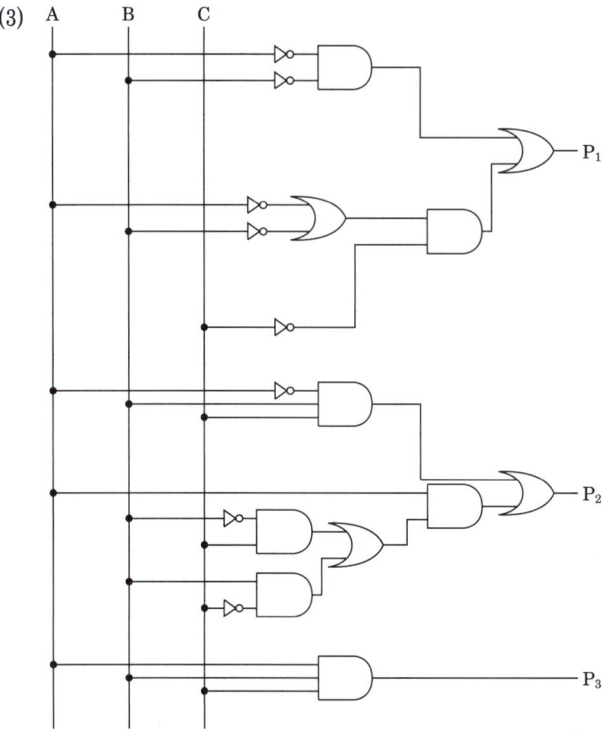

02 주어진 무접점회로의 출력식을 쓰시오. (간략화된 논리식으로 작성한다.)

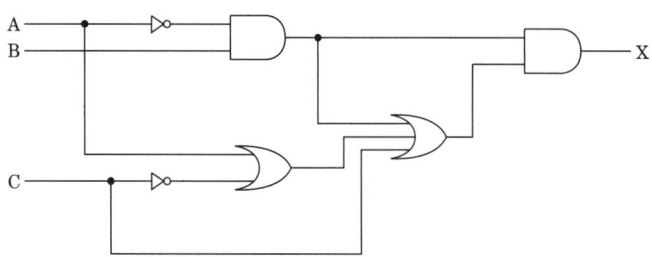

[정답] • 계산 : $(\overline{AB})(\overline{A}B+A+\overline{C}+C) = \overline{AB}\overline{A}B+\overline{AB}A+\overline{AB}\overline{C}+\overline{AB}C$

$= \overline{AB}+0+\overline{AB}(\overline{C}+C) = \overline{AB}+\overline{AB}$

$= \overline{AB}$

• 답 : $\overline{AB}$

03 다음 콘센트 그림 기호의 명칭을 작성하시오.

⊙:WP	⊙:2	⊙:3P	⊙:T	⊙:E

[정답]

⊙:WP	⊙:2	⊙:3P	⊙:T	⊙:E
방수형	2구	3극	걸림형	접지

04 평면도와 같은 건물에 대한 전기배선을 설계하기 위하여, 전등 및 소형 전기기계기구의 부하용량을 상정하여 분기회로수를 결정하고자 한다. 주어진 평면도와 표준부하를 이용하여 최대부하용량을 상정하고 최소분기 회로수를 결정하시오. (단, 분기회로는 15[A] 분기회로이며 배전전압은 220[V]를 기준하고, 적용 가능한 부하는 최대값으로 상정할 것)

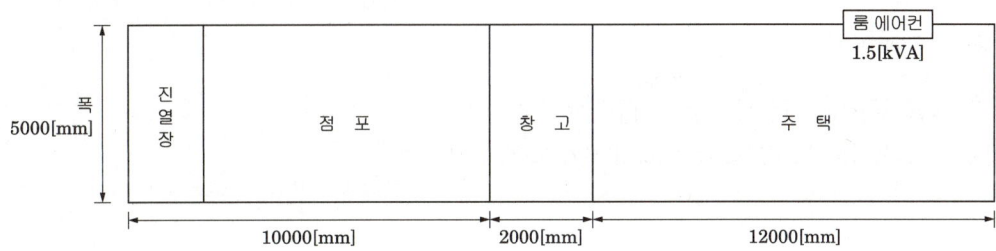

- 설비 부하 용량은 "①" 및 "②"에 표시하는 건물의 종류 및 그 부분에 해당하는 표준 부하에 바닥면적을 곱한 값과 "③"에 표시하는 건물 등에 대응하는 표준 부하[VA]를 합한 값으로 할 것

① 건물의 종류에 대응한 표준부하

건축물의 종류	표준부하[VA/m^2]
공장, 공회당, 사원, 교회, 극장, 영화관, 연회장 등	10
기숙사, 여관, 호텔, 병원, 학교, 음식점, 다방, 대중 목욕탕, 학교	20
주택, 아파트, 사무실, 은행, 상점, 이발소, 미장원	30

[비고] 건물이 음식점과 주택 부분의 2종류로 될 때에는 각각 그에 따른 표준 부하를 사용할 것
[비고] 학교와 같이 건물의 일부분이 사용되는 경우에는 그 부분만을 적용한다.

② 건물(주택, 아파트를 제외) 중 별도 계산할 부분의 부분적인 표준부하

건축물의 종류	표준부하[VA/m²]
복도, 계단, 세면장, 창고, 다락	5
강당, 관람석	10

③ 표준부하에 따라 산출한 수치에 가산하여야 할 [VA]수

- 주택, 아파트(1세대 마다)에 대하여는 1000~500[VA]
- 상점의 진열장에 대하여는 진열장의 폭 1[m]에 대하여 300[VA]
- 옥외의 광고등, 전광사인, 네온사인 등의 [VA]수
- 극장, 댄스홀 등의 무대 조명, 영화관 등의 특수 전등부하의 [VA]수

④ 예상이 곤란한 콘센트, 틀어 끼우는 접속기, 소켓 등이 있을 경우에라도 이를 상정하지 않는다.

[정답]
- 계산 : 설비부하용량＝바닥면적×표준부하＋가산부하＋RC

$= 12 \times 5 \times 30 + 10 \times 5 \times 30 + 2 \times 5 \times 5 + 5 \times 300 + 1000 + 1500 = 7350$ [VA]

（주택부분） （점포） （창고） （진열장 가산 부하） （주택 가산 부하 최대） （RC）

∴ 최대부하용량 : 7350[VA]

∴ 분기회로수＝$\dfrac{설비부하 용량[VA]}{사용 전압[V] \times 15[A]} = \dfrac{7350}{220 \times 15} = 2.227$

- 답 : 최대부하용량 : 7350[VA], 분기회로 수 : 15[A] 분기 3회로

---

05 그림과 같은 교류 3상 3선식 전로에 연결된 3상 평형부하가 있다. 이 때 c상의 P점이 단선된 경우, 이 부하의 소비전력은 단선 전 소비전력에 비하여 어떻게 되는지 계산식을 이용하여 설명하시오. (단, 선간전압은 E[V]이며, 부하의 저항은 R[Ω]이다.)

득점 배점
5

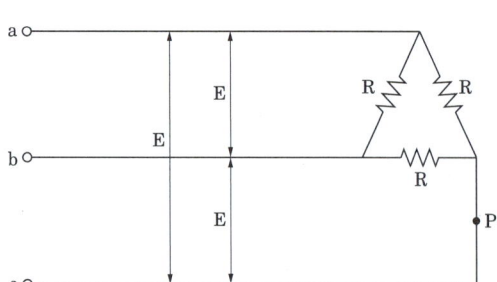

[정답] ① P점 단선시 합성저항 $R_0 = \dfrac{2R \times R}{2R+R} = \dfrac{2}{3} \times R$

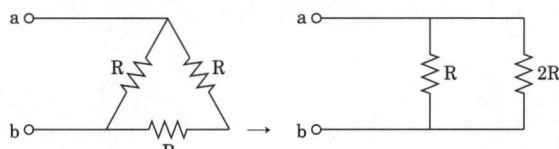

② P점 단선시 부하의 소비전력 $P' = \dfrac{E^2}{R_0} = \dfrac{E^2}{\dfrac{2}{3} \times R} = 1.5 \times \dfrac{E^2}{R}$

그러므로 단선후 부하의 소비전력은 단선전의 $\dfrac{1}{2}$ 배이다. (단선전 부하의 소비전력 $P = 3 \times \dfrac{E^2}{R}$)

06 그림과 같은 3상 배전선에서 변전소(A점)의 전압은 3300[V], 중간(B점) 지점의 부하는 50[A], 역률 0.8(지상), 말단(C점)의 부하는 50[A], 역률 0.8이고, A와 B사이의 길이는 2[km], B와 C사이의 길이는 4[km]이며, 선로의 km당 임피던스는 저항 0.9[Ω], 리액턴스 0.4[Ω]이라고 할 때 다음 물음에 답하시오.

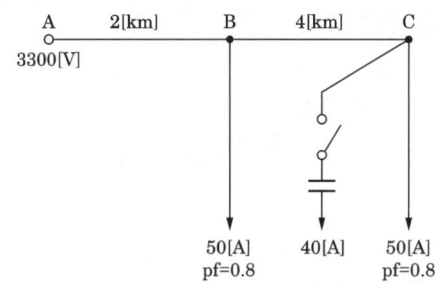

(1) 이 경우의 B점과 C점의 전압은 몇 [V]인가?

① B점의 전압

· 계산 : _____ · 답 : _____

② C점의 전압

· 계산 : _____ · 답 : _____

(2) C점에 전력용 콘덴서를 설치하여 진상 전류 40[A]를 흘릴 때 B점의 전압과 C점의 전압은 각각 몇 [V]인가?

① B점의 전압

· 계산 : _____ · 답 : _____

② C점의 전압

· 계산 : _____ · 답 : _____

(3) 전력용 콘덴서를 설치하기 전과 후의 선로의 전력 손실을 구하시오.

① 전력용 콘덴서 설치 전

• 계산 : _____   • 답 : _____

② 전력용 콘덴서 설치 후

• 계산 : _____   • 답 : _____

[정답] (1) ① • 계산 : B점의 전압

$R_1 = 0.9 \times 2 = 1.8\,[\Omega]$, $X_1 = 0.4 \times 2 = 0.8\,[\Omega]$

$V_B = V_A - \sqrt{3}\,I_1(R_1\cos\theta + X_1\sin\theta)$

$= 3300 - \sqrt{3} \times 100 \times (0.9 \times 2 \times 0.8 + 0.4 \times 2 \times 0.6) = 2967.45\,[V]$

• 답 : 2967.45[V]

② • 계산 : C점의 전압

$V_C = V_B - \sqrt{3}\,I_2(R_2\cos\theta + X_2\sin\theta)$

$= 2967.45 - \sqrt{3} \times 50 \times (0.9 \times 4 \times 0.8 + 0.4 \times 4 \times 0.6) = 2634.9\,[V]$

• 답 : 2634.9[V]

(2) 전력용 콘덴서를 설치하여 진상 전류(I_C)를 흘려주면 무효 전류가 감소한다.

① • 계산 : B점의 전압

$V_B = V_A - \sqrt{3} \times [I_1\cos\theta \cdot R_1 + (I_1\sin\theta - I_c) \cdot X_1]$

$= 3300 - \sqrt{3} \times [100 \times 0.8 \times 1.8 + (100 \times 0.6 - 40) \times 0.8] = 3022.87$

• 답 : 3022.87[V]

② • 계산 : C점의 전압

$V_C = V_B - \sqrt{3} \times [I_2\cos\theta \cdot R_2 + (I_2\sin\theta - I_c) \cdot X_2]$

$= 3022.87 - \sqrt{3} \times [50 \times 0.8 \times 3.6 + (50 \times 0.6 - 40) \times 1.6] = 2801.17$

• 답 : 2801.17[V]

(3) 3상 3선식 선로의 전력손실 $P_\ell = 3I^2R \times 10^{-3}\,[kW]$

① • 계산 : 콘덴서 설치 전의 전력손실($P_{\ell 1}$)

$P_{\ell 1} = 3I_1^2 R_1 + 3I_2^2 R_2$

$P_{\ell 1} = (3 \times 100^2 \times 1.8 + 3 \times 50^2 \times 3.6) \times 10^{-3} = 81\,[kW]$

• 답 : 81[kW]

② • 계산 : 콘덴서 설치 후의 전류(I_1', I_2') 및 전력손실($P_{\ell 2}$)

$I_1' = 100 \times (0.8 - j0.6) + j40 = 80 - j20 = 82.46\,[A]$

$I_2' = 50 \times (0.8 - j0.6) + j40 = 40 + j10 = 41.23\,[A]$

$P_{\ell 2} = 3{I_1'}^2 R_1 + 3{I_2'}^2 R_2$

$P_{\ell 2} = (3 \times 82.46^2 \times 1.8 + 3 \times 41.23^2 \times 3.6) \times 10^{-3} = 55.08\,[kW]$

• 답 : 55.08[kW]

07 선로 전압을 110[V]에서 220[V]로 승압할 경우 선로에 나타나는 효과에 대해 다음 물음에 답하시오.

(1) 전력손실이 동일한 경우 공급능력의 증대는 몇 배인지 구하시오.

• 계산 : _____ • 답 : _____

(2) 전력손실의 감소는 몇 [%]인지 구하시오.

• 계산 : _____ • 답 : _____

(3) 전압강하율의 감소는 몇 [%]인지 구하시오.

• 계산 : _____ • 답 : _____

정답 (1) 전력손실이 동일한 경우 공급능력은 전압에 비례

• 계산 : $\dfrac{P_2}{P_1} = \dfrac{V_2}{V_1} = \dfrac{220}{110} = 2$

• 답 : 2배

(2) 전력손실은 전압의 제곱에 반비례

• 계산 : $\dfrac{P_{l2}}{P_{l1}} = \left(\dfrac{V_1}{V_2}\right)^2 = \left(\dfrac{110}{220}\right)^2 \times 100 = 25[\%]$ → $100 - 25 = 75[\%]$

• 답 : 75[%]

(3) 전압강하율은 전압의 제곱에 반비례

• 계산 : $\dfrac{\delta_2}{\delta_1} = \left(\dfrac{V_1}{V_2}\right)^2 = \left(\dfrac{110}{220}\right)^2 \times 100 = 25[\%]$ → $100 - 25 = 75[\%]$

• 답 : 75[%]

08 그림은 최대 사용전압 6000[V] 변압기의 절연 내력을 시험하기 위한 회로도이다. 그림을 보고 다음 각 물음에 답하시오.

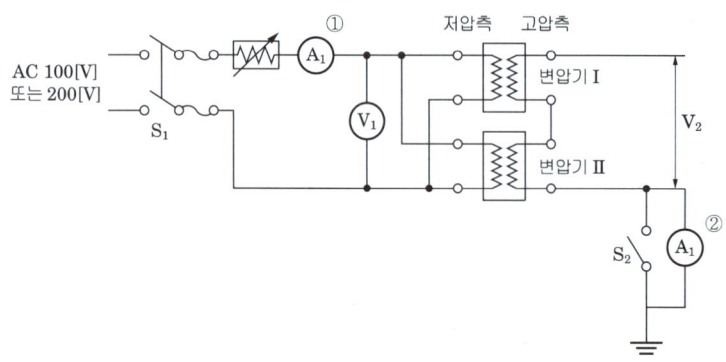

(1) 절연내력 시험시 시험전압은 몇[V]인가?
  • 계산 : _____   • 답 : _____

(2) ①의 전류계는 어떤 전류를 측정하는가?

(3) ②의 전류계는 어떤 전류를 측정하는가?

정답 (1) • 계산 : $6000 \times 1.5 = 9000$
  • 답 : 9000[V]
(2) 절연내력 시험전류
(3) 누설전류

---

09 3상 154[kV] 시스템의 회로도와 조건을 이용하여 점 F에서 3상 단락고장이 발행하였을 때 단락전류 등을 154[kV], 100[MVA] 기준으로 계산하는 과정에 대한 다음 각 물음에 답하시오.

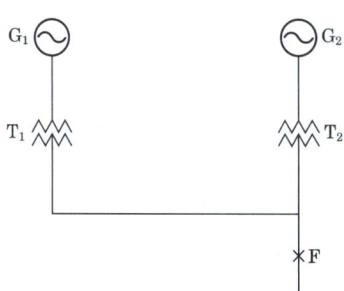

【조 건】
① 발전기 G_1 : $S_{G1}=20[\text{MVA}]$, $\%Z_{G1}=30[\%]$
　　　　　G_2 : $S_{G2}=5[\text{MVA}]$, $\%Z_{G2}=30[\%]$
② 변압기 T_1 : 전압 11/154[kV], 용량 : 20[MVA], $\%Z_{T1}=10[\%]$
　　　　　T_2 : 전압 6.6/154[kV], 용량 : 5[MVA], $\%Z_{T2}=10[\%]$
③ 송전선로 : 전압 154[kV], 용량 : 20[MVA], $\%Z_{TL}=5[\%]$

(1) 정격전압과 정격용량을 각각 154[kV], 100[MVA]로 할 때 정격전류(I_n)를 구하시오.

　• 계산 : _____　　• 답 : _____

(2) 발전기(G_1, G_2), 변압기(T_1, T_2) 및 송전선로의 %임피던스 $\%Z_{G1}$, $\%Z_{G2}$, $\%Z_{T1}$, $\%Z_{T2}$, $\%Z_{TL}$을 각각 구하시오.

① $\%Z_{G1}$
　• 계산 : _____　　• 답 : _____

② $\%Z_{G2}$
　• 계산 : _____　　• 답 : _____

③ $\%Z_{T1}$
　• 계산 : _____　　• 답 : _____

④ $\%Z_{T2}$
　• 계산 : _____　　• 답 : _____

⑤ $\%Z_{TL}$
　• 계산 : _____　　• 답 : _____

(3) 점 F에서의 합성 %임피던스를 구하시오.

　• 계산 : _____　　• 답 : _____

(4) 점 F에서의 3상 단락전류 I_s를 구하시오.

　• 계산 : _____　　• 답 : _____

(5) 점 F에 설치할 차단기의 용량을 구하시오.

　• 계산 : _____　　• 답 : _____

[정답] (1) • 계산 : 정격전류 $I_n = \dfrac{P_n}{\sqrt{3}\,V} = \dfrac{100 \times 10^3}{\sqrt{3} \times 154} = 374.9[\text{A}]$

• 답 : 374.9[A]

(2) $\%Z' = \dfrac{\text{기준용량}}{\text{자기용량}} \times \text{환산할}\%Z$

① $\%Z_{G1}$

• 계산 : $\%Z_{G1} = \dfrac{100}{20} \times 30[\%] = 150[\%]$

• 답 : 150[%]

② $\%Z_{G2}$

• 계산 : $\%Z_{G2} = \dfrac{100}{5} \times 30[\%] = 600[\%]$

• 답 : 600[%]

③ $\%Z_{T1}$

• 계산 : $\%Z_{T1} = \dfrac{100}{20} \times 10[\%] = 50[\%]$

• 답 : 50[%]

④ $\%Z_{T2}$

• 계산 : $\%Z_{T2} = \dfrac{100}{5} \times 10[\%] = 200[\%]$

• 답 : 200[%]

⑤ $\%Z_{TL}$

• 계산 : $\%Z_{TL} = \dfrac{100}{20} \times 5[\%] = 25[\%]$

• 답 : 25[%]

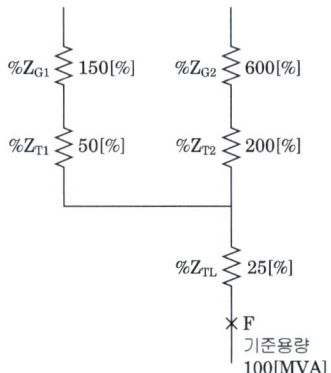

(3) • 계산 : 합성 $\%Z = \dfrac{200 \times 800}{200 + 800} + 25 = 185[\%]$

• 답 : 185[%]

(4) • 계산 : $I_s = \dfrac{100}{\%Z} \times I_n = \dfrac{100}{\%Z} \times \dfrac{P_a}{\sqrt{3}\,V} = \dfrac{100}{185} \times \dfrac{100 \times 10^3}{\sqrt{3} \times 154} = 202.65[\text{A}]$

• 답 : 202.65[A]

(5) • 계산 : $P_s = \sqrt{3}\,V_n I_s = \sqrt{3} \times 170 \times 202.65 \times 10^{-3} = 59.67[\text{MVA}]$

• 답 : 59.67[MVA]

10 다음 주어진 그림의 조명 2개의 정중앙 A지점에서의 수평면 조도를 구하시오. (단, 각 조명의 광도는 1000[cd])

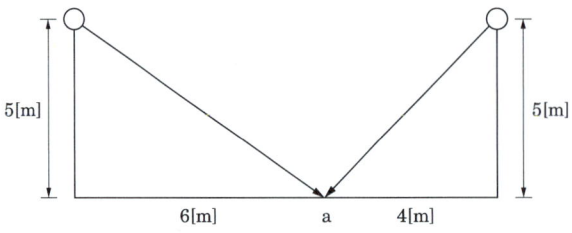

[정답] • 계산 :

① $E_{h1} = \dfrac{I}{l_1^2} \times \cos\theta_1 = \dfrac{1000}{5^2+6^2} \times \dfrac{5}{\sqrt{5^2+6^2}} = 10.49[\text{lx}]$

② $E_{h2} = \dfrac{I}{l_2^2} \times \cos\theta_2 = \dfrac{1000}{5^2+4^2} \times \dfrac{5}{\sqrt{5^2+4^2}} = 19.04[\text{lx}]$

③ $E_h = E_{h1} + E_{h2} = 29.54[\text{lx}]$

• 답 : 29.54[lx]

11 폭 12[m], 길이 18[m], 천장 높이 3.1[m], 작업면(책상위)높이 0.85[m]인 사무실이 있다. 이 사무실의 천장은 백색 택스로 마감하였으며, 벽면은 옅은 크림색으로 마감하였고, 실내조도는 500[lx], 조명기구는 40W 2등용(H형)팬던트를 설치하고자 한다. 이때 다음 조건을 이용하여 각 물음의 설계를 하도록 하시오.

【조 건】
• 천장의 반사율은 50[%], 벽의 반사율은 30[%]로서 H형 팬던트의 기구를 사용할 때 조명율은 0.61로 한다.
• H형 팬던트 기구의 보수율은 0.75로 하도록 한다.
• H형 팬던트의 길이는 0.5[m]이다.
• 램프의 광속은 40[W] 1등당 3300[lm]으로 한다.
• 조명기구의 배치는 5열로 배치하도록 하고, 1열 당 등수는 동일하게 한다.

(1) 광원의 높이는 몇 [m]인가?
  • 계산 : _____ • 답 : _____

(2) 이 사무실의 실지수는 얼마인가?
  • 계산 : _____ • 답 : _____

(3) 이 사무실에는 40[W] 2등용(H형) 팬던트의 조명기구를 몇 조 설치하여야 하는가?
  • 계산 : _____ • 답 : _____

[정답] (1) • 계산 : $H = 3.1 - 0.85 - 0.5 = 1.75[\text{m}]$
  • 답 : 1.75[m]

(2) • 계산 : 실지수 $K = \dfrac{XY}{H(X+Y)} = \dfrac{12 \times 18}{1.75 \times (12+18)} = 4.11$
  • 답 : 4.11

(3) • 계산 :

① $N = \dfrac{DES}{FU} = \dfrac{ES}{FUM} = \dfrac{500 \times (12 \times 18)}{3300 \times 0.61 \times 0.75} = 71.54[조]$ ∴ 72[조]

② 2등용이므로 $\dfrac{72}{2} = 36[조]$이다.

③ 5열로 배치하기 위해서 5(열)×8(행) = 40조가 적당하다.

• 답 : 40[조]

12 연축전지의 정격용량이 200[Ah]이고, 상시부하가 22[kW]이며, 표준전압이 220[V]인 부동충전방식 충전기의 2차 전류는 몇 [A]인지 구하시오. (단, 상시부하의 역률은 1로 간주한다.)

• 계산 : _____ • 답 : _____

[정답] • 계산 : 충전기 2차 전류 $I = \dfrac{축전지용량[Ah]}{정격방전률[h]} + \dfrac{상시부하용량[W]}{표준전압[V]}$

$= \dfrac{200}{10} + \dfrac{22000}{220} = 120[A]$ (연축전지의 정격 방전율: 10[h])

• 답 : 120[A]

13 3상 부하 설비의 용량이 각각 30[kW], 25[kW], 20[kW]이고, 수용률은 각각 0.6, 0.65, 0.5라고 한다. 이때 부등률은 1.1이고 종합역률은 0.85이면 변압기 용량은 얼마인가?

3상 변압기 용량[kVA]				
20	30	50	75	100

• 계산 : _____ • 답 : _____

[정답] • 계산 : 변압기 용량[kVA] = $\dfrac{설비용량[kW] \times 수용률}{부등률 \times 역률}$

$= \dfrac{(30 \times 0.6) + (25 \times 0.65) + (20 \times 0.5)}{1.1 \times 0.85} = 47.33[kVA]$

• 답 : 50[kVA]

14 다음 물음에 답하시오.

(1) 부하율을 식으로 표현하시오.

(2) '부하율이 크다'라는 것의 의미를 작성하시오.

정답 (1) 부하율 $= \dfrac{\text{평균수요전력}}{\text{최대수요전력}}$

(2) 전력사용의 변동이 작으며, 전력공급설비를 유용하게 사용하고 있다.

15 어느 공장에서 기중기의 권상하중 80[t], 12[m] 높이를 4분에 권상하려고 한다. 이것에 필요한 권상 전동기의 출력을 구하시오. (단, 권상기구의 효율은 70[%]이다.)

• 계산 : _____   • 답 : _____

정답 • 계산 : 권상기용 전동기 소요동력 $P = \dfrac{9.8Gv}{\eta} = \dfrac{GV}{6.12\eta}$ [kW]

여기서, v : 권상속도[m/s], V : 권상속도[m/min], G : 권상하중[ton], η : 효율

전동기의 출력 $P = \dfrac{G \times V}{6.12\eta} = \dfrac{80 \times 12/4}{6.12 \times 0.7} = 56.02$ [kW]

• 답 : 56.02[kW]

16 500[kVA], 배전용 변압기 (22.9[kV] 380[V])의 %R=1.05[%], %X=4.92일 때, 변압기 2차 측 최대 단락전류를 정격전류의 몇 배인가?

• 계산 : _____   • 답 : _____

정답 • 계산 : 퍼센트 임피던스 $\%Z = \sqrt{\%R^2 + \%X^2} = \sqrt{1.05^2 + 4.92^2} = 5.03[\%]$

$I_s = \dfrac{100}{\%Z} \times I_n$ 에서, $I_s = \dfrac{100}{5.03} \times I_n = 19.88 I_n$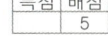

• 답 : 19.88배

17 다음 그림과 같이 단상 변압기 3대가 있다. △ − Y 미완성 결선도를 완성하시오.

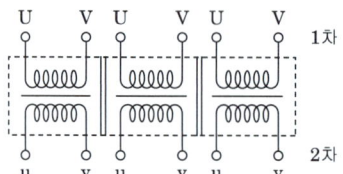

[정답]

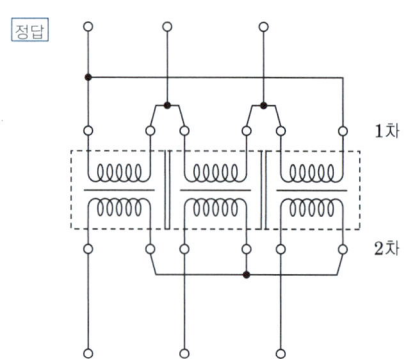

---

18 계기용 변류기(CT)의 목적과 정격부담에 대해 설명하시오.

(1) 목적 :

(2) 정격부담 :

[정답] (1) 대전류를 소전류로 변성하여, 계전기에 공급한다.
    (2) 변류기에 정격 2차 전류인가 시 부하 임피던스에서 소비되는 피상전력분을 말한다.

국가기술자격검정 실기시험문제 및 정답

2023년도 전기산업기사 제1회 필답형 실기시험

종 목	시험시간	형 별	성 명	수험번호
전기산업기사	2시간	A		

※ 수험자 인적사항 및 답안작성(계산식 포함)은 흑색의 필기구만 사용하여야 하며 흑색을 제외한 유색 필기구 또는 연필류를 사용하거나 2가지 이상의 색을 혼합 사용하였을 경우 그 문항은 0점 처리됩니다.

---

01 수용률의 식과 수용률의 의미를 간단히 설명하시오.

○

[정답] (1) 수용률 = $\dfrac{\text{최대수요전력[kW]}}{\text{부하설비합계[kW]}} \times 100[\%]$

(2) 수용 설비가 동시에 사용되는 정도를 나타내며 주상변압기 등의 적정공급 설비용량을 파악하기 위하여 사용한다.

---

02 다음 그림과 같은 단상 3선식 회로에서 중성선이 X점에서 단선되었다면 부하 A 및 B의 단자전압은 몇 [V]인가?

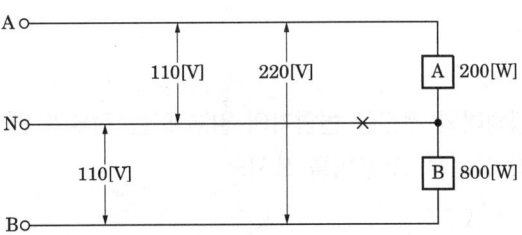

· 계산 :   · 답 :

정답 • 계산 :

$$R_A = \frac{V^2}{P_A} = \frac{110^2}{200} = 60.5[\Omega]$$

$$R_B = \frac{V^2}{P_B} = \frac{110^2}{800} = 15.13[\Omega]$$

① $V_A = \dfrac{60.5}{60.5 + 15.13} \times 220 = 175.99[V]$

② $V_B = 220 - 175.99 = 44.01[V]$

• 답 : A 부하 175.99[V], B 부하 44.01[V]

03 조명에서 사용되는 용어 중 광속, 조도, 광도의 정의를 설명하시오.

배점 6

(1) 광속

(2) 조도

(3) 광도

정답 (1) 광속 : 방사속 중 눈으로 보아 느낄 수 있는 빛의 양을 나타낸다.
(2) 조도 : 단위면적당 입사되는 광속으로 피조면의 밝기를 나타낸다.
(3) 광도 : 단위 입체각으로 발산되는 광속으로 빛의 세기를 나타낸다.

04 변압기 또는 선로의 사고에 의해서 뱅킹내의 건전한 변압기의 일부 또는 전부가 연쇄적으로 회로로부터 차단되는 현상을 무엇이라 하는지 그 용어를 쓰시오.

배점 3

○

정답 캐스케이딩

05 그림과 같은 방전 특성을 갖는 부하에 대한 각 물음에 답하시오.

【규 모】
- 방전 전류[A]
  I_1=500, I_2=300, I_3=80, I_4=180
- 방전 시간[분]
  T_1=120, T_2=119, T_3=50, T_4=1
- 용량 환산시간
  K_1=2.49, K_2=2.49, K_3=1.46 K_4=0.57
- 보수율 0.8

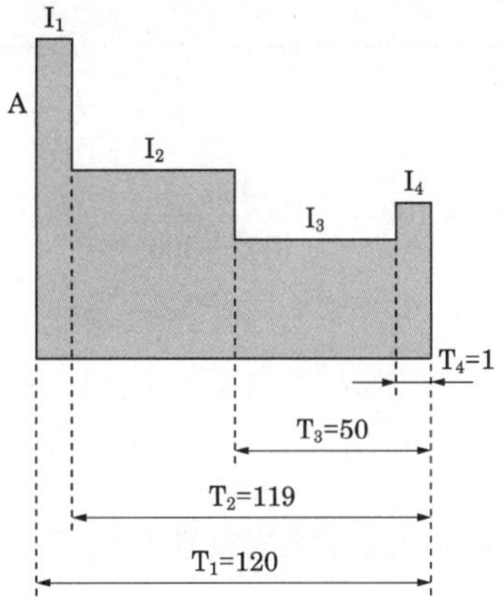

(1) 이와 같은 방전 특성을 갖는 축전지 용량은 몇 [Ah]인가?
- 계산 :   • 답 :

(2) 납 축전지의 정격방전율은 몇 시간으로 하는가?

(3) 축전지의 전압은 납 축전지에서는 1셀당 몇 [V]인가?

(4) 예비전원으로 시설되는 축전지로부터 부하에 이르는 전로에는 개폐기와 또 무엇을 설치하는가?

정답 (1) • 계산 :
$$C = \frac{1}{L}[K_1 I_1 + K_2(I_2 - I_1) + K_3(I_3 - I_2) + K_4(I_4 - I_3)]$$
$$= \frac{1}{0.8} \times [2.49 \times 500 + 2.49 \times (300-500) + 1.46 \times (80-300) + 0.57 \times (180-80)]$$
$$= 603.5[Ah]$$
• 답 : 603.5[Ah]

(2) 10시간

(3) 2

(4) 과전류차단기

06 부하용량 400[kW], 무효 전력이 300[kVar]일 때 역률은 몇[%]인가?

• 계산 :   • 답 :

정답 • 계산 :
$$\cos\theta = \frac{P}{\sqrt{P^2+P_r^2}} \times 100 = \frac{400}{\sqrt{400^2+300^2}} \times 100 = 80[\%]$$
• 답 : 80[%]

07 특고압용 변압기의 내부고장 검출방법에 대한 다음 질문에 답하시오.

(1) 전기적인 고장 검출장치 1가지

(2) 기계적인 고장 검출장치 2가지

정답 (1) 비율차동계전기
　　 (2) 부흐홀츠 계전기, 충격압력 계전기

08 역률 개선에 대한 효과를 4가지 쓰시오.

○
○
○
○

정답 ① 전압강하 감소
　　 ② 전력손실 감소
　　 ③ 전기요금 감소
　　 ④ 설비용량의 여유 증가

09 그림은 154[kV] 계통의 절연협조를 위한 각 기기의 절연강도에 대한 비교 그림이다. 변압기, 선로애자, 개폐기의 지지애자, 피뢰기 제한전압이 속해있는 부분은 어느 곳인지 그림의 □ 안에 쓰시오.

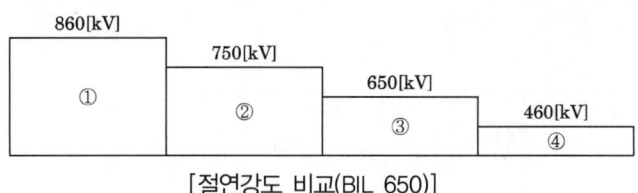

[절연강도 비교(BIL 650)]

정답 ① 선로애자
② 개폐기의 지지애자
③ 변압기
④ 피뢰기 제한전압

10 표와 같이 어느 수용가 A, B, C에 공급하는 배전선로의 합성최대전력은 9300[kW]이다. 이때 수용가의 부등률은 얼마인가? [4점]

수용가	설비용량[kW]	수용률[%]
A	4500	80
B	5000	60
C	7000	50

• 계산 :   • 답 :

정답 • 계산 :

$$부등률 = \frac{\sum 설비용량 \times 수용률}{합성최대전력}$$

$$부등률 = \frac{(4500 \times 0.8) + (5000 \times 0.6) + (7000 \times 0.5)}{9300} = 1.09$$

• 답 : 1.09

11 그림은 중형 환기팬의 수동 운전 및 고장 표시 등 회로의 일부이다. 이 회로를 이용하여 다음 각 물음에 답하시오.

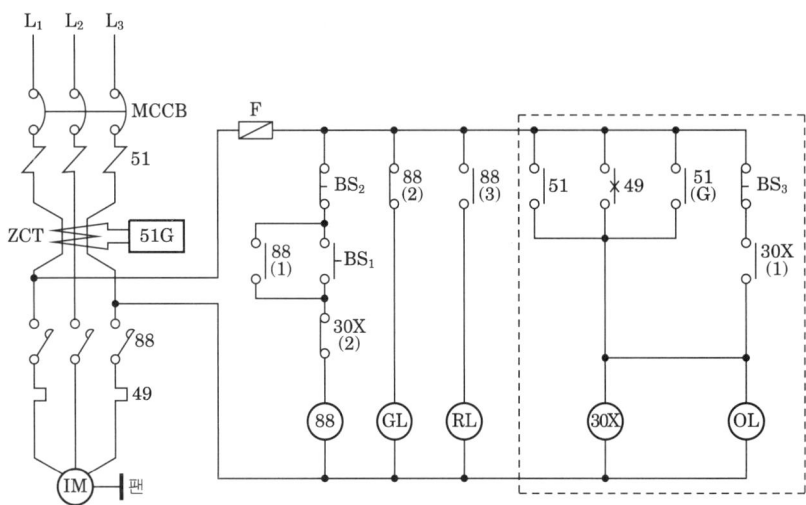

(1) 88은 MC로서 도면에서는 출력기구이다. 도면에 표시된 기구에 대하여 다음과 해당되는 명칭을 그 약호로 쓰시오. 단, 중복은 없고, NFB, ZCT, IM, 팬은 제외하며, 해당되는 기구가 여러 가지일 경우에는 모두 쓰도록 한다.

① 고장표시기구 :   ② 고장회복 확인기구 :
③ 기동기구 :   ④ 정지기구 :
⑤ 운전표시램프 :   ⑥ 정지표시램프 :
⑦ 고장표시램프 :   ⑧ 고장검출기구 :

(2) 그림의 점선으로 표시된 회로를 AND, OR, NOT 회로를 사용하여 로직 회로를 그리시오. (단, 로직 소자는 3입력 이하로 한다.)

정답 (1) ① $30X$ ② BS_3 ③ BS_1 ④ BS_2 ⑤ RL ⑥ GL ⑦ OL ⑧ $51, 51G, 49$

(2)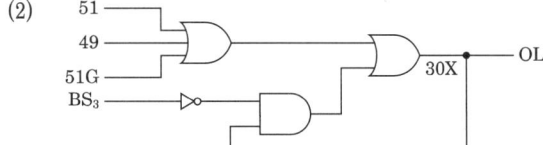

12 서지 흡수기(Surge Absorber)의 기능 및 설치 위치에 대해 간단히 기술하시오.

• 기능 : _____

• 설치 위치 : _____

[정답]
• 기능 : 개폐서지 등의 이상전압으로부터 변압기 등 기기보호
• 설치 위치 : 개폐서지를 발생하는 차단기 후단과 보호 대상 기기 전단 사이에 설치

---

13 전동기를 제작하는 어떤 공장에 500[kVA]의 변압기가 설치되어 있다. 이 변압기에 역률 70[%]의 부하 500[kVA]가 접속되어 있다고 할 때, 이 부하와 병렬로 전력용 콘덴서를 접속하여 합성 역률을 85[%]로 유지하려고 한다. 이때 변압기에 부하는 몇 [kW] 증가시켜 접속할 수 있는가?

• 계산 : _____ • 답 : _____

[정답]
• 계산 :
$\triangle P = P_a \times (\cos\theta_2 - \cos\theta_1) = 500 \times (0.85 - 0.7) = 75[kW]$
• 답 : 75[kW]

---

14 부하 설비용량 1000[kW], 수용률 70[%], 부하 역률 85[%]인 수용가에 전력을 공급하기 위한 변압기 용량[kVA]을 계산하시오.

• 계산 : _____ • 답 : _____

[정답]
• 계산 :
$$\text{변압기 용량} = \frac{\text{설비용량} \times \text{수용률}}{\text{부등률} \times \text{역률}} = \frac{1000 \times 0.7}{0.85} = 823.53[kVA]$$
• 답 : 823.53[kVA]

15 변류기(CT) 2대를 V결선하여 OCR 3대를 그림과 같이 연결하였다. 그림을 보고 다음 각 물음에 답하시오.

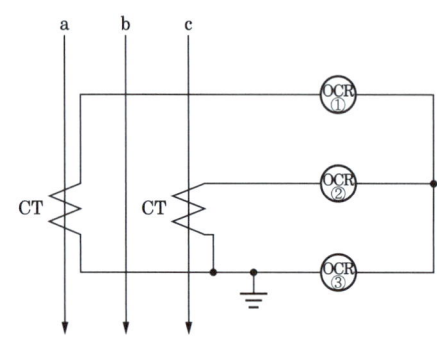

(1) 그림에서 CT의 변류비가 30/5이고, 변류기 2차측 전류를 측정하였더니 3[A]이었다면 수전전력은 약 몇 [kW]인지 계산하시오. (단, 수전전압은 22900[V]이고, 역률은 90[%]이다.)

• 계산 :   • 답 :

(2) OCR은 주로 어떤 사고가 발생하였을 때 작동하는지 쓰시오.

(3) 통전 중에 있는 변류기 2차측 기기를 교체하고자 할 때 가장 먼저 취하여야 할 조치는 무엇인지를 설명하시오.

[정답] (1) • 계산 : $P = \sqrt{3}\,VI\cos\theta = \sqrt{3} \times 22900 \times \left(3 \times \dfrac{30}{5}\right) \times 0.9 \times 10^{-3} = 642.56\,[\text{kW}]$
 • 답 : 642.56[kW]
(2) 단락사고
(3) 단락

---

16 전기사업자가 전기를 공급하는 구간인 송전선로, 배전선로 등에서 유선 및 무선통신방식을 이용하여 통신할 수 있는 선로 및 전기설비의 설계, 시공, 감리 및 유지관리 등에 적용되는 전력보안통신설비의 시설 요구사항 중 발전소, 변전소 및 변환소의 시설 장소로 3가지를 쓰시오.

○
○
○

정답
① 원격감시제어가 되지 아니하는 발전소·원격 감시제어가 되지 아니하는 변전소, 개폐소, 전선로 및 이를 운용하는 급전소 및 급전분소 간
② 2개 이상의 급전소(분소) 상호 간과 이들을 통합 운용하는 급전소(분소) 간
③ 수력설비 중 필요한 곳, 수력설비의 안전상 필요한 양수소 및 강수량 관측소와 수력발전소 간
④ 동일 수계에 속하고 안전상 긴급 연락의 필요가 있는 수력발전소 상호 간
⑤ 동일 전력계통에 속하고 또한 안전상 긴급연락의 필요가 있는 발전소·변전소 및 개폐소 상호 간
⑥ 발전소·변전소 및 개폐소와 기술원 주재소 간.
⑦ 발전소·변전소·개폐소·급전소 및 기술원 주재소와 전기설비의 안전상 긴급 연락의 필요가 있는 기상대·측후소·소방서 및 방사선 감시계측 시설물 등의 사이

17 6극 50[Hz]의 전부하 회전수 950[rpm]의 3상 권선형 유도전동기의 1상의 저항이 r일 때, 상회전 방향을 반대로 바꿔 역전제동을 하는 경우 제동토크를 전부하토크와 같게 하기 위한 회전자 삽입 저항 R은 r의 몇 배인가?

•계산 :   •답 :

정답 •계산 :
$$N_s = \frac{120f}{p} = \frac{120 \times 50}{6} = 1000[\text{rpm}], \quad s = \frac{N_s - N}{N_s} = \frac{1000 - 950}{1000} = 0.05$$

역전 제동시 s'

$$s' = \frac{N_s - (-N)}{N_2} = \frac{1000 - (-950)}{1000} = 1.95$$

$s' = 1.95$에서 전부하 토크를 발생시키는데 필요한 2차 삽입 저항 R은

$$\frac{r}{s} = \frac{r+R}{s'} \rightarrow \frac{r}{0.05} = \frac{r+R}{1.95}$$

$$R = \frac{r}{0.05} \times 1.95 - r = 38r$$

•답 : 38배

18 다음 동작설명을 참고하여 미완성 시퀀스 회로를 완성하시오.

【동작설명】
- PB_1을 누르면 MC가 여자되어 전동기가 운전하고, RL이 점등된다.
- PB_2를 누르면 MC가 소자되어 전동기가 정지하고, GL이 소등된다.
- 전원 투입 시 확인을 위해 파일럿램프가 점등된다.

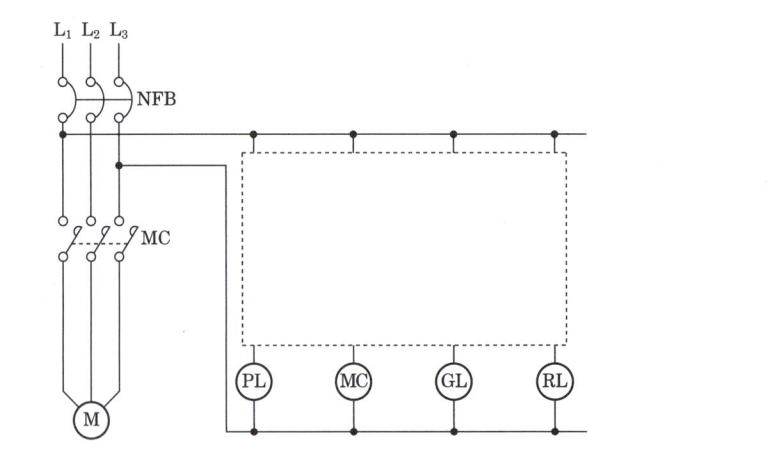

[정답]

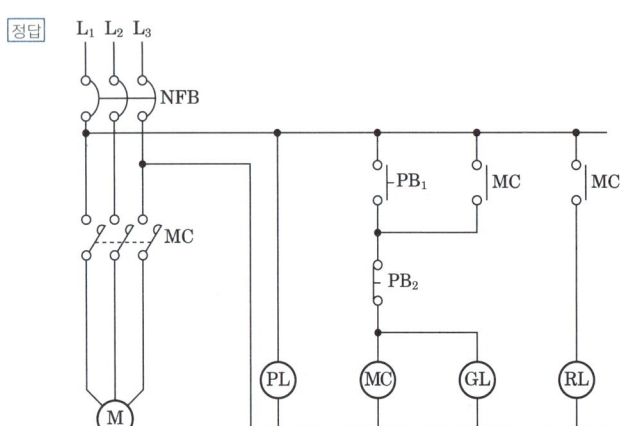

국가기술자격검정 실기시험문제 및 정답

2023년도 전기산업기사 제2회 필답형 실기시험

종 목	시험시간	형 별	성 명	수험번호
전기산업기사	2시간	A		

※ 수험자 인적사항 및 답안작성(계산식 포함)은 흑색의 필기구만 사용하여야 하며 흑색을 제외한 유색 필기구 또는 연필류를 사용하거나 2가지 이상의 색을 혼합 사용하였을 경우 그 문항은 0점 처리됩니다.

01 그림과 같이 지지점 A, B, C에는 고저차가 없으며, 경간 AB와 BC 사이에 전선이 가설되어 있다. 지금 경간 AC의 중점인 지지점 B에서 전선이 떨어졌다고 하면, 전선의 이도 D_2는 전선이 떨어지기 전 D_1의 몇 배가 되는지 구하시오.

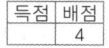

• 계산 : _____   • 답 : _____

[정답] • 계산 :

전선의 길이는 변하지 않으므로 AB구간 및 BC구간 전선의 실제길이를 L_1, AC구간 전선의 실제길이를 L_2일 경우 $2L_1 = L_2$가 성립

전선의 실제길이 $L = S + \dfrac{8D^2}{3S}$ 이므로,

$$2\left(S + \dfrac{8D_1^{\,2}}{3S}\right) = 2S + \dfrac{8D_1^{\,2}}{3\times 2S} \rightarrow 2S + \dfrac{2\times 8D_1^{\,2}}{3S} = 2S + \dfrac{8D_1^{\,2}}{3\times 2S} \rightarrow \dfrac{8D_1^{\,2}}{3\times 2S} = \dfrac{2\times 8D_1^{\,2}}{3S}$$

$$D_2^{\,2} = \dfrac{2\times 8D_1^{\,2}}{3S} \times \dfrac{3\times 2S}{8} \rightarrow D_2^{\,2} = 4D_1^{\,2}$$

$\therefore D_2 = \sqrt{4D_1^{\,2}} = 2D_1$

• 답 : 2배

02 분전반에서 25[m]의 거리에 4[kW]의 교류 단상 200[V] 전열용 아웃트렛을 설치하여 전압강하를 1[%] 이내가 되도록 하고자 한다. 이곳의 배선 방법을 금속관공사로 한다고 할 때, 전선의 굵기[mm²]를 얼마로 선정하는 것이 적당한지 구하시오.

• 계산 :   • 답 :

정답 • 계산 :

$$A = \frac{35.6LI}{1000 \times e}[\text{mm}^2]$$

$$A = \frac{35.6LI}{1000 \times e} = \frac{35.6 \times 25 \times \left(\frac{4000}{200}\right)}{1000 \times 200 \times 0.01} = 8.9[\text{mm}^2]$$

• 답 : 10[mm²]

03 그림의 그래프 특성을 갖는 계전기의 명칭을 쓰시오.

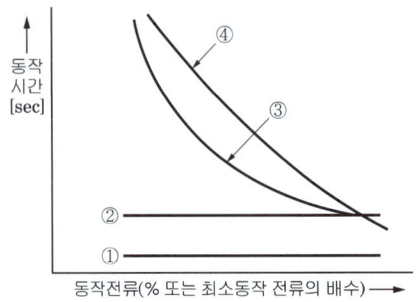

정답 ① 순한시형 계전기
② 정한시형 계전기
③ 반한시성 정한시형 계전기
④ 반한시 계전기

04 그림과 같은 저압 배선방식의 명칭과 특징을 4가지만 쓰시오.

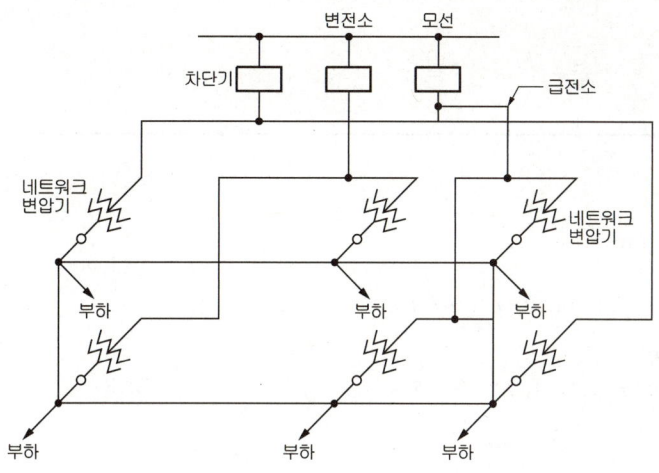

(1) 명칭

(2) 특징

○

○

○

○

[정답] (1) 명칭 : 저압 네트워크방식
 (2) 특징
  ① 전압변동이 작다.
  ② 공급 신뢰도가 높다.
  ③ 전력손실이 감소된다.
  ④ 부하 증가에 대한 적응성이 좋다.

05 무게 60[t]의 물체를 매분 3[m]의 속도로 권상하는 권상용 전동기의 출력은 몇 [kW]로 하면 되는지 계산하시오. (단, 권상기 효율은 80[%], 여유계수는 1.1)

• 계산 :   • 답 :

[정답] • 계산 :

권상기용 소요동력 $P = \dfrac{GV}{6.12\eta}$[kW]

(단, G : 적재하중[ton], V : 속도 [m/min], η : 효율)

$P = \dfrac{60 \times 3 \times 1.1}{6.12 \times 0.8} = 40.44$[kW]

• 답 : 40.44[kW]

06 3층 사무실용 건물에 3상 3선식 6000[V]를 수전하고 200[V]로 체강하여 사용하는 수전설비를 시설하였다. 각종 부하설비가 표와 같을 때 주어진 조건을 이용하여 다음 각 물음에 답하시오.

[동력부하설비]

사용 목적	용량[kW]	대수	상용동력[kW]	하계동력[kW]	동계동력[kW]
난방 관계 • 보일러 펌프 • 오일기어펌프 • 온수순환펌프	6.7 0.4 3.7	1 1 1			6.7 0.4 3.7
공기조화 관계 • 1,2,3층 패키지 콤프레서 • 콤프레서 팬 • 냉각수 펌프 • 쿨링 타워	7.5 5.5 5.5 1.5	6 3 1 1	16.5	45.0 5.5 1.5	
급·배수 관계 • 양수펌프	3.7	1	3.7		
기타 • 소화펌프 • 샷 터	5.5 0.4	1 2	5.5 0.8		
합계			26.5	52.0	10.8

[조명 및 콘센트 부하설비]

사용 목적	왓트수[W]	설치수량	환산용량[VA]	총용량[VA]	비고
전등 관계					
• 수은등 A	200	2	260	520	200[V] 고역률
• 수은등 B	100	8	140	1120	100[V] 고역률
• 형광등	40	820	55	45100	200[V] 고역률
• 백열전등	60	20	60	1200	
콘센트 관계					
• 일반 콘센트		70	150	10500	2P 15[A]
• 환기팬용 콘센트		8	55	440	
• 히터용 콘센트	1500	2		3000	
• 복사기용 콘센트		4		3600	
• 텔레타이프용 콘센트		2		2400	
• 룸 쿨러용 콘센트		6		7200	
기타					
• 전화교환용 정류기		1		800	
계				75880	

【조건】

1. 동력부하의 역률은 모두 70[%]이며, 기타는 100[%]로 간주한다.
2. 조명 및 콘센트 부하설비의 수용률은 다음과 같다.
   • 전등설비 : 60[%]
   • 콘센트설비 : 70[%]
   • 전화교환용 정류기 : 100[%]
3. 변압기 용량 산출시 예비율(여유율)은 고려하지 않으며 용량은 표준규격으로 답하도록 한다.
4. 변압기 용량 산정시 필요한 동력부하설비의 수용률은 전체 평균 65[%]로 한다.

(1) 동계난방 때 온수순환펌프는 상시 운전하고, 보일러용과 오일기어펌프의 수용률이 55[%]일 때 난방동력 수용부하는 몇 [kW]인가?

• 계산 : _____ • 답 : _____

(2) 상용 동력, 하계 동력, 동계 동력에 대한 피상전력은 몇 [kVA]가 되겠는가?

• 계산 : _____ • 답 : _____

(3) 이 건물의 총 전기설비 용량은 몇 [kVA]를 기준으로 하여야 하는가?

• 계산 : _____ • 답 : _____

(4) 조명 및 콘센트 부하설비에 대한 단상변압기의 용량은 최소 몇 [kVA]가 되어야 하는가?

　　• 계산 : _____　　• 답 : _____

(5) 동력 부하용 3상 변압기의 용량은 몇 [kVA]가 되겠는가?

　　• 계산 : _____　　• 답 : _____

(6) 단상과 3상 변압기의 전류계용으로 사용되는 변류기의 1차측 정격전류는 각각 몇 [A]인가?

CT 1차 정격[A]	5 · 10 · 15 · 20 · 30 · 40 · 50

　　• 계산 : _____　　• 답 : _____

(7) 역률개선을 위하여 각 부하마다 전력용 콘덴서를 설치하려고 할 때 보일러 펌프의 역률을 95[%]로 개선하려면 몇 [kVA]의 전력용 콘덴서가 필요한가?

　　• 계산 : _____　　• 답 : _____

정답 (1) • 계산 :
　　수용부하 = 부하용량[kW]×수용률 = 3.7+(6.7+0.4)×0.55(상시부하는 수용률이 100[%])
　　　　　　 = 7.61[kW]
　• 답 : 7.61[kW]

(2) • 계산 :
　　피상전력 = $\dfrac{P[\text{kW}]}{\cos\theta}$ [kVA]

　　① 상용 동력의 피상전력 = $\dfrac{26.5}{0.7}$ = 37.857[kVA]　　• 답 : 37.86[kVA]

　　② 하계 동력의 피상전력 = $\dfrac{52.0}{0.7}$ = 74.285[kVA]　　• 답 : 74.29[kVA]

　　③ 동계 동력의 피상전력 = $\dfrac{10.8}{0.7}$ = 15.428[kVA]　　• 답 : 15.43[kVA]

(3) • 계산 :
　　총 전기 설비용량 = 상용동력 부하용량 + 하계동력 부하용량 + 전등 및 콘센트 부하용량
　　　　　　　　　　 = 37.86 + 74.29 + 75.88 = 188.03[kVA]
　• 답 : 188.03[kVA]
　　[참고]
　　총 전기설비용량 계산시 하계부하용량과 동계부하용량 중 큰 것을 적용하여 계산한다.
　　(하계 : 74.29[kVA], 동계 : 15.43[kVA])

(4) • 계산 :

변압기 용량 $= \dfrac{\text{각 부하 최대수용전력의 합}}{\text{부등률} \times \text{역률}} = \dfrac{\text{설비용량} \times \text{수용률}}{\text{부등률} \times \text{역률}}$

전등 관계 : $(520 + 1120 + 45100 + 1200) \times 0.6 \times 10^{-3} = 28.76 [\text{kVA}]$

콘센트 관계 : $(10500 + 440 + 3000 + 3600 + 2400 + 7200) \times 0.7 \times 10^{-3} = 19 [\text{kVA}]$

기타 : $800 \times 1 \times 10^{-3} = 0.8 [\text{kVA}]$

∴ 변압기 용량 $= \dfrac{28.76 + 19 + 0.8}{1 \times 1} = 48.56 [\text{kVA}]$

※ 계산값보다 큰 값을 변압기 용량으로 선정

• 답 : 50[kVA]

(5) • 계산 :

※ 동력부하용 3상 변압기용량 계산시 하계부하용량과 동계부하용량 중 큰 것을 적용

(하계 : 52[kW] > 동계 : 10.8[kW])

변압기 용량 $= \dfrac{\text{각 부하 최대수용전력의 합}}{\text{부등률} \times \text{역률}} = \dfrac{\text{설비용량} \times \text{수용률}}{\text{부등률} \times \text{역률}}$

$= \dfrac{(26.5 + 52.0)}{0.7} \times 0.65 = 72.89 [\text{kVA}]$

• 답 : 75[kVA]

(6) 변류기 1차측 정격 전류(I_1) 계산

$I_1 = $ 1차측 부하전류 × 여유배수 (1.25~1.5)

① 단상 변압기 1차측 변류기의 정격 I_1

• 계산 : $I_1 = \dfrac{P_a}{V} \times (1.25 \sim 1.5) = \dfrac{50 \times 10^3}{6 \times 10^3} \times 1.25 = 10.42 [\text{A}]$

CT 1차 정격은 근사치인 10[A]로 선정

• 답 : 10[A] 선정

② 3상 변압기 1차측 변류기의 정격 I_1

• 계산 : $I_1 = \dfrac{P_a}{\sqrt{3}\,V} \times (1.25 \sim 1.5) = \dfrac{75 \times 10^3}{\sqrt{3} \times 6 \times 10^3} \times 1.25 = 9.02 [\text{A}]$

CT 1차정격은 근사치인 10[A]로 선정

• 답 : 10[A] 선정

(7) • 계산 :

콘덴서 용량 $Q_c = P(\tan\theta_1 - \tan\theta_2) [\text{kVA}]$ (단, 보일러 펌프 용량 $P = 6.7[\text{kW}]$)

$= 6.7 \times \left(\dfrac{\sqrt{1 - 0.7^2}}{0.7} - \dfrac{\sqrt{1 - 0.95^2}}{0.95} \right) = 4.63 [\text{kVA}]$

• 답 : 10[kVA] 선정

07 작업장의 크기가 20[m]×10[m]이다. 이 작업장의 평균조도를 250[lx] 이상으로 하고자 한다. 작업장에 시설하여야 할 최소 등기구는 몇 등인가? (단, 형광등 40[W]의 전광속은 2400[lm], 기구의 조명률은 0.5, 감광보상률은 1.2로 한다.)

- 계산 : _____ • 답 : _____

[정답]
- 계산 :
$$N = \frac{DES}{FU} = \frac{1.2 \times 250 \times 20 \times 10}{2400 \times 0.5} = 50[\text{등}]$$
- 답 : 50등

08 비상용 조명 부하 110[V]용 100[W] 58등, 60[W] 50등이 있다. 방전시간 30분 축전지 HS형 54[cell], 허용최저전압 100[V], 최저 축전지 온도 5[℃]일 때 축전지 용량은 몇 [Ah]인가? (단, 경년 용량 저하율 0.8, 용량 환산시간 K=1.2이다.)

- 계산 : _____ • 답 : _____

[정답]
- 계산 :

부하전류 $I = \dfrac{P}{V} = \dfrac{100 \times 58 + 60 \times 50}{110} = 80[\text{A}]$

축전지 용량 $C = \dfrac{1}{L}KI = \dfrac{1}{0.8} \times 1.2 \times 80 = 120[\text{Ah}]$

- 답 : 120[Ah]

09 3상 4선식 송전선에 1선의 저항이 10[Ω], 리액턴스가 20[Ω]이고, 송전단 전압이 6600[V], 수전단 전압이 6100[V]이었다. 수전단의 부하를 끊은 경우 수전단 전압이 6300[V], 부하 역률이 0.8일 때 다음 물음에 답하시오.

(1) 전압 변동률[%]을 구하시오.

- 계산 : _____ • 답 : _____

(2) 전압강하율[%]을 구하시오.

- 계산 : _____ • 답 : _____

정답 (1) • 계산 :
전압변동률 $\epsilon = \dfrac{V_{ro} - V_r}{V_r} \times 100 = \dfrac{6300 - 6100}{6100} \times 100 = 3.28[\%]$
• 답 : 3.28[%]

(2) • 계산 :
전압강하율 $\delta = \dfrac{6600 - 6100}{6100} \times 100 = 8.2[\%]$
• 답 : 8.2[%]

10 그림과 같이 V결선과 Y결선된 변압기 한 상의 중심 O에서 110[V]를 인출하여 사용한다.

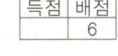

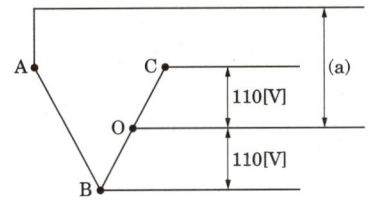
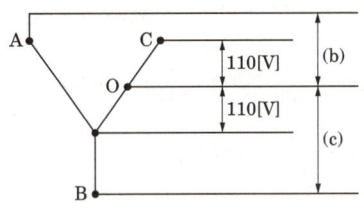

(1) 위 그림에서 (a)의 전압을 구하시오.
 • 계산 : _____ • 답 : _____

(2) 위 그림에서 (b)의 전압을 구하시오.
 • 계산 : _____ • 답 : _____

(3) 위 그림에서 (c)의 전압을 구하시오.
 • 계산 : _____ • 답 : _____

정답 (1) • 계산 :
$V_{AO} = 220\angle 0° + 110\angle -120° = 165 - j55\sqrt{3} = \sqrt{165^2 + (55\sqrt{3})^2} = 190.53[V]$
• 답 : 190.53[V]

(2) • 계산 :
$V_{AO} = 220\angle 0° - 110\angle 120° = 275 - j55\sqrt{3} = \sqrt{275^2 + (55\sqrt{3})^2} = 291.03[V]$
• 답 : 291.03[V]

(3) • 계산 :
$V_{BO} = 110\angle 120° - 220\angle -120° = 55 + j165\sqrt{3} = \sqrt{55^2 + (165\sqrt{3})^2} = 291.03[V]$
• 답 : 291.03[V]

11 다음 그림과 같은 부하분포의 배전선로에서 급전점 A의 전압이 105[V]일 때, B지점과 C, D지점의 전압을 각각 구하시오. 단, 전선의 굵기는 모두 동일하며, 1000[m]당 저항은 0.25 [Ω]이다.

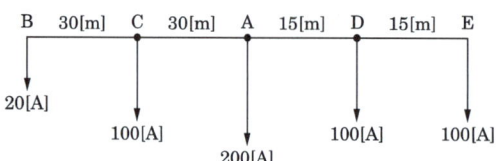

• 계산 : 　　　　　　　　　　　　　　　• 답 :

정답　• 계산 :

$$V_B = V_A - e = 105 - \left(120 \times \frac{3}{400} + 20 \times \frac{3}{400}\right) = 103.95[\text{V}]$$

$$V_C = V_A - e' = 105 - 120 \times \frac{3}{400} = 104.1[\text{V}]$$

$$V_D = 105 - 200 \times \frac{3}{800} = 104.25[\text{V}]$$

• 답 : $V_B = 103.95[\text{V}]$, $V_C = 104.1[\text{V}]$, $V_D = 104.25[\text{V}]$

---

12 40[kVA], 3상 380[V], 60[Hz]용 전력용 콘덴서의 결선방식에 따른 용량을 [μF]으로 구하시오.

(1) Δ결선인 경우 $C_1[\mu\text{F}]$

• 계산 : 　　　　　　　　　　　　　　　• 답 :

(2) Y결선인 경우 $C_2[\mu\text{F}]$

• 계산 : 　　　　　　　　　　　　　　　• 답 :

(3) 콘덴서는 어떤 결선으로 하는 것이 유리한지 쓰시오.

정답　(1) • 계산 :

$$C_1 = \frac{Q}{3 \times \omega V^2} \times 10^9 [\mu\text{F}] = \frac{40 \times 10^3}{3 \times 2 \times \pi \times 60 \times 380^2} \times 10^6 = 244.93[\mu\text{F}]$$

• 답 : 244.93[μF]

(2) • 계산 :
$$C_2 = \frac{Q}{\omega V^2} \times 10^9 [\mu F] = \frac{40 \times 10^3}{2 \times \pi \times 60 \times 380^2} \times 10^6 = 734.79 [\mu F]$$
• 답 : 734.79$[\mu F]$

(3) Δ결선

13 무접점 제어회로의 출력 Z에 대한 논리식을 입력요소가 모두 나타나도록 전개하시오. (단, A, B, C, D는 푸시버튼스위치 입력이다.)

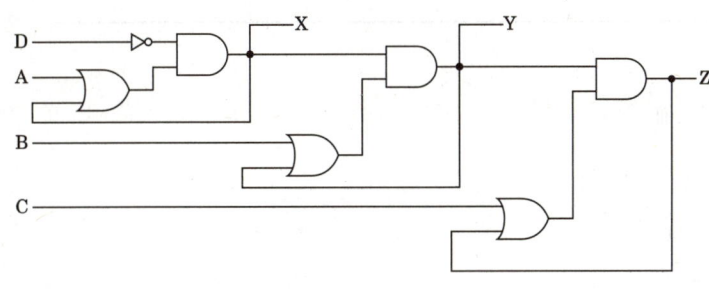

[정답] 논리식 $Z = \overline{D} \cdot (A+X) \cdot (B+Y) \cdot (C+Z)$

14 다음 그림과 같은 전등 부하설비가 있을 때, 여기에 공급할 변압기 용량[kVA]을 구하시오. 단, 수용간의 부등률은 1.3이다.

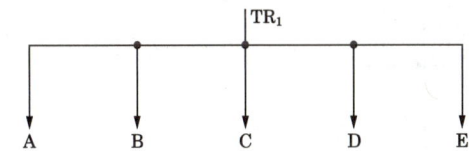

	A	B	C	D	E
설비용량	3	4.5	5.5	12	17
수용률	65	45	70	50	50

• 계산 : _____ • 답 : _____

[정답] • 계산 : 변압기 용량 = $\frac{\Sigma \text{설비용량} \times \text{수용률}}{\text{부등률}}$

$$TR_1 = \frac{(3 \times 0.65) + (4.5 \times 0.45) + (5.5 \times 0.7) + (12 \times 0.5) + (17 \times 0.5)}{1.3} = 17.17 [kVA]$$

• 답 : 17.17

15 다음 회로에서 전원 전압이 공급될 때, 전류계의 최대 측정 범위가 500[A]인 전류계로 전 전류값이 2000[A]인 전류를 측정하려고 한다. 전류계와 병렬로 몇 [Ω]의 저항을 연결하면 측정이 가능한지 계산하시오. 단, 전류계의 내부저항은 90[Ω]이다.

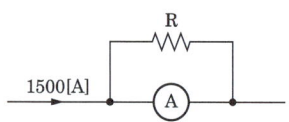

• 계산 : _____ • 답 : _____

정답 • 계산 :

① 500[A] → 2000[A]의 경우 4배

분류기 $R_s = \dfrac{R_a}{m-1} = \dfrac{90}{4-1} = 30[\Omega]$

② 500[A] → 1500[A]의 경우 3배

분류기 $R_s = \dfrac{R_a}{m-1} = \dfrac{90}{3-1} = 45[\Omega]$

• 답 : 30[Ω] 또는 45[Ω]

16 변류비 60/5인 변류기 2대를 그림과 같이 접속하였을 때, 전류계에 3[A]의 전류가 흘렀다. 1차 전류를 구하시오.

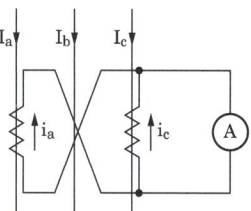

• 계산 : _____ • 답 : _____

정답 • 계산 :

2차측에 흐르는 전류계 지시값 $= I_1 \times \dfrac{1}{CT비} \times \sqrt{3}$

1차측 흐르는 전류는 $I_1 = \dfrac{1}{\sqrt{3}} \times CT비 \times 전류계 지시값 = \dfrac{1}{\sqrt{3}} \times \dfrac{60}{5} \times 3 = 20.78[A]$

• 답 : 20.78[A]

17 100[kVA]의 변압기가 운전하고 있다. 하루 중 절반은 무부하로, 나머지의 절반은 50[%], 나머지 시간은 전부하로 운전될 경우 전일효율은 몇[%]인가? (단, 변압기의 철손 400[W], 동손 1300[W]이다.)

• 계산 : _____ • 답 : _____

정답 • 계산 :

전일효율 $\eta = \dfrac{출력}{출력+손실} \times 100$

출력 $= \dfrac{1}{2} \times 100 \times 6 + 100 \times 6 = 900 [\text{kWh}]$

철손 $= 400 \times 24 \times 10^{-3} = 9.6 [\text{kWh}]$

동손 $= \left\{ \left(\dfrac{1}{2}\right)^2 \times 1300 \times 6 + 1300 \times 6 \right\} \times 10^{-3} = 9.75 [\text{kWh}]$

$\therefore \eta = \dfrac{900}{900+9.6+9.75} \times 100 = 97.9 [\%]$

• 답 : 97.9[%]

18 다음 래더다이어그램을 보고 물음에 답하시오.

① STR : 입력 A접점 (신호)   ② STRN : 입력 B점접 (신호)
③ AND : AND A접점   ④ ANDN : AND B접점
⑤ OR : OR A접점   ⑥ ORN : OR B접점
⑦ OB : 병렬접속점   ⑧ OUT : 출력
⑨ END : 끝   ⑩ W : 각 번지 끝

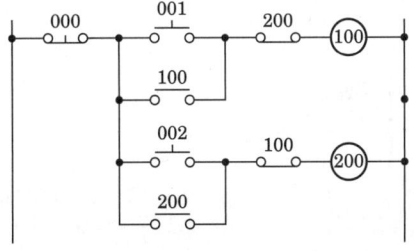

(1) 무접점 회로를 그리시오. (입력은 000, 001, 002이다.)

(2) PLC 프로그램표를 완성하시오.

스탭	명령어	데이터	비고
1	STRN	000	W
2	AND	001	W
3			W
4			W
5			W
6			W
7			W
8			W
9			W
10			W
11			W
12			W
13			W
14			W
15	OB	-	W
16	OUT	200	W
17	END	-	W

정답 (1)

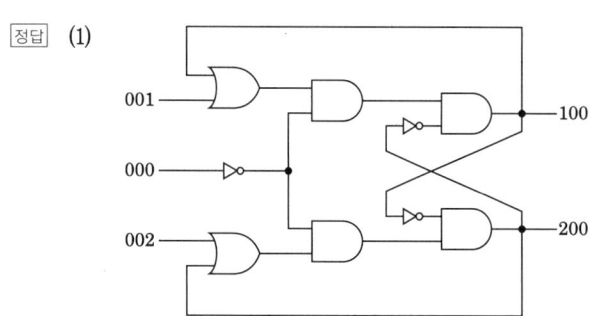

(2)

스탭	명령어	데이터	비고
1	STRN	000	W
2	AND	001	W
3	ANDN	200	W
4	STRN	000	W
5	AND	100	W
6	ANDN	200	W
7	OB	–	W
8	OUT	100	W
9	STRN	000	W
10	AND	002	W
11	ANDN	100	W
12	STRN	000	W
13	AND	200	W
14	ANDN	100	W
15	OB	–	W
16	OUT	200	W
17	END	–	W

국가기술자격검정 실기시험문제 및 정답

2023년도 전기산업기사 제3회 필답형 실기시험

종 목	시험시간	형 별	성 명	수험번호
전기산업기사	2시간	A		

※ 수험자 인적사항 및 답안작성(계산식 포함)은 흑색의 필기구만 사용하여야 하며 흑색을 제외한 유색 필기구 또는 연필류를 사용하거나 2가지 이상의 색을 혼합 사용하였을 경우 그 문항은 0점 처리됩니다.

---

01 아래 표는 유도 장해에 대한 설명이다. 빈 칸에 해당하는 유도 장해의 종류를 쓰시오.

( )	전력선과 통신선간의 상호 인덕턴스에 의해 발생한다.
( )	전력선과 통신선간의 정전용량에 의해 발생한다.
( )	양자의 영향에 의하지만 상용주파수보다 고조파의 유도에 의한 잡음 장해로 발생한다.

[정답]

(전자 유도 장해)	전력선과 통신선간의 상호 인덕턴스에 의해 발생한다.
(정전 유도 장해)	전력선과 통신선간의 정전용량에 의해 발생한다.
(고주파 유도 장해)	양자의 영향에 의하지만 상용주파수보다 고조파의 유도에 의한 잡음 장해로 발생한다.

---

02 60[kW] 역률 0.8인 부하가 있다. 여기에 40[kW], 역률 0.6인 부하를 추가했을 때 합성 유효전력과 합성 무효전력을 구하시오.

• 계산 :   • 답 :

[정답] • 계산 :

합성 유효전력 $P = 60 + 40 = 100 [kW]$

합성 무효전력 $P_r = 60 \times \dfrac{\sqrt{1-0.8^2}}{0.8} + 40 \times \dfrac{\sqrt{1-0.6^2}}{0.6} = 98.33 [kVar]$

• 답 : 합성유효전력 : 100[kW], 합성무효전력 : 98.33[kVar]

03 정격 출력 37[kW], 역률 0.8, 효율 0.82로 운전하는 3상 유도 전동기에 V결선의 변압기로 전원을 공급할 때 변압기 1대의 최소 용량[kVA]은?

변압기 정격용량[kVA]

| 10 | 15 | 20 | 30 | 50 | 75 | 100 |

• 계산 :   • 답 :

[정답] • 계산 :
V결선의 변압기에 인가되는 부하용량 $P_a = \dfrac{37}{0.8 \times 0.82} = 56.4[\text{kVA}]$

변압기 1대의 용량 $P_1 = \dfrac{P_a}{\sqrt{3}} = \dfrac{56.4}{\sqrt{3}} = 32.56[\text{kVA}]$

• 답 : 50[kVA]

04 빈칸에 해당하는 전압의 종류를 쓰시오.

| (①) | 전선로를 대표하는 선간전압을 말하고 이 전압으로써 그 계통의 송전전압을 말한다. |
| (②) | 전선로에 통상 발생하는 최고의 선간전압으로써 염해 대책, 1선지락고장 등 내부이상전압, 코로나현상, 전자유도전압의 표준이 되는 전압이다. |

[정답] ① 공칭전압 ② 최고전압

05 피뢰기의 구비조건을 3가지 쓰시오.

○
○
○

[정답] ① 제한전압이 낮을 것
② 속류 차단능력이 클 것
③ 충격파 방전 개시 전압이 낮을 것

06 100[kW] 설비용량 수용가의 부하율 60[%], 수용률 80[%]일 때, 1개월간 사용 전력량 [kWh]을 구하시오. (단, 1개월은 30일이다.)

• 계산 : _____ • 답 : _____

정답
• 계산 : $W = P \times t = 100 \times 0.6 \times 0.8 \times 30 \times 24 = 34560$ [kWh]
• 답 : 34560[kWh]

07 그림과 같이 지선을 가설하여 전주에 가해진 수평 장력 880[kg]을 지지하고자 한다. 4.0[mm] 철선을 지선으로 사용한다면 몇 가닥으로 하면 되는가? (단, 4[mm] 철선 1가닥의 인장하중은 440[kg]으로 하고 안전율은 2.5로 한다.)

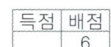

• 계산 : _____ • 답 : _____

정답
• 계산 : $\sin\theta = \dfrac{T}{T_0} = \dfrac{6}{\sqrt{8^2+6^2}} = \dfrac{6}{10}$

$T_0 = \dfrac{10}{6} \times 880 = 1466.67$ [kg]

$\therefore n = \dfrac{1466.67 \times 2.5}{440} = 8.33$

• 답 : 9가닥

08 조명에서 사용되는 용어 중 광원에서 나오는 복사속을 눈으로 보아 빛으로 느껴지는 크기를 나타낸 것으로써, 빛의 양을 나타내는 용어와 단위를 쓰시오.

• 용어 : _____ • 단위 : _____

정답
• 용어 : 광속
• 단위 : lm

09 다음은 저압가공인입선의 높이에 관한 사항이다. (   ) 안의 빈칸을 작성하시오.

도로횡단(단, 기술상 부득이한 경우에 교통에 지장을 주지 않는 경우를 제외)	( )[m]
철도 또는 궤도를 횡단하는 경우	( )[m]

[정답]

도로횡단(단, 기술상 부득이한 경우에 교통에 지장을 주지 않는 경우를 제외)	(5)[m]
철도 또는 궤도를 횡단하는 경우	(6.5)[m]

10 그림과 같은 분기회로의 전선 굵기를 표준 공칭 단면적으로 산정하여 쓰시오. (단, 전압강하는 2[V] 이하이고, 배선 방식은 교류 220[V], 단상 2선식이며, 후강전선관 공사로 한다.)

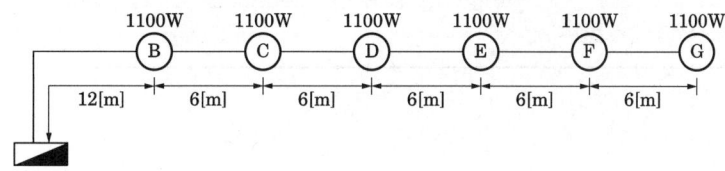

• 계산 :   • 답 :

[정답] • 계산 :

부하중심까지의 거리

$$L = \frac{(100 \times 12) + (1100 \times 18) + (1100 \times 24) + (1100 \times 30) + (1100 \times 36) + (1100 \times 42)}{1100 \times 6}$$

$$= \frac{13200 + 19800 + 26400 + 33000 + 39600 + 46200}{6600} = 27[m]$$

전부하전류 $I = \frac{1100 \times 6}{220} = 30[A]$,

전압강하 $e = 2[V]$

전선의 단면적 $= \frac{KLI}{1000e} = \frac{35.6 \times 27 \times 30}{1000 \times 2} ≒ 14.42[mm^2]$

• 답 : $16[mm^2]$

11 10[MVA]를 기준으로 전원측 %임피던스가 25[%]일 때, 수전점 단락용량 [MVA]을 구하시오.

• 계산 : _____ • 답 : _____

[정답] • 계산 :
$$P_s = \frac{100}{\%Z} \times P_n = \frac{100}{25} \times 100 = 400[\text{MVA}]$$
• 답 : 400[MVA]

12 어떤 콘덴서 3개를 선간전압 3300[V] 주파수 60[Hz]의 선로에 델타로 접속하여 60[KVA]가 되도록 하려면 콘덴서 1개의 정전용량은 약 얼마인가?

• 계산 : _____ • 답 : _____

[정답] • 계산 :
$$C = \frac{Q}{3\omega V^2} = \frac{60 \times 10^3}{3 \times 2\pi \times 60 \times 3300^2} \times 10^6 = 4.87[\mu\text{F}]$$
• 답 : 4.87[μF]

13 모든 방향으로 400[cd]의 광도를 갖는 전등을 직경 4[m]의 원형 탁자 중심에서 수직으로 2[m] 위에 점등하였다. 이 원형 탁자의 평균 조도는 얼마인가?

• 계산 : _____ • 답 : _____

[정답] • 계산 :
$$E = \frac{F}{S} = \frac{2\pi(1-\cos\theta)I}{\pi r^2} = \frac{2 \times \left(1 - \frac{2}{\sqrt{2^2+2^2}}\right) \times 400}{2^2} = 58.58[\text{lx}]$$
• 답 : 58.58[lx]

14 다음 주어진 조건을 이용하여 유접점회로를 완성하시오.

【조건】
- 전원 투입 시 GL램프가 점등된다.
- ON을 누르면 전동기가 동작하고 자기유지되며, RL램프가 점등되고 GL램프가 소등된다.
- THR이 동작하면 전동기가 정지하고 RL램프가 소등된다.
- OFF를 누르면 전동기가 정지하고 GL램프가 점등된다.

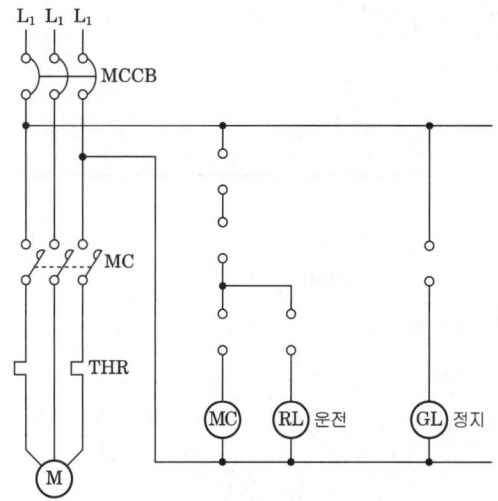

[정답]

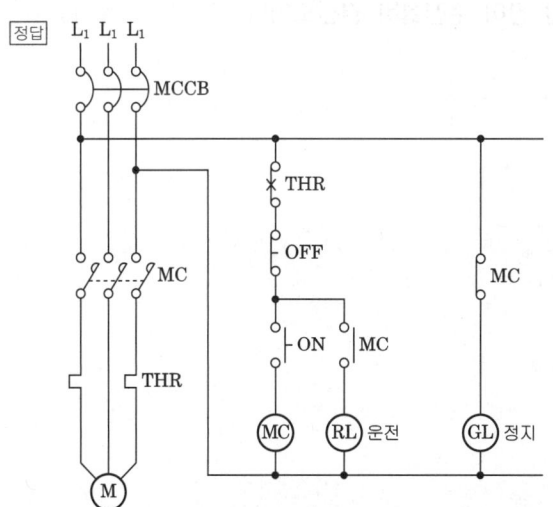

15 다음 단상회로에서 A, B, C, D 점 중에서 전원을 공급하려고 할 때, 전력손실이 최소가 되는 지점을 구하시오. (단, AB, BC, CD의 저항은 1[Ω]으로 하고 나머지 조건은 무시한다.)

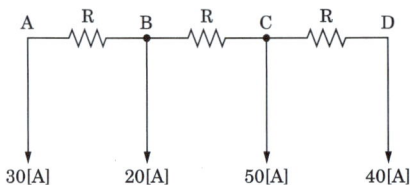

- 계산 : _____   - 답 : _____

[정답] • 계산 :
$P_A = (20+50+40)^2 \times 1 + (50+40)^2 \times 1 + 40^2 \times 1 = 21800$

$P_B = 30^2 \times 1 + (50+40)^2 \times 1 + 40^2 \times 1 = 10600$

$P_C = 30^2 \times 1 + (30+20)^2 \times 1 + 40^2 \times 1 = 5000$

$P_D = 30^2 \times 1 + (30+20)^2 \times 1 + (30+20+50)^2 \times 1 = 13400$

• 답 : C

16 그림은 22.9[kV-Y] 1000[kVA] 이하에 적용 가능한 특고압 간이 수전설비 결선도이다. 각 물음에 답하시오.

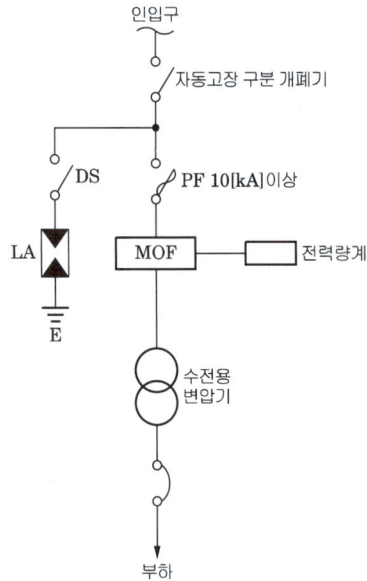

(1) 위 결선도에서 생략할 수 있는 것은?

(2) 22.9kV용의 LA는 어떤 것을 사용하여야 하는가?

(3) 인입선을 지중선으로 시설하는 경우로 공동주택 등 고장시 정전피해가 큰 경우에는 예비지중선을 포함하여 몇 회선으로 시설하는 것이 바람직한가?

(4) 지중인입선의 경우에 22.9[kV-Y]계통은 CNCV-W 케이블(수밀형) 또는 TR CNCV-W(트리억제형)을 사용하여야 한다. 다만, 전력구·공동구·덕트·건물구내 등 화재의 우려가 있는 장소에서는 어떤 케이블을 사용하는 것이 바람직한가?

(5) 300[kVA] 이하인 경우는 PF대신 COS을 사용시 비대칭 차단전류 몇 [kA] 이상의 것을 사용해야하는가?

정답 (1) LA용 DS

(2) Disconnector 또는 Isolator 붙임형

(3) 2회선

(4) FR CNCO-W(난연) 케이블

(5) 10[kA]

17 2000[lm]의 광속을 발산하는 전등 30개를 100[m²]의 방에 설치하였다. 전등의 조명율은 0.5, 감광보상율이 1.5(보수율 0.667)일 때 방의 평균조도[lx]를 구하시오.

- 계산 :   • 답 :

정답 • 계산 :
$$E = \frac{FUN}{DS} = \frac{2000 \times 0.5 \times 30}{1.5 \times 100} = 200[lx]$$
• 답 : 200[lx]

18 다음 그림과 같이 단상 3선식 110/220[V]수전의 경우 설비 불평형률은 몇 [%]인가?[6점]

- 계산 : _____ • 답 : _____

정답 • 계산 :
$P_{AN} = 3 + 0.5 + 0.5 = 4 [\text{kVA}]$
$P_{BN} = 0.5 + 3.8 = 4.3 [\text{kVA}]$

∴ 설비 불평형률 $= \dfrac{4.3 - 4}{(4.3 + 4 + 5) \times \dfrac{1}{2}} \times 100 = 4.51 [\%]$

• 답 : 4.51[%]

국가기술자격검정 실기시험문제 및 정답

2024년도 전기산업기사 제1회 필답형 실기시험

종 목	시험시간	형 별	성 명	수험번호
전기산업기사	2시간	A		

※ 수험자 인적사항 및 답안작성(계산식 포함)은 흑색의 필기구만 사용하여야 하며 흑색을 제외한 유색 필기구 또는 연필류를 사용하거나 2가지 이상의 색을 혼합 사용하였을 경우 그 문항은 0점 처리됩니다.

01 다음 한국전기설비규정(KEC)에 의한 전선의 색상표이다. 빈 칸을 채우시오.

상(문자)	색상
L_1	①
L_2	②
L_3	③
N	④
보호도체	⑤

[정답] ① 갈색 ② 검은색
③ 회색 ④ 파란색
⑤ 녹색 – 노란색

02 다음 조건을 만족하는 유접점 회로도를 완성하시오.

【조 건】
- 전원 스위치 MCCB를 투입하면, GL이 점등된다.
- 푸시버튼 PB_1을 누르면, MC가 여자되고, 자기유지되며 동시에 MC의 접점에 의해 GL이 소등되고 RL이 점등된다.
- 푸시버튼 PB_2를 누르면, MC에 흐르는 전류가 끊겨 전동기가 정지하며 동시에 MC의 접점에 의해 GL이 점등되고 RL이 소등된다.
- 사고에 의해 과전류가 흐르면 THR이 동작하여 모든 회로가 정지된다.

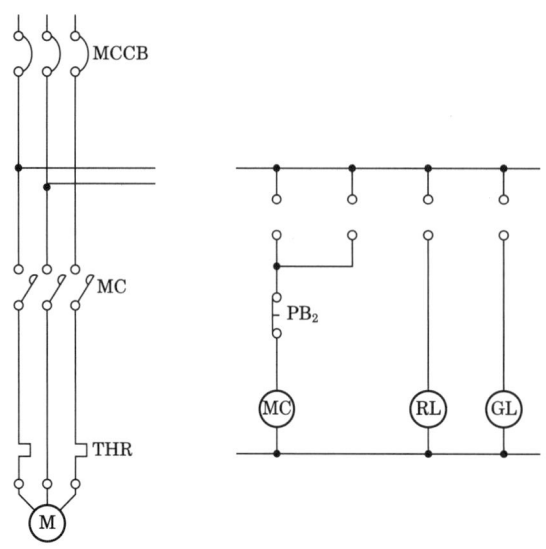

[정답]

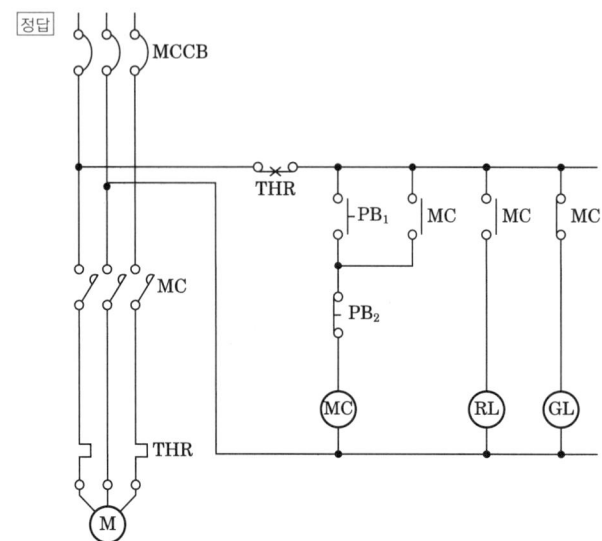

03 다음 무접점회로를 보고, 논리식 및 유접점 회로를 완성하시오.

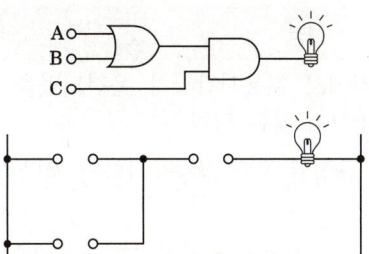

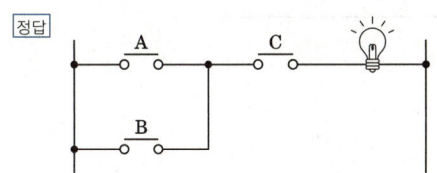

[정답]

논리식: $L = (A+B) \cdot C$

유접점 회로:

```
  ●──○ A ○──●──○ C ○──💡──●
  │          │
  ●──○ B ○──●
```

---

04 종합전기설계사업법에서 기술인력 등록요건 3가지를 쓰시오.

○ _____

○ _____

○ _____

[정답]
① 설계사 2명
② 설계보조자 2명
③ 전기분야 기술사 2명

□□□

05 다음 표를 보고 설명에 해당하는 전동기의 정격을 쓰시오.

득점	배점
	5

전동기 정격	설명
①	냉상태에서 시작하여 지정된 조건에서 허용시간까지 운전되었을 때 규정된 온도상승, 기타의 제반조건을 초과하지 않는 정격
②	지정된 조건으로 연속 사용할 때 규정된 온도 상승, 기타의 제반조건을 초과하지 않는 정격
③	지정된 조건에서 일정한 부하로 운전·정지를 주기적으로 반복사용할 때 규정된 온도상승, 기타의 제반조건을 초과하지 않는 정격

정답 ① 단시간 정격
② 연속 정격
③ 반복 정격

□□□

06 부하설비의 역률이 낮아질 경우 수용가가 볼 수 있는 손해를 4가지만 쓰시오.

득점	배점
	4

○
○
○
○

정답 ① 전력손실 증가
② 전압강하 증가
③ 전기요금 증가
④ 설비용량 여유 감소

07 한시 계전기의 특성을 설명하시오.

(1) 정한시

○ _____

(2) 반한시

○ _____

(3) 반한시성 정한시

○ _____

_____

[정답] (1) 동작 전류 크기에 관계없이 정해진 일정 시간에 동작하는 특성
(2) 동작 전류가 커질수록 동작 시간이 짧게 되고 반대로 동작 전류가 작을수록 동작시간이 길어지는 특성
(3) 동작 전류가 작은 동안에는 반한시 특성을 갖고 일정 전류 이상이면 정한시 특성을 가짐

08 평탄지에서 전선의 지지점의 높이를 같도록 가선한 경간이 100[m]인 가공전선로가 있다. 사용전선으로 인장하중이 1480[kg], 중량 0.334[kg/m]인 경동선을 사용하고, 수평 풍압하중이 0.608[kg/m], 전선의 안전율이 2.2인 경우 이도를 구하시오.

• 계산 : _____ • 답 : _____

_____

[정답] • 계산 :

합성하중 $W = \sqrt{0.334^2 + 0.608^2} = 0.69 [\text{kg/m}]$

따라서, 이도 $D = \dfrac{WS^2}{8T} = \dfrac{0.69 \times 100^2}{8 \times \dfrac{1480}{2.2}} = 1.28 [\text{m}]$

• 답 : 1.28[m]

09 50[kVA]인 변압기가 그림과 같은 부하로 운전되고 있다. 오전에는 역률 80[%]로 오후에는 100[%]로 운전된다면 전일효율은 몇 [%]가 되겠는가? (단, 이 변압기의 철손은 0.6[kW]이고 전부하시 동손은 1[kW]이다.)

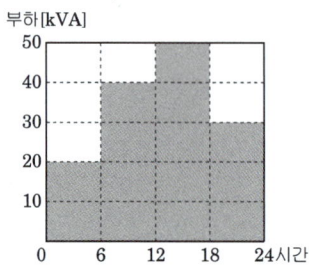

• 계산 : _____ • 답 : _____

정답 • 계산 :

전일효율 $\eta_a = \dfrac{\Sigma h m P_a \cos\theta}{\Sigma h m P_a \cos\theta + 24 P_i + \Sigma h m^2 P_c} \times 100[\%]$

부하의 소비 전력량 $\Sigma h m P_a \cos\theta = 6 \times (20 \times 0.8 + 40 \times 0.8 + 50 \times 1 + 30 \times 1) = 768[\text{kWh}]$

철손량 $24 P_i = 24 \times 0.6 = 14.4[\text{kWh}]$

동손량 $\Sigma h m^2 P_c = 6 \times \left\{ \left(\dfrac{20}{50}\right)^2 + \left(\dfrac{40}{50}\right)^2 + \left(\dfrac{50}{50}\right)^2 + \left(\dfrac{30}{50}\right)^2 \right\} \times 1 = 12.96[\text{kWh}]$

∴ 전일효율 $\eta_a = \dfrac{768}{768 + 14.4 + 12.96} \times 100 = 96.56[\%]$

• 답 : 96.56[%]

---

10 반사율 65[%]의 완전확산성 종이를 200[lx]의 조도로 비추었을 때 종이의 휘도[cd/m^2]는 약 얼마인가?

• 계산 : _____ • 답 : _____

정답 • 계산 :

$\pi B = \rho E$ 에서 $B = \dfrac{\rho E}{\pi} = \dfrac{0.65 \times 200}{\pi} = 41.38[\text{cd/m}^2]$

• 답 : 41.38[cd/m^2]

11 어떤 공장의 어느 날 부하실적이 1일 사용전력량 100[kWh]이며, 1일의 최대 전력이 7[kW]이고, 최대 전력일 때의 전류값이 20[A]이었을 경우 다음 각 물음에 답하시오. (단, 이 공장은 220[V], 11[kW]인 3상 유도전동기를 부하 설비로 사용한다고 한다.)

(1) 일 부하율은 몇 [%]인가?
• 계산 : _____ • 답 : _____

(2) 최대 공급전력일 때 역률은 몇 [%]인가?
• 계산 : _____ • 답 : _____

[정답] (1) • 계산 :
$$\text{일 부하율} = \frac{\text{사용전력량}/24}{\text{최대전력}} = \frac{100/24}{7} \times 100 = 59.52[\%]$$
• 답 : 59.52[%]

(2) • 계산 :
$$\text{역률 } \cos\theta = \frac{\text{유효전력}}{\text{피상전력}} = \frac{P}{\sqrt{3}\,VI} = \frac{7 \times 10^3}{\sqrt{3} \times 220 \times 20} \times 100 = 91.85[\%]$$
• 답 : 91.85[%]

12 3상 농형 유도전동기의 기동법 3가지를 쓰시오.

○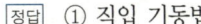
○ _____
○ _____

[정답] ① 직입 기동법
② Y-△ 기동법
③ 기동 보상기법
④ 리액터 기동법

13 실내 바닥에서 3[m] 떨어진 곳에 300[cd]인 전등이 점등되어 있는데 이 전등 바로 아래에서 수평으로 4[m] 떨어진 곳의 수평면조도는 몇 [lx]인지 구하시오.

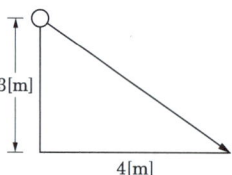

• 계산 :   • 답 :

[정답] • 계산 :

$$수평면 \ E_h = \frac{I}{\ell^2} \times \cos\theta = \frac{300}{(\sqrt{3^2+4^2})^2} \times \frac{3}{\sqrt{3^2+4^2}} = 7.2[lx]$$

• 답 : 7.2[lx]

14 차단기의 약호에 따른 명칭을 쓰시오.

약호	명칭
ACB	
VCB	
OCB	

[정답]

약호	명칭
ACB	기중차단기
VCB	진공차단기
OCB	유입차단기

□□□

15 피뢰기는 이상전압이 기기에 침입했을 때 그 파고값을 저감시키기 위하여 뇌전류를 대지로 방전시켜 절연파괴를 방지하며, 방전에 의하여 생기는 속류를 차단하여 원래의 상태로 회복시키는 장치이다. 피뢰기의 제한전압이란?

득점	배점
	5

○ ______________________________

정답 피뢰기 단자간에 남게 되는 충격전압

□□□

16 다음 그림은 배전반에서 계측하기 위한 계기용 변성기이다. 아래 그림을 보고 명칭, 약호, 심벌, 역할에 알맞은 내용을 쓰시오.

득점	배점
	8

구분	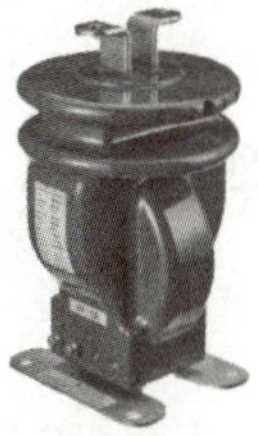	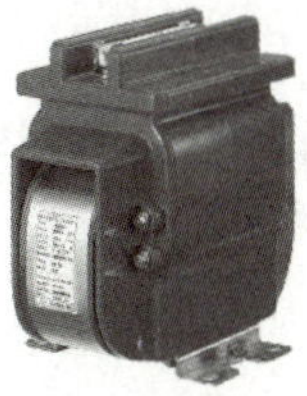
약호		
심벌 (단선도로 그리시오)		
역할		

정답

구분	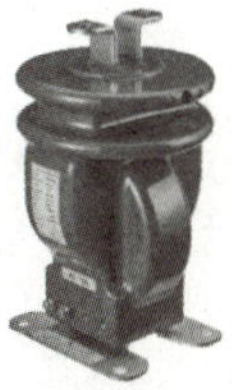	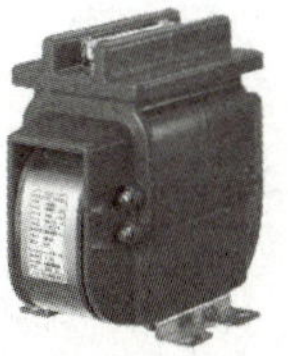
약호	CT	PT
심벌 (단선도로 그리시오)	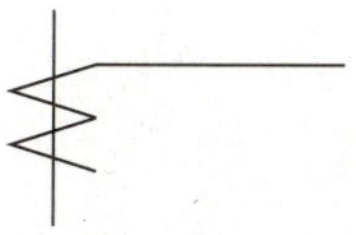	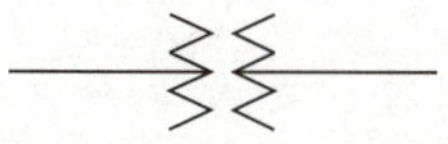
역할	대전류를 소전류로 변성하여 계기 및 계전기에 공급한다.	고전압을 저전압으로 변성하여 계기 및 계전기 등의 전원으로 사용한다.

17 가공선의 파동임피던스가 400[Ω], 케이블의 파동임피던스가 50[Ω]인 선로의 접속점에 피뢰기를 설치하였다. 피뢰기 투과전압 600[kV], 이상전류는 1000[A]일 때, 피뢰기의 제한전압[kV]을 구하시오.

- 계산 :
- 답 :

정답 • 계산 :

$$\text{피뢰기 제한전압} = \frac{2Z_2}{Z_1+Z_2} \cdot e_i - \frac{Z_1 \cdot Z_2}{Z_1+Z_2} \cdot i_a = 600 - \frac{400 \times 50}{400+50} \times 1 = 555.56[kV]$$

• 답 : 555.56[kV]

18 계기 정수 1000[Rev/kWh], 적산전력계의 원판이 40초에 5회전을 할 때, 부하평균전력은 몇 [kW]인지 계산하시오.

- 계산 :
- 답 :

정답 • 계산 :

초당 회전수 $n = \dfrac{P \times K}{3600}$

$\therefore P = \dfrac{n \times 3600}{K} = \dfrac{\frac{5}{40} \times 3600}{1000} = 0.45[kW]$

• 답 : 0.45[kW]

19 다음은 간이수변전설비의 단선도 일부이다. 각 물음에 답하시오.

```
        CH ▽
         │
      ⓐ □  AISS
         │  25.8[kV] 200[A]
         │
         ╱ PF
         │
      ⓑ △  TR
         ○  3φ 700[kVA]
         Y  22.9[kV]/380-220[V]
         │
      ⓒ ╱  ACB 4P
         │  (W/OCR, OCGR)
         │
        CT_3
         │
         ├──╱──(M)ⓓ
         ▽      ⏚
```

(1) 간이수변전설비의 단선도에서 ⓐ는 인입구 개폐기인 자동고장구분개폐기이다. 다음 ( )에 들어갈 내용을 답란에 쓰시오.

> 22.9[kV-Y] (①)[kVA] 이하에 적용이 가능하며, 300[kVA] 이하일 경우에는 자동고장 구분 개폐기 대신에 (②)을 사용할 수 있다.

(2) 간이수변전설비의 단선도에서 ⓑ에 설치된 변압기에 대하여 다음 ( )에 들어갈 내용을 답란에 쓰시오.

> 과전류강도는 최대부하전류의 (①)배 전류를 (②)초 동안 흘릴 수 있어야 한다.

(3) 간이수변전설비의 단선도에서 ⓒ는 변압기 2차 개폐기 ACB이다. 보호요소 2가지를 쓰시오.

○ _____

○ _____

(4) 간이수변전설비의 단선도에서 설치된 전력퓨즈에 대하여 다음 ( )에 들어갈 내용을 답란에 쓰시오.

> 일반적으로 전력퓨즈(Power Fuse)와 컷아웃스위치(COS)를 통칭하여 고압퓨즈라 한다. 간이수 전설비에서 (①)[kVA] 이하인 경우 PF 대신 COS를 사용할 수 있다. 다만, 비대칭 차단전류 (②)[kA] 이상의 것을 사용해야 한다.

(5) 간이수변전설비의 간선도에서 변류기의 변류비를 선정하시오. (단, CT의 정격전류는 부하전류의 125[%]로 하며, 표준규격[A]은 1차 : 1000, 1200, 1500, 2000, 2차 : 5를 사용한다.)

• 계산 : _____ • 답 : _____

[정답] (1) ① 1000

② 기중부하개폐기 (인터럽터 스위치)

(2) ① 25

② 2

(3) ① 과전류

② 부족전압

③ 결상

(4) ① 300

② 10

(5) • 계산 :

$$I_{CT} = \frac{700 \times 10^3}{\sqrt{3} \times 380} \times 1.25 = 1329.42[\text{A}]$$

• 답 : 1500 / 5 선정

국가기술자격검정 실기시험문제 및 정답

2024년도 전기산업기사 제2회 필답형 실기시험

종 목	시험시간	형 별	성 명	수험번호
전기산업기사	2시간	A		

※ 수험자 인적사항 및 답안작성(계산식 포함)은 흑색의 필기구만 사용하여야 하며 흑색을 제외한 유색 필기구 또는 연필류를 사용하거나 2가지 이상의 색을 혼합 사용하였을 경우 그 문항은 0점 처리됩니다.

01 어느 회사에서 한 부지에 A, B, C의 세 공장을 세워 3대의 급수 펌프 P_1(소형), P_2(중형), P_3(대형)으로 다음 계획에 따라 급수 계획을 세웠다. 이 계획을 잘 보고 다음 물음에 답하시오.

【계 획】
① 모든 공장 A, B, C가 휴무일 때 또는 그 중 한 공장만 가동할 때에는 펌프 P_1만 가동시킨다.
② 모든 공장 A, B, C 중 어느 것이나 두 개의 동작만 가동할 때에는 P_2만 가동시킨다.
③ 모든 공장 A, B, C 가 모두 가동할 때에는 P_3만 가동시킨다.

(1) 급수계획에 대한 진리표를 작성하시오.

A	B	C	P_1	P_2	P_3
0	0	0	1	0	0
0	0	1	1	0	0
0	1	0	1	0	0
0	1	1	0	1	0
1	0	0	1	0	0
1	0	1	0	1	0
1	1	0	0	1	0
1	1	1	0	0	1

(2) 급수 펌프 P_1, P_2에 대한 출력식을 쓰시오.

• 계산 : _____ • 답 : _____

(3) 급수 펌프 P_1, P_2에 대한 유접점 회로를 완성하시오.

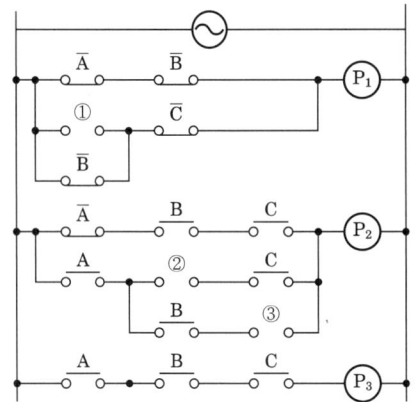

【정답】 (1)

A	B	C	P_1	P_2	P_3
0	0	0	1	0	0
0	0	1	1	0	0
0	1	0	1	0	0
0	1	1	0	1	0
1	0	0	1	0	0
1	0	1	0	1	0
1	1	0	0	1	0
1	1	1	0	0	1

(2) ・계산 :
$$P_1 = \overline{A}\,\overline{B}\,\overline{C} + A\overline{B}\,\overline{C} + \overline{A}B\overline{C} + \overline{A}\,\overline{B}C + \overline{A}\,\overline{B}\,\overline{C} + \overline{A}\,\overline{B}\,\overline{C}$$
$$= (\overline{A}+A)\overline{B}\,\overline{C} + (B+\overline{B})\overline{A}\,\overline{C} + (C+\overline{C})\overline{A}\,\overline{B}$$
$$= \overline{B}\,\overline{C} + \overline{A}\,\overline{C} + \overline{A}\,\overline{B} = \overline{C}(\overline{B}+\overline{A}) + \overline{A}\,\overline{B}$$
$$P_2 = \overline{A}B\overline{C} + A\overline{B}C + AB\overline{C} = \overline{A}BC + A(B\overline{C} + \overline{B}C)$$

・답 : $P_1 = \overline{C}(\overline{B}+\overline{A}) + \overline{A}\,\overline{B}$
$P_2 = \overline{A}BC + A(B\overline{C} + \overline{B}C)$

(3)
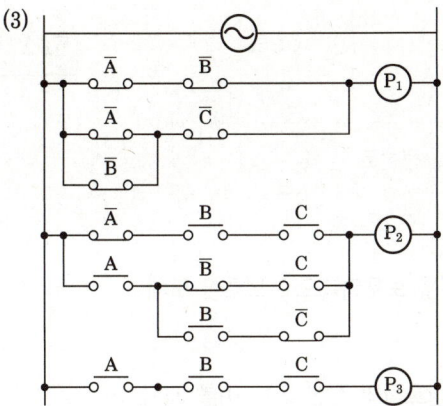

02 다음 빈 칸에 알맞은 숫자를 넣으시오.

> 욕조나 샤워시설이 있는 욕실 또는 화장실 등 인체가 물에 젖어있는 상태에서 전기를 사용하는 장소에 콘센트를 시설하는 경우에는 「전기용품 및 생활용품 안전관리법」의 적용을 받는 인체감전보호용 누전차단기(정격감도전류 (①)[mA] 이하, 동작시간 (②)초 이하의 전류동작형의 것에 한한다) 또는 절연변압기(정격용량 (③)[kVA] 이하인 것에 한한다)로 보호된 전로에 접속하거나, 인체감전보호용 누전차단기가 부착된 콘센트를 시설하여야 한다.

①	②	③

정답

①	②	③
15	0.03	3

03 빈칸에 알맞은 답을 채우시오.

> 개폐소, 변전소, 발전소, 급전소, 배선, 전선, 전로, 전선로

(①) : 전력계통 운용에 관한 지시 또는 급전조작을 하는 곳

(②) : 전기도체, 절연물로 피복한 전기도체 또는 절연물로 피복한 위를 보호피복으로 보호한 도체

(③) : 통상의 사용 상태에서 전기가 통하고 있는 곳

(④) : 발전소, 변전소, 개폐소, 이에 준하는 곳 및 전기 사용 장소 상호간의 전선 또는 이를 지지, 수용하는 시설물

①	②	③	④

[정답]

①	②	③	④
급전소	전선	전로	전선로

04 4점법으로 평균 조도를 구하시오.

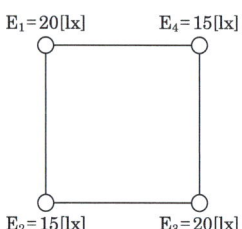

$E_1 = 20[\text{lx}]$, $E_4 = 15[\text{lx}]$, $E_2 = 15[\text{lx}]$, $E_3 = 20[\text{lx}]$

- 계산 :
- 답 :

[정답]
- 계산 :
$$E_{av} = \frac{20 + 15 + 15 + 20}{4} = 17.5[\text{lx}]$$
- 답 : $17.5[\text{lx}]$

05 전기공사업자는 등록사항 중 "대통령령으로 정하는 중요 사항"이 변경된 경우 시, 도지사에게 그 사실을 신고하여야 한다. "대통령령으로 정하는 중요 사항" 2가지를 쓰시오.

○ _____

○ _____

[정답]
① 상호 또는 명칭
② 영업소의 소재지
③ 대표자
④ 자본금(공사업과 관련이 자본금의 변경은 제외한다)
⑤ 전기공사기술자

06 길이가 50[km]인 송전선로의 한 선의 애자련이 300련이고 1련의 누설저항이 10^3[MΩ]이다. 선로의 누설 컨덕턴스는 몇 [μ℧] 인가? (주어진 조건만을 사용하시오.)

• 계산 : _____ • 답 : _____

[정답] • 계산 :

애자련 300련이 병렬연결된 구조이므로 합성 누설저항 $R_0 = \dfrac{R}{n} = \dfrac{10^3 \times 10^6}{300}[\Omega]$

누설 컨덕턴스 $G_0 = \dfrac{1}{R_0} = \dfrac{300}{10^3 \times 10^6} \times 10^6 = 0.3[\mu℧]$

• 답 : 0.3[μ℧]

07 부등률의 정의를 쓰시오.

○ _____

[정답] 합성최대전력에 대한 각 부하설비 최대전력의 합의 비를 말하며, 최대전력의 발생시각 또는 발생 시기의 분산을 나타내는 지표이다.

08 바닥면적 1200[m²]인 사무실의 조명설계를 하려고 한다. 실내 평균 조도는 300[lx]를 얻으려고 할 때 몇 개의 형광등이 필요한가? (단, 40[W] 형광등 한 개의 광속은 2500[lm], 조명률 0.7, 감광보상률 1.5)

• 계산 : _____ • 답 : _____

정답 • 계산 :
$$N = \frac{DES}{FU} = \frac{1.5 \times 300 \times 1200}{2500 \times 0.7} = 308.57$$
• 답 : 309개

09 그림과 같은 계통의 기기의 A점에서 완전 지락이 발생하였다. 이때 다음 각 물음에 답하시오.

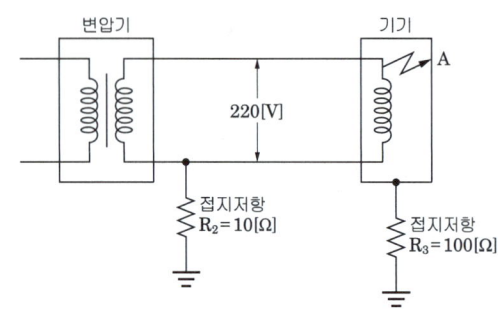

(1) 이 기기의 외함에 인체가 접촉하고 있지 않은 경우, 이 외함의 대지전압은 몇 [V]인가?

• 계산 : _____ • 답 : _____

(2) 이 기기의 외함에 인체가 접촉하였을 경우, 인체를 통하여 흐르는 전류는 몇 [mA]인가? (단, 인체의 저항은 3000[Ω]으로 한다.)

• 계산 : _____ • 답 : _____

[정답] (1) • 계산 :

$$대지전압\ e = \frac{R_3}{R_2+R_3} \times E = \frac{100}{10+100} \times 220 = 200[V]$$

• 답 : 200[V]

(2) • 계산 :

인체에 흐르는 전류

$$I_g = \frac{V}{R_2 + \frac{R_3 \times R}{R_3+R}} \times \frac{R_3}{R_3+R} = \frac{220}{10 + \frac{100 \times 3000}{100+3000}} \times \frac{100}{100+3000} \times 10^3 = 66.47[mA]$$

• 답 : 66.47[mA]

10 수전단 전압이 22900[V]일 때 변압기 2차 전압이 380/220[V]이라고 한다. 실제 측정된 변압기 2차측 전압이 370[V]일 때, 1차 탭전압을 22900[V]에서 21900[V]로 변경한다면 2차 전압 측정값은?

• 계산 : _____ • 답 : _____

[정답] • 계산 :

$$\frac{V_{1t}'}{V_{1t}} = \frac{V_2}{V_2'} \Rightarrow V_2' = V_2 \times \frac{V_{1t}}{V_{1t}'} = 370 \times \frac{22900}{21900} = 386.89[V]$$

• 답 : 386.89[V]

11 어떤 건물의 연면적이 420[m²]이다. 이 건물에 표준부하를 적용하여 전등, 일반 동력 및 냉방 동력 공급용 변압기 용량을 각각 다음 표를 이용하여 구하시오. (단, 전등은 단상 부하로부터 역률은 1이며, 일반 동력, 냉방 동력은 3상 부하로서 각 역률은 0.95, 0.9이다.)

[표준부하]

부하	표준부하[W/m²]	수용률[%]
전등	30	75
일반 동력	50	65
냉방 동력	35	70

[변압기 용량]

상별	용량[kVA]
단상	3, 5, 7.5, 10, 15, 30, 50
3상	3, 5, 7.5, 10, 15, 30, 50

(1) 전등용 변압기 용량

• 계산 : _____   • 답 : _____

(2) 일반 동력 변압기 용량

• 계산 : _____   • 답 : _____

(3) 냉방 동력 변압기 용량

• 계산 : _____   • 답 : _____

정답 (1) • 계산 :
$$TR_{전등} = 30 \times 420 \times 0.75 \times 10^{-3} = 9.45[kVA]$$
• 답 : 10[kVA]

(2) • 계산 :
$$TR_{일반} = \frac{50 \times 420 \times 0.65 \times 10^{-3}}{0.95} = 14.37[kVA]$$
• 답 : 15[kVA]

(3) • 계산 :
$$TR_{냉방} = \frac{35 \times 420 \times 0.7 \times 10^{-3}}{0.9} = 11.43[kVA]$$
• 답 : 15[kVA]

---

12 화력발전소에서 1시간 운전시 중유 12[ton]을 사용했다면, 발전기의 효율은 얼마인가? (단, 발열량은 10000[kcal/kg], 발전기의 출력은 40000[kW]이다.)

• 계산 : _____   • 답 : _____

정답 • 계산 :
$$\eta = \frac{860PT}{mH} \times 100 = \frac{860 \times 40000 \times 1}{12 \times 10^3 \times 10000} \times 100 = 28.67[\%]$$
• 답 : 28.67[%]

13 3상 154[kV] 시스템의 회로도와 조건을 이용하여 점 F에서 3상 단락고장이 발행하였을 때 단락전류 등을 154[kV], 100[MVA] 기준으로 계산하는 과정에 대한 다음 각 물음에 답하시오.

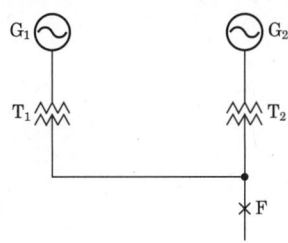

【조건】

① 발전기 G_1 : S_{G1} = 20[MVA], %Z_{G1} = 30[%]
　　　　　G_2 : S_{G2} = 5[MVA], %Z_{G2} = 30[%]
② 변압기 T_1 : 전압 11/154[kV], 용량 : 20[MVA], %Z_{T1} = 10[%]
　　　　　T_2 : 전압 6.6/154[kV], 용량 : 5[MVA], %Z_{T2} = 10[%]
③ 송전선로 : 전압 154[kV], 용량 : 20[MVA], %Z_{TL} = 5[%]

(1) 정격전압과 정격용량을 각각 154[kV], 100[MVA]로 할 때 정격전류(I_n)를 구하시오.

• 계산 : _____　　• 답 : _____

(2) 발전기(G_1, G_2), 변압기(T_1, T_2) 및 송전선로의 %임피던스 %Z_{G1}, %Z_{G2}, %Z_{T1}, %Z_{T2}, %Z_{TL} 을 각각 구하시오.

• 계산 : _____　　• 답 : _____

(3) 점 F에서의 합성 %임피던스를 구하시오.

• 계산 : _____　　• 답 : _____

(4) 점 F에서의 3상 단락전류 I_s를 구하시오.

• 계산 : _____　　• 답 : _____

[정답] (1) • 계산 :

$$정격전류\ I_n = \frac{P_n}{\sqrt{3}\ V} = \frac{100 \times 10^3}{\sqrt{3} \times 154} = 374.9[A]$$

• 답 : 374.9[A]

(2) • 계산 :

① $\%Z_{G1}$: $\%Z_{G1} = \frac{100}{20} \times 30[\%] = 150[\%]$

• 답 : $\%Z_{G1} = 150[\%]$

② $\%Z_{G2}$: $\%Z_{G2} = \frac{100}{5} \times 30[\%] = 600[\%]$

• 답 : $\%Z_{G2} = 600[\%]$

③ $\%Z_{T1}$: $\%Z_{T1} = \frac{100}{20} \times 10[\%] = 50[\%]$

• 답 : $\%Z_{T1} = 50[\%]$

④ $\%Z_{T2}$: $\%Z_{T2} = \frac{100}{5} \times 10[\%] = 200[\%]$

• 답 : $\%Z_{T2} = 200[\%]$

⑤ $\%Z_{TL}$: $\%Z_{TL} = \frac{100}{20} \times 5[\%] = 25[\%]$

• 답 : $\%Z_{TL} = 25[\%]$

(3) • 계산 :

$$\%Z_{total} = \frac{200 \times 800}{200 + 800} + 25 = 185[\%]$$

• 답 : 185[%]

(4) • 계산 :

$$I_s = \frac{100}{\%Z_{total}} \times \frac{P_a}{\sqrt{3}\ V} = \frac{100}{185} \times \frac{100 \times 10^3}{\sqrt{3} \times 154} = 202.65[A]$$

• 답 : 202.65[A]

14 3상 선로에서 비접지식 계통의 영상전압을 측정하는 기기는?

○ _____

[정답] 접지형 계기용 변압기

15 그림과 같은 계통에서 측로 단로기 DS_3을 통하여 부하에 공급하고 차단기 CB를 점검하고자 할 때 차단기 점검을 하기 위한 조작 순서를 쓰시오. (단, 평상시에 DS_3는 열려 있는 상태임)

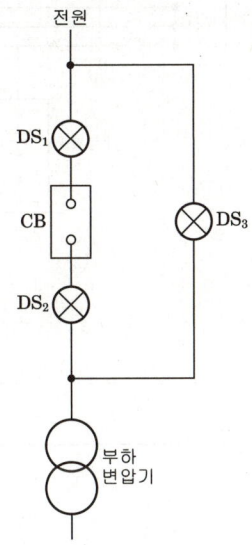

○ _____

[정답] DS_3(ON) ⇨ CB(OFF) ⇨ DS_2(OFF) ⇨ DS_1(OFF)

16 다음 그림에 해당하는 수전 방식 명칭을 쓰시오.

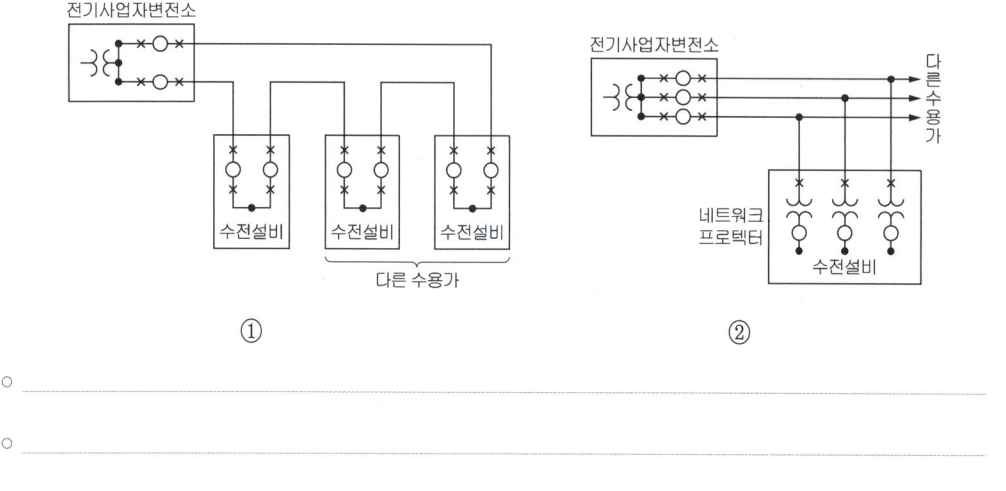

-
-

정답 ① 2회선[루프식] 수전방식
② 스폿 네트워크 방식

17 CT 2대를 V결선하여 OCR 3대를 그림과 같이 연결하여 사용할 경우 다음 각 물음에 답하시오.

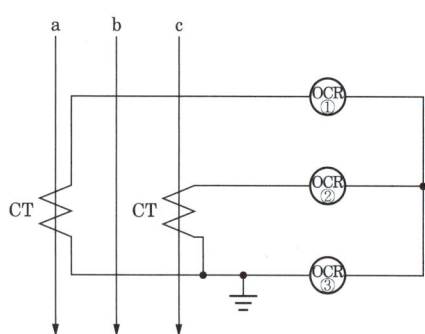

(1) ③번 OCR에 흐르는 전류는 어떤 상의 전류인지 쓰시오.

-

(2) OCR은 주로 어떤 원인으로 동작하는지 쓰시오.
○ _____

(3) 통전 중에 있는 변류기 2차측 기기를 교체하고자 할 때 가장 먼저 취하여야 할 조치는 무엇인지를 설명하시오.
○ _____

정답 (1) b상 전류
(2) 단락사고
(3) 변류기 2차측 단락을 단락시킨다.

18 과도적인 과전압을 제한하고 서지(Surge)전류를 분류하는 목적으로 사용되는 서지보호장치(SPD : Surge Protective Device)에 대한 다음 물음에 답하시오.

득점 배점
    5

(1) 기능에 따라 3가지로 분류하여 쓰시오.
○ _____
○ _____
○ _____

(2) 구조에 따라 2가지로 분류하여 쓰시오.
○ _____
○ _____

정답 (1) ① 전압스위칭형 SPD
② 전압제한형 SPD
③ 복합형 SPD

(2) ① 1포트 SPD
① 2포트 SPD

□□□

19 다음 그림 기호의 정확한 명칭(구체적으로 기록)을 쓰시오.

득점	배점
	5

CT	TS	⊣⊢	$\stackrel{\perp}{\top}$	Wh

정답

CT	TS	⊣⊢	$\stackrel{\perp}{\top}$	Wh
변류기(상자)	타임스위치	축전지	전력용 콘덴서	전력량계 (상자들이 또는 후드붙이)

국가기술자격검정 실기시험문제 및 정답

2024년도 전기산업기사 제3회 필답형 실기시험

종 목	시험시간	형 별	성 명	수험번호
전기산업기사	2시간	A		

※ 수험자 인적사항 및 답안작성(계산식 포함)은 흑색의 필기구만 사용하여야 하며 흑색을 제외한 유색 필기구 또는 연필류를 사용하거나 2가지 이상의 색을 혼합 사용하였을 경우 그 문항은 0점 처리됩니다.

---

01 다음은 한국전기설비규정의 접지시스템의 구분 및 종류에 대한 내용이다. 빈 칸을 채우시오.

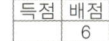

(1) 접지시스템은 (①), (②), (③) 등으로 구분한다.
(2) 접지시스템의 시설 종류에는 (④), (⑤), (⑥)가 있다.

정답 ① 계통접지
② 보호접지
③ 피뢰시스템 접지
④ 단독접지
⑤ 공통접지
⑥ 통합접지

---

02 주어진 조건을 이용하여 다음의 각 물음에 답하시오.

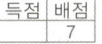

【조 건】

- 회로는 선입력 우선회로이며, 푸시버튼 스위치 4개(PBS_1, PBS_2, PBS_3, PBS_4)와 접점(a접점 3개, b접점 6개)를 이용한다.
- PBS_1을 먼저 누르면 RL이 점등되고 X_1은 자기유지 되며, PBS_2나 PBS_3를 눌러도 동작하지 않는다.
- PBS_2을 먼저 누르면 GL이 점등되고 X_2은 자기유지 되며, PBS_1나 PBS_3를 눌러도 동작하지 않는다.
- PBS_3을 먼저 누르면 WL이 점등되고 X_3은 자기유지 되며, PBS_1나 PBS_2를 눌러도 동작하지 않는다.
- PBS_4을 누르면 처음 상태로 되돌아간다.

(1) 빈 칸의 회로를 완성하시오.

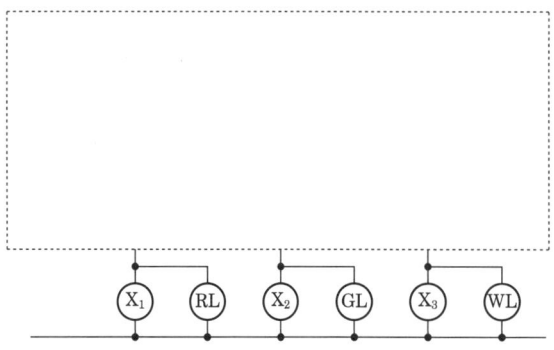

(2) 타임차트를 완성하시오.

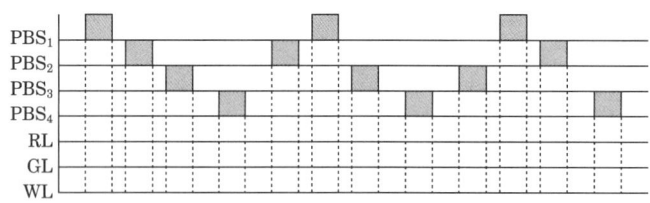

정답 (1)

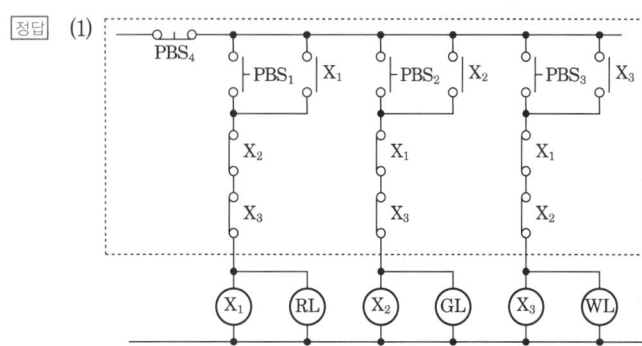

(2)

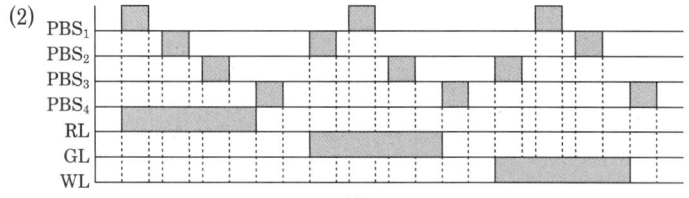

03 전력시설물 공사감리업무 수행지침에 의하여 해당 공사 완료 후 준공검사 전에 사전 시운전 등이 필요한 부분에 대하여는 공사업자에게 시운전을 위한 계획을 수립하여 시운전 30일 이내에 제출하도록 하여야 한다. 이때 시운전을 위한 계획서에 포함시켜야 하는 내용을 보기에서 모두 고르시오.

【보 기】
ㄱ. 시운전 일정   ㄴ. 시험장비 확보
ㄷ. 공사계약문서   ㄹ. 안전요원 선임계획
ㅁ. 기계·기구 사용계획   ㅂ. 지원업무 담당자 지정

[정답] ㄱ, ㄴ, ㅁ

04 전압 220[V]의 옥내배선에서 소비전력 40[W]인 형광등 30개, 100[W]인 LED 전등 50개를 설치할 때 분기회로수는 최소 몇 회로인지 구하시오. (단, 분기회로는 16[A]의 분기회로로 하고, 모든 전등의 역률은 70[%]이다.)

· 계산 :   · 답 :

[정답] · 계산 :

$$분기회로수 = \frac{부하용량}{전압 \times 분기회로전류 \times 역률} = \frac{40 \times 30 + 100 \times 50}{220 \times 16 \times 0.7} = 2.52$$

· 답 : 16A분기 3회로

05 다른 조건을 고려하지 않는다면 수용가 설비의 인입구로부터 기기까지의 전압강하는 다음 표와 같다. 표의 빈칸을 채우시오.

[수용가설비의 전압강하]

설비의 유형	조명[%]	기타[%]
A - 저압으로 수전하는 경우	(가)	(나)
B - 고압 이상으로 수전하는 경우[a]	(다)	8

[a]가능한 한 최종회로 내의 전압강하가 A 유형의 값을 넘지 않도록 하는 것이 바람직하다. 사용자의 배선설비가 100[m]를 넘는 부분의 전압강하는 미터 당 0.005[%] 증가할 수 있으나 이러한 증가분은 0.5[%]를 넘지 않아야 한다.

정답 (가) 3
(나) 5
(다) 6

06 아래 그림과 같이 지름 12[m]의 구형 외구가 있다. 구형 외구의 중심에는 균등 점광원이 있다. 구형외구의 광속 발산도가 1000[rlx], 투과율 80[%]일 때 균등 점광원의 광도[cd]는? (단, 구형 외구는 완전확산형이고, 주어진 조건 외에는 사용하지 않는다.)

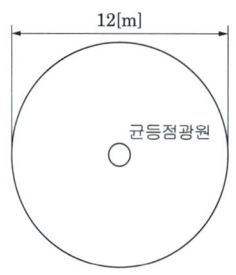

• 계산 :   • 답 :

정답 • 계산 :

반지름 $r = \dfrac{d}{2} = \dfrac{0.12}{2} = 0.06[\text{m}]$, 투과율 $\tau = 0.8$, 반사율 $\rho = 0$이며

광속발산도 $R = \eta E = \dfrac{\tau}{1-\rho} \times \dfrac{I}{r^2}$ 이므로

광도 $I = \dfrac{1-\rho}{\tau} \times R \times r^2 = \dfrac{1-0}{0.8} \times 1000 \times 0.06^2 = 4.5[\text{cd}]$

• 답 : 4.5[cd]

---

07 부하전력 및 역률을 일정하게 유지하고 전압을 2배로 승압하면 선로손실 및 선로손실률은 승압 전과 비교하여 각각 몇 %가 되는가? (단, 주어진 조건 외 다른 조건은 무시한다.)

(1) 선로손실

• 계산 : _____   • 답 : _____

(2) 선로손실률

• 계산 : _____   • 답 : _____

정답 (1) • 계산 :

선로손실 $P_\ell = \dfrac{P^2 R}{V^2 \cos^2\theta} \ \Rightarrow\ P_\ell \propto \dfrac{1}{V^2}$ 이므로

전압을 2배로 승압하면 선로손실은 $\dfrac{1}{4} \times 100\% = 25\%$가 된다.

• 답 : 25[%]

(2) • 계산 :

선로손실률 $K = \dfrac{PR}{V^2 \cos^2\theta} \ \Rightarrow\ K \propto \dfrac{1}{V^2}$ 이므로

전압을 2배로 승압하면 선로손실률은 $\dfrac{1}{4} \times 100\% = 25\%$가 된다.

• 답 : 25[%]

08 아래 조명 용어의 정의에 대해 쓰시오.

(1) 전등효율

(2) 광원의 연색성

정답 (1) 전등의 소비전력에 대한 발산 광속의 비율
(2) 분빛의 분광 특성이 색의 보임에 미치는 효과

09 유효 낙차 81[m], 출력 10000[kW], 특유속도 164[rpm]인 수차의 회전 속도는 몇 [rpm]인가?

• 계산 :   • 답 :

정답 • 계산 :

$$N_s = N \frac{P^{\frac{1}{2}}}{H^{\frac{5}{4}}} \Rightarrow N = N_s \frac{H^{\frac{5}{4}}}{P^{\frac{1}{2}}} = \frac{164 \times 81^{\frac{5}{4}}}{10000^{\frac{1}{2}}} = 398.5[\text{rpm}]$$

• 답 : 399[rpm]

10 3상 변압기의 병렬운전조건 2가지를 쓰시오.

○

○

정답 ① 극성이 같을 것
② 상회전이 같을 것
③ 각변위가 같을 것
④ 정격전압과 권수비가 같을 것

11 단상 유도 전동기의 기동방식 4가지를 쓰시오.

○ _____
○ _____
○ _____
○ _____

[정답]
① 반발 기동형
② 콘덴서 기동형
③ 분상 기동형
④ 셰이딩 코일형

12 3상 평형회로에 전력계가 설치되어 있다. 이때 전력계의 지시값이 아래와 같을 때 다음 각 물음에 답하시오.

[전력계 지시값]

| $W_1 = 2.2[\text{kW}]$ | $W_2 = 5.8[\text{kW}]$ |

(1) 회로의 역률은 얼마인가?
• 계산 : _____ • 답 : _____

(2) 역률을 85[%]로 개선할 때 필요한 전력용 캐패시터의 용량[kVA]은?
• 계산 : _____ • 답 : _____

[정답] (1) • 계산 :
$$\cos\theta = \frac{P}{P_a} = \frac{W_1 + W_2}{2\sqrt{W_1^2 + W_2^2 - W_1 W_2}} = \frac{2.2 + 5.8}{2\sqrt{2.2^2 + 5.8^2 - 2.2 \times 5.8}} \times 100 = 78.87[\%]$$
• 답 : 78.87[%]

(2) • 계산 :
$$Q_c = P(\tan\theta_1 - \tan\theta_2) = (2.2 + 5.8) \times \left(\frac{\sqrt{1-0.79^2}}{0.79} - \frac{\sqrt{1-0.85^2}}{0.85}\right) = 1.25[\text{kVA}]$$
• 답 : 1.25[kVA]

13 지표면상 16[m]인 높이의 수조가 있다. 이 수조에서 시간당 4500[m³] 물을 양수하는데 필요한 펌프용 전동기의 소요 동력은 몇 [kW]인가? (단, 펌프의 효율은 60[%]로 하고, 여유계수는 1.2로 한다.)

• 계산 : _____   • 답 : _____

정답 • 계산 :

양수 펌프용 전동기 소요동력 $\dfrac{9.8QH}{\eta} \times K$ [kW]

(단, H : 총양정[m], Q : 양수량[m³/s], K : 여유계수, η : 효율)

$$P = \dfrac{9.8 \times \left(\dfrac{4500}{3600}\right) \times 16}{0.6} \times 1.2 = 392 [\text{kW}]$$

• 답 : 392[kW]

---

14 3상 배전선로의 저항이 12[Ω], 리액턴스가 24[Ω]이고 전압강하율을 10[%]로 유지하기 위한 최대 부하 용량[kW]은? (단, 수전단의 선간전압은 6600[V], 부하역률은 0.8이다.)

• 계산 : _____   • 답 : _____

정답 • 계산 :

전압강하율 $\delta = \dfrac{P}{V^2}(R + X\tan\theta)$ 에서

$$P = \dfrac{\delta V^2}{R + X\tan\theta} \times 10^{-3} = \dfrac{0.1 \times 6600^2}{12 + 24 \times \dfrac{0.6}{0.8}} \times 10^{-3} = 145.2 [\text{kW}]$$

• 답 : 145.2[kW]

15 그림은 3상 3선식 적산전력계의 결선도(계기용변압기 및 변류기를 시설하는 경우)를 나타낸 것이다. 미완성 부분의 결선도를 완성하시오. (단, 접지가 필요한 곳에는 접지 표시를 하도록 한다.)

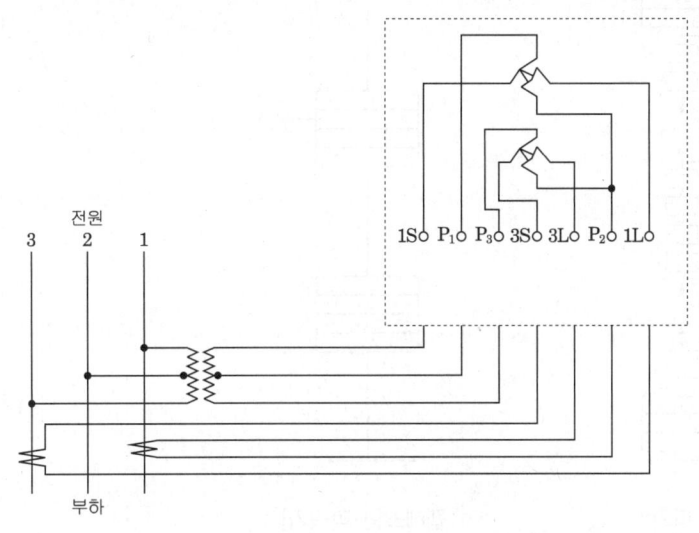

[정답]

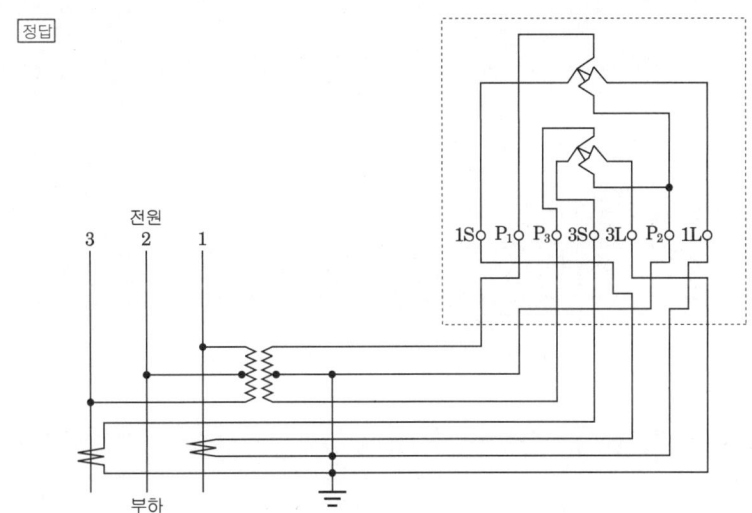

16 그림은 갭형 피뢰기와 갭래스형 피뢰기의 구조를 나타낸 것이다. 화살표로 표시된 "①"~"⑥"의 각 부분의 명칭을 답란에 쓰시오.

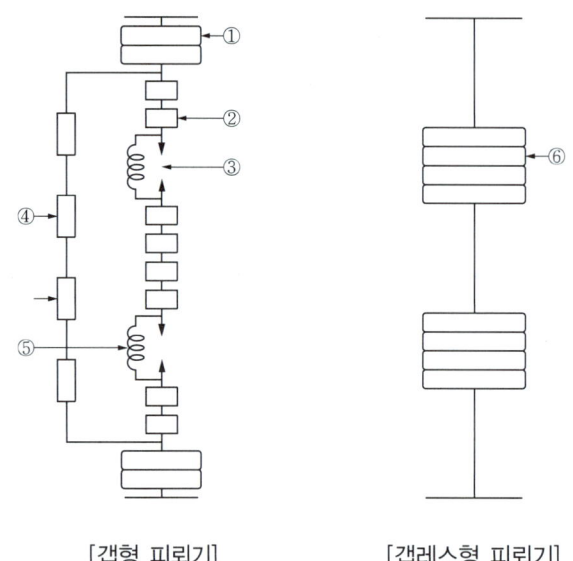

[갭형 피뢰기] [갭레스형 피뢰기]

정답
① 특성요소
② 주갭
③ 측로갭
④ 분로저항(병렬저항)
⑤ 소호코일
⑥ 특성요소

17 다음은 어느 생산 공장의 수전 설비이다. 계통도와 뱅크의 부하용량표를 이용하여 다음 각 물음에 답하시오.

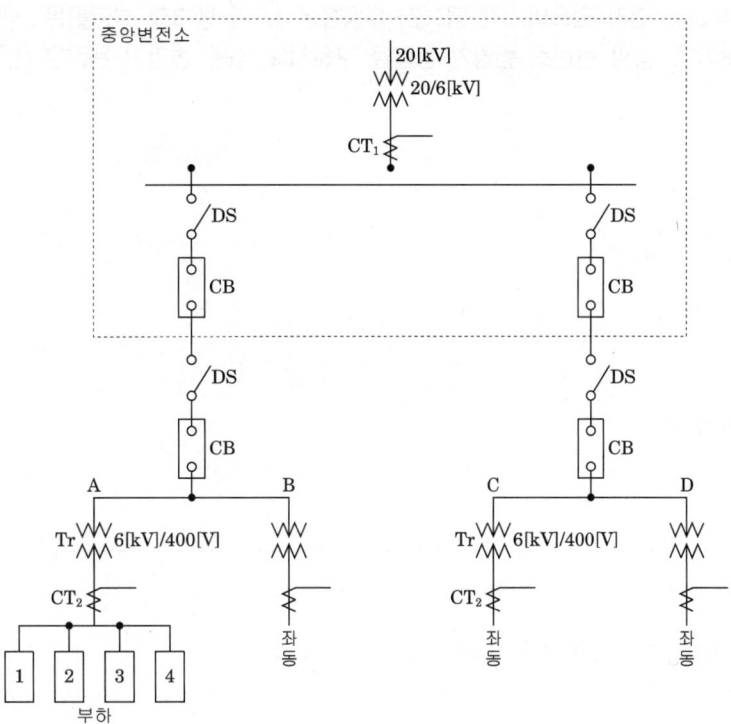

[표 1] 뱅크의 부하 용량표

피더	부하 설비 용량[kW]	수용률[%]
1	125	80
2	125	80
3	500	70
4	600	85

[표 2] 변류기 규격표

항목	변류기
정격 1차 전류[A]	5, 10, 15, 20, 30, 40, 50, 75, 100, 150, 200, 300, 400, 500, 600, 750, 1000, 1500, 2000
정격 2차 전류[A]	5

[표 3] 변압기 표준용량[kVA]

1000	1500	2000	3000	4000	5000	6000	7000

(1) A, B, C, D 뱅크에 같은 부하가 걸려 있으며, 각 뱅크간 부등률은 1, 각 뱅크의 부등률은 1.2, 전부하 합성역률은 0.9이다. 중앙 변전소 변압기 용량을 구하시오. (단, 변압기 용량은 표준규격으로 답하도록 한다.)

• 계산 : _____ • 답 : _____

(2) 변류기 CT_1과 CT_2의 변류비를 구하시오.

① 변류기 CT_1의 변류비를 구하시오.

• 계산 : _____ • 답 : _____

② 변류기 CT_2의 변류비를 구하시오.

• 계산 : _____ • 답 : _____

정답 (1) • 계산 :

$$TR_A = \frac{125 \times 0.8 + 125 \times 0.8 + 500 \times 0.7 + 600 \times 0.85}{1.2 \times 0.9} = 981.48 [\text{kVA}]$$

$$TR_{main} = TR_A \times \frac{4}{1} = 3925.94 [\text{kVA}]$$

• 답 : 4000[kVA]

(2) ① • 계산 :

$$I_{CT} = \frac{4000}{\sqrt{3} \times 6} \times 1.25 = 481.13 [\text{A}]$$

• 답 : 500/5

② • 계산 :

$$I_{CT} = \frac{981.48}{\sqrt{3} \times 0.4} \times 1.35 = 1912.47 [\text{A}]$$

• 답 : 2000/5

18 주어진 도면을 보고 다음 각 물음에 답하시오.

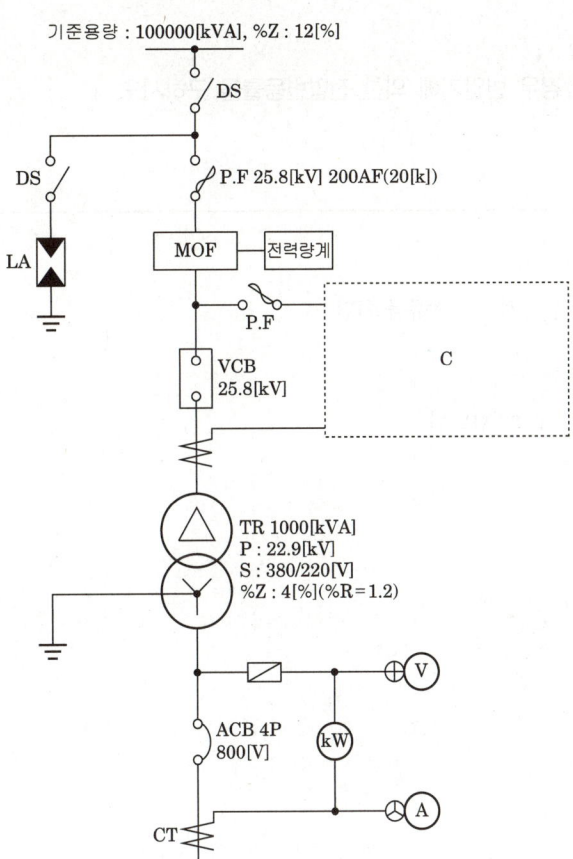

(1) LA의 명칭과 그 기능을 설명하시오.

(2) VCB의 필요한 차단용량[MVA]을 구하시오.

• 계산 :   • 답 :

(3) 도면 C 부분의 계통도에 그려져야 할 것들 중에서 종류를 3가지만 쓰시오.

(4) ACB의 단락전류[kA]를 구하시오.

- 계산 : _____   - 답 : _____

(5) 최대 부하 800[kVA], 역률 80[%]인 경우 변압기에 의한 전압변동률을 구하시오.

- 계산 : _____   - 답 : _____

정답 (1) • 명칭 : 피뢰기
- 기능 : 이상전압 내습시 뇌전류를 방전하고 속류를 차단

(2) • 계산 :
$$P_s = \frac{100}{\%Z} \times P_n = \frac{100}{12} \times 100 = 833.33 [\text{MVA}]$$
- 답 : 833.33[MVA]

(3) ① 전압계
② 계기용 변압기
③ 전류계
④ 과전류 계전기
⑤ 전류계용 전환개폐기
⑥ 전압계용 전환개폐기
⑦ 지락 과전류 계전기
⑧ 역률계

(4) • 계산 :
① 변압기 %Z_{tr}을 100[MVA]으로 환산하면 %$Z_{tr} = 4 \times \frac{100}{1} = 400[\%]$

② %$Z_{total} = 400 + 12 = 412[\%]$

③ 단락전류 $I_s = \frac{100}{\%Z_{total}} \times I_n = \frac{100}{412} \times \frac{100}{\sqrt{3} \times 0.38} = 36.88[\text{kA}]$

- 답 : 36.88[kA]

(5) • 계산 :
① $p_1 = \frac{800}{1000} \times 1.2 = 0.96[\%]$ $q_1 = \frac{800}{1000} \times \sqrt{4^2 - 1.2^2} = 3.05[\%]$

② 전압변동률 $\varepsilon = p_1 \cos\theta + q_1 \sin\theta = 0.96 \times 0.8 + 3.05 \times 0.6 = 2.6[\%]$

- 답 : 2.6[%]

Engineer Electricity
Industrial Engineer Electricity

감리업무

부록

01. 감리업무 수행계획
02. 설계도서 검토
03. 감리행정업무
04. 전기설비감리 안전관리
05. 전기설비감리 기성준공관리

부록 감리업무

01 감리업무 수행계획

1 인·허가 관련 업무 확인 사항

인허가 업무란 관련 법령에 의해 공사의 착공과 준공에 필요한 신고, 검사, 허가 사항을 관계 기관에 발주자를 대행하여 행하는 업무로 대관 업무를 말한다. 주요 대관 업무 종류로는 전기 수용 신청, 감리원 배치 현황 신고, 자가용 전기 설비 공사 계획 신고, 전기 안전 관리 담당자 선임 신고, 사용 전 검사 신청, 보호 계전기 정정 자료 제출, 전기 공사 착공 신청 등이 있다. 한편, 대관 업무를 수행하기 위해 사전에 전기 설비기준의 판단기준, 「전기사업법」, 「전기공사업법」, 「환경법」, 「폐기물 관리법」, 「전력기술관리법」, 「항공법」 등을 숙지하는 것이 바람직하다.

명 칭	법적 근거	시 기
감리원 배치 현황신고	전력기술 관리법 시행령 제22조	배치 후 15일 이내
전기 안전 관리 담당자 선임 신고	전기사업법 제45조	공사 착공 전 사업 개시 전
전기 사업용 전기 설비의 공사 계획 인가 및 신고	전기사업법 제61조 제①항 공사계획인가 제②항 공사계획신고	기간 없음 사업 개시 전
자가용 전기 설비의 공사 계획 인가 및 신고	전기사업법 제62조 제①항 공사계획인가 제②항 공사계획신고	기간 없음 공사 개시 전
사용 전 검사 신청	전기사업법 제63조 검사신청	받고자 하는 날의 7일 전
소방 시설 착공 신고 및 완공 검사	소방시설공사업법 제13, 14조	착공 시 및 완공 시
항공 장애등 설치신고	항공법세83조	설치 후
승강기 완성 검사	승강기제조 및 관리에 관한법률 제13조	완성 후
승강기 설치	건축법제57조 령 제89, 90조	설치하고자 할 때
구내 통신 착공 신고 및 준공	전기통신기본법 제30조의 3	착공 시 및 완성 시

2 감리원 배치

(1) 감리원의 역할

감리원은 전력 시설물의 설치 또는 보수 공사에 대하여 설계도서·시방서 및 관계 서류를 토대로 시공되는지의 여부확인, 시공·공정·안전 관리 등에 관한 기술 지도를 하고, 관계 법령에 따라 공사를 감리한다.

(2) 감리원의 신고기한 및 서류

감리업자는 공사계획인가 또는 신고시 감리원 배치 확인서를 첨부하고, 감리원을 배치한 때부터 15일 이내에 한국전기기술인협회 해당 지회에 신고한다.

구 분	배치 신고
수전·전력사용 설비·구내 배전가로등·기타	• 감리원 배치 계획서 • 전력 시설물 공사의 예정 공정표 • 예정 공사비 총괄 내역서 사본 • 감리 용역 계약서 사본 • 감리원의 재직 증명서 • 전력 시설물 공사의 현장 간 거리 도면

3 자가용전기설비 공사계획 신고

(1) 공사계획 신고 시기 및 첨부서류

자가용전기설비 공사계획 신고는 자가용 전기 설비의 전기 공사 개시 전에 한다. 한편, 신고시 공사 계획서, 공사 공정표, 시방서, 안전 규정, 전력 수급 계약서 사본, 전기 안전 관리자 선임 신고서, 감리원 배치 확인서 사본, 주요 설비의 배치 평면도, 변압기 용량 선정 검토서를 첨부한다.

(2) 공사계획 신고 범위 및 처리기관

공사의 종류	신고 (한국전기안전공사:전기사업법62조②항)
설치 공사	• 수전 전압 20만[V] 미만의 자가용 수전 설비. 다만, 설비 용량 1,000[kW] 미만의 수용 설비의 구내 배전 설비는 제외. 또한, 저압은 사용 전 검사로 변경
변경 공사 (차단기, 변압기 전선로)	• 고압 이상 수전용 차단기와 특고압 이상 20만[V]미만의 차단기의 설치 또는 대체 • 특고압 20만[V]미만의 변압기의 설치 또는 대체. 고압 이상 20만[V] 미만의 변압기의 설치, 연장 또는 변경

4 전기수용신청

(1) 업무 절차도 및 신청서

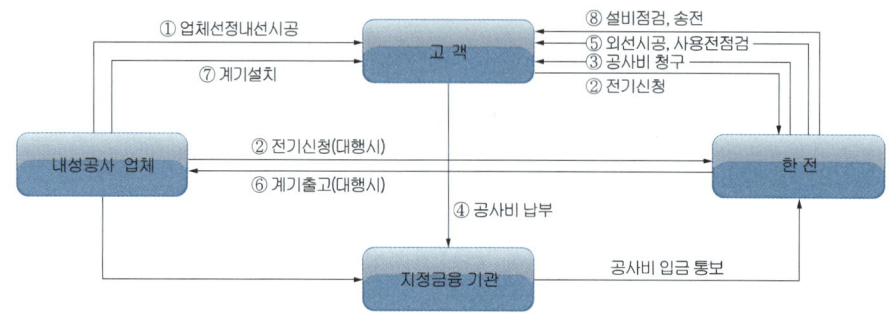

|참고|

전기사용신청서[참고용]
(계약전력 6kW 이상)

☐ 전기사용자

고 객 명*		신청일자 및 접수번호		20 . . .
전기사용장소*			상호(공동주택)	
주민등록번호*	—		전 화 번 호*	) —
E-Mail	@		휴 대 전 화*	— —

☐ 건축물(토지) 소유자

소 유 자 명*		주 소*	
주민등록번호*	—	전 화 번 호*	,

"*" 표시는 개인정보 필수입력사항입니다.

☐ 계약사항

신청구분		공급방식	상 선식	V	사용용도		주생산품	
계약종별			전력	계약전력	kW	결정기준	변압기설비 ☐,	사용설비 ☐
선택요금	Ⅰ☐, Ⅱ☐, Ⅲ☐					설비용량	변압기 kVA	
수요관리형 선택요금 Ⅱ	· 신청 ☐ · 요금적용 희망일 :						사용설비 kW	
APT 계약방법	단일계약 ☐,			종합계약 ☐				
요금청구장소	· 전기사용장소와 동일한 경우 : ☐ · 전기사용장소와 다른 경우 :							
세금계산서발행	사업자등록번호:		상 호:			업태:		종목:
자동이체	은행, 예금주 : , 계좌번호 : 주민번호: – (매월 전기요금의 1% 감액, 1,000원 한도, 예금주명의가 신청인과 다른 경우 별도서식에 작성)							
이메일청구	YES ☐ (매월 200원 전기요금 할인) , NO ☐							
모바일청구	휴대폰번호 : , 인증번호 : (매월 200원 전기요금 할인)							
사 용 전 점검기관	한 전 ( )	안전공사 점검분을 제외한 고객			사 용 전 점검일정	접 수 일 (내선의뢰)	점 검 희망일	점검필증 확 인 일
	안전공사 ( )	전기사업법 시행령 제42조의 2에 의한 전기설비와 한전점검분 중 고객희망 전기설비						
전기공사 업 체 명				(인)		면허번호		
						전화번호		
사용희망일	20 . .	전주관리		변압기설치 전주번호 :			인입전주 번호 :	

"전기공사 업체명"에는 반드시 유자격 내선공사 업체명을 기재하고 공사업체(또는 대표자)의 인감을 날인하여야 합니다.

- 귀 공사의 전기공급약관을 준수할 것을 동의하오며 위와 같이 전기사용을 신청합니다.
- 부득이한 사유로 전기공급 중지시 피해가 발생될 우려가 있을 경우에는 전기공급약관에 따라 비상용 자가발전기, 무정전전원공급장치(UPS), 결상보호장치, 정전경보장치 등의 적절한 자체 보호장치를 시설하여 피해가 발생하지 않도록 주의하겠습니다.
- 전기사용신청은 실제 사용자 명의로 신청하며, 매매(임대차) 등으로 전기사용계약자가 변경되는 경우에는 그 변경내용을 14일 이내에 한전에 통지하겠습니다.
- 사용설비 용량 또는 전기사용 용도가 변경되어 계약전력 또는 계약종별의 변경이 있는 경우 1개월 이내에 한전에 알리겠으며, 변경내용을 알리지 않아 발생하는 한전의 손해배상 청구(위약금 등)에 대해서는 이의신청을 하지 않겠습니다.

20 .   .   .   전기사용자   (인)

※ 위 전기사용신청에 대하여 사용자 명의로 전기사용 신청함을 동의합니다.

소 유 자   (인)

【전기공급약관 주요내용】
1. 소유자가 아닌 사용자 명의로 전기사용을 신청하거나 변경하고자 할 경우에는 소유자의 동의를 받고, 전기공급약관 제79조(요금의 보증)에 따라 전기요금에 대한 보증을 해야 합니다.
2. 고객이 전기사용계약을 해지하고자 할 경우 해지희망일을 정해 1일전까지 한전에 통지하여야 합니다. 한전은 고객이 요금을 납기일부터 2개월이 되는 날까지 납부하지 않을 경우에는 전기사용계약을 해지할 수 있습니다. 다만 주거용 주택용 고객은 별도 정하는 바에 따릅니다. 한전은 전기공급약관 제45조(고객의 책임으로 인한 공급의 정지)에 따라 공급정지된 고객이 정지일로부터 10일 이내에 그 사유를 해소하지 않을 경우에는 전기사용계약을 해지할 수 있습니다.
3. 소유자는 전기사용자의 동의를 얻어야 전기사용계약 해지를 신청할 수 있으며, 이 경우 전기사용자가 계속해서 전기를 사용하고자 할 경우에는 전기사용자가 전기요금에 대한 보증조치를 해야 합니다.
4. 전기사용계약 해지일로부터 3년경과 후 전기를 재사용하는 경우에는 설계시설부담금과 재사용수수료를 합산한 금액과 표준시설부담금 중 적은 금액을 납부하여야 하며(10년이후는 신규시설부담금 납부), 전기사용계약을 해지한(계약전력의 일부 감소포함) 고객과 동일한 고객이 1년 이내에 동일 전기사용장소에서 동일한 공급조건으로 전기를 재사용하는 경우에 고객은 해지기간의 기본요금을 부담하여야 하지만 한전은 해지기간중의 기본요금 청구를 보류합니다. 다만, 위의고객이 재사용일로부터 1년 이내에 해지하고 그 해지일로부터 1년 이내에 다시 재사용하는 경우에는 청구를 보류한 기본요금을 포함하여 해지기간중의 기본요금을 부담합니다. (단, 체납해지고객은 기본요금 부담을 면제하며, 심야전력은 선택공급약관에 의합니다)
5. 전기사용계약이 해지되거나 전기공급이 정지된 장소에서 전기를 다시 공급받는 고객은 재사용수수료를 부담합니다.
6. 1전기사용장소내의 계약전력 합계가 500kW미만인 경우 저압공급할 수 있으며, 신증설 후 계약전력 합계가 150kW이상인 경우 공중 또는 지중공급대상지역에 관계없이 고객의 전기사용장소 내에 한전공급설비 설치장소를 무상으로 제공받아 공급함을 원칙으로 합니다. 다만, 기설 한전변압기에 여유용량이 있거나 경제적기술적으로 타당하다고 인정되고 공급여건상 가능한 경우 신증설 후 계약전력 합계가 300kW미만까지는 전기사용장소 밖의 한전 변압기에서 공급할 수 있습니다.
7. 고객이 약관 위반의 전기사용으로 요금이 정당하게 계산되지 않았을 경우, 한전은 정당하게 계산되지 않은 금액의 3배를 한도로 위약금을 받으며, 정당하게 계산되지 않은 기간을 확인할 수 없을 경우에는 6개월 이내에서 한전과 고객이 협의하여 결정합니다. 다만, 직전 위약금 부과일로부터 1년 이내에 이 약관을 다시 위반하여 전기를 사용함으로써 요금이 정당하게 계산되지 않았을 경우, 최대 5배를 한도로 위약금을 부과합니다.
8. 한전의 직접적인 책임이 아닌 사유로 전기공급을 중지하거나 사용을 제한한 경우 및 누전·기타 사고가 발생한 경우에는 고객이 받은 손해에 대해 배상책임을 지지 않습니다.
9. 고객과 한전간의 전기설비에 대한 안전 및 유지보수의 책임한계는 수급지점으로 하며, 전원측은 한전이 고객측은 고객이 각각 책임집니다.
10. "계약전력"은 변압기설비와 사용설비로 산정한 것 중 고객이 신청한 것을 기준으로 결정합니다.
11. 고압이상의 전압으로 공급받는 일반용전력(갑)·교육용전력·산업용전력(갑) 고객은 고객의 희망에 따라 선택(Ⅰ)요금 또는 선택(Ⅱ)요금을 적용하고, 일반용전력(을), 산업용전력(을) 고객은 고객의 희망에 따라 선택(Ⅰ)요금,선택(Ⅱ)요금 또는 선택(Ⅲ)요금을 적용합니다. 이 경우 고객이 선택한 요금은 1년이 경과해야 다른 선택요금으로 변경할 수 있습니다. (월간 사용시간이 200시간 이하인 경우에는 선택(Ⅰ)요금이, 200시간을 초과할 경우에는 선택(Ⅱ)요금이 유리하며, 선택(Ⅲ)요금은 월간 500시간 초과 사용시 유리)
12. 최대수요전력계 설치 고객은 검침당월을 포함한 직전 12개월 중 12, 1, 2, 7, 8 9월분 및 당월분의 최대수요전력 중 가장 큰 최대수요전력을 요금적용전력으로 합니다.(최대수요전력이 계약전력의 30% 미만 시 계약전력의 30%를 요금적용전력으로 적용)
13. "교육용전력 저압고객과 대표고객의 변압기를 공동이용하는 고객"은 고객희망시 고객소유로 최대수요전력계를 설치할 수 있으며, 이 경우 기본요금은 전기공급약관 제68조 제1항에 따라 산정합니다.
14. 역률에 따른 요금의 추가 또는 감액은 계약전력 20kW 이상 일반용·산업용·농사용·임시전력(을) 및 교육용 고압고객을 대상으로 합니다. 9시부터 23시까지는 지상역률에 대하여 적용하며, 평균역률이 90%에 미달하는 경우에는 미달하는 역률 60%까지 매 1%당 기본요금의 0.2%를 추가하고, 평균역률이 90%를 초과하는 경우에는 역률 95%까지 초과하는 매 1%당 기본요금의 0.2%를 감액합니다. 23시부터 익일 9시까지는 진상역률에 대하여 적용하며, 평균역률이 95%에 미달하는 경우에는 역률 60%까지 미달하는 매 1%당 기본요금의 0.2%를 추가하여 부과되므로 적정용량의 콘덴서를 개별기기별로 설치하시기 바랍니다.
15. 고객이 전기요금을 납기일을 경과하여 납부하는 경우 처음 1개월은 미납요금의 2%, 다음 1개월은 미납요금의 2%를 부과합니다.(2개월누계 최대 4% 부과)
16. 저압으로 전기를 공급받는 일반용·교육용·산업용·농사용(을), 가로등(을) 및 임시전력(을) 고객의 사용량이 계약전력 1kW마다 월간 450kWh를 초과하거나, 계약전력 20kW이상 상기 저압고객 중 최대수요전력계가 부설된 고객의 피크가 계약전력을 초과하는 경우 첫 번째 초과하는 달에는 초과사용부가금의 부과를 예고하고 두 번째 달부터 초과사용전력량 또는 초과전력에 대하여 전력량요금 또는 기본요금 단가의 150%~250%를 초과사용부가금으로 부과합니다. (계약전력대비 월간 사용량이 720시간 초과시 전력량요금 단가의 300% 부과)
17. 주택용 전력, 심야전력 및 일반용 전력은 약관과 세칙에서 정하는 바에 따라 고객이 할인요금(복지할인 및 사회복지시설 등)을 신청할 경우 전기요금을 감액합니다.
18. 임시전력은 2년 미만의 기간을 정하여 전기를 사용하고자 할 경우 공급함을 원칙으로 하며, 2년 이상 임시전력을 사용하는 고객은 상시전력과 동일한 기준으로 시설부담금을 재산정하여 이미 납부한 설계시설부담금과의 차액을 정산합니다. 다만 건설공사에 사용하는 전력등과 같이 임시기간 종료 후 상시전력으로의 전환이 명백히 예상되는 경우에는 임시전력 사용기간을 2년 이상으로 정할 수 있으며 시설부담금은 정산하지 않습니다.
19. 시설부담금의 납부가 명확히 예상되고 한전이 필요하다고 인정하는 경우에는 세칙에서 정한 바에 따라 시설부담금을 분할하여 납부할 수 있습니다.
20. 기타 명시되지 않은 사항은 전기공급약관 및 시행세칙을 참고하시기 바라며, 약관 및 시행세칙이 변경된 경우에는 변경된 내용에 따릅니다. [한전 사이버지점(http://cyber.kepco.co.kr)에서 확인 가능]

상기내용을 읽고 숙지하였음을 확인합니다.   전기사용자   (인)

(2) 수용신청 처리 시기

용량	시기
5,000~10,000[kW] 미만	사용 예정일 1년 전
10,000~100,000[kW] 미만	사용 예정일 2년 전
100,000~300,000[kW] 미만	사용 예정일 3년 전
300,000[kW] 이상	사용 예정일 4년 전

(3) 전기 수용 신청서 첨부서류

특고압의 수전의 경우 옥외공사 착공 후 30일 이내, 저압 수전의 경우 옥내공사 착공 후 30이내에 첨부 서류를 제출한다. 첨부서류는 전기신청 내역, 수용 신청서, 사업 계획 승인서(건물 허가서), 관련도면 및 기타 필요한 서류이다. 한편, 지중화 지역인 경우 지중 공급설비 설치 공간 제공 협약서, 모자 계량 방식인 경우 모자 거래 약정서, 저압 수전시 집단 전기 수용 신청 명세서, 산업용전력 신청시에는 사업자등록증 사본이 필요하다.

02 설계도서 검토

1 목적

설계도서란, 설계도면, 설계 설명서, 시방서, 공사비 산출 내역서, 기술 계산서, 공사 계약서의 계약 내용과 해당 공사의 조사 설계 보고서 등을 말한다. 이러한 검토는 사전에 시공상의 문제점을 파악하고 기술상의 오류를 개선하여 품질을 향상시키는 것을 목적으로 한다.

2 설계도서의 종류 및 검토시 고려사항

설계도서의 종류	검토시 고려사항
(1) 설계 도면 및 시방서	(1) 현장 조건에 부합 여부
(2) 전기 계산서 및 각종 계산서	(2) 시공의 실제 가능 여부
(3) 계약 내역서 및 산출 근거	(3) 다른 사업 또는 다른 공정과의 상호 부합 여부
(4) 공사 계약서	(4) 설계 도면, 시방서, 기술 계산서 등의 일치 여부
(5) 사업 계획 승인 조건	(5) 설계 도서상의 오류 등 불명확한 부분의 존재 여부
(6) 에너지 절약 계획	(6) 물량 내역서와 산출 내역서의 수량 일치 여부

3 가치 공학(value engineering)

(1) 정의

최저의 생애 주기 비용으로 필요한 기능을 확실히 달성하기 위하여 제품이나 서비스의 기능 분석에 쏟는 조직적인 노력이다. 즉, 어떤 제품이나 서비스의 기능을 확인하고 평가함으로써 그것의 가치를 개선하고 최소 비용으로 요구 성능을 충족시킬 수 있는 필수 기능을 제공하기 위한 안정된 기술의 체계적인 적용인 것이다. 한편, 가치평가의 기준은 초기 비용, 판매 가능성, 이익의 크기, 신뢰성, 품질, 안전성, 기능적 성능 등이 있다.

(2) 효과
① 건설 공정의 생산성 향상
② 개선 결과의 데이터베이스화
③ 원가 의식 및 개선 의식의 제고
④ 비용 개선에 의한 원가 절감 효과가 크다.

4 가치 향상의 구분

구분		내용
$\dfrac{F\uparrow}{C\downarrow}$	가치 혁신형	비용(C)을 감소시키고 기능을 향상
$\dfrac{F\uparrow}{C\uparrow}$	기능 강조형	비용(C)은 증가하더라도 기본 성능 외에 발주자 및 사용자 요구 사항 등 2차 기능 향상
$\dfrac{F\rightarrow}{C\downarrow}$	원가 절감형	기능은 그대로 두되 비용(C)을 최소화
$\dfrac{F\uparrow}{C\rightarrow}$	기능 향상형	비용(C)을 그대로 유지시키고 기능을 향상

[참고] V=가치(Value), F=필요한 기능(Function) 혹은 성능, C=총 비용(Cost) 혹은 생애 주기 비용

03 감리행정업무

1 착공 신고서의 검토

효율적인 공사수행을 위하여 전반적인 공사 관리 계획을 수립하는 것이 착공 신고서이다. 공사 업자가 제출하는 착공 신고서는 공사 계약 문서와 발주자가 지정한 사항 등이 관련 법령과 기준에 맞추어 그 내용이 첨부되어 작성되었는지 검토한다.

(1) 현장 기술자 지정 신고서 검토(시공 관리 책임자, 안전 관리자)
　① 시공 관리 책임자
　시공 관리 책임자는 전기 공사에 따른 위험 및 장해가 발생하지 아니하도록 전기 설비의 기술 기준과 설계 도서에 적합하게 시공 관리를 할 수 있어야 한다.

전기 공사 기술자의 구분	전기 공사의 규모별 시공 관리 구분
특급 또는 고급 전기 공사 기술자	전기공사업법 시행령 제2조의 모든 전기 공사
중급 전기 공사 기술자	전기공사업법 시행령 제2조의 사용 전압이 100,000[V] 이하인 전기 공사
초급 전기 공사 기술자	전기공사업법 시행령 제2조의 사용 전압이 1,000[V] 이하인 전기 공사

　② 안전 관리자
　현장의 안전에 관한 기술적인 사항에 대하여 시공 관리 책임자에게 지도·조언 등의 업무를 수행한다.

일정 공사 금액(120억)이상	『산업 안전보건법』에 따라 안전 관리 업무만을 전담하는 안전 관리자 선임 여부
일정 공사 금액(20억)이상	『산업 안전보건법』에 따라 안전 관리 업무를 총괄 관리하는 안전 총괄 책임자 선임 여부

(2) 공사 공정 예정표 검토
　① 공사 착공일과 준공 예정일의 전체 공사 계약 기간검토
　② 주요 공종 분류의 적정성
　③ 주요 공종별 시작일과 종료일
　④ 타 공사의 공사 공정 예정표에 의한 연계성 검토
　⑤ 동절기 및 장기 휴무일의 반영여부검토
　⑥ 대관 업무 일정은 표기되었는지 검토

⑦ 지급 자재에 대한 요청일의 검토
⑧ 시운전 및 준공 청소 등 준공 마무리 일정은 반영여부 검토
⑨ 타 공사에 의한 전기 공사의 준공 소요 일정의 적절한 반영여부 검토
⑩ 공사 공정 예정표를 종합적으로 검토하여 기간 내에 준공이 가능한지 검토
⑪ 주요 공종별 보할 검토
⑫ 공종별, 시공 일정별로 보할 검토
⑬ 공종별 공정률과 누계 공정률 검토
⑭ 시공 관리 책임자의 서명 날인 검토

(3) 안전·환경 및 품질 관리 계획서
① 안전관리 계획서 검토

항 목	확인 요령
1. 공사의 개요	• 공사 전반에 대한 개략을 파악하기 위한 위치도·공사 개요·전체 공정표 및 설계 도서에 관한 사항
2. 안전 관리 조직	• 공사 관리 조직 및 임무에 관한 사항으로서 시설물의 시공 안전 및 공사장 주변 안전에 대한 점검·확인 등을 위한 관리조직표 등에 관한 사항 – 시공 및 안전에 관한 업무를 총괄하는 안전 총괄 책임자 – 현장에서 직접 시공 및 안전 관리를 담당하는 안전 관리자 – 공사 업자와 하수급인으로 구성된 안전, 보건 협의체의 구성원
3. 공종별 안전 점검 계획	• 자체 안전 점검, 정기 안전 점검 시기·내용·안전 점검 공정표 등 실시 계획 등에 관한 사항 – 자체 안전 점검은 시공 단계에서 검토한 위험 요소와 위험성 및 저감 대책에 관한 사항 반영되었는지 – 정기 안전 점검은 점검 시기, 내용, 안전 점검 공정표 등의 기록을 유지, 관리가 가능한지 • 특히 건설 신기술과 특허 공법 등을 공사에 적용하는 경우 위험 요소, 위험성, 저감 대책을 검토 반영되었는지
4. 공사장 주변 안전 관리 계획	• 공사 중 지하 매설물의 방호, 인접 시설물의 보호 등 공사장 및 공사 현장 주변에 대한 안전 관리에 관한 사항
5. 통행 안전 시설 설치 및 교통 소통 계획	• 공사장 주변의 교통 소통 대책, 교통안전 시설물, 교통 사고예방 대책 등 교통안전 관리에 관한 사항

6. 안전 관리비 집행 계획	• 안전 관리비의 계상액, 산정내역, 사용 계획 등에 관한 사항
	  - 안전 관리 계획 작성 비용: 엔지니어링 산업 진흥법 제31조 적용 (기술자 인건비, 직접 경비, 제경비, 기술료)
	  - 안전 점검 비용: 건설 공사 안전 관리 지침 적용
	  - 공사장 주변 건축물 등의 피해를 최소화하기 위한 보강, 보수, 임시 이전 등에 소요되는 비용

7. 안전 교육 계획	• 안전 교육 계획표, 교육의 종류·내용 및 교육 관리에 관한 사항
	  - 정기 교육, 신규 채용 교육, 작업 내용 변경 시 교육, 특별교육
	  - 교육 훈련 계획에 따라 교육 훈련이 실시되고 교육 훈련 결과(교육 내용 포함)가 기록 유지·관리가 가능한지

8. 비상시 긴급 조치 계획	• 공사 현장에서의 비상사태에 대비한 비상 연락망, 비상 동원조직, 경보 체제, 응급조치 및 복구 등에 관한 사항

9. 공종별 안전 관리 계획	• 공종별 사용 자재·장비 등의 개요에 관한 사항
	• 시공 상세 도면 작성 여부
	  - 설계 도면, 시방서 또는 관계 규정과 일치하는지
	  - 현장 기술자 및 기능공이 명확히 이해할 수 있는지
	  - 실제 시공이 가능한지
	  - 안전성 확보는 되었는지
	  - 계산의 정확성
	  - 도면 작성의 표준과 일치하는지
	• 작업 단계별 안전 시공 절차 및 주의 사항에 관한 사항
	• 안전 점검 계획표 및 안전 점검표에 관한 사항

10. 개인 보호구 지급 계획	• 근로자의 직종, 보호구의 종류, 지급 수량, 지급 시기 등 전체 공정표에 따라 보호구 지급 계획에 관한 사항 (개인 보호구는 성능 점검에 합격 제품 사용)

② 품질관리 계획 점검

점검항목	점 검 사 항	점검결과
1. 건설공사 정보	• 발주자 요구사항의 결정 및 충족 여부	
2. 현장 품질방침 및 품질목표	• 현장 품질방침의 수립여부	
	• 현장 품질목표 설정, 추진계획의 수립 및 실행 여부	
	• 품질관리계획 실행과 관련하여 전직원의 참여을 위한 동기부여 여부	
3. 책임 및 권한	• 조직편성 및 적정인력 배치 여부	
	• 각 조직 인원의 업무분장 실시 여부	
4. 문서관리	• 품질관리계획을 운영하는 방식의 적절성	
	• 고객문서와 자료의 비치 및 관리 상태	
5. 기록관리	• 품질기록의 보관 및 보호 상태	
6. 자원관리	• 품질관리(검사, 시험 등) 업무수행자의 적격인력 배치 여부	
	• 품질관리에 필요한 자원(시설, 장비, 인력 등)의 적정 확보 및 유지	
7. 설계관리 (설계책임이 있는 경우 적용)	• 설계계획의 수립 여부 및 적절성	
	• 설계입력 기준의 적절성과 설계출력물의 관리 여부	
	• 설계검토, 설계검증 및 설계타당성 확인의 실시여부 및 방법의 적절성	
8. 공사수행 준비	• 설계도서, 법규 및 KS 규격 등의 시공전 검토여부	
9. 계약변경	• 계약변경(설계변경 포함) 관리의 적절성	
10. 교육훈련	• 품질에 영향을 미치는 업무를 수행하는 모든 종사자의 교육훈련 실시	
11. 의사소통	• 품질관리계획의 이행과 건설공사 운영을 위한 내·외부 의사소통의 적절성	
	• 민원, 발주자(감리자) 불만에 대한 처리 여부	
12. 구매 및 관리	• 기자재 수급계획의 수립, 검증, 식별, 보관, 재고관리 및 주기적인 점검	
13. 지급자재의 관리	• 지급자재 수급계획의 수립, 식별, 검증, 보관(분실, 손상관리 포함), 재고관리의 적정 수행 여부	
14. 하도급 관리	• 하도급에 대한 선정 및 평가여부	
	• 하도급에 대한 계약 및 이행상태 관리 여부	

점검항목	점 검 사 항	점검결과
15. 공사관리	• 품질에 영향을 미치는 공종의 파악, 관리계획의 수립 및 이행 여부	
	• 안전관리 및 환경관리 여부	
	• 시공상세도, 준공도의 관리 여부	
16. 중점품질관리	• 중점품질관리 대상의 관리 여부	
17. 식별 및 추적	• 식별 및 추적관리 대상파악 및 이행여부	
	• 검사 및 시험상태(검사대기, 검사중, 부적합)식별 여부	
18. 기자재 및 공사목적물의 보존관리	• 기자재, 기 시공부위 및 완성된 시설물의 보존상태	
19. 검사장비, 측정 장비 및 시험장 비의 관리	• 검사장비, 측정장비 및 시험장비 확보, 교정검사 실시 및 교정 상태	
20. 검사 및 시험, 모니터링	• 검사 및 시험계획에 대한 항목, 합격판정기준, 빈도 등의 적절성	
	• 자재 및 공정 검사의 적기 실시 여부와 검사 및 시험결과에 대한 기록	
21. 불일치 공사의 관리	• 불일치 공사(자재 포함), 하자발생에 대한 발주자(감리자)와의 처리방법 협의 및 이행의 적정성	
22. 데이터의 분석	• 개선을 위한 프로세스의 적절성 여부	
	• 발주자(감리자) 불만에 대한 분석의 실시여부	
	• 품질개선을 위한 데이터의 수집, 분석 및 적용에 대한 이행여부	
23. 시정조치 및 예방조치	• 품질관리계획 운영과 관련하여 취해진 시정조치 및 예방조치의 적절성	
24. 자체 품질점검	• 품질관리계획의 적합성, 효과성, 이행성 등에 대한 자체 품질점 검의 실시 및 해당되는 경우, 필요한 조치의 실행 여부	
25. 건설공사 운영성과의 검토	• 품질관리계획의 운영전반에 대한 정기적인 성과검토의 실시 여부	
26. 공사준공 및 인계	• 공사준공 및 인계 관리의 적절성 여부	

품질관리(적정성) 확인요령

점검항목 및 점검사항	세부 확인사항
1. 건설공사 정보	
• 발주자 요구사항의 결정 및 충족 여부	• 건설공사와 관련된 일반현황과 계약내용에 대한 요약정보가 제시·관리되고 있는지 • 품질관리계획 요건의 일부가 적용 제외된 경우는 사유가 정당한지
2. 현장 품질방침 및 품질목표	
• 현장 품질방침의 수립 여부	• 건설공사의 목적과 발주자의 기대 및 요구에 적절한 품질방침이 수립되었는지 - 수립된 품질방침에는 품질관리계획과 공사에 관련된 요구사항의 준수 의지와 품질관리계획 효과성의 개선 의지가 포함되어 있는지
• 현장 품질목표 설정, 추진계획의 수립 및 실행 여부	• 품질목표는 정량적 또는 정성적인 측정이 가능하고 품질방침과 일관성이 있게 설정되어 있는지 • 품질목표 달성을 위한 구체적인 실천방안이 수립·실행되고 추진실적이 관리되고 있는지
• 품질관리계획 실행과 관련하여 전직원의 참여를 위한 동기부여 여부	• 품질방침 및 품질목표가 주기적인 교육, 사무실 게시 등을 통해 현장 내에서 의사소통이 되고 있는지 • 현장 전직원이 품질방침 및 품질목표를 이해하고 있는지
3. 책임과 권한	
• 조직편성 및 적정인력 배치 여부	• 시공, 품질, 공정, 안전 등을 고려한 최적의 형태로 조직이 편성·운영되고 있는지 ※ 현장조직도 참조 • 계약 및 법적요구 인원을 포함하여 원활한 공사수행을 위한 적정인력이 배치되어 있는지

• 각 조직 인원의 업무분장 실시 여부	• 현장 내의 개개인에 대하여 책임 및 권한(업무분장)이 명확히 부여·운영되고 있는지
	  ※ 책임과 권한
	  ·현장소장 : 품질관리계획서 제·개정 승인
	  ·품질담당 : 품질관리계획서 제·개정 검토
	  ·관리담당 : 현장문서 및 자료 등록·관리
	  ·해당담당 : 품질관리계획서의 해당업무 작성 및 공사 관련자료 파악, 수집
	• 분장된 업무내용을 개개인이 인식하도록 의사소통이 되고 있는지
	• 현장내 인원의 변경시 업무분장이 변경(개정)관리되고 있는지

4. 문서관리

• 품질관리계획·품질시험계획에 대한 수립의 적절성, 적용성 및 필요시 개정관리 여부	• 품질관리계획·품질시험계획이 공사 규모·활동·복잡성·현장인원의 업무수행 능력을 고려한 최적의 형태인지 여부 • 품질관리계획이 공사진행에 따라 주기적으로 모니터링 되고 필요에 따라 개정·관리하고 있는지 ※ 년 2회(2월, 7월) 제·개정 평가 및 반영 • 개정된 품질관리계획이 감리자의 검토를 거쳐 발주청(또는 인허가 행정관청)에게 제출, 승인받고 있는지(건기법시행령제43조)

• 품질관리계획을 운영하는 방식의 적절성	• 품질관리계획에 따른 시험 및 검사계획서, 작업지침서 등의 문서는 권한을 가진 자에 의해 검토, 승인되고 있는지
	• 현장 품질문서가 등록되고 관련업무 담당에게 배포·활용되고 있는지
	  ※ 자료관리대장, 품질문서관리대장 참조, 인쇄본 또는 전자매체 등 어떠한 형태로도 가능
	• 효력이 상실된 구문서가 폐기 또는 식별 관리하고 있는지
	  ※ 구문서의 참고용 마킹 또는 폐기

• 고객문서와 자료의 비치 및 관리 상태	• 발주자/감리자 문서와 자료가 최신본으로 비치·관리되고 있는지 – 문서 : 계약문서, 설계도서, 지시서 등 – 자료 : 법령, 한국산업규격, 기술시방 등

5. 기록관리

• 품질기록의 보관 및 보호 상태	• 기록이 유형별로 식별되어 검색이 용이하게 되어 있는지
	• 기록 열람시에 기밀유지가 보장되고 있는지
	• 기록의 보유기간이 적절하게 설정되고 보관장소 및 관리책임자를 지정하여 양호한 상태로 관리되고 있는지
	  ※ 품질기록관리 기준표
	• 현장에서 관리할 기록의 목록이 비치·관리되고 있는지
	  ※ 자료관리대장, 품질문서관리대장 참조(자료에는 관리번호, 최종확인자, 확인일자 식별표시)
	• 공사 관련자(발주자, 감리자, 설계자, 하도급자 등)에게 제공하여야 할 기록의 종류 및 시기가 적정하게 정해져 있는지

6. 자원관리

• 품질관리(검사, 시험 등) 업무수행자의 적격인력 배치 여부	• 건기법령 및 공사설계도서가 정한 품질관리자가 배치기준에 맞게 배치되어 있는지 ※ 품질관리자 배치기준은 건기법시행규칙 [별표11]에서 정한 기준 이상이어야 함 – 건기법령 및 설계도서에 따라 배치된 시험 및 검사요원이 시험·검사를 수행하기 위한 충분한 기량을 갖추고 있는지 • 품질관리자가 시험·검사를 포함한 전반적인 품질관리를 주관할 수 있도록 공사·공무부문과 독립(예 : 겸임금지, 조치요구권 부여 등)되어 있는지

• 품질관리에 필요한 자원(시설, 장비, 인력 등)의 적정 확보 및 유지 여부	• 학력, 교육훈련, 숙련도, 경험, 관련법령 등을 근거로 업무영역별 배치인원에 대한 필요 능력이 결정되고 이에 적격한 인원이 배치되어 있는지
	• 공사수행을 위한 적절한 기반구조(필요 공간, 장비, 지원서비스 등)와 작업환경이 확보·유지 관리되고 있는지
	  – 건기법령 및 설계도서에서 정한 시험실의 규모, 시험·검사장비가 확보되어 운영하고 있는지
	  ※ 기반구조관리상태점검표(반기별 1회이상 점검)

7. 설계관리(설계책임이 있는 경우 적용)

• 설계계획의 수립 여부 및 적절성	• 설계계획이 적절히 수립·관리되고 있는지 • 설계변경시 참여하는 현장내 인원간의 기술적인 정보공유가 적절히 이루어지고 있는지 ※ 설계계획서
• 설계입력 기준의 적절성과 설계출력물의 관리 여부	• 설계입력기준이 적절히 결정·문서화(서면화)되어 있는지 • 설계출력물에는 건설공사 수행을 위한 각종 정보가 제시·관리되고 있는지

• 설계검토, 설계검증 및 설계타당성 확인의 실시여부 및 방법의 적절성	• 적절한 설계단계에서 설계에 대한 체계적인 검토가 실시되고 방법이 적절하게 되어 있는지
	  ※ 설계도서관리대장, 설계도서검토서
	  – 설계요구사항을 충족시키기 위한 설계 결과의 평가
	  – 문제점 파악 및 필요한 조치의 제시
	• 설계검증, 설계타당성 확인이 실시되고 방법이 적절하게 되어 있는지

8. 건설공사 수행 준비

• 설계도서, 법규 및 KS 규격 등의 시공전 검토여부	• 설계도서·법규·KS 규격 등을 포함한 건설공사 수행과 관련된 요구사항이 검토되고 기록이 유지되고 있는지
	  – 필요시 검토결과에 따른 조치(협의, 방침결정, 설계변경, 계약변경 등)가 실행되고 있는지
	• 검토결과에 따라 건설공사 수행과 직접적으로 관련된 제반 준비사항에 대하여 관리계획이 수립되고 실행되는지
	  – 준비사항 : 인허가, 표지판, 기준점 보호, 확인측량, 가설시설물, 현지여건 조사 등

9. 계약변경

• 계약변경(설계변경 포함) 관리의 적절성	• 설계변경을 포함한 계약변경의 요청 및 처리가 관리되고 있는지 • 계약변경이 발생한 경우 관련문서가 수정되고 관련 인원이 변경된 요구사항을 인식하고 있는지 ※ 설계변경내용을 면밀히 검토하고 공사참여자에게 변경내용을 교육

10. 교육훈련	
• 품질에 영향을 미치는 업무를 수행하는 모든 종사자의 교육훈련 실시 여부	• 모든 공사참여자(하도급자, 기능공 포함)에 대해 교육훈련의 필요성을 파악·관리하고 있는지 • 법적 정기교육(품질, 안전)을 포함한 교육훈련계획이 수립·관리되어 있는지 ※ 반기별(6월, 12월)로 교육실시 여부확인(현장소장에 보고체제 유지) • 교육훈련계획에 따라 교육훈련이 실시되고 교육훈련결과(교육내용 포함)가 기록유지·보고하고 있는지 ※ 교육훈련운영기준표, 00년도 교육훈련계획서, 교육결과보고서 작성·관리
11. 의사소통	
• 품질관리계획의 이행과 건설공사 운영을 위한 내·외부 의사소통의 적절성 여부	• 품질관리계획의 이행과 건설공사 운영에 관련된 모든 사항에 대하여 내·외부 의사소통이 적절한 방법으로 실행되고 있는지 • 필요한 경우 의사소통은 내부 및 외부 관계자로부터의 의견접수, 검토, 전달, 문서화 및 회신이 포함되어 있는지 ※ 의사소통관리기준
• 민원, 발주자(감리자) 불만에 대한 처리 여부	• 민원과 발주자(감리자) 불만 사항이 관련자와 의사소통 되고 있는지 • 민원과 발주자(감리자) 불만은 적절히 처리되고 있는지
12. 기자재 구매관리	
• 기자재 수급계획의 수립, 검증, 식별, 보관, 재고관리 및 주기적인 점검실시 여부	• 기자재수급계획이 수립·관리되는지 • 기자재 구매발주시 명확한 구매정보(시방)가 발주서로 제공되고 있는지 – 공장검사가 필요한 제작품의 경우 검증계획 및 출하방법이 발주서에 명시되어 있는지 • 구매한 기자재의 검사 및 시험 또는 검증되고 식별, 재고관리, 주기적인 점검 등의 유지관리가 되고 있는지 – 검사 및 시험, 검증결과 불일치한 경우 적정하게 처리되고 있는지 • 기자재 구매의 관리방식 및 정도는 구매한 기자재의 후속되는 공종이나 공사목적물에 미치는 영향이 고려되는지 ※ 기자재수급계획서, 기자재청구서

13. 지급자재의 관리(지급자재가 있는 경우 적용)	

• 지급자재 수급계획의 수립, 식별, 검증, 보관(분실, 손상관리 포함), 재고관리의 적정 수행 여부	• 지급자재가 파악되고 수급계획이 수립·관리되고 있는지
	• 지급자재가 검사 및 시험, 또는 검증되고 식별, 재고관리, 주기적인 점검 등의 유지관리가 되고 있는지
	  - 검사 및 시험, 검증결과 불일치한 경우 적정하게 처리되고 있는지
	  - 지급자재의 보관시 손상, 분실 또는 사용에 부적절한 것으로 판명된 경우 보고를 포함한 처리가 적정한지
	• 지급자재의 입체 또는 대체 사용이 필요한 경우 적절히 처리되고 있는지
	• 잉여지급자재가 적절히 처리되고 있는지
	  ※ 지급자재수급계획서, 지급자재수급요청서

14. 하도급 관리	

• 하도급에 대한 선정 및 평가 여부	• 하도급계획이 수립·관리되어 있는지
	  - 하도급업체 선정 및 평가기준이 적절히 설정되고 평가결과에 따라 하도급업체가 선정되고 있는지
	  ※ 시공협력업체 공사수행평가표

• 하도급에 대한 계약 및 이행상태 관리 여부	• 하도급 계약요구사항이 명확히 결정되고 계약체결시 전달되고 있는지
	  - 필요한 기록의 종류와 제출시기 및 방법이 적절하게 정해져 있는지
	  - 제공되는 교육훈련, 절차, 기자재, 정보 등 하도업체에 대한 지원범위가 결정되고 실행하고 있는지
	• 하도급된 공종에 대한 검사 및 시험, 검증과 모니터링이 실시되고 있는지

15. 공사 관리	

• 품질에 영향을 미치는 공종의 파악, 관리계획의 수립 및 이행 여부	• 공종과 공정이 파악·관리되고 공종별로 특성에 맞는 시공계획이 수립·관리되고 있는지
	  - 필요시 작업지침서가 수립·관리되는지
	• 공정관리와 공사 진도관리를 위한 계획이 수립·관리되고 있는지
	  - 필요시 부진공정 만회대책, 수정공정계획이 적절하게 수립하고 있는지
	  ※ 공종별 작업지침서, 개인별업무분장표, 공종별 시공계획서, 주·월간 공정회의, 공정부진만회대책 수립

• 안전관리 및 환경관리 여부	• 안전관리계획, 환경관리계획이 수립·관리되고 있는지
	• 안전점검, 환경점검이 적절히 실행되고 기록이 유지되어 있는지
	  - 점검결과에 따라 필요한 경우 적절한 조치가 이루어지고 있는지
	  ※ 안전 및 환경관리점검표, 안전일지, 교육훈련일지

• 시공상세도, 준공도의 관리 여부	• 시공상세도, 준공도의 작성기준이 설정되고 권한을 가진 자에 의해 작성·검토·승인되고 있는지 • 승인된 시공상세도, 준공도는 검색이 용이하도록 보관 관리하고 있는지

16. 중점 품질관리	
• 중점품질관리 대상의 관리 여부	• 중점품질관리 대상이 공사 특성에 맞게 지정·관리되고 있는지 　※ 최초 공정투입시 수립된 작업지침서에 대한 교육을 3시간 이상 실시 　　(교육훈련일지 기록), 월 1회 정기 의식고취 교육실시 　※ 중점품질관리 대상: 교량구조물공, 터널공, 대절토·대성토 구간, 용접, 도장 등 • 사용장비에 대한 명확한 기준이 설정되고 권한을 가진 자에 의해 장비 사용을 승인하고 있는지 • 작업자의 자격기준이 작업특성에 맞게 설정되고 자격인정이 관리되고 있는지 • 특정방법과 절차가 수립·사용되고 공정변수에 대한 모니터링(감시)이 이루어지고 있는지 　※ 중점품질관리 방안, 작업자 자격부여 평가서
17. 식별 및 추적	
• 식별 및 추적관리 대상 파악 및 이행 여부	• 식별 및 추적관리 대상과 방법이 현장특성에 맞게 정하고 있는지 　- 식별 및 추적방법에 따른 표시가 관리되고 있는지 　※ 기자재 유형별 관리방안, 구조물별 콘크리트타설현황 　※ 식별표시: 카드, 표지판, 라벨, 마킹 및 스텐실, 명판, 펀칭, 페인팅, 구획설정 등
• 검사 및 시험상태(검사대기, 검사중, 부적합) 식별 여부	• 검사 및 시험에 관하여 자재, 공정의 적합 또는 부적합을 나타내는 적정한 검사단계별(검사대기·검사중·부적합) 식별이 이루어지고 있는지 • 식별표시 및 제거의 권한을 가진 자가 지정되어 있는지
18. 기자재 및 공사 목적물의 보존관리	
• 기자재, 기 시공부위 및 완성된 시설물의 보존상태	• 시공에 사용될 자재의 운반, 사용 등에 있어 자재의 특성별로 취급되고 적절한 환경에서 보관하고 있는지 • 장기보관시 열화나 손상이 되는 자재는 적정한 주기로 점검·관리하고 있는지 • 기 시공부위의 품질상태를 유지하기 위한 보호방안이 수립·관리되고 있는지 　※ 자재관리대장, 보관자재점검표
19. 검사장비, 측정장비 및 시험장비의 관리	
• 검사장비, 측정장비 및 시험장비 확보, 교정검사 실시 및 교정상태의 식별 여부	• 검사·측정·시험에 필요한 장비가 확보·운영하고 있는지 • 대여받아 사용하거나, 하도급사 또는 개인이 사용하는 장비를 포함하여 정해진 주기로 교정검사를 받고 있는지 • 장비에 교정검사필증을 부착하였는지 • 보유한 장비는 식별 관리되고 취급과 유지보전을 위한 적절한 보관 환경에서 관리되고 있는지 • 장비에 대한 주기적인 점검을 실시하고 있는지 • 장비가 교정기준을 벗어난 경우 이전 검사 및 시험과 모니터링 결과에 대한 유효성 평가가 실시되고 있는지 　※ 계측기 보유현황표, 점검기록표

20. 검사 및 시험, 모니터링

• 검사 및 시험계획에 대한 항목, 합격판정기준, 빈도 등의 적절성	• 검사 및 시험대상의 항목·합격판정기준·빈도, 사용장비 및 기법, 책임자, 발주자/감리자의 입회시기·장소·방법이 특성에 맞게 설정, 운영하고 있는지 ※ 인수 검사 및 시험계획서 작성시 준수사항: 자재명, 등급/규격, 검사/시험항목, 합격판정기준, 검사/시험빈도, 검사/시험장비 및 방법, 관련문서/자료, 시험수행주체, 입회점/정지점 지정 등
• 자재 및 공정 검사의 적기 실시 여부와 검사 및 시험결과에 대한 기록의 적절성	• 검사 및 시험이 적기에 누락됨 없이 실시되고 있는지 • 검사 및 시험결과에는 측정값이 기록되고 검사기준에 따른 합격, 불합격 여부를 명확히 하고 있는지 • 합격판정 전에 자재의 사용 또는 후속공정이 진행되지 않도록 하고 있는지 ※ 검측절차(감리업무수행지침서) 현장시공 완료-시공사 담당기술자 점검- 검측요청서 제출(check list, 시공점검표, 시험성과 및 공사참여자 첨부)-감리원 현장검측-검측결과통보(합격시 다음단계 공종착수, 검측결과 불합격시 재시공, 보완후 시공사 담당기술자 점검부터 재시작)

21. 불일치 공사의 관리

• 불일치 공사(자재 포함), 하자발생에 대한 발주자(감리자) 와의 처리방법 협의 및 이행의 적정성	• 불일치한 자재·공정, 하자가 식별·관리되고 불일치한 내용이 부적합 보고서 등으로 문서화(서면화) 하고 있는지 • 불일치 공사, 하자에 대해 발주자(감리자)와 협의를 통해 적절한 조치 방안을 마련·이행하고 있는지 • 부적합한 자재 또는 공정이 적절하게 처리되고 있는지(재검사 여부, 현상사용시 권한 가진 자의 승인여부 포함) ※ 불일치공사보고서, 불일치공사관리대장, 보류태그/스티커

22. 데이터의 분석

• 개선을 위한 프로세스의 적절성 여부	• 데이터 분석프로세스는 품질관리계획의 적절성 및 효과성을 실증하고 개선 사항을 도출할 수 있을 정도로 적절한지 - 분석대상이 적절하게 결정되고 있는지 - 데이터 분석결과에 따라 예방조치가 실시되는지
• 발주자(감리자) 불만에 대한 분석의 실시 여부	• 발주자와 감리자의 만족 또는 불만족을 포함한 건설공사 수행의 만족도가 분석·관리하고 있는지
• 품질개선을 위한 데이터의 수집, 분석 및 적용에 대한 이행 여부	• 주요자재의 품질경향이 분석·관리하고 있는지 - 분석결과 관리범위를 벗어난 경우 적절한 조치가 이루어지고 있는지 ※ 레미콘 압축강도관리, 다짐도 관리 등 • 불일치 공사의 발생빈도 및 특성이 분석·관리되고 있는지 • 내·외부 점검결과가 분석·관리되고 있는지 ※ 데이터분석 보고서

23. 시정조치 및 예방조치

• 품질관리계획 운영과 관련하여 취해진 시정조치 및 예방조치의 적절성	• 실제 또는 잠재적인 부적합 사항은 당면한 문제의 크기와 영향을 고려하여 처리방안이 결정되고 있는지
	• 실제 또는 잠재적인 부적합 사항의 근본원인을 파악·관리하고 있는지
	• 근본원인을 고려한 재발방지 또는 발생방지 대책을 수립·관리하고 있는지
	  - 취한 조치가 재검토되고 있는지
	    ※ 시정(예방)조치요구서, 시정(예방)조치관리대장

24. 자체 품질점검

• 품질관리계획의 적합성, 효과성, 이행성 등에 대한 자체 품질점검의 실시 및 해당되는 경우, 필요한 조치의 실행 여부	• 자체 품질점검계획을 수립·관리하고 있는지
	• 자체 품질점검이 계획된 주기로 실시하고 점검결과보고서가 작성·관리되고 있는지
	• 점검결과 부적합한 사항이 있는 경우 시정 및 시정조치 되고 있는지
	  - 취한 후속조치의 검증 및 검증결과가 보고되고 있는지
	    ※ 점검계획서, 부적합보고서, 관찰일지, 점검결과보고서

25. 건설공사 운영성과의 검토

• 품질관리계획의 운영전반에 대한 정기적인 성과검토의 실시 여부	• 건설공사 운영성과의 검토가 계획된 주기로 실시되고 검토보고서가 작성·관리되고 있는지
	  - 검토대상 : 품질목표의 관리상태, 내·외부 점검결과, 불일치 발생 빈도 및 특성, 민원·발주자 불만사항, 시정조치·예방조치 상태, 주변환경의 변화, 문제점·애로사항, 개선제안 등
	• 검토결과에 따라 필요시 후속조치가 이루어지고 있는지
	    ※ 목표달성계획서, 건설공사 운영성과 검토보고서

26. 공사준공 및 인계

• 공사준공 및 인계 관리의 적절성 여부	• 공사준공을 위한 제반사항을 준비하고 있는지
	    ※ 준비사항 : 시운전, 준공검사, 불일치공사의 처리, 준공도면 검토, 준공표지 설치 등
	• 완성된 시설물의 인계계획을 수립·관리하고 있는지
	    ※ 운영지침서, 시운전결과보고서, 예비준공검사결과, 특기사항 등
	• 감리자/발주자, 본사에 인계할 현장문서의 대상목록을 파악·관리하고 있는지
	    ※ 준공도면, 공사사진첩, 지급자재수불부, 송장/거래명세서, 시험 및 검사기록, 기타 발주자 요구사항

(4) 공정별 인력 · 장비 투입 계획서
   ① 공사 규모, 성질, 특성과 공사 공정 예정표의 공정 진행 일정에 따라 작업 인원, 장비, 기자재 등의 수급 일정과 수량에 대한 수급 계획이 적정하게 산출되었는지 검토한다.
   - 작업 인원은 단위 공종별 시공 일정에 따라 작업의 완료가 가능한 작업 인원수로 산정되어 공사의 공정 지연을 초래하지는 않는지 검토한다.
   - 장비 투입은 단위 공종 작업에 필요한 장비의 규격과 수량 등이 적정한 일정에 투입되도록 산정되었는지 검토한다.
   - 단위 공종에 소요될 자재는 감리자의 자재 공급원 승인 및 제작 기간 등을 고려하여 현장에 입고 일정과 설계 도면과 내역서를 검토하여 품목, 규격, 수량 등이 계약 조건에 맞는 자재로 산정되었는지 검토한다.
   ② 타 공사(건축, 토목)의 공종 단계별 공법과 자재가 전기 공사의 공법 및 자재와 상호 호환성을 갖고 있는지를 검토한다.
   - 건축 공사에서 천정 금속 공사의 M바와 T바의 간격에 따라 전기 공사의 조명 기구의 천정 매입 등 기구 규격이 상호 호환성으로 시공이 가능한지 검토한다.
   - 기계 설비 공사에서 동력 설비(전동기)의 설치 위치 및 용량과 운전 조건 등이 전기 공사의 설계 도면 및 시방서의 전선관과 케이블이 상호 일치하는지 검토한다.
   ③ 공사에 사용되는 주요 자재는 감리자의 공급원 승인을 받아야 하므로 공급원 승인 요청일이 표기되었는지 검토한다.
   ④ 공장에서 제작하여 현장에 반입하는 자재는 제작 기간과 감리자의 제작 도서 검토와 공장 검수 일정 등의 소요 기간을 고려하여 수급 계획이 작성되었는지 검토한다.
   ⑤ 지급 자재는 현장 반입 일정과 자재 선정 소요 기간 등을 발주자와 협의하여 지급 자재 수급 일정이 적정한지 검토한다.

04 전기설비감리 안전관리

1 안전관리 관련법령

산업안전보건법	전기사업법	전기공사업법	전력기술관리법
① 목적 · 산업 안전·보건에 관한 기준 확립 · 산업 재해를 예방하고 쾌적한 작업 환경 조성 · 근로자의 안전과 보건 유지·증진 ② 안전·보건 관리 체제 · 안전 보건 관리 총괄 책임자 · 관리 감독자, 안전 관리자 · 산업안전보건위원회 ③ 안전·보건 교육(건설 근로자의 기초 안전·보건 교육, 안전·보건 직무 교육) ④ 안전·보건 관련 계획서(유해·위험 방지 계획서, 안전·보건 표지) ⑤ 안전 관리비의 계상 및 사용 기준	① 목적 · 전기 사업에 관한 기본 제도 확립 · 전기 사업의 건전한 발전 도모 · 전기 사용자의 이익을 보호하여 국민 경제의 발전 ② 전기 품질 유지 · 전기 설비의 공사·유지 및 운용에 필요한 안전 관리 · 자연 환경 및 생활 환경 관리·보존 및 전기 사용자의 이익 보호 · 전기 품질을 측정하여 기록·보존하고 부적합 시 수리 또는 개선 조치 ③ 전기 설비의 안전 관리 · 전기 사업용 전기 설비의 공사 계획의 인가 또는 신고 · 자가용 전기 설비의 공사 계획의 인가 또는 신고 · 사용 전 검사 · 정기 검사와 안전 점검 · 기술 기준 제정 및 준수 · 전기 안전 관리자의 선임	① 목적 · 전기 공사업과 전기 공사의 시공·기술 관리 및 도급에 관한 사항 · 전기 공사업의 건전한 발전과 전기 공사의 안전하고 적정한 시공 확보 ② 전기 공사의 시공 관리 · 전기 공사의 시공 관리자는 전기 공사 기술자 · 공사 업자는 전기 공사 기술자 중에서 시공 관리 책임자 지정 · 전기 공사에 따른 위험 및 장해가 발생하지 않도록 기술 기준 및 설계 도서에 적합하게 시공 관리 · 전기 공사 현장에 시공자, 전기 공사의 내용 등을 표시한 전기 공사 표지 게시 ③ 전기 공사 계약 시 산업 안전 보건 관리비 계상	① 목적 · 전력 기술의 연구·개발을 촉진하고 효율적 이용·관리 · 전력 기술 수준을 향상시키고 전력 시설물의 적절한 설치 · 공공의 안전 확보와 국민 경제의 발전 ② 설계 감리와 공사 감리 · 전력 시설물 공사의 품질 확보 및 향상을 위한 감리 · 전기설비기술기준 준수 · 감리원의 안전 관련 업무 ③ 안전 관리 부실 감리 벌점 · 설계 도서를 기술 기준에 적합하게 작성하지 아니한 경우 · 근로기준법, 산업안전보건법, 산업재해보상보험법 및 기타관계법령에 의한 안전 관리자의 선임을 미확인 · 안전 관리 계획서를 작성하지 아니한 경우 · 정기 안전 점검을 실시하지 아니한 경우 · 정기 안전 점검 결과 조치 요구 사항의 이행 미확인 · 안전 관리 책임자 및 안전 관리자의 정기적인 교육의 실시 여부 미확인

2 안전관리 계획서 검토

(1) 공사 전반에 대한 내용을 파악하기 위한 공사 계약서, 위치도, 공사 개요, 전체 공정표 및 설계 도서를 준비한다.
(2) 계약 설계 도서에 의한 공사의 종류, 규모, 계약 조건, 발주자의 요구 사항 등을 고려하여 안전 관리 계획 수립에 적용할 기준을 확인 한다.
(3) 전기 공사 공정표를 검토하고 다른 공종과 연계되는 공종은 관련자와 협의하여 안전 관리 계획에 반영하고, 대상 시설물별 건설 공법 및 시공 절차 포함한 세부 안전 관리 계획을 수립한다.
(4) 안전 관리 조직의 구성원은 당연직 외에 자격, 교육, 경력, 직위, 담당 업무, 안전 의식과 태도 등을 고려하여 임명하고 안전 조직 구성 조직도를 작성한다.
(5) 중요 공정별 위험 요인을 확인하고 이에 대한 재해 예방 계획을 세워 적용한다.
(6) 전체 공정을 검토하여 위험 작업에 대한 안전 점검 사항과 추진 내용 및 조치에 대한 계획을 수립한다.
(7) 안전 교육 계획 및 이행 계획을 수립한다.
(8) 비상시 응급조치 및 복구를 위하여 비상 연락망, 비상 동원 조직, 경보 체제, 비상 긴급조치 계획을 수립하고, 비상시 비상 연락망을 이용하여 다음 사항을 즉시 관련 기관에 보고할 수 있도록 한다.
(9) 안전 관리비 계상 및 사용 기준에 의거 안전 관리비의 계상액, 산정 명세, 사용 계획 등 안전 관리비 집행 계획에 관한 사항을 수립한다.
(10) 안전 관리비의 사용 계획은 항목, 금액, 사용 시기, 횟수 등 현장 공정에 따라 적정하게 집행되도록 계획하고, 안전 관리 활동 실적에 따라 정산 사용 내역서를 작성하고 관리한다.

3 전기 공사의 작업별 재해 예방 대책

(1) 정전 작업

정전 작업은 정전 범위를 명확하게 설정하여 시행하고 공사 완료 후 전원 투입 시 주의하여 아래와 같은 재해 예방 대책을 고려하여야 한다.
① 정전 범위를 숙지하고 차단할 차단기 번호 및 전기 단선도상의 위치 표시
② 검전 기구로 정전 상태 확인 및 잔류 전하 방전
③ 작업 중 전원 투입 사고에 대비한 단락 접지
④ 개폐기에 잠금 장치와 꼬리표 부착(통전 금지 표지)
⑤ 담당자 외 다른 사람의 전원 투입 방지

(2) 활선 작업

활선 작업은 선로 전압에 따라 충분한 이격 거리 확보와 보호구 착용 및 방호구 설치가 중요하며 아래 내용을 참고하여 재해 예방 대책을 계획하여야 한다.
① 작업 내용, 작업 범위 및 방법 숙지
② 충전 전로의 이격 거리 준수
③ 충전 부분에는 고무 절연관이나 절연판 등 절연용 방호구 사용
④ 안전모, 절연의, 절연 장갑, 절연 소매, 절연 장화 등 절연용 보호구 사용

4 작업에 따른 위험

(1) 배관 작업
① 슬라브, 옹벽 등에서 추락 위험
- 조치 : 단부 주위 안전 난간 설치, 고소 작업 시 안전대 착용, 작업자 안전 교육
② 후진 방향 배관 작업 시 전도 위험
- 조치 : 전진 방향 작업, 동반 작업자의 주의
③ 양중 작업, 상층부 작업 시 자재 낙하
- 조치 : 작업 선후 공정 준수, 신호 확인

(2) 배선 작업
① 전선 및 안내선의 방치로 걸려 전도 우려
② 이동식 비계 사용 방법 불량 충돌, 추락 위험
- 조치 : 개인 보호구 착용, 이동 비계의 구름 및 전도 방지 장치, 탑승한 채로 이동 금지
③ 사다리 작업 시 미끄럼, 발판 불량에 의한 전도 추락 위험
- 조치 : 미끄럼 방지 장치, 사다리 벌어짐 방지

(3) 케이블 포설 작업
① 케이블 드럼의 전도나 구름에 의한 협착 위험
- 조치 : 중량물 취급 기준 준수, 드럼의 구름 방지
② 케이블 풀링 머신의 조작 미숙으로 과도 풀림이나 협착
- 조치 : 기기 조작 숙지, 작업 전 신호 체계 확립

(4) 수배 전반, 분전반 설치
① 대형, 중량물의 운반 규정 미 준수에 의한 충돌, 전도, 끼임
- 조치 : 중량물 분산 운반 및 설치 신호 준수
② 배전반 내부 작업 시 머리 등 신체 충돌 부상
- 조치 : 안전모 등 개인 보호구 착용, 작업 공간 확보

(5) 조명 기구 설치 및 배선 기구 취부
  ① 사다리, 비계 사용 불량으로 전도 추락 위험
   • 조치 : 사다리, 비계 사용 기준 준수
  ② 조명 기구 취부 중 천정 자재 낙하 또는 기구 탈락에 의한 부상
   • 조치 : 안전 보호구 착용, 조명 기구 취부 방법 준수

(6) 가설 전기 설비
  ① 작업자가 임의로 가설 전기 시설 취급 시 감전, 화재 위험
   • 조치 : 전기 담당자가 작업, 정전 작업
  ② 누전에 의한 감전 사고
   • 조치 : 정기적 절연 저항 측정, 누전 차단기 사용, 전선 및 배선 기구 손상 방치 금지

(7) 지중 관로 공사
  ① 굴착 장비의 충돌, 전도 등 위험
   • 조치 : 신호수 배치, 작업 반경 내 다른 작업 금지
  ② 굴착 구간의 지장 매설물의 손상
   • 조치 : 맨홀, 가로등의 위치와 배관 경로에 매설물의 사전 조사

(8) 접지 공사
  ① 접지 위치의 인접 매설물의 기계적 또는 전기적 손상
   • 조치 : 전위 분포를 고려하여 접지 위치 선정, 매설물 조사
  ② 접지 저항 저감제의 환경 영향

5 안전 관리자에 대한 교육

안전 관리 기법	• 현장의 공종별 유해·위험 작업 인지 • 유해·위험 작업에 대한 안전관리기법의 적용 • 위험성 평가 업무의 지도
현장 안전 교육 계획 및 개선 방법	• 안전 교육 계획서 작성기준 • 정기, 일상 안전 관리 교육 시기 및 대상 • 공정별 교육 실시 시기 및 대상 • 교육 내용, 교육 방법, 개선 사항
공정별 안전 작업 방법 및 작업 환경 관리	• 현장의 주변 현황 및 작업 환경에 대한 조치 • 안전 시공을 위한 공법 이해 • 시공 단계별 유해 위험 작업 및 안전 관리 대책
안전 점검 및 안전 대책	• 안전 점검 체크리스트 • 당해 현장과 유사 공사의 사고 사례 분석 • 사고 조사 분석 및 재발 방지 대책
이상 발견 및 사고 발생 시 처리 방법	• 내, 외부 비상 연락망 및 연락 체제 • 비상 동원 조직의 구성 및 분담 업무 • 비상 경보 긴급 대피 응급 조치 및 복구 계획

6 정전 및 활선 작업에 관한 안전관리

(1) 정전 작업

정전 작업 전	• 작업 지휘자 임명·개로 개폐기의 표지·잔류 전하의 방전·잔류 전하의 확인 • 단락 접지
정전 작업 후	• 작업 지휘자에 의한 작업 진행·개폐기의 관리·근접 활선의 방호 상태의 관리 • 단락 접지 기구의 관리
정전 작업 종료 후	• 정전 안내 표지의 철거·단락 접지 기구의 철거·작업자에 대한 위험 여부 확인 • 개폐기를 투입하고 송전 재개

- 개폐기를 개방하여 무전압 상태를 유지한다.
- 작업 중에는 개폐기를 lock하거나 통전 금지 시간, 통전 금지에 관한 사항을 표시하고 감시인을 배치한다.
- 개방한 전로에 잔류 전하에 의한 위해가 발생할 우려가 있는 경우에는 완전하게 잔류 전하를 방전시켜야 한다.

- 개로한 전로가 다른 전로와 접촉 및 유도에 의한 감전의 위해를 방지하기 위하여 단락 접지를 시행한다.
  - 검전 기구에 의하여 정전 상태를 확인할 것
  - 단락 접지 기구를 사용하여 확실하게 접지할 것

(3) 정전 및 복전 시 개폐기의 조작
- 부하 운전 중 무 부하 개폐기 조작을 금지한다.
- 부하 개폐기로 부하를 개로한 후 무 부하 개폐기를 개로한다.
- 무 부하 개폐기를 투입한 후 부하 개폐기를 투입한다.
- 송전 중 표시등을 확인하고 lock 및 위험 표시를 한다.

(4) 전선로를 재 통전시 안전 조치
- 작업자가 감전될 위험이 없음을 확인.
- 전선로에 시설한 단락 접지 기구의 제거확인.

(5) 활선 작업시 조치
- 작업자는 활선 작업용 보호구 착용
- 활선 작업용 기구 및 장치 사용
- 안전 관리 담당자의 입회하에 작업

05 전기설비감리 기성준공관리

1 시운전 계획서

공사 업자로부터 시운전 계획서를 제출받아 검토, 확정하여 시운전 20일 이내에 발주자 및 공사 업자에게 통보한다.
한편, 전기 관련 타 공종의 작업 공정 일정 대비 시운전 일정을 확인한다.

2 수전설비 점검 및 측정

수전 설비는 부하에 대하여 정전 없는 전력 공급을 할 수 있어야 함은 물론, 사고에 의한 정전 파급, 전압 변동 등으로 다른 고객에게 영향을 주지 않도록 점검을 철저하게 한다. 한편, 수전 설비는 외관 점검 및 이격거리 적정 여부, 절연 저항 및 접지 저항을 정하고, 제원과 함께 해당 기록표에 기록한다.

인입선	가공	· 특고압 가공 인입선의 높이가 적정한지 확인 · 특고압 가공 전선이 건조물이나 수목과 이격거리 확인 · 특고압 가공 전선이 적정한 경간을 유지하고 있는지 확인 · 지지물의 손상 여부, 애자의 오손 또는 손상 여부 및 완철의 부착 상태 확인
	지중	· 케이블 외피, 헤드의 방재 도료 상태 및 접속 개소의 손상 여부확인 · 특고압 케이블의 옥내 부분, 손상위험부분이 방호 장치에 내에 있는지 여부 확인 · 케이블 및 케이블 넣은 방호관 등의 금속제 부분에 접지 공사가 되었는지 확인 · 케이블은 중량물의 압력으로부터 보호되는 확인
수전용 개폐기	부하 개폐기	· 각 극의 동시 개폐 여부와 개폐 상태를 쉽게 확인할 수 있는지 확인 · 개폐기가 중력 등에 의하여 자연적으로 동작될 우려는 없는지와 이 경우 잠금장치나 이를 방지하는 장치확인 · 고압용 또는 특고압용 개폐기로서 동작 시 아크가 발생하는 것을 시설하는 경우 목재의 벽이나 천장 등 가연성 물질과 충분히 이격 되어 있는지 확인 · 개폐기 조작 핸들에 접지 시설이 되어 있는지 확인
	고장 구간 자동 개폐기	· 개폐기 설치 상태에서 개폐 조작을 원활하게 할 수 있는지와 개폐 상태를 나타내는 표시 지침을 조작자가 분명하게 식별할 수 있는지 확인 · 개폐기를 옥내용 또는 옥외용으로 적합하게 사용하고 있는지 확인 · 개폐기 제어 전원이 사용전원(110V 또는 220V)에 맞게 정정되어 있는지 확인 · 개폐기의 최소 동작 전류 정정 탭이 수전 설비 용량에 맞게 정정되어 있는지 확인 · 지락 전류 정정 탭은 구한 상전류 정정 탭의 1/2 정도로 정정되어 있는지 확인

		· 돌입 전류 억제 시간이 0.5초로 정정되어 있는지 확인한다. · 제어함 내의 '개(trip)', '폐(close)' 표시 램프가 정상적으로 표시되는지 확인 · 제어함 내의 배터리 전압을 체크하여 정상 전압 이하인 경우 배터리를 교체 · 개폐기 본체 외함의 변형 유무 및 부싱의 균열, 파손 유무 등을 확인
	기타	· 개폐기에 전원이 인가되지 않은 상태에서 절연 저항계로 절연 저항을 측정 · 개폐기 본체, 제어함 등에 접지 저항 값이 10Ω 이하, 굵기 $25mm^2$ 이상
전력 퓨즈	C O S	· 스위치 충전부에 사람이 쉽게 접촉할 위험은 없는지 건조물 등과 이격거리 확인 · 퓨즈 홀더의 조작이 쉽게 설치되어 있는지, 스위치 본체의 센터 브래킷과 수전실 금구에 고정시키기 위하여 사용되는 마운팅 브래킷의 접속 상태가 적정한지 확인 · 보호 대상이 되는 전기 설비 또는 전기 기기의 정격 전류 및 퓨즈 용량 확인 · 퓨즈 자체가 반복되는 손상 여부확인
	P F	· 스위치 충전부에 사람이 쉽게 접촉할 위험은 없는지 건조물 등과 이격거리 확인 · 퓨즈 홀더의 조작이 쉽게 설치되어 있는지, 스위치 본체의 센터 브래킷과 수전실 금구에 고정시키기 위하여 사용되는 마운팅 브래킷의 접속 상태가 적정한지 확인 · 변압기 보호용으로 사용된 퓨즈가 변압기 여자 돌입 전류에 동작하지 않는지 확인
피뢰기		· 피뢰기가 피보호기의 보호에 적합한 위치 확인 · 피뢰기의 정격 전압이 적정한지 확인 · 22.9kV 수용가에 설치된 피뢰기의 공칭 방전 전류가 2,500A인지 확인 · 22.9kV 수용가에 설치된 피뢰기에 단로기가 설치되어 있는지 여부와 동작된 흔적확인 · 피뢰기의 전원이 제거된(정전) 상태에서 양 단자 간의 절연 저항을 측정 · 피뢰기 접지 저항 값이 10Ω 이하, 접지선 굵기가 $25mm^2$ 이상이 되는지 확인 · 접지극이 지중 75cm 이상 깊이 확인 · 접지선이 지중 75cm에서 지표상 2m까지 합성 수지관 또는 이와 동등 이상의 절연 효력, 강도가 있는 것으로 덮어 있는지 확인 · 접지선에 케이블 또는 절연 전선 등을 사용하였는지 확인 · 피뢰기는 자기(磁器) 표면의 오염과 손상 상태를 정기적으로 점검, 자기 표면의 오염이 있을 때에는 청소를 실시하고 심하게 손상된 피뢰기는 교체
계기용 변성기		· 유입형은 누유확인, 몰드형은 에폭시 수지 부분의 균열 여부확인 · 부싱의 균열 및 파손 등의 확인 · 변성기를 바닥면에 직접 닿지 않도록 설치하였는지 확인 · 적정한 비율의 MOF가 선정되었는지 확인 · 변류기의 정격 1차 전류에 따라 과전류 강도가 적정한 정품을 사용하고 있는지 확인 · 22.9kV에 사용되는 MOF 변류기의 정격 과전류 강도는 정격 1차 전류가 60A 이하일 때는 75배 이상의 것을, 1차 전류가 60A를 초과할 때에는 40배 이상의 것을 선정

3 시운전에 입회

(1) 시운전 절차를 확인
- 기기 점검 체크리스트를 확인·예비 운전 사항을 확인·시운전 현장에 입회
- 성능 보장 운전확인·검수를 실시·운전 및 인도를 확인

(2) 수배 전반 시운전에 입회

한전 전원이 송전될 때에는 수배 전반, 발전기 등 전력 공급 설비와 전력 중앙 (CRT) 감시반, 승강기 등을 가동하여 종합적인 시운전을 감독 입회하에 실시한다.

① 시운전의 종류
- 정전 및 복전
- 부하 개폐기(LBS) 동작 시험
- 계전기 탭(TAP) 조정 및 동작 시험
- 기중 차단기(ACB) 동작 시험
- 자동 절체 개폐기(ATS) 절환 시험
- 변압기 전압 측정

② 전력 수전 당일 확인 사항
- 특고 케이블 인입선과 예비 회선의 결선 착오에 주의
- 수배 전반 내부 전선 자재, 공구 등 잔유물 여부 및 청소 상태를 확인
- 저압 절연 버스 덕트(bus duct)의 접속 상태 등을 확인
- 접지 단자함 및 수배 전반 내 각종 접지선 결선 상태를 확인
- 기타 송전에 따른 위험 요소 제거 및 위험 표지 설치를 확인

③ 배전 계통 시험
- 각 동별로 저압 간선 전원 투입 및 분전반별 부하 측 전압을 각상별로 확인
- 부하 전압을 확인하여 필요시 변압기 탭을 조정
- 펌프실, 기계실, 보일러실, 오수 처리장 등의 3상 동력 시설은 기기별로 회전 방향 및 부하 전류를 확인

④ 연동 시운전
- 한전 전원 차단 및 복전 시 발전기 자동 운전 상태 및 기동, 정지 시간 타이머를 조정
- 발전기에 의한 실 부하 시험
- 발전기실 부하 시험 시 발전기실의 흡·배기 시설 및 배기관, 덕트 등 진동 상태를 확인

⑤ 중앙 감시 계통 시험

승강기, 상용 전원 및 비상 전원 등 중앙 감시 대상 시설을 동시 가동시켜 종합적인 운전 상태 및 UPS 작동 상태 등을 점검

⑥ 수전 후 관리

수전 후에는 수배 전반, 동력반, 변압기 등의 이상음 발생과 변색, 열화 유무를 수시로 확인하여 접촉 불량 등의 사고를 예방

(3) 발전기 시운전에 입회

① 시운전의 종류
- 시동 및 정지 시험(자동, 수동)·상회전 방향 확인·전압 측정

② 발전기 시운전하기
- 발전기 운전 및 엔진 운전반의 각종 계기의 정상 작동여부를 확인.
- 발전기 운전반의 계측 및 상태 제어용 단자를 확인
- 자동 절체 개폐기(ATS)반과의 정전, 복전용 배선 규격(CCV 1.6mm×2c) 및 단자 명판을 확인
- 발전기 보호 장치 동작 시험
- 한전 복전 시 발전기에 무리가 가지 않도록 약 3~5분간 공회전 후 정지하도록 타이머(timer)를 조정.
- 수배 전반 자동 절체 개폐기와 자동 절환 시험은 수배 전반이 설치 완료되지 않은 상태에서도 가신호로 확인
- 발전기는 비상시 정상 가동을 위하여 시운전 후 인계 시까지 주 1회 정도 시험가동

(4) 동력 설비 시운전에 입회

① 전원투입 전에 전원간선, 부하별로 절연저항을 체크하여 규정치(3MΩ) 이상인가를 확인
② 전원 공급선의 단자 조임 상태, 부하별 단자대의 조임 상태 함 내 배선 정리 및 색상구분 상태 등을 재점검하고 접지가 제대로 결선되어 있는가를 확인
③ 동력반 내부청소를 하며, 동력반의 시운전은 전기, 기계, 토목 입회하에 시행하고, 가동 상태, 회전 방향, 소음 상태 등 각 관련 분야별 필요한 사항을 점검
④ 중간 기계실, 펌프실, 오수 정화실 등은 공사 중 불의의 침수로 인한 장비 훼손에 대비, 장비 반입구 뚜껑 및 배수펌프를 기계실 장비 반입 전에 설치하여 동력반 반입과 동시에 자동 운전 되도록 조치한다. 만일, 배수펌프 반입이 적기에 이루어지지 않을 경우 임시용 비상 엔진 펌프 등을 옥외 기계 또는 토목에 요청하여 설치한다.
⑤ 소용량의 팬을 제외한 각종 모터는 전자식 과전류 계전기의 정상 작동 상태확인
- 모터의 정격 전류와 OCR의 정격을 확인한다.
- 모터의 기동 전류가 긴 경우(Y-△기동 및 블로어 모터 등)에는 시간 조정을 기동 전류 시간 이상으로 조정하여 모터의 기동으로 인한 OCR 오동작을 방지한다.
- EOCR의 트립 전류치는 정격 전류에 맞추는 방법과 실제 전류에 맞추는 방법이 있다.
- EOCR 과전류 조정 레버 세팅(setting) 방법(모터가 정상부하로 동작하였을 때)
  - 레버를 최대눈금 범위에 맞춘다.

- 좌측으로 서서히 돌린다.
- 적색 LED가 깜빡거리는 위치가 실제 전류치이다.
- 최종 실제 전류의 110~125%로 맞춘다.
- 과부하 동작시간은 통상적으로 10초 정도로 조정하고, 배수펌프는 3~5초로 하는 것이 적당하다.

4 시운전 완료 후 발주자 인계

(1) 점검 항목에 대한 점검표를 확인
  ① 전력 계통의 시운전 항목
  - 메가를 사용하여 전 선로의 절연 시험
    메가를 사용하여 전동기와 변압기의 권선의 상간, 상과 접지 간 절연 시험
  - 접지의 연결 연속성과 대지에 대한 저항 값을 측정하기 위한 접지 시스템 점검
  - 100KV 이상 되는 오일 절연 방식의 변압기에서 절연유 샘플 검사
    필요한 경우 전기 기어의 오일 충진 확인
  - 모든 수배 전반, 전동기 제어 장치 및 발전기의 시운전 및 조정
  - 수배 전반과 회로 차단 릴레이의 상호 연동 시험
  - 인허가에 필요한 검사관의 입회 시험 및 승인
  - 모든 시험이 완료된 후 변전소의 통전 확인
  - 상의 순서, 극성, 전동기의 회전 방향 점검
  - 비상 전력 및 조명 시스템의 설치 점검
  - 점검 및 테스트의 기록 유지
  ② 회전 기기의 시운전 항목
  - 무부하 운전 시 구동기의 회전 방향 확인
  - 회전부의 자유로운 회전 확인
  - 제작자의 시방서에 따라 공차 범위 내로 조립·설치 확인
  - 운전 설비의 과부하 방지 장치의 점검
  - 경보 장치의 점검 및 각종 계기의 작동 점검

(2) 전기 설비 운전 지침을 확인

(3) 기기류의 단독 시운전 방법을 검토하고 계획서를 확인

(4) 실 가동 다이어그램(diagram)에 대해 확인

(5) 시험 구분, 방법, 사용 매체를 확인하고, 계획서에 대해 검토

(6) 전기 기기 시험 성적서 및 성능 시험 성적서(성능 시험 보고서)를 확인

▶ 최근 3개년 기출문제 무료 동영상

전기기사 실기
산업기사 단기완성

定價 43,000원

| 저 자 | 대산전기학원연구회 |
| 발행인 | 이 종 권 |

2015年　3月　10日　초 판 발 행
2016年　3月　21日　2차개정발행
2017年　3月　 6日　3차개정발행
2018年　1月　23日　4차개정발행
2019年　1月　13日　5차개정발행
2020年　1月　20日　6차개정발행
2021年　2月　24日　7차개정발행
2022年　2月　25日　8차개정발행
2023年　2月　22日　9차개정발행
2024年　2月　21日　10차개정발행
2025年　3月　26日　11차개정발행

發行處　(주) 한솔아카데미

(우)06775 서울시 서초구 마방로10길 25 트윈타워 A동 2002호
TEL : (02)575-6144/5   FAX : (02)529-1130
〈1998. 2. 19 登錄 第16-1608號〉

※ 본 교재의 내용 중에서 오타, 오류 등은 발견되는 대로 한솔아카데미 인터넷 홈페이지를 통해 공지하여 드리며 보다 완벽한 교재를 위해 끊임없이 최선의 노력을 다하겠습니다.
※ 파본은 구입하신 서점에서 교환해 드립니다.
www.inup.co.kr / www.dsan.co.kr

ISBN 979-11-6654-690-7 13560